Günter Jaritz

Seltene Nutztiere der Alpen

Dieses Buch ist der Älplerin Katia Boschi gewidmet, die mich mit ihrer Lebensfreude begeisterte und in den Bergen des Misox auf tragische Weise ums Leben kam.

Impressum

Bibliografische Information der Deutschen Nationalbibliothek
Die Deutsche Nationalbibliothek verzeichnet diese Publikation in der Deutschen Nationalbibliografie; detaillierte bibliografische Daten sind im Internet über http://dnb.d-nb.de abrufbar.

Lektorat: Gertraud Steiner, Dorothea Forster
Layout, Grafik und Produktion: Nadine Löbel
Coverfoto: Günter Jaritz
Tabellenquellen: AIA - Associazione Italiana Allevatori, Associazione nazionale della pastorizia Roma, Bundesamt für Landwirtschaft BLW, EFABIS, Genska banka v živinoreji Univerza v Ljubljani, Institut de l´elevage, L. Avon, ProSpezieRara, ÖBSZ und eigene Erhebungen des Autors.
Kartengrundlage: Jarvis A., H.I. Reuter, A. Nelson, E. Guevara, 2008, Hole-filled seamless SRTM data V4, International Centre for Tropical Agriculture (CIAT), available from http://srtm.csi.cgiar.org
Kartengestaltung: Anna Gruber
Schwarzweißzeichnungen: Günter Jaritz
Alle Fotos ohne Urhebervermerk: Günter Jaritz
Druck: Druckerei Theiss, St. Stefan im Lavanttal
Gedruckt in Österreich

ISBN 978-3-7025-0744-2

www.pustet.at

Günter Jaritz

Seltene Nutztiere der Alpen

7 000 Jahre geprägte Kulturlandschaft

VERLAG ANTON PUSTET

Inhalt

Vorwort

Als ganz gewöhnlich blieben sie unbeachtet …
Prof. Albert Heim, Begründer der Schweizer Sennenhundezucht

Als sich für meine Frau Barbara und mich die Gelegenheit bot, einen Bergbauernhof im Pinzgau zu erwerben, erfüllte sich für uns ein lang gehegter Traum. Wir wollten ihn in biologischer Wirtschaftsweise führen, das stand für mich als Landschaftsökologen von Anfang an fest. Der nächste Schritt zu diesem Buch war ein Bericht über das fast ausgestorbene Alpine Steinschaf und fehlende Initiativen zu seiner Rettung. Ich nahm mich dieser wunderbaren Tierart an, wurde zum Züchter und Forscher und bald nahm mich das Thema der seltenen Nutztierrassen völlig gefangen. Ich konnte noch weitere Züchter für die alteingesessenen Nutztierrassen der Ostalpen begeistern und startete ein Erhaltungsprojekt. Bald war mir klar, dass dieses gesammelte Wissen, dieser Erfahrungsschatz einer Jahrtausende alten Kultur in einem Buch festgehalten werden sollte.

Mit der Bewirtschaftung des Hofes, der täglichen Arbeit als Nebenerwerbslandwirt und der wachsenden Begeisterung für seltene Nutztierrassen veränderte sich mein Leben. Es folgten Rettungsinitiativen für die Pinzgauer Strahlenziege und die Blobe Ziege, den Bergspitz und die letzten autochthonen Schweineschläge der Alpen. Recherchen im Zuge von Erhaltungsprojekten führten mich in entlegene Täler und zu abgeschiedenen Höfen, zu Bäuerinnen und Bauern, die mit großer Überzeugung an den regional angestammten Rassen festhielten. Ich lernte kostbares Erfahrungswissen und die Motivation und Beweggründe der Züchter kennen. Dabei zeigten sich, trotz der kulturellen und sprachlichen Unterschiede, immer wieder spannende Gemeinsamkeiten. Die regionale Angepasstheit der Tiere, die Verwurzelung in ihrer alten Nutzungsgeschichte oder ganz spezielle Einsatzbereiche machten sie für ihre Züchter so erhaltenswert, ja, unentbehrlich. Das sind auch jene Qualitäten und Eigenschaften von Nutztieren, die heute wieder vermehrt an Bedeutung gewinnen.

In diesem Zusammenhang stellten sich immer neue Fragen. Woher kamen diese Nutztiere? Wie sind diese Rassen entstanden? Warum haben sich in den teilweise sehr unterschiedlichen Kulturlandschaften so spezielle Typen entwickelt?

Aus der Summe all dieser Überlegungen und Fragen heraus entstand dieses Buch.

Über einen Zeitraum von rund drei Jahren bereiste und durchwanderte ich die verschiedenen Regionen der Alpen, lernte ihre Kulturlandschaften und dazu begeisterte Züchter kennen.

Die besonders gefährdeten und vom Aussterben bedrohten Nutztierrassen des Alpenbogens konnte ich auf diesem Weg erstmals in ihrer gesamten bunten Bandbreite, vom slowenischen Karst im Osten bis zum Südwestrand der Alpen bei Nizza dokumentieren.

Wenn Sie nun als Leser mit mir auf diese Reise gehen, wünsche ich Ihnen, dass die Lektüre, das Lesen und Anschauen, etwas von der Leidenschaft weckt, mit der Bäuerinnen und Bauern an diesen Traditionen festhalten, im Wissen darum, dass es um die Erhaltung eines kostbaren Erbes geht – seien es nun die letzten Hirtenhunde der Ostalpen oder die nahezu vergessenen Ziegen in den piemontesischen Alpen mit ihrer Jahrhunderte alten Geschichte.

Günter Jaritz

Entstehung, Wandel und Gefährdung der alpinen Kulturlandschaft

Die Geschichte der alpinen Nutztierrassen des europäischen Alpenraums begann vor rund 7.000 Jahren, als die neolithischen Bauern über die sogenannte Donau-Balkan-Route den Osten und über den Mittelmeerraum den Südrand der Alpen erreichten. Mit der Weidenutzung entwickelte sich über Jahrtausende unsere alpine Kulturlandschaft.

Am Anfang stand die saisonale Nutzung der alpinen Weiden durch wandernde Hirten. Aus den sommertrockenen Küstengebieten und Steppen führten sie ihre Herden auf die alpinen Weiden und bereiteten so die später dauerhafte Besiedelung des Alpenraumes vor.

Von den ersten Bergbauern des Neolithikums bis in die frühe Neuzeit wurden die verschiedenen Nutztiergattungen in erster Linie nach funktionalen Aspekten selektiert. Nur jene Schafe, Ziegen und Rinder, die sich an die Umwelt- und Haltungsbedingungen wie auch die Ansprüche ihrer Halter am besten anpassten, überlebten. Es entwickelten sich verschiedene Landschläge mit spezialisierten Eigenschaften und besonderem Charakter, die den Menschen bei seiner täglichen Arbeit unterstützten.

Daneben entwickelten sich schon zur Zeit der Römer und Kelten Sonderformen, wie etwa knapp 30 Zentimeter große Schoßhunde. Während der Barockzeit war die liturgische Farbe Weiß als symbolischer Lichtbringer beliebt und daher auch bei Nutztieren en vogue. Der Lipizzaner und der Barockesel sind Überbleibsel aus dieser Zeit.

Erst mit der zunehmenden Industrialisierung der Landwirtschaft und dem steigenden Bedarf an Lebensmitteln zur Versorgung der rasant wachsenden Bevölkerung wurden neben speziellen Leistungsmerkmalen auch andere Aspekte – und auch Modetrends – wichtig. Die Hungersnöte zur Zeit der Franzosenkriege und die Klimadepression in den Jahren ohne Sommer von 1816 und 1817 führten erstmals zu einer stärkeren Leistungsorientierung in der Tierzucht, um die Versorgungssicherheit der Bevölkerung sicherzustellen. Parallel entwickelte sich gegen Mitte des 19. Jahrhunderts die Rassezucht, die gezielte Selektion nach äußeren Merkmalen und nach bestimmten Leistungseigenschaften. Gegen Ende des 19. und zu Beginn des 20. Jahrhunderts wurden die Rassestandards, also die Eigenschaften des jeweiligen Rassetyps, exakt festgelegt.

Nur einige wenige Nutztiere haben eine Zuchtgeschichte, die weiter zurückreicht. Dazu gehören etwa die Pinzgauer Noriker, ihr Rassestandard ist fast 400 Jahre alt.

Mit der zunehmenden Intensivierung der Landwirtschaft verbesserten sich die Fütterungsgrundlagen. Durch vermehrten Kraftfuttereinsatz und gutes Heu war die natürliche Selektion auf harte Lebensbedingungen nicht mehr ausschlaggebend. Damit verloren aber regionale, an bestimmte Umwelt- und Haltungsformen angepasste Nutztiere zusehends an Bedeutung. Durch die Etablierung von Nutztier-Schauen, vor allem durch die Weltausstellung in Paris, wurden bestimmte Rassetypen, wie etwa das Simmentaler Fleckvieh, erstmals zu Moderassen. Die zunehmende Industrialisierung der Landwirtschaft und der Ausbau des Transportwesens durch den Eisenbahn- und Straßenbau in den Alpen beschleunigten diesen Prozess. Abgeschiedene Talschaften wurden an Wirtschaftsströme angebunden und Nutztiere stärker zu Handelsware.

Das Saumpferd, der Zugochse oder das Maultier verloren an Bedeutung und verschwanden im Lauf des 20. Jahrhunderts fast gänzlich aus dem Alpenraum. Durch Forst- und Bodenreformen kam es auch zu einem Umbruch in der Landnutzung. Die Zerschlagung und Aufteilung der Gemeinschaftsweiden (Allemendweiden) zwischen 1810 und 1830 und die Forstregulierungen zum Schutz des Waldes machten den freien Weidegang auf Hutweiden, auf Waldweiden und auf Almen unmöglich. Damit verschwanden an die Weidehaltung angepasste Nutztiergattungen wie das extensive Weideschwein bis um 1900 fast gänzlich aus der Kulturlandschaft. An ihre Stelle traten neue, leistungsfähige Rassen mit neuen Eigenschaften. Durch die moderne Stallhaltung und die Einführung des Molkereiwesens wurden

„Wir dagegen schätzen am meisten unsere einheimische Rasse …“

Lucius Iunius Moderatus Columella, römischer Schriftsteller, um 70 n. Chr.

Alpenbogen

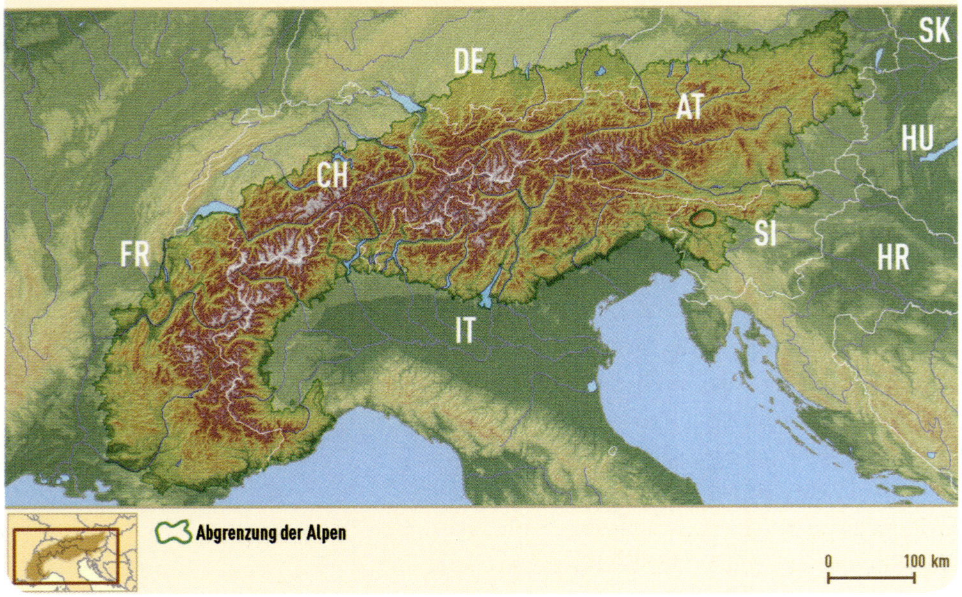

Auch wenn sich der Alpenbogen aus der Vogelperspektive als einheitliche Reliefregion präsentiert, so sind doch die naturräumlichen und kulturellen Unterschiede enorm. Mit dem Inkrafttreten der Alpenkonvention liegt eine von allen Vertragsparteien, einschließlich der EU, anerkannte Abgrenzung des Alpenraumes vor. Der Alpenbogen erstreckt sich über Teile Deutschlands, Frankreichs, Italiens, Österreichs, Sloweniens und der Schweiz sowie über das gesamte Staatsgebiet von Monaco und Liechtenstein.

die Nutztiergattungen immer mehr von regionalen Umweltbedingungen abgekoppelt. Der Aspekt der Regionalität war in der Tierzucht des 20. Jahrhunderts nebensächlich geworden, Leistungsoptimierung das oberste Gebot.

Auch der Wandel in den Essgewohnheiten führte zur Forcierung von Neuzüchtungen oder importierten Rassen. Das Hausschwein ist dafür ein gutes Beispiel. Aus dem fleischbetonten Weideschwein wurde das Fettschwein, das seit den 1950er-Jahren von fettarmen Leistungsrassen verdrängt wurde.

Insgesamt brachte dieser rasante Strukturwandel in der Landwirtschaft in den vergangenen 150 bis 200 Jahren einen massiven Verlust an heimischen Nutztierrassen und damit an tiergenetischen Ressourcen. Das bedeutet für die Großregion des Alpenraums, dass naturnahe Landschaften mit ihren regionalen Traditionen und typischen Nutztierrassen selten geworden sind.

In allen Alpenstaaten ist nur mehr ein Bruchteil der einstigen Rassevielfalt vorhanden, viele davon stehen auf der Roten Liste der gefährdeten Tiere. Nicht weniger als 110 dieser Nutztierrassen aus den unterschiedlichen Kategorien sind in ihrem Bestand gefährdet. Dieser Verlust spiegelt auf fatale Weise die demografische, wirtschaftliche und ökologische Entwicklung im Alpenraum.

Doch es gibt eine erfreuliche Gegenbewegung. Regionalität steht wieder hoch im Kurs. Europa der Regionen, das politische Konzept der Europäischen Union, soll die Vielfalt und Eigenständigkeit wieder fördern. Auch in der Lebensmittelbranche hat man die Regionalität neu entdeckt und die Rückbesinnung auf regional abgestimmte Wirtschaftskreisläufe eröffnet eine Chance für die Rückkehr regional angepasster Rassen. Die über Jahrhunderte, wenn nicht über Jahrtausende, in den Regionen der Alpen entstandenen Nutztierrassen sind ein authentisches Kulturgut und passen ideal in das Konzept eines nachhaltigen und sanften Tourismus.

Diese 136 autochthonen und 110 gefährdeten Nutztierrassen der Alpen haben aus historischer Sicht den Wandel der letzten 200 Jahre überdauert, aber auch darüber hinaus ihre Daseinsberechtigung. Wer auf Nutztiere Wert legt, die anspruchsvolle Haltungsbedingungen im Gebirge meistern können, wer Langlebigkeit bei guter Leistung einer Kurzlebigkeit vorzieht oder für wen gute Futterverwertung eine wichtige Rolle spielt, der setzt auch heute auf unsere autochthonen Nutztiere. Gut, dass es sie noch gibt!

Aber nicht nur die besondere Eignung im Berggebiet oder der direkte wirtschaftliche Mehrwert sind Beweggründe für die Erhaltung. Das breite Spektrum an unterschiedlichen Nutztierrassen stellt auch eine wertvolle genetische Ressource dar. Besondere Gerinnungseigenschaften der Milch, Fruchtbarkeit, Robustheit, Langlebigkeit oder Krankheitsresistenz – im Erbgut ist diese Verschiedenartigkeit gespeichert. Aber es muss ihm auch Gelegenheit gegeben werden, sich zu entfalten. Wenn allerdings alpine Rassen nicht mehr gealpt werden und so ihre Robustheit nicht mehr erproben können, geht diese Eigenschaft irgendwann verloren. Dasselbe gilt für Gebirgsziegenrassen, die nur mehr für die Erhaltung gezüchtet werden, aber ihre besonderen Merkmale nicht mehr ausleben können.

Mit dem Übereinkommen über die biologische Vielfalt haben sich alle Alpenländer zur Erhaltung dieser angestammten Agrobiodiversität bekannt. Auch auf europäischer Ebene wurden mit der „Biodiversitätsstrategie 2020" Maßnahmen zur Erhaltung der genetischen Vielfalt formuliert.

Neben der Konservierung des Erbgutes müssen wir also vermehrt Sorge tragen, dass die Rassen auch dort eingesetzt werden, wo sie ihr Erbgut entfalten, leben, zum Einsatz bringen können.

Vielfalt unter dem Druck der Anpassung

Friedrich von Tschudi beschreibt in seinem Buch „Das Tierleben der Alpen" (1861) sehr zutreffend und fein unterscheidend die domestizierten Tiere als die „zahmen Tiere der Alpen". Damit wollte er ausdrücken, dass sie sich im Gegensatz zu reinen Leistungsrassen viele Eigenschaften von Wildtieren bewahrt haben. Durch ihre perfekte Anpassung an die rauen Witterungsbedingungen, kurze Sommer, extreme Temperaturschwankungen, ähneln sie unseren Wildtieren weit mehr als die spezialisierten Leistungsrassen der außeralpinen Kulturlandschaftsräume. Robust, genügsam und trittsicher werden als ihre klassischen Attribute genannt. Das sind Merkmale, die auch auf artverwandte Wildtiere in den Alpen zutreffen. Begonnen haben diese Anpassungen an den Lebensraum Alpen vor rund 7.000 Jahren.

Die Alpen sind ein Raum der Superlative. Rund 1.000 Kilometer lang und durchschnittlich knapp 200 Kilometer breit. Ein Verbund von 100 Regionen. Der Alpenbogen beherbergt die höchsten Gipfel Europas. Die höchste Dauersiedlung der Alpen liegt auf 2.126 Meter Seehöhe in Graubünden. Bei Nizza, an der Côte d'Azur, berühren die Alpen das Mittelmeer. Keine Großlandschaft Europas ist so vielfältig und bietet so unterschiedliche Kulturlandschaften auf engstem Raum.

Rund 20 Prozent der europäischen Flora sind alpin und viele endemische Arten findet man ausschließlich im Hochgebirge. Aber auch für einen Teil der Agrobiodiversität, nämlich die Vielfalt an heimischen Nutztierrassen, nimmt der Alpenraum gegenüber den Gunstlagen im Alpenvorland und den Ebenen eine Sonderstellung ein.

Der rasante Strukturwandel in der Landwirtschaft im 19. und 20. Jahrhundert hat vor allem die Kulturlandschaft in den Gunstlagen massiv verändert. Viele der ehemals vorhandenen Allmendweiden, Waldweiden und extensiven Hutweiden sind heute verschwunden. Die Flächen wurden melioriert und in ertragreiche Wiesen umgewandelt, verbaut oder aufgeforstet. Mit dem Verlust dieser Nutzungstypen sind auch viele Haustierrassen verschwunden. Die Motorisierung in der Landwirtschaft, die geänderten Essgewohnheiten und die Züchtung immer mehr leistungsfähiger Rassen führte zu einem enormen Verlust an Nutztierrassen, die an extensive Standortverhältnisse und Haltungsformen angepasst sind. Dieser Kulturlandschaftswandel hat zwar vorwiegend die Gunstlagen des Alpenvorlandes und der Ebenen verändert, aber auch den Alpenraum getroffen.

Bereits im 19. Jahrhundert setzte dieser Umbruch in der Landnutzung ein. Während in den Südalpentälern vielfach ganze Talschaften und Alpgebiete aufgegeben wurden, war die Situation in den Nordalpen vorerst nicht in dem Maß dramatisch. Aber mit dem massiven Verlust an Arbeitskräften in der Landwirtschaft während der Wirtschaftswunderjahre zwischen 1950 und der Mitte der 1970er-Jahre kam es zu tiefen Einschnitten. Ab den 1970er-Jahren sank die Bedeutung der Almwirtschaft auf einen Tiefpunkt. Viele Almen wurden aufgelassen, unterhalb der Waldgrenze wurden Flächen wieder zu Wald.

Die leistungsgesteigerten Nutztierrassen sind heute für die Haltung im Berggebiet und für die Alpung nur mehr bedingt geeignet. Das Dogma der Leistungsorientierung setzte auf einige wenige Leistungsmerkmale. Eigenschaften wie Trittsicherheit, Genügsamkeit oder standortangepasste Größe kamen ins Hintertreffen. Das Grünfutter auf der Alm reicht auch nicht für die Produktion hoher Milchleistungen von bis zu 40 Kilogramm Milch pro Tag. Grenzertragsflächen außerhalb der Almzentren können dann aufgrund der eingesetzten Tierrassen nicht mehr genutzt werden und verbrachen. Heute wird oft versucht, durch Verbesserung der Almweiden und Haltungsformen mit Kraftfuttereinsatz die Alpnutzung in Teilbereichen auch für Hochleistungstiere zu ermöglichen. Damit gehen aber die aus naturschutzfachlicher Sicht wertvollsten Flächen wie auch die Nutzungs- und Strukturvielfalt der Almen verloren.

Gegen Ende des 20. Jahrhunderts erkannte man glücklicherweise, dass es „fünf vor zwölf" war, um den Lebensraum wie das Potenzial alteingesessener Nutztierrassen zu erhalten. Der Alpenraum verfügt noch über eine vergleichsweise große Vielfalt an Nutztierrassen bei einzelnen Tierkategorien. Auch wenn diese, im Vergleich zur Situation vor rund 150 Jahren, nur mehr einen kümmerlichen Rest darstellt.

Seit dem Neolithikum prägen Nutztiere die Landschaft

Seit vor rund 7.000 Jahren Menschen in Europa sesshaft wurden, um Ackerbau, Grünlandwirtschaft und Viehzucht zu betreiben, wurde die Naturlandschaft der Alpen sukzessive bis auf die Hochgebirgslandschaft zurückgedrängt und in eine Kulturlandschaft umgewandelt. Diese Eroberung erstreckte sich also über einen langen Zeitraum, verlief in unterschiedlichen Wellen, immer wieder unterbrochen von Terrain-Rückgewinnen durch die Natur, insbesondere in Phasen von Klimaabkühlungen (400 bis 600 n. Chr. sowie 1550 bis 1850) und politisch instabilen Epochen. Die Nutztiere spielten bei diesem Vordringen des Menschen in die Naturlandschaften der Alpen eine zentrale Rolle.

Autochthone und gefährdete Nutztierrassen und Schläge des Alpenraumes

	Rinder	Schafe	Ziegen	Pferde	Schweine	Gebrauchs-hunde	Hühner	Gänse	Enten	Perlhuhn	
Italien	13 (7)	27 (22)	15 (15)	1 (0)	1 (1)	4 (4)	2 (2)	1 (1)	0	0	
Frankreich	4 (2)	5 (3)	3 (2)	0	0	2 (1+1*)	0	0	0	0	
Deutschland (Bayern)	3 (3)	6 (3)	0	1 (1)	0	1 (1)	1 (1)	1 (1)	1 (1)	0	
Österreich	9 (8)	7 (6)	7 (6)	3 (2)	0	2 (2)	3 (3)	1 (1)	1 (1)	1 (1)	
Slowenien	1 (1)	3 (2)	1 (1)	2 (1+1*)	1*(1)	1 (1)	2 (2)	0	0	0	
	30 (21)	48 (36)	26 (24)	6 (3)	2 (2)	10 (10)	8 (8)	3 (3)	2 (2)	1(1)	136 (110)

*randliches Verbreitungsgebiet bzw. Transhumanz
( ) Klammerwerte stehen für zumindest gefährtete (wenig verbreitete) Rassen und Schläge

Einerseits als Zug-, Last- und Arbeitstiere bei der Urbarmachung des Bodens, aber auch durch die Weidenutzung.

Die Waldgrenze entsprach in der Bronze- und Eisenzeit weitestgehend dem heutigen Niveau und lag damit 300 Meter unter ihrer natürlichen Höhenlage. Die Klimaabkühlung und der damit einhergehende Rückgang der Alpwirtschaft führten gegen Ende der Römerzeit zu einem stetigen Ansteigen der Waldgrenze. Die schwindende Nutzung der subalpinen und alpinen Wiesen und Weiden in den Nord- und Südalpen sowie im Engadin ist durch einen Rückgang von Weidezeigern und eine starke Zunahme der Grünerle (*Alnus viridis*) in Pollendiagrammen belegt.

Im frühen Mittelalter prägten subalpine Fichtenwälder die Nord- und Südalpen. Im Gegensatz zur aktuellen Baumartenzusammensetzung fehlte in den Nördlichen Kalkalpen die Lärche fast vollständig. In den Zentralalpen herrschte die Zirbe (*Pinus cembra*) vor.

Anhand von Pollenanalysen und Ergebnissen von archäozoologischen Grabungsfunden lässt sich ein ungefähres Bild der Landschaftsstruktur des frühen Mittelalters herstellen. Es zeigt sich eine gewisse Kontinuität in der Landnutzung seit der römischen Zeit, mit einer gleichmäßig vom Menschen genutzten Landschaft mit offenen und lichten Gebieten. Diese waren in die stärker bewaldeten Gebiete eingebettet. Mit Ausnahme des Anstiegs der Waldgrenze ist eine großflächige Wiederbewaldung nicht erkennbar (Maise 2005).

Die kombinierte Nutzung des Grünlandes in Form von Wiesen und Weiden kann anhand des Pflanzenspektrums der Siedlungen nachvollzogen werden, so zum Beispiel Waldweidenutzung sowie die Weidenutzung von Brachen der Feldgraswirtschaft. Auch die Nutzung von Feuchtwiesen zur Gewinnung von Einstreu oder Heu (wahrscheinlich Rossheu) ist bereits nachweisbar (Hüster-Plogmann/Kühn 2005).

Die naturnahen Eichen- und Erlenwälder der tieferen Lagen an der Alpensüdseite wurden bereits in der römischen Zeit gerodet und durch Edelkastanien (*Castanea sativa*) ersetzt. Daneben erfolgte eine niederwaldartige Nutzung von Hainbuchen (*Carpinus betulus*) und Hopfenbuchen (*Ostrya carpinifolia*). Die Intensivierung und Ausdehnung der Grünlandwirtschaft führte zu einem Zurückdrängen der Buchenwälder in der montanen Stufe.

Ab dem 6. Jahrhundert n. Chr. nahm die Bedeutung von Ackerbau und Viehwirtschaft an der Alpensüdseite sukzessive zu (Maise 2005). Seit der Römerzeit wird Getreide in Form der Feldgraswirtschaft angebaut. Aber erst im Hochmittelalter dürfte sich, ausgehend von den karolingischen Klöstern, die Dreifelderwirtschaft mit der Fruchtfolge von Sommergetreide, Wintergetreide und Brache im Jahresturnus durchgesetzt haben.

Mit der Erfindung des Kummets löste das Pferd den Ochsen als Zugtier ab. Das Pferd konnte rascher arbeiten und zudem schwerere Lasten und den neu erfundenen, rädernen Eisenpflug ziehen. Zudem führte die Dreifelderwirtschaft zu einer Ertragssteigerung.

Die Allmendweiden sind für den nördlichen Teil der Alpen und das Alpenvorland eine landschaftsprägende Nutzungsform halboffener Kulturlandschaften. Sie entstanden im frühen Mittelalter durch Abtrennung des Gemeinschaftsbesitzes vom Eigenland. In der Karolingischen Zeit gingen die Allmendweiden in den Besitz des Königs über. Im Hochmittelalter waren sie Teil der Besitztümer der weltlichen und kirchlichen Herrscher (Strohwasser/Lederboden 2004).

Der strukturelle Wandel in der Landwirtschaft führte zu einer zunehmenden Aufspaltung der Nutzungsformen, insbesondere unterschied man bald genauer zwischen Wald und Weide.

Die neolithische Revolution in Europa

In der zweiten Hälfte des 6. Jahrtausends v. Chr. lernte der Mensch, Landwirtschaft, also Ackerbau und Viehzucht, zu betreiben. Weil sich damit die Lebensverhältnisse von Grund auf änderten und erstmals in Ansätzen eine Kulturlandschaft entstand, spricht man von der sogenannten neolithischen Revolution, die vom Vorderen Orient kommend über den Balkan und das Mittelmeer Europa und den Alpenraum erreichte. Wie neuere genetische Analysen belegen, war die Domestikation von wichtigen Nutztieren wie Pferd, Schwein, Schaf, Rind und Wasserbüffel nicht auf einen Ort und auch nicht auf eine einzige Region konzentriert. Über ihre Verbreitung weiß man, dass die neuen jungsteinzeitlichen Wirtschafts- und Lebensweisen entweder stufenweise von den Nachbarn übernommen wurden oder einwandernde Bauernvölker die mittelsteinzeitlichen Jäger und Sammler verdrängt beziehungsweise zur Anpassung gezwungen haben. Damit gibt es zwei Modelle für das Auftreten der produzierenden Wirtschaftsweisen von Ackerbau und Viehzucht in Mitteleuropa.

Der Alpenbogen war jedoch bereits in vorneolithischer Zeit erschlossen, die unterschiedlichen Nutzungsweisen führten dabei zu verschiedenartigen Siedlungsformen. Bereits in der Altsteinzeit folgten Jäger und Sammler den großräumigen jahreszeitlichen Wanderungen der Wildtiere von den Winterweiden in den Flusstälern und an der Riviera in die Hochalpen, sowie diese schneefrei waren. Ein Beispiel dafür ist das Minière-Tal um den Mont Bégo in den französischen Seealpen. Felsmalereien aus der Zeit um 8.000 v. Chr. belegen die frühe Entdeckung der alpinen Hochweiden. Es ist anzunehmen, dass dieses Wissen über die guten Sommerweiden der Wildtiere von der Jäger- und Sammlerkultur an die ersten Viehzüchter weitergegeben wurde. Diese prähistorischen Alpgebiete in einer Seehöhe von 2.200 bis 2.300 m boten aufgrund der späten Schneeschmelze gute Weideflächen gegenüber den sommertrockenen Gebieten an der Riviera (Bätzing/Kleider 2010). Das Gebiet um den Mont Bégo ist neben dem Valcamonica in der Lombardei die größte Fundstätte für Felszeichnungen und wird auch als Tal der Wunder bezeichnet.

Für das 6. Jahrtausend und die erste Hälfte des 5. Jahrtausends gibt es bereits erste Spuren einer Siedlungstätigkeit im Alpenraum. Es kommt zu einer Öffnung des Waldbildes durch Rodung zur Weidelandgewinnung für die Tierhaltung. Indizien dafür sind die Zunahme von Weidezeigern wie Spitzwegerich, Wacholder, Beifuß, Gänsefußgewächsen sowie der Pioniergehölze Hasel und Birke.

Dauerhafte jungsteinzeitliche Besiedelungen findet man in den Schweizer Alpen primär unter 600 m Seehöhe oder in den klimatisch begünstigten inneralpinen Trockentälern, auf Braunerde- oder Parabraunerdeböden. Dichter besiedelt sind die Seen des Mittellandes sowie trockene Terrassen entlang der größeren Flusstäler. Extensiv genutzt werden dagegen die Nebentäler sowie Gebiete um Kleinseen und in Moorgebieten. Es liegen aus dieser Zeit bereits Hinweise für saisonale Weidenutzungen oberhalb der Waldgrenze vor (Stöckli/Niffeler/Gross-Klee 1995).

Im Alpenvorland von Süddeutschland und Österreich breitete sich dagegen die bandkeramische Kultur vom Balkan kommend über den Donauraum primär entlang der Löss-Standorte aus.

Besiedelt wurden anfangs die Uferbereiche der großen Seen und in weiterer Folge geschützte Höhenlagen entlang der Flusstäler (Pucher/Schmitzberger 2012).

Für die Zentralalpen liegen für die Zeit um 3.800 v. Chr. Belege für eine vermehrte Alpweidenutzung vor, so im Engadin (Motta Naluns) auf 2.170 m Seehöhe. Kennzeichen dafür sind die Zunahme von Erikagewächsen und Wacholder. Vor allem ab der Bronzezeit werden im Alpengebiet immer mehr Almen und Hochweiden genutzt.

Die neolithischen Seeufersiedlungen des Alpenvorlandes (4.300 – 2.400 v. Chr.) legen sich wie ein Gürtel um den Alpenbogen. Der besonders gute Erhaltungszustand der Fundkomplexe in dem sauerstoffarmen Milieu der Verlandungszonen der Seen liefert detaillierte Kenntnisse über die Bedeutung der Haustiere in dieser frühen Phase der Besiedelung der Alpen.

Um 4.300 v. Chr. datieren die ältesten Seeufersiedlungen in der Schweiz, sie weisen bereits einen hohen Anteil an Haustierknochen von rund 50 Prozent auf (Schiler/Chaix 1995). In den Kochtöpfen der neolithischen Menschen wurden Haus- und Wildtiere in stark schwankender Zusammensetzung zum Verzehr vorbereitet, das Nahrungsangebot war eben noch nicht konstant. Als Ursachen kommen auch Ernteeinbußen bei

Vor allem in den lombardischen und piemontesischen Alpen findet man bei Schafen und Ziegen noch Vertreter sehr ursprünglicher, bodenständiger und an den Standort angepasster Rassen.

Die Abbildung zeigt einen Hirten mit seinem Bergspitz in Innergschlöß, Nationalpark Hohe Tauern, Tiroler Anteil, um 1940.
Foto: J. Niederegger

dem noch jungen Getreideanbau in Frage, die mit Wildbret kompensiert wurden.

Gegen Ende der jungsteinzeitlichen Cortaillod-Kultur (4.300 bis 3.900 v. Chr.) findet man gebietsweise eine relativ hohe Anzahl an Hundeknochen in Fundkomplexen, was bereits auf eine enge Beziehung zwischen Mensch und Tier schließen lässt.

Ab dem zweiten Viertel des 3. Jahrtausends v. Chr. kommt es in den schnurkeramischen Siedlungen zu einer Intensivierung der Haustierzucht, insbesondere der Schafzucht. Die Schafwolle gewinnt an Bedeutung als Textilrohstoff und löst den Leinanbau der Cortaillod-Kultur ab. Im ostalpinen Raum nimmt die von der mitteleuropäischen Kultur geprägte Rinderzucht von Beginn an einen höheren Stellenwert ein. Dagegen weisen die kulturell und wirtschaftlich von Süden und Südwesten beeinflussten Alpenregionen einen höheren Anteil an Kleinwiederkäuern, also an Schafen und Ziegen, auf (Stöckli/Niffeler/Gross-Klee 1995).

Auffallend groß waren die frühneolithischen Rinder, die sich über den Balkan-Donauraum kommend am Ostrand der Alpen ausbreiteten. Die Kühe wiesen eine für diese frühe Phase erstaunlich große Widerristhöhe von 130 cm auf. Klein dagegen waren die Nutztiere der Pfahlbausiedlungen der Alpenvorlandseen. Es wird angenommen, dass diese Siedlungskultur von der Mittelmeerküste und den Südalpen beeinflusst wurde und damit eine gegenüber der donauländischen Kultur eigenständige Entwicklung durchlief. Die Größe der Nutztiere nahm vom frühen Neolithikum bis zum späten Neolithikum (um 4.200 bis 4.000 v. Ch.) insgesamt deutlich ab.

Nicht nur die Nutztiere wurden in der frühen Phase der Domestikation hinsichtlich bestimmter Verhaltensweisen und später in Bezug auf die Leistungseigenschaften selektiert. Auch der Mensch hat sich in Form einer genetischen Koevolution an das Nutztier angepasst. Das für die Laktoseverträglichkeit verantwortliche Gen hat sich in Mitteleuropa im Spätneolithikum stark verbreitet. Ein Indiz für den vermehrten Milchkonsum, der Ernährungsvorteile mit sich brachte. Es ist anzunehmen, dass in Reaktion darauf das Rind auf eine höhere Milchleistung selektiert wurde (Pucher/Schmitzberger 2012).

Bis zur Bronzezeit um 2.000 v. Chr. verschwimmen jedoch diese Unterschiede. In der Mittelbronzezeit sind die Nutztierkategorien wieder deutlich kleiner. Knochenfunde belegen Rinder mit einer Widerristhöhe von lediglich rund 115 cm. In dieser Epoche kommt es zur Entwicklung der alpinen Milchrinder im Ennstaler Bergscheckentyp. Im Alpenraum kommt es in der Bronzezeit zu einer verstärkten Nutzung von Almen und Hochweiden.

Während der Römerzeit gelangten großrahmige Rinder in die Provinzen des Ostalpenraumes. Sie dienten zur Fleischversorgung der römischen Legionen und wurden auch als Arbeitstiere eingesetzt. Aber die Römer nutzten die Rinder aufgrund der südlich der Alpen verbreiteten Laktose-Intoleranz nicht zur Milchproduktion. Aus dem Grund kam es kaum zu Einkreuzungen in lokale milchbetonte Schläge.

Plinius der Ältere beschreibt im 1. Jahrhundert n. Chr. die norisch-rätischen Schläge der Alpen als kleinrahmige Tiere mit hoher Milchleistung, die am Kopf angeschirrt große Arbeitsleistungen erbrachten. Nachhaltiger wirkten die römischen Einflüsse im östlichen Alpenvorland. Zumindest die autochthonen Blondviehschläge des Ostalpenraumes, das sind etwa das Kärntner Blondvieh und das Waldviertler Blondvieh, weisen auch heute noch Merkmale auf, die auf einen gewissen Einfluss römischer Rinderschläge hindeuten. Es sind fleischbetonte Rassen mit vergleichsweise geringer Milchleistung und sie wurden bis zur Mitte des 20. Jahrhunderts als Arbeitstiere eingesetzt. Auch die Blondviehbestände der französischen Haute-Savoie, des Isère und des Jura, zeigen einen vergleichbaren Rassetypus mit ähnlicher Entwicklung.

Im Frühmittelalter änderte sich der Nutztierbestand ganz wesentlich. Die Fleisch- und Milchproduktion wurde auf Eigenversorgung ausgerichtet. Große und kleine Wiederkäuer, Rinder, Schafe, Ziegen und Schweine wurden zu wichtigen Fleischlieferanten. Der Anteil der Rinder, die bisher vorwiegend als Fleisch- und Milchlieferanten sowie als Arbeitstiere gedient hatten, nimmt merklich ab. Auch die Größe der Tiere geht deutlich zurück und es werden nur mehr anspruchslosere Rinder sowie vermehrt die genügsamen und robusten Kleinwiederkäuer gehalten, die auch mit minderwertigem Grünland zurechtkommen.

Das Hausschwein wurde als Fleischlieferant seit der Spätantike immer beliebter. Man hielt Selbstversorger-Herden und schlachtete nur die Jungtiere.

Die Entwicklung der alpinen Nutztiere von ihren Anfängen her

Die meisten Abstammungstheorien unserer Nutztiere gehen auf den Forschungsstand des 19. Jahrhunderts zurück. Viele der getroffenen Annahmen stehen auf tönernen Füßen und wurden mittlerweile widerlegt. Ich möchte mich damit nicht weiter aufhalten und jenen Erkenntnissen folgen, die sich als stichhaltig erwiesen haben.

Je nach Nutztierkategorie erfolgte über einen Zeitraum von bis zu 7.500 Jahren eine Anpassung an das Klima und die naturräumlichen Gegebenheiten des Alpenbogens. Hinzu kommt die Jahrtausende alte Anpassung an die Nutzungsstrategien des Menschen, wobei rein funktionelle Aspekte bis in die Neuzeit im Vordergrund standen. Unsere Nutztiere wurden so, wie sie das Klima, der Naturraum und der Mensch als Züchter formte.

Ein Schaf hat allezeit einen güldenen Fuß, denn wo es seinen Fuß aufsetzt, da ist eitel Gottes Segen.

Das Hausschaf *(Ovis ammon f. aries)*

Die Domestikation der Kleinwiederkäuer, wilder Schafe und Ziegen, kam um 9.000 v. Chr. im Gebiet des Fruchtbaren Halbmondes zustande, der sich nordöstlich des Gaza-Streifens über die Südtürkei weiter in den Südiran erstreckt. Es folgten Schweine und in weiterer Folge Rinder in den nachfolgenden 1000 Jahren. Ein ungefähres Bild der ur- und frühgeschichtlichen Nutztierhaltung im Alpenbogen lässt sich heute anhand von Tierknochenfunden recht genau skizzieren. Um 6.000 v. Chr. erreichten bäuerliche Wirtschaftsformen und damit das Hausschaf und die Hausziege den Nord- und Ostrand der Alpen über die Donau. Etwa zeitgleich erfolgte über das Mittelmeer die Besiedelung der Alpen von Süden her.

Wie die Ziege musste sich auch das Schaf, die beide aus den Trockengebieten des Nahen Ostens stammen, erst an das kühlere und feuchtere Klima der Alpen und seine anders geartete Landschaft, Fauna, die alpinen Futterpflanzen anpassen, was nur allmählich vor sich gehen konnte.

Die Schafe der neolithischen Bauern ähnelten mehr Kümmerformen der wilden Stammform und hatten noch kein Wollvlies. Sie sollten Fleisch liefern und so die aufwendigere Jagd entlasten. Dazu lieferten sie Sehnen, Knochen, Felle und Horn. Die Tiere haben sich über Jahrhunderte an den neuen Lebensraum angepasst. Die Herauszüchtung bestimmter gewünschter Eigenschaften, also die Selektion, erfolgte erst viel später.

Zu Beginn des 5. Jahrtausends v. Chr. kam es, wahrscheinlich aufgrund der schwierigen ökologischen Verhältnisse, zu einem starken Rückgang der donauländischen Schafpopulation. Die Restpopulation musste sich schrittweise an die neuen klimatischen Gegebenheiten anpassen. Aus dem 5. Jahrtausend stammen auch die ältesten Spuren der Nutztierhaltung in den Alpen im Bereich des nördlichen Alpenvorlandes und der größeren Flusstäler der Rhone, der Etsch und des Rheins. In der späten Jungsteinzeit (Kupferzeit), zu Beginn des 4. Jahrtausends, formierte sich die Pfahlbaukultur an Seeufern und Seichtwasserzonen zu einem Band, das sich von Frankreich bis Slowenien um die Alpen legte. Diese Kultur zeigte bereits erste Ansätze zu einer regelrechten Viehwirtschaft. Ihr Vieh war deutlich kleiner als jenes

DNA-Untersuchungen von Schafen aus Bayern, Slowenien und Südtirol haben gezeigt, dass der Weg zum domestizierten Vorfahren der meisten europäischen Hausschafe zu einer nicht ermittelten Wildschaf-Subspezies (*Ovis ammon ssp.*) aus Asien führt. Das Europäische Mufflon (*Ovis ammon musimon*) war ursprünglich von Süddeutschland bis zum Mittelmeerraum verbreitet. Heute ist das Mufflon nur noch auf Korsika und auf Sardinien ursprünglich. Der Gesamtbestand der Wildform liegt bei nur einigen hundert Tieren. Foto: A. Duscher

Das Montafoner Steinschaf repräsentiert noch den Typ des rauwolligen kleinrahmigen Alpenschafes, ähnlich dem Ciuta Schaf aus dem Veltlin. Um 1922, Bayer E. Foto: Archiv Jaritz

des Donauraumes, was auf südliche und westliche Einflüsse aus der Levante und dem Mittelmeerraum zurückzuführen sein dürfte. Es gab also im Spätneolithikum im nördlichen Alpenvorland zwei Nutztierpopulationen mit unterschiedlichen Verbreitungs- und Anpassungsprozessen. Auch DNA-Untersuchungen von Schafen aus Bayern, Slowenien und Südtirol haben gezeigt, dass der Weg zum domestizierten Vorfahren der meisten europäischen Hausschafe über das kleine Torfschaf (*Ovis aries palustris*, Rütimeyer 1862) zu einer nicht ermittelten Wildschaf–Subspezies (*Ovis ammon ssp.*) aus Asien führt (Wassmuth u.a. 2002).

In der Bronzezeit gewann die Wollnutzung an Bedeutung. In dieser Zeitspanne von 2200 v. Chr. bis 800 v. Chr. gab es nur grob- und mischwollige Schafe, den Charakter ihrer Wollvliese findet man heute noch bei rassetypischen Tieren der Steinschafgruppe und beim Waldschaf. Diese ostalpinen Schafe der Bronzezeit zeichneten sich weiters durch Schneckenhörner (männliche) und Hornstummeln (weibliche Tiere) aus, wie sie noch heute beim Alpinen Steinschaf rassetypisch sind.

Das Montafoner Steinschaf zeigt seine genetische Vielfalt bei den Vliesfarben. Foto: M. Stadelmann

In der Eisenzeit erreichten die Schafe südlich der Alpen sowie in den Alpen und nördlich davon eine einheitliche Größe von 60 cm Widerristhöhe und mehr. Für die mittlere Latènezeit ist eine durchschnittliche Körpergröße von 66 bis 69 cm Widerristhöhe erwiesen. Die Breitenmaße von Schafknochen zeigen für diesen Zeitraum eine große Homogenität der verschiedenen Populationen (Frauenberg bei Leibnitz, Ramsauberg bei Hallstatt, Roselsdorf/Sandberg).

Während der Römerzeit traten feinwollige und deutlich großrahmigere Tiere auf, mit über 70 cm Widerristhöhe und charakteristischen Widderhornzapfen. Diese verschwanden jedoch wieder mit dem Ende der römischen Herrschaft. Übrig blieben die Tiere der Eisenzeit, die als Vorfahren des mittelalterlichen Zaupelschafes sowie der Schafe der Steinschafgruppe und des Waldschafes anzusehen sind (Pucher 2010).

Wie die römische Herrschaft hatten auch die Zeit der Völkerwanderung und das Frühmittelalter kaum Einfluss auf die Nutztierhaltung in den Alpen. Es blieb im Wesentlichen bei den Formen und der räumlichen Verbreitung, wie sie gegen Ende der Antike Gültigkeit erlangt hatte. Kleinräumige Arealverschiebungen folgten mit der slawischen und bajuwarischen Siedlungstätigkeit. Die Vielfalt an regionalen Schafschlägen blieb aber bis zum Beginn der industriellen Landwirtschaft weitestgehend bestehen.

Schafzucht für die Wollproduktion

Am Ende des 18. und zu Beginn des 19. Jahrhunderts erreichte die Schäferei im Flachland und in den Voralpengebieten einen deutlichen Aufschwung. Adelige führten feinwollige Merinoschafe spanischer Abstammung im Alpenraum ein und züchteten diese reinrassig und zum Teil auch durch Kreuzung.

Neben der Subsistenzwirtschaft, die dem einfachen Bauern Bedarfswolle, Felle, Fleisch und Milch liefern sollte, war die systematische Schafzucht der Großgrundbesitzer auf die Wollproduktion zur Herstellung feinwolliger Vliese ausgerichtet. Der Import billiger und hochqualitativer Wolle aus Übersee, Australien und Südamerika, führte aber um 1860 zu einem Preissturz und brachte die Wollschafproduktion in Europa wieder zum Erliegen (Geßmann 1921).

Die Hausziege *(Capra aegagrus f. hircus)*

Im Gebiet des Fruchtbaren Halbmondes liegt die Wiege unserer Hausziege wie auch unseres Hausschafes. Um 9.000 v. Chr. wurde die Bezoar Ziege (*Capra aegagrus aegagrus*) zum Haustier und lieferte seither die genetische Grundlage für die Hausziegenrassen weltweit. Erst rund 3.000 Jahre nach der Domestizierung der kleinen Wiederkäuer im Vorderen Orient erreichten die ersten bäuerlichen Siedler und mit ihnen die ersten Schafe und Ziegen um 6.000 v. Chr. den Alpenraum. Es ist anzunehmen, dass die Ziege relativ zeitgleich mit dem Schaf im Zuge der Migration entlang der Donau den Ostrand der Alpen erreichte. Parallel dazu erfolgte die Besiedelung am Südrand der Alpen über das Mittelmeer.

Nach Erich Pucher stieß die Schaf- und Ziegenhaltung trotz des damaligen Klimaoptimums aufgrund der völlig anderen ökologischen Bedingungen in Mitteleuropa an ihre Grenzen. Schaf wie Ziege stammen aus den Trockengebieten des Nahen Ostens und ihre Anpassung an die neuen, kühleren und feuchteren Umweltbedingungen dauerte Jahrhunderte.

Im Gegensatz zum Schaf, das sich durch die züchterische Selektion vom muffelähnlichen Haarschaf zum Wollschaf grundlegend wandelte, blieb dabei die Ziege, mit Ausnahme steigender Milchleistung und Änderungen in der Größenentwicklung, im Alpenraum über alle Zeitepochen weitestgehend unverändert (Pucher 2010). Erreichten die Wildformen noch Widerristhöhen von einem Meter, so waren die neolithischen Ziegen mit 59 bis 65 cm Widerristhöhe bereits sehr grazil. Nach 11.000 Jahren Selektion findet man heute bei den ursprünglichen Ziegenrassen der Alpen aber noch äußere Merkmale, die auf die Stammform der Hausziege hinweisen. Dazu gehören etwa die Abzeichen der Bezoar Ziege, die auch Alpina Comune, Pinzgauer Strahlenziege und Pezzata Mocheni aufweisen. Die heutigen autochthonen Ziegenrassen der Alpen ähneln in Größe und Wuchsform den neolithischen Ziegen. Die gemeinsamen Merkmale sind die säbelförmig gebogenen Hornzapfen mit halbkreisförmigem Querschnitt und keiner bis nur leichter Torsion.

Die Stammform unserer alpinen Hausziegen war in mehreren Unterarten in Westasien von Anatolien über die Kaukasus-Region bis Pakistan verbreitet. Die bekannteste davon ist die Bezoar Ziege. Bestände auf einigen griechischen Inseln

und im Oman gehen vermutlich auf früh verwilderte Tiere zurück.

In der Körperform ähnelt die Hausziege stark ihrer Urahnin. Die Bezoarböcke erreichen eine Widerristhöhe von bis zu 95 cm. Sie tragen die charakteristischen säbelförmigen, nach hinten gebogenen Hörner, die wir auch bei unseren alpinen Ziegenrassen wiederfinden. Das Horn wird bis zu 1,3 Meter lang. Die Geißen der Wildform sind deutlich kleiner, auch das Horn ist schwächer und kürzer ausgebildet.

Wo die naturräumliche Situation eine Rinderhaltung nicht ermöglichte, war die Ziege neben dem Schaf der wichtigste Milchlieferant. Sie hat im Verhältnis zu ihrem Körpergewicht eine hohe Milchergiebigkeit, da sie im Vergleich zur Kuh die drei- bis fünffache Menge an Futter aufnehmen kann.

Karl der Große förderte die Ziegenhaltung auf seinen Hofgütern. Im „Capitulare de villis vel curtis imperialibus", der ersten Land- und Wirtschaftsordnung des Mittelalters, ist die Aufforderung niedergeschrieben, möglichst große Ziegenherden zu halten. In den Ostalpen löste die Kuh bereits im ausgehenden Hochmittelalter die kleinen Wiederkäuer als wichtigster Milchlieferant ab. In den italienischen Westalpenregionen hat die Ziege durch die vielfach zersplitterte Besitzstruktur und die schwierigen Bewirtschaftungsbedingungen gebietsweise bis heute Tradition.

oben: Die Pinzgauer Strahlenziege (brauner Farbschlag) zeigt trotz elftausendjähriger Selektion durch den Menschen noch Merkmale der Stammform, der Bezoar Ziege. Wie bei der Wildziege erstreckt sich entlang des Rückens und im Bereich der Schulter vom Rücken zur Brust ein schwarzer Streifen. Im Sommer wird das Fell kürzer und die Grundfarbe rötlichbraun.
unten: Die Bezoar Ziege (*Capra aegagrus aegagrus*) ist die Stammform unserer Hausziegen.
Foto: A. Aichhorn

Das Nutzgeflügel in den Alpen

Geflügel gehörte schon immer zu den typischen Nutztieren bäuerlicher Betriebe im Alpenraum. Vor allem Hühner, aber auch Enten und Gänse, waren fast auf jedem Hof zu finden. Sie lieferten Eier, Fleisch, Federn, Daunen und waren für die Vertilgung von Schädlingen wichtig. Bereits im frühen Mittelalter stellten sie eine begehrte Naturalabgabe des Zehents.

In der ersten Hälfte des 20. Jahrhunderts, vor allem in den Kriegs- und Zwischenkriegsjahren, war das Nutzgeflügel unentbehrlich für die Sicherstellung der Ernährung. In den 1950er-Jahren ist es dann still geworden auf den Bergbauernhöfen und in den Dörfern des Alpenraumes. Mit dem Strukturwandel in der Landwirtschaft und der zunehmenden Spezialisierung der Betriebsformen sind auch alte Kultursorten verschwunden. Frei laufende Hühner, Gänse und Enten waren einst ein vertrautes Bild des Landlebens, wie man es heute nur mehr in sehr traditionellen Gebieten Rumäniens vorfindet. Die Landgänse sind in gewisser Weise ein Indikator für die Naturferne unseres heutigen Siedlungsraumes.

Erstmals im 18. Jahrhundert wurden aschgraue Puten erwähnt. Die Blaue Pute wurde erst nach 1907 vom Sonderverein Deutscher Puten- und Perlhuhnzüchter rein gezüchtet und anfangs noch als Schieferblaue Pute geführt, da die Tiere alter Zuchtrichtungen zu Beginn viele Schwarzeinlagerungen im Mantelgefieder aufwiesen.

Ein überzogenes Hygienebewusstsein und die Verunsicherung durch die Vogelgrippe beförderten und beschleunigten noch die Verbannung des Groß- und Kleingeflügels von den Höfen. Auswüchse der industriellen Massentierhaltung führten aber gerade beim Nutzgeflügel zu einem neuen Bewusstsein für qualitativ wertvolle und regionale Lebensmittel. Auch in Folge der Wirtschaftskrise verspüren wieder mehr Menschen den Wunsch nach Selbstversorgung. Damit gewinnt die Geflügelhaltung erneut an Stellenwert.

Das Haustruthuhn *(Meleagris gallopavo f. dom.)*

Das wilde Truthuhn ist im südlichen Nordamerika, von Mexiko bis nach Kanada beheimatet und die größte Art unter den Hühnervögeln. Der Lebensraum der Wildtruthühner ist vielfältig und reicht von den subtropischen Regionen bis in die Eichen- und Kiefernhochwälder. Truthühner zählen zur Ordnung der Hühnervögel, die Gattung ist nur mit einer Art, dem Bronzetruthuhn (*Meleagris gallopavo*) und sieben Unterarten vertreten. Truthühner haben einen ausgeprägten Geschlechterdimorphismus. Die männlichen Tiere werden etwa doppelt so schwer wie die weiblichen.

Bereits um 500 n. Chr. domestizierten die Ureinwohner Nordamerikas aus der Wildart Bronzetruthuhn das Haustruthuhn (*Meleagris gallopavo domestica*). In der mesoamerikanischen Kultur der Azteken des 14. bis 16. Jahrhunderts, im heutigen Mexiko, war das Truthuhn ein wichtiger Fleischlieferant. Nach R. D. Crawford (1984) wurden die ersten Haustruthühner vermutlich durch spanische Seefahrer im frühen 16. Jahrhundert als sogenannte „Indische Hühner" nach Europa eingeführt und rasch verbreitet. Bereits um 1520 kam das erste Paar nach Rom. Für 1538 sind Truthühner in Frankreich nachgewiesen, wenig später auch in England. Im deutschsprachigen Raum sind diese großen Hühnervögel erst nach 1530 nachgewiesen. In Thüringen wurden 1560 auf einer Hochzeit 150 Puten verspeist (Zeuner 1963).

Der früheste Nachweis von Truthühnern im Alpenraum stammt aus einem frühneuzeitlichen Fundkomplex des Wirtshauses Schinagl in der Stadt Salzburg des 16. Jahrhunderts. In der Renaissance und im Barock wurden die Haustruthühner von Gutsherren und auf den Fürstenhöfen gehalten. Für den Alpenraum sind keine autochthonen Putenrassen und Schläge nachgewiesen. Um 1900 wurden in Mitteleuropa neben den Gemeinen Puten die großen, schweren, bronzefärbigen Puten, schwarze Puten, weiße oder sogenannte Virginische Puten, gelbe und rote Kupferputen, blaue sowie gescheckte und gesäumte Putenfarbschläge gehalten. Unter den seltenen Putenrassen werden in Österreich,

Deutschland und der Schweiz die Blaue, Bronze und Cröllwitzer Pute gezüchtet. In Norditalien ist die Bronzato comune, die Gemeine Pute, als einzige Putenrasse weit verbreitet. Daneben findet man weniger verbreitete Rassen wie Bronzato dei colli euganei in der Region Veneto und die Rasse Brianzolo in der Provinz Lombardei.

In der intensiven Putenhaltung werden nur Masthybridlinien gezüchtet und leichte wie mittelschwere und schwere Masttypen gehalten. Die Mastlinien der Truthühner gehen auf die Rassen Große Weiße Pute (British White und American White) sowie auf Bronzeputen und Rote Bourbon Puten zurück.

Das Landperlhuhn *(Numida meleagris f. dom.)*

Es stammt aus den nordafrikanischen Mittelmeerstaaten und Regionen südlich der Sahara. Heute existiert nördlich der Sahara vermutlich nur mehr ein isoliertes natürliches Vorkommen einer Unterart des Helmperlhuhns (*Numida meleagris sabyi*) im Nordwesten Marokkos. Man trifft es in den gebirgigen Regionen des Atlas in Höhen von bis zu 3.000 Meter an. Zur Gattung zählen sechs Arten, wovon das Helmperlhuhn vom Menschen domestiziert und zum Haustier gemacht wurde. Der Artname leitet sich von der historischen Landschaft Numidien (heute Algerien und Tunesien) ab, da die Römer diese Region für das Ursprungsgebiet dieser Haustiergattung hielten. Das war ein Irrtum, bereits im alten Reich Ägyptens (ca. 2.707 bis 2.216 v. Chr.) wurden Perlhühner domestiziert. Phönizier, Griechen und später auch die Römer schätzten Perlhühner als besondere Delikatesse. Mit dem Niedergang des römischen Reiches verschwand das Perlhuhn vermutlich wieder aus Europa und wurde im 16. und 17. Jahrhundert von den Spaniern und Portugiesen neuerlich aus Nordafrika eingeführt und domestiziert. Über die Türkei gelangte das Perlhuhn dann nach Mitteleuropa und in den Alpenraum.

Landperlhühner wurden aufgrund ihrer Wachsamkeit oft gemeinsam mit Haushühnern gehalten. Ihr durchdringender Ruf warnte anderes Nutzgeflügel wie auch den Menschen vor Gefahren. Gleichzeitig hat diese Eigenschaft auch das Verschwinden dieser heimischen Nutzgeflügelart verursacht. Die Toleranz gegenüber Tierlauten ist oft unterentwickelt. Das europäische Land- oder Bauernperlhuhn, eine nichthybride Landrasse, war bis in die 1960er-Jahre in Oberitalien sowie im östlichen Teil der Ostalpen verbreitet.

Die Hausgans *(Anser anser f. domestica)*

Sie ist das größte Nutzwassergeflügel des Alpenraumes. Alle europäischen Hausgänserassen und Landschläge stammen von der Graugans (*Anser anser*) ab. Sie ist ein heimischer Brutvogel im Alpenraum.

Die Schwanengans (*Anser cygnoides*) ist eine weitere Stammform einer Hausgänse-Rasse, der Höckergans. Das Ursprungsgebiet dieser sehr großen, braunen Gänseart ist der zentralasiatische Raum. Bereits vor rund 1.000 v. Chr. wurde die Wildform in China domestiziert.

Die Höckergans ist nur bedingt flugfähig. Benannt wurde sie nach dem Höcker auf dem Oberschnabel, der beim Ganter stärker hervortritt und bei der Wildform nicht so markant ausgeprägt ist.

Historische Erwähnungen von Hausgänsen sind meist älter als sichere archäozoologische Nachweise, da Knochenfunde lange Zeit nur sehr vage von jener der Stammform, der Graugans, unterscheidbar waren. Westslowakische Skelettfunde aus Gräbern der späten Hallstatt- und frühen Latènezeit (um 500 v.Chr.) lassen allerdings Hausgänse vermuten. Vermutlich hat sich die Gänsehaltung nach einer persönlichen Mitteilung von Erich Pucher gemeinsam mit der Hühnerhaltung im Alpenraum verbreitet.

Bis zur Mitte des 20. Jahrhunderts waren Landgänse in verschiedenen, im äußeren Erscheinungsbild meist ähnlichen Landschlägen über den gesamten Alpenraum verbreitet. Unterschiede in Haltung und Ernährung brachten variierende Landschläge hervor. Zu den autochthonen, noch existierenden Landgänse-Schlägen

Das Landperlhuhn zählte in den Ost- und Südalpenregionen zu den verbreiteten Nutzgeflügelarten. Es ist beinahe in Vergessenheit geraten. Im Bild ein Österreichischer Landperlhahn. Foto: W. Abel

Die Graugans ist die Stammform aller europäischen Landgänserassen und Schläge. Foto: K. Grafl

unten: Die Bestände der Österreichischen Landgans wurden infolge behördlicher Maßnahmen und der großen Verunsicherung der Bevölkerung bei Ausbruch der Vogelgrippe 2006 stark dezimiert. Foto: E. Mayer

Das Bankiva Huhn, auch Rostfärbiges Wildhuhn. Baldamus und Beeck, 1908. Foto: Archiv Jaritz

Armin Arbeiter hat aus uneinheitlichen Landschlägen des Sulm- und Seggautales um 1900 den schwereren Typ des Steirer Huhns als schweres Wirtschaftshuhn für die Ackerbaugebiete erzüchtet. Ziel war ein raschwüchsiger, großvolumiger und mastfähiger Hühnerschlag. Die Gefiederfarbe war anfänglich nebensächlich. Sulmtaler Hahn und Henne. Aquarell von K. Zander (1910/1915). Foto: Archiv Jaritz

und -rassen zählen die Pezzata Venata (Venezianer Gans) sowie die Bayerische und die Österreichische Landgans. Die Friauler Gans zählte ebenfalls dazu, sie entsprach einem sehr variablen Landgänsetyp und wurde züchterisch kaum bearbeitet. In der zweiten Hälfte des 20. Jahrhunderts wurden in die friulanischen Landschläge vermehrt Romagna und Emden Gänse eingekreuzt und der heimische Landschlag gänzlich verdrängt. Bis in die zweite Hälfte des 20. Jahrhunderts war dieser Landschlag in Friaul noch weit verbreitet. Heute gilt die Friulaner Gans als ausgestorben.

Neben Friaul-Julisch Venetien und dem Veneto gilt die Lombardei als ehemaliges Zentrum für die Gänsezucht. Es ist anzunehmen, dass in der Lombardei aus verschiedenen Landschlägen einige Rassen entstanden sind. Lombardische Landgänseschläge sind jedoch nicht bekannt.

Bereits die Kelten hielten Gänse als Haus- und Kulttiere. In Rom bewachten die „heiligen Gänse" das Capitol, den Mittelpunkt des römischen Reiches. Die keltischen Druiden nutzten die wetterfühligen Vögel für ihre Weissagungen. Am 11. November, wenn das Sternbild der Plejaden am Sternenhimmel erscheint, wurden die Gänse aus rituellen Gründen geschlachtet. Die Kelten setzten diese Himmelserscheinung dem Winteranfang gleich. In vielen Regionen Österreichs wird der 11. November, der Martinstag, auch heute noch mit einem traditionellen Ganslessen gefeiert. Der Martinstag war früher auch Zinstag, an dem ein neues Bauernjahr begann, dazu vielerorts ein Bauernfeiertag, an dem nicht gearbeitet wurde. Er war auch Schlachttag für jenes Vieh, das nicht über den Winter durchgefüttert werden konnte.

Das Haushuhn *(Gallus gallus f. domestica)*

Das aus Südostasien stammende Bankivahuhn (*Gallus gallus*), nach neueren Erkenntnissen auch das indische Sonnerathuhn oder Graues Kammhuhn (*Gallus sonneratii*) zählen zu den Vorfahren unserer Haushühner. Nach J. Eriksson wurde vor 4.500 bis 5.000 Jahren das Bankivahuhn domestiziert und relativ früh mit dem gelbfüßigen Sonnerathuhn verpaart. Offensichtlich wurden diese gelbfüßigen Hühner gezielt weitergezüchtet, da sich die gelben Füße nur rezessiv vererben, also nur, wenn beide Elternteile dieses Merkmal tragen (Eriksson/Larson u.a. 2008).

In der älteren Eisenzeit gelangten mit dem Handel der am Mittelmeer lebenden Völker Haushühner erstmals aus Südasien und Indien nach Mitteleuropa und in den Alpenraum. Es handelte sich um vergleichsweise kleine Hühner, die nur wenige Eier legten (Pucher 2010). Vermutlich brachten die Phönizier das Huhn von ihren Handelsreisen an die Mittelmeerküsten Frankreichs und Italiens mit. So lag etwa in Monaco, am südöstlichen Rand der Alpen, ein antiker Handelsplatz der Phönizier. Die Römer betrieben die Geflügelzucht bereits auf einem sehr hohen Niveau. Die Hühner waren bereits deutlich größer und besaßen eine bemerkenswerte Legeleistung.

„Die Hühner brauchen dreimal sieben Tage, bis aus den Eiern Kücklein werden", schreibt der römische Schriftsteller Columella. Er spricht im ersten Jahrhundert n. Chr. bereits von Legeleistungen von 200 Eiern pro Jahr!

In Mitteleuropa werden in der Geflügelrassezucht die Hühnerrassen in sieben Rassegruppen unterteilt. Dabei ist generell zwischen den schweren asiatischen und den leichteren europäischen Rassegruppen zu unterscheiden. Zweckmäßiger ist eine Gliederung hinsichtlich der Eignung und Nutzung. Dabei unterscheidet man Legerassen, Zwiehuhnrassen, Fleischrassen, Kämpfer, Zierrassen und Urzwerge. Die Zwiehuhnrassen oder Zweinutzungsrassen wurden als Selbstversorgerhuhn ab 1900 gezüchtet. Meist wurden Landhühner mit Lege- und Fleischtypen gekreuzt. Vor allem in den Notzeiten der Kriegs- und Zwischenkriegsjahre erfreuten sie sich besonderer Beliebtheit. Das vorwiegend in der Deutschschweiz gezüchtete Schweizerhuhn ist ein klassisches Beispiel für eine Zweinutzungsrasse. Ebenso zählen das AltSteirer Huhn und das ursprünglich auf Mastleistung gezüchtete Sulmtalerhuhn zu den Zwiehuhnrassen. Mit den aufkommenden Hybridstämmen und der zunehmenden Industrialisierung der Geflügelmast verloren sie in den 1950er-Jahren rasch an Bedeutung. Heute erleben diese Rassen wieder eine gewisse Renaissance.

Die Legerassen sind meist kleiner als die Fleisch- und Zwiehuhnrassen, sehr beweglich und passable Flieger. Bei diesem Nutzungstyp stand die Legeleistung im Vordergrund, er wurde daher durch die Legehybriden abgelöst. Die mediterranen Hühner vom Typ des Razza Italiana comune zählen zu den Ursprungsformen vieler Legehuhnrassen. Die verbesserte Italienerrasse Razza Italiana selezionata ist eine typische Legerasse. Sie wurde in den USA weitergezüchtet und kam als Leghorn wieder nach Mitteleuropa. Reinerbige Zuchtlinien des Leghorns begründeten die Hybridzuchtstämme.

Fleischrassen wurden gezielt auf raschen Fleischansatz gezüchtet. Unter den autochthonen Geflügelrassen der Alpen ist die frühe Zuchtrichtung des Sulmtaler Huhns ein Vertreter dieser Gruppe, da es anfänglich allein auf Mastleistung gezüchtet wurde.

Urzwerge sind von Zwerghühnern zu unterscheiden, da sie eine eigenständige Gruppe von Hühnern darstellen. Zwerghühner ist ein Sammelbegriff für Zwergformen großer Rassen. Bei den kleinen Urzwergen gibt es keine entsprechende Großform. Zu den Urzwergen zählt das Deutsche Zwerghuhn, das 1917 aus alten Landzwerghühnern erzüchtet wurde. Bis zur Mitte des 19. Jahrhunderts dürfte das ursprüngliche europäische Landhuhn vor der aufkommenden Rassezucht (bis 1850) weitestgehend dem Typ des Urzwerges entsprochen haben. Der Begriff ist irreführend, da es sich dabei um ganz ursprüngliche Landhuhn-Formen und nicht um Verzwergungen handelt. Der unverfälschte Typ des steirischen Steinhendls, das noch vereinzelt am Alpenostrand vorkommt, zählt vermutlich zu diesem alten kleinwüchsigen Landhuhntyp (siehe Kapitel „Hühnerrassen und Landschläge des österreichischen Alpenraumes").

Appenzeller Spitzhauben werden aufgrund ihres eigentümlichen Aussehens oft zu den Ziergeflügelrassen gezählt. Spitzhaubenhühner zählen neben dem europäischen Landhuhn zu den ursprünglichsten Landhuhnrassen der Alpen. Alle alten Landhuhnschläge waren vom Nutzungstyp her extensive Zweinutzungsrassen, die trotz geringer Größe sowohl für die Eiproduktion als auch für die Fleischnutzung gehalten wurden. Sie passen daher nicht in diese moderne Klassifizierung.

Ab der Mitte des 19. Jahrhunderts entwickelte sich in Mitteleuropa die planmäßige Hühnerzucht. Anfangs kamen wohlhabende Gutsbesitzer zur Einsicht, dass Hühner durch eine sorgfältige und planmäßige Zucht eine bessere Leistung bringen. Auch ästhetische Aspekte standen dabei anfangs im Vordergrund. Gegen Ende des 19. Jahrhunderts herrschte einerseits der Wunsch vor, bewährtes und bodenständiges Geflügel gegenüber fremdländischen Rassen zu erhalten (Cillier Huhn, Altsteirer Huhn), aber parallel dazu wurden die ersten Leistungsrassen in Mitteleuropa eingeführt (Leghorn). Die Notwendigkeit zur Selbstversorgung während der Krisenjahre des frühen 20. Jahrhunderts und der steigende Fleischbedarf führten auch im Alpenraum zur Züchtung von Zwiehuhnrassen und frühen Fleischrassen (Schweizerhuhn, Sulmtaler Huhn). Ausgehend von den USA kam es schließlich nach dem Zweiten Weltkrieg zu einem völligen Umbruch in der Gefügelhaltung, die sich mit den Lege- und Masthybriden immer mehr industrialisierte.

Das Steinhendl repräsentiert den ursprünglichen Landhuhntyp der südöstlichen Ostalpen. Im Bild ein zwölf Wochen alte Junghenne. Kennzeichnend ist der stark reduzierte Kamm.

Die autochthonen Landhühner der Alpen

Haubenhühner zählen zu den ältesten Haushühnern des Alpenraums. Charakteristisch für diese sehr ursprüngliche Gruppe von Landhühnern ist die auffällige Aufwölbung des Hirnschädels, die sogenannte Protuberanz. Sie tragen am Kopf eine dichte Haube aus Federn.

Bereits im Spätmittelalter des 15. und 16. Jahrhunderts werden Haubenhühner im ost- und zentralalpinen Raum erwähnt und man findet Abbildungen auf diversen zeitgenössischen Gemälden. Haubenhühner sollen bereits in den mittelalterlichen Klöstern des Erzbistums Salzburg gehalten worden sein. Der älteste Beleg stammt aus dem Fundkomplex eines Bürgerhauses in der Stadt Salzburg aus dem 16. Jahrhundert. Die Hühner kamen jedoch nicht aus einer homogenen Population, da sich unter den Fundstücken auch Tiere mit normal entwickelten Schädeln befanden. Offensichtlich existierten im frühneuzeitlichen Salzburg Haubenhühner neben Hühnern vom Typ des mitteleuropäischen Landhuhns. Auffällig war die geringe Größe der mittelalterlichen Hühner, die etwa rezenten Zwerghühnern entsprach Diese Größenangaben decken sich mit anderen Fundkomplexen aus dieser Zeit (Pucher 1991).

Neu-Tiroler Junghuhn aus der Nachzucht des Autors. Das Neu-Tiroler Huhn ist eine Rückzüchtung des vor über 100 Jahren ausgestorbenen Tirolerhuhns. Um 1900 war dieser Landschlag noch im Raum Innsbruck und in den angrenzenden Regionen verbreitet.

Die alten Landhuhnrassen, wie etwa das Sulmtaler oder Altsteirer Huhn, erreichen bei extensiver Haltung ein erstaunliches Alter. Aus Tirol ist der geflügelte Methusalem einer Sulmtaler Henne mit einem biblischen Alter von 18 Jahren belegt. Im Bild eine weizenfärbige Sulmtaler Henne mit dem charakteristischen Federschopf. Foto: J. Leonardelli

Zur Gruppe der Haubenhühner zählen auch die Appenzeller Spitzhauben. Ein weiterer Vertreter der Art war das Tiroler Huhn, ein mittelgroßer Schlag, der insbesondere im Raum Innsbruck verbreitet war, jedoch in den ersten Jahrzehnten des 20. Jahrhunderts vom Italiener Huhn und vom Leghorn verdrängt wurde. Noch 1898 wird in einer Festschrift zum fünfzigjährigen Thronjubiläum Kaiser Franz Josefs I. erwähnt, dass diese Tirolerrasse bei einer Ausstellung hohe Preise erzielt habe. Das Landhuhn wird dort auch als besonders wetterhart und widerstandsfähig gegen Krankheiten beschrieben. Eigenschaften, denen vermehrt Augenmerk geschenkt werden sollte (Stenographische Protokolle 1902).

Zwei weitere Haubenhuhn-Rassen findet man im norditalienischen, jedoch außeralpinen Raum. Das Paduaner Haubenhuhn trägt eine auffällige große Vollhaube und einen Bart. Der Kamm ist bei dieser Rasse verkümmert. Das Polverara Huhn stammt aus der gleichnamigen Gemeinde nahe Padua. Grünenfelder vermutet eine enge verwandtschaftliche Beziehung zwischen dem bereits ausgestorbenen Tiroler Huhn und den im Westen rezenten Appenzeller Spitzhauben sowie den im Veneto verbreiteten Polveraras. Seit 2010 versucht eine Gruppe von Züchtern aus der Schweiz, Südtirol und Österreich, das Tirolerhuhn über seine nächsten Verwandten zurückzuzüchten. Die Arbeitsgruppe zur Rückzüchtung des Tirolerhuhns nennt die daraus hervorgegangene Rasse „Neu-Tiroler". In der kroatischen Region Posawien findet man ebenfalls noch eine alte Haubenhuhn-Rasse mit gelben Füßen, das Posawien-Haubenhuhn.

Neben den Haubenhühnern zählen Hühner vom Typ des mitteleuropäischen Landhuhns zu den autochthonen Rassen des Alpenbogens. Das mittelschwere Altsteirer Huhn und das schwere Sulmtalerhuhn gehören ebenso dazu wie das kuckuckfärbige Grise du Vercors und die piemontesischen Landrassen Bianca di Saluzzo (Bianca di Cuneo) und Bionda Piemontese. Altsteirer und Sulmtaler Huhn tragen zwar einen Federschopf, haben jedoch keine Protuberanz und zählen nicht zu den Haubenhühnern. Der Schopf ist nur eine Besonderheit im Federkleid. Die Tiere weisen im Gegensatz zu den Haubenhühner-Rassen keine *Hernia cerebri*, also keinen Hirnbruch auf.

Als Sulmtaler Hühner ausschließlich auf Mastleistung gezüchtet wurden, kamen auch Tiere ohne Schopf und in mehreren Farbschlägen, etwa rot und wildbraun, vor. Früher wurden zur Blutauffrischung schwere Altsteirer Hähne eingesetzt, dadurch festigte sich nach einer persönlichen Mitteilung von Peter Pensold die Ausbildung des Schopfs und der weißen Ohrscheibe.

Robuste und bewährte Hühnerrassen wie das Altsteirer Huhn, das Sulmtaler Huhn oder die Appenzeller Spitzhauben haben viele Vorteile gegenüber den kurzlebigen Hybrid-Hennen. Die alten Hühnerschläge der Alpen haben noch einen ausgeprägten Bruttrieb. Nachwuchssorgen erledigen sich damit von selbst. Probleme mit der Eingewöhnung von zugekauften Hybriden oder Junghühnern aus der Kunstbrut in eine eingeschworene Hühnerschar gibt es damit nicht. Hybridhühner legen zwar viele Eier, sind jedoch nicht so fleißige Futtersucher und auf Zufütterung angewiesen. Sie sind Hochleistungstiere und „Kunstprodukte", die durch den Heterosis-Effekt wesentlich leistungsfähiger sind als ihre Elterntiere. Die Hybriden legen in 12 Monaten rund 300 bis 350 Eier. Nach dem ersten Legejahr nimmt die Leistung jedoch massiv ab. Viele Landwirte sind es inzwischen leid, den Bestand an Legehühnern nach ein bis zwei Jahren laufend zu ergänzen und besinnen sich wieder vermehrt auf die alten Hühnerrassen der Alpen.

Hühner sind im Vergleich zu den Nutzsäugetieren sehr einfach zu halten und haben eine höhere Vermehrungsrate. Trotzdem ist die Zahl der autochthonen Geflügelrassen und Schläge gegenüber den Nutzsäugetieren verschwindend gering. Begünstigt durch die hohe Vermehrungsrate und die einfache Haltung erfolgte bereits im 19. Jahrhundert eine Umzüchtung der Schläge durch Selektion und Einkreuzung fremdländischer Rassen. Einige der wenigen „heimischen" Nutzgeflügel sind vergleichsweise junge Rassen und haben zudem oft fremdländische Wurzeln, wie etwa das Schweizerhuhn (*Orpington X Wyandotten*) oder das Augsburger Huhn (*La Fleche X Lamotta*).

Die heute zumeist eingesetzten industriellen Zuchtstämme sind aufgrund extremer Inzucht durch die Züchtung auf wenige Leistungsmerkmale genetisch massiv verarmt. Sie haben bis zu 90 Prozent ihres ursprünglichen Erbgutes bereits verloren. Wichtige Informationen für das Immunsystem sind im Erbgut gespeichert. Durch diese genetische Verarmung werden die Tiere anfälliger für Krankheiten, wie etwa für die Vogelgrippe H5N1. Die gängigen industriellen Zuchtstämme für Fleisch gehen auf lediglich drei Zuchtlinien zurück, die von Legehybriden auf nur mehr eine (Muir 2008). Im Gegensatz dazu verfügen seltene extensive Landhuhnrassen über eine breite genetische Basis. Sie sind damit eine wichtige

Genreserve für die Hühnerzüchtung. Aufgrund der geringen Populationsgröße sind aber spezielle Gen-Erhaltungsprogramme erforderlich.

Die Hausente *(Anas platyrhynchos f. domestica)*

Die Stammform der europäischen Hausente ist die Stockente (*Anas platyrhynchos*), der sie in Gestalt und Federkleid noch sehr ähnelt. Über die Domestikation der Stockente liegen keine Fakten vor, doch wird sie ins Mittelalter einzuordnen sein. Die Moschusente (*Cairina moschata*) ist die größte Art unter den Entenvögeln. Sie ist in Südamerika beheimatet. Eine domestizierte Zuchtform der Moschusente ist die Warzenente. Sie wird auch Stumm-, Flug-, Türken- oder Barbarie-Ente genannt.

Typisches Kennzeichen der europäischen Landenten ist der lange, breite und tiefe, gedrungene Körper. Im Gegensatz zu den asiatischen Domestikationsformen der Hausente mit steiler Körperhaltung (Pinguinenten) ist jene der heimischen Hausente bei Ruhe und normalem Gang vollkommen waagerecht. Zur Gruppe der Pinguinenten mit aufrechter Körperhaltung zählen die Pekingente und die Indische Laufente.

Die Hausente ist weltweit verbreitet. In Ost- und Südostasien sowie in Lateinamerika zählen Enten zum wichtigsten Wirtschaftsgeflügel. Hausenten waren auch in Mitteleuropa weit verbreitet. Überall dort, wo neben Gewässern wie Tümpeln, Weihern, Gräben oder Bächen ausreichend Grün- und Ruderalflächen vorhanden waren, zählten Enten zum typischen Nutzgeflügel. Die Bindung an Gewässerstrukturen ist nicht nur aus Sicht der Ernährung und der artgerechten Haltung wichtig, sondern auch für die Befruchtung wesentlich, da die Begattung meist im Wasser stattfindet.

Enten sind Allesfresser und in Bezug auf ihre Ernährung mit dem Schwein vergleichbar. Hausenten sind noch weniger empfindlich und noch einfacher in der Aufzucht als Landgänse. Enten wurden in mehrfacher Hinsicht genutzt. Sie lieferten schmackhaftes Fleisch, reichlich Eier und Federn. Vor allem die Landenten haben noch vieles von den stammesgeschichtlich-genetisch fixierten Verhaltensweisen der Wildform bewahrt. Durch die Jahrtausende lange Domestikation wurden einzelne Eigenschaften verändert, wie etwa die Auflösung der Paarbildung oder die Verringerung des Fluchtverhaltens.

Zu den autochthonen Entenrassen und Landschlägen der Alpen zählen lediglich die Österreichische Landente und deren Mutationsform, die Haubenente. In Norditalien waren Hausenten vom Typ der Landente weit verbreitet. Zu ihnen zählte die in der Gefiederfarbe sehr variable Friulanische Ente (Anatra di razza Friulana). In den 1920er-und 1930er-Jahren wurden leistungsfähigere Rassen wie Peking- und Rouen Enten stark propagiert, sie verdrängten schließlich die autochthonen Landschläge Norditaliens. Heute sind alle heimischen italienischen Landentenschläge ausgestorben.

In Bayern wird neben der Deutschen Pekingente die Pommernente gehalten. Die Deutsche Pekingente stammt ursprünglich aus Südostasien und gelangte 1873 in die USA und von dort im 20. Jahrhundert nach Deutschland. Sie gehört zur Gruppe der Pinguinenten. Die Rasse ist stark gefährdet. Die Gesamtpopulation umfasst in Deutschland 460 Tiere (TGRDEU 2013).

Die Pommernente zählt, wie die Österreichische Landente, zu den letzten Vertretern der mitteleuropäischen Landenten. Ihr Ursprungsgebiet ist Vorpommern, das bis 1815 zu Schweden gehörte. Daher wird sie auch als Schwedenente bezeichnet. Um 1920 wurde die Pommernente in der Schweiz und später auch in Österreich eingeführt. Die Rasse wird heute in Bayern, Österreich und der Schweiz gezüchtet. Aufgrund der geringen Populationsgröße zählt sie zu den gefährdeten Nutztierrassen. In ihrem Ursprungsland Deutschland umfasst der Gesamtbestand 525 Tiere .

Die Haustaube *(Columba livia f. domestica)*

Der Urahn aller unserer Haustauben-Rassen ist die Felsentaube. Das natürliche Verbreitungsgebiet der Wildform sind Eurasien und Afrika. In Süd- und Südosteuropa findet man noch einige Vorkommen auf Sardinien, wo sie in Grotten und Spalten brüten. Durch die Vermischung mit Haus- und Stadttauben ist die Art trotz ihrer weltweiten Verbreitung gefährdet. Die Rote Liste der gefährdeten Arten der IUCN führt die Felsentaube als gefährdete Art.

Die Haltung von Brieftauben zählt zu den ältesten belegten Nutzungsformen der Haustaube. Überliefert ist, dass bereits der ägyptische Herrscher Djoser 2.600 v. Chr. Brieftauben für die Nachrichtenübermittlung bei kriegerischen Auseinandersetzungen einsetzte. Auch die Meldung von der Niederlage der Perser bei Salamis sollen Brieftauben den Griechen überbracht haben.

Zu Beginn des 19. Jahrhunderts stand die Brieftaube als sogenannte Kurstaube im Dienst der großen Frankfurter, Pariser, Londoner und Brüsseler Bankhäuser (Prus-Kobierski 1914).

Die Stockente ist die Stammform der europäischen Hausente, der sie in Gestalt und Federkleid noch sehr ähnelt. Foto: W. Bedeck

Der Österreichische Ganselkröpfer ist die typische Bauerntaube mit einer sehr weit zurückreichenden Zuchtgeschichte. Ihr Ursprungsgebiet sind Oberösterreich und die angrenzenden Regionen. Die Rasse war in den vier Grundfarben Schwarz, Blau, Rot und Gelb sowie in Blaugehämmert weit verbreitet. Die letzten Bestände werden in einem Zuchtprogramm erhalten. Foto: N. Potensky

Die österreichischen Nutztauben-Rassen: Strasser (o. li.), kappige Gimpeltaube (o. mi.), Hühnerscheck (o. re.), Reise-Brieftaube (u. li.), Florentiner oder Steiermärker (u. mi.) und Polnische Luchstaube (u. re.). Aquarell von Kurt Zander (1912). Foto: Archiv Jaritz

Außerhalb von Kriegszeiten wurden Brieftauben in erster Linie zu sportlichen Zwecken gezüchtet.

Neben der Brieftauben-, Sport- und Ziergeflügelzucht hatte die bäuerliche Haltung von Fleischtauben noch im 19. Jahrhundert eine relativ größere Bedeutung, denn vorrangig war natürlich die Nutzgeflügelzucht. Ritter von Prus-Kobierski erwähnt 1902, dass die Haltung von Fleischtauben in den ländlichen Gebieten im Abnehmen begriffen sei. Durch die Intensivierung und Spezialisierung im Ackerbau wurden die Tauben wegen ihres „Felderns" immer mehr als Schädlinge empfunden. An der Wende zum 20. Jahrhundert durchgeführte Kropf- und Mageninhaltsuntersuchungen zeigten, dass sich die Feldtauben in erster Linie von Samen und Pflanzenteilen von Beikräutern wie Acker-Rettich (*Raphanus raphanistrum*), Knöterichgewächsen (*Polygonaceae*) und Wicken (*Vicia*) sowie von Schnecken ernährten. Feldernde Tauben können daher durchaus als Nützlinge beim Feldbau eingestuft werden.

In den Kriegs- und Zwischenkriegsjahren erlangte die Brieftaubenzucht für die Nachrichtenübermittlung sowie die Fleischgewinnung einen kurzfristigen Aufschwung. Die bäuerliche Fleischtaubenzucht hatte bis in die 1960er-Jahre noch eine gewisse Relevanz. Bestimmte Tauben waren eine begehrte Delikatesse und wurden gezielt für die Fleischproduktion gehalten. Vor allem in Italien hatte die Esstaubenzucht noch zu Beginn des 20. Jahrhunderts eine wirtschaftliche Bedeutung. Heute sind die autochthonen Taubenrassen der Alpenregion durchwegs Zierformen zur Freude ihrer Züchter. Sie werden hier nicht näher beschrieben.

Im bäuerlichen Bereich wurde für die Fleischversorgung nur die gemeine Feld- oder Haustaube gehalten. Die gemeine mitteleuropäische Haustaube ist in Größe und Gestalt der wilden Felsentaube am ähnlichsten. Häufig findet man bei ihr das an die Wildform erinnernde taubengraue Federkleid. Es treten aber auch einfärbige Tiere mit mehr oder weniger Weiß, gänzlich weiße, kupferrote oder dunkle Tiere auf. Wesentliches Selektionskriterium der Gebrauchstaubenzucht war immer die Fruchtbarkeit. Bei fruchtbaren Stämmen beginnen die Täubinnen bereits während der Jungenaufzucht zu „hecken". Die Haltung der Haustauben ist extensiv. Im Winterhalbjahr werden sie wie Landhühner gehalten und zweimal täglich gefüttert. Im Sommerhalbjahr ist eine Abendfütterung ausreichend. Nach der Getreideernte entfällt die Fütterung bis zum Einbruch des Winters (Arbeiter 1914).

Für die Haltung von Schlachttauben hat die seit Beginn des 20. Jahrhunderts neu aufgetretene Rassetaubenzucht mit einigen Ausnahmen wenig Bedeutung. Armin Arbeiter zählt dazu die großen Fleischrassen, Strasser, polnische Luchstaube, Florentinertaube und die Huhnschecke aufgrund ihres guten Fleischansatzes. Unter den kleinen Rassen sind hier die Brieftaube und die Gimpeltaube anzuführen. Der österreichischen Nutztaube ist ein eigenes Kapitel gewidmet.

Nach Armin Arbeiter tritt, wie bei allen Hausgeflügelarten, bei normaler Haltung nach mehreren Generationen ohne rassische Blutauffrischung die Urform hervor, in diesem Fall die Feldtaube. Dieser Anpassungsprozess verläuft umso rascher, wenn die Tiere extensiv gehalten werden und bei der Ernährung auf die selbstständige Futtersuche angewiesen sind.

Das Hausrind *(Bos primigenius f. taurus)*

Das Hausrind prägte über Jahrtausende die alpine Kulturlandschaft, die heute ohne sein Zutun ganz anders beschaffen wäre. In vielen Regionen der Alpen war es das zentrale Nutztier der Milchwirtschaft und damit das wirtschaftliche Herz der Bergbauernkultur, wie zum Beispiel der Walserkultur. Als Zug- und Lasttier sorgte es für die Kultivierung der Alpentäler, lange bevor das Pferd und später Maschinen die Landwirtschaft prägten.

Der Auerochse (*Bos primigenius*) war der wilde Vorfahre unserer Hausrinder und neben dem Wisent einer der größten Pflanzenfresser des nacheiszeitlichen Europa. Neuesten genetischen Studien zufolge wurde das Hausrind vor rund 10.500 Jahren im Nahen Osten domestiziert. Nachweise liegen für das 8. Jahrtausend v. Chr. für Syrien vor (Benecke 1994). Unklar ist, ab wann die ersten neolithischen Rinderzüchter mit ihren Tieren den Alpenraum erreichten, da nur wenige Fundkomplexe vorliegen, die eine Datierung erlauben würden (Stöckli/Niffeler u.a. 1995). Ungeklärt ist auch, ob es Domestikationsversuche des Auerochsen im neolithischen Europa der Alpen gab.

Bejagung und der zunehmende Lebensraumverlust durch das Vordringen der Kulturlandschaft schränkte die Wildnis und damit den Lebensraum der Stammform unserer Hausrinder zunehmend ein. Die Wildform stand bereits gegen Ende des 16. Jahrhunderts vor dem Aussterben. Im heutigen Polen, rund 55 Kilometer südlich von Warschau, wurde um die Wende vom 16. zum 17. Jahrhundert ein Reservat zur Erhaltung der letzten Urrinder eingerichtet. Um 1600 lebten im Wald von Jaktorów aber nur noch zwei Dutzend Wildrinder, bis vermutlich um 1627 das letzte Exemplar verstarb.

Die jungsteinzeitlichen Hausrinder waren kleinrahmig mit einer Widerristhöhe von 111 bis 116 cm bei der Kuh und 120 bis 127 cm beim Stier, in etwa vergleichbar mit den seltenen Nutztierrassen Rätisches Grauvieh (116 bis 128 cm) oder dem Original Braunvieh (durchschnittlich 128 cm). Charakteristisch waren die kurzen Hörner bei beiden Geschlechtern und die kurze, flache Kopfform (Stöckli/Niffeler u. a. 1995).

Ein internationales Team von Wissenschaftlern der Johannes-Gutenberg-Universität Mainz, dem französischen Forschungszentrum CNRS, dem Pariser Museum für Naturgeschichte und dem University College in London ermittelte anhand von Knochenfunden die Abstammung der frühen domestizierten Hausrinder. Die Analyse der DNA von Knochenresten ergab, dass unsere Hausrinder von einer erstaunlich geringen Anzahl Auerochsen aus dem Nahen Osten abstammen. Die Studie ergab, dass nicht mehr als 80 wilde Auerochsen die Vorfahren unserer heutigen Hausrinder bildeten. Die Domestikation des Hausrindes erfolgte, kurz nachdem Jäger und Sammler sesshaft geworden waren und nach der Erfindung des Ackerbaus und der Viehzucht. Ausgangspunkt war ein geografisch eng begrenzter Raum zwischen Südostanatolien und Syrien. Dies erklärt auch die geringe Zahl an Urrindern, aus denen das Hausrind entstanden ist (Bollongino u. a. 2012).

Die Alpenregionen östlich der Ostschweiz standen im Neolithikum stärker unter dem Einfluss der mitteleuropäischen Kulturen, deren Viehwirtschaft vor allem von der Rinderzucht beeinflusst war (Stöckli/Niffeler u. a. 1995). Dagegen dominierten in der Westschweiz und in den Südalpen die Kleinwiederkäuer Schaf und Ziege.

Während des 30-jährigen Krieges von 1618 bis 1648 und des Spanischen Erbfolgekrieges von 1701 bis 1714 kam es durch die Sperre der Alpenpässe und die Einhebung von Zöllen zu regionalen Einschränkungen im Vieh- und Wanderhandel. Das Realteilungsrecht führte zu einer

Der Nachkomme des Auerochsen. Die Zoodirektoren Heinz und Lutz Heck setzten sich 1920 das Ziel, den im 17. Jahrhundert ausgestorbenen Auerochsen durch Rückkreuzung verschiedener Rinderrassen wieder zum Leben zu erwecken. Foto: D. Kufner

Das Pinzgauer Rind geht auf die keltischen Bergschecken-Rinder zurück. Tweng um 1935 im Salzburger Lungau. Foto: S. Pichler

Steinführen mit einem Jungstier um 1935 in Weißpriach im Lungau. Foto: S. Pichler

Zersplitterung der landwirtschaftlichen Nutzflächen und führte vor allem südlich der Alpen zu einer Verarmung ländlicher Regionen.

Wiederholte Rinderpest-Epidemien im Mitteleuropa der frühen Neuzeit, vor allem im 17. und 18. Jahrhundert, verursachten massive Verluste bei den Rinderbeständen. Für den Freistaat der drei Schweizer Bünde sind für 1500 bis 1800 mehrfach Rinderpestepidemien belegt, nämlich in den Jahren 1751, 1757, 1800 und 1801 (Margadant 1953).

Der Vulkanausbruch des Tambora verursachte globale Klimaeffekte und führte 1816 und 1817 zu Ernteausfällen in Mitteleuropa, die ein Pferdesterben in den Alpenregionen nach sich zogen. Auf diese letzte große Hungersnot in Mitteleuropa und die Nachwirkungen der Franzosenkriege geht im Ostalpenraum der Beginn der systematischen Rassezucht zurück, insbesondere beim Rind. Damals wurden auch neue Impulse in der Landwirtschaft gesetzt. Not macht erfinderisch! Die Ernteausfälle beim Getreide regten Karl Freiherr von Drais zur Erfindung eines pferdelosen Fahrzeugs, dem Veloziped oder Laufrad an. Es machte den Besitzer unabhängig vom Haferpreis (Schreiber 2010).

Im Westen der Ostalpen, von Tirol bis in die Schweiz, war immer die Zucht- und Milchkuh das Hauptgespanntier am Berghof. Östlich von Tirol wurde der Ochse, da er kräftiger und ruhiger ist, für die Bearbeitung der Steillagen der Kuh vorgezogen. Im Osten der Ostalpen wurden Pferde und Rinder für die Gespannarbeit eingesetzt (Schneiter 1948).

Im innersten Bereich der Alpen zählen das Braun- und Grauvieh zu den ältesten bodenständigen Gebirgsrindern. Die ersten Belege für das Auftreten sehr kleiner Alpenrinder stammen vom Ledro-See (Lago di Ledro) in der autonomen Provinz Trient und datieren auf etwa 2.000 v. Chr. Diese kleinen Bergrinder scheinen sich dann sukzessive ausgebreitet zu haben und tauchen um 1600 v. Chr. auch in den Tälern sowie im Tiroler und Salzburger Alpenraum auf, wo sie überall die größeren Vorgängerformen rasch ablösen. Diese kleinen milchbetonten Gebirgsrinder in verschiedener Schattierung waren über den gesamten Alpenraum verbreitet. Bei den ältesten Gebirgsrindern handelte es sich mit hoher Wahrscheinlichkeit um braune Rinder. Dieser braune Farbtyp blieb in der Region um den Ledro-See und im ganzen Umfeld bis ins 19. Jahrhundert konstant erhalten. Die Braunfärbung ist eine Farbschwächung der Wildfarbe. Charakteristische Merkmale sind der dunkle Aalstrich und Schattierungen sowie das pigmentierte Flotzmaul. Bei Ausfall des gelb-roten Phäomelanins könnten sich dabei relativ unkompliziert graue Rindertypen entwickelt haben. Die graue Färbung bezeugt nur einen partiellen Farbausfall des roten Pigments und kann daher leicht hervortreten.

Nach Erich Pucher liegen braune Fellstücke noch aus der Urnenfelderzeit Hallstatts vor, also im Fleckviehgebiet um 1.300 bis 1.000 v. Chr. Man kann davon ausgehen, dass Fleckung (partieller Albinismus) erst danach entstanden ist und Braunvieh zunächst allgemein in den Alpen verbreitet war. Die geografisch sehr begrenzte „Ergrauung“ des Braunviehs datiert vermutlich erst gegen Ende der Bronzezeit. Ab der Eisenzeit haben sich wahrscheinlich auch die Fleckviehzone und die Gruppe der keltischen Bergschecken-Rinder entwickelt. Eine weitere Mutation des Braunviehs könnte das Rotvieh (Rubrismus, Ausfall der Eumelanine) darstellen, doch liegen dazu keine Belege vor.

Beim Grau- und Braunvieh handelt es sich also nur um Differenzierungen innerhalb desselben engen Verwandtschaftskreises. Den Donauraum erreichte das kleine Alpenvieh nach bisherigen Befunden aus Niederösterreich erst um 1.300 v. Chr. Die Farbe dürfte ursprünglich braun gewesen sein, mutierte gebietsweise zu grau, im Randbereich der Alpen aber zu rotbunt.

Erst im Mittelalter oder spätestens in der frühen Neuzeit erfolgte, ausgehend von den Klöstern (Einsiedeln, Stams etc.), die lokale Differenzierung in Grau- und Braunviehschläge. Bereits für das Jahr 1450 sind Braunviehimporte in die Lombardei und für 1598 von der Schweiz in die Steiermark belegt. Sie verließen also das ursprüngliche Grau-Braunviehgebiet und waren für die Meiereien des Regenten Karl II., konkret für sein Lustschloss Karlau, bestimmt.

Die kleinen milchbetonten Bergschecken stellten die „Landrasse“ des keltischen Königreichs Noricum. Zu ihren Abkömmlingen zählen das ausgestorbene Carnica Rind in Friaul und Julisch-Venetien, aber auch die rezenten Bestände der Ennstaler Bergschecken, die Pustertaler Schecken sowie die weltweit verbreitete Pinzgauer Rasse. Auch in den italienischen und französischen West- und Südalpen waren kleine keltische Rinder beheimatet, die die Grundlage für die Entstehung regionaler Rinderrassen bildeten. In den Ostalpen ist die ununterbrochene Präsenz dieser uralten Landrasse durch Knochenfunde und Fellfunde bis in das 20. Jahrhundert belegt.

Um den inneren Kreis der alpinen Rinder sind fast konzentrisch die verschiedenen Fleckviehrassen entstanden. Wie weit die Differenzierung in Braun- und Grauvieh einerseits und Fleckvieh andererseits zurückreicht, ist nicht genau erforscht. Fellreste aus Hallstatt weisen jedoch darauf hin, dass dort noch zur Spätbronzezeit braune Rinder vorkamen, während die Fellreste des Dürrnbergs schon zur Frühlatènezeit Fleckvieh belegen.

Tuxer Rind, Eringer und Evolèner sowie die Valdostaner Rinder bilden eine eigenständige Gruppe innerhalb der alpinen Rinder. Ihre Abstammung ist umstritten. Nach Erich Pucher handelt es sich um Reste frühbronzezeitlicher Formen, bevor sich die kleinen braunen Alpenrinder ausbreiteten. Die gröbere Behornung, der kräftigere Wuchs, die ursprünglich geringere Milchleistung und eine gewisse Wildheit (Kuhkämpfe) sowie die Einfärbigkeit mit geringen weißen Abzeichen sind Indizien dafür. Fundkomplexe wie aus Brixlegg in Tirol belegen diese Ablöse um 1.600 v. Chr.

Eine Abstammung der Tux-Zillertaler vom Walservieh, das im Zuge der Walser Kolonisation im Mittelalter verbreitet wurde, ist aufgrund der räumlichen Distanz unwahrscheinlich und nicht durch Fakten belegt. Eine direkte Beeinflussung durch römische Rinder trifft allein aufgrund der völlig verschiedenen Körperproportionen sicher nicht zu. Aber viele mitteleuropäische Rassen teilen genetische Merkmale mit den späteren Römerrindern.

Die römischen Rinder sind auf einem sehr frühen Niveau (frühbronzezeitlich oder jungsteinzeitlich) stecken gebliebene Fleischrassen. Die alpinen Rinder haben sich jedoch aufgrund des hohen ökologisch-ökonomischen Selektionsdrucks in ihrer Heimat stürmisch weiter entwickelt und genetisch stark verändert. Vielleicht ist das den Tuxer Rindern, den Eringer und Evolènern sowie den Valdostaner Rindern nicht im selben Ausmaß gelungen. Das wäre eine Erklärung für ihr nur noch inselartiges Vorkommen, wie Erich Pucher meint.

Die Blondviehgruppe mit dem Kärnter Blondvieh, den oberitalienischen Blondviehrassen (Varezese) und der Gruppe des französischen Blondviehs (Villard de Lans) bildet alpine Randerscheinungen. Sie gehen vermutlich auf römische Einflüsse auf alpine Rinder zurück. Die Rinder der Blondviehgruppe ähneln einander sehr stark. Neben den Körperproportionen und der Fellfarbe weisen die Rassen allesamt graugelbes Horn und Hufe sowie ein fleischfarbenes Flotzmaul auf. Sie haben zudem eine ähnliche Nutzungsgeschichte und gemeinsame Leistungsmerkmale. Das Blondvieh wurde primär als Zweinutzungsrind für Zugleistung und Fleischproduktion gehalten.

Neueste Erkenntnisse aus archäozoologischen Grabungsfunden belegen, dass bereits in der Mittellatènezeit neben den bekannten kleinwüchsigen keltischen Rindern mit einer Widerristhöhe von durchschnittlich 110 Zentimetern auch großwüchsige mittelitalienische Rinder in Österreich vertreten waren. Diese allochthonen Rinder wiesen eine Widerristhöhe von durchschnittlich 123, bei Stieren von 131 Zentimetern auf. Neben dem hohen Widerrist lagen auch die Breitenmaße der Skelettelemente bis zu 13 Prozent über jenen der bodenständigen keltischen Rinder. Es handelt sich dabei jedoch nicht, wie zuerst vermutet, um Derivate aus der römischen Kaiserzeit, sondern um Importe mittelitalienischer Rinder.

Das Chianina ist die größte Rinderrasse der Welt. Bereits Etrusker hielten diese mittelitalienische fleischbetonte Rinderrasse, die zu den ältesten Italiens zählt. Das weiß-gelbliche Piemonteser Rind zeigt Einflüsse podolischer Rinder und des Zebu-Rindes. Im 19. Jahrhundert besaßen die piemontesischen Landschläge noch vermehrt ein rötliches Fell und wurden als Zweinutzungs-Rasse eingesetzt.

Früher Blondviehschlag aus dem Raum Südkärnten (Murbodner oder Kärntner Blondvieh), um 1900. Neben den typischen semmelblonden Tieren mit rosafarbenem Flotzmaul gab es beim Kärntner Blondvieh auch dunklere Farbschläge, die den Murbodnern ähnelten. Foto: Archiv Jaritz

Bislang wurde angenommen, dass das aus der Mongolei und China stammende und als Przewalski-Pferd bekannte Wildpferd (*Equus przewalskii*) der unmittelbare Vorfahre unserer Hauspferde ist. Neueste genetische Untersuchungen gehen davon aus, dass die Domestikation an mehreren, weit voneinander der entfernten Orten stattgefunden hat. Das Przewalski-Pferd dürfte demzufolge nicht der unmittelbare Vorfahre unserer Hauspferde sein. Foto: K. Grafl

Das Hauspferd *(Equus ferus f. caballus)*

Die Stammform des Hauspferdes ist das Wildpferd (*Equus ferus*). Es bildet gemeinsam mit den Eseln und Zebras die drei Gattungen der Equiden. Seit der Altsteinzeit gibt es Nachweise von Pferden in Europa. Auch nach der Wiederbewaldung nach der letzten Eiszeit brechen die Nachweise von Pferdeknochen in Fundkomplexen nicht ab. Der Zeitpunkt der Domestikation des Wildpferdes war aufgrund der Ähnlichkeit der Haus- und Wildtierknochen lange Zeit umstritten. Erst genetische Untersuchungen brachten Klarheit in die Abstammungsgeschichte.

Aktuelle Forschungsergebnisse schließen einen einzigen Ursprungsort der Domestikation bei Pferden dezidiert aus. Vor 5.000 bis 6.000 Jahren wurden die ersten Wildpferde in verschiedenen Regionen der Erde gezähmt, vor allem in den Waldsteppen Sibiriens und Südosteuropas. Diese Erkenntnisse lieferten genetische Untersuchungen von 318 Pferden aus 25 Zuchten aus sieben Ländern in Asien, Europa und Amerika. Anhand der Vergleiche der Mutationsrate der mitochondrialen DNA kann davon ausgegangen werden, dass der derzeitige Bestand an Hauspferden von mindestens 77 Wildstuten abstammt. Die unterschiedlichen Genfrequenzen legen nahe, dass die Domestikation an weit voneinander entfernten Orten stattgefunden hat.

Angezweifelt wird auch die bisherige Annahme, dass das als Przewalski-Pferd bekannte Wildpferd (*Equus przewalskii*) der Mongolei unmittelbarer Vorfahre unserer Hauspferde ist. Beide Arten dürften sich bereits vor 120.000 bis 240.000 Jahren voneinander getrennt entwickelt haben. Deutliche Unterschiede der Y-Chromosomen stützen diese Theorie (Wallner et al. 2003).

Während der Kupferzeit vor 5.000 bis 6.000 Jahren dienten die in den asiatischen Steppen lebenden Wildpferde vermutlich nicht nur als Fleischnahrung. Forscher fanden Hinweise, dass während der nordkasachischen Botai-Kultur Wildpferde bereits domestiziert und als Arbeitspferde sowie für die Milchnutzung gehalten wurden. Typische Veränderungen an den Mittelfußknochen durch ungewöhnlich hohe Belastung sowie Spuren des Einsatzes von Zaumzeug am Gebiss der Pferde sind eindeutige Indizien dafür (Outram 2009).

Ab der Kupferzeit tauchen Hauspferde im Flachland außerhalb des Alpenraumes in Mitteleuropa bereits vereinzelt auf und werden bis zur Bronzezeit hin häufiger. In den Alpen kommt das Hauspferd bis zur Römerzeit jedoch nur selten vor. Es gibt nur wenige Fundkomplexe, daher ist eine Rekonstruktion der frühen Nutzung in den Alpen kaum möglich.

Während der Hallstattzeit (ältere Eisenzeit) findet man stattliche Pferde von rund 140 Zentimetern Widerristhöhe. Mit der Ausbreitung der Kelten in der jüngeren Eisenzeit werden die Pferde deutlich kleiner. Diese zierlichen Ponys erreichten ein mittleres Stockmaß von rund 125 Zentimeter (Pucher 2010).

Mit den römischen Legionen gelangten verhältnismäßig große Pferde in den Alpenraum, deren Ausfuhr über die Donau nach Norden verboten war. Die Militärpferde der Römer waren mit 140 bis 160 Zentimetern Widerristhöhe etwas gedrungener als die heutigen Noriker. Nach E. Pucher gibt es für die Abstammung der Noriker von den römischen Pferden derzeit keine wissenschaftlichen Hinweise. Neben den großwüchsigen römischen Pferden existierten parallel dazu noch deutlich kleinere keltische Pferde, die vermutlich aus der Kreuzung mit bodenständigen Tieren hervorgingen. Der stete Schwund der kleinen keltischen, später germanischen Ponys deutet auf eine Verdrängungskreuzung als Ursache hin.

Mit den Römern, die bereits Hufeisen verwendeten, gelangte auch das Maultier vom

Mittelmeerraum in die Alpen. Den Römern gelang es jedoch nicht, ein für Pferde geeignetes Lastgeschirr zu entwickeln. Erst die Erfindung des Kummet im 9. Jahrhundert ermöglichte den Einsatz des Pferdes als Arbeitstier und revolutionierte damit die Arbeitsweise in der Landwirtschaft. Die bis dahin üblichen Geschirre waren für das Ziehen schwerer Lasten wenig geeignet, da sie den Pferden die Luft abschnürten. Die Pferde konnten daher bis ins 9. Jahrhundert nur leicht laufende Wagen ziehen und keine schweren Arbeiten verrichten. Mit dem Kummet übertraf ihre Arbeitsleistung und Arbeitsgeschwindigkeit bald jene der Ochsen.

Im Osten der Ostalpen wurden Pferde und Rinder für die Gespannarbeit eingesetzt (Schneiter 1948). Von der Antike bis in die Neuzeit waren Pferde und Maultiere neben den Ochsen unverzichtbar für den Saumhandel über die Alpenpässe. Erst das Pferd ermöglichte vielfach die Besiedelung und Bewirtschaftung hochgelegener Alpentäler.

Nach Felix Anderegg und Gustav Schwarznecker waren ursprünglich robuste und primitive Bergpferde über den gesamten Alpenbogen verbreitet. Während nördlich der Alpen und im Pustertal vor allem das mittelgroße schwere norische Pferd beheimatet war, traten im Süden leichtere Schläge auf.

Zu ihren Nachkommen zählen vermutlich der Haflinger und der Pinzgauer Noriker beziehungsweise das slowenische Kaltblut. Das französische und Schweizer Alpenpferd existieren heute nicht mehr.

Auch Ignaz von Kürsinger erwähnt für das Mittelalter im Tiroler Zillertal und Pinzgau ein kräftiges mittelschweres Kaltblut, das sich gut für Arbeiten am Hof, zum Holzziehen im bischöflichen Forst und als trittsicheres Saumross eignete (Kürsinger 1841).

Bereits im späten Mittelalter werden kleine Gebirgspferde südlich der Alpen erwähnt. Man vermutet, dass arabisches Blut in die Landschläge eingekreuzt wurde. Nach Haller betrieben die Tiroler Adelsgeschlechter bereits zur Zeit der Kreuzzüge Pferdezucht. 1282 wird die Pferdezucht im Etschtal erwähnt. Bei der Rückkehr aus dem Heiligen Land könnten Pferde aus dem Orient eingeführt worden sein.

Das Freiberger Pferd stammt aus dem außeralpinen Schweizer Jura, dem Hochplateau Freiberge (Franches-Montagnes). Es wurde daher auch Jura Pferd genannt, zählt aber nicht mehr zu den alpinen Nutztierrassen. Seinen Ursprung hat der Freiberger, wie der Noriker und Haflinger, wohl ebenfalls im robusten und primitiven Bergpferd. Der Freiberger ist die einzige ursprüngliche Schweizer Pferderasse und heute der letzte Vertreter des leichten Kaltblutpferdes in Europa. In der Gegenwart ist der Freiberger bereits mehr Freizeit- und Sportpferd.

Der Noriker mit seinem Stammzuchtgebiet im Pinzgau hat eine über 450-jährige Zuchtgeschichte. Schon im Jahr 1565 nahmen die Erzbischöfe Einfluss auf die Zucht des norischen Kaltblutes. 1703 wird die erste Körverordnung erlassen. Aufnahme aus Mariapfarr um 1940. Foto: S. Pichler

oben: Hausesel auf Hutweiden in den Sarntaler Alpen.
unten: Maultiereinsatz auf der Kleinrechenbergalm. Das Einsatz- und Ausbildungszentrum für Gebirgstragetiere in Bad Reichenhall ist die einzige pferdehaltende Dienststelle der Bundeswehr.
Foto: B. Burkart

Der Hausesel *(Equus asinus)*

Zwei wilde Stämme des afrikanischen Wildesels, der Nubische Esel (*Equus africanus africanus*) und der Somali-Esel (*Equus africanus somaliensis*) gelten als Stammform des Hausesels. Die mitochondriale DNA-Analyse von Eseln aus 52 Ländern ergab, dass die letzte Domestikation vor rund 5.000 Jahren erfolgte. Ein Forscherteam um Albano Beja-Pereira von der Universität Joseph Fourier in Grenoble stellte zudem fest, dass bereits 2.000 Jahre zuvor eine erste Zähmung der afrikanischen Wildesel erfolgt war.

Diese beiden Domestikationen fanden offenbar unabhängig voneinander in Nordafrika statt und erfolgten vermutlich in Reaktion auf die fortschreitende Wüstenbildung in der Sahara (Beja-Pereira 2004). Beide Wildformen sind heute in Afrika vom Aussterben bedroht. Den Somali-Esel findet man noch in geringen Beständen in Somalia, Äthiopien und Eritrea. Der Nubische Esel kommt nur mehr im Nordosten des Sudans vor.

Die asiatischen Wildesel (*Equus hemionus* und *Equus kiang*) sind, entgegen bisherigen Annahmen, keine Vorfahren des domestizierten Esels. Im frühen Neolithikum gab es im pannonischen Raum zwar noch den europäischen Wildesel (*Equus hydruntinus*), der jedoch mit dem Hausesel keine gemeinsamen Wurzeln hat. Derzeit geht man davon aus, dass der Hausesel gemeinsam mit den Maultieren mit den Römern über die Alpen kam.

Der Âne de Provence und der Istrische Esel sind die beiden einzigen autochthonen Eselrassen des Alpenraums. Sie waren bis zur ersten Hälfte des 20. Jahrhunderts unentbehrliche Lastentiere in der Berglandwirtschaft der südlichen Ost- und Westalpen. Mit dem strukturellen Wandel und der zunehmenden Mechanisierung in der Landwirtschaft erfolgte ihr Niedergang.

Maultier und Maulesel sind ein Ergebnis der Züchtung durch Menschen. Diese Kreuzungen kommen in der Natur nicht vor und gehören damit auch nicht zum zoologischen Ordnungssystem.

Das Maultier (Muli) ist eine Kreuzung zwischen einem Eselhengst und einer Pferdestute. Deren Nachkommen sind in der Regel unfruchtbar.

Der Ursprung der Maultierzucht liegt in Westasien. In der Ilias schreibt Homer den Ursprung der Maultierzucht den Myren und Enetern in Kleinasien zu. In den mediterranen Ländern hat die Maultierzucht eine lange Tradition. Aufgrund ihres sicheren Tritts waren Maultiere auch auf schmalen und steinigen Bergpfaden als Lastentiere in den gebirgigen Regionen der Alpen sehr geschätzt.

Frauen bevorzugten sie als Reittier aufgrund ihres weichen und sicheren Ganges. Die ehemals im Piemont und im Schweizer Kanton Wallis bedeutende Maultierzucht ist heute praktisch nicht mehr existent.

Das Hausschwein *(Sus scrofa domesticus)*

Die Stammformen des domestizierten Hausschweines sind das bereits ausgestorbene Bindenschwein (*Sus scrofa vittatus*) und das europäische Wildschwein (*Sus scrofa ferus*). Die Haustierwerdung des Schweines erfolgte im Neolithikum, in der Zeit zwischen 8.500 bis 6.000 v. Chr., unabhängig voneinander in verschiedenen Regionen der Erde. Die ersten Domestikationszentren lagen in Südost- und Zentralasien, im Gebiet des Fruchtbaren Halbmondes und in China. Das zu Beginn des 20. Jahrhunderts entworfene Bild der Abstammungsgeschichte unseres Hausschweines ging noch von einer asiatischen Unterart, dem *Sus scrofa vittatus*, und zwei europäischen Unterarten, dem nord- und mitteleuropäischen Landschwein (*Sus scrofa scrofa*) sowie dem etruskischen Landschwein (*Sus scrofa mediteraneus*) aus.

Diese Theorie, die Nutztierwissenschafter wie Leopold Adametz, Conrad Keller oder Adolf Staffe vertraten, wurde durch neuere genetische Forschungsergebnisse weitestgehend widerlegt (Findekle 2005).

Mittels molekulargenetischer Analysen wurde die genetische Information lebender Haus- und Wildschweine sowie archäologischer Knochenfundstücke analysiert. Diese molekulargenetischen Methoden bauen darauf auf, dass das Erbgut der mitochondrialen DNA (mtDNA) von der Mutter- auf die Tochtergeneration weitergegeben wird. Anhand von Mutationen der mtDNA können Domestikationszentren und die Migrationsgeschichte des Hausschweines nachvollzogen und rekonstruiert werden. Die molekulargenetischen Ergebnisse zeigen Übereinstimmung mit der vergleichenden Anatomie. Demzufolge gab es in Europa zwei unterschiedliche Domestikationszentren für das Hausschwein, ein mitteleuropäisches und ein mediterranes. Die Rekonstruktion der Migrationsgeschichte zeigt, dass bis etwa 5.500 v. Chr. alle mitteleuropäischen Fundkomplexe dem europäischen Typ (Haploid) zugeordnet werden konnten. In Süd- und Südosteuropa wurde ein weiterer mediterraner Haploid nachgewiesen. Im Neolithikum um ca. 5.500 v. Chr. kam es zu einer Migration aus der Region des Fruchtbaren Halbmondes über die Donauroute nach Mitteleuropa. Die Neudomestikation des europäischen Wildschweines verdrängte jedoch diesen östlichen Typ in weiterer Folge, wogegen der mediterrane Typ am Balkan, auf Sardinien sowie auf der italienischen Halbinsel überdauern konnte.

Unveredelte Landschweine vom Typ des Bündner Oberländer Schweines, Graubünden um 1900. Foto: Archiv Jaritz

Schon immer war das Hausschwein aufgrund seiner Fruchtbarkeit und Raschwüchsigkeit ein wichtiger Fleischlieferant der frühen Bauern. Eine intensive Haltung war jedoch nur bei guter Fütterung der Schweine zu erzielen. Laubmischwälder und insbesondere Eichen-Hainbuchenwälder bildeten eine ideale Futtergrundlage für die extensive halbwilde Waldweidewirtschaft. Das jeweilige Niveau der Landwirtschaft bestimmte daher auch die Intensität der Schweinehaltung.

Nach E. Pucher wurden die ältesten Hausschweine Mitteleuropas aus dem Nahen Osten eingeführt. Diese frühen Hausschweinformen gelangten über das Mittelmeer und den Donauraum nach Mitteleuropa und in den Alpenraum. Sie waren extrem kleinwüchsig und ihr Anteil am Viehbestand der Bauern der älteren Jungsteinzeit war gering. Erste Nachweise gibt es aus dem Donauraum, aus Ratzersdorf bei St. Pölten.

Es waren gedrungene, tonnenförmige Schweine mit markanten Stehohren, konkavem, meist kurzem Kopfprofil und kurzen Beinen vom Typ des asiatischen Typs *Sus scrofa vittatus*.

Ab der späten Jungsteinzeit um 4.000 v. Chr. erschienen am Nordrand der Alpen größere Schweine, die dem europäischen Wildschwein nahestanden. Das Domestikationszentrum dürfte der Nord- und Ostseeraum gewesen sein.

Wildschweine standen bis in die zweite Hälfte des 19. Jahrhunderts im genetischen Austausch mit den Hausschweinen. Auch die Schweine der

Le verrat, das keltoromanische Landschwein der Alpenregion Südostfrankreichs des 18. Jahrhunderts. Foto: Archiv Jaritz

Die Burg „zu Chaprunne“, Kaprun bei Zell am See im Pinzgau, wurde vermutlich vom bayerischen Adelsgeschlecht der Falkensteiner erbaut. Federzeichnung als Randnotiz im „Codex Falkensteinensis“, um 1166. Foto: Bayerisches Staatsarchiv

Pfahlbaukultur (3.100 bis 3.300 v. Chr.) zeigten trotz ihrer Zartheit mit ihren großen Mahlzähnen Einkreuzungsmerkmale des Wildschweins.

Die Gene der angepassten europäischen Wildschweine und das für die Schweinehaltung günstige feuchtmilde Klima förderten die weitere Entwicklung (Pucher 2010).

Während der Bronzezeit war das Schwein neben den Wiederkäuern Rind, Schaf und Ziege ein wichtiger Fleischlieferant. In den Alpen ist sein Anteil an den Haustieren aber deutlich geringer als im Mittelland. Auch zeigt sich ein Gefälle von West nach Ost. Besonders in Krisenzeiten dürfte den Schweinen als lebender Nahrungsmittelvorrat eine besondere Rolle zugekommen sein. Als Allesfresser waren sie einfacher zu halten, zudem war der Fleischertrag höher als bei den kleinen Wiederkäuern.

Das bronzezeitliche Hausschwein glich noch weitgehend den neolithischen Hausschweinen. Die durchschnittliche Widerristhöhe von 72 cm entspricht in etwa jener der heutigen Wildschweine (Bachen 60 bis 90 cm). Auch ihr Äußeres insgesamt ähnelte mehr dem ihrer wilden Vorfahren als den neuzeitlichen Hausschweinen. Sie waren langschnauzig und hochbeinig sowie stark beborstet. Die Tiere wiesen auch noch kaum einen Fettansatz auf. Nach der Bronzezeit zeigen die Tiere erstmals konkave Schädelprofile, die Schnauzenlänge ist deutlich verkürzt (Schibler/Studer 1998).

Durch die Vermischung von zwei Grundformen des Hausschweines, nämlich *Sus scrofa vittatus* mit *Sus scrofa ferus*, entwickelte sich in Südeuropa die erste Fettschweinerasse, das etruskische Landschwein und in weiterer Folge das römische Fettschwein. Diese Mischform bildet die Basis für zahlreiche autochthone Rassen des Balkans und des oberitalienischen Raumes, wie etwa des Friulaner Schweines (Druml 2011).

In der Eisenzeit, besonders in der späten Hallstatt- und Latènezeit, nahm der Fleischkonsum deutlich zu. Die soziale Differenzierung der Gesellschaft lässt sich ab der späten Hallstattzeit anhand der Essgewohnheiten ablesen. Für die soziale Oberschicht, etwa die Fürsten- und Herrensitze, ist ein deutlich höherer Schweinefleischkonsum nachweisbar als für die ländlichen Siedlungen (Schibler/Stopp/Studer 1999). Auch heute gilt ja für manche noch immer ein hoher Verbrauch an Schweinefleisch als Wohlstandsindikator.

In der Römerzeit erreichte die Schweinezucht insgesamt einen hohen Standard. Das römische Fettschwein wird als die dritte Stammform des Hausschweins (*Sus scrofa mediterrane*) eingestuft (Staffe 1916). Erwähnenswert ist auch die Haltung. Die Römer banden die Schweine an den Hinterläufen an, um damit ihren Bewegungsradius einzuschränken. Wucherungen an den Fußknochen dürften auf dadurch verursachte chronische Entzündungen hinweisen (Ebnöther/Monnier 2002). Bis ins Mittelalter war diese Haltungsform verbreitet. Man fand aus dieser Zeit Schweineskelette mit gebrochenen Hinterbeinen. Die Tiere wurden augenscheinlich mit einem Strick am Hinterbein befestigt, dabei kam es zu Brüchen an den Fußknochen (Falkenberg/Hammer 2006).

Von der Völkerwanderung bis über das Mittelalter wurde die Tierzucht auf einem niedrigen Niveau aufrechterhalten. Erst in der Neuzeit erreichen die mediterranen Landschweine in der Ausprägung des romanischen Schweins wieder eine hohe Bedeutung. Einer der wenigen mittelalterlichen Belege dazu stammt aus dem Codex Falkensteinensis, einem Urbar oder Lehensverzeichnis des Stiftes Herrenchiemsee aus dem Jahr 1166, das im Auftrag der Grafen von Neuburg-Falkenstein verfasst wurde.

Unus maturus et duo alii … (ein reifes und zwei andere). Eine Abbildung zeigt die Schlachtung eines Schweines der Gattung *Sus scrofa*, mit spitzen Ohren und Borstenkamm, in der zweiten Hälfte des 12. Jahrhunderts. In dem Zusammenhang wird die Lehensverpflichtung der Bauern an den Grundherren in Form des Schweinezinses beschrieben. Die Siedlung Catprunnen (das heutige Kaprun) musste jährlich drei Schweine abgeben: „*… unus maturus et duo alii, dimidium modium siguli …*“.

Die Falkensteiner nahmen Verwaltungsaufgaben im Auftrag des Erzbistums Salzburg wahr. Der Salzburger Erzbischof Eberhard I. übertrug Siboto von Neuburg-Falkenstein 1158 die Verwaltung der Propstei Chiemsee und die erzbischöflichen Ländereien dieser Region.

Gurktalerschwein, Graues und Schwarzes Kärntner Landschwein oder Bayerisches Landschwein – diese Namen spiegeln nur einen Teil der ursprünglichen, heute längst verschwundenen Vielfalt in den Ostalpen wider. Allein im Ostalpenraum Österreichs zählte man um 1900 mehr als 20 unterschiedliche Schweinerassen. Vom roten Bayerischen Landschwein im Bereich der Nordalpen bis zum schwarzen Krainer Schwein und dem Krškopolje Schwein an den südöstlichen Ausläufern der Alpen am

Übergang zum adriatischen Karst reichte die Bandbreite.

Bis zur Mitte des 20. Jahrhunderts zählten Schweine zum fixen Bestandteil jedes bäuerlichen Betriebes. Auf Melkvieh-Almen wurde das Schwein als Molke-Verwerter im Sinne einer funktionierenden Kreislaufwirtschaft eingesetzt.

Mit der Industrialisierung der Landwirtschaft und dem von England ausgehenden Konzept der Rassezucht verloren die unveredelten Landschläge durch Verdrängungskreuzungen an Bedeutung. Neuzüchtungen setzten sich mehr und mehr durch und verdrängten die bodenständigen Landschläge vom Typ des mittelalterlichen Landschweines. Im nördlichen Alpenvorland und entlang der Nordalpen waren das Bayerische Landschwein und die Bayerischen Halbroten noch bis zur Mitte des 19. Jahrhunderts die am meisten verbreiteten Landschläge. In Bayern war neben dem Fränkischen Schwein, dem Donauschwein oder Schwäbischen Schwein das Bayerische Landschwein vor allem in Nieder- und Oberbayern der vorherrschende Schweineschlag. 1863 wurden in Hamburg erstmals englische Yorkshire-Schweine ausgestellt. Das war der Ausgangspunkt für die Umzüchtung der Landschläge zum weißen Deutschen veredelten Landschwein. Die Weiterverbreitung wurde vom Landwirtschaftlichen Verein stark vorangetrieben. Bereits 1903 hatte das weiße Rasseschwein die Bayerischen Halbroten weitestgehend verdrängt (Peschke 1993).

Schweinefleisch steht aufgrund des niedrigen Preises und der leichten Zubereitung ganz oben auf dem Speiseplan der Alpenländer. Führend beim Schweinefleisch-pro-Kopf-Konsum ist Österreich mit rund 66 Kilogramm pro Jahr.

Bei den Landschlägen der keltoromanischen Kulturzone Norditaliens und Süostfrankreichs überwiegt der Einfluss von romanischem Blut. Dieser Typ repräsentiert nach Felix Hoesch verhältnismäßig große Tiere vom typischen Landschwein-Charakter. Die Färbung reicht von schwarz, schwarzweiß, kupferbraun bis rotbraun. Charakteristisch sind die verhältnismäßig großen Schlappohren. Dazu zählen das piemontesische, das lombardische und das Mailänder Schwein.

Das Schwarze Landschwein der südlichen Ostalpen

Adolf Staffe beschreibt noch 1913 dieses einfärbig schwarze, großohrige Schwein mit seinen extrem hohen Beinen und dem Karpfenrücken als typisch für den norditalienischen Alpenraum: „Wer über den Brenner kommend das Etschtal betritt, dem begegnen auf den Bozener Viehmärkten zum ersten Mal jene einfärbig-schwarzen, großohrigen Schweine, die der deutsche Bauer dieser Gegend Italiener nennt, und die in der Umgebung neben der schwarz-weiß gebänderten Meraner Rasse hie und da gehalten werden. Typisch sind sie für diese Gegend nicht mehr. Alleine je weiter man im Ostalpenbereich nach Süden vordringt, desto häufiger wird man die starkknochigen Tiere gewahr."

Das ursprüngliche Verbreitungsgebiet dieses Landschweins erstreckte sich nach Adolf Staffe über den zentralen und südlichen Kamm der Ostalpen bis tief in die Poebene und die angrenzenden Gebiete im Westen und Osten des Alpenbogens. Ab 1872 wurden in immer größerem Maße englische Zuchtschweine in den oberitalienischen Raum importiert und das Landschwein mehr und mehr in die Gebirgsgegenden zurückgedrängt. In den 1880er-Jahren wurden schwarze Suffolks und Yorkshire-Eber mit Ostalpenschweinen gekreuzt.

Das Schwarze Landschwein wird zur Gruppe der romanischen Schweine gezählt, das noch im 19. und beginnenden 20. Jahrhundert in verschiedenen Farbschlägen und Ökotypen in den südlichen Ostalpen zu finden war. Neben den schwarzen Tieren traten auch graue und rote Farbvarianten auf. Einzelne Tiere zeigten auch weiße Domestikationszeichen (Druml 2011).

Das slowenische Krškopolje Schwein hat neben dem Friulaner Schwein vermutlich auch noch Wurzeln im schwarzen Schwein der Ostalpen. Das Krškopolje Schwein ist die einzige autochthone Schweinerasse Sloweniens. Das Ursprungsgebiet liegt in der Unterkrain. Seine Verbreitung reichte jedoch auch nach Kärnten und in die Steiermark (Jaritz/Klenovec/Schipflinger 2010). Das Krškopolje Schwein und die Restpopulation der alpinen Schweineschläge des Veltlins sind derzeit die einzigen verbliebenen autochthonen Schweinerassen des Alpenbogens, da der Rückzuchtversuch des verbesserten Friulaner Schweines ausschließlich auf Beständen slawonischer Schweine aufbaut.

Für das 20. Jahrhundert noch sehr ursprüngliche Alpenschweine im Kanton Wallis, Val d'Illiez, um 1925. Foto: Archiv Jaritz

Die Stammform aller Gebrauchshunde ist der Wolf (*Canis lupus L.*). Foto: B. Schön

Der Haushund *(Canis lupus f. familiaris)*

Er ist mit Abstand das älteste Haustier des Menschen. Seine wilde Stammform ist der Wolf (*Canis lupus L.*). Seine Geburtsstunde schlug irgendwann im Jungpleistozän. Die Vielzahl der rezenten Hunderassen deutet auf mehrere, räumlich unabhängige Domestizierungen hin. Eines der ersten Gebiete der Erde, wo der Wolf gezähmt wurde, ist die ostasiatische Region südlich des Yangtse in China. Vor mindestens 16.000 Jahren dürfte der Hund zum Weggefährten des Menschen geworden sein (Pang u.a. 2009).

Durch die Obhut des Menschen veränderte sich über Generationen das Gebiss der gezähmten Tiere. Die oberen Reißzähne bildeten sich zurück. Bereits das Gebiss der eiszeitlichen Hunde ähnelte mehr jenem der heutigen Hunde als dem des Wolfes.

Die Spitze zählen vermutlich zu den ältesten Formen der Haushunde und waren über den alpinen Bereich hinaus weit verbreitet. Mittel- und Großspitz. R. Strebl 1905.
Der deutlich erkennbare Ringelschwanz war bereits bei den alten Ägyptern ein hochgeschätztes Domestikationsmerkmal.
Foto: Archiv Jaritz

Von Ostasien gelangte der Hund mit den ersten Einwanderern nach Europa und bereits vor 12.000 bis 14.000 Jahren auch auf den amerikanischen Kontinent. DNA-Analysen zeigten, dass die frühen Bewohner der Neuen Welt ihre Hunde mitbrachten und nicht die in Amerika verbreiteten Hunde zähmten (Leonard/Wayner/Wheeler u.a. 2002). Im Laufe der Zeit kam es in der Neuen und Alten Welt immer wieder zu Einkreuzungen mit Wölfen. Die schwarze Fellfarbe erhielten die Wölfe erst in jüngerer Zeit durch Paarung mit Haushunden. Diese Mutation, die den die Fellfärbung steuernden Melanin-Stoffwechsel betraf, trat zuerst bei Haushunden in Erscheinung und ging etwa vor 10.000 bis 15.000 Jahren auf das Wolfsgenom über.

Rund 14.000 Jahre alte Knochenreste aus der Kesslerloch-Höhle bei Thayngen im Kanton Schaffhausen in der Schweiz zählen zu den ältesten Belegen für die frühe Domestikation eiszeitlicher Hunde in Mitteleuropa. Die europäischen Hunde besitzen nur vier der zehn Haplogruppen chinesischer Hunde, was auf eine erste Domestikation in Südostasien oder auf eine über die Jahrtausende stark selektive Zuchtauswahl in Europa hinweist. Aber auch afrikanische Dorfhunde besitzen eine ähnliche genetische Vielfalt wie ihre ostasiatischen Vettern (Boyko u.a. 2009).

Der Haushund hat in seinem äußeren Erscheinungsbild wahrscheinlich sehr lange seiner Stammform, dem Wolf, geähnelt. Bereits in den Seeufersiedlungen des Neolithikums finden sich Hinweise auf die Haltung von vergleichsweise großen Hunden mit einer Widerristhöhe von 41 bis 47 Zentimetern. Vor allem aus der Horgenerkultur (3.500 bis 2.800 v. Chr.) der Ostschweiz zwischen dem Boden- und Genfersee sind zahlreiche Hundeknochen erhalten.

Die Rekonstruktionen der Tiere anhand der Knochenfunde zeigen Ähnlichkeiten mit dem Spitz und den noch sehr ursprünglich anmutenden ungarischen Hirtenhunden der Hordobàgy-Puszta. Der Schädel war nur schwach bemuskelt, grazil und langschnauzig. Das ganze Hundeskelett wies einen feinen Knochenbau auf, der Körper war schlank und langgezogen (Schibler/Chaix 1995).

Messungen an den Einzelknochenfunden aus den Seeufersiedlungen des Mondsees ergaben eine Schulterhöhe um 43 Zentimeter. Diese jungsteinzeitlichen Pfahlbauhunde waren also nach ihrer Körpergröße vergleichbar mit jenen der Ostschweiz. Die Pfahlbauhunde waren extrem grazil gebaut, so dass es teilweise Schwierigkeiten bereitet, wie Erich Pucher meint, ihre Knochen von jenen des Fuchses zu unterscheiden.

In dieser frühen Phase der Haustierwerdung wurde der Hund primär als Hirtenhund und Jagdbegleiter eingesetzt. Hinweise auf einen Verzehr von Hundefleisch fehlen weitestgehend (Schibler/Chaix 1995). Man kann jedoch davon ausgehen, dass Hunde zumindest in Notzeiten oder wenn sie als Wachhund und Schoßtier ausgedient hatten, auch verspeist wurden. Spuren von Haushunden in 9.400 Jahre alten menschlichen Exkrementen aus Südwesttexas untermauern diese Theorie. Auch in der nachfolgenden Bronzezeit (2.200–800 v. Chr.) stand die Nutzung der Hunde als Jagd- und Spielgefährten sowie als Hirten- und Wachhunde im Vordergrund. Entsprechende Knochenfunde sind jedoch selten und schwerpunktmäßig auf die bronzezeitlichen Seeufersiedlungen konzentriert. In noch geringerer Anzahl finden sich Nachweise in den Alpen. Anhand von Zerlegespuren lassen sich vereinzelt die Fleischnutzung von mindestens drei- bis vierjährigen Hunden sowie die Verwendung von Hundefellen belegen. Ob es sich um regionale Sitten oder die Fleischnutzung in Notsituationen handelte, ist unklar.

In den ca. 1.000 Jahren vom Spätneolithikum bis zur Spätbronzezeit ist eine Größenentwicklung bei den Hunden ablesbar. Die Hunde erreichten bereits eine Widerristhöhe von durchschnittlich 57 Zentimetern, waren also 10 Zentimeter größer als die Hunde der Jungsteinzeit und damit so groß wie Wölfe. Vom Phänotyp ähnelten sie mit ihren spitzen Schnauzen den Altdeutschen Schäferhunden und dem Irischen Setter.

Während der dritten Periode der Frühgeschichte, der Eisenzeit von 800 bis 100 v. Chr., spielten Hunde üblicherweise eine untergeordnete Rolle. Fundnachweise sind in den späten Phasen noch geringer als in der Bronzezeit. Während der Spätlatènezeit dürfte Hundefleisch deutlich regelmäßiger in den Kochtopf gewandert sein als zuvor. Diodor (90 bis 20 v. Chr.) beschreibt die Verwendung von Hundefellen für Helmüberzüge und Sitzauflagen. Vielfältiger waren auch die Größenvariationen bei den Hunden. Für die Spätlatènezeit liegen Nachweise für sehr kleine Hunde mit einer Widerristhöhe von nur 27 Zentimetern vor (Schreyer/Steppan 2000).

Das Auftreten verschiedener Hunderassen dürfte auf den regen Import aus dem Mittelmeerraum zurückzuführen sein. Das hohe Niveau der römischen Tierhaltung im Mittelmeerraum wurde offensichtlich auch an die alpinen Provinzen weitergegeben, wo eine breite Artenvielfalt erkennbar ist. Die Widerristhöhen der Tiere zeigen eine Spannweite von 20 bis 75 Zentimetern. Auf den Gutshöfen dienten die Hunde als Wach-, Hirten- und Jagdhunde. In den urbanen Siedlungsräumen gab es zudem kleinwüchsige Gesellschaftshunde. Hunde dienten auch zur Bekämpfung von Vorratsschädlingen wie Mäusen und den mit dem römischen Handel eingeschleppten Hausratten (*Rattus rattus*). Die ursprünglich aus Ägypten stammende Hauskatze wurde, wie die Schoßhunde, als exotisches Haustier gehalten (Ebnöther/Monnier 2002). Im Mittelalter kam es schließlich zu Neuzüchtungen von Jagd- und Schoßhündchen.

Friedrich von Tschudi beschreibt Mitte des 19. Jahrhunderts von den Berghunden der Alpen noch „eine Vielzahl an eigentümlichen und interessanten Erscheinungen". Vor rund 160 Jahren waren die Sennenhunde der Alpen kurzhaarige, mittelgroße und vielfärbige Hunde vom spitzartigen Schlag. Sie wurden zum Treiben des Viehs und als Wachhunde auf den Sennalmen eingesetzt. Nach Tschudi findet man echte Schäferhunde zu dieser Zeit nur bei den Bergamasker Herden und im Wallis. Der französische Berger de Crau und der italienische Bergamasker Hirtenhund (Cane da pastore Bergamasco) zählen zu den klassischen Hirtenhunden der Transhumanz mit engem Bezug zum Alpenraum. Beide Rassen, insbesondere der Crau, aber auch der Bergamasco, der Hirtenhund für Schaf- und Ziegenherden, sind in ihrem Bestand mittlerweile hochgefährdet. Der Bergamasker Hirtenhund wurde vom belgischen Schäferhund und vor allem vom Border Colli fast vollständig verdrängt. Durch den sozioökonomischen Wandel der Landwirtschaft südlich der Alpen ist die alte Form der Landnutzung, die Transhumanz und mit ihr auch der Hirtenhund, nahezu

Der Einsatz von Treibhunden auf Almen hat in Osttirol eine lange Tradition. Bis vor wenigen Jahrzehnten war es fast ausschließlich der autochthone Mittelspitz. Der Border Collie hat mittlerweile den Bergspitz zur Gänze verdrängt.

Modereckalm am Dachsteinmassiv. Ramsauer Bauern mit herrschaftlichem Besuch, um 1925. Ein bäuerlicher Bergspitz (links) und ein bürgerlicher Pinscher (Bildmitte) treffen aufeinander.
Foto: Archiv Verein Anisa

Ein Tiroler Bergspitzmischling auf der äußeren Steinalm oberhalb von Matrei in Osttirol.

verschwunden. Neben den Schweizer Sennenhunden zählen der Berger de Savoie, der savoyardische Kuhhund, und der Tiroler Bergspitz zu den autochthonen Alpenhunden. Im Bereich des Alpenhauptkamms, in Ost- und Südtirol, findet man heute noch vereinzelt den typischen Bergspitz als treuen Begleiter der Almhirten. Sowohl der Berger de Savoie als auch der Tiroler Bergspitz werden in erster Linie auf den Almen und am Hof als Treibhunde eingesetzt und sind aufgrund ihrer geringen Bestandsgrößen und der fehlenden Anerkennung hochgefährdet. Erhaltungsmaßnahmen sind im Aufbau begriffen. Der Tiroler Bergspitz hat sich speziell an die besondere Nutzungsform im Gebirge angepasst und ähnelt in seinen Nutzungseigenschaften und im äußeren Erscheinungsbild dem Islandspitz. Er entspricht typenmäßig dem mittelgroßen Spitz. Der Mittelspitz bildet wiederum die Ausgangsrasse für die Züchtung des Zwerg- und Großspitzes. Die Spitze zählen vermutlich zu den ältesten Formen der Haushunde und waren über den alpinen Bereich hinaus weit verbreitet.

Der österreichische und der deutsche Pinscher sowie der deutsche Mittelspitz haben ebenfalls einen engen Bezug zur Landwirtschaft. Ihre Ursprungsgebiete liegen im Alpenvorland sowie im außeralpinen Bereich. Über die Herkunft der Pinscher liegen wenige Informationen vor. Diese typischen Stall- und Hofhunde wurden 1836 von Reichenbach erstmals beschrieben. Der österreichische Pinscher ist die derzeit einzige anerkannte autochthone Hunderasse Österreichs. Die altdeutschen Hütehunde sind durch die jahrhundertealte Tradition der Wanderschäferei eng mit dem Nordalpenraum verbunden. Die verschiedenen Schläge haben sich in Anpassung an die jeweiligen regionalen Bedingungen entwickelt. Die für den bayerischen und Allgäuer Alpenraum relevanten Schläge sind der Strobel und der süddeutsche Schlag.

Die Rassezucht von Gebrauchshunden beginnt im Alpenraum erst gegen Ende des 19. und zu Beginn des 20. Jahrhunderts. Professor Albert Heim, der „Vater der Schweizer Sennenhunde", legte den Standard für mehrere ehemalige Bauernhunde fest und erreichte ihre Anerkennung als eigenständige Rasse. Er gilt als maßgeblicher Begründer der Schweizer Sennenhundezucht.

„Wir brauchen nur einen Schritt auf die Straße zu tun, so wird es sicher nicht lange dauern, dass wir einen spitzartigen Hund zu sehen bekommen, dies mag nun sein, wo es will, von Petersburg angefangen bis nach Italien." (Strebel 1904)

Der Strobel ist ein altdeutscher Hütehundeschlag, der bis 2005 die Wanderschäfer Süddeutschlands bis in den bayerischen Alpenraum begleitete. Foto: C. Träger

Es begann mit dem Torfspitz

Die spitzartigen Hunde werden vielfach als die ältesten Haushunde in Europa gehandelt. Bislang steht jedoch kein vollständiges Skelett vom Torfspitz zur Verfügung, das einen direkten Vergleich mit Skeletten rezenter Hunderassen ermöglichen würde. Aus Fundkomplexen der Pfahlbausiedlungen wurden in der Regel nur Einzelknochen, und selbst diese oft fragmentiert, geborgen. Die Schulterhöhe der jungsteinzeitlichen Pfahlbauhunde schwankt in etwa um 43 Zentimeter, ist also im oberen Bereich des Tiroler Bergspitzes und im unteren Bereich des rezenten österreichischen Pinschers angesiedelt. Im Unterschied zu den grazilen Hunden der Pfahlbauern war der Pinscher eher robust gebaut. Schädelreste aus den Fundkomplexen lassen aus der Stellung des äußeren Gehörgangs auf Stehohren schließen. Das wäre ein weiteres Indiz für die spitzartigen Hunde. Bislang wurde jedoch nur ein Bruchteil der Funde daraufhin geprüft. Eine direkte Verbindung zwischen neolithischen Hunden und den rezenten Hunderassen ist jedoch nicht direkt herleitbar und es liegen nicht weniger als 5.000 bis 6.000 Jahre dazwischen. Die Haushunde wurden nach der späten Jungsteinzeit zunächst allgemein größer und erreichten zur Eisenzeit fast durchwegs mittlere Größe bis zu den Körpermaßen deutscher Schäferhunde. Kleine Hunde kamen nur noch vereinzelt als Minimalvarianten vor.

Die Hauskatze (*Felis silvestris f. catus*)

Mit der Sesshaftwerdung und der Ausbreitung des Ackerbaues begannen die frühen Bauern des Neolithikums, Getreidevorräte anzulegen. Das Überangebot an Nahrung zog Nagetiere an. Ihnen folgten die Katzen, die das Angebot an Beutetieren in der Nähe der menschlichen Siedlungen ihrerseits zu schätzen wussten. Der Mensch hielt die Katze, um die Schädlingspopulationen niedrig zu halten. Der älteste Nachweis domestizierter Katzen stammt aus einer neolithischen Siedlung in der chinesischen Provinz Shaanxi. Vor rund 5.300 Jahren haben die Bewohner einer sesshaften Agrargesellschaft der Yangshao-Kultur domestizierte Katzen gehalten, bereits 1.000 Jahre bevor die Ägypter nachweislich gezähmte Katzen für die Mäusebekämpfung in ihren Getreidespeichern hielten. Auch aus den Anfängen der neolithischen Wirtschaftsweise der frühen Jungsteinzeit, der Präkeramik-Kultur, gibt es Hinweise auf die Haltung von Katzen. Zu den Regionen mit frühen Formen der neolithischen Wirtschaftsweise gehören Anatolien, Nordsyrien und die Levante, außerdem Gebiete im Iran und die Mittelmeerinseln Zypern und Malta. Welcher Art oder Unterart die frühchinesischen Domestikationsformen der Hauskatze angehörten, konnte bislang noch nicht geklärt werden. In Asien leben zwei Unterarten innerhalb der Familie der Katzen, die asiatische Wildkatze (*Felix silvestris ornata*) und die Graukatze oder Gobikatze (*Felix bieti*), die als mögliche Stammformen in Frage kommen (Ebnöther/Monnier 2002).

Im 2. Jahrtausend v. Chr. domestizierten die Ägypter die Stammform unserer Hauskatze, die Nubische Falbkatze (*Felix silvestris lybica*). Sie verehrten die Katze als heiliges Tier und widmeten ihr sogar eine Göttin namens Bastet, die als Frau mit Katzenkopf und einem Korb am rechten Arm dargestellt wird. Die Katze symbolisierte Fruchtbarkeit.

Aufgrund strenger Ausfuhrverbote in Ägypten gelangte die Katze erst vergleichsweise spät über Griechenland in das römische Reich und ersetzte dort das bisher für die Bekämpfung der Nager eingesetzte Frettchen. Erst für die Mitte des ersten Jahrhunderts n. Chr. gibt es mehr Nachweise von Hauskatzen in mitteleuropäischen Siedlungen (Hüster-Plogmann/Rehazek 2005). Sie blieb bis zur Mitte des 13. Jahrhunderts ein exotisches Haustier der gesellschaftlichen Oberschicht.

Bisher galt die nordafrikanische Wildkatze (*Felis silvestris lybica*) als alleinige Stammform der Hauskatze. In Mitteleuropa kommt es zunehmend zu Bastardisierungen zwischen der Hauskatze und der europäischen Wildkatze (*Felis silvestris silvestris*), wie sie auf diesem Bild zu sehen ist. Foto: W. Rieder

In weiterer Folge breitete sich die Hauskatze aufgrund ihrer hohen Fruchtbarkeit stark aus. Es kam zunehmend zu Bastardisierungen mit der europäischen Wildkatze, die in ihren Beständen bald bedroht war. Die genetische Verdrängung durch die Hauskatze, intensive Bejagung, Epidemien und Lebensraumverlust führten im 18. und 19. Jahrhundert weitgehend zur Ausrottung der Wildkatzenbestände in Mitteleuropa.

Um die Mitte des 19. Jahrhunderts setzte, ausgehend von England, die bestimmte Züchtung der Hauskatze nach Rassen ein. Spezielle Merkmale wurden durch selektive Vermehrung gezielt herausgearbeitet. Harrison William Weir (1824 bis 1906) verfasste die ersten Rassestandards und initiierte 1871 die erste Katzenschau im Crystal Palace in England, wo 1851 die Weltausstellung stattfand, und gilt daher als Begründer der Katzen-Rassezucht.

Die Familie der Feliden gliedert sich in 37 Spezies, wenn man die Hauskatze als eigene Art rechnet. Der gemeinsame Vorfahre der nubischen Falbkatze lebte vor rund 130.000 Jahren. Genetische Analysen zeigten anhand der Unterschiede der mitochondrialen DNA von 979 Hauskatzen und der Wildformen, dass sämtliche Hauskatzen von fünf Gründerkatzen aus der Region des Fruchtbaren Halbmondes abstammen und die Domestikation daher mehrfach erfolgte (Driscoll u. a. 2007).

Das europäische Wildkaninchen gilt als Stammform des Hauskaninchens. Es kam von der Iberischen Halbinsel und aus Nordafrika zu uns. Foto: G. Gressmann

Weiße Wiener. Um 1890 züchtete ein k. u. k. Beamter in Wien aus belgischen Riesen, französischen Halbwiddern und Lothringer Riesen das Wiener Kaninchen, um in Österreich den Importrassen eine bodenständige Rasse entgegenzusetzen. Das Graue und das Weiße Wiener Kaninchen gelten als die einzigen autochthonen Kaninchenrassen Österreichs. Das Grigio di Carmagnola, das Graue Kaninchen von Carmagnola, ist die einzige italienische Kaninchenrasse mit Bezug zum Alpenraum. Es stammt aus dem Piemont und wurde aus bodenständigen Landrassen herausgezüchtet. Foto: B. Fuchs

Das Hauskaninchen

(Oryctolagus cuniculus f. domestica)

Das Hauskaninchen ist die gezähmte Form des europäischen Kaninchens (*Oryctolagus cuniculus*) und gehört zur Familie der Hasenartigen (*Leporidae*), es ist die einzige Art der Gattung (*Oryctolagus*) und kein Nagetier. Die IUCN führt das europäische Wildkaninchen in der Roten Liste der gefährdeten Arten in der Kategorie „mit drohender Gefährdung" (Near Threatened). Nach Müller-Using war das Wildkaninchen vor rund 600.000 Jahren in Europa weit verbreitet. Fossile Überreste wurden in Zentralfrankreich, Belgien, Italien, der Schweiz und in Deutschland gefunden.

Die vordringenden Gletscher verdrängten das Wildkaninchen während der Eiszeit auf die Iberische Halbinsel und nach Nordafrika. Spanien dürfte damit seit dem Ende der letzten Eiszeit die eigentliche Heimat des europäischen Wildkaninchens sein. In den Fundkomplexen zweier südspanischer Siedlungen wurden Kaninchenknochen nachgewiesen. Die Funde stammen aus der Bronzezeit (2.000 bis 1.200 v. Chr). Ob es sich bereits um domestizierte Kaninchen handelte, konnte nicht eindeutig nachgewiesen werden, eine Unterscheidung der Knochen von Wild- und Hauskaninchen ist kaum möglich. Lediglich die Morphologie des Oberschädels bietet dazu Anhaltspunkte. Im Zuge der Domestikation wird der Inhalt der Schädelhöhle geringer und das Hirngewicht nimmt ab (Driesch/Boessneck 1970).

Bereits die Phönizier berichten über die iberischen Wildkaninchen, die sie für Klippschiefer (*Procavia capensis*) hielten, und benannten nach ihnen die spanische Mittelmeerregion als Land „i-shephanim". Die Römer wandelten die Bezeichnung auf „Hispania" ab. Marcus Terentius Varro, ein römischer Universalgelehrter, beschreibt im ersten Jahrhundert v. Chr. die Iberische Halbinsel als Heimat der Kaninchen und empfiehlt die Haltung der Tiere in ummauerten Gehegen (Nachtsheim/Stengel 1977). Bereits der griechische Geograf Strabo und der römische Gelehrte Plinius erwähnten die von Kaninchen durch ihre Grabtätigkeit verursachten Schäden im damaligen Spanien.

Im Mittelalter galt Kaninchenfleisch als anerkannte Fastenspeise, daher wurde die Kaninchenhaltung stark verbreitet. Zu dem Zweck legte man spezielle Kaninchengärten an. Im Alpenraum und in Alpenrandlagen sind Kaninchen aus Ausgrabungsstätten nur vereinzelt nachgewiesen. Zwei Knochen wurden in Konstanz geborgen und in die Zeit zwischen 1.300 und 1.500 n. Chr. gestellt (Prilloff 2000).

Im Universal-Lexikon von Zedlers von 1733 werden für Deutschland nur domestizierte Kaninchen in verschiedenen Farben beschrieben: *„In unsern Landen siehet man nichts von dieser Art, und müssen wir uns allein mit denen zahmen und eingefangenen behelffen. Sie sind an Farbe nicht einerley, einige sind gantz schwartz, oder gantz weiß, andere aber graulicht oder sprencklicht. Die Bälge von denen gantz schwartzen und gantz weissen, werden vor etwas edler gehalten, als derer andern ihre. Einige halten auf die Caninichen in ihrer Haußhaltung so viel, als auf allerhand Geflügel-Werck, so sie auf ihren Gütern und Vorwergen haben. Sie sind gut zur Nahrung und Speise, brauchen keiner grossen Wartung, noch Sauberung ihrer Nester, indem sie ihre Löcher in der Erde selbst zubereiten, auch mit weniger Kost vorlieb nehmen."*

Bis gegen Ende des 19. Jahrhunderts wurden Kaninchen zur Verwertung des Fleisches und der Felle gehalten. Die Kaninchen-Rassezucht entwickelte sich ausgehend von Frankreich um 1800. Nach dem deutsch-französischen Krieg in den Jahren 1870/71 nahm auch in Deutschland die Kaninchenzucht Aufschwung. Soldaten hatten die modernen Formen der Kaninchenhaltung aus Frankreich mitgebracht.

Der österreichische Alpenraum

Von Blondvieh bis Murbodner – Rinderrassen und Landschläge

Der österreichische Alpenanteil umfasst rund 65 Prozent der Landesfläche, das sind vergleichsweise etwas mehr als beim Nachbarland Schweiz. Die westlichen Bundesländer Vorarlberg und Tirol sowie Kärnten liegen zur Gänze innerhalb der Gebietskulisse der Alpenkonvention. In Salzburg liegen lediglich die Alpenvorlandgemeinden des Flachgaus außerhalb der Alpen.

Die Salzburger Kalkalpen, das Salzkammergut sowie die steirisch-niederösterreichischen Kalkalpen mit dem Wienerwald bilden den nördlichen Abschnitt der Ostalpen. Das steirische Randgebirge östlich der Mur sowie Teile der Lavanttaler Alpen stellen mit dem Leithagebirge die östliche Begrenzung dar.

Die Viehzucht und insbesondere die Rinderwirtschaft haben daher in Österreich günstige Voraussetzungen und nehmen in der landwirtschaftlichen Produktion eine führende Rolle ein. Im Alpenraum wird traditionell Zucht- und Nutzrinderproduktion sowie Milchwirtschaft betrieben. Rindermast mit Silomais-Anbau findet man in den klimatisch begünstigten Lagen des Alpenvorlandes und auch des Flach- und Hügellandes. Im Mittelalter und noch lange danach war jedoch in vielen Regionen das Schaf der primäre Fleischlieferant. Die Abgaben der um 1.000 n. Chr. aufkommenden, meist bayuwarischen Schwaighöfe an die Grundherren erfolgten bis ins Hochmittelalter oder darüber hinaus üblicherweise in Form von Schafkäse (Erzbistum Salzburg). Erst im beginnenden 17. Jahrhundert gewinnt die Rinderhaltung gegenüber der Schafhaltung zusehends an Bedeutung. Mit den Essgewohnheiten änderten sich auch die Abgaben. Das Butterschmalz ersetzte die Schafkäse-Abgabe. Der Viehhandel wurde im Mittelalter und in der frühen Neuzeit von den Landesherren stark eingeschränkt, um die Versorgung der Städte mit Fleisch sicherzustellen.

Die Kallbrunnalm im Naturpark Weißbach bei Lofer im Land Salzburg. Ansicht gegen das Kammerlinghorn.

Das Fleckvieh nimmt mit rund 78 Prozent den Spitzenplatz unter dem österreichischen Rinderbestand ein.

Bis ins 18. Jahrhundert blieb im österreichischen Alpenraum bei den Rinderschlägen eine große Vielfalt an Formen und Farben erhalten. Innerhalb eines Typs sind es meist Schläge mit regionalen Bezeichnungen, die sich kaum hinsichtlich ihrer Leistung oder in ihrem äußeren Erscheinungsbild unterscheiden. Die Abgeschlossenheit der Talschaften und die mangelnde Verkehrserschließung verhinderte die Bildung größerer zusammenhängender Zuchtgebiete. Der Zucht- und Nutzwert der verschiedenen Schläge spielte bis zur Aufhebung der Untertänigkeitsverhältnisse, also bis zur Grundentlastung kaum eine Rolle. Die Sicherung des Überlebens stand im Vordergrund. Eine Ausnahme bildeten die „freien Walserbauern", die für ihr gutes Zuchtvieh bekannt waren.

Von staatlicher Seite wurde von Maria Theresia zur Zeit der Aufklärung 1766 die k. u. k. Ackerbaugesellschaft gegründet, zu Beginn des 19. Jahrhunderts folgten k. u. k. Landwirtschaftsgesellschaften in den Kronländern. 1838 war es beispielsweise in der Grafschaft Tirol soweit. Den größeren Umbruch brachte jedoch die Revolution der Jahre 1848/1849 mit sich, die in allen Teilgebieten der Monarchie zu Landreformen und zur Bauernbefreiung führte. Durch die Aufteilung des Grundbesitzes, insbesondere der Gemeindehutweiden, wurde aber der freie Weidegang stark eingeschränkt. Der traditionellen Schaf- und Ziegenhaltung wurden lebenswichtige Flächen entzogen, die Rinderhaltung erhielt Vorrang. Viele Hutweiden wurden damals in Äcker und Wiesen umgewandelt, was die Stallhaltung (Rind, Schwein) und den Futterbau förderte. Die Milch- und Fleischproduktion konnte damit erheblich gesteigert werden.

Viehmärkte dienten bis in das 19. Jahrhundert meist zur Deckung des lokalen Bedarfs. Nach Ferdinand Kaltenegger gab es in den 1870er-Jahren beispielsweise allein im Oberinntal rund 48 Viehmärkte. Trotz dieser lokalen Organisation des Marktwesens bestanden Exporte von Nutz- und Zuchtvieh in das benachbarte Bayern und in den oberitalienischen Raum.

Der Schwerpunkt der österreichischen Rinderzucht lag im Alpenraum bis ins 19. Jahrhundert weiterhin bei der Ochsenproduktion. Im östlichen Abschnitt der Ostalpen (Steiermark und Kärnten) setzten die alpinen Zuchtbetriebe ihre Ochsen im nördlichen und östlichen Alpenvorland ab. Betriebe aus Salzburg und den oberösterreichischen Kalkalpen bedienten vor allem den angrenzenden oberbayerischen Raum. Für Tirol und Vorarlberg waren das lombardische und venezianische Tiefland die maßgeblichen Absatzgebiete für Grau- und Braunvieh. Lediglich die Pustertaler Sprinzen blieben als Mastochsen und Melkvieh begehrt und gingen selten in den Verkauf.

Maßnahmen zur Förderung der Rinderzucht setzten in Österreich, im Vergleich zu den Nachbarländern Schweiz und Deutschland, spät ein. Erst gegen Mitte des 19. Jahrhunderts kam es zu unterstützenden Aktivitäten und man kann seither von einer planmäßigen Zucht sprechen.

1856 folgte Österreich der Einladung Frankreichs zur Teilnahme an der ersten internationalen Tierausstellung. Die österreichischen Ostalpenrassen Tuxer und Zillertaler, Mariahofer und Lavanttaler, Mürztaler, Pinzgauer und Rauriser, Oberinntaler sowie Montafoner wurden ausgestellt und bewirkten erstmalig eine rege Nachfrage nach Zuchttieren im In- und Ausland. Nach Kaltenegger führte dies zur Entwicklung einer exportorientierten Rinderrassezucht und zu neuen Zuchtrichtungen.

Um 1840 breitete sich die Fettkäserei, also die Herstellung von Bergkäse, von der Ostschweiz zunehmend auf Westösterreich und das Allgäu aus. Gleichzeitig entstanden in der zweiten Hälfte des 19. Jahrhunderts die großen Abmelk- und Mastbetriebe um den Ballungsraum Wien, die zur Versorgung der städtischen Bevölkerung mit Milch- und Fleischprodukten dienten. Die Abfallprodukte aus der Lebensmittelindustrie wurden zur Verfütterung des Milch- und Mastviehs in den

Der Österreichische Alpenraum

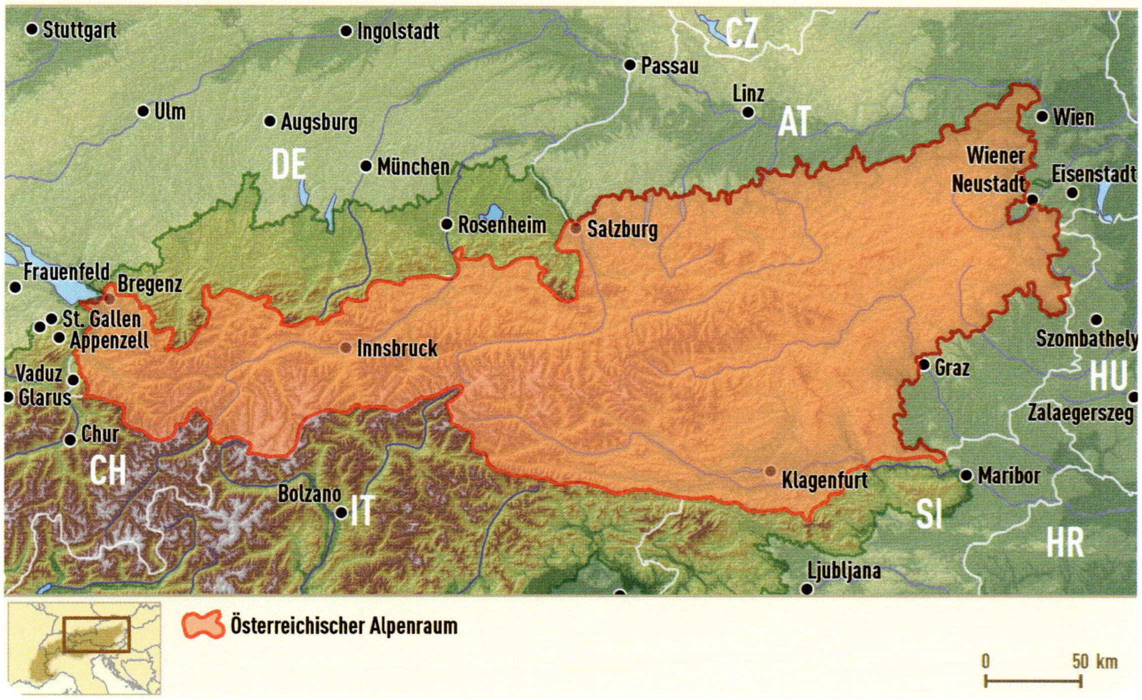

Neben Italien besitzt Österreich den Löwenanteil am Alpenraum. Es handelt sich konkret um eine Fläche von 5,43 Millionen Hektar, das sind rund 28 Prozent der Gesamtfläche.

Meiereien eingesetzt. Dadurch stieg, besonders in den 1880er-und 1890er-Jahren, die Nachfrage nach guten Milchkühen massiv an und den alpinen Zuchtgebieten wurden viele gute Milchkühe entzogen. Dieser Ausverkauf an Zuchtstämmen hatte die Gründung von Zuchtgenossenschaften zur Folge und die Konkurrenz der Zuchtgebiete der alpinen Rinderrassen verstärkte sich.

Mit der Weltausstellung in Paris im Jahr 1875 begann der Siegeszug der Schweizer Rinderrassen, des Simmentaler Fleckviehs und des Braunviehs. Der gute Absatz des milchergiebigen Montafoner Viehs führte 1893 zur Gründung der ersten österreichischen Viehzuchtgenossenschaft in Dornbirn. In der ausgehenden österreichisch-ungarischen Monarchie erlebte die Rinderzucht insgesamt eine Hochblüte, Rindfleisch wurde zur meistgekauften Fleischsorte. Den von Kaiser Franz Josef I. so geschätzten Tafelspitz (auch Rosenstück genannt) lieferten mehrere Rassen in der gewünschten Qualität, das Waldviertler Blondvieh, das Kärntner Blondvieh beziehungsweise die Pustertaler Sprinzen.

Ab 1850 gewann die bayerische Milchwirtschaft an Bedeutung, womit ein wichtiger Absatzmarkt für Grau- und Braunvieh aus Westösterreich einbrach. Nach dem Ende der österreichisch-ungarischen Monarchie waren ehemals zusammenhängende Zuchtgebiete und Absatzmärkte plötzlich voneinander abgetrennt (Grauvieh, Pustertaler Sprinzen). Auch die Weltwirtschaftskrise und die Kriegsjahre schwächten die alpine Viehzucht und ab den 1950er-Jahren verschwanden viele lokale Märkte aus dem Geschehen, während sich zentrale Marktorte herausentwickelten. Die Folge war unter anderem eine weitere Verschärfung der Konkurrenz zwischen autochthonen Rassen und dem Simmentaler Fleckvieh. Die zunehmende Mechanisierung in der Landwirtschaft raubte den Mehrnutzungsrassen zusätzlich ihren alten Stellenwert.

Bereits im 19. Jahrhundert zeichnete sich der Erfolg von Simmentaler Fleckvieh und Freibergern ab, aus ersten kleinen Zuchtinseln entstanden bis ins 20. Jahrhundert große Verbreitungsgebiete. Die verbesserten Haltungsmethoden und Futtergrundlagen förderten die Ansiedelung des anspruchsvolleren Fleckviehs. Ferdinand Kaltenegger beschreibt die Hinwendung zum Fleckvieh und zu gefleckten Rinderrassen gegen Ende des 19. Jahrhunderts noch als Modeerscheinung. In Tirol wie im benachbarten Bayern wurden in den 1840er-Jahren die ersten rotscheckigen Simmentaler und die heute bereits ausgestorbenen schwarzscheckigen Freiberger Rinder eingeführt. Anfängliche Misserfolge haben ihre wachsende Bedeutung nicht unterbunden. Es folgten weitere Importe und erste Ausstellungen von Originalstieren aus der Schweiz und von Kreuzungstieren auf Rinderschauen im Jahr 1871. Die Kreuzungsprodukte aus Schwarzschecken mit bodenständigen schwarzen Tuxern brachten farblich nicht das gewünschte Ergebnis, daher wurden in weiterer Folge nur mehr rotscheckige Typen eingekreuzt. Schon 1889 wurde das Fleckvieh in Tirol als Landrasse anerkannt, der Begriff „Unterinntaler Fleckvieh" um 1890 gebräuchlich.

Ausgehend vom mittleren Unterinntal (Raum Schwaz) breitete sich das Fleckvieh rasch in Richtung Kufstein und in die Seitentäler aus. Das Pinzgauer Rind, das bis um 1850 noch im Unterinntal heimisch war, wurde ab 1900 zusehends zurückgedrängt (Müller 1958).

Bei der Rassezählung im Jahr 1954 beschränkte sich die Verbreitung des Fleckviehs inneralpin noch auf das Unterinntal und die Obersteiermark im Raum Liezen und Murau.

Das Fleckvieh hat sich in Österreich seit den 1840er-Jahren enorm verbreitet. Im Tiroler Unterland ist die Bezeichnung „Unterinntaler Fleckvieh" bereits seit 1890 gebräuchlich.

Heute stellt das Fleckvieh mit rund 78 Prozent den Großteil des österreichischen Rinderbestandes, gefolgt von Braunvieh (8 Prozent) und Holsteiner mit 5,6 Prozent. Die verbleibenden 8 Prozent verteilen sich auf die heimischen Rassen Pinzgauer, Tiroler Grauvieh, Murbodner, Kärntner und Waldviertler Blondvieh sowie auf die Fleischrassen Charolais, Limousin und Galloway.

Österreich besitzt bis heute eine eindrucksvolle Vielfalt an Rinderrassen, trotz der starken Verluste an diversen Landschlägen im Laufe des 19. Jahrhunderts. Das liegt an den günstigen Bedingungen für die Rinderzucht in den Ostalpen und die teilweise isolierte Entwicklung von Rassen in den zahlreichen Alpentälern. So gab es um das Jahr 1800 allein in Vorarlberg 17 verschiedene Landschläge, die sich jedoch oft nur hinsichtlich ihrer Färbung unterschieden.

Viele eigentümlich anmutende Schläge wie das arbeitsbetonte kraushaarige Malteiner Rind Mittel- und Oberkärntens haben die Wende zum 20. Jahrhundert nicht erlebt. Erst in letzter Minute ergriffene Erhaltungsbemühungen in den 1980er-und 1990er-Jahren haben viele, heute als Gen-Erhaltungsrassen geführte Rinder vor dem Aussterben bewahrt. Mehrere Rassen konnten mithilfe von Förderprogrammen aus der kritischen Gefährdungssituation herausgeführt werden, dennoch kämpfen sie um ihre langfristige Absicherung. Vermarktungsprojekte wurden ins Leben gerufen, können aber oft nur auf einigen wenigen Initiativen aufbauen. Zu den am stärksten in ihrem Bestand gefährdeten Rinderrassen der österreichischen Ostalpen zählen neben dem Original Braunvieh die Ennstaler Bergschecken, das Tux-Zillertaler Rind und die Pustertaler Sprinzen.

Gefährdung nach FAO-Kriterien:
(critical):
bis 100 weibliche Zuchttiere vom Aussterben bedroht
(endangered):
bis 1 000 weibliche Zuchttiere stark gefährdet
(vulnerable):
bis 5 000 weibliche Zuchttiere gefährdet
(rare):
bis 10 000 weibliche Zuchttiere ungesichert
(LC):
über 10 000 weibliche Zuchttiere nichtgefährdet

Rote Liste gefährdeter Tiere Österreichs:
CR: vom Aussterben bedroht (critically endangered)
EN: stark gefährdet (endangered)
VU: gefährdet (vulnerable)
NT: Gefährdung droht (near threatened)
LC: nicht gefährdet (least concern)

Bestandssituation und Gefährdungsgrad der autochthonen Rinderrassen des österreichischen Alpenraumes (Stand 2013)

Rinderrasse	Bestand (Zuchtbuch/Register) *Kühe	Gefährdung (Rote Liste, FAO)	urspr. Verbreitungebiet	Region
Ennstaler Bergschecken	131*	RL, FAO: stark gefährdet, EN	weite Teile der östlichen Ostalpen, Bezirk Murau (1880)	Westliche Obersteiermark (1880)
Pustertaler Sprinzen	300*	RL: vom Aussterben bedroht, CR; FAO: stark gefährdet, EN	Pustertal, Gardatal, Raum Brunneck	Bozen
Original Pinzgauer Rind	6.000*	RL: Gefährdung droht, NT; FAO: ungesichert, rare	Pinzgau, Pongau, Mölltal, östl. Oberbayern, Bezirk Kitzbühel	Pinzgau-Pongau, Tiroler Unterland, Oberkärnten
Jochberger Hummeln (Teil der Original Pinzgauer Population)	< 500	RL: vom Aussterben bedroht, CR; FAO: stark gefährdet, EN	Aurachtal	Tiroler Unterland
Kärntner Blondvieh	1.000*	RL: stark gefährdet, EN; FAO: gefährdet, VU	Norische Region, Görschitztal, Lavanttaler Becken	Unterkänten
Tux-Zillertaler	900*	RL, FAO: stark gefährdet, EN	Zillertal, Teile des Inn- und Wipptales, Tuxer Voralpen	Innsbruck
Tiroler Grauvieh	3.819*	RL, FAO: gefährdet, VU	Oberinntal, Wipptal, Lechtal, jeweils mit Seitentälern	Innsbruck und Tiroler Oberland
Original Braunvieh	850*	RL, FAO: stark gefährdet, EN	Montafon und Brandnertal	Bludenz und Bregenzerwald
Murbodner Rind	3.557*	RL: stark gefährdet, EN; FAO: gefährdet, VU	Bezirk Murtal	Westliche Obersteiermark

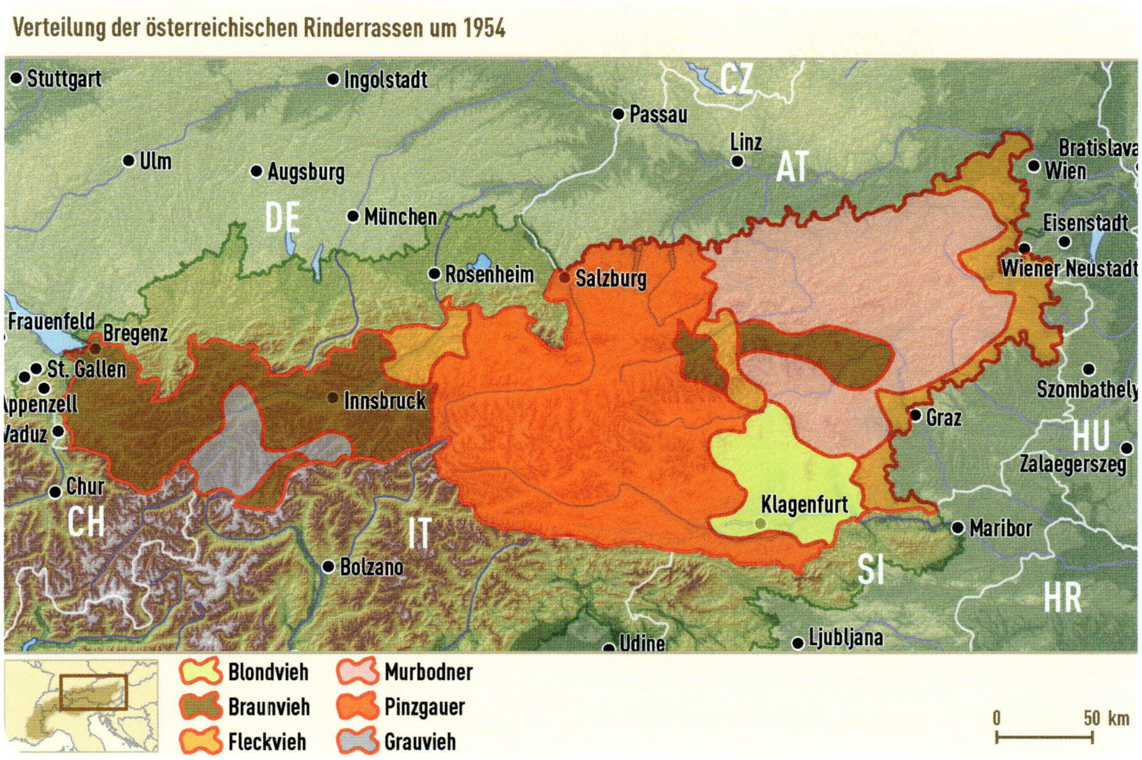

Die restriktive Tierzucht-Gesetzgebung des Nationalsozialismus brachte viele Rinderrassen zum Verschwinden. 1954 waren nur mehr wenige Hauptrassen präsent. Die Ennstaler Bergschecken, Tux-Zillertaler und Pustertaler Sprinzen wiesen Restpopulationen auf. (Quelle: nach Mülleri 1958, verändert).

Graubraune rätische Rinder

Aus der Gruppe der graubraunen rätischen Rinder zählen das Tiroler Grauvieh und das Original Braunvieh (auch: Montafoner Rind) zu den seltenen Rinderrassen des österreichischen Alpenraumes. Beide Rassen haben sich im Westen der Ostalpen aus verschiedenen Landschlägen entwickelt. Die zahlreichen, in Form und Färbung sehr unterschiedlichen Grauviehschläge wurden im 20. Jahrhundert zum heute züchterisch deutlich verbesserten Tiroler Grauvieh zusammengeführt. Die letzten Bestände des leichtesten und milchergiebigsten Grauviehschlages, des Oberinntaler Rindes, wurden in den 1980er-Jahren gezielt bei den Viehmärkten in Imst ausselektiert und kamen nach Graubünden zur Wiederbegründung des Rätischen Grauviehs. So konnte dieser Schlag, wenn auch unter einer anderen Bezeichnung, bis heute erfolgreich erhalten werden.

Das Original Braunvieh entwickelte sich aus verschiedenen Landschlägen Vorarlbergs und der angrenzenden Schweiz. Der milchergiebige, dunkelbraungraue Montafonerschlag des Oberlandes und des angrenzenden Bezirks Prättigau-Davos des Kantons Graubünden setzte sich durch und wurde bereits Ende des 19. Jahrhunderts zur Vorarlberger Landrasse mit einheitlicher Zuchtbuchführung. Nach Roswitha Baumung bestätigten genetische Analysen die enge verwandtschaftliche Beziehung zwischen österreichischem und Schweizer Original Braunvieh. Ausgehend von Vorarlberg, der Schweiz und dem Allgäu erfuhr das Braunvieh eine weltweite Verbreitung und wurde in verschiedenen Zuchtrichtungen selektiert.

Das Braunvieh alter Zuchtrichtung wurde im 20. Jahrhundert durch die Forcierung der Brown Swiss Genetik fast vollständig verdrängt. In vielen ursprünglichen, vom Grauvieh dominierten Zuchtgebieten in Nord- und Südirol wurden die Landschläge mit dem milchbetonteren Montafoner und Schweizer Braunvieh aufgekreuzt. Es entstand das graubraune Tiroler Gebirgsrind.

Das Original Braunvieh war bis zur Verdrängungskreuzung mit Brown Swiss neben dem Fleckvieh die am meisten verbreitete Rasse in Österreich. Erst im Zuge der aufkommenden künstlichen Besamung Ende der 1960er-Jahre wurde durch den steigenden Anteil von Brown-Swiss-Blut in der Population das Original Braunvieh massiv zurückgedrängt und ist heute mit einem Gesamtherde-Buchbestand von rund 760 Tieren stark gefährdet.

Vierjährige Tuxer Kuh von Josef Strok aus Dux in Tirol (bis 1900 auch Dux bzw. Duxer Rasse). Foto: Archiv Jaritz

Rotscheckige Rinder vom Typus der Bergschecken sind auf dem Gemälde „Einschiffung am Königssee" (um 1839) von Friedrich Gauermann zu sehen. Foto: Archiv Jaritz

Die Bergscheckengruppe

Die Rinder der Bergscheckengruppe gehörten vermutlich schon im keltischen Königreich Norikum zum bodenständigen Rinderschlag der Ostalpen und waren wahrscheinlich auch darüber hinaus verbreitet. Die alte Landrasse war ursprünglich weniger als einen Meter groß, wie zahlreiche Rinderskelette verschiedener Zeitepochen belegen. Das hohe Alter und der ununterbrochene Bestand der Bergschecken ist durch viele Knochenfunde, aber auch durch Fellfunde am Dürrnberg bei Hallein, belegt. Bergschecken begleiteten vermutlich die bayerischen Siedler des Mittelalters in den slawisch besiedelten Osten.

Die neuzeitliche Ausbreitung des Blondviehs nach Westen bewirkte eine Schrumpfung des Bergscheckenareals. (Persönliche Mitteilung von Erich Pucher)

Neben dem Pinzgauer Rind und auch den Pustertaler Sprinzen zählen weiters die Ennstaler Bergschecken (Kampeten) zu diesem alpinen Rindertyp. Sie waren vor 1800 im östlichen Abschnitt der Ostalpen die am meisten verbreitete Rinderrasse. In der Steiermark, in Oberösterreich und Teilen Kärntens und Salzburgs vertreten, wurden sie Ende des 18. Jahrhunderts von den Pinzgauern, Murbodnern, dem Kärntner Blondvieh und dem Zillertaler Rind auf die nordwestliche Steiermark und die oberösterreichischen Kalkalpengebiete zurückgedrängt. Im 19. Jahrhundert sind als die Kerngebiete das obere Ennstal bei Irdning, Schladming und das Pusterwaldtal zu nennen. Von dort wurde die zierliche und besonders widerstandsfähige Zweinutzungsrasse der Ennstaler Bergschecken nach Oberösterreich eingeführt. Aber gegen 1900 kam es zum Niedergang, als auf Initiative von Fürst Schwarzenberg planmäßig Simmentaler und deutsche Fleckviehstiere zur Zucht schwerer Ochsen eingekreuzt wurden. 1950 waren die Ennstaler Bergschecken bereits weitestgehend verdrängt und nur mehr wenige Zuchtbetriebe hielten noch an ihnen fest. Bis in die frühen 1990er-Jahre überdauerten lediglich vier unverwandte Bergscheckenbestände. Gegen Ende des 20. Jahrhunderts galten die Ennstaler Bergschecken als nahezu ausgestorben und vom Fleckvieh weitestgehend verdrängt. Untersuchungen über die genetische Verschiedenheit und Rassezuordnung der österreichischen Rinderrassen im Jahr 2008 haben gezeigt, dass die Ennstaler Bergschecken anhand dieser Analysen dem Blondvieh-Cluster zugeordnet werden können.

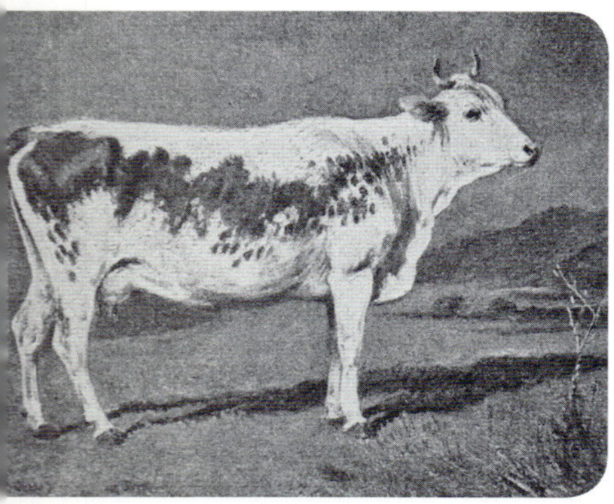

Ennstaler Kuh, Abbildung des k.u.k. Ackerbauministeriums, 1848 bis 1898. Foto: Archiv Jaritz

Bereits Ferdinand Kaltenegger hatte rund 100 Jahre zuvor erkannt, dass die Ennstaler Bergschecken maßgeblichen Einfluss auf die Rassebildung des Murbodner Rindes hatten. Dieses ist nach seiner Meinung aus der Kreuzung von Mürztaler, Mariahof-Lavanttaler und Ennstaler Bergschecken hervorgegangen. Er stellte daher die Ennstaler Bergschecken in eine Reihe mit den Murbodner Rindern und den Vorfahren des Kärntner Blondviehs (Mürztaler und Mariahof-Lavanttaler).

Seit 1992 gibt es intensive Bemühungen zur Erhaltung der Ennstaler Bergschecken, die heute immer noch stark gefährdet sind. Die Rote Liste der gefährdeten Tiere Österreichs/alte Haustierrassen, führt die Ennstaler Bergschecken als stark gefährdet (EN, engangered).

Im Salzburger Pinzgau entwickelte sich aus den bodenständigen, einfärbig rotbraunen und aus den rotscheckigen Landschlägen der Bergscheckengruppe zu Beginn des 19. Jahrhunderts das Original Pinzgauer Rind, mit seiner charakteristischen kastanienroten Farbe und den typischen weißen Abzeichen. Als Ursprungsjahr der Rasse gilt das Jahr 1820. Das Kernzuchtgebiet deckt sich mit dem heutigen Bundesland Salzburg, schloss aber Gebiete des ehemaligen Erzbistums Salzburg in Oberbayern (Rupertiwinkel) und Tirol (Teile Osttirols und das Tiroler Unterland) mit ein. Die Pinzgauer wurden bis in alle Winkel der Monarchie exportiert und sind heute weltweit in rund 30 Ländern verbreitet. Nach einem Höhenflug der Rasse in der

Monarchiezeit und ihrem großen Erfolg auf der Pariser Weltausstellung 1856 nahm der Bestand im 20. Jahrhundert wieder ab. Die Selektion auf Fleisch- und Arbeitsleistung, die lange Zeit für ihre Beliebtheit sorgte, und der Ausverkauf guter Milchkühe Ende des 19. Jahrhunderts haben der Ausbreitung der Pinzgauer Rasse entgegengewirkt. Um 1900 wurde die Milchleistungsprüfung mit der Zuchtbuchführung eingeführt und seither verstärkt auf Milchleistung selektiert, um der Konkurrenz des immer mehr aufkommenden Braun- und Fleckviehs entgegenzusteuern.

Tierseuchen und die künstliche Einengung der Population durch intensive Form- und Farbenzucht führten zusätzlich zu einer Abnahme der Leistung. Durch die Ausbreitung des Fleckviehs verlor das Pinzgauer Rind stark an Terrain. Der Bestand an reinrassigen Pinzgauer Rindern ist heute – auf hohem Niveau – rückläufig und infolge der Ausbreitung der Holsteingenetik gefährdet. Die Rasse wird daher in der Roten Liste der Nutztierrassen in der Kategorie „drohende Gefährdung (near threatened)“ geführt.

Eine Besonderheit stellt die schwarz-weiß gefärbte Variante des Pinzgauer Viehs dar. Früher galten diese Tiere als Glückskühe und sie erfreuen sich heute wieder zunehmender Beliebtheit. Die genetisch hornlosen Jochberger Hummeln haben sich lokal im Tiroler Bezirk Kitzbühel aus dem Bestand des Pinzgauer Rindes entwickelt. Diese hornlose Variante der Pinzgauer wurde im Zuchtverband jedoch leider nie als ideale Rasse für die moderne Mutterkuhhaltung im Laufstall erkannt. Die Jochberger Hummeln sind mit einer Gesamtpopulation von weniger als 150 Tieren akut gefährdet.

Die Wurzeln der Pustertaler Sprinzen gehen auf die gelbroten und rotweißen Bergscheckenschläge der Kelten zurück und auf Einflüsse des Tuxer und des Pinzgauer Rindes.

Noch während der Monarchiezeit zählten sie zum begehrten Mast- und Abmelkvieh der großen Meiereien Niederösterreichs und Wiens. Ihr Bestand schrumpfte aber gegen Ende des 20. Jahrhunderts bis auf kleine Restpopulationen, bevor sprichwörtlich in letzter Minute in den 1980er- und 1990er-Jahren entscheidende Erhaltungsmaßnahmen ergriffen wurden.

Bereits 1947 wurden sie bei der Erfassung des österreichischen Rinderbestandes nicht mehr gesondert dokumentiert. Robert Überbacher beschreibt sie 1906 als Kreuzungsprodukt der alten, vorzeitlichen, rotbunten Rückenschecken und der braunschwarzen Tuxer Rasse.

Über die Krimmler Tauern in der südwestlichsten Ecke des Landes Salzburg gibt es seit vermutlich 2000 Jahren einen Saumweg ins benachbarte Südtiroler Ahrntal. Die Handelsverbindung wurde zumindest ab dem Mittelalter auch für den Viehhandel genutzt. Zudem wurden vor 1830 Almen an Südtiroler Bauern verkauft, die auch heute noch den Saumweg für den Viehtrieb nutzen. Ursprünglich waren die Pustertaler Sprinzen im gleichnamigen Pustertal in Südtirol sowie im angrenzenden Gadertal (Abteital) beheimatet. Die Pustertaler Rasse zählte von 1867 bis 1918 zu den Hauptrassen der österreichisch-ungarischen Monarchie, der Bestand umfasste im 19. Jahrhundert über 60.000 Stück. Die Pustertaler Rasse hatte damals durchaus den Status einer Hochleistungsrasse mit sehr guter Milchleistung bei ausgezeichneter Futterverwertung. Die Tiere wurden häufig nach Wien verkauft.

Um 1920 hatte das Verbreitungsgebiet bereits stark abgenommen und beschränkte sich auf Teile der Bezirke Bruneck und Brixen, war aber auch dort nicht mehr die einzige landesübliche Rinderrasse. Die Bestände nahmen weiter ab, erst Ende des 20. Jahrhunderts kam es zu einer Trendwende.

Die ersten Pustertaler Sprinzen wurden 1998 von Josef Wechselberger aus Gerlosberg von Südtirol nach Tirol importiert. Bereits 1999 wurde ein Gen-Erhaltungsprogramm für die Pustertaler Rasse in Österreich gestartet. Mittlerweile gibt es Züchter in den Bundesländern Tirol, Salzburg, Kärnten, Steiermark, Oberösterreich, Niederösterreich und Wien. Pustertaler Sprinzen werden auch im Alpenzoo in Innsbruck und im Tiergarten Schönbrunn in Wien gehalten. Heute züchten wieder 100 Bäuerinnen und Bauern in Österreich rund 300 Kühe und 40 Natursprungstiere (12 Besamungsstiere). Der überwiegende Teil der Tiere wird in der Mutterkuhhaltung eingesetzt. Die Pustertaler Sprinzenrasse wird in der Roten Liste der gefährdeten Nutztiere als „vom Aussterben bedroht“ eingestuft (CR, critically endangered). Auch in Südtirol, in ihrem ursprünglichen Stammgebiet, konnte die Rasse wieder Fuß fassen (siehe Kapitel „Südtirol und das Trentino“).

Eine Pinzgauer Kuh auf der Kallbrunnalm, im Kerngebiet ihrer Rasse.

Die Pustertaler Sprinzen sind von weißer Grundfarbe. Rote oder schwarze Farbpartien an den Körperseiten laufen in Sprinzen genannten Farbtupfen aus.

Eine Tuxer Kuh auf der Windbachalm im Krimmler Achental, Nationalpark Hohe Tauern. Das äußere Erscheinungsbild entspricht weitgehend der ersten Beschreibung der Rasse durch E. Witte im Jahr 1810.

Lediglich drei Tuxer Kühe konnte Prof. Ambros Aichhorn für das Erhaltungsprojekt noch ausfindig machen. Im Bild sein bester Tuxer Fund, die Bärl vom Trieber Bauern am Gerlosberg in Zell am Ziller. Foto: A. Aichhorn

Das Tiroler Vieh

Bereits zu Beginn des 20. Jahrhunderts gab es unterschiedliche Einschätzungen über die Abstammung des Tiroler Viehs von so namhaften Tierzuchtexperten wie Leopold Adametz, Karl Ludwig Rütimeyer, Ferdinand Kaltenegger oder Martin Wilckens. E. Wilhelm Witte erwähnte als Erster 1810 das Tiroler Vieh neben dem Salzburger Vieh und beschreibt es als vom Körperbau her nicht fein, mit sehr langer Wamme. Sein Erscheinungsbild werde durch die dunkelrotbraune Farbe und den gelbfahlen Rücken- und Bauchstreif bestimmt. Er erwähnt weiters die kurzen Hörner und die langen Haarbüschel in den Ohren.

Aufgrund der Ähnlichkeit mit dem Walliser Eringer Rind wird eine direkte Abstammung von dieser Westschweizer Rinderrasse angenommen. Man vermutet, dass die Walser Siedler im Mittelalter ihr Vieh nach Tirol mitbrachten, wo sich dieses mit den bodenständigen Landschlägen vermischte. Schriftliche Belege für eine Ansiedelung der Bauern aus dem Wallis liegen jedoch nur für Vorarlberg und das hintere Paznauntal vor. Das in einer Talweitung zwischen Silvretta und Verwallgruppe gelegene Galtür ist die einzige Walsergemeinde Tirols.

Um 1313 siedelten sich rund 50 Walserfamilien im Talboden von Galtür (rom. *Cultura*) an. Die Walser Neusiedler blieben lange Zeit eigenständig, was für die Erhaltung ihres Viehschlages spricht. Noch 70 Jahre später werden sie als „Fremde" im inneren Paznaun bezeichnet. Auch der Bischof von Chur nennt sie 1408 noch „Walliser auf Galtür". Noch im 19. Jahrhundert waren walserromanische Einschläge in der Sprache und Physiognomie der Bewohner Galtürs erkennbar. Die Walser waren tüchtige Viehhändler und das Walservieh sehr begehrt. Eine Verbreitung des Walserviehs mit dem Viehhandel ist daher durchaus denkbar. Zudem hatte die im ehemaligen Zuchtgebiet der Tuxer Rinder gelegene Stadt Schwaz im 16. Jahrhundert durch ihre ergiebigen Silber- und Kupfervorkommen 20.000 Einwohner zu ernähren. Auch der Fleischbedarf für die Versorgung der Bergknappen war enorm und konnte regional nicht gedeckt werden. Man war daher auf den Zukauf von Fleisch angewiesen, das im Mittelalter einen wesentlichen Anteil an der Ernährung ausmachte. Das Walser Vieh war deswegen in diesem Umfeld ein begehrtes Handelsobjekt.

Aufschlussreich ist dazu ein Hinweis von Ferdinand Kaltenegger auf Walliser Ziegen im Tuxertal für das Jahr 1877. Er erwähnt die auffälligen, auf der vorderen Körperhälfte dunkel und auf der hinteren Körperhälfte weiß gezeichneten Tiere. Walliser Ziegen waren Ende des 19. Jahrhunderts nur im Wallis und in den Koloniegebieten der Walsersiedler im Val Divedro im Nordpiemont verbreitet (siehe Kapitel „Das nördliche Piemont"). Das spricht für einen direkten Einfluss des Walserviehs im Zuge des Viehhandels auf den Tierbestand im Zuchtgebiet der Tuxer Rasse. Ferdinand Kaltenegger beschreibt auch für das Rabittal (Val die Rabbi), ein nördliches Seitental des Val di Sole in der Region Trient, Rinder vom Walliser Typ mit tiefschwarzer Farbe und weißen Abzeichen.

Neubegründung der Tux-Zillertaler Rasse

Ein direkter Einfluss der Eringer Rasse auf den Bestand des Tuxer Viehs ist unbestritten, da sich die Neubegründung der heutigen Tux-Zillertaler Population im Jahr 1977 auf lediglich zwei Tux-Zillertaler Kühe, einen verkreuzten Tux-Zillertaler Stier und einen Eringerstier stützte. Schon in der ersten Hälfte des 20. Jahrhunderts wurden einzelne Eringerstiere aus dem Wallis importiert. So brachte Johann Huber aus Hart im Zillertal 1926 einen Eringerstier aus dem Wallis nach Hause. Er nahm persönlich die beschwerliche Reise vom vorderen Zillertal ins ferne schweizerische Wallis auf sich, um einen Eringerstier für seinen Tuxer Bestand zu erwerben.

Er wurde 1947 erster Obmann des Vereins zur Erhaltung des Tuxer Rindes. 1950 führte er einen Pustertaler Stier zur Blutauffrischung aus Südtirol ein (Moser/Reiter 1996).

Den Anstoß für die Rettung der totgesagten Tuxer Rasse gab Prof. Dr. Fritz Dietrich Altmann, der damalige Tierzuchtdirektor des Thüringer Zooparks in Erfurt. Ambros Aichhorn, Priester und Biologieprofessor am erzbischöflichen Privatgymnasium Borromäum in Salzburg, wurde bei einem Vortrag von Altmann über die Nutztierrassen Europas auf die mehr oder weniger verschwundene Tux-Zillertaler Rasse aufmerksam.

Er war in den 1970er-Jahren als Aushilfspriester im Tiroler Unterland tätig und betreute Gemeinden in der Wildschönau und im Zillertal. Der katholische Priester und Wissenschaftler machte sich auf die Suche nach den letzten Tieren dieser Rasse. Er dokumentierte akribisch den Nutztierbestand der Bergbauern der Region und konnte neben den letzten Beständen der Pinzgauer Ziege (siehe Kapitel „Die Alpenregion Salzburg") auch noch die beiden letzten Kühe der Tux-Zillertaler Rasse ausfindig machen. Mit Unterstützung des Tiergartens Hellbrunn und der Förderung durch die Landwirtschaftskammer Tirol konnte die Rasse zu neuem Leben erblühen.

Spielfreude und Kampflust

Eine weitere Gemeinsamkeit der beiden Rassen ist die Kampfeslust der Kühe und ihre Freude an Kämpfen. Man findet diese Tradition im Tiroler Zillertal wie auch im Wallis und in den angrenzenden Gebieten des Valle d'Aosta in Nordostitalien und Frankreich (siehe Kapitel „Die Alpenregion Valle d'Aosta").

In der Dreiländerregion um das Val d'Hérens (Eringer-Tal) sind die Tierkämpfe noch gelebte Tradition. Wie es bis 1989 im Zillertal üblich war, kämpfen im Valle d'Aosta neben Rindern auch Kleinwiederkäuer gegeneinander. Nicht die Widder sind gemeint, sondern die weiblichen Tiere der Aosta Ziegen mit ihrem imposanten Gehörn, das an Größe und Stärke jenes der Ziegenböcke im Alpenraum deutlich übertrifft.

Trotz gewisser Einflüsse durch die Einfuhr von Zuchttieren handelt es sich bei der Tux-Zillertaler Rasse mit hoher Wahrscheinlichkeit um das Erbe einer bronzezeitlichen Kultur, wie sie auch in den Tierknochen-Fundkomplexen aus der Urnenfelderzeit von den Kupferbergbausiedlungen bei Brixlegg nachweisbar ist.

In der zweiten Hälfte des 19. Jahrhunderts verdrängte das milchergiebigere Grauvieh mit dem Oberinntaler Schlag, vom Oberinntal kommend, und das silbergraue Wipptaler Grauvieh (Sterzinger) vom Silltal sowie vom oberen Eisacktal vordringend, die ehemaligen Stammgebiete der Tuxer Rasse. Bereits in den 1890er-Jahren herrschte auf den kleineren Bauerngütern im ehemaligen Tuxer Stammgebiet im Raum Innsbruck, Hall, Schwaz, Fügen und Zell am Ziller das Grauvieh vor. Die Tuxer Bestände wurden stark eingeengt und teilweise verdrängt. Zusammenhängende größere Zuchtgebiete waren bald nicht mehr vorhanden (Erzherzog Rudolf 1893).

Streng genommen handelt es sich bei der Tux-Zillertaler Rasse um ursprünglich zwei getrennte Schläge, wenn nicht Rassen. Das rote Zillertaler Rind, mit weißen Abzeichen an Unterbauch und Schwanzwurzel, und das schwarze Tuxer Rind vermischten sich zu Beginn des 20. Jahrhunderts zur Tux-Zillertaler Rasse.

1902 beschreibt Hugo Werner die beiden Schläge noch getrennt, erkennt aber bereits, dass vom Osten her die Pinzgauer, vom Süden die Tuxer und vom Nordwesten die milchergiebigeren Oberinntaler Rinder vordringen. Die Milchleistung der Zillertaler lag um die Jahrhundertwende bei lediglich 1.500 Kilogramm. Im Vergleich dazu brachte das Oberinntaler Rind bis zu 2.100 Kilogramm Milchertrag.

Mit der aufkommenden Molkereiwirtschaft stieg die Nachfrage nach stärker milchergiebigem Vieh für die Sennalmen. Nach Johannes Hansen kam das Zillertaler Rind um 1922 in reinen Zuchten nicht mehr vor. Auch Hans Pacher schreibt 1926, dass die Tux-Zillertaler Rasse bereits seit Jahrzehnten aus der Mode gekommen sei: „Von einem geschlossenen Zuchtgebiet kann

Weitblick und Gottes Beistand. „Tuxpfarrer" oder „Goaßpfarrer" Ambros Aichhorn machte sich als Kooperator im Tiroler Zillertal auf die Suche nach den Tux-Zillertaler Rindern.

Kuhstechen beim Gauderfest 1939. 1954 wurde dieser Brauch aus Mangel an Tuxer Kühen das letzte Mal veranstaltet. Foto: Nortz

Tuxer (rechts) und Zillertaler Farbschlag. Um 1900 wird der Original Tuxer Schlag Nordtirols noch ohne weiße Abzeichen mit braunschwarzer Färbung und rehbrauner Umrandung des Flotzmaules sowie mit rehbraunem Rückenstreifen beschrieben. Foto: C. Moser

zu dieser Zeit nicht mehr gesprochen werden." Damals umfasste der Bestand noch 750 Tuxer, 450 mischfärbige Tiere und rund 800 Zillertaler.

Heute werden beide Schläge aufgrund des kleinen Gesamtbestandes in einer Population geführt. Der rote Zillertaler Schlag entwickelte sich aus dem alten Tiroler Vieh unter Einfluss des Pinzgauer Rindes. Der rechtsuferige Teil des Tiroler Zillertals war bis zur Säkularisierung im Jahr 1803 Teil des Salzburger Erzbistums. Damit überlagerten sich die Zuchtgebiete des Pinzgauer und Zillertaler Schlages. Vor allem im Hochmittelalter und in der frühen Neuzeit wurde der Viehverkehr im Erzbistum Salzburg streng geregelt, um die Versorgung insbesondere der städtischen Bevökerung sicherzustellen.

Der aktuelle Bestand der Tux-Zillertaler Rasse umfasst 900 Kühe. Die Rasse ist sowohl nach der Einstufung der Roten Liste der gefährdeten Tiere Österreichs als auch nach den Kriterien der FAO als stark gefährdet erfasst.

Steckbrief Tux-Zillertaler Rind

Das mittelrahmige, gut bemuskelte Rind weist eine große Körpertiefe auf. Die Kühe erreichen eine Widerristhöhe von 1,25 bis 1,30 Zentimetern. Charakteristisch für die Rasse ist der kurze und breite Kopf. Namengebend sind die beiden Farbschläge – der schwarze Tuxer und der rote bis braun-weichselbraune Zillertaler Schlag. Beide Schläge tragen eine charakteristische Weißfärbung in der Kreuzgegend, das sogenannte „Federl". Das Flotzmaul sollte einen braunen Ring aufweisen. Hornspitzen und Klauen sind dunkel. Das Gewicht liegt zwischen 550 und 650 Kilogramm. Angestrebt wird bei der Zucht der Tux-Zillertaler Rasse eine Milchleistung von rund 4.500 Kilogramm ohne Kraftfuttereinsatz.

Kontakt:
Rinderzuchtverband Tirol
Ing. Christian Moser
Brixnerstraße 1
6021 Innsbruck
Tel.: 0043 (0)59 29 21 843

Die österreichischen Blondviehrassen

Nach Erich Pucher handelt es sich in ihrer Gesamtheit um alpine Randerscheinungen. Ihr ursprüngliches Verbreitungsgebiet war teilweise mit dem römischen Limes begrenzt oder lässt sich auf mittelalterliche Siedlungsbewegungen zurückführen. Die östlichen Randlagen der Ostalpen und die angrenzenden Gebiete Westungarns waren vermutlich bereits zur Römerzeit und bis in das frühe Mittelalter von einem etwas größeren und robusteren Rinderschlag besetzt, der nach einer persönlichen Mitteilung von E. Pucher als Vorfahre des später dokumentierten Blondviehs angesprochen werden kann.

Auch im mittelalterlichen Westungarn war das Blondvieh bis zum Auftreten des Steppenrindes verbreitet. Mit der slawischen Besiedelung der Ostalpen zwischen 550 bis 906 n. Chr. rückte das Blondvieh nach Westen in ehemalige Bergscheckengebiete vor. Im Mittelalter begleiteten die Bergschecken die bayerischen Siedler in den zwischenzeitlich slawischen Osten. Erst in der Neuzeit breitete sich das Blondvieh in Kärnten, der Steiermark, in Niederösterreich und Oberösterreich neuerlich gegen Westen aus, was zu einem endgültigen Schrumpfen der Areale der Bergschecken führte. Wie bei den ostfranzösischen Blondviehschlägen der Albanaise (Haute-Savoie) und Bressane (Ain, Rhône) und den norditalienischen Schlägen (Tortonese) handelt es sich auch bei den österreichischen Blondviehschlägen vermutlich um das Ergebnis römischer Einflüsse auf alpine Rinder der Bergscheckengruppe. Auch F. Kaltenegger stellte zu Beginn des 20. Jahrhunderts das Murbodner Rind und die Vorfahren des Kärntner Blondviehs (Mürztaler, Mariahof-Lavanttaler) in eine Reihe mit den Ennstaler Bergschecken. Der sinkende Bedarf an Zugochsen in der zweiten Hälfte des 20. Jahrhunderts reduzierte die Blondviehbestände rapide. In der Milchleistung waren die auf Arbeits- und Fleischleistung gezüchteten Blondviehschläge dem immer stärker aufkommenden Fleckvieh nicht gewachsen. Ende der 1960er-Jahre war der auf rund 100 Tiere geschrumpfte Restbestand der Murbodner Rinder bereits stark mit deutschem Gelbvieh und Fleckvieh verkreuzt. Auch das Kärntner Blondvieh stand um 1980 am Rande des Aussterbens. Heute erleben beide Rassen durch den starken Trend zur Mutterkuhhaltung eine Renaissance. Zu den österreichischen Blondviehrassen zählen das Kärntner Blondvieh, das Murbodner Rind sowie das bereits um die Jahrhundertwende ausgestorbene Malteiner Rind.

Die österreichischen Blondviehschläge sind alpine Randerscheinungen. Vertreten sind sie auch südlich der Alpen, in der Lombardei, im Piemont sowie in den französischen Voralpen der Albanaise (Haute-Savoie) und Bressane (Ain, Rhône).

Das im Maltatal heimische Malteiner Rind galt als besonders robustes Arbeitstier. Sein grobes, dickes und lockiges Haar, das sich am Hals, an Schulter und Widerrist fast mähnenartig auswuchs, gaben ihm ein recht urwüchsiges Aussehen. Der Rinderschlag wurde im 19. Jahrhundert zur Gänze vom Mölltaler und Pinzgauer Rind verdrängt (Hansen 1922).

Bis 1850 war das Mürztaler Rind in der Steiermark der am meisten verbreitete Rinderschlag. Im Jahr 1869 wurde das Murbodner Rind nach dem Pinzgauer Rind, den Bergschecken und dem Mürztaler Rind als vierte steirische Rasse anerkannt. Es hatte um 1920 in der Steiermark bereits die weiteste Verbreitung und verdrängte die Bestände des Mürztaler Rindes auf die Bezirke Kindberg, Mürzzuschlag und Bruck. 1934 erfolgte die Vereinigung sämtlicher Murbodner Verbände der Steiermark sowie Nieder- und Oberösterreichs zu einem Verband. Das Murbodner Rind ist vermutlich aus einer Kreuzung von Mürztaler, Mariahof-Lavanttaler und Ennstaler Bergschecken hervorgegangen.

Das Kärntner Blondvieh ist eine bodenständige Rasse Mittel- und Unterkärntens und Teilen der Obersteiermark des Bezirkes Murau. Die Abstammung des Kärntner Blondviehs geht aber nicht, wie bisher vielfach angenommen wurde, auf illyrische Wurzeln zurück. Nach E. Pucher ist die Blondviehgruppe auf die Einkreuzung römischer Rinder in bodenständige norische Bergscheckenrinder zurückzuführen. Untersuchungen haben bestätigt, dass zwischen den Blondviehrassen und den Ennstaler Bergschecken eine genetische Nahebeziehung besteht (Baumung u. a. 2008).

Das dicht lockig behaarte Malteiner Rind aus dem Kärnter Maltatal wurde um 1900 vom Pinzgauer und Mölltaler Rind verdrängt. Aquarell von Julius Ritter von Blaas, Wien 1895. Foto: Archiv Jaritz

Das Kärntner Blondvieh prägte im 18. und 19. Jahrhundert maßgeblich die Kulturlandschaft Kärntens, vor allem durch seine große Mast- und Zugleistung. Um 1850 erreichte es mit einem Anteil von über 60 Prozent am Gesamtrinderbestand in Kärnten seine Hochblüte. Der Milchleistung wurde damals noch wenig Augenmerk geschenkt, die Landwirtschaft war noch nicht auf den Verkauf von Milchprodukten ausgerichtet. Durch die fortschreitende Industrialisierung der Landwirtschaft und die steigende Bedeutung der Milchproduktion verlor das reinrassige Blondvieh als klassisches Dreinutzungsrind an Bedeutung. Noch gegen Ende des 19. Jahrhunderts gab es in Kärnten und in der Obersteiermark drei verschiedene Blondviehschläge: den schweren, derben Mariahofer Schlag Mittelkärntens und der Obersteiermark um Neumarkt, den Oberkärntner Malteiner Schlag sowie den feinen Lavanttaler Schlag.

Bis in die Mitte der 1950er-Jahre wurde das Kärntner Blondvieh aufgrund seiner guten Mastfähigkeit und Fleischqualität als Einsteller geschätzt. 1954 zählte die bodenständige Rasse in Kärnten und der Obersteiermark noch rund 84.000 Rinder, bevor der dramatische Niedergang einsetzte. Ab den 1960er-Jahren setzte sich der Zeitgeist der Leistungsmaximierung zunehmend durch. Die bisher weit über die Grenzen Kärntens hinaus geschätzten Eigenschaften der Rasse wurden nachrangig gegenüber der Forderung nach optimaler Milchleistung. Die Einkreuzung von deutschem Gelbvieh (Frankenrind) sollte die Milchleistung und Muskelfülle verbessern. Nachdem aber in weiterer Folge die Nachfrage nach einfärbig gelben Rindern drastisch zurückging, wurde Fleckvieh eingekreuzt. 1968 wurde mit der Auflösung des Gelbvieh-Zuchtverbandes (vormals Kärntner Blondviehzuchtverband) ein Schlussstrich gezogen und diese bodenständige Rasse durch Verdrängungskreuzung an den Rand der Auslöschung gebracht. Noch heute sind die Fremdbluteinflüsse spürbar (siehe Kapitel „Die Norische Alpenregion“).

Das Graurind zählt zu den ältesten Rindertypen des österreichischen Zentralalpenraumes. Seine genetischen Wurzeln reichen bis in die Eisenzeit oder sogar in die Mittelbronzezeit zurück.
Foto: O. Hausegger

Das Braun- und Grauvieh

Graubraune Rinder zählen im innersten rätischen Teil der Alpen neben der norischen Bergscheckengruppe zu den ältesten Rindertypen des österreichischen Zentralalpenraumes. Ihre Wurzeln reichen bis in die Eisenzeit oder sogar in die Mittelbronzezeit zurück. Gemeinsam sind diesen graubraunen Rindertypen, trotz unterschiedlicher Form und Färbung, die dunkle Pigmentierung des Flotzmauls, der Hornspitzen und der Klauen. Charakteristisch sind das weiße Rehmaul und ein heller Aalstrich. Die mittelschweren Hörner sind meist schön aufgedreht. Auch in Österreich erfolgte, analog zur Schweiz, die Differenzierung in Grau- und Braunviehschläge vermutlich erst im Mittelalter oder der frühen Neuzeit.

Das Tiroler Grauvieh

Bereits vor 1850 war das Grauvieh im Zentralalpenraum Nord- und Südtirols sowie in Teilen Vorarlbergs weit verbreitet. Es existierte eine Vielzahl an Lokalschlägen, die sich meist nur gering morphologisch, in der Färbung sowie in den Leistungsmerkmalen unterschieden. Man bezeichnete sie oft nach den Talschaften als Wipptaler, Oberinntaler oder Lechtaler Schlag. Zu dieser Gruppe zählt man weiters den silberweißen bis grauen Etschtaler Schlag, den Passeirer, Ultentaler, Vintschger Schlag und das Seevieh im Gebiet des Reschenpasses.

Bis zur Mitte des 19. Jahrhunderts stammten die Erlöse aus der Viehwirtschaft im Grauviehgebiet des Tiroler Wipptals und des Oberinntals noch überwiegend aus der Ochsenaufzucht. Die Exportgebiete lagen in den lombardischen Provinzen Brescia, Verona und Vicenca sowie in Venetien, wo es eine starke Nachfrage nach drei- bis vierjährigen Ochsen gab. Dazu bestand dort Nachfrage nach Kälbern und Milch- und Zuchtvieh aus dem Oberinntal (Oberinntaler Schlag des Grauviehs). Das Grauvieh war als Abmelkvieh auch in den benachbarten Gebieten sowie in Böhmen, Ungarn und Galizien sehr gefragt.

Nicht umsonst stuft Ferdinand Kaltenegger 1879 den Oberinntaler Schlag des Grauviehs als den milchreichsten in Tirol und Vorarlberg ein. Um 1870 lag die mittlere Milchleistung einer Oberinntaler Kuh bei 1.600 Litern!

Mit dem Tierzuchtgesetz von 1896 und der nachfolgenden Gründung von Viehzuchtgenossenschaften kam es in Tirol verstärkt zur Einfuhr von Braunvieh aus der Schweiz und Vorarlberg (Montafoner Rind). Die Grauviehbestände sollten auf diesem Weg verbessert werden. Schon 1907 wurde trotz Protesten von Grauviehzüchtern eine Verordnung des Landeskulturrates von Tirol erlassen, die in den ursprünglichen Kerngebieten der Grauviehzucht neben grauen bereits graubraune und braun gefärbte Rinder zuließ. Immer mehr Vereine stellten auf das milchergiebigere Braunvieh um. Das Grauvieh wurde so im westlichen Nordtirol, im Lechtal, Paznaun und Stanzertal rasch verdrängt. Die Vereine der Inntal-Gemeinden Oberhofen und Stams hielten als Einzige noch lange an der Reinzucht fest. Nach Forster gab es 1961 in Tirol noch zwanzig Grauvieh-Gemeinden. Dazu zählten neben einzelnen Ortschaften des Mittelgebirges die Wipptalgemeinden Navis, Schmirn, Vals, Trins und Gschnitz und insbesondere die Gemeinden des Oberen Inntales im Bezirk Landeck. In Südtirol wurde 1948 der Südtiroler Grauviehzuchtverband gegründet, der mit dem Nordtiroler Verband eng kooperierte.

Von der Mehrnutzung zur Zweinutzung

Seit den 1920er-Jahren ist die Milchleistung des Grauviehs durch bessere Fütterung und Haltung sowie konsequente Zuchtauslese stetig angehoben worden. Erreichte das Grauvieh als Mehrnutzungsrasse noch 1928 nur eine Milchleistung von lediglich 2.745 Kilogramm pro Jahr, waren es 1958 bereits 3.102 Kilogramm. Bis 1968 wurde die Milchleistung auf 3.737 Kilogramm angehoben und liegt bei den Herdebuchkühen von heute bei 4.927 Kilogramm. Das ist fast doppelt so viel wie vor 85 Jahren (Quelle: ZAR 2013)!

Gegen Ende der 1960er-Jahre sank der Ochsenabsatz beim Grauvieh infolge der fortschreitenden Mechanisierung in die Bedeutungslosigkeit ab. Wurden 1961 noch 162 Ochsen als Nutzvieh nach Italien verkauft, so kam der Absatz bis 1968 völlig zum Erliegen. Bis heute ist das Grauvieh in seinem Kernland Nordtirol am stärksten vertreten, obwohl die Rasse auch dort nur mehr 8 Prozent des Tiroler Rinderbestandes ausmacht. Die Rasse Holstein hat das Grauvieh überholt und das Fleckvieh ist mit 54,5 Prozent die vorherrschende Tiroler Rinderrasse. Das Grauvieh konnte sich in den Bergbauerngebieten Nordtirols halten, wo es auf den Hochalmen der Zentralalpentäler mit seiner Robustheit und Genügsamkeit eine passable Milchleistung und zudem eine besondere Fleischqualität erbringt. Die Rote Liste der gefährdeten Tiere Österreichs/alte Haustierrassen listet das Tiroler Grauvieh in der Kategorie „gefährdet" (VU, vulnerable). Genetische Untersuchungen österreichischer, Schweizer und deutscher Rinderrassen haben gezeigt, dass das Tiroler Grauvieh innerhalb der autochthonen Rinderrassen Österreichs eine Sonderstellung einnimmt. Der Weiterbestand dieser einzigartigen Rinderrasse sollte daher durch Erhaltungsmaßnahmen gesichert werden (Baumung u. a. 2008). Seit 2010 ist die Bestandsentwicklung bei den Herdebuchtieren allerdings leicht rückläufig und liegt aktuell bei 3.819 Herdebuchkühen und 26 Herdebuchstieren aus 8 Linien (Quelle: EFABIS 2012).

Das Original Braunvieh

Nach Ferdinand Kaltenegger findet man gegen Ende des 19. Jahrhunderts im nördlichen Vorarlberg wie auch im angrenzenden Allgäu aufgrund

Eine typische Oberinntaler Grauviehkuh um 1924.
Foto: Archiv Jaritz

Kontakt:
Spartenbetreuer der ARCHE Austria für das Tiroler Grauvieh:
Ing. Otto Hausegger
Brixnerstraße 1, 6021 Innsbruck
Tel.: 0664/2417592
otto.hausegger@lk-tirol.at

Tiroler Grauviehzuchtverband
Brixnerstraße 1, 6021 Innsbruck
Tel.: 0043 (0)59 29 21 841
grauvieh@lk-tirol.at
www.tiroler-grauvieh.at

Grauviehschläge der Alpen, ursprüngliche Verbreitungsgebiete

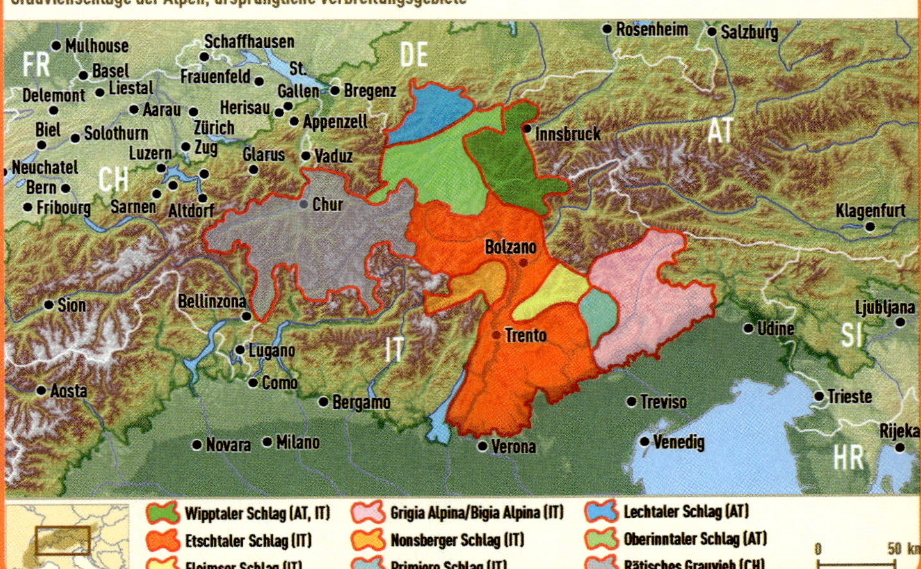

Steckbrief Tiroler Grauvieh

Das Tiroler Grauvieh ist ein kleinrahmiges, einfärbig silber- bis eisengraues Rind mit dunkleren „angerauchten" Schattierungen in der Umgebung der Augen, an Hals und Schultern sowie hellen Fellpartien im Bereich des Flotzmaules, der Schenkelinnenseiten und am Euter. Die Klauen sowie die Hornspitzen sind dunkel gezeichnet. Die Grauviehstiere sind meist dunkler gezeichnet als die Kühe und hellgrau „gesattelt". Das Tiroler Grauvieh ist eine sehr robuste und widerstandsfähige Zweinutzungsrasse, als Zuchtziele werden die Verbesserung der Milchleistung und der Euterform angestrebt.

oben: Das Original Braunvieh liefert bei almeigener Futtergrundlage ohne Kraftfuttereinsatz eine gute Milchleistung.
unten: Das Original Braunvieh zählt zu den stark gefährdeten Rinderrassen Österreichs. Fotos: Archiv Vorarlberger Braunviehzuchtverband
rechts: Montafoner Kuh um 1899. Gemälde von Julius Ritter von Blaas, Wien 1895.

des regen Viehhandels eine typenlose, unausgeglichene und auch in den Leistungseigenschaften sehr variable Landviehmischung. Man kann sie grob in zwei Schläge, einen größeren, dunkel bis fahl- und gelbbraun gefärbten Typ (Braunvieh) und einen kleineren hell- bis dunkelgrauen Rindertyp (Grauvieh), unterteilen. Daneben gab es zahlreiche Mischungen aus beiden Typen.

Die dunkelfärbig graubraunen Rinder stammen aus dem geschlossenen Zuchtgebiet des Montafon (Oberland) und aus dem angrenzenden Schweizer Kanton Graubünden (Bezirk Prättigau-Davos) oder sind aus Kreuzungen beider Ursprungsgebiete hervorgegangen. Mittel- bis hellfärbige Tiere stammen dagegen aus dem Tiroler Lech- und Oberinntal, die silberweiß bis hellgrau gefärbten Rinder aus dem Südtiroler Etschgebiet sowie aus dem Schweizer Engadin.

Nach Wilhelm Müller wurde das alte Montafoner Rind als fahl schwarzbraun beschrieben und war in dieser Ausprägung noch vor einigen Jahrhunderten vorhanden. Das Vorarlberger Oberland, der Bezirk Montafon und der innere Walgau sind das Ursprungsgebiet des Montafoner Rindes, das sich in der zweiten Hälfte des 19. Jahrhunderts zunehmend auf ganz Vorarlberg ausbreitete.

Der 1862 gegründete Landwirtschaftliche Verein für Vorarlberg wählte das milchergiebige Montafoner Rind als Landesrasse und forcierte die Rasse mit Tierprämierungen und Zuchtstier-Förderungen. Die zahlreichen Landschläge wurden davon immer mehr zurückgedrängt. Mit dem Zuchtstiergesetz von 1896 wurde ausschließlich die graubraune Landesrasse anerkannt und durch Mischung eine Auflichtung der dunklen Typen in den Berggebieten eingeleitet. Für das Montafoner Rind wurde zudem eine einheitliche Herdebuchführung festgelegt (Müller 1958). Seit über 150 Jahren ist das Montafoner Rind damit die Landesrasse Vorarlbergs.

Der gute Absatz des milchergiebigen Montafoner Viehs führte 1893 zur Gründung der ersten österreichischen Viehzuchtgenossenschaft in Dornbirn. 1968 begann mit der Einführung der künstlichen Besamung die Einkreuzung von Brown-Swiss-Rindern in den österreichischen Braunviehbestand (siehe auch Kapitel „Der Schweizer Alpenraum"). Nach wenigen Jahren waren nur noch Stiere mit über 50 Prozent Brown-Swiss-Anteil vertreten. Das Original Braunvieh wurde immer mehr zugunsten des milchbetonten großrahmigen Braunviehtyps zurückgedrängt. Das Original Braunvieh wandelte sich vom ursprünglichen, mittelgroßen Zweinutzungstyp über den gedrungenen Wirtschaftstyp zum großrahmigen Milchtyp.

Die Situation heute

In Vorarlberg interessieren sich wieder vermehrt junge Landwirte für die bodenständige Vorarlberger Rasse, vor allem in Gebieten, wo das Vieh auf den Alpen gesömmert wird. Weil sich viele Landwirte eine Rückkehr zu einer extensiveren Bewirtschaftung wünschen und sich darin einig mit den Konsumenten wissen, verspürt auch das almtaugliche Original Braunvieh, das zutraulich und genügsam ist, wieder Aufwind.

Der Großteil der Vorarlberger Milchviehbetriebe hält jedoch am Typ des Brown-Swiss fest, das mit einer durchschnittlichen Milchleistung von 6.800 Kilogramm deutlich über der Leistung des Original Braunviehs liegt. Im Herdebuch sind 20 Stiere und 850 Kühe erfasst. Rund 80 Prozent der Kühe werden künstlich besamt, die restlichen Tiere per Natursprung belegt. Proben von 30 Original Braunviehstieren sind für die künstliche Besamung zugelassen (Quelle: Vorarlberger Braunviehzuchtverband 2013). Aufgrund der geringen Bestandsgröße wurde bis 2009 ein Fremdblutanteil von 25 Prozent akzeptiert, der 2010 auf 12,5 Prozent gesenkt wurde. Seit 2014 ist ein Fremdblutanteil von max. 6,25 Prozent zulässig. 1995 wurde das Zuchtprogramm für das Vorarlberger Original Braunvieh beschlossen. Seit Beginn des Generhaltungsprogramms

Kontakt:
Vorarlberger Braunviehzuchtverband
Kuno Staudacher
Jahnstr. 20, A-6900 Bregenz
Tel.: 0043 (0)55 74 42 368
Fax.: 0043 (0)55 74 42 368-6
kuno.staudacher@lk-vbg.at

im Jahr 2000 ist ein Großteil der Tiere frei von Fremdblut. Das war neben der gesteigerten Nachfrage nach Zuchttieren der wichtigste Effekt des Förderprogramms im Rahmen des europäischen Landwirtschaftsfonds.

Trotz der positiven Bestandsentwicklung seit 2000 ist die Rasse in Österreich immer noch als stark gefährdet eingestuft (EN, endangered) und wird daher im Rahmen des Generhaltungsprogramms für hoch gefährdete Rassen gefördert. Das Programm verfolgt eine gezielte Paarung und Leistungserfassung der Herdebuchtiere.

Bis 2011 kam es vermehrt zu Importen von Original Braunvieh-Zuchtstieren und Sperma aus der Schweiz. Importe sind zwar im Generhaltungsprogramm eingeschränkt zugelassen, die Schweizer Population verfolgt jedoch ein unterschiedliches Zuchtziel mit deutlich höherer Milchleistung, nämlich bis zu 6.000 Kilogramm Milch. Die Schweizer Original Braunviehrinder sind zudem großrahmiger. Importe sind seit Herbst 2011 nicht mehr zulässig. Die „Original Schweizer Braunvieh Vereinigung" wurde im Jahr 1981 gegründet, zu einem Zeitpunkt, als durch die Verdrängungskreuzung mit dem Brown-Swiss-Blut bereits die Mehrheit der Braunviehbestände in der Schweiz erfasst war. Durch die rasante Ausbreitung der Brown-Swiss-Genetik in den 1970er-und 1980er-Jahren ist der Bestand des Original Braunviehs extrem eingebrochen. Wenige Generationen später wären die Original Schweizer Braunviehbestände für immer verloren gewesen. Heute umfasst der Bestand wieder 9.828 Herdebuchkühe (Stand 31. August 2013).

Das Allgäuer Original Braunvieh ist im Erscheinungsbild dem Vorarlberger Original Braunvieh sehr ähnlich. In der Vergangenheit gab es vermehrt Exporte nach Deutschland und es fand eine Vermischung der Landschläge statt. Die weitreichende Ausmerzung der Allgäuer Bestände in den 1930er-und 1950er-Jahren im Rahmen der Bekämpfung der Tierseuchen (TBC, Bang) führte zu umfangreichen Importen aus Vorarlberg.

Milchfett- und Milcheiweiß-Werte sind bei den Allgäuern teilweise etwas höher. Beim Vorarlberger Original Braunvieh wurde schon immer sehr viel Wert auf Aussehen und Alptauglichkeit gelegt. Der bayerische Bestand entspricht dem Zuchtziel in Österreich. Deutsche Original Braunviehstiere sind daher in der österreichischen Gen-Erhaltungszucht der Original Braunviehzucht zugelassen.

Original Braunvieh (Montafoner Rind), ursprüngliches Verbreitungsgebiet

Steckbrief Original Braunvieh oder Montafoner Rind

Das Original Braunvieh ist eine mittelrahmige, gedrungene Zweinutzungsrasse für Fleisch und Milch. Die Kühe erreichen bei einer mittleren Widerristhöhe von 132 Zentimetern ein Gewicht von durchschnittlich 550 Kilogramm. Stiere sind mit rund 138 Zentimetern und 850 Kilogramm deutlich größer. Die Grundfarbe variiert von braun bis dunkelbraun. Charakteristisch ist die dunkle Pigmentierung von Flotzmaul, Hornspitzen und Klauen. Das Flotzmaul ist von einem hellen Rand eingesäumt. Das Original Braunvieh bringt bei Grundfütterung eine passable Milchleistung. Die Werte liegen mit 4.800 bis 5.000 Kilogramm deutlich unter jenen des milchbetonten Schweizer Original Braunvieh Typs ohne Brown-Swiss-Blut. Die geringere Milchleistung im Vergleich zu Hochleistungsrassen wird durch die bessere Mastfähigkeit und gute Fleischqualität ausgeglichen. Umgelegt auf das geringe Körpergewicht und den geringen Futterbedarf ist das Original Braunvieh ein erstklassiges Milchvieh für extensive Betriebsformen im Berggebiet. Die Rasse eignet sich aufgrund des geringen Gewichtes und ihrer Genügsamkeit besonders für Bergbauernbetriebe mit Almwirtschaft. Das Original Braunvieh hat eine hohe Vitalität und lange Nutzungsdauer. Es ist zutraulich, leicht im Umgang und verzeichnet daher eine steigende Nachfrage für die Mutterkuhhaltung.

Pinzgauer Jungrinder mit den charakteristischen weißen Abzeichen.

Das Pinzgauer Rind

Um 1800 existierten im späteren Stammzuchtgebiet des Original Pinzgauer Rindes verschiedene Rinderschläge mit regionalen Bezeichnungen. Neben dem Pinzgauer gab es den Rauriser, Gasteiner, Pongauer, Lungauer und Mölltaler Schlag. Den kleineren, gedrungeneren Pongauer Schlag mit seinen feinen dünnen Hörnern, feinem Haar, geringerem Fleischansatz, zarterem Fleisch und höherer Milchergiebigkeit unterschied man noch um 1850 vom Oberpinzgauer Schlag, der deutlich größer und schwerer war. Das Rauriser Vieh wird um dieselbe Zeit als von goldgelb lichtbrauner Farbe, mit kürzerem Körper sowie dünn- und langhörniger beschrieben (Mensil 1857). Im Vergleich mit dem Pinzgauer Rind war es eindeutig milchergiebiger und von feinerem Fleisch. Die Bezeichnung Mölltaler Rind blieb bis etwa 1925 erhalten.

Als Ursprungsjahr für die Rasse Pinzgauer wird das Jahr 1820 angegeben. Das kastanienbraune Rind hat charakteristische weiße Abzeichen an Rücken und Bauch sowie an den Vorderbeinen und Unterschenkeln. Noch im 18. Jahrhundert dominierten im Pinzgau und in den angrenzenden Regionen des Erzbistums Salzburg meist einheitlich rotbraune Rinder mit hellem Horn mit dunklen Spitzen. Man findet auf historischen Abbildungen jedoch auch graue, schwarze und gefleckte Rinder.

Ab dem beginnenden 19. Jahrhundert kommen neben dem einfärbigen Vieh auch Tiere mit kleinen weißen Abzeichen sowie vermehrt Rinder mit den charakteristischen weißen Abzeichen des Pinzgauer beziehungsweise Rauriser Schlages vor. So dokumentieren es die erhaltenen Abbildungen. Auf einer Pinzgauer Abbildung aus dem Jahr 1817 sind diese „weißkreuzigen" Rinder bereits klar erkennbar.

Ab 1830 wurden vermehrt Pinzgauer Rinder aus dem Mitterpinzgau und das „Rauriser Vieh" aus dem Raurisertal im Pongau zur Zucht verwendet. Im Gasteinertal verbreitete sich der weißkreuzige Pinzgauer Schlag bereits zu Beginn des 19. Jahrhunderts. Da Vieheinkäufer die weißkreuzigen den ganzbraunen vorzogen und für sie mehr bezahlten, setzten sich diese rasch durch. Der zuvor bodenständige Gasteiner Landschlag ähnelte dem Pongauer Schlag, war ebenfalls kleiner, kürzer, dunkelbraun und am Bauch und Kreuz weniger weiß. 1841 und 1842 wurden im Gasteinertal die ersten Rauriser Stiere eingesetzt, die sich allmählich ausbreiteten.

Nach Johann Nepomuk Mensil wurden die Landschläge des Salzburger Alpenvorlandes um 1800 vom Pinzgauer verdrängt. Heinrich Gierth, k. u. k. Bezirkstierarzt bei der herrschaftlichen Schmidtmann'schen Gutsverwaltung auf Schloss Grubhof bei Lofer, beschreibt in seinem Lehrbuch über das Pinzgauer Rind die Verbreitung der Rasse um 1892 wie folgt: „Das Verbreitungsgebiet hat in den letzten Jahrzehnten unheimlich zugenommen."

Gegen Ende des 19. Jahrhunderts war das Pinzgauer Rind bereits in allen an Salzburg angrenzenden Gebieten Tirols, Kärntens, der Steiermark, Oberösterreichs und Bayerns präsent und meist in führender Position. Nach Gierth wurden Versuche, das Pinzgauer Rind mit schwarzem Schweizervieh (gemeint ist das Tux-Zillertaler Rind, das der Eringer Rasse zugerechnet wurde), Simmentaler Fleckvieh oder Allgäuer Braunvieh zu verbessern, aufgegeben. Heinrich Gierth kritisierte die geringe Wertschätzung, die dem Pinzgauer Rind noch um 1900 entgegengebracht wurde. Aber bereits 1904 berichtete Alois Rieder, Schusterbauer und Chronist aus Saalfelden, über die Fortschritte der planmäßigen Rinderzucht bei der Pinzgauer Rasse seit 1865. Nach ihm trugen bessere Fütterung, die Stierhaltungssubventionen und Prämierungen, der zentrale Stiermarkt in Maishofen sowie die Einführung der Probemelkung mit der gesamten Zuchtbuchführung zum Erfolg der Rasse bei. Die Milchleistung betrug um

1850 lediglich 1.370 Kilogramm, um 1910 1.746 Kilogramm. Bis 1957 wurde die Leistung jedoch auf 3.055 Kilogramm gesteigert. (Hörl/Hörl 1992) Eine deutliche Leistungssteigerung erfuhr die Rasse durch die Einkreuzung von Red Friesian in den 1980er-Jahren. Sie bewirkte eine rasche Verbesserung der Milchleistung und Euterqualität sowie die frühere Reife der Kreuzungsstiere um sechs bis neun Monate. Heute liegt ihre Milchleistung bei durchschnittlich 5.300 Kilogramm pro Laktation. Dank ihrer Robustheit, ihrer guten Muttereigenschaften und wegen ihres ruhigen Temperaments ist die Pinzgauer Rasse heute in rund 30 Staaten weltweit verbreitet. Die attraktive Pinzgauer Kuh schaffte es 2013 sogar auf eine Schweizer Milchpackung, obwohl im Schweizer Herdebuch nur knapp 70 Tiere registriert sind. Aber der Schein trügt.

Im 20. Jahrhundert ist es vor allem das Fleckvieh, welches das Pinzgauer Rind aus vielen angestammten Gebieten verdrängt. Besonders im Tiroler Unterland (Bezirk Kufstein), einem ehemaligen Kerngebiet der Pinzgauer Zucht, kam es zu drastischen Einbußen. Bestandsmindernd wirkte auch, dass 1972 in Salzburg die bis dahin geltende Rassebeschränkung auf das Pinzgauer Rind abgeschafft wurde. Dem allgemeinen Trend zur Leistungsoptimierung folgend, stiegen immer mehr Milchviehbetriebe auf Hochleistungsrassen um. In den 1980er-Jahren wurden zudem Red Friesian aus der USA und Kanada (5 Prozent) und Red Holstein aus Deutschland (5 bis 20 Prozent) in den Bestand des Pinzgauer Rindes eingekreuzt.

Neben dem massiven zahlenmäßigen Rückgang des Pinzgauer Rindes in seinen ursprünglichen Stammgebieten ist es heute vor allem der hohe Fremdbluteinfluss, der der Rasse zusetzt und zu ihrer fortschreitenden Gefährdung führt. Nach Roswitha Baumung haben genetische Vergleichsuntersuchungen ausgewählter mitteleuropäischer Rinderrassen ergeben, dass das moderne Pinzgauer Rind bereits der Holsteingruppe zugeordnet werden kann.

Eine klare züchterische Trennung zwischen Pinzgauer Rind und Original Pinzgauer Rind wäre daher wichtig für die Erhaltung der ursprünglichen Pinzgauer Genetik (siehe Kapitel „Die Alpenregion Salzburg").

Die Ennstaler Bergschecken

Bereits 1892 waren die im 19. Jahrhundert noch im Lungau und im oberen Ennstal heimischen Bergschecken, mit Ausnahme einzelner Seitentäler des Lungaus, fast vollständig von den Pinzgauern verdrängt. Um 1920 gab es nur noch eine kleine unbedeutende Zuchtinsel zwischen dem oberen Enns- und Murtal (Krakaudorf).

Johannes Hansen schreibt 1922, dass die einst weitverbreiteten Ennstaler, von allen Seiten bedrängt, dem Ansturm der Pinzgauer, der Murbodner und zum Teil auch des Kärntner Blondviehs erlagen.

Rainet und Zicket

Im Mölltal, Drau- und Iseltal sowie im slowenischsprachigen Untergailtal war um 1800 ein rotbraun und weiß geschecktes Rind verbreitet, wobei die Farbe Weiß dominierte. Es ist also eher von einer unregelmäßigen Sprenkelung zu sprechen. Vor allem der Kopf des sogenannten Rainet Viehs war überwiegend weiß mit einer regelmäßigen gesprenkelten Zeichnung. Das Rainet Rind war kleiner und leichter als das nachfolgende Mölltaler Rind. Auch die Muskulatur des Rainet war, vor allem im Bereich der Schultern und der ausgeschweiften Schenkel, im Vergleich zum Mölltaler Schlag, weniger entwickelt. Der Knochenbau des milchbetonten Rindes war schwach, die Brust eng und die Rippen flach. Das Kreuz war schmal und nach hinten abschüssig. Nach Benno Martiny trug der lange schmale Kopf feine, weiße, regelmäßig ausgebildete, auf- und auswärts oder nach vorne gedrehte Hörner. Das Rind war zur Mast wenig geeignet, wurde jedoch aufgrund seiner Milchergiebigkeit sehr geschätzt.

Die Votivtafel aus dem Jahr 1817 zeigt Thomas Bergerbauer vom Vögelgut im Pinzgau und seine bereits weißkreuzigen Rinder.
Foto: Archiv Jaritz

Vier Anwärter für das Ennstaler Bergschecken Bio-Ochsen Projekt.

Beim Rainet Rind handelte es sich vermutlich um einen Vertreter der alten Bergscheckenschläge, die bis um 1800 im Ostalpenraum verbreitet waren. Neben dem Rainet Rind kam im Mölltal damals vereinzelt ein etwas gedrungeneres, meist einfärbig rotbraun bis fahlrotes oder dunkelockergelbes Vieh vor.

Am Kreuz gefleckte Rinder wurden „zicket" genannt. Das Zickete Rind geht vermutlich auf den Zillertaler Schlag zurück, der mit dem Viehhandel zwischen Mölltal und dem benachbarten Isel- und Pustertal eingeführt wurde (Martiny 1880). Ab 1820 setzte sich das schwerere Mölltaler Rind durch, das durch Verdrängungskreuzung mit Pinzgauer Stieren den Bestand der bodenständigen älteren Rinderschläge sukzessive verdrängte. Die Mölltaler waren eine verkleinerte Ausgabe des Pinzgauer Rindes, da sie um 1900 sowohl in der Farbe wie in der Zeichnung mit dem Pinzgauer Rind völlig übereinstimmten. Um 1910 erreichten die Kühe ein Gewicht von rund 500 Kilogramm, waren also etwas leichter als das Pinzgauer Rind.

Porträt: Bei Matthias Brandstätter im Kerngebiete der Ennstaler Bergschecken

„Goisi, goisi, goisi …", ruft Matthias Brandstätter und seine Ennstaler Bergschecken-Ochsen kommen uns erwartungsvoll entgegen. Die Tiere sind auffallend friedlich und zutraulich. „Wenn jedoch ein Fremder kommt, dann sind die Tiere doch etwas misstrauisch und zurückhaltend. Fremde erkennen sie an der Stimme", erklärt Tierarzt Matthias Brandstätter. Er bewirtschaftet seit 1995 den elterlichen Marharter Hof am Fuße des Dachsteinmassivs in Ramsau in der Steiermark. Der idyllisch gelegene Hof geht auf das Jahr 1380 zurück und ist seit Generationen als Erbhof im Besitz der Familie Brandstätter.

Ramsau liegt auf einer Mittelterrasse hoch über dem oberen Ennstal, im Herzen des ursprünglichen Verbreitungsgebietes der Ennstaler Bergschecken. Der Hof umfasst 40 Hektar Eigengrund und Anteile an vier Gemeinschaftsalmen im östlichen Dachsteinmassiv. Den Sommer über verbringen die Ennstaler Bergschecken des Marharter Hofes auf verschiedenen Almen am Dachsteinmassiv. Die Ochsen werden vom Heimgut auf die Hochweiden der Grafenbergalm am sogenannten „Stein" getrieben. Nach rund zweistündigem Marsch erreichen die Tiere die zwischen 1.800 bis 2.200 m hoch gelegene und vom Schriftsteller Bodo Hell behirtete Hochalm. „Eine richtige Hochalm, wo die Ochsen auch hingehören!", so ist Brandstätter überzeugt. Seine Intention ist es, mit den Tieren einen möglichst minimalen ökologischen Fußabdruck zu erzeugen. „Die Ochsen werden nicht transportiert, sie bekommen kein Kraftfutter und verbrauchen keine Ressourcen, außer das Gras, das auf der Hochalm wächst", erklärt er. Die Mutterkühe verbringen den Sommer ebenfalls am Dachstein, auf der zwischen 1.500 bis 1.800 m Seehöhe gelegenen Schlitzenalm. Die Almregion des Dachsteinmassivs weist eine über vier Jahrtausende alte weide- und almwirtschaftliche Nutzungsgeschichte auf. Bis in die Spätbronzezeit reichen Belege der frühen Siedlungsgeschichte. Die ältesten almwirtschaftlichen Siedlungen finden sich hier über der klimatischen Waldgrenze oberhalb von 1.800 m Seehöhe sowie in tiefer gelegenen Karstwannen, die von immer wieder vorstoßenden Gletscherzungen und lokalklimatischen Kälteseen über Jahrtausende strauch- und baumfrei gehalten wurden (Cerwinka/Mandl 1996).

Die Mutterkühe des Marharter Hofes erreichen ein Durchschnittsgewicht von 450 Kilogramm. Brandstätter züchtet bewusst kleinrahmige Tiere. Sie sind besser an die Alpung auf den Hochalmen angepasst. Das geringe Gewicht macht die Rinder sehr leichtkalbig. Im Gesamtbestand gibt es jedoch eine große Bandbreite von Phänotypen aus unterschiedlichen Beständen. Das Durchschnittsgewicht liegt bei rund 500 Kilogramm bei den Kühen. Bei der kargen, aber wiederkäuergerechten Ernährung erreichen die Ennstaler Bergschecken eine bemerkenswerte Tageszunahme von über 1.000 Gramm. „Das zeigt, dass es ihnen gut geht," meint Tierarzt Matthias Brandstätter.

Mit der Behornung der Rinder bei der Mutterkuhhaltung hat Brandstätter kein Problem. Im Gegenteil. Bis 2003 züchtete er die für ihre Gutmütigkeit bekannten, genetisch hornlosen Jochberger Hummeln. Aber dann wollte er sich mit seinem Betrieb an der Erhaltungszucht der für die Region typischen Ennstaler Bergschecken beteiligen und hat seinen Betrieb schrittweise auf diese Rasse umgestellt. „Es besteht fast eine Verpflichtung die Rasse zu halten, wenn man in der Region Ennstal wirtschaftet", so lautet seine Überzeugung.

Anfangs wurde die Nachzucht noch enthornt, um die gemischte Herde von Jochberger Hummeln und Bergschecken als Mutterkuhherde führen zu können. Bald zeigte sich aber, dass die Bergschecken überaus zutraulich und friedfertig waren und daher für eine Enthornung, auch bei der Haltung als Mutterkuhherde, keine Notwendigkeit bestand. Darüber hinaus besitzen die Ennstaler Bergschecken sehr schöne, lyraförmige Hörner. Den Tierarzt stören die Hörner weniger als die unansehnlichen Ohrmarken bei seinen wunderschönen Tieren. Seine Ennstaler Bergschecken sind sehr zutrauliche Rinder, die „auf den Ruf gehen" und alle einen Namen haben. Auch die Ochsen werden nicht enthornt. „Wozu auch?", meint Tierarzt Brandstätter. „Es ist eine unnötige Qual. Die Tiere werden ja nur zwei Jahre alt. Sie raufen nicht und sind sehr gutartig."

Die Bergschecken-Bestände waren Anfang der 1990er-Jahre nahezu ausgestorben. 1991 gab es lediglich 34 unverwandte Tiere in vier Beständen. Daraus wurde die gesamte heute noch bestehende Population begründet. Dr. Karl Bauer, Leiter der Besamungsanstalt in Gleisdorf, hat sich der Rasse angenommen und alle noch vorhandenen Stiere abgesamt und damit die noch vorhandene genetische Basis (Pool) erhalten. Dr. med.vet. Matthias Brandstätter züchtet seit 2003 Ennstaler Bergschecken. Er hat mit einer Kuh begonnen. Das Tier stammte von Laura Bacher aus Gössenberg, einer Nachbarin vom Marharter Hof. Ihr Bauernhof war einer der letzten vier Betriebe, die an den Ennstaler Bergschecken festgehalten haben. Heute züchten wieder 31 Betriebe in der Steiermark, in Kärnten, in Niederösterreich, in Oberösterreich sowie in Salzburg und in Tirol diese ursprüngliche Rinderrasse. Sechs der 31 Zuchtbetriebe nützen die Rasse als Milchkühe. Derzeit gibt es 380 belegfähige Tiere, vorwiegend auf Kleinstbetrieben. Lediglich zwei Betriebe, Lassacher und Fussi, besitzen über 30 Mutterkühe. Ihnen ist es primär zu verdanken, dass diese Rasse nicht ausgestorben ist. Diese Betriebe haben in den 1970er-Jahren entgegen dem geltenden Landestierzucht-Gesetz an der bodenständigen Rasse festgehalten und nicht gekörte Stiere eingesetzt. Die Rasse wurde damals nicht anerkannt und Bergscheckenstiere nicht angekört. „Diese Betriebe waren dickköpfig genug, sich nicht vom Tierschutzgesetz beeinflussen zu lassen", meint Brandstätter. Erst ab einem Gesamtbestand von 1.000 gilt eine Population als genetisch konsolidiert. Der Inzuchtkoeffizient der Rasse liegt derzeit bei rund 6 Prozent. Man wird daher früher oder später einen genetischen Flaschenhals erreichen und es wird sich die Frage stellen, welche Rasse zur Blutauffrischung herangezogen werden soll.

Bei den Leistungsrassen liegt der Inzuchtkoeffizient oft höher, da besondere Leistungsträger stark forciert werden und damit die Population genetisch stark einengen. Die meisten weiblichen Tiere gehen derzeit in die Zucht. Für die wirtschaftliche Absicherung der Rasse ist es jedoch wichtig, dass Produkte regional veredelt und vermarktet werden. Matthias Brandstätter hat gemeinsam mit dem Rassebetreuer Josef F. Lassacher für die regionale Vermarktung der männlichen Tiere das „Ennstaler Bergschecken Bio-Ochsen Projekt" gestartet. Es läuft erst langsam an, da nur begrenzt Ochsen zur Verfügung stehen.

Derzeit werden die Tiere zum Teil noch auf der kommerziellen Schiene vermarktet oder ab Hof verkauft. „Leider betreiben nicht alle Bergschecken-Züchter ihren Betrieb nach den Kriterien des biologischen Landbaus", so der Kommentar des Tierarztes. Teilweise sind die Züchter weit verstreut. Die Vermarktung soll primär regional stattfinden, das Rind in der Region bleiben. Das mindestens zweijährige Ochsenfleisch wird an die Spitzengastronomie verkauft. Denn nur ein guter Koch kann das gute Fleisch auch angemessen verwerten. „Provokant

oben: Tierarzt Matthias Brandstätter und seine Ennstaler Bergschecken.
Mitte: Je nach Zeichnung werden bei den Ennstaler Bergschecken kransete und kampete Typen unterschieden.
unten: Ennstaler Bergschecken beim Almabtrieb von der Glattalm in Donnersbachwald im September 1929. Die Stiere stammten vom Hauserbauer aus Altirdning.
Foto: J. Lassacher

gesagt, ist das Fleisch zu schade, um es in ein normales Gulasch zu verwandeln."

Der Gasthof Kulmwirt in der Ramsau bietet die regionale Spezialität zweimal pro Jahr im Rahmen von „Bergschecken-Wochen" an. „Meistens ist nach einer Woche nichts mehr da", ist Brandstätter begeistert. Ein weiterer regionaler Anbieter ist das Restaurant „Die Tischlerei" in Schladming. Die Vermarktungsinitiative kooperiert weiters mit einem lokalen Metzgereibetrieb, der neben einem modernen Schlachtraum auch über einen Reiferaum verfügt. Der Betrieb garantiert neben einer stressfreien Schlachtung eine professionelle Reifung, die ganz entscheidend für die Qualität des Fleisches ist. Das Ochsenfleisch des Bio-Projektes reift 14 Tage am Stück bei 2° bis 4° C. Anschließend werden spezielle Teile im Vakuum bei 0° C über einen Zeitraum von sechs Wochen gereift. Ein weiteres Projekt befasst sich mit der Trockenfleischproduktion. Beim „Dry-aging", der Trockenreife, soll die Fleischqualität bei entsprechendem Klima weiter erhöht werden.

Die Aufzucht erfolgt völlig kraftfutterfrei. Die Tiere erhalten lediglich Gras, Kräuter, Heu und im Winter gelegentlich etwas Silage. Es läuft ein Versuch zur Herstellung von Trockenfleisch und Rinderwurst nach alter Rezeptur. Kooperiert wird mit ortsansässigen Metzgern und mit der regionalen Gastronomie.

Am Marharter Hof werden seit Generationen auch Noriker gezüchtet. Tierarzt Brandstätter züchtet sehr erfolgreich Mohrenköpfe und Rappen. Er besitzt die Mutter der amtierenden Bundessiegerstute. Die Mohrenkopflinie des Betriebes geht nachweislich bis in die 1920er-Jahre des vorigen Jahrhunderts zurück. Die Sommermonate verbringen die Tiere immer auf der Alm. Bis 2011 wurden die Noriker am Hof als Arbeitstiere und auch für Pferdeschlittenfahrten eingesetzt. Auch in der Dachsteinregion waren die Noriker in den 1960er- und 1970er-Jahren fast zum Aussterben verurteilt. Brandstätters Vater hat die Zucht aufrechterhalten, insbesondere Wert gelegt wird auf die Mohrenkopflinie.

Kontakt:
Dr. med.vet. Matthias Brandstätter
Marharter 46, A-8972 Ramsau am Dachstein
Tel.: 0043 (0)36 87 81 792
tierarzt@marharter.com

links: Noriker Blauschimmel mit schwarzem Kopf werden als Mohrenköpfe bezeichnet. Dieser Name leitet sich von der barocken italienischen Bezeichnung capo moro ab.
rechts: Eine Murbodner Kalbin in Tragöss in der Hochschwabgruppe, Bezirk Bruck-Mürzzuschlag.
Foto: Verein Murbodnerzüchter

Steckbrief Ennstaler Bergschecken

Mit seinem leichten, zierlichen Körperbau bei einer Widerristhöhe von etwa 130 Zentimeter und 450 bis 500 Kilogramm Lebendgewicht (Kühe) zählt die Rinderrasse zu den Leichtgewichten. Die Hörner und Klauen sind wachsgelb. Die Wamme ist schwach ausgebildet. Flotzmaul, Zunge und Gaumen sind stets hellrosa. Charakteristisch ist die fuchsrote Grundfarbe mit milchweißen Abzeichen an Kopf, Nacken, Beinen, Rumpfunterseite, Widerrist und Schwanzquaste. Der geschlossene farbige Schild an der Rumpfseite ist an den Rändern gesprenkelt. Je nach Umfang der weißen Partien werden verschiedene Zeichnungsvarianten unterschieden. Die vier häufigsten Varianten sind: Helmete, Kampete, Kransete und Gnacklete. Der Herdebuchbestand umfasst aktuell 131 Herdebuchkühe und 16 Stiere, verteilt auf 40 Betriebe (EFABIS 2013). Die Rinderrasse wird in der Roten Liste der gefährdeten Tiere Österreichs als hochgefährdete (EN) Rasse geführt.

Das Murbodner Rind

Die Ursprünge der Murbodner Rasse dürften nach aktuellem Wissensstand, wie bei allen Blondviehschlägen, nicht auf illyrische Wurzeln, sondern auf Einkreuzungen von römischen Rindern in die spätbronzezeitlichen bodenständigen Rassen der Bergscheckengruppe zurückgehen. Die vergleichsweise geringere Milchleistung und die besondere Bedeutung der Murbodnerrasse als fleischbetontes Arbeitsrind sind Indizien dafür. Ferdinand Kaltenegger hält eine Beimischung von Montafoner und Tuxer Blut aufgrund der, in der späten Konsolidierungsphase, aufgetretenen dunklen Mohrenköpfe (brachycephale Vererbung) für wahrscheinlich.

Im 18. Jahrhundert bildete das Mürztalerrind mit Einflüssen der alten Bergscheckenschläge und des Blondviehs die Zuchtgrundlage für das Murbodner Rind, das 1869 die Anerkennung als eigenständige steirische Landrasse erhielt. Der Murbodnertyp wurde aufgrund seiner Robustheit, guten Bemuskelung und Frühreife für die Ochsenmast und auch für seine besondere Zugleistung geschätzt. Dagegen fand die Milchleistung wenig Beachtung.

Mitte des 19. Jahrhunderts zählte die Rasse noch rund 270.000 Rinder. Mit der Industrialisierung der Landwirtschaft verlor die Murbodnerrasse ihre Bedeutung als Arbeitsrind in der Berglandwirtschaft, denn der Bedarf an Zugochsen nahm ab. Ertragsoptimierung, insbesondere im Bereich der Milchproduktion, rückte in den Vordergrund.

In den 1960er-Jahren schrumpfte der Bestand durch Einkreuzungen von milchbetontem Fleckvieh und deutschem Gelbvieh auf rund 100 reinrassige Tiere. Erst Ende der 1970er-Jahre wurde mit der Gründung der Gelbvieh-Genossenschaft die planmäßige Zucht der Murbodnerrasse begonnen. Heute züchten wieder rund 400 Betriebe diese hochgefährdete Rinderrasse des Berggebietes. Das Murbodner Rind findet man vorwiegend auf kleinbäuerlichen Betrieben in der Steiermark, Niederösterreich und Oberösterreich, die durchschnittlich sechs Kühe halten.

Die Murbodner Züchter sind seit 2011 im Verein der Murbodner-Züchter organisiert, dem derzeit knapp 400 Zuchtbetriebe, das sind über 90 Prozent aller Murbodner-Züchter angehören. Ein besonderes Anliegen des Vereins ist die wirtschaftliche Absicherung der Rasse durch erfolgreiche Vermarktung des Murbodner Qualitätsrindfleisches. Ein erster Schritt in diese Richtung ist dem Verein mit der Kooperation mit den

Murbodner Rind, ursprüngliches Verbreitungsgebiet (1880)

Steckbrief Murbodner Rind

Das einfarbig helle Vieh hat eine semmelblonde bis rotbraune, manchmal sogar fuchsrote Grundfarbe. Es ist ein gut mittelrahmiges, fleischbetontes Bergrind. Das Flotzmaul ist schwarz mit heller Schnippe („Herzl"). Flotzmaulumgebung und Augenpartie sind, ebenso wie die untere Beinpartie, etwas heller. Hornspitzen und Schwanzquasten sind dunkel bis schwarzgrau. Der Hörnerschopf ist dagegen semmelfarben bis dunkelbraun. Stiere sind allgemein dunkler gefärbt und im Bereich der Halspartie schwarz angeraucht. Die dunklen Klauen sind sehr hart und widerstandsfähig.

Das Murbodner Rind ist ein frohwüchsiges, gut bemuskeltes Bergrind, das besonders für seine gute Mast- und Zugleistung geschätzt wurde. Die Rinder sind sehr robust, von guter, ruhiger Wesensart und trittsicher. Daher lassen sie sich gut führen. Die Murbodnerrasse weist gute Fruchtbarkeit, Leichtkalbigkeit und Langlebigkeit auf und eignet sich daher besonders für die Mutterkuhhaltung. Als ausgezeichnetes Fleischrind war das Murbodner Rind bereits in der österreichisch-ungarischen Monarchie am Kaiserhof eine geschätzte Qualität mit feiner Faserung, zartem Geschmack und ansprechender Marmorierung.

oben: Das Murbodner, ein mittelrahmiges, fleischbetontes Bergrind. Im Bild die Herde des Betriebes Steinbacher in Losenstein.
Foto: Verein Murbodnerzüchter
unten: Beim Kärntner Blondvieh werden die ursprünglichen Rasseeigenschaften wie Fleischqualität und gute Mastfähigkeit heute wieder geschätzt.

Kontakt
Spartenbetreuer der ARCHE Austria für das Murbodner Rind:
Manfred Hießl
Hacklbrunn 11, A-4251 Sandl
Tel.: 0043 (0)79 44 87 65
manfred.hiessl@gmx.at

Verantwortliche Organisation:
Rinderzucht Steiermark
Pichlmayergasse 18, A-8700 Leoben
info@rinderzucht-stmk.at
www.murbodner.at

Lebensmittelketten SPAR Steiermark und Tann Fleisch- und Wurstproduktionsbetrieb gelungen. Reinrassige Murbodner-Einstellerochsen können von den Zuchtbetrieben beim Verein zum Verkauf angemeldet werden. Die Züchter erhalten für ihre Einstellerochsen einen lukrativen Mehrpreis. Bei ausgesuchten Mastbetrieben erfolgt die Fertigmästung der Ochsen.

Mit 1. September 2011 wurde eine Partnerschaft mit der Firma Marcher GmbH. Graz gestartet, über die Schlachtkühe zu einem fixen Mehrpreis vermarktet werden können. Es soll ein Anreiz zur Verbesserung der Murbodner Zucht sein.

Das Zuchtprogramm der Murbodner Rasse will am fleischbetonten Typus festhalten, seine Eignung für die Mutterkuhhaltung soll erhalten bleiben, die Milchleistung aber nicht gänzlich vernachlässigt werden, um auch die Masteignung für die Zucht von Einstellern zu gewährleisten.

Der Herdebuchbestand umfasst heute 3.557 Herdebuchkühe und 173 Zuchtstiere, verteilt auf 464 Betriebe. Von der ÖNGENE wurde die Rasse offiziell als „hochgefährdete" Nutztierrasse eingestuft und ihre Erhaltung wird im Agrarumweltprogramm gefördert. Auch die Rote Liste der gefährdeten Tiere Österreichs/alte Haustierrassen stuft die Rasse als „stark gefährdet" (EN, endangered) ein.

Das Kärntner Blondvieh

Diese bodenständige Rasse ist in Mittel- und Unterkärnten sowie in Teilen der Obersteiermark im Bezirk Murau heimisch und prägte mit seiner Mast- und Zugleistung im 18. und 19. Jahrhundert auch maßgeblich die Kulturlandschaft Kärntens. In den 1850er-Jahren erreichte das Kärntner Blondvieh mit einem Anteil von über 60 Prozent am Gesamtrinderbestand in Kärnten seine Hochblüte. Der Milchleistung wurde damals wenig Augenmerk geschenkt, die Landwirtschaft war auf die Ochsenzucht und -mast ausgerichtet. Durch die Industrialisierung der Landwirtschaft und die wachsende Milchwirtschaft verlor das reinrassige Blondvieh als klassisches Dreinutzungsrind seine Bedeutung.

Noch gegen Ende des 19. Jahrhunderts gab es in Kärnten und in der angrenzenden Obersteiermark drei verschiedene Blondviehschläge. Das waren der schwere, derbe Mariahofer Schlag Mittelkärntens und der Obersteiermark um Neumarkt, der Oberkärntner Malteiner Schlag sowie der feine Lavanttaler Schlag. Bis in die Mitte der 1950er-Jahre wurde das Kärntner Blondvieh aufgrund seiner guten Mastfähigkeit und Fleischqualität als Einsteller geschätzt. 1954 zählte man davon noch rund 84.000 Rinder, dann setzte der dramatische Niedergang ein.

Das ruhige Kärntner Blondvieh ist ein robustes, sehr fruchtbares Rind mit guten Muttereigenschaften. Genügsamkeit und Widerstandskraft zeichnen diese Rasse aus, wodurch die Bewirtschaftung extremer Standorte ermöglicht wird.

Mutterkuhhaltung ist die häufigste Haltungsform und bedingt auch die gute Fleischqualität. Jungrindfleisch von bis zu neun Monate alten Tieren, die mit Muttermilch und wirtschaftseigenem Futter aufgezogen wurden, ist ebenso geschätzt wie Ochsenfleisch von Tieren, die bis zu zwei Weideperioden auf der Alm verbracht haben.

Ein besonderes Qualitätsmerkmal des Fleisches ist der hohe Anteil an intramuskulären Fetteinlagerungen. Diese machen das Fleisch unvergleichlich geschmackvoll und saftig. Zur Förderung der Vermarktung wurde eine eigene Werbelinie entwickelt und Kooperationen mit Partnerbetrieben in der Gastronomie und Fleischhauerei in der Norischen Region aufgebaut. Jährlich findet am 3. Sonntag im Juli das Blondviehfest mit jeweils über 1.000 Besuchern statt. 2008 wurde die Genussregion „Mittelkärntner Blondvieh" ausgewiesen (siehe Kapitel „Die Norische Alpenregion in Unterkärnten").

Vom Noriker zum Lipizzaner. Pferderassen und Landschläge

Mindestens seit der keltischen Besiedelung werden die Alpenpässe als Handelsrouten genutzt und daher Pferde als Tragtiere für den Saumhandel eingesetzt. In der alpinen Landwirtschaft verrichtete meist der Ochse oder auch die Kuh die notwendigen Zugarbeiten am Hof. Für die Waldarbeit aber war das Pferd lange Zeit das unverzichtbare Zugtier.

Holzbringungen und Fuhrdienste mit Pferden zählten zu den wenigen und daher wichtigen Zuverdienstmöglichkeiten der Bergbauern oder waren auch Teil der grundherrschaftlichen Verpflichtungen.

Mit der im 19. Jahrhundert aufkommenden Industrie wird das Pferd als schnelles Zugtier vermehrt eingesetzt. In den Kriegszeiten des 19. und 20. Jahrhunderts stieg die Nachfrage nach Pferden für militärische Zwecke rasant an. Mit Ausnahme des Pinzgauer Norikers hatten aber Pferdezucht und Pferdehaltung im österreichischen Alpenraum bis zum beginnenden 20. Jahrhundert geringe Bedeutung.

Das norische Kaltblut – der Noriker

Der Noriker ist die einzige Pferderasse, die auf dem Gebiet des heutigen Österreich ihren Ursprung hat, er ist zugleich die älteste österreichische Nutztierrasse. Der Name des kräftigen mittelgroßen Kaltbluts leitet sich vom keltischen Königreich Norikum ab. Ursprungsgebiet ist der Salzburger Pinzgau. Ab dem Jahr 1565 nahmen die Erzbischöfe des Erzbistums Salzburg Einfluss auf die Zucht des Norikerpferdes. 1703 wird die erste Körverordnung für das Norikerpferd erlassen.

Insgesamt war aber auch hier die Pferdezucht bis zum ausgehenden 18. Jahrhundert zahlenmäßig wenig bedeutend und vielmehr ein Prestigeobjekt der Landesfürsten. Mit dem steigenden Bedarf an Militär-Pferden erlangte auch die bäuerliche Zucht des schweren norischen Pferdes an Stellenwert. Im Jahr 1851 zählte das Herzogtum Salzburg 11.596 Pferde.

Meist wurden die Pferde als Jährlinge mit rund eineinhalb Jahren nach Oberösterreich und Kärnten, in die Steiermark sowie nach Bayern und Württemberg verkauft. Abnehmer waren neben land- und forstwirtschaftlichen Betrieben auch Brauereien und die Industrie, die die Noriker für Schwer- und Schwerstfuhrwerke einsetzten (siehe Kapitel „Die Alpenregion Salzburg“).

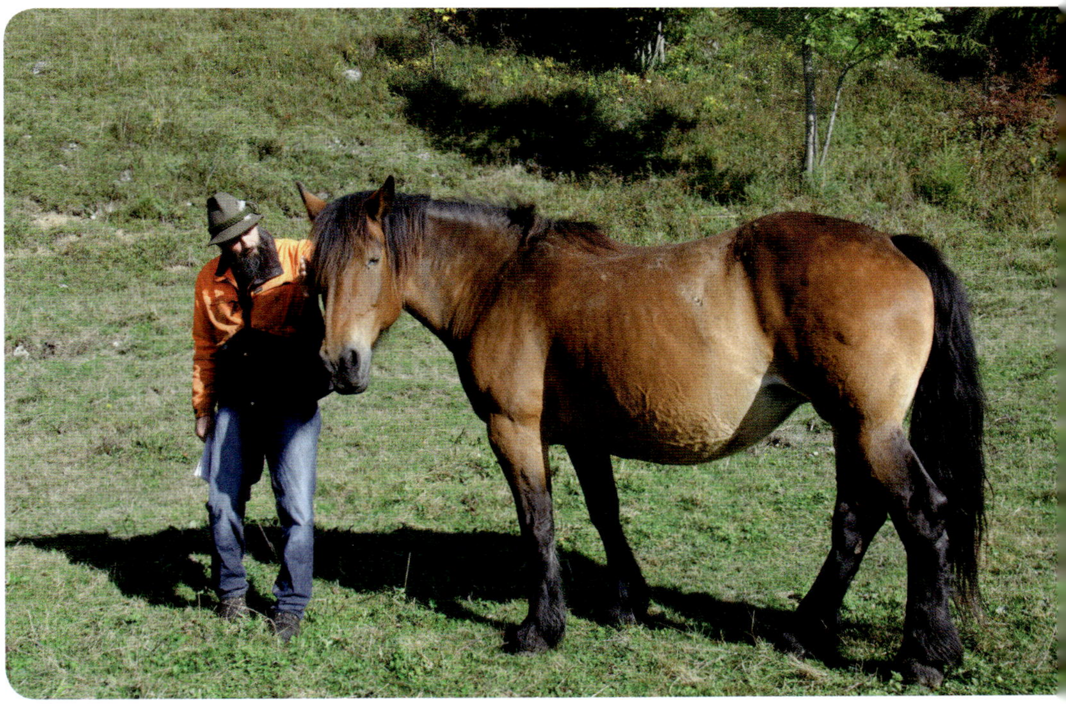

Tierzuchttradition. Die Norikerzucht blickt im Salzburger Pinzgau auf eine rund 450-jährige Zuchtgeschichte zurück.

Das Haflinger Pferd

Das leichtere Gebirgspferd der Ostalpen ist der Haflinger. Man zählt ihn heute zu den Kleinpferden. Sein Ursprungsgebiet liegt südlich des Alpenhauptkamms in Südtirol, in der Gegend um Meran und Bozen (Gemeinde Hafling). Bereits für das Mittelalter ist nördlich des Alpenhauptkamms sowie im Pustertal ein größerer und schwererer Pferdeschlag belegt, der dem heutigen Noriker entsprach. Die leichteren und kleineren Haflinger wurden in erster Linie als wendige und trittsichere Zug- und Tragtiere für den Saumhandel über die Tiroler Alpenpässe eingesetzt.

Bis zum Ende der österreichisch-ungarischen Monarchie beschränkte sich das Zuchtgebiet des Haflingers fast ausschließlich auf Südtirol.

Gegen Ende des Ersten Weltkrieges im Jahr 1918 wurden die wertvollen Hengste in das staatliche Depot in Stadl in Oberösterreich gebracht, die Stuten verblieben jedoch im mittlerweile abgetrennten Südtirol (Gawlik 2006). Nach Wolfgang Meixner und Gerhard Siegl wurden anfänglich mit wenig Erfolg Zuchtstuten unterschiedlicher Rassen aus dem ehemaligen Staatsgestüt Radautz in der Bukowina verwendet. Später gelang der Erwerb einer Haflinger Stute und der Aufbau einer bescheidenen Zucht in Österreich. Maßgeblich für die weitere Zucht war der Import von 100 Original Haflinger Zuchtstuten in den Jahren 1927/28 aus Südtirol. Die Stuten wurden auf mehrere Nord- und Osttiroler Zuchtvereine aufgeteilt. Während der NS-Zeit kam es zu einer starken Ausbreitung

Rassetypische Merkmale des Haflingers sind die Fuchsfarbe mit der flachsfarbenen Mähne und dem flachsfarbenen Schweif. Bis zur Begründung der Haflingerzucht im Jahr 1874 war die Fuchsfarbe noch nicht so verankert, der Haflinger glich nur bedingt dem heutigen Typus.

oben: Die Lipizzaner-Junghengste verbringen vom ersten bis zum dritten Lebensjahr ihre Sommerfrische auf der Stubalm in den Lavanttaler Alpen, Steiermark. Foto: Archiv Gabrielle Boiselle
unten: Seit 1915 verbringen die Schulhengste der Spanischen Hofreitschule ihre ersten Lebensjahre im Bundesgestüt Piber.
Foto: Spanische Hofreitschule, Bundesgestüt Piber.

der Haflingerzucht aufgrund des enormen Bedarfes an Gebirgspferden für die Wehrmacht. Nach dem Zweiten Weltkrieg pendelte sich der Bestand wieder ein.

Insgesamt blieb die Haflingerzucht in Tirol bedeutend, in 207 von 253 Tiroler Gemeinden wurden nach 1945 Haflinger in kleinbäuerlicher Haltung gezüchtet. Im Jahr 1950 waren 1.691 Zuchtstuten mit einem jährlichen Stutenzuwachs von 200 Tieren beim Haflinger Zuchtverband registriert. Mit der Gründung des Haflinger Fohlenhofes in Ebbs in Nordtirol im Jahr 1970 übernahm der Tiroler Zuchtverband die staatlichen Aufgaben. Es folgten Fohlenhöfe in weiteren Bundesländern. Durch die Vielzahl an Zuchtorganisationen und die sich ändernden Ansprüche an die Pferdehaltung wandelte sich das Trag- und Zugtier zum Freizeitpferd.

Der Lipizzaner

Die über 400 Jahre alte Traditionsrasse der Habsburger wird heute in drei Ländern in drei verschiedenen Gestüten, in Piber, Lipizza und Topolcianky gezüchtet. Nach Gawlik basieren die drei Gestüte auf den gleichen Stutenstämmen. Das geografische Ursprungsgebiet liegt im slowenischen Karst an der Grenze zu Italien, am südöstlichen Rand der Alpen. Das Karster Hofgestüt zu Lipizza wurde 1580 von Erzherzog Karl gegründet (siehe Kapitel „Der slowenische Alpenraum“).

Mit der Auflösung des Bundesgestütes Lipica in der slowenischen Gemeinde Sežana im Karst im Jahr 1915 übersiedelte ein Teil der Lipizzanerherde in das Bundesgestüt in Piber. Heute stammen alle Schulhengste der Spanischen Hofreitschule in Wien aus dem Bundesgestüt des Barockschlosses Piber. Die jungen Lipizzanerhengste verbringen ihre ersten Lebensjahre auf Piber. Die Sommermonate von Ende Mai bis Mitte September weiden die Junghengste beim alten Almhaus auf der Stubalpe. Die Stubalpe ist mit dem Packsattel ein Teil der Lavanttaler Alpen am steirischen Ostrand des Alpenbogens.

Kontakt:
Spanische Hofreitschule – Bundesgestüt Piber
Piber 1, A-8580 Köflach
Telefon: 0043 (0)31 44 33 23
Fax: + 43 (0)31 44 33 23 199
office@piber.com
www.piber.com

Verlorene Vielfalt bei den Schweinerassen

Gurktaler Schwein, Graues und Schwarzes Kärntner Landschwein, Pinzgauer Schwein – diese Rassen spiegeln nur einen kleinen Teil der ursprünglichen, im österreichischen Alpenraum vorkommenden Schweinerassen-Vielfalt wider. Sie sind bis auf eine kleine Restpopulation im Veltlin längst ausgestorben. Wir wissen davon nur mehr durch historische Aufzeichnungen und Fotografien.

Bis in die zweite Hälfte des 19. Jahrhunderts existierten im österreichischen Alpenraum noch drei unterschiedliche Schweinetypen. Das schwarze Landschwein der südlichen Ostalpen zählte zur Gruppe der romanischen Schweine. Sein Hauptverbreitungsgebiet waren Friaul, Istrien, die Untersteiermark und Trentino-Südtirol sowie die angrenzenden Gebiete in Südkärnten. Die Tiere waren meist schwarz und langgestreckt mit herabhängenden Ohren.

Das schwerpunktmäßig im südbayerischen Raum verbreitete Bayerische Landschwein war in den nördlichen Landesteilen Salzburgs und gegen Ende des 19. Jahrhunderts auch im Salzburger Lungau anzutreffen. Es war hochbeinig und langgestreckt, rotbraun gefleckt mit deutlich betontem Widerristkamm.

Im Unterschied zum kurzohrigen Gebirgsschwein hatte das bayerische Landschwein lange Hängeohren und einen stark aufgebogenen Rücken. Dieser Typus war nördlich der Alpen und entlang der Donau sowie in den Niederungen der Obersteiermark und im Grazer Raum verbreitet.

Das typische Landschwein der Alpenregion war aber das gedrungene, kleine Gebirgsschwein mit aufgestülpten kurzen Ohren. Es war weißgelblich oder schmutzigweiß, grau, rotbraun oder schwarz gefärbt. Die Tiere hatten einen schmalen kurzen Rücken, verhältnismäßig kurzen Körper und kurze Beine. Dieses Landschwein war in den Gebirgsgauen Salzburgs, der Obersteiermark und in den alpinen Regionen Kärntens sowie vermutlich auch in Nordtirol anzutreffen. In der Regel wurden damals in den Sennereien auf den Alpen so viele Schweine wie Milchkühe gehalten. Die Gebirgsschweine erreichten ungemästet ein Gewicht von knapp 60 und gemästet von max. 80 Kilogramm. Die romanischen Landschläge waren deutlich schwerer und erreichten ein Gewicht von 110 (ungemästet) bis 135 Kilogramm (gemästet).

Bis in die zweite Hälfte des 19. Jahrhunderts war das extensive Weideschwein die am meisten

Schwalbenbäuchige Mangaliza Ferkel mit Frischlingsstreifung genießen den Almsommer auf der Aueralm am Seewaldsee.

verbreitete Landrasse auf den bäuerlichen Betrieben. Bereits im Hochmittelalter gab es in den Urbaren und seitens der Pfleggerichte Verordnungen für die Haltung der Schweine. Meist mussten die Schweine geringelt und gekämpt werden. Kämpen (auch: Kampen, Kampten) waren Holzgestelle, die den Schweinen um den Hals gelegt wurden, um das Durchschlüpfen durch Zäune zu erschweren. Diese Form der Weideschweinhaltung findet man heute vereinzelt noch in ländlichen Gebieten Bosniens und in Albanien.

Die Alpenschweine wurden für heutige Begriffe erstaunlich lange im Freien gehalten. Bereits zur Schneeschmelze wurden die Tiere geringelt, also mit Nasenringen versehen, um ein Aufwühlen des Bodens zu verhindern, und auf die Weiden getrieben. Mit der Zaunaufstellung am St. Georgstag (24. April) wurden sie gekämpt und blieben bis St. Martin (11. November) im Freien. Die Zeit der Stallhaltung war also vergleichsweise kurz. In Gebieten mit Eichen- und Buchenwäldern wurde die Nutzung der Eichel- und Bucheckernmast streng geregelt. Zuerst durfte eine bestimmte Menge an reifen Eicheln und Bucheckern händisch gesammelt werden, erst danach trieb man die Schweine in die Wälder (Traintinger 1957).

Bis um 1850 musste der Bedarf vor allem der Städte an Fett, Schmalz, Schweinefleisch und Speck durch Importe aus Ungarn sowie durch Zutrieb von kroatisch-slawonischen, serbischen und polnischen Schweinen gedeckt werden. In den

Pinzgauer Ziegen zusammen mit Landschweinen auf der Häuslalm in Kaprun, Salzburg um 1933. Foto: Archiv SFLM

Ein albanisches Siska Schwein mit einem kämpenähnlichen Holzgestell. Im Mittelalter hatten die Schweine in den Alpen vermutlich einen ähnlichen Körperbau. Für das Kämpen muss der Hals lange und dünn sein. Bei den heutigen Leistungsrassen wäre diese Methode nicht anwendbar.
Foto: H.P. Grünenfelder

Alpenregionen wurde die Schweinezucht meist im kleinen Maßstab für den Eigenbedarf betrieben. Das änderte sich erst mit dem Aufschwung der Rinderzucht und Milchwirtschaft in den 1860er-Jahren, seit damals nahm in Österreich auch die Schweinezucht zu. Mit der Magermilch aus Molkereibetrieben wurde die Ferkelaufzucht getätigt. Die Rassezucht wurde stark forciert und die noch vorhandenen primitiven Landrassen durch Kreuzung mit frühreifen und mastfähigen englischen Yorkshire- und Berkshire Schweinen verbessert. Um 1900 kamen Abfallprodukte aus der Lebensmittelindustrie, aus Brauerei- und Brennereibetrieben, aus Stärkefabriken und Mühlen hinzu und die Schweinemästerei gewann an Umfang. Nun wurden englische und krausborstige ungarische und kroatisch-slawonische Schweine zur Verbesserung der Härte und Widerstandsfähigkeit eingekreuzt. Vor dem Ersten Weltkrieg wurden veredelte deutsche Landschweine und deutsche Edelschweine zur Blutauffrischung und für den Bestandsaufbau importiert, da diese Rassen bereits die Masteigenschaften der englischen Rassen sowie die Robustheit der Landrassen vereinten.

Schwarzes Landschwein, Maria Saal, Kärnten um 1916.
Foto: A. Staffe

Die ausgestorbenen Schweinerassen und Landschläge

Unter den bodenständigen Schweineschlägen des österreichischen Alpenraumes war vor allem das Pinzgauer Schwein aufgrund seiner Widerstandsfähigkeit und Anspruchslosigkeit gefragt. Auch das Südsteirische und Kärntner Schwein sowie das Krainer Schwein schätzte man aufgrund seiner guten Futterverwertung (Eberhart u.a. 1919).

Südlich des Alpenhauptkamms und im historischen österreichischen Küstenland, der Grenzregion zwischen Slowenien und Friaul-Julisch Venetien, also von den Julischen Alpen bis zur Halbinsel Istrien, war zu Beginn des 20. Jahrhunderts das robuste romanische Schwein in verschiedenen Landschlägen verbreitet.

Die gegenwärtige Situation der Schweinezucht

Heute konzentriert sich die Zucht in Österreich auf die drei Hauptrassen Landschwein, Edelschwein und Pietrain. Diese international bedeutenden Rassen decken nahezu 100 Prozent des Bedarfs von 5,5 Millionen Schweinen pro Jahr für den österreichischen Fleischmarkt. Die räumliche Verteilung zeigt dabei ein deutliches Ost-West-Gefälle. In den ackerbaudominierten Bundesländern Niederösterreich, Oberösterreich und der Steiermark werden über 93 Prozent des österreichischen Gesamtbestandes gehalten. Der österreichische Alpenraum spielt dagegen für die Schweinehaltung keine maßgebliche Rolle. Einst ein integraler Bestandteil der Berglandwirtschaft, ist die Schweinehaltung heute nur mehr ein Nischenbereich. Der Maisanbau bestimmt heute die Standorte der Schweinemastbetriebe.

Nur in geringem Umfang gibt es in Österreich Zucht- und Erhaltungsbemühungen für die außeralpinen Schweinerassen Mangaliza, Turopolje, Duroc und das Schwäbisch-Hällische Schwein. Für diese vier Rassen werden Herdebücher geführt, wobei lediglich das Turopolje und das Mangaliza Schwein als hochgefährdete Rassen in Österreich offiziell anerkannt sind. Das Ursprungsgebiet der beiden Rassen liegt nicht innerhalb des österreichischen Staatsgebietes, es handelt sich jedoch um altösterreichische Rassen der Monarchiezeit.

Die verschiedenen Farbschläge des Mangaliza Schweins sind aus Landschlägen und dem serbischen Šumadija Schwein bzw. dem kroatischen Syrmien Schwein hervorgegangen. Das Mangaliza war bis zur Mitte des 20. Jahrhunderts die bedeutendste Fettschwein-Rasse in der österreich-ungarischen Monarchie und insbesondere des pannonischen Raums. Als Schmalz- und Fettlieferanten waren die Wollschweine hochgeschätzt. Um 1900 wurden die Schweine bis zu einem Schlachtgewicht von 250 bis 300 Kilogramm aufgemästet. Aufgrund geänderter Ernährungsgewohnheiten wurde das Mangaliza ab 1950 von den Leistungsrassen mit deutlich magererer Fleischqualität, insbesondere von Edelschwein und Landrasse, verdrängt. Bereits 1959 ist das vom Yorkshire abstammende Edelschwein in den Bundesländern Ober- und Niederösterreich sowie in der Steiermark mit fast 100 Prozent die bestimmende Rasse. In den 1970er-Jahren sank der Bestand der Mangaliza Schweine in Österreich auf einen Tiefstand. Im darauffolgenden Jahrzehnt wurden erste Erhaltungsbemühungen ins Leben gerufen.

Von den ursprünglich mindestens sechs Farbschlägen des Mangaliza Schweins werden heute noch die Schläge Schwalbenbäuchig, Blond und Rot in Österreich gezüchtet.

Das Blonde Mangaliza wird in Ungarn mit einem Bestand von rund 3.000 Tieren als traditionelle Rasse geführt. Aufgrund massiver Absatzprobleme ist die ungarische Population jedoch derzeit in Auflösung begriffen und es kommt vermehrt zu Kreuzungen mit Duroc. Die österreichische Population umfasst knapp 40 Tiere und es existieren kaum Eberlinien. Die Rasse wurde durch Veredelung des primitiven, dem Wildschwein ähnlichen ungarischen Landschweines mit serbischen Sumadija Schweinen begründet. Josef Balatin betrieb auf dem Herrschaftssitz Kisjenö in Ungarn eine Musteranstalt für Landwirtschaft, auf der er englische und serbische Schweine züchtete (Erzherzog Rudolf 1891). Um 1878 wurde auch das Blonde Mangaliza Schwein auf der Domäne gezüchtet.

Der ungarische Bestand des Schwalbenbäuchigen Mangaliza wird von ca. 1.000 Tieren bereits als gefährdet eingestuft. Der österreichische Bestand umfasst lediglich knapp 200 Tiere und ist hochgefährdet. Dieser Schlag ist aus der Kreuzung des blonden Farbschlages mit kroatischen Syrmien Schweinen in Südungarn entstanden. Der rote Farbschlag mit 1.500 Tieren in Ungarn geht auf eine Kreuzung des alten, bereits ausgestorbenen ungarischen Szalontari Schweines mit dem blonden Mangaliza Schwein zurück. Der weiße, wildfärbige (braune) und der schwarze Farbschlag gelten offiziell als bereits ausgestorben. Reliktbestände des Schwarzen Mangaliza Schweines werden jedoch noch in Serbien vermutet.

In Ermangelung von autochthonen alpinen Schweinerassen werden Mangaliza Schweine aufgrund ihrer grauschwarzen Pigmentierung und ihres dichten Haarkleides heute vermehrt für die Freilandhaltung und Alpung auf Sennalmen eingesetzt. Das feine lange Sommerhaar schützt sie vor zu intensiver UV-Strahlung und das dichte, hobelspanartig gekräuselte Winterhaar vor Kälte. Obwohl es sich bei den drei Farbschlägen Schwalbenbäuchig, Blond und Rot um drei getrennte Rassen handelt, werden diese aufgrund der geringen Bestandsgrößen in Österreich in einer gemeinsamen Population geführt.

Das Turopolje Schwein ist ein marschtüchtiges, spätreifes Fettschwein. Das Hauptzuchtgebiet lag in der kroatischen Region Turopolje zwischen Zagreb und Sisak. 1991, zu Beginn des Balkankrieges, wurden zur Rettung der letzten Bestände Tiere nach Österreich importiert. Diese begründeten zu 100 Prozent den österreichischen Bestand. Die österreichische Turopolje-Population weist zwar eine vergleichsweise hohe Inzuchtrate auf, die Tiere zeigen jedoch bemerkenswerterweise keine Inzuchtdepression. Eine Blutauffrischung durch Import von Turopolje Ebern aus Kroatien scheitert derzeit am mangelnden Gesundheitsstatus im Ursprungsland. Der österreichische Bestand umfasst derzeit rund 260 Tiere.

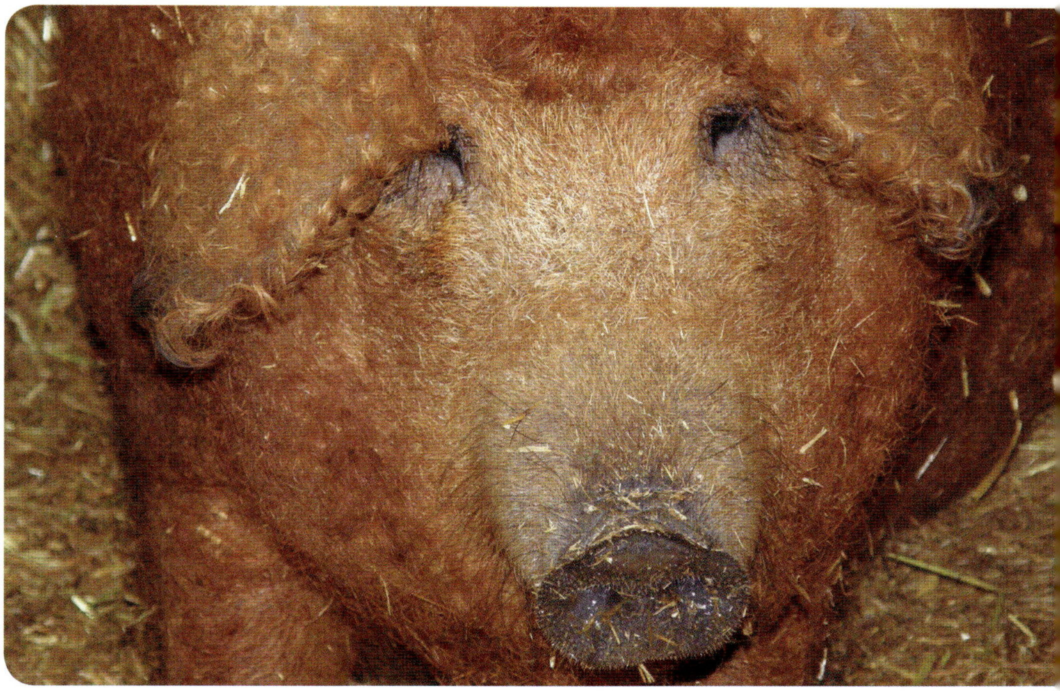

Um 1830 wurden Rote Mangaliza Schweine auf dem Herrschaftssitz des Bistums Nagyvárad (dt. Großwardein, rum. Oradea) am Ostrand der ungarischen Tiefebene im heutigen Rumänien gezüchtet.

Frischlinge des Blonden Mangaliza Farbschlages.

Tiroler Bergschafe auf der Arnitzalm in Osttirol. Kennzeichnend für die mittelgroße bis große Rasse sind das pigmentfrei weiße Vlies, der geramste, also gewölbte, auf der Stirn bewollte, hornlose Kopf sowie die Hängeohren. Foto: T. Steiner

Vom Steinschaf zum Bergschaf

Das Schaf war in vielen Regionen des Ostalpenraumes bis zum ausgehenden Hochmittelalter das wichtigste Nutztier. Es lieferte Käse, Fleisch und Wolle. Eine durchschnittliche Schwaige musste etwa im Erzbistum Salzburg 300 Käselaibe von jeweils einem halben bis einem Kilogramm an Abgaben leisten. Erst im 15. Jahrhundert wurden im Salzburger Pinzgau und Pongau die bis dahin zu leistenden Käsedienste der Schwaigen in Abgaben von Butterschmalz umgewandelt. In Urbaren aus dem Jahr 1498 ist diese Änderung der Schwaigzinse ablesbar. Diese Verschiebung der Geschmacksrichtung und Ernährungsgewohnheiten, die sich in den Abgaben niederschlug, führten zu einer nachhaltigen Veränderung der Viehwirtschaft. Da sich die Schafmilch nicht zur Butterschmalzherstellung eignete, trat die Schaf- zugunsten der Rinderhaltung mehr und mehr zurück (Traintinger 1957).

Bemerkenswert dabei ist, dass das Zaupelschaf und dessen Abkömmling, das Alpine Steinschaf (Original Steinschaf), im Spätmittelalter primär als Milchschaf genutzt wurden. Über die Jahrhunderte ging diese Nutzungsform fast zur Gänze verloren. Mein Großvater, der in den 1930er-Jahren als Moarknecht im Salzburger Lungau arbeitete, berichtete noch, dass im Herbst die Milch von einigen Steinschafen der Kuhmilch beigemengt wurde. Auch im oberen Ennstal war die Milchnutzung der „Steinhegel“ (steirisch: Steinschaf) noch in den 1970er-Jahren üblich.

Ein klares Bild der Stammesgeschichte des Hausschafes der Alpen liegt aufgrund der wenigen vorhandenen Fakten noch nicht vor. Ergebnisse aus verschiedenen Fundkomplexen zeigten jedoch, dass die Schafrassen der Steinschaf-Zaupelschafgruppe weitestgehend mit den eisenzeitlichen Schafen nördlich der Alpen übereinstimmen und aus diesen hervorgegangen sein dürften. Lediglich das Montafoner Steinschaf schert aus dieser Gruppe aus. Genetische Untersuchungen der österreichischen Schafrassen zeigten eine deutliche Abgrenzung des Montafoner Steinschafes

Autochthone Schafrassen des österreichischen Alpenraumes

Schafrasse	Bestand (Zuchtbuch, bewertete Tiere)	Gefährdung (Rote Liste, FAO)	ursprüngliches Verbreitungebiet	Region
Alpines Steinschaf	496	RL, FAO: stark gefährdet, EN	Ostalpenraum vom Unterengadin bis in die Rax-Schneeberg-Gegend; von Oberbayern bis in den Vintschgau	Ostalpenraum in Österreich, Oberbayern und Teile Südtirols, Bezirk Inn in Graubünden
Braunes Bergschaf	3.824	RL: gefährdet, NT; FAO: gefährdet, VU	Nord- und Südtirol sowie Oberbayern	Nord- und Südtirol sowie Oberbayern
Krainer Steinschaf	2.719	RL, FAO: gefährdet, VU	Oberes Soča-Tal und angrenzende Gebiete in Unterkärnten und Friaul	Nordostslowenien, Unterkärnten, Friaul-Julisch Venetien
Kärntner Brillenschaf	5.019	RL: gefährdet, NT; FAO: gefährdet, VU	Karawanken, unteres Gailtal, Raum Tarvis, Valle di Ugovizza, Oberkrain	Unterkärnten, Oberes Kanaltal, Gorenjska
Montafoner Steinschaf	355	RL, FAO: stark gefährdet, EN	Montafon	Vorarlberg
Tiroler Bergschaf	13.689	RL, FAO: nicht gefährder, LC	Nordtirol, Osttirol, Pinzgau, Pongau und Obersteiermark	Tirol, Salzburg, Steiermark
Tiroler Steinschaf	2.915	RL: gefährdet, NT; FAO: gefährdet, VU	Zillertal, Osttirol	Osttirol, Nordtirol

von den übrigen ostalpinen Rassen. Möglicherweise lassen sich die „alemannischen" Schafe der Alpen (Montafoner Steinschaf, Bündner Oberländer Schaf) auf den westmediterranen Zweig des Neolithikums zurückführen, was sich auch mit der Siedlungsgeschichte decken würde. In diesem Fall wäre nach einer persönlichen Mitteilung Erich Puchers eine Beziehung zu den „Torfschafen" naheliegend.

Das Alpine Steinschaf zählt zu den noch sehr ursprünglichen mischwolligen Schafen vom Steinschaf-Zaupelschaftypus. Diese autochthone Rasse der Ostalpen stimmt weitestgehend mit den eisenzeitlichen Schafen nördlich der Alpen überein und dürfte aus diesen hervorgegangen sein.

Die Steinschafrassen

Sie gehen im österreichischen und bayerischen Ostalpenraum auf den ursprünglichen mischwolligen Steinschaftypus zurück, der wiederum vom mittelalterlichen Zaupelschaf abstammt. Bis zu Beginn des 20. Jahrhunderts war dieses kleinrahmige, sehr ursprüngliche Steinschaf (der heutige Typ des Alpinen Steinschafs) noch im gesamten Ostalpenraum anzutreffen. Speziell im Zillertal wurde das graue Steinschaf traditionell für die Loden- und Fleischproduktion gezüchtet. Für das traditionelle Widderstoßen bei den Gaudafesten in Zell am Ziller im Zillertal wurde ein zunehmend schwerer, stärker bemuskelter und stark behornter Steinschafschlag herausgezüchtet, das Tiroler Steinschaf. Nach dem Zweiten Weltkrieg stand der schwerere Schlag des Tiroler Steinschafs auch im Zillertal beinahe vor seiner Auslöschung. Ab den 1920er-Jahren gingen die Bestände des ursprünglichen Steinschafs durch die Forcierung leistungsbetonter Rassen im Ostalpenraum stetig zurück. Der ältere, kleinrahmige Typus war aufgrund seiner hohen Fruchtbarkeit neben dem Bergamasker Schaf die Ausgangsrasse für die Tiroler Bergschafzucht, die 1938 ihren Ausgang nahm.

In den bayerischen Voralpen wurden bereits in den ersten Jahrzehnten des 20. Jahrhunderts vermehrt schwerere und feinwolligere Rassen in die bodenständigen Steinschafschläge eingekreuzt. Der Abkömmling des ursprünglichen Steinschafes wurde als *Goggl*-Schaf bezeichnet. 1969 wurde im Zillertal eine Initiative zur Gründung eines Zuchtvereins für das graue Tiroler Steinschaf ins Leben gerufen. Erst fünf Jahre später wurde mit der planmäßigen Herdebuchzucht begonnen. Das Zuchtziel war eine Verbesserung der Rasse unter Beibehaltung des ursprünglichen Typus hinsichtlich Wollfärbung, Behornung, Alptüchtigkeit und Robustheit. 1974, im Jahr der Vereinsgründung, fand bereits die erste Schafschau statt. Der heutige Typus des Tiroler Steinschafs ist deutlich schwerer und großrahmiger als jener vor 40 Jahren. Durch Einkreuzungen (Bergamasker Schafe, Württemberger Schafe) und gezielte Selektion hat sich das Gewicht der Tiere nahezu verdoppelt, wobei mit Ausnahme der leistungsorientierten Zuchtlinien die Robustheit, Fruchtbarkeit und Alptüchtigkeit der Schafe weitestgehend erhalten geblieben ist.

Die Bergschafrassen

Das Tiroler Bergschaf entstand in der Zwischenkriegszeit des 20. Jahrhunderts und zählt neben dem Braunen Bergschaf zu den „jüngsten" Schafrassen des Ostalpenraumes. Es geht züchterisch im Wesentlichen auf verschiedene Lokalschläge des Alpinen Steinschafes sowie auf das norditalienische Bergamasker Schaf und das Südtiroler Schnalser Schaf zurück. Die Rasse ist im Ostalpenraum in Tirol, Vorarlberg, Salzburg und der Steiermark verbreitet. Das Tiroler Bergschaf ist mit 13.700 Zuchttieren zur dominierenden Rasse im Alpenraum geworden, gefolgt vom Kärnter Brillenschaf (5.104 Tiere) und Braunen Bergschaf (3.824).

Zu Beginn der Tiroler Bergschafzucht kamen, aufgrund der Einflüsse des in den Vliesfarben sehr vielfältigen Alpinen Steinschafes, auch vereinzelt schwarze und braune Tiere vor. Aus den braunen Farbschlägen hat sich die Rasse Braunes Bergschaf entwickelt.

Das Montafoner Steinschaf

Die Schafzucht hat sich gegen Ende des 19. Jahrhunderts in Vorarlberg stetig vermindert. Im Zuge des Ersten Weltkrieges und in den

Montafoner Steinschaf.
Foto: M. Stadelmann

Eduard Bayer stellt sich mit einem Montafoner Schaf dem Fotografen. Um 1922. Foto: Archiv Jaritz

Nachkriegsjahren stieg der Bestand infolge der hohen Woll- und Fleischpreise wieder an. Helmut Lanzl beschreibt 1928 die Vorarlberger Schafe als ein buntes Gemisch mitteleuropäischer Rassen mit Einflüssen bosnischer und ungarischer Zackel Schafe, des Kärntner Schafes, des Tiroler Spiegelschafes (Villnösser) und des Württemberger Landschafes. Die Haltung beschränkte sich auf das Berggebiet, vor allem auf das Montafon. Damals traf man noch vereinzelt auf das eigentliche Montafoner Schaf. Lanzl beschreibt es als kleines, flinkes Hochgebirgsschaf mit schmalem, langem Kopf, geradem Profil und glänzender Wolle.

Steckbrief Montafoner Steinschaf (Muntafuner Schöfle)

Ein kleinrahmiges leichtes Schaf, das sein geringes Schlachtgewicht mit hoher Fruchtbarkeit und der Qualität seines feinfaserigen Fleisches kompensiert. Die spätreife Rasse zeichnet sich durch besondere Langlebigkeit aus, was eine langsame Mast, die flexible Wahl des Schlachttages und eine lange Nutzungsdauer der Mutterschafe ermöglicht. Das Montafoner Steinschaf ist, wie alle Steinschafrassen, asaisonal fruchtbar. Zwei Ablammungen und durchschnittlich drei Lämmer pro Jahr sind die Regel. Die Tiere sind sehr anspruchslos und passen ihre Fruchtbarkeitsleistung den Standortverhältnissen an. Kennzeichnend für diese Rasse ist die grobe Mischwolle. Bei den Vliesfarben kommt beim Montafoner Schaf seine genetische Vielfalt voll zum Ausdruck. Es kommen praktisch alle Wollfarben vor. Auffallend ist der seidige Glanz der Mischwolle. Sie hat eine Stärke von ca. 30 Mikrometern und besteht aus grobem Grannenhaar, sehr feinem Wollhaar und Stichelhaaren. Dies ist ein typisches Merkmal des alten Steinschaf-Zaupelschaf-Typus, das innerhalb der ostalpinen Schafrassen nur das Alpine und Krainer Steinschaf aufweisen. Das Gesichtsfeld, Unterkiefer und Extremitäten sind bei ausgewachsenen Tieren unbewollt. Bei beiden Geschlechtern findet man gehörnte und hornlose Tiere. Die Ohren sind kurz bis mittellang, nicht hängend. Weibliche Tiere erreichen ein Gewicht von 35 bis 55 Kilogramm, Widder 50 bis 70 Kilogramm.

„Auf einer Wanderung über die Gletscher unserer herrlichen Silvretta-Gruppe stießen wir in einer Höhe von fast 3.000 m auf eine kleine Gruppe von Schafen. Wenn auch diese Höhe bei Schafen nichts Außergewöhnliches ist, so fiel doch sofort der Habitus der Tiere auf. Es waren kleine, zierliche, flinke Tiere", so beschreibt Eduard Bayer im Jahr 1922 das Montafoner Steinschaf in einer wissenschaftlichen Arbeit über diese Rasse.

Die Zuchtgeschichte des Montafoner Steinschafs

Beim Montafoner Steinschaf handelt es sich um einen autochthonen Reliktbestand aus dem hintersten Teil des Montafons in Vorarlberg. Es wird offiziell zur Rassengruppe der mischwolligen, asaisonalen Steinschafe gezählt, die auf das Zaupelschaf zurückgehen (Zaupelschaf-Steinschaf-Typus).

Genetische Untersuchungen der österreichischen Schafrassen zeigten eine große genetische Distanz des Montafoner Steinschafes zu allen anderen ostalpinen Rassen. Die Ursachen liegen entweder in der sehr isolierten Rasseentwicklung im hintersten Montafon und den möglichen Einflüssen von Schweizer Schafrassen (Spiegelschaf, Bündner Oberländer) oder in der möglicherweise unterschiedlichen Stammesgeschichte. Die alemannischen Schafpopulationen gehen vermutlich auf den westmediterranen Zweig des Neolithikums zurück, während die ostalpinen Steinschafschläge (Alpines Steinschaf und Krainer Steinschaf) sowie das Waldschaf der donauländischen Schafpopulation zuzuordnen sind. Demnach wäre eine engere Beziehung des Montafoner Schafes mit dem neolithischen Torfschaf naheliegend. So eine persönliche Mitteilung E. Puchers.

Heute gibt es neben der Vorarlberger Population, die über das ganze Bundesland verbreitet ist, auch eine Zucht in Bayern. Die Konzentration auf Vorarlberg ermöglicht eine zielgerichtete Zucht, einfachen Widdertausch und die Beibehaltung der lokalklimatischen Anpassung der Rasse. Der aktuelle Bestand liegt bei 355 Zuchttieren. Das Montafoner Steinschaf steht in der Roten Liste gefährdeter Tiere/alte Haustierrassen in der Kategorie stark gefährdet (EN, endangered).

Kontakt:
Markus Stadelmann
Bergstraße 9, A-6850 Dornbirn
Tel.: 0043 (0)55 72 22 601
markus@stadelmann.biz

Porträt: Markus Stadelmann. Ein Dornbirner Bäcker rettet das Montafoner Steinschaf

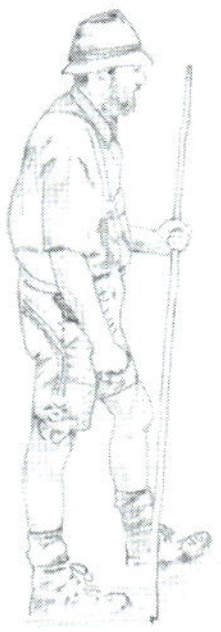

Dem Bäcker Markus Stadelmann ist es mit viel Engagement und persönlichem Einsatz gelungen, die Rasse vor dem Aussterben zu bewahren. Er stammt, wie Helmut Lanzl, aus Dornbirn und betreibt einen Bäckereibetrieb. Seine Leidenschaft gilt jedoch dem Montafoner Steinschaf.

Die Rasse hat sich während der vergangenen 90 Jahre, so scheint es, kaum verändert. Das Montafoner Steinschaf zählt zu den kleinrahmigsten und genügsamsten Schafen der Ostalpen. Bereits 1922 stand die Rasse kurz vor ihrer Auslöschung. Schon Emil Baier hielt damals fest, dass die Rasse des Paznaun und Montafoner Tales im Verschwinden begriffen sei. Leider hat sich seither die Bestandssituation nicht wesentlich zum Positiven weiterentwickelt. Auch heute zählt das Montafoner Steinschaf zu den hochgefährdeten Schafrassen Österreichs. Mit einem Gesamtbestand von etwa 355 Zuchttieren (Ne 153) gehört es zu den seltensten Schafrassen im gesamten Alpenraum. Ein trauriger Superlativ! Zum Glück gibt es immer wieder Idealisten wie den Dornbirner Bäckermeister Markus Stadelmann, der mit viel Engagement und Liebe zu den Tieren an der Rasse festhält und sich seit über 15 Jahren aktiv für deren Erhalt einsetzt. Er konnte das Montafoner Steinschaf in seinem ursprünglichen Verbreitungsgebiet wieder etablieren. Heute zählt das Montafoner Steinschaf trotz seiner Gefährdung wieder zur zweitstärksten Rasse des Bundeslandes Vorarlberg.

Die Rasse wurde über Jahrhunderte auf Genügsamkeit und Wetterhärte gezüchtet. Im Montafon wurden die Schafe traditionell auf Hochalmen und in Steillagen gealpt, um Futterkonkurrenz zu den Rindern auszuschließen. Bei Wetterstürzen sucht das Montafoner Steinschaf, ebenso wie das Alpine Steinschaf, die Gipfelregionen auf. Bei Schneefall ist dieser Umstand auch sehr positiv, da die Grate durch den Wind meist schneefrei sind und weniger Lawinenschäden vorkommen.

Aufgrund ihrer Genügsamkeit und Anpassungsfähigkeit kann die Rasse sowohl für die Koppelhaltung auf Extensivflächen wie auch zur Offenhaltung von Almflächen eingesetzt werden. Durch das geringe Gewicht sind die Tiere angenehm in der Handhabung. Ihre harten Klauen und ihre Trittsicherheit machen sie zudem zu einem wendigen und sicheren Älpler. Sie sind auch sehr zutraulich, mit lebhaftem Charakter und guten Muttereigenschaften, die Widder sind nicht aggressiv. Sie zeigen ein gutes Sozialverhalten, Herdentrieb, einen guten Instinkt für Alpung und sind standorttreu. Montafoner Steinschafe erholen sich auf der Alm von der meist kargen Winterfütterung, „moderne Rassen“ dagegen müssen sich im Winter mit Kraftfutter von den Strapazen der Alpung erholen. Im Gegensatz zu Leistungsrassen nehmen sie auch gerne Laub von Gehölzen und decken damit einen Teil ihres Mineralstoffbedarfes ab. Der positive Nebeneffekt – die Tiere können damit auch gezielt zur Offenhaltung von Weiden und Almflächen eingesetzt werden.

Eine unkonventionelle Lösung: Markus Stadelmann befördert eines seiner Montafoner Steinschafe auf eine kleine Schotterinsel im Bodensee. Sie sind Teil einer Initiative zur Erhaltung gefährdeter Kiesbankbrüter. Foto: M. Stadelmann

Krainer Steinschaf, Bovška ovca, Plezzana, ursprüngliches Verbreitungsgebiet

Steckbrief Krainer Steinschaf

Das klein- bis mittelrahmige Milchschaf ist feingliedrig, mit geradem Nasenprofil und kurzen, waagerecht abstehenden Ohren. Die Tiere sind, wie alle Vertreter der ursprünglichen Steinschafgruppe, asaisonal, mit zwei Ablammungen pro Jahr. Das Krainer Steinschaf ist ein fruchtbares Tier und liefert im Durchschnitt 1,45 Lämmer pro Jahr.

Die grobe Mischwolle ist schwarzbraun, weiß, seltener graumeliert oder gescheckt. Bei den österreichischen Beständen findet man sowohl behornte als auch unbehornte Tiere. Die slowenischen Zuchtbestände sind generell hornlos. Stirn, Bauch und Schwanz sind bewollt, Gesicht und Beine unbewollt. Weibliche Tiere erreichen ein Gewicht von 50 bis 60 Kilogramm, Widder bis zu 80 Kilogramm.

Das Krainer Steinschaf

Man spricht auch vom Plezzana (I), Bovsca ovca, Trentarka (Slo) und Flitscher Schaf auf Altösterreichisch. So viele regional unterschiedliche Bezeichnungen gibt es für dieses mittelrahmige, feingliedrige Milchschaf der Grenzregion von Friaul, Slowenien und Kärnten. Ursprungsgebiete sind das obere Soča-Tal und der Triglav Nationalpark in Slowenien sowie das Val Resia knapp hinter der Grenze in Friaul. Benannt wurde die Rasse nach der Gemeinde Bovec (ital. Plezzo), die rund 30 km südlich der Grenze zu Österreich liegt. Auf italienischer Seite findet man das Plezzana Schaf vor allem im Val Resia.

Um 1988, wenige Jahre vor dem Auseinanderbrechen der Sozialistischen Föderative Republik Jugoslawien, erfolgten erste Zuchttierimporte aus der Teilrepublik Slowenien nach Österreich und Deutschland. 30 Tiere konnten unter schwierigen Bedingungen importiert werden. Weitere 30 Zuchttiere folgten im Jahr 1991 (Penker 2007). Seit 1998 wird die Rasse in Österreich vom Verein der Krainer Steinschafzüchter betreut. Verantwortliche Zuchtorganisation ist der Schaf- und Ziegenzuchtverband Kärnten.

Das Milchschaf unter den Steinschafrassen

Das Krainer Steinschaf wurde in seinem Ursprungsgebiet als extensives Milchschaf zur Herstellung von traditionellem Bovec-Käse gezüchtet. In den 1970er-Jahren wurden in die Bovsca-Bestände Sloweniens ostfriesische Milchschafe zur Verbesserung der Milchleistung eingekreuzt. In Österreich werden Krainer Steinschafe nur mehr vereinzelt gemolken.

Die heutige Stammpopulation baut auf einem kleinen, reinrassigen Restbestand auf, der Ende der 1980er-Jahre im Gebiet des Triglav Nationalparks, im Herzen der Julischen Alpen, entdeckt wurde (Trentarka). In Slowenien werden die Tiere noch traditionell gealpt. Unter rauen Bedingungen auf den Hochalmen in den Julischen Alpen erreichen die Tiere eine Milchleistung von rund 234 Kilogramm (siehe Kapitel „Das Görzer Küstenland"). In Österreich wird die Gen-Erhaltungsrasse vorwiegend zur Qualitätsfleischproduktion gezüchtet, wobei ein Rassemerkmal, die Nutzung als Milchschaf, dabei sukzessive in den Hintergrund rückt. Die lange Selektion auf die Milchleistung macht sich jedoch immer noch in den guten Aufwuchsleistungen der Lämmer positiv bemerkbar.

Durch die über Jahrhunderte praktizierte saisonale Nutzung als Milchschaf hat sich das

Krainer Steinschaf zu einem sehr zutraulichen, dem Menschen zugewandten und standorttreuen Tier entwickelt. Sie erlernen rasch lange Treibwege zu Weiden und Almen. Der Herdenzusammenhalt ist stark ausgeprägt. Krainer Steinschafe sind stresstolerant, robust, widerstandsfähig und gelten als genügsame, gute Futterverwerter. Sie eignen sich gut als Weidetiere, kommen auch in trockenen Gegenden gut zurecht und vertragen raues Bergklima.

Durch die hervorragenden Muttereigenschaften und die gute Milchleistung sind sie für die Lammfleischproduktion gut geeignet. Das feinfaserige, fettarme Fleisch ist von hoher Qualität. Wie alle extensiven Steinschafrassen sind die Tiere aufgrund ihrer Genetik nicht für die intensive Mast geeignet. Sie entwickeln ihre Fleischqualität durch langsames Wachstum bei extensiver Weidehaltung und erbringen noch Erträge aus Weiden, auf denen Hochleistungsrassen nicht mehr wirtschaftlich erfolgreich zu halten sind.

Viele Betriebe, die Krainer Steinschafe züchten, arbeiten nach biologischen Richtlinien und vermarkten ihr Lammfleisch direkt ab Hof. Nur mehr sehr vereinzelt wird das Krainer Steinschaf auch noch gemolken und die Milch in den hofeigenen Molkereien verarbeitet. Durch die Spezialisierung auf das „biologisch produzierte Qualitätsfleisch einer seltenen Nutztierrasse" gelingt es diesen Betrieben, für ihre Produkte meist zufriedenstellende Preise zu erzielen. Eine Gruppe Krainer Steinschafzüchter hat einen Vermarktungsverein gegründet und dafür die Marke „Bio Weidelamm Krainer Steinschaf" kreiert.

Heute findet man das zierliche Steinschaf hauptsächlich im Triglavgebirge Sloweniens, sehr vereinzelt in Friaul sowie in Bayern und zunehmend häufiger auch wieder in Österreich. Die meisten Zuchtbetriebe in Österreich befinden sich in der Steiermark (59), gefolgt von Kärnten (20) und Niederösterreich (12). Durch die Forcierung des Qualitätsfleischprojektes „Bio-Weidelamm Krainer Steinschaf" hat sich die österreichische Gesamtpopulation von 957 Zuchttieren im Jahr 2008 auf 3.024 Zuchttiere im Jahr 2012 rasant weiterentwickelt. Die Anzahl der Züchter hat sich im Vergleichszeitraum mehr als verdreifacht.

In der Roten Liste der gefährdeten Tiere/alte Haustierrassen wurde die Rasse auf der Datenbasis des Jahres 2009 (1.324 Zuchttiere) als „stark gefährdet" (EN, endangered) eingestuft. Die sehr positive Bestandsentwicklung würde eine Neueinstufung in der Kategorie „gefährdet" (VU, vulnerable) rechtfertigen. Als Risikofaktor ist jedoch zu berücksichtigen, dass dieser Erfolg lediglich auf einem Vermarktungsprojekt aufbaut.

In Österreich wird das Krainer Steinschaf vorwiegend für die Produktion von Qualitätsfleisch gezüchtet.
links u. unten: Das Krainer Steinschaf, ein Grenzgänger zwischen Slowenien, Italien und Österreich.
Foto: B. Soritz

Braunes Bergschaf (AT, D), Schwarzbraunes Bergschaf (IT), Engadiner Schaf (CH), ursprüngliches Verbreitungsgebiet

Steckbrief Braunes Bergschaf

Das Braune Bergschaf ist eine mittelgroße, einfärbig cognac- bis dunkelbraune Schafrasse mit kräftigen Beinen. Das Gewicht der Böcke beträgt 75 bis 100 Kilogramm, das der Schafe 60 bis 80 Kilogramm. Die Wolle ist leicht gekräuselt, Kopf, Ohren und Füße dunkel pigmentiert. Männliche und weibliche Tiere sind hornlos. Die Nase ist leicht geramst (gewölbt). Der schmale Kopf weist breite, lange Hängeohren auf, die Stirn ist bewollt. Der jährliche Wollertrag liegt bei 4 und 5,5 Kilogramm. Die Schafe sind asaisonal brünstig und haben bei extensiver Haltung eine Fruchtbarkeitsrate von 190 Prozent. Gute Säugeleistung und ein ausgeprägter Mutterinstinkt zeichnen die Braunen Bergschafe aus ebenso frühe bis mittlere Zuchtreife. Neben Fleisch und naturfarbener Wolle sind die Schaffelle ein erfreuliches Nischenprodukt.

Das Braune Bergschaf

Es hat unter den seltenen Nutztierrassen der Alpen die mit Abstand jüngste Zuchtgeschichte. Der Gebirgsschaftyp hat sich erst in der zweiten Hälfte des 20. Jahrhunderts aus dem noch wenig einheitlichen und ebenfalls sehr jungen Bergschaf entwickelt. In den 1930er-Jahren wurde die Bergschafzucht in Österreich und Bayern zusammengefasst und vereinheitlicht. Es wurde vermehrt auf weiße, pigmentfreie Vliesfarbe selektiert. Anfangs kamen jedoch noch häufiger schwarze und braune Tiere vor. Bis um 1950 waren diese gezielt ausselektiert.

Weißes und Braunes Bergschaf haben sich aus den in ihren Vliesfarben überaus vielfältigen regionalen Landschlägen des Alpinen Steinschafs unter Einfluss des norditalienischen Bergamasker Schafs und des Schnalser Schafs entwickelt. Während man bei der Zucht des Tiroler Bergschafs und des bayerischen Weißen Bergschafs besonderes Augenmerk auf Großrahmigkeit legte, entwickelte sich das anfangs noch Braune und Schwarze Bergschaf zu einem mittelrahmigen, etwas leichteren und mehr gedrungenen Bergschaftyp. Durch die strenge Selektion auf Pigmentfreiheit bei der Zucht des Tiroler Bergschafs ist das Braune Bergschaf nahezu verschwunden.

In den 1990er-Jahren wurden in Österreich schwarze Tiere von der Zucht ausgeschlossen. In Südtirol sind beide Farbvarianten zulässig. In den 1970er-Jahren stieg in Bayern das Interesse an dem nicht so intensiv gezüchteten Braunen Bergschaf und es folgten Zukäufe aus Österreich und Südtirol. Im Jahr 1977 erfolgte zeitgleich die Rasseanerkennung in Österreich und Bayern. Zu Beginn der 1990er-Jahre existierten in Tirol nur mehr knapp 100 teilweise reinrassige Braune Bergschafe. Ende 2001 waren im österreichischen Zuchtregister 1.071 Tiere eingetragen, die von 86 Züchtern gehalten wurden. 2009 betrug der Herdebuchbestand 1.752 Zuchttiere. Durch die Förderung im Agrarumweltprogramm der ländlichen Entwicklung in der Kategorie „hochgefährdet" hat sich die Rasse sehr positv entwickelt. Der aktuelle Bestand umfasst 3.824 Zuchttiere. In der Roten Liste der gefährdeten Tiere/alte Haustierrassen wurde die Rasse (Stand 2010: 2.843 Herdebuchtiere) als „mit drohender Gefährdung" (NT, near threatened) eingestuft. Das Ursprungsgebiet des Braunen Bergschafs sind Nordtirol sowie die angrenzenden Regionen in Südtirol und Oberbayern. Heute ist die Rasse vorwiegend in Nord- und Südtirol, Salzburg und Oberbayern sowie im Schweizer Engadin verbreitet.

Das Kärntner Brillenschaf

Auch Uggovizza, Kanaltaler, Tarviser Schaf, Seeländer, Kärntner Schaf, Spiegelschaf und Brillenschaf genannt. Das Kärntner Brillenschaf ist aus den heimischen Steinschafschlägen unter Einfluss von Bergamasker und Paduaner Schafen entstanden (siehe Kapitel „Der Slowenische Alpenraum"). In Unterkärnten war das Kärntner Brillenschaf die dominierende Schafrasse, bevor es im Zuge der Rassebereinigung ab 1939 zu einer Vereinheitlichung der Schafrassen kam und die Brillenschafbestände zusehends im Bergschaf aufgingen. Durch die Einstellung der Bockkörungen beim Kärntner Brillenschaf wurde die Rasse rasch zurückgedrängt. Im Laufe der 1940er-Jahre setzte ein markanter Rückgang der Bestände ein, der auch noch nach dem Zweiten Weltkrieg anhielt.

Zu Beginn der 1980er-Jahre existierten im Gebiet der Karawanken nur noch ein paar wenige reinrassige Individuen. Den Bemühungen des Vereins zur Erhaltung gefährdeter Haustierrassen und einiger weniger engagierter Züchter ist es zu verdanken, dass um 1987 die letzten Restbestände zusammengeführt und erhalten werden konnten.

In der nun knapp 20-jährigen Zuchtgeschichte hat sich das Kärntner Brillenschaf durch züchterische Selektion und Einkreuzung schwererer slowenischer Jezersko-solčavska Schafe (Seeländer Schafe) vom Landschaf zum Wirtschaftsschaf entwickelt. Hatten die Mutterschafe zu Beginn der Erhaltungszucht noch durchschnittlich 45 Kilogramm, so erreichen sie heute meist 80 Kilogramm. Widder haben ihr Durchschnittgewicht von 60 bis 70 auf 100 Kilogramm ebenfalls enorm gesteigert. In den letzten Jahren hat sich die Rasse gut erholt. Dank der guten Fleischqualität gelangen Initiativen im Bereich der Direktvermarktung. Der „Verein der Kärntner Brillenschafzüchter Alpen-Adria" vermarktet Fleisch- und Dauerwurstspezialitäten, die begeisterte Abnehmer finden.

Der aktuelle Herdebuchbestand umfasst 5.104 Tiere in 248 Zuchtbetrieben. Das Kärntner Brillenschaf ist in der Roten Liste der gefährdeten Tiere Österreichs in der Kategorie „drohende Gefährdung" eingestuft (NT, near threatened).

linke Seite: Das Braune Bergschaf, auch Schwarzbraunes Bergschaf (Südtirol) und Engadiner Schaf (Schweiz), ist die jüngste heimische Schafrasse.
rechte Seite: Charakteristisches Merkmal des Brillenschafes ist die dunkle Pigmentierung im Bereich der Augen (Brillen). Foto: J. Leonardelli

Kärntner Brillenschaf (A), Brillenschaf (D), Jezersko-solcavska ovca (SI), Villnösser Brillenschaf (IT), ursprüngliches Verbreitungsgebiet

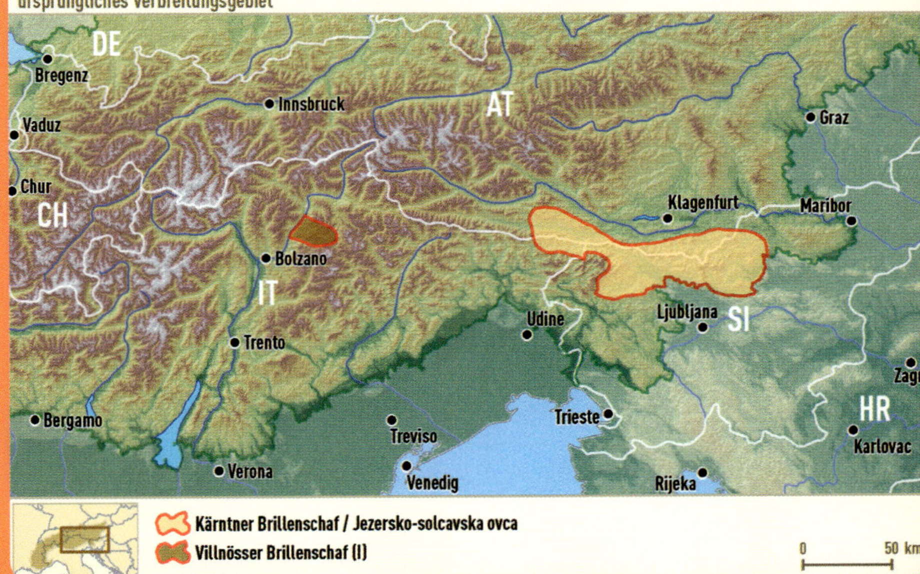

Steckbrief Kärntner Brillenschaf

Ein mittelgroßes, eher langbeiniges Schaf mit asaisonaler Fruchtbarkeit, das hornlos ist und weiße Schlichtwolle aufweist. Der Kopf ist unbewollt. Charakteristisch ist die schwarze Pigmentierung rund um die Augen, die namengebend wurde. Ohrenspitzen und teilweise die Unterlippen können ebenfalls schwarz sein. Hängeohren und Ramskopf (gewölbtes Nasenprofil) machen das typische Erscheinungsbild aus. Die Böcke weisen ein durchschnittliches Gewicht von 75 bis 80 Kilogramm bei einer Widerristhöhe von 75 bis 80 Zentimeter auf, die Schafe erreichen bei einer Widerristhöhe von 70 bis 75 Zentimetern 55 bis 60 Kilogramm. Das Schaf ist sehr robust und leichtfütterig, die Fruchtbarkeitsleistung liegt bei rund 160 bis 180 Prozent.

Die Blobe Ziege ist die "jüngste" der sieben autochthonen Ziegenrassen Österreichs. Erst im Jahr 2008 wurde ein Rassestandard erarbeitet und mit der züchterischen Betreuung dieser Tiroler Gebirgsziegenrasse begonnen. Im Bild die Blobe Ziegenherde des Autors auf der Kallbrunnalm im Salzburger Pinzgau.

Sieben Ziegenrassen

Wie die Steinschafschläge der Ostalpen dürften auch die Ziegenbestände des österreichischen Alpenraumes auf donauländische Ursprünge zurückgehen. Vor rund 8.000 Jahren erreichten die neolithischen Bauern den Alpenostrand. Über Jahrtausende hat sich durch die Anpassung an diesen Lebensraum und durch züchterische Selektion bei den Gebirgsziegen eine Vielzahl unterschiedlicher Landschläge entwickelt. Dazu lohnt ein Rückblick in die Geschichte.

Waldordnungen zum Schutz der Wälder und die Grundentlastung führten bereits in der ersten Hälfte des 19. Jahrhunderts zu einer Einschränkung der Ziegenhaltung. Die intensive Nutzung für den Bergbau und die Salinen brachte ein Verbot oder die Einschränkung des freien Weidegangs mit sich. Gleichzeitig führten die Landflucht und die Folgen der Grundentlastung um 1850 zu einer zunehmenden Verwaldung vieler Almen. So schreibt Johann Nepomuk von Mensil 1857, dass im Salzburger Bezirk Pongau die Quantität der Viehzucht aufgrund der zunehmenden Verwaldung der Almen stetig abnehme. Als Ursache gibt er Arbeitskräfte- und Geldmangel an.

Vor rund 150 Jahren erreichte die Ziegenhaltung in den Alpen nochmals eine Hochblüte. Nach Ferdinand Kaltenegger war um 1893 die Ziege zusammen mit Schaf und Rind überall in den Gebirgsregionen der Ostalpen zu finden. In den Notzeiten der Kriegs- und Zwischenkriegsjahre des 20. Jahrhunderts war die Ziege als die „Kuh des kleinen Mannes" wichtig für die Selbstversorgung der kleineren Grundbesitzer und ärmeren Bevölkerung. Aber auch in der Berglandwirtschaft der ersten Jahrzehnte des 20. Jahrhunderts hatte die Ziegenhaltung noch einen wichtigen Stellenwert.

Beispielhaft für die Entwicklung der Ziegenbestände seit dem Jahr 1890 sind die Daten für das Land Tirol. Ausgehend von einem Höchststand von rund 35.000 Ziegen im Jahr 1890 sanken die Ziegenbestände bis 1938 auf 33.500 Tiere und erreichten in den 1970er-Jahren mit knapp über 5.000 Tieren einen Tiefststand (Meixner, Siegl 2003). Der Rassewahn im Dritten Reich hatte auch Einfluss auf die bodenständigen Ziegenrassen und führte beispielsweise zu einem Haltungsverbot der Pinzgauer Strahlenziege.

In Österreich wurden im Jahr 1950 noch ca. 325.000 Ziegen gehalten. Mit dem zunehmenden Wohlstand der Nachkriegsjahre nahm ihre Zahl dramatisch ab. Bundesweit wurde der Tiefpunkt Mitte der 1980er-Jahre erreicht. Innerhalb von 35 Jahren war der Ziegenbestand auf rund 35.000 Tiere geschrumpft, das war ein Zehntel des früheren Bestandes! Seit Mitte der 1980er-Jahre ist wieder ein Aufwärtstrend zu bemerken. 2012 wurden in Tirol wieder 13.910 Ziegen gezählt (ÖBSZ).

Der massive Rückgang der Almwirtschaft in den 1970er-Jahren und der damit in Verbindung stehende Niedergang der Ziegenhaltung führten nahezu die Auslöschung der autochthonen Ziegenrassen in Österreich herbei. Parallel entwickelte sich die Jagd zu einem lukrativen Einkommenszweig der Almwirtschaft. Nachdem die Schaf- und Ziegenhaltung auf den Almen die Jagd stören, wirkte sich auch dies als Hemmnis aus. In der Zeitspanne von 1950 bis 1985 wurden viele Ziegenzuchtverbände und die Führung von Tierregistern aufgelöst und die züchterische Betreuung und Beratung eingestellt. Es bestand nur mehr eine begrenzte Nachfrage nach Ziegenmilch, nämlich von Kuhmilch-Allergikern und erklärten Liebhabern von Ziegenkäse. Die starke Leistungsorientierung in der Milchwirtschaft bewirkte auch einen Rasseschwund bei den Gebirgsziegenrassen. In dieser kritischen Phase wurden die ersten Pioniere in der Generhaltung, wie etwa Professor Ambros Aichhorn, auf den drohenden Rasseschwund aufmerksam und es

Autochthone Ziegenrassen des österreichischen Alpenraumes

Ziegenrasse	Bestand (Zuchtbuch/ Register)	Gefährdung (FAO, Rote Liste)	urspr. Verbreitungebiet	Region
Blobe Ziege	156	RL, FAO: vom Aussterben bedroht, CR	rätische Zone der Ötztaler, Stubaier und Sarntaler Alpen	zentraler Ostalpenraum in Nord- und Südtirol
Gämsfärbige Gebirgsziege	1.988	RL: nicht gefährdet, LC (CH-Population)	Schweiz, Nordtirol, Voralberg	Nordtirol, Vorarlberg
Pfauenziege	302	RL, FAO: stark gefährdet, EN	Wipptal und Seitentäler, Pinzgau, Pongau, Lungau, westliche Obersteiermark	verstreut im Ostalpen- raum von Tirol bis in die Obersteiermark
Pinzgauer Strahlenziege	54	RL, FAO: vom Aussterben be- droht, CR	Pinzgau	Salzburg, Nord- und Südtirol, Oberkärnten und Oberbayern
Pinzgauer Ziege	386	RL: vom Aussterben bedroht, CR; FAO: stark gefährdet, EN	Pinzgau, Pongau, Oberes- und Unteres Inntal, Oberkärnten	Oberinntal bis Oberkärnten
Steirische Scheckenziege	281	RL: gefährdet, VU; FAO: stark gefährdet, EN	dunkler Typ 1: weststeirischer Berglandtyp; hellerer Typ: Südsteiermark, „Maisgürtel" um Feldbach	Oststeirisches Hügelland, Grazer Bergland, Koralm, Gleinalm
Tauernschecken Ziege	943	RL: vom Aussterben bedroht, CR; FAO: stark gefährdet, EN	Raurisertal, Hohe Tauern	Pinzgau, Osttirol

entstanden Erhaltungsinitiativen. Ihnen ist es zu verdanken, dass viele bodenständige Rassen bewahrt werden konnten.

In Österreich werden in Summe 17 Ziegenrassen herdebuchmäßig betreut. Auch bei der Milchziegenhaltung ist in den vergangenen Jahren eine starke Leistungsorientierung zu verzeichnen. Lag die durchschnittliche Milchleistung gegen Ende des Zweiten Weltkrieges noch bei etwa 300 Kilogramm, so betrug sie 2012 bereits 646 Kilogramm. Diese massive Leistungssteigerung konnte in erster Linie durch die Einfuhr und Stärkung milchbetonter Ziegenrassen, wie Sahnen-, Toggenburger, Bunte Edelziege oder Gämsfärbige Ziege, erreicht werden.

Zur Situation der autochthonen Ziegenrassen

Was die bestehende, also erhaltene Vielfalt an seltenen Gebirgsziegenrassen betrifft, kann sich Österreich mit dem Mutterland der Ziegenzucht, der Schweiz, durchaus vergleichen. Hier wie dort haben die naturräumlichen Gegebenheiten und die unterschiedlichen Haltungs- und Nutzungsformen ein buntes Rassenbild entstehen lassen.

Bis in die Neuzeit war über weite Teile der Alpen die Gemeine Alpenziege verbreitet. Ein charakteristisches Merkmal dieser alten Landrasse waren die säbelförmigen Hörner und das kurze Haarkleid in der Farbe der Stammform, der Bezoar Ziege. Erst ab dem ausgehenden 18. Jahrhundert haben sich aus dieser noch sehr variablen gemeinen Alpenziege, je nach Vorlieben der Halter hinsichtlich der Mantelfärbung und Länge des Haarkleides, unterschiedliche Lokalschläge und erst im 20. Jahrhundert die heutigen standardisierten Gebirgsziegenrassen entwickelt.

Die Pinzgauer Ziege zählt zu den ursprünglichsten und vermutlich ältesten Ziegenrassen der Ostalpen. Sie gilt als direkte Nachfolgerin der gemeinen Gebirgsziege und war um 1920 vom Oberinntal (Drexel 1924) bis nach Osttirol in den westlichen und zentralen Ostalpen weit verbreitet und der bodenständige Landschlag. Die äußerst robuste Pinzgauer Ziege zeigt noch sehr ursprüngliche Verhaltensweisen und Merkmale der Wildform. Das dreifärbige Haar, die im Jahresverlauf variierende Mantelfärbung, die ausgeprägte Rangordnung oder das bewusste Verstecken der säugenden Jungkitze im freien Gelände erinnern an die Stammform.

Auch das steil aufwärts und nicht nach außen gedrehte, kräftige Horn steht noch in Verbindung mit der Bezoar Ziege (Adametz 1914).

Im österreichischen Alpenraum gib es sieben anerkannte autochthone Ziegenrassen. Davon sind alle sechs Gebirgsziegenrassen gefährdet beziehungsweise vom Aussterben bedroht. Zu ihnen zählt die Blobe Ziege, die Pfauenziege, die Pinzgauer Ziege, die Pinzgauer Strahlenziege und die Tauernschecken Ziege sowie randalpin die Steirische Scheckenziege.

Die Gämsfärbige Gebirgsziege ist die einzige heimische Milchziegenrasse. Sie ist aus der Kreuzung bodenständiger Gämsfärbiger Ziegen mit der bunten Edelziege entstanden und noch eine sehr junge Rasse. Trotz der gemeinsamen

Gämsfärbige Pinzgauer Ziegen auf einer Alm in Dienten, Hochkönig (1925).
Foto: Archiv Museum Schloss Ritzen

Die Tauernschecken Ziege in ihrem heutigen Typus wird erst seit den 1960er-Jahren durch strenge Selektion der Farbverteilung gezüchtet. Die Pfauenziege war ebenfalls über den gesamten Ostalpenraum, wenn auch nur sporadisch verbreitet. In der Schweiz findet man eine phänotypisch ähnliche Gebirgsziege. Zwischen den beiden Populationen besteht seit längerer Zeit ein wechselseitiger Austauch von Zuchttieren.

Die Steirische Scheckenziege weist, wie die Tauernschecken Ziege, eine Plattenscheckung auf. Ihr ursprüngliches Verbreitungsgebiet sind das Bergland von Graz sowie die außeralpine Südsteiermark.

Nach Erich Saffert wurde dieser Ziegentyp um 1900 auch im Salzburger Pinzgau eingeführt. Die Nachkommen dieser eingeführten steirischen, gescheckten Ziegen und der vereinzelt vorkommenden Kreuzungsprodukte mit den bodenständigen Pinzgauer Ziegen waren die gefleckten Bahnwächterziegen. Sie waren verschiedenartig gescheckt und variierten in der Färbung (siehe Kapitel „Die Alpenregion Salzburg“).

Die Pinzgauer Ziege zählt zu den ursprünglichsten Ziegenrassen des Alpenbogens. Sie unterscheidet sich nach Verhalten und Körpermerkmalen deutlich von der Gämsfärbigen Gebirgsziege. Gemeinsam ist ihnen nur die reh- bis kastanienbraune Grundfarbe.

Zuchtgeschichte der Schweizer und österreichischen Bestände werden beide Populationen getrennt voneinander gezüchtet. Ursprungsgebiet der Rasse sind die Bundesländer Tirol und Vorarlberg.

Aktuell verteilt sich die Zuchtpopulation der Gämsfärbigen Gebirgsziege auf die Berggebiete von Oberösterreich, Tirol und Vorarlberg. Die Gämsfärbige Gebirgsziege ist nach der Einstufung in der Roten Liste der gefährdeten Tiere/seltene Haustiere nicht im Bestand gefährdet. Im Agrarumweltprogramm wird die Gämsfärbige Gebirgsziege jedoch als gefährdete Generhaltungsrasse geführt, für ihre Zucht gibt es Prämien.

Pfauenziegen beim Taschachhaus in den Ötztaler Alpen. E. Albrecht, 1902. Foto: Archiv DAV

Verbreitungsgebiete

Die Pinzgauer Ziege, Pinzgauer Strahlenziege und Tauernschecken Ziege haben ihr Ursprungsgebiet im Bundesland Salzburg. Die noch sehr ursprüngliche Pinzgauer Ziege und die ihr nahestehende Pinzgauer Strahlenziege haben ihr Hauptzuchtgebiet im Salzburger Pinzgau und Pongau, waren aber weit darüber hinaus verbreitet. Ziegen mit Plattenscheckung findet man gelegentlich auf historischen Abbildungen des 19. und frühen 20. Jahrhunderts. Die Plattenscheckung, wie man sie bei der Tauernschecken Ziege und der Steirischen Scheckenziege findet, ist ein typisches Domestikationsmerkmal.

Die Pfauenziege

Die ähnlichen Haltungs- und Umweltbedingungen haben im Alpenraum trotz oft großer räumlicher Distanzen einige im äußeren Erscheinungsbild ähnliche Ziegenrassen entstehen lassen. Die Pfauenziege ist eine Vertreterin dieser Gruppe, die sowohl in Österreich als auch in der Schweiz autochthon vorkommt.

Die Pfauenziege war vermutlich über weite Teile der Ostalpen und Teile der Westalpen verbreitet, obwohl für Österreich schriftliche Belege für ein früheres Vorkommen fehlen. Für die erste Hälfte des 20. Jahrhunderts liegen lediglich einige wenige Fotodokumente aus Tirol, Salzburg und der Steiermark vor. In Österreich wurden für die Rasse unterschiedliche Lokalbezeichnungen wie „Steirer Goaß“ oder „Gansen“ verwendet. Die im Tiroler Stubaital gängige Bezeichnung „Gansen“ für die Pfauenziege beschreibt die Zweiteilung der Mantelfärbung. „Gansert“ wird für Ziegen verwendet, deren hintere Körperhälfte dunkel und vordere Körperhälfte hell gezeichnet ist (siehe auch „Passeirer Gebirgsziege“ und „Blobe Ziege“).

Die Bezeichnung „Pfau“ leitet sich vom rätoromanischen „pfaven“ ab und bedeutet „gefleckt“.

Das ursprüngliche Verbreitungsgebiet des Schweizer Bestandes liegt im Kanton Graubünden und im angrenzenden Tessin. Der Schweizer Typ der Pfauenziege stellt eine großrahmige milchbetonte Gebirgsziege dar. Durch Einkreuzung von Leistungsrassen wurde versucht, die Milchleistung und die Mängel in der Euterqualität des Schweizer Bestandes züchterisch zu verbessern, was jedoch mit den Zielen der Generhaltung nicht im Einklang steht. Die in den 1940er-Jahren in der Schweiz vollzogene „Rassenbereinigung“ stufte die Pfauenziege als nicht erhaltenswert ein und brachte sie damit beinahe zum Verschwinden. Erst 1993 gelang auf Initiative von „Pro Spezie Rara“ die Registrierung der noch vorhandenen Tiere und der Start der Herdebuchzucht in der Schweiz.

Etwa zeitgleich zu den Erhaltungsbemühungen in der Schweiz kam es zu ähnlichen Rettungsaktionen in Österreich. Im Jahr 1988 machten sich die beiden Obmänner der Gesellschaft für gefährdete Haus- und Nutztierrassen in Deutschland und Österreich, Heinz Hinrich Sambraus aus Weihenstefan und der Agraringenieur Karl Krachler aus Klagenfurt, auf die Suche nach den letzten Pfauenziegen. Lediglich drei Ziegen konnten gefunden werden. Sie wussten damals nicht, dass im Tiroler Valsertal noch ein kleiner Schatz schlummerte. Mitte der 1990er-Jahre begann die Zoologin Dr. Ruth Wallner mit eigenen Recherchen und baute mit Fundtieren aus Niederösterreich, Salzburg und der Steiermark einen Ausgangsbestand von rund 15 phänotypisch entsprechenden Tieren auf, die sie von Beginn an im Herdebuch des Salzburger Zuchtverbandes für Schafe und Ziegen züchtete. Ihre Öffentlichkeitsarbeit für die Pfauenziege brachte sie rasch in Kontakt mit Hermann Mair und anderen Tiroler Züchtern, mit denen bis heute ein reger Austausch von Zuchttieren (vor allem Deckböcke) besteht.

Pfauenziegen eignen sich besonders gut für die Mutterziegenhaltung. Sie zeichnen sich durch harte Klauen aus, was ihnen hohe Trittsicherheit im steilen, felsigen Gelände verleiht. Foto: R. Wallner

Wegweisend war St. Jodok am Brenner

Die Rettung der österreichischen Pfauenziege verdanken wir vor allem einem Bergbauern aus St. Jodok am Brenner. Den Anstoß gab ein Presseartikel über den neu gegründeten Verein zur Erhaltung gefährdeter Haustierrassen im Jahr 1990. Darin wurde die Pfauenziege mit weniger als 50 gezählten Tieren als in Österreich bereits ausgestorbene Ziege beschrieben. Am Fidler Hof von Hermann Mair in St. Jodok im Valsertal, nahe dem Brennerpass, gab es von jeher Pfauenziegen. „Wir haben sie zwar nicht gezüchtet, aber solange ich denken kann, waren die Pfauenziegen am Hof“, erzählt der mittlerweile 70-jährige Bauer. Eine seiner ersten Lebenserinnerungen hat auch damit zu tun: „Eine Pfauenziege sah in

Eine der wenigen historischen Aufnahmen von Pfauenziegen. Das Foto von 1928 zeigt die Bacher Hütte im Lungau. Foto: Archiv SFM

Pfauenziege und Steirische Scheckenziege, ursprüngliches Verbreitungebiet

Steckbrief Pfauenziege

Die Pfauenziege ist eine mittel- bis großrahmige Gebirgsziege. Beide Geschlechter sind gehörnt. Weibliche Ziegen erreichen ein Gewicht von 50 bis 60 Kilogramm, Böcke 70 bis 80 Kilogramm. Charakteristisch ist die schwarz-weiße Mantelscheckung. Die vordere Körperhälfte der Tiere ist weiß mit schwarzen Stiefeln, schwarzem Aalstrich und schwarzen Augenstreifen. Der Aalstrich kann sich im Nacken verbreitern. Die hintere Körperhälfte dagegen ist bis auf die Oberschenkel und das „Pfauenauge", ein Fleck am Unterbauch, schwarz. Unterarm und Schenkelaußenseite sind hell, Klauen und Stiefel schwarz.

Die Blässe zieht vom Hornansatz bis zum Maul, die schwarzen, streifenförmigen Augenflecken verlaufen, von der Hornbasis sich verjüngend, bis zum Maul. Die hellen Wangen haben schwarze, sichelförmige Wangenstriche, die sich in Richtung Mundwinkel verjüngen. Ohrinnenseite und Umgebung des Maules sind meist dunkel pigmentiert. Mit zunehmendem Alter dunkelt besonders beim männlichen Geschlecht nicht selten die Stirnblässe zu. Pfauenziegen des Schweizer Bestandes sind oftmals so stark dunkel pigmentiert, dass die charakteristische Gesichtszeichnung und die Flankenflecke unkenntlich werden.

Die Scheckung der Pfauenziege wird dominant vererbt. Die Haare sind fein und dicht, kurz bis mittellang. Besonders beim männlichen Geschlecht der österreichischen Pfauenziegen ist neben dem Kinnbart ein längeres Haarkleid an Brust und Aalstrich möglich.

Steckbrief Steirische Scheckenziege

Diese mittelrahmige Ziege zeichnet eine für eine Extensivrasse überdurchschnittliche Milchleistung aus. Charakteristisch und namengebend für die Rasse ist die großflächige Mantelscheckung. Diese tritt sowohl als braun-schwarz-weiße wie auch als rein schwarzweiße Scheckung auf. Das Farbmuster soll dabei möglichst großflächig sein. Rassetypisch ist eine unterschiedlich ausgeprägte Blässe im Gesichtsfeld. Im Unterschied zu den Tauernschecken-Ziegen ist die Mantelzeichnung bei der Steirischen Scheckenziege etwas lichter. Bei den Farbschlägen findet man nicht die weißen Abzeichen der wilden Stammform, der Bezoar Ziege. Die Scheckung weist daher keine Strahlenzeichnung am Kopf, unterhalb der Karpalgelenke und Hinterbeine oder im Bereich des sogenannten Spiegels rund um den Afterbereich, auf. Das Haarkleid ist kurz und fein gewellt. Wie alle Gebirgsziegenrassen trägt auch sie die charakteristische Unterwolle als Anpassung an raue Witterungsbedingungen. Die Tiere sind überwiegend gehörnt, bei Ziegen mit weißem Brustgurt tritt auch Hornlosigkeit auf. Es wird jedoch gezielt auf gehörnte Tiere selektiert, um Zwitterbildungen zu vermeiden. Die Mutterziegen erreichen ein Gewicht von 40 bis 60 Kilogramm, Böcke 55 bis 75 Kilogramm. Mit rund 35 Kilogramm Lebendgewicht werden die Jungziegen das erste Mal gedeckt.

mir, ich war ein vierjähriger Bub, offensichtlich einen Spielgefährten oder Konkurrenten und versetzte mir einen Stoß, sodass ich die Flucht ergreifen musste", erinnert sich Hermann Mair.

Der engagierte Bergbauer führte in den 1980er-Jahren im Alleingang für seine geliebten Pfauenziegen ein Zuchtbuch, so wie er es für sein Grauvieh handhabte. Maier bemühte sich anfangs vergeblich um die Anerkennung und Zuchtbuchführung durch den Ziegenzuchtverband. Dafür war die Gründung eines Vereins notwendig, Mitstreiter hatte er aber anfangs nicht. Erst in den Folgejahren begeisterten sich weitere Züchter für die Rasse und der Gebirgsziegenverein Wipptal-Stubai konnte unter der Obmannschaft von Hermann Mair gegründet werden.

Die Ergebnisse genetischer Untersuchungen der österreichischen Ziegenrassen bestätigten die Pfauenziegen als eigenständige Rasse. Der Ausgangsbestand setzte sich aus Tieren des Valser und Stubaitales sowie Restbeständen in Niederösterreich, Salzburg und der Steiermark zusammen. Rund 20 Prozent der Population stammten von Pfauenziegenimporten aus der Schweiz. Erst 1997 wurde in Österreich mit der planmäßigen Herdebuchzucht begonnen. Die Pfauenziegen des Schweizer Bestandes unterscheiden sich in einigen Merkmalen der Farbzeichnung von der österreichischen Population. Das Gesichtsfeld ist meist sehr dunkel und die charakteristischen Wangenstiche sind nicht so deutlich ausgebildet.

Heute umfasst der Bestand wieder 302 Herdebuchtiere mit Bewertung (ÖBSZ 2013). In der Roten Liste der gefährdeten Tiere Österreichs/alte Haustierrassen, ist die Pfauenziege als stark gefährdet (EN, engangered) eingestuft. Trotz der geringen Bestandszahlen wird im Agrarumweltprogramm (European Agricultural Fund for Rural Development) die Rasse auf Wunsch der Züchter als „gefährdet" geführt, da es regelmäßig zu Zuchttierimporten aus der Schweiz kommt. Es kann daher nur mehr bedingt von einer autochthonen österreichischen Rasse gesprochen werden.

Kontakt:
Tiroler Pfauenziegenzuchtverein Wipptal-Stubai
Obmann Hermann Mair
Vals 64, A-6154 St.Jodok
Tel.: 0043 (0)5279 56 93

Spartenbetreuerin des Vereins Arche Austria
Dr. Ruth Wallner
Peterlhof, Fröstelbergweg 43
A-5661 Rauris
Tel.: 0043 (0)664 52 10 449
ruth.wallner@gmx.at

Die Steirische Scheckenziege

Diese autochthone Mittelgebirgsrasse des ost- und weststeirischen Hügellandes sowie der Südsteiermark ist aus verschiedenen Landschlägen der Region hervorgegangen. Ursprünglich gab es bei der Steirischen Scheckenziege zwei Phänotypen, den etwas dunkel gescheckten weststeirischen Berglandtypus mit einer dunkelbraun-schwarzen Scheckung und daneben den etwas schwereren Typus mit hellerer Mantelzeichnung (hellbraun) der Südsteiermark, der im „Maisgürtel" um Feldbach, Bad Radkersburg und Deutschlandsberg heimisch war. Im Laufe der Konsolidierung der Rasse wurden jedoch beide Schläge zusammengeführt.

Die Steirische Scheckenziege wird traditionell in kleinbäuerlicher Weidehaltung als Milchziege genutzt. Vereinzelt werden die Tiere auch gealpt.

Bei gut durchgezüchteten Steirischen Scheckenziegen ist die Milchleistung durchaus vergleichbar mit jener von Leistungsrassen wie etwa der Bunten Edelziege. Milchleistungskontrollen am Betrieb Krobath ergaben einen Stalldurchschnitt von 800 bis 820 Kilogramm bei über 5 Prozent Fett! Die durchschnittliche Jahresmilchleistung im Gesamtbestand liegt bei rund 700 Kilogramm. Bei der Zucht wird viel Wert auf die Milchleistung gelegt. Als ideal gelten ausgeprägte Euter mit langen, leicht melkbaren Zitzen.

Mit der Gründung des steirischen Ziegenzuchtvereines im Jahr 1948 wurden die Landziegenschläge des steirischen Hügellandes aus der Rassezucht ausgeschlossen und damit verdrängt und ausgemerzt. Dagegen wurden die nicht heimischen milchbetonten Rassen Weiße und Bunte Deutsche Edelziege sowie Toggenburger Ziege wegen ihrer vermeintlich höheren Milchleistung gefördert. Bereits in den Anfangsjahren des steirischen Ziegenzuchtvereins wurden wiederholt Zuchttiere aus der Schweiz und aus Deutschland importiert. Die damals noch vorhandenen guten Zuchttiere an heimischen Scheckenziegen sind dabei beinahe verloren gegangen. Der Hauptinitiator der Erhaltungszucht der Steirischen Scheckenziege, Vinzenz Krobath, war 1948 Gründungsmitglied und langjähriger Obmann des ambitionierten Ziegenzuchtvereins. Noch heute denkt er wehmütig an die guten Zuchttiere zurück, die so unwiederbringlich verloren gegangen sind.

Steirische Scheckenziege mit Kitz und Österreichischem Landpinscher. Farblithografie nach einem Gemälde von Carl von Blaas (1874–1875). Foto: ÖNB

Rückbesinnung auf autochthone Nutztierrassen

Zu Beginn der 1990er-Jahre setzte, nicht zuletzt durch die Aktivitäten des Vereins zur Erhaltung gefährdeter Haustierrassen (heute Arche Austria), in Österreich eine Rückbesinnung auf die autochthonen Nutztierrassen ein. Vinzenz Krobath wurde durch sein neu gewonnenes Interesse für die alten steirischen Nutztierrassen, nämlich das Altsteirer Huhn und das Murbodner Rind, auch auf den alten Landschlag der Steirischen Scheckenziege aufmerksam. Er gründete mit einer kleinen Gruppe eine Erhaltungsinitiative. Die nur mehr sehr verstreut vorhandenen Zuchttiere des weststeirischen Hügellandes und der Südsteiermark wurden zusammengeführt und die Herdebuchzucht aufgebaut. Genetische Untersuchungen bestätigten die Eigenständigkeit dieser heimischen Ziegenrasse. 1998 wurde die Steirische Scheckenziege als eigenständige Rasse offiziell anerkannt.

Der Betrieb Krobath in Stallhofen im Bezirk Voitsberg zählt mit seinen 70 Ziegen und acht Zuchtböcken auch heute noch zum Leitbetrieb der steirischen Scheckenziegenzucht. Der aktuelle Herdebuchbestand umfasst 281 Tiere (mit Bewertung) und 40 Züchter. Im Agrarumweltprogramm ÖPUL 2007 ist die Rasse als „hochgefährdet" eingestuft. In der aktuellen Roten Liste der gefährdeten Nutztierrassen Österreichs wird die Steirische Scheckenziege mit der Kategorie VU (vulnerable) als gefährdete Rasse geführt.

Die Plattenscheckung, im Bild eine Steirische Scheckenziege, ist ein typisches Domestikationsmerkmal. Foto: Archiv Arche Austria

oben: Neben der charakteristischen grauen Mantelfärbung sind das konkave Kopfprofil und das breite, derbe Maul typische Merkmale der Blobe Ziege.
unten: Blobe Ziegen auf der Bundesschau der Gebirgsziegen im Jahr 2011.

Kontakt:
Spartenbetreuer Blobe Ziege & Alpines Steinschaf
Verein Arche Austria
Dipl. Ing. Günter Jaritz
Unkenberg 15
5091 Unken
Tel.: 0043 (0)664 30 46 814
info@alpenrassen.at
www.alpenrassen.at

Die Blobe Ziege oder Blobe Goaß

Diese alte Gebirgsziegenrasse der Nord- und Südtiroler Grenzregion war ursprünglich über den gesamten Nord- und Südtiroler Alpenhauptkamm verbreitet. Die Forcierung „moderner" Leistungsrassen führte jedoch beinahe zum Verschwinden dieser äußerst attraktiven Ziegenrasse. Nur in einzelnen Regionen Nord- und Südtirols konnte sich die Blobe Ziege dank ihrer besonderen Eigenschaften halten. Gut angepasst an die Ötztaler, Stubaier und Tuxer Alpen, entwickelte sie sich zu einer besonders stämmigen und gut bemuskelten Ziege, die sich auch im Hochgebirge wohlfühlt. Restbestände gibt es in Österreich, wo sie bis vor Kurzem knapp vor der Auslöschung stand, im Ötztal sowie im oberen Inntal.

Eine echte Tirolerin

Die Rasse zeichnet sich durch einen sehr kräftigen, robusten Körperbau aus, ist genügsam und widerstandsfähig. Die Tiere zeigen eine insgesamt einheitlich graue Farbzeichnung in unterschiedlichen Abstufungen, ohne scharf abgegrenzte Übergänge oder Flecken. Der Name „Blobe" (tirolerisch für Blau) steht für die teilweise blaugraue Grundfarbe der Mantelzeichnung.

Simon Gatt aus St. Jodok am Brenner kann sich noch gut an diese bodenständige Rasse des Wipptales erinnern: „Als Hirterbub musste ich in den Sommermonaten regelmäßig die Ziegenherde meines Vaters von rund 60 Stück auf unserer Eigenalm, der Nockeralm im Valsertal, hüten. Bis in die Mitte der 1980er-Jahre hatten wir vor allem *Blaue* oder *Blobe*." Die Blauen unterschieden sich, so Simon Gatt, vom Aussehen her von den übrigen Rassen, wie etwa den damals noch häufigen Strahlenziegen oder den gescheckten Ziegen: „Die Blauen hatten einen vergleichsweise kürzeren, etwas derberen Kopf. Auch das Fell war in der Regel gröber und dichter als bei den übrigen Rassen."

Simon Gatt erzählt weiter: „Die Blauen waren sehr gute Milchziegen, sie wurden regelmäßig gemolken und gaben in der Regel 1,5 bis 2 Liter Milch. Ich kann mich noch an eine Ziege erinnern, die 6 Liter Milch pro Tag gab und Drillinge problemlos aufgezogen hat." Die Blauen waren im Vergleich zu den anderen Rassen sehr schwere und große Ziegen, mit über 70 Kilogramm. Zwillingsgeburten waren die Regel. Die Ziegen wurden mit vergleichsweise jungen Böcken gedeckt, die über den Sommer relativ schlecht gefüttert wurden und daher erst im August zu treiben begannen. Damit war sichergestellt, dass die Kitze zu Ostern für den italienischen Markt geliefert werden konnten. „Vor 50 Jahren waren die Kitze noch begehrter als heute. Damals wurde auch ein besserer Preis erzielt", berichtet Simon Gatt. Die Jungböcke wurden im Herbst geschlachtet und galten in Südtirol als Delikatesse. Die Milch der Ziegen wurde im Wipptal traditionell für die Stiermast verwendet.

In den 1980er-Jahren wurden moderne Rassen eingekreuzt, darunter die Gämsfärbige Gebirgsziege und die Pfauenziege. „Die Blauen gingen allmählich zurück. Heute findet man nur mehr vereinzelt rassetypische Tiere", bedauert Simon Gatt die Entwicklung.

Porträt: Günter Jaritz
Wie ich die Blobe Ziegen entdeckte

Es war einem Zufall zu verdanken, dass die Blobe Ziege heute wieder im Kommen ist. Auf einer Bergtour auf den 3.496 Meter hohen Schrankogel in den Stubaier Alpen entdeckte ich 2004 neben Walliser Ziegen eine kleine Herde auffallend anders aussehender Gebirgsziegen. Das Kopfprofil der Tiere war nicht, wie bei allen übrigen Ziegen, die ich kannte, gerade, sondern deutlich konkav geformt, ähnlich wie beim Steinwild. Die Mantelfärbung war wunderschön blaugrau, die Extremitäten dunkelgrau bis schwarz. Die Körperform ähnelte nahezu dem eines kräftigen stämmigen Schafes mit breiter Brust und breitem Rücken. Es war ein Erlebnis, das mich nicht mehr losließ. Erste Recherchen im Internet führten mich zur Grauen Bergziege der Schweiz, der Capra Grigia. Mit dieser hatten die Ziegen aus den Stubaier Alpen jedoch nur die Mantelfärbung gemein. Ich intensivierte meine Nachforschungen und knüpfte Kontakte zu Bergbauern der Grenzregion zwischen Nord- und Südtirol. Sie brachten mich auf die Herkunftsspur dieser eigenartiger Tiere.

Aufgrund des mittellangen Haarkleides mit dichter Unterwolle können die Tiere problemlos vom zeitigen Frühjahr bis in die ersten Wintermonate im Freien gehalten werden. Die Rasse wird regional in den inneralpinen schneearmen Trockentälern Tirols von April bis Ende November im Freien gehalten. Dadurch erfolgte über die Jahrhunderte eine Selektion auf Robustheit und Genügsamkeit. Die Rasse zeigt keine ausgeprägte Saisonalität.

Für die Beweidung von Hochlagen zwischen 2.500 und 3.000 m Seehöhe wie im Naturpark Ötztal ist die Rasse geradezu prädestiniert. Zur nachhaltigen Sicherung der Hochalmen und Bergmähder leisten die robusten Blobe Goaßen einen wesentlichen Beitrag. Sie weiden dort, wo Rind und Schaf am Limit sind. In diesen steilen Hochlagen kann die Blobe Ziege ihre Stärken ausspielen.

Im hinteren Ötztal konnte ich schließlich interessierte Bauern für die Erhaltungszucht begeistern und 2008 kam es zur Gründung eines Vereins für die Erhaltung der Blobe Ziege. Seither konnte die Rasse in ihrem ursprünglichen Verbreitungsgebiet wieder langsam Fuß fassen. Der Verein Blobe Goaß mit Sitz in Vent im hinteren Ötztal möchte der Rasse in der Grenzregion zwischen Nord- und Südtirol wieder ihren einstigen Stellenwert geben. Im selben Jahr 2008 wurde das Erhaltungsprojekt „Gefährdete Nutztierrassen als Schwerpunkt im Naturpark Ötztal" in Zusammenarbeit mit Arche Austria, der Abteilung Umweltschutz des Amtes der Tiroler Landesregierung und dem Naturpark Ötztal ins Leben gerufen.

Im Rahmen der Oberländer Rasseschau 2008 wurde die Rasse erstmals einer breiten Öffentlichkeit präsentiert. Seit Dezember 2009 führt der Tiroler Ziegenzuchtverband ein eigenes Herdebuch für die Rasse. Im Rahmen eines Forschungsprojektes am Institut für Nutztierwissenschaften an der Universität für Bodenkultur erfolgte eine molekulargenetische Untersuchung der Rasse. 2009 wurde die Blobe Ziege als hochgefährdete Rasse von der Österreichischen Nationalvereinigung für Genreserven anerkannt.

Derzeit sind 156 Zuchttiere (mit Bewertung) im Herdebuch erfasst, darunter 130 weibliche Tiere und 26 Zuchtböcke. 29 Betriebe in Tirol, Vorarlberg und Salzburg beteiligen sich am Generhaltungsprogramm. In der Roten Liste der gefährdeten Tiere Österreichs ist die Blobe Ziege als stark gefährdet (EN) eingetragen.

Bundesschau der Gebirgsziegen. Die Blobe Ziegen vom Kempbichl Hof in Unken mit ihren Züchtern. In der Mitte Günter Jaritz, links seine Tochter Maria.

Steckbrief Blobe Ziege

Sie zählt zu den Mehrnutzungsrassen der Zentralalpen. Das Gewicht der kräftig gebauten, stämmigen, mittelgroßen bis großen Gebirgsziege liegt bei weiblichen Tieren zwischen 50 und 75 Kilogramm und bei männlichen zwischen 65 und 85 Kilogramm. Die Tiere sind in der Regel behornt, wobei auch die Geißen ein besonders kräftiges Horn entwickeln. Vereinzelt tritt Hornlosigkeit auf. Ein Merkmal ist der für Ziegen eher untypisch breite Rücken mit tiefer Brust und breitem Becken. Zur Absicherung der Milchleistung ist eine Leistungsprüfung der Kitze (30-Tage-Gewicht) durch Eigenkontrolle zwischen dem 30. bis 35. Lebenstag durchzuführen. Die Werte liegen zwischen 11 und 13,5 Kilogramm. Harte Klauen verleihen der Blobe Ziege selbst im felsigen Gelände Trittsicherheit. Das hoch angesetzte Euter reduziert die Verletzungsgefahr im unwegsamen Gelände. Die Tiere zeigen noch sehr ursprüngliche Verhaltensweisen. So wird etwa die Nachgeburt von der Geiß zur Gänze gefressen.

Das Steinhendl ist ein alter Landhuhnschlag der südöstlichen Ostalpen.

Das österreichische Landhuhn und seine Nachkommen

Echte Haubenhühner und mitteleuropäische Landhühner zählen zu den ursprünglichen Hühnerschlägen des österreichischen Ostalpenraums. Vor Einführung fremdländischer Hühnerrassen um 1850 war in Österreich sowie in den angrenzenden südost- und osteuropäischen Nachbarländern ein sehr einheitlicher Hühnertypus des europäischen Landhuhns verbreitet. Für die zentralen Alpengebiete gibt es vermehrt Hinweise für das ehemalige Vorkommen von Haubenhühnern vom Typ des Appenzeller Spitzhaubenhuhns (CH), wie etwa im Salzburger Lungau sowie im Tiroler Wipptal und im oberen Inntal.

Schopf und Federhaube sowie Bart und reduzierte Kämme und Kehllappen der Hauben- und Landhühner entsprechen der Anpassung an die raueren Umweltbedingungen der Alpenregion (Alessio Zanon). Zanon geht davon aus, dass die Populationen der Haubenhühner südlich der Alpen (Polverara, Padovana) getrennt von den alpinen Haubenhuhnschlägen und -rassen zu betrachten sind. Zur Gruppe der alpinen Haubenhuhnschläge werden die rezenten Appenzeller Spitzhauben und das ausgestorbene Tiroler Huhn gerechnet.

Haubenhühner kamen vermutlich im westlichen Ostalpenraum sowie südlich der Alpen vor. Im österreichischen Alpenraum trafen beide Typen aufeinander, wie frühneuzeitliche Knochenfunde des 16. Jahrhunderts aus der Stadt Salzburg belegen. Das Tiroler Huhn, ein klein- bis mittelgroßer, schlanker und zierlicher Haubenhuhnschlag vom Landhuhntyp, war bis in die ersten Jahrzehnte des 20. Jahrhunderts vermutlich in Nord- und Südtirol und den angrenzenden Regionen Salzburgs und Oberbayerns verbreitet (siehe auch Kapitel „Der bayerische Alpenraum").

Rudolf Bergner beschreibt in einer Abhandlung über die Geflügelhaltung Österreichs der zweiten Hälfte des 19. Jahrhunderts das Tiroler Huhn als eine für den Raum Innsbruck gängige mittelgroße Rasse von schönem Schlag. Das heute leider ausgestorbene Tirolerhuhn gehörte zur Gruppe der echten Haubenhühner. Bereits im Mittelalter sollen in den Salzburger Klöstern Haubenhühner gehalten worden sein.

Auch Emil Baier beschreibt das Tiroler Huhn für die zweite Hälfte des 19. Jahrhunderts als mittelgroßen, schönen Schlag, ebenfalls für den Raum um Innsbruck.

Das Steirische Landhuhn

Das Steirische Landhuhn war vor der Erzüchtung der standardisierten Rassen Altsteirer, Sulmtaler und Cillier Huhn der verbreitete Landhuhnschlag des östlichen Abschnittes der Ostalpen. Es zählte zur Gruppe der mitteleuropäischen Landhühner und war aufgrund der unterschiedlichen naturräumlichen Gegebenheiten und Haltungsbedingungen in Typus, Gewicht und Größe sehr variabel. Sein Verbreitungsgebiet reichte von den gebirgigen Regionen der Obersteiermark ostwärts bis an den Ostrand der Alpen, ins Gebiet der Süd- und Weststeiermark, ins südliche Burgenland und in die angrenzenden Gebiete in Slowenien.

In den raueren Gebirgslagen der Steiermark wurde das leichte Landhuhn der Ostalpen bereits im 19. Jarhundert „Steinhendl" oder „Stoapipperl" genannt. Auch heute noch werden in der Steiermark diese Bezeichnungen für die zierlichen Landhühner verwendet. Diese sehr kleinen, lebhaften und brutfreudigen Landhuhnschläge sind beinahe verschwunden und kommen nur noch vereinzelt auf Bauernhöfen in der westlichen Obersteiermark, der Oststeiermark und in der Südsteiermark vor. Bis in die 1980er-Jahre

Autochthone Hühnerrassen und Schläge des österreichischen Alpenraumes

Hühnerrasse	Gesamtbestand	Gefährdung (FAO, Rote Liste)	urspr. Verbreitungebiet	Region
Altsteirer Huhn, Farbschlag Wildbraun	2.500	RL, FAO: gefährdet, VU	östliche und westliche Obersteiermark, Steirische Randalpen	Gebirgsregionen der Steiermark
Altsteirer Huhn, Farbschlag Weiß	800	RL, FAO: stark gefährdet, EN	südliche steirische Randalpen, Pohorje (Bacherngebirge), Kozjak (Poßruck) und die östlichen Erhebungen der Karawanken	Untersteiermark, Region Koroška (SI), nordwestlicher Teil der Region Savinjska u. nördlicher Abschnitt der Region Osrednjeslovenska
Sulmtaler Huhn	3.500	FAO: gefährdet, VU	Oststeirisches Hügelland, Ausläufer des Poßruck Bergrückens	Untersteiermark (slow. Štajerska)
Steinhendl (steirischer Landhuhnschlag)	100–200	FAO: vom Aussterben bedroht, CR	Steirische Randgebirge, Oststeirisches Hügelland, Südsteiermark	Steiermark und östliche Teil von Salzburg, aktuell: Ost- u. Südsteiermark

war dieser Landschlag in der Oststeiermark und in der Südsteiermark noch weit verbreitet.

Das Steinhendl ist keine standardisierte Hühnerrasse. Ein Erhaltungsprojekt für dieses alte Landhuhn ist derzeit im Aufbau. Der Gesamtbestand umfasst lediglich 100–200 Tiere, davon 50 in reinrassiger Zucht (5 Betriebe).

Vom Steinhendl zum Altsteirer Huhn

Das ursprüngliche Landhuhn des östlichen Abschnitts der Ostalpen war die Ausgangsrasse für das züchterisch verbesserte Altsteirer Huhn.

Nach August C. E. Baldamus und A. Beek kam das Steirer Huhn um 1908 in den Farben gold- und silberhalsig, weiß, gesprenkelt, gesperbert und schwarz vor. Der schwarze Farbschlag besaß immer schwarze, der gesperberte Farbschlag meist blaufleckige Füße.

Man unterschied beim verbesserten Steirer Huhn drei Schläge und zwar das goldhalsige, das untersteirische, das sogenannte Cillier Huhn sowie das Sulmtaler Huhn. Der goldhalsige Typ, der nach der Beschreibung von August C. E. Baldamus und A. Beek zu Beginn des 20. Jahrhunderts auch noch Steinhendl oder Deutsches Hendl genannt wird, wurde fast ausschließlich im roten Farbschlag als ausgesprochenes Landhuhn gehalten. Viele Tiere besitzen einen Schopf und weiße Ohrscheiben. Aus diesen leichten Landhühnern der Obersteiermark wurde in den 1880er-Jahren das Altsteirer Huhn erzüchtet. Die Hähne erreichten anfangs ein Gewicht von 2,25 Kilogramm, die Hennen von 1,75 Kilogramm.

Im österreichischen Alpenraum existieren heute neben dem Landhuhnschlag des Steinhendls nur mehr zwei anerkannte autochthone Geflügelrassen. Das Altsteirer Huhn und das Sulmtaler Huhn repräsentieren durch intensive Zuchtarbeit stark verdelte mitteleuropäische Landhühner. Grundlage für die Züchtung des schwereren Sulmtaler Huhns und des mittelschweren Altsteirer Huhns waren veschiedene Landschläge des steirischen Landhuhns, des sogenannten Steirer Huhns. Während in den gebirgigen Regionen der Obersteiermark ein schlanker, zierlicher, wildbrauner Landschlag verbreitet war, fand man in den Gunstlagen der Mittel- und Untersteiermark mittelschwere bis schwere Landschläge (Weißes Altsteirer, Sulmtaler und Cillier Huhn).

Das Ursprungsgebiet des Weißen Altsteirer Huhns ist die historische Region Untersteiermark, das heutige Slowenien und die angrenzenden Gebiete. Das Stammzuchtgebiet umfasst die südlichen Steirischen Randalpen, das Pohorje (Bacherngebirge), den Kozjak (Poßruck) und die östlichen Erhebungen der Karawanken. Vermutlich sind die Weißen Altsteirer Hühner in diesen kargen Regionen aus weißen Landhuhnschlägen unter Einfluss von Haubenhühnern und Italiener Hühnern entstanden. Charakteristisch für die beiden Rassen ist ein kleiner Schopf und der nur bei den steirischen Rassen gestattete Wickelkamm der Hennen. Wickelkamm nennt man die, von oben betracht s-förmige Linie des Kamms.

Beide Rassen sind Zwiehühner, wobei der schwerere Schlag im „Steirischen Maisgürtel" im 19. Jahrhundert auch auf Mast (Kapaune) gezüchtet wurde. Das Altsteirer Huhn wird jedoch in erster Linie als Legehuhn gehalten. Das Altsteirer

Kontakt:
Erhaltungsprojekt Steinhendl
Dipl. Ing. Günter Jaritz
info@alpenrassen.at
Tel.: 0043 (0)664 30 46 814
www.alpenrassen.at

Steinhendl, ursprüngliches u. aktuelles Verbreitungsgebiet

Steckbrief Steinhendl (Steirerhuhn, Steirisches Landhuhn, Steinpipperl)

Das Steinhendl ist ein kleiner, gedrungener Landhuhnschlag mit kurzen Beinen. Hennen werden je nach Landschlag 450 (leichter Typ) bis maximal 650 Gramm (mittelleichter Typ) schwer. Die Hähne sind rund ein Drittel größer als die Hennen und erreichen ein Gewicht von 600 bis 900 Gramm. Die Tiere sind meist mehrfärbig, wobei die weiße Grundfarbe dominiert. Man findet schwarz-weiße, schwarz-weiß-braun gesprenkelte und goldbraune Tiere. Ebenso weizenfarbige, schwarze sowie wildfärbige (rothalsige) Varianten. Die Kämme sind bei den Hennen stark reduziert. Die Läufe sind fleischfarben bis weiß, bei schwarzen Tieren schiefergrau. Die Hühner sind sehr beweglich, gut flugfähig und eifrige Futtersucher. Während der Sommermonate benötigen die Tiere kaum Betreuung und leben teilweise „halbwild" im Hofverband. Steht den Tieren kein Stall zur Verfügung, dann baumen die Tiere regelmäßig auf. Die Landhühner besitzen eine hohe Vitalität. Die Kücken sind sehr lebendig und befiedern rasch. Die Steinhendln sind gute Leger und brutfreudig. Die Tiere brüten auch im Winter. Traditionell werden Steinhendln zum Bebrüten und zur Aufzucht von Fasanen verwendet. Die Glucken sind sehr aggressiv und verteidigen die Kücken gegen jeden Fressfeind.
Die Eier sind vergleichsweise klein, je nach Schlag spitz oder stumpf mit einem Gewicht von 25 bis 35 Gramm. Die Eifarbe ist weiß bis hell cremefärbig. Der Dotter ist auffallend dunkelgelb. Das Fleisch ähnelt dem des Fasans.

oben: Kennzeichnend für das Sulmtaler Huhn sind der charakteristische Schopf und der Wickelkamm. In der Zeit, wo das Sulmtaler Huhn allein auf Mastleistung gezüchtet wurde, gab es auch noch Tiere ohne Schopf und in mehrere Farbenschläge (auch Rot und Wildbraun). Durch die Einkreuzung von schwereren Altsteirer Hähnen zur Blutauffrischung haben sich Schopf und weiße Ohrscheiben gefestigt. Foto: N. Potensky
unten: Goldhalsige Farbvariante.

Durch die Einkreuzung von schwereren Altsteirer Hähnen zur Blutauffrischung haben sich Schopf und weiße Ohrscheiben gefestigt.
Foto: N. Potensky

wie das Sulmtaler Huhn eignen sich für die kleinbäuerliche Haltung und Aufzucht mit Naturbrut. Besonders der wildbraune Farbschlag der Altsteirer ist relativ kälte- und witterungsunempfindlich.

Bis zum Ende des Ersten Weltkrieges wurde der Nutzgeflügelzucht in Österreich wenig Beachtung geschenkt. Eine Ausnahme bildete die Zucht des Steirer Huhns in der Steiermark. In der österreichisch-ungarischen Monarchie versorgten die Kronländer Böhmen, Ungarn und Krain die Ballungszentren mit Geflügel und Eiern.

Das Landhuhn vom Typ des Tiroler Huhns war bis Ende der 1920er-Jahre die Grundlage für die bäuerliche Geflügelhaltung. Das Landhuhn legte durchschnittlich 70 bis 80 Eier pro Henne und Jahr. Bevor die Leistungszucht in den 1920er-Jahren Fuß fasste, entwickelte sich das Schauwesen. Mit der Gründung der Zuchtvereine in den Bundesländern wurden auch Leistungziele für die von den Landeskulturräten anerkannten Geflügelrassen definiert. Für das Bundesland Salzburg waren das 1929 Rebhuhnfärbige Italiener, Rhodeländer, das Weiße Amerikanische Leghorn, Plymouth Rock und Altsteirer.

Um 1929 wurden in Österreich knapp sechs Millionen Landhühner gehalten. Etwa dieselbe Menge wie die inländisch produzierten Eier wurde zusätzlich eingeführt.

Nach dem Zweiten Weltkrieg wurde auch in Österreich die Geflügelproduktion mit den aufkommenden Hybridrassen mehr und mehr industrialisiert und von der kleinbäuerlichen Haltung und Subsistenzwirtschaft entfernt. Zwischen 1938 und 1993 hat die Hühnerhaltung von neun auf 13,5 Millionen Stück zugenommen. Die Haltungsformen haben sich jedoch massiv geändert. Es folgte eine Konzentration und Spezialisierung auf Mast- und Legebetriebe. Die bis dahin bewährten Reinzuchtrassen wurden durch Hybridrassen mit hochspezialisierten Leistungsmerkmalen hinsichlich Legeleistung, Tageszunahme und Futterverwertung ersetzt. Mit Mitteln des Europäischen Wiederaufbauprogramms wurden in den 1950er-Jahren in den Bundesländern Musterhühnerställe errichtet. Alleine in Tirol stieg die Zahl der Tiere zwischen 1945 und 1954 von ca. 175.000 auf 400.000 Tiere an (Meixner/Siegl 2003). In den 1960er-Jahren folgten industrialisierte Haltungssysteme mit Legebatterien, Käfighaltung und industriell gefertigtem Futter.

In der zweiten Hälfte des 20. Jahrhunderts hat sich die Geflügelhaltung von allen Nutztierkategorien, was Haltungssysteme und Fütterungstechnik betrifft, am weitesten in Richtung industrielle Landwirtschaft entwickelt.

Erst seit 2012 ist EU-weit die konventionelle Käfighaltung verboten, zumindest ein Schritt in Richtung artgerechtere Nutztierhaltung. In Österreich wurde das Käfighaltungsverbot bereits mit dem Inkrafttreten des Bundestierschutzgesetzes 2009 verankert. Seitdem ist die Zahl der Küken und der Eiproduktion wieder stark rückläufig.

Bereits im auslaufenden 19. Jahrhundert wurde für den österreichischen Alpenraum das Steirer Huhn als berühmte und gebräuchliche Rasse angeführt (Bergner 1899). Es wird als mittelgroßes, abgehärtetes, gut und frühzeitig mästbares Huhn beschrieben. Das Steirer Huhn kam im 19. Jahrhundert in verschiedenen Farbschlägen vor, wobei der gesperberte Farbschlag zu dieser Zeit der am meisten verbreitete war. Gemischtfärbige Bestände waren bei den Landhühnern meist die Regel. Erst vor knapp 100 Jahren wurde mit der Zucht einzelner Farbschläge begonnen. Heute dominiert in Österreich der wildbraune Farbschlag mit rund 2.500 Tieren (ca. 5.000 inkl. Nachbarländer Deutschland und Slowenien) und 800 Altsteirer Weiß (ca. 1.000 inkl. Nachbarländer). Die alten Farbschläge Gesperbert und Altkupfer werden erst wieder seit zwei Jahren rückgezüchtet. Der Gesamtbestand liegt bei jeweils unter 50 Tieren.

Das Sulmtaler Huhn

Das Sulmtaler Huhn ist ein breites, kräftig und tief gebautes Landhuhn mit Kastenform. Es wurde bis zum Zweiten Weltkrieg vor allem auf Mastleistung gezüchtet. Es liefert auch das Fleisch für das typische steirische Brat- und Backhendl.

Gegen Ende des 19. Jahrhunderts erfolgten Einkreuzungen von fremdländischen schweren Fleischrassen wie Houdan und Cochin. Um 1900 bemühte sich u.a. Armin Arbeiter um die Erhaltung des ursprünglichen schweren Steirer Huhns. Er sammelte unverfälschte Geflügelbestände und begann mit der Reinzucht und Standardisierung der Sulmtaler Rasse. Zur Blutauffrischung wurden schwerere Altsteirer Hähne (Cillier Huhn) im weizenfarbigen und braunroten Farbschlag eingesetzt. Steirer Hühner sind keine Haubenhühner und sie haben auch keine für Haubenhühner charakteristische Protuberanz. Als das Sulmtalerhuhn noch allein auf Mastleistung gezüchtet wurde, gab es noch Tiere ohne Schopf und in mehreren Farbschlägen (auch rot und wildbraun).

Das Ursprungsgebiet des Sulmtaler Huhns ist die Region zwischen Graz und Marburg. Mit den Ausläufern des Poßruck-Bergrückens (slow. Kozjak) hat das Sulmtaler Huhn randlich Einfluss im Alpenraum. Die höchste Erhebung des Poßrucks heißt passend Kapaunerkogel. Der Gesamtbestand der Sulmtaler Rasse umfasst rund 2.500 Tiere und wird nach den FAO-Kriterien als gefährdet eingestuft. In der Roten Liste der gefährdeten Tiere Österreichs wurde die Nutzgeflügelrasse aufgrund der ungenügenden Datenlage im Jahr 2010 nicht gelistet.

Das Altsteirer Huhn

Bis zum ausgehenden 19. Jahrhundert war in den Mittelgebirgs- und Gebirgsregionen der Obersteiermark ein leichter, schlanker und zierlicher Landschlag des Steirischen Landhuhns verbreitet. Der 1879 gegründete 1. Steiermärkische Geflügelzuchtverein setzte sich die Aufgabe, den bodenständigen Landschlag zu erhalten und züchterisch zu betreuen. Die besonderen Eigenschaften des Steirer Huhns, wie Wetterhärte und der Trieb zur selbstständigen Futtersuche, sollten durch eine möglichst uneingeschränkte Freilandhaltung erhalten werden. Ziel des Vereins war die Züchtung einer legefreudigen, wenig anspruchsvollen Landhuhnrasse für die getreidearme Fütterung im Berggebiet. Der Altsteirertyp des späten 19. Jahrhunderts war von geringem Körpergewicht. Hähne wogen lediglich rund 2 bis 2,2 Kilogramm, Hennen kaum 1,75 Kilogramm.

Um 1900 setzte sich eine Gruppe von Züchtern das Ziel, diesen leichten Landschlag durch Einkreuzung der mittelschweren Cillier Hühner der Untersteiermark züchterisch zu verbessern. In der Musterbeschreibung von 1902 wurde der Standard des Altsteirer Huhns festgelegt. Gleichzeitig wurden kleine, besonders schlanke Tiere von der Zucht ausgeschlossen.

Der Steirer Kapaun, der verschnittene Hahn, war bis zum Beginn des 20. Jahrhunderts eine besonders geschätzte Geflügeldelikatesse. Er war aufgrund seiner besonderen Zartheit und seines wohlschmeckenden Fleisches sowie aufgrund seiner Größe weit über die Grenzen der

Das mittelgroße Steirer Huhn kam in verschiedenen Farbschlägen vor, wobei der gesperberte Farbschlag dominierte. Im Bild eine Altsteirer Henne im Farbschlag wildfärbig.

Steckbrief Sulmtaler Huhn (goldhalsiges Steirer Huhn)

Hahn wie Henne zeigen den charakteristischen kastenförmigen Rumpf und einen langen Rücken ohne Kissenbildung. Die Schenkel sind mittellang. Die Henne hat eine sehr tiefe, breite, weit ausladende, flaumreiche Brust. Sie wirkt besonders schwer. Sie trägt einen halbrunden Schopf aus kurzen, runden Federchen, der deutlich voller ist als beim Hahn. Der Schopf ist jedoch nicht so ausgeprägt wie bei einem Haubenhuhn. Bei deutschen Einkreuzungen ist der Schopf teilweise zu groß geraten und bietet wenig Sichtfreiheit gegenüber Fressfeinden. Der Hahn trägt einen einfachen, aufrechten, nach hinten ansteigenden Kamm, dahinter sitzt ein kleiner Federschopf. Wie das Altsteirer Huhn hat die Sulmtaler Henne den zusammengeschobenen Einfachkamm (Wickelkamm).

Das Sulmtaler Huhn ist, wie das Altsteirer Huhn, eine wetterharte Zweinutzungsrasse (Fleisch und Eier). Es vereint durch den guten Fleischansatz und die passable Legeleistung die Zwiehuhn-Eigenschaften in idealer Form. Die Legeleistung liegt bei bis zu 160 Eiern pro Jahr. Junghähne sollen ein Mindestgewicht von 3 Kilogramm erreichen. Althähne sind 3 bis 4 Kilogramm schwer. Junghennen erreichen ein Gewicht von 2,75 Kilogramm, Lege- und Althennen von 3 Kilogramm. Die rahmfarbenen bis hellbraunen Bruteier sollen ein Gewicht von etwa 60 Gramm erreichen. Die Sulmtaler Henne zeigt sehr gute Muttereigenschaften.

Die Altsteirer sind frühreife, sehr bewegliche Hühner mit guter Legeleistung. Sie besitzen ein zartes Fleisch. Charakteristisch sind neben dem Wickelkamm die weiße Haut und Beinfarbe. Lediglich beim schwarzen Schlag treten dunkle Beine auf. Im Bild ein Hahn des weißen Farbschlages. Foto: I. Hochrathner-Stadler

Steiermark hinaus begehrt. Kapaune waren bereits im Mittelalter neben Hühnern und Eiern als Naturalabgaben Teil des Zehents.

Erste urkundliche Erwähnungen des alten Steirer Huhns reichen zurück bis in das 14. Jahrhundert. Bereits im 17. Jahrhundert galten die Kapaune vom Steirer Huhn als Festtagsdelikatesse zur Weihnachtszeit auf den Festen der europäischen Adelshäuser, sogar am Kaiserhof. Für die Krönungsfeier von Kaiser Napoleon im Jahr 1804 wurden 150 Kapaune und 50 Steirer Hühner geliefert. Das zeugt von der besonderen Qualität des Steirer Huhns, das dem französischen Masthuhn, dem Chapon de Bresse, zumindest ebenbürtig war. Seine Blütezeit erreichte der Steirer Kapaun in der zweiten Hälfte des 19. Jahrhunderts. Die Geflügelhändler schlossen sich zur Gilde der „Kapaun-Fratschler" zusammen und boten ihre Waren am „Kapaunplatz", einem Seitenarm des Franziskanerplatzes in Graz, an.

Diese spezialisierte Form der Hühnermast findet man außer in der Steiermark noch im Piemont.

Um 1850 wurde in der ehemaligen Untersteiermark des Herzogtums Steiermark von der Geflügelzuchtanstalt in Cilli (slow. Celje) der bodenständige mittelschwere Landschlag des Steirer Huhns, das sogenannte Cillier Huhn in vier Farbschlägen herausgezüchtet (siehe Kapitel „Slowenien").

Der Gesamtbestand wird in Österreich aktuell auf rund 2.500 Altsteirer Wildbraun und 800 Altsteirer Weiß geschätzt. Der wildbraune Farbschlag wird nach der Roten Liste der gefährdeten Tiere Österreichs – alte Haustierrassen als gefährdet eingestuft. Der weiße Farbschlag ist im Bestand stark gefährdet.

Heute wird das Altsteirer Huhn vor allem in Österreich, Slowenien und in Deutschland gehalten, es finden sich aber auch Züchter in anderen Ländern Europas. Bei den Kleintierzuchtverbänden sind nur mehr der weiße und der wildbraune Farbschlag anerkannt. Im Rahmen eines derzeit laufenden Erhaltungsprojekts des Vereins Arche Austria werden gezielt alle unterschiedlichen Farbvarianten gefördert, um die genetische Breite der Rasse zu erhalten.

Verschiedene Farbschläge können etwa auch bei der Verpaarung von weißen und wildfarbigen Tieren in Erscheinung treten. Dass es die verschiedenen alten Farbschläge bei den Altsteirern auch heute noch gibt, ist sicher eines der interessantesten Ergebnisse des Projekts. Die Farbschläge sollen deshalb bei weiteren Projekt-Recherchen noch mehr in den Vordergrund rücken, auch hinsichtlich der Legeleistung.

Altsteirer Huhn, Štajerska kokoš (SI), ursprüngliches Verbreitungsgebiet

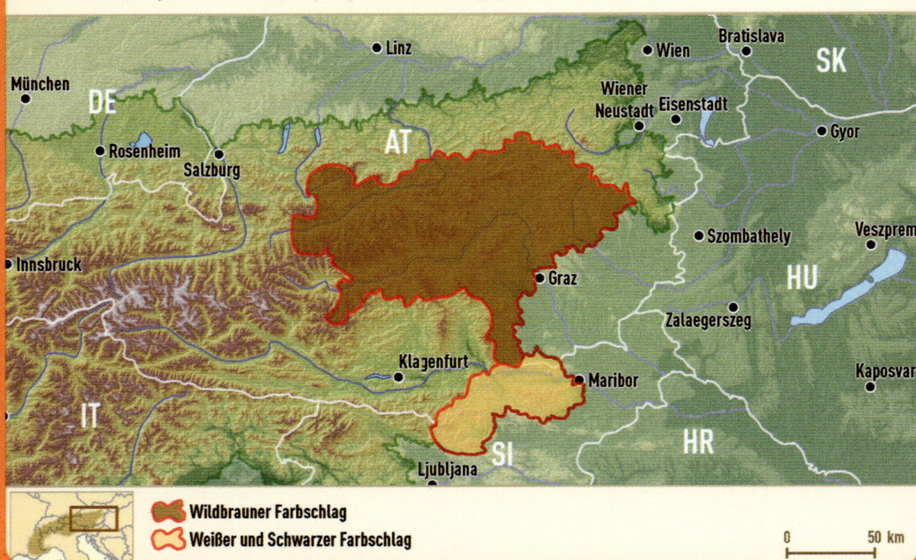

Steckbrief Altsteirer Huhn (Goldhalsiges Steirer Huhn)

Der wildfärbige und weiße Farbschlag des Altsteirer Huhns verrät die typische Form des Landhuhns mit beweglichem und elegantem, lang gestrecktem und walzenförmigem Körper. Die Tiere sind gut bemuskelt und tragen gut entwickelte Flügel. Die Federn sind sehr hart. Beim weißen Farbschlag ist das Gefieder etwas straffer als bei dem an raueres Klima und niedrigere Temperaturen angepassten wildbraunen Farbschlag. Beide Farbschläge haben eine tiefe und breite Brust und einen geräumigen Legebauch. Die Beinstellung ist breit und idealerweise mittelhoch. Der Rücken ist meist abschüssig. Rassemerkmal bei der Henne sind der Wickelkamm und der deutlich ausgebildete Schopf. Der Hahn hat einen mittelgroßen, fein und nicht tief gezahnten Kamm. Dahinter sitzt ein kleiner Schopf oder ragen ein paar verlängerte Federn auf. Hahn und Hennen besitzen nur einen mittellangen Kehllappen.

Altsteirer erbringen bei geringem Futterverbrauch eine gute Legeleistung mit durchschnittlich 180 weißen bis elfenbeinfärbigen Eiern und bringen bei den Hähnen mit bis zu 3 Kilogramm und bei den Hennen mit bis zu 2,25 Kilogramm ein ansehnliches Gewicht auf die Waage. Das Bruteier-Mindestgewicht liegt bei 55 g. Die Altsteirer gelten als gute Winterleger.

Ihr ausgeprägtes Fluchtverhalten und das Aufsuchen von Deckung bei Gefahr sind wichtig bei der Freilandhaltung. Verluste gegenüber Fressfeinden wie dem Habicht können damit reduziert werden. Das Altsteirer Huhn sucht sich sein Futter am liebsten selbst und benötigt daher einen großen Auslauf. Beim Altsteirer Huhn kamen ursprünglich verschiedene Farbschläge wie weiß, schwarz, gesperbert, weizen- und wildfarbig vor.

Gänse, Enten und Tauben

Die Österreichische Landgans variiert als nicht standardisierte und nicht offiziell anerkannte Rasse wie die meisten Landschläge in ihrem äußeren Erscheinungsbild. Sie ähnelt wie ihre Verwandten in Oberitalien und Oberbayern ihrer gemeinsamen Stammform, der Graugans. Am häufigsten treten weiße und grau-weiße Farbschläge auf. Seltener kommen gänzlich graue Gänse vor. Die Österreichische Landgans ist eine marschtaugliche, leichte Weidegans, die sich den Großteil ihres Futters selbst sucht. Foto: E. Mayer

Österreich besitzt, wie Bayern und der oberitalienische Raum (Veneto), eine autochthone Landgansrasse. Bis in die 1950er-Jahre war diese auf vielen Bauernhöfen allgegenwärtig. Die verschiedenen Landschläge variierten meist nur aufgrund unterschiedlicher Haltungs- und Fütterungsbedingungen. Der 11. November, der Martinstag, wurde und wird auch noch vielerorts mit einem Gansl-Essen gefeiert. Heute kommt der Festtagsbraten aber meist aus ungarischer Intensivhaltung. Doch erlebt die Weideganshaltung eine gewisse Renaissance. Weidegänse liefern fett- und wasserärmeres, durch die Bewegung und den Weidegang mehr dunkles, aber aromatisches Fleisch. Für die Schlachtreife wird Weidegänsen mit rund 28 Wochen mehr als doppelt so viel Zeit gelassen als üblich.

Nahezu in allen Bundesländern haben sich Weidegansringe mit Aufzucht- und Vermarktungskooperationen gebildet. Über 200 bäuerliche Betriebe produzieren mittlerweile pro Jahr über 25.000 Weidegänse für Martini und Weihnachten. Damit hat sich in Österreich der Selbstversorgungsgrad von 5 auf 25 Prozent gesteigert. Die heimische Robust-Rasse der Österreichischen Landgans hat dank ihrer Wetterhärte, Marschtüchtigkeit und Leichtfütterigkeit wieder an Stellenwert gewonnen.

Die Österreichische Landgans

Die unverfälschte Österreichische Landgans ohne Fremdbluteinfluss kommt in ihrem Erscheinungsbild der Graugans (*Anser anser*) sehr nahe. Bis in die 1950er-Jahre weit verbreitet, war sie bei freiem Weidegang um die Gehöfte und Zugang zu Wasserflächen ein dankbarer Selbstversorger. Unter dem Wassergeflügel stellt die Landgans die geringsten Ansprüche an Haltung und Fütterung. Da die Gänse gerne brüten, kann man auch mit zahlreicher und gesunder Nachkommenschaft rechnen. Vorausgesetzt, es gibt einen Bach oder Teich, zur Not auch einen Tümpel für einen erfolgreichen Tretakt (Geschlechtsakt). Mancher Ganter verteidigt nicht nur Gänse und Gössel, sondern auch Haus und Hof wie ein bissiger Hund gegen Eindringlinge. Die Österreichische Landgans ist ein guter Futterverwerter und kommt in der Regel mit der Weide als Futtermenge aus, bei intensiver Fütterung neigt sie nämlich zur Verfettung. Die Legeleistung liegt bei jährlich etwa 12 bis 15 Eiern. Das Brutgeschäft dauert 28 bis 32 Tage und wird von der Gans alleine bewältigt. Im Idealfall kann mit zwei Bruten gerechnet werden, einer im zeitigen Frühjahr (Februar, März) auf 10 bis 15 Eiern und eventuell einer zweiten auf nur 6 bis 8 Eiern. Die meisten Eier legt die Gans zwischen dem zweiten und fünften Lebensjahr. Geführt werden die Gössel von beiden Elternteilen. Bei extensiver Weidehaltung ziehen die Eltern praktisch ohne jegliches Beifutter ihre Jungen auf, die im Spätjahr einen schmackhaften Braten abgeben.

Die Gans ist mit zwei Jahren ausgewachsen und bis zu acht Jahre zuchtfähig. Für eine gute Befruchtung der Eier wird für sechs Gänse ein Ganter eingesetzt.

Josef und Irene Loimer vom Bio-Musterweingut Loimer entdeckten Ende der 1970er-Jahre im Waldviertel einen vitalen Zuchtstamm der Österreichischen Landgans. Mit viel Engagement setzten sie sich für die Erhaltung dieser alten Landrasse ein. Der Verein Arche Austria bemüht sich seit 1994 um die Erhaltung der Art. Im Rahmen des Projekts „Landgans" sollen Robustbestände erhalten und eine Wirtschaftsrasse für extensiv wirtschaftende Betriebe gezüchtet werden. Derzeit werden alle Landgansbestände in einer Datenbank erfasst, um Veränderungen bei den Beständen und den Zuchttierabsatz zu koordinieren. Der Verein betreut rund 20 Züchter mit weniger als 100 Tieren. Für die Bewahrung der Genetik ist jedoch eine konsequente Erhaltungszucht mit Zuchtbuchführung unerlässlich. Die durchschnittliche Zuchtgruppe ist sehr klein und umfasst meist zwei Gänse und einen Ganter. Der Gesamtbestand zählt in etwa 100 bis 150 Tiere (darunter weniger als 50 Ganter). In der Roten Liste der gefährdeten Tiere/alte Haustiere von 2010 wird die Österreichische Landgans noch als

Farbschläge der mitteleuropäischen Hausgans. Aquarell nach der Natur von Fanny Hübsch, 1919. Foto: Archiv Jaritz

Die Landente zählt zu den anspruchslosesten Nutzgeflügelarten. Sie benötigt jedoch Wasser für den Tretakt. Foto: N. Holzmann

Das Fleisch des Landperlhuhns ist besonders schmackhaft, nicht fett, aber trotzdem sehr zart. Geschmacklich ähnelt es dem Fleisch des Fasans. Die Perlhuhnfamilie. Sauer, um 1812. Foto: ÖNB
unten: Der österreichische Weißschwanz ist eine alte Salzburger Taubenrasse. Foto: Archiv Arche Austria

gefährdet (VU, vulnerable) geführt. Aufgrund der negativen Bestandsentwicklung und fehlenden Erhaltungszucht ist die Österreichische Landgans einer höheren Gefährdungsstufe zuzuordnen (EN, endangered/stark gefährdet).

Die Österreichische Landente

Diese mittelgroße Ente ist auch als Haubenente bekannt, mit auffallendem s-förmig gebogenem Hals hat eine Brust ohne jeden Kielansatz und einen gut gewölbten Bauch ohne Wammenbildung. Die Ente ist glattköpfig oder hat eine gerade, am Hinterkopf sitzende, geschlossene Federhaube. Der längliche runde Kopf weist deutlich hervortretende Backen, eine nicht zu flache Stirn und einen mäßig langen, orangefarbenen Schnabel mit grünen oder schwarzen Flecken auf. Die Augenfarbe variiert ebenso wie die Läufe mit dem jeweiligen Farbschlag. Es sind alle Farbvarianten zugelassen, am häufigsten ist die weiße Form. Die Haubenente gilt als Mutationsform der Landente und ist seit Jahrhunderten in nahezu ganz Europa als Wirtschafts- und Haustier bekannt. Der Gesamtbestand wurde 2009 auf ca. 100 Tiere (30 Betriebe) geschätzt. Aktuelle Bestandserhebungen liegen nicht vor. Die Rasse wird zwar vom Bundesverband der österreichischen Kleintierzüchter (RÖK, Sparte Geflügel) mitbetreut, aber ohne herdebuchmäßige Zucht oder Registrierung der Zuchttiere.

Wichtig für die temperamentvollen und zutraulichen Haubenenten ist eine artgerechte Haltung in einem frostfreien Stall mit einem Teich oder einer anderen Gelegenheit zum Schwimmen und Tauchen. Bei ansprechender Legeleistung erbringt diese Ente auch einen ansehnlichen Fleischertrag mit vorzüglichem Tafelfleisch. Männliche Tiere erreichen ein durchschnittliches Gewicht von 2,5 Kilogramm, weibliche von 2 Kilogramm. Die Schalenfarbe der Eier ist meist weiß, seltener auch grünlich. Die Legeleistung liegt bei ca. 50 bis 60 Stück, das Bruteimindestmaß beträgt 60 Gramm.

Nützliche Tauben

Auch wenn die Nutztaubenzucht im Vergleich zur ländlichen Geflügelhaltung nur wenig wirtschaftliche Bedeutung hatte, war sie doch bis zur Mitte des 20. Jahrhunderts auch im Alpengebiet verbreitet. Man schätzte das Fleisch und züchtete schlichte, robuste sowie flug- und zuchtfreudige Tauben, die an das Alpenklima angepasst waren. Mit der Aufgabe des Ackerbaus und des Getreideanbaues erfolgte nach und nach die Einstellung der Zucht. Zu unterscheiden sind drei Farbentauben-Rassen (Gimpeltaube, Österreichischer Weißschwanz und Fischertaube), drei Kropftauben-Rassen (Österreichischer Ganselkröpfer, Waldviertler Kröpfer, Klätschertaube) und zwei Huhntauben-Rassen (Huhnschecke, Malteser). Im Salzburger Raum ist der Österreichische Weißschwanz mit der charakteristischen Feldtaubenfigur und dem weißen Schwanz entstanden.

Die Geschichte der österreichischen Taubenrassen geht auf die k.u.k. Monarchie zurück. In der Hauptstadt Wien wurden folgende Tümmlertauben gezüchtet: Wiener Hochflieger, Altösterreichischer Tümmler, Wiener Weißschild, Wiener Röserlscheck, Wiener Tümmler, Wiener Kurze, Wiener Gansel.

Heute kommt den Haustauben in Österreich keine wirtschaftliche Bedeutung mehr zu. Sie verdienen jedoch aufgrund ihrer interessanten Geschichte, ihres außergewöhnlichen Flugverhaltens und des attraktiven Erscheinungsbildes ihren Platz in dieser Dokumentation.

Die Wiener Hochflugtaube ist die österreichische Nationalrasse unter den Haustauben. Es handelt sich um kleine, drahtige Täubchen, die in vielen schönen Farbschlägen gezüchtet und als Flugsporttauben eingesetzt werden, da sie für den Hochflug geeignet sind.

Das Österreichische Landperlhuhn

Bis in die 1960er-Jahre fand man auf vielen Bauernhöfen im Gebiet der niederösterreichischen nordöstlichen Randalpen, der östlichen Obersteiermark, der Südsteiermark und im angrenzenden pannonischen Raum wildfärbige, nichthybride Perlhühner. Durch die Intensivierung der Geflügelhaltung und das Aufkommen von Hybriden wude der Landschlag weitestgehend verdrängt. Die Verunsicherung durch die Vogelgrippe brachte schlussendlich das Aus für frei fliegende Landgeflügelbestände. Unter Strafandrohung wurden die wenigen vorhandenen Bestände ausgemerzt. Heute existieren nur mehr Restpopulationen in kleinen Zuchten in der Buckligen Welt in Niederösterreich. Der Bestand des Landperlhuhns ist nicht mehr gesichert, die Landrasse steht kurz vor ihrem Verschwinden.

Das Perlhuhn des alten Landschlages zeigt noch Merkmale der Wildform. Die Tiere sind ausgesprochen wachsam und warnen alles Nutzgeflügel am Hof vor Fressfeinden. Werner Abel berichtet von Perlhähnen, die sich bei Habichts-Attacken sofort auf den Rücken legen und mit Schnabel und Füßen den Angriff abwehren. Die Hennen verteidigen ihre Nester mit vollem Einsatz ihrer Kräfte. Wie die Wildform verliert das Landperlhuhn bei Angriffen Federn, sodass es dem Gegner entkommen kann. Das Landperlhuhn verträgt im Gegensatz zum Haushuhn Temperaturschwankungen deutlich besser. Die Tiere übernachten gerne auf dünnen Zweigen in hohen Schlafbäumen in Hofnähe. Ihre gemeinsame Haltung am bäuerlichen Betrieb war früher aufgrund der Wachsamkeit der Landperlhühner üblich. Das Landperlhuhn ist ein guter Flieger, macht davon aber nur bei Gefahr Gebrauch. Sein Temperament ist deutlich lebhafter als das des Haushuhns.

Die Brutdauer beträgt 26 bis 28 Tage, die Legeperiode in der Regel von März bis September. Die Tiere legen in dieser Zeit rund 120 Eier. Bis zum sechsten Lebensjahr ist die Legeleistug unverändert hoch. Die Hühner verstecken ihre Eier im Freien und beginnen erst ab rund 30 Eiern mit dem Brüten. Die Hennen verteidigen ihr Nest energisch. Die spitz kegelförmigen, braun gepunkteten Eier wiegen 40 bis 45 Gramm und besitzen eine starke Schale. Dadurch überstehen die Eier auch eine mehrtägige Brutunterbrechung. Perlhühner sind keine fleißigen Brüter, da sie sehr aktiv sind. Das Landperlhuhn zeigt jedoch einen vergleichsweise guten Bruttrieb.

Österreichische Landgans, Landente und österreichisches Landperlhuhn

Steckbrief Österreichische Landgans

Die Landgans ist kräftig gebaut, sie hat eine volle runde Brust, einen breiten Rücken und kurze Beine. Die Jungtiere weisen einen schiffsähnlichen, nicht aufgerichteten Rumpf auf. Nach der ersten Brut bildet sich meist eine kleine Bauchwamme aus. Ideal wäre aber ein kräftig bemuskelter Rumpf ohne Kehl- und Bauchwamme. Angestrebt wird ein Lebendgewicht von durchschnittlich 5,5 bis 6 Kilogramm bei der Gans und bis zu 7 Kilogramm beim Ganter. Der gut gerundete Kopf mit einem keilförmigen, orangeroten Schnabel, ohne dunkle Flecken, sitzt auf einem gedrungenen, nicht zu langen Hals. Die Augenfarbe ist je nach Gefiederfarbe unterschiedlich: Weiße und Schecken haben blaue Augen, Graue hellblaue, Dunkelblaue und Braune haben dunkle Augen. Ebenso variiert die Krallenfarbe je nach Gefieder. Es gibt auch Gänse mit kleinem Häubchen auf dem Kopf, ganz selten mit einer Vollhaube wie bei den Haubenenten.

Steckbrief Österreichische Landente (Landenten mit und ohne Haube)

Diese mittelgroße Ente mit auffallendem s-förmigem Hals weist einen gedrungenen, kräftigen und fleischigen Rumpf auf. Die Brust ist voll und rund, jedoch ohne jeden Kielansatz. Erpel erreichen ein Gewicht von 2,5, Enten von 2 Kilogramm. Das Bruteiermindestgewicht beträgt 60 Gramm. Die Farbe der Eier ist weiß, selten grünlich. Charakteristisch ist die fast waagerechte Körperhaltung. Die Landente ist glattköpfig oder besitzt eine auf dem Hinterkopf sitzende, nicht allzu große Haube. Der Kopf ist länglich rund mit deutlich hervortretenden Backen, die Läufe kurz und kräftig. Sie entsprechen dem Farbschlag wie auch die Augenfarbe. Bei der Landente sind alle bei Entenrassen zugelassenen Farbschläge möglich, ausgenommen die Wildfarben-Varianten der Warzenente.

Steckbrief Österreichisches Landperlhuhn

Zumeist wildfärbig, kommen vereinzelt auch hellblau-graue Tiere vor. Von den Hybridzuchten unterscheidet es sich durch geringeres Gewicht und Größe. Die Masthybriden sind deutlich plumper. Das Gewicht der Henne beträgt rund 2 Kilogramm. Die Hähne sind etwas leichter. Jungtiere erreichen nach drei Monaten etwa 1 Kilogramm Körpergewicht. Die Unterscheidung der Geschlechter ist ab eineinhalb, spätestens jedoch nach drei Monaten, über die Hennenstimme möglich. Das Landperlhuhn ist ein ausgezeichneter Flieger und sehr marschfähig. Die Tiere sind fleißige Futtersucher, die von der Früh bis zum Abend auf Weidegang sind. In der bäuerlichen Haltung war die Ammenaufzucht durch Landhühner üblich. Der Amme wurden meist bis zu sieben Eier untergelegt. Die Landperlhühner sind wesentlich brutfreudiger. Charakteristisches Unterscheidungsmerkmal gegenüber der Hybridzucht sind die durchgehend schwarzgrauen Läufe ohne orange Flecken.

Der Blaue und der Weiße Wiener gelten als die einzigen autochthonen Kaninchenrassen in Österreich. Foto: Archiv Arche Austria

Das weiße Wiener Kaninchen ist leuzistisch. Leuzismus ist eine Defekt-Mutation, bei der das Fell weiß und die darunterliegende Haut mangels farbstoffbildender Zellen rosa ist. Foto: B. Fuchs

Kaninchen – Blaue und Weiße Wiener

Um die Wende vom 19. zum 20. Jahrhundert kam die Rasse-Kaninchenzucht für Schauzwecke auf, bis nach dem Zweiten Weltkrieg blieb sie wichtig für die Selbstversorgung der Bevölkerung. Denn sie sicherte in den damaligen Notzeiten die familiäre Versorgung mit zumindest kleinen Fleischrationen.

Unter der Vielzahl an Kaninchenrassen gelten lediglich der Blaue und der Weiße Wiener als eigenständige österreichische Rassen. Die Gruppe der Wiener Kaninchen ähnelt sich in Größe und Körperbau. Beide Rassen sind mittelgroß. Das Normalgewicht der Wiener Kaninchen beträgt 4 bis 5 Kilogramm. Der Körper ist leicht gestreckt, walzenförmig, vorne und hinten gleich breit. Die Brust ist voll ausgeprägt, der Hals kurz, mit kräftigem Nacken.

Johann Konstantin Schultz, Beamter der k.u.k. Südbahn in Wien-Hetzendorf, gilt als der „Erzüchter“ des Blauen Wiener Kaninchens. Dafür kreuzte er um 1890 Belgische Riesen, Französische Halbwidder und Blaue Lothringer. Leitmotiv für die Neuzüchtung des Blauen Wieners war die Schaffung einer produktiven Fleischkaninchen-Rasse mit attraktivem Fell.

Es sollte die besten Kaninchenrassen des auslaufenden 19. Jahrhunderts in allen Leistungsmerkmalen übertreffen. Nutzform und Schönheit waren im Wiener Typus vereint.

Blauer Wiener

Die Deckfarbe des Blauen Wiener ist ein kräftiges Mittel- bis Dunkelblau mit gutem Glanz. Das Fell ist mittellang und dicht in der Unterwolle. Die Unterfarbe ist etwas heller als die Deckfarbe, sie soll rein und ebenfalls von satter Färbung bis zum Haarboden durchlaufend sein. Die Farbe ist am ganzen Körper ausgeglichen, wobei jedoch die Bauchfarbe etwas matter und glanzloser erscheint. Der Kopf ist kräftig, mit breiter Stirnpartie und Schnauze sowie ausgeprägten Backen. Die Ohren sind gut aufgesetzt, fleischig und gut behaart. Die Augenfarbe ist blaugrau, die Krallen sind dunkel.

Weißer Wiener

Dieses reinweiße Kaninchen mit blauen Augen ist kein Albino, sondern ein leuzistisches (farbloses) Tier. Die Defekt-Mutation führt dazu, dass die Haut keine Farbstoff bildenden Zellen enthält und dadurch das Fell weiß und die darunterliegende Haut rosa ist. Der Wiener Eisenbahnbeamte Wilhelm Mucke gilt als Herauszüchter der Rasse, die 1907 erstmals auf einer Ausstellung präsentiert wurde.

Angestrebt wurde eine mittelgroße Rasse in Anlehnung an den Blauen Wiener durch Kreuzung von Holländer Kaninchen mit Weißen Riesen und Weißen Widderkaninchen. Zur Zeit des Nationalsozialismus wurde die Rasse besonders gefördert und als Wirtschaftsrasse offiziell anerkannt, in weiterer Folge jedoch vom Weißen Neuseeländer zusehends in den Hintergrund gedrängt. Beim Weißen Wiener ist man bestrebt, die Rasse als etwas leichteren und feingliedrigeren Typ gegenüber dem Weißen Neuseeländer zu erhalten. Der Bestand beider Rassen wird als nicht gefährdet eingestuft.

Bereits zu Beginn des 20. Jahrhunderts wurden die Rassen nach Deutschland exportiert und vor allem der Weiße Wiener erfreut sich bis heute großer Beliebtheit bei den Kleintierzüchtern.

Der Bergspitz und Pinscher

In Österreich gibt es zwei autochthone Gebrauchshunderassen und -schläge. Den Österreichischen Pinscher und den einst über weite Bereiche Mitteleuropas verbreiteten Mittleren Spitzhund. Beide Hunde zählen zur Gruppe der Lupoide, den wolfsartigen Hunden mit weitestgehend wolfsähnlichem Aussehen, wie Spitzohren, gestreckter Fang, kurze straffe Lefzen, gerade Linienführung. Der Österreichische Pinscher, der Tiroler Bergspitz, aber auch der Appenzeller und Entlebucher Sennenhund haben vermutlich dieselben Wurzeln im alpenweit verbreiteten Landspitz (Bauernspitz). Frühere Bezeichnungen waren Semmelhund, Ringler, Fuchshund (wegen der Farbe) oder auch nur Spitz. In der Region Hohe Tauern Osttirols, in den Sarntaler Alpen sowie in der Texelgruppe, einer Gebirgsgruppe der Ötztaler Alpen in Südtirol, konnte sich ein spezialisierter Treibhundeschlag, der Tiroler Bergspitz, bis heute halten.

Der Tiroler Bergspitz oder Kranz

Dieser spitzartige Haushund ist die älteste Form des Gebrauchshundes in den Alpen. Der Berg- oder Bauernspitz, wie er in Ost- und Südtirol noch genannt wird, wurde für das Treiben von Rindern, Schafen und Ziegen eingesetzt und fand auch als Jagdhund Verwendung. Noch bis vor wenigen Jahrzehnten wurde er besonders in Osttirol und Südtirol noch rein gezüchtet und für den Einsatz als Treibhund auf den Hochalmen selektiert. Die Rasse wurde jedoch nie standardisiert, noch wurde eine offizielle Anerkennung als Rassehund angestrebt (siehe Kapitel „Die Alpenregionegion Osttirol"). Der typische Bergspitz steht heute am Rande seines Aussterbens. Der Border Colly hat ihn fast zur Gänze verdrängt. Bei den Recherchen zu diesem Buch konnten erste Erhaltungsmaßnahmen zur Sicherung und Reinzucht der letzten Spitzbestände ergriffen werden.

Der Österreichische Pinscher ist der robuste Allrounder unter den Hofhunden.

Der Österreichische Pinscher

Der Österreichische Pinscher ist eine altösterreichische Landhunderasse, die bis in die zweite Hälfte des 20. Jahrhunderts zumindest in den Mittelgebirgslagen und im Alpenvorland verbreitet war. Dr. Emil Hauck legte 1922 bzw. 1925 erstmals einen Standard für diese altösterreichische Landhunderasse fest. Hauck beschrieb den Österreichischen Pinscher als kleinen bis mittelgroßen, sehr rumpfigen, kurzen, niedrig gestellten Hund von furchtlosem, lebhaftem Wesen und großer Wachsamkeit. Im Gegensatz zum Spitz, mit seiner charakteristischen rundlichen Kopfform und seinem deutlichen Stirnabsatz, strebte Hauck beim Österreichischen Pinscher einen birnenförmigen Kopf mit ebenfalls deutlichem Stirnabsatz an (breiter Oberkopf mit breit ausgebuchteten Jochbögen, starken Schläfen- und Kaumuskeln, kräftigem, aber kurzem Fang, der weder zu stark ausgeschnitten und zu spitz noch zu breit und zu stumpf sein soll).

In der Zeit vor der Standardisierung durch Hauck gab es auch schlankere und zierlichere Landschläge des Pinschers, die sich mehr dem

Der Österreichische Pinscher ist ein ausgezeichneter Ratten- und Mäusefänger. Er wurde daher auch „Rattler" genannt. Ayla stößt gleich wie ein Fuchs („Mäuselsprung") von oben auf die Maus und packt sie mit dem Fang. Foto: KÖP

Autochthone Gebrauchshunderassen und Landschläge des österreichischen Alpenraumes

Hunderasse	Gefährdung, Status Rote Liste	Population	Welpen/Jahr	Region
Österreichischer Pinscher	RL: gefährdet, VU; FAO: stark gefährdet, EN	300	35 in Österr.	Mittelgebirgslagen und Alpenvorland der Ostalpen
Tiroler Bergspitz	FAO: vom Aussterben bedroht, CR	< 50	unbek.	Osttirol und Tauernregion des Oberpinzgaus, Zillertaler Alpen, Provinz Bozen: Vintschgau, Sarntaler Alpen, Pustertal

Der 16-jährige Bergspitzrüde Bello ist einer der letzten seiner Art. Er wird trotz seines hohen Alters noch als Treibhund eingesetzt.

äußeren Erscheinungsbild des Mittleren Spitzhundes annäherten.

1928 wurde er offiziell als Rasse anerkannt, sein Standard definiert und ein Zuchtbuch eröffnet. Die zuchtbuchmäßig erfasste Population ist heute über neun europäische Staaten verteilt. Sein Fell hat Unterwolle, sodass er problemlos im Freien gehalten werden kann. Er ist rumpfiger und stämmiger als sein Verwandter, der Deutsche Pinscher. In der Vergangenheit wurde dieser in die Population der Österreichischen Pinscher eingekreuzt (Anfang der 1990er-Jahre in DK), ebenso ein Entlebucher Sennenhund.

Der Allrounder unter den Hofhunden ist ein ausgezeichneter und genügsamer Hofhund mit robuster Gesundheit. Hoffremden Personen gegenüber ist er misstrauisch und damit ein hervorragender Wächter. Früher diente er zum Rattenjagen. Heute wird er als wachsamer Hofhund sowie zum Viehtreiben eingesetzt. Er ist ein aufmerksamer Beschützer des Federviehs. Sein Jagdtrieb ist nur schwach ausgeprägt. Der Österreichische Pinscher ist spielfreudig, anhänglich und freundlich im Umgang mit vertrauten Personen und damit ein beliebter Familienhund. Wegen seiner Behändigkeit wird er auch gern als Sporthund eingesetzt. Durch die Umzüchtung vom Hofhund zum Freizeit- und Sporthund besteht jedoch die Gefahr, dass er seine Fähigkeiten und Eigenschaften sukzessive verliert.

Weltweit gibt es pro Jahr etwa 12 Würfe mit 70 Welpen Österreichischer Pinscher, hauptsächlich in Holland und Dänemark. Davon entfallen rund die Hälfte der Würfe und rund 35 Welpen auf Österreich. Aufgrund des sehr kleinen Genpools der Rasse versucht der Klub für Österreichische Pinscher seit dem Jahr 2010 mit dem Projekt „Landpinscher" die Population mit neuen Gründertieren zu erweitern. Im Projekt fallen pro Jahr etwa zwei bis drei Würfe. In Österreich leben derzeit rund 300 Österreichische Pinscher, im Ausland etwa dieselbe Anzahl. In der Roten Liste der gefährdeten Tiere Österreichs wird die Rasse als gefährdet (VU, vulnerable) geführt.

Steckbrief Österreichischer Pinscher

Mit einer Schulterhöhe von 42 bis 50 cm ist er mittelgroß, stämmig gebaut und mittelschwer. Er hat ein wetterfestes Haarkleid in verschiedenen Farben von hellgelb über rotbraun bis hin zu schwarz und auch reichlich Unterwolle. Das Fell ist kurz bis mittellang. Der Hals ist kräftig ausgebildet, oft hat der Pinscher weiße Abzeichen an Kopf, Brust, Läufen und Rutenspitze. Er hat einen munteren und aufgeweckten Gesichtsausdruck.

Kontakt:
Klub für Österreichische Pinscher
Geschäftsstelle:
Mag. Evelyn Kriegner-Gehmair
Strauchgasse 8, A-2440 Moosbrunn
Tel.: 0043 (0)676 37 26 934
office@oe-pinscher-klub.at
www.oe-pinscher-klub.at

Die Alpenregion Salzburg

Das Erzbistum Salzburg lenkte 695 Jahre lang die Landwirtschaft und Viehzucht des Landes und hatte wesentlichen Einfluss auf die Entwicklung der Rassen und des Viehbestandes, insbesondere des Norikers. Bereits 1703 wurde für die bäuerliche Zucht des Norikers die erste Körverordnung für Hengste erlassen.

Gegen Ende der Herrschaft der Erzbischöfe im Jahr 1803 war die Viehzucht in Salzburg sowohl qualitativ als auch quantitativ hochstehend im Vergleich zu den umliegenden Ländern. Der Gebirgsgau, der von den Kalkalpen über die Grasberge bis in die Hohen Tauern reicht, ist namensgebend für das kräftige mittelschwere Norische Kaltblut der Alpen, den Pinzgauer Noriker, und das weltweit verbreitete Pinzgauer Rind mit seiner Subpopulation, den genetisch hornlosen Jochberger Hummeln.

Zu den ursprünglichen Rinderschlägen Salzburgs zählen die roten bis rot gescheckten Rinder der Bergscheckengruppe mit vermutlich keltischem Ursprung. Wechselseitige Einflüsse des Tiroler Viehs (Tuxer und Zillertaler Rasse) sind wahrscheinlich, da bereits 739 n.Chr. die Diözesangrenze zwischen dem Erzbistum Salzburg und dem Bistum Brixen-Säben entlang der Ziller verläuft und das 50 Kilometer lange Seitental des Inntales in zwei Gebiete aufteilt. Über das Krimmler Achental und den Krimmler Tauern mit der Birnlucke besteht eine Jahrtausende alte Handelsverbindung ins Südtiroler Ahrntal. Vor 170 Jahren erwarben dort Südtiroler Bauern Alm- und Weiderechte. Dadurch kam es sicher zu einer Beeinflussung der Rasseentwicklung beim Pinzgauer Rind und bei den Pustertaler Sprinzen. Zu Beginn des 19. Jahrhunderts entwickelte sich aus den verschiedenen Landschlägen Salzburgs das Pinzgauer beziehungsweise Mölltaler Rind mit der charakteristischen weißen Zeichnung und der kastanienbraunen Färbung. Noch in der zweiten Hälfte des 19. Jahrhunderts waren Rinder vom Typus der heutigen Ennstaler Bergschecken in einzelnen Talschaften in den südlichen Landesteilen verbreitet, wurden jedoch um 1900 vom Mölltaler Rind verdrängt.

Das Pinzgauer Rind, der Noriker und das Alpine Steinschaf haben ihr Stammgebiet im Salzburger Pinzgau. Votivtafel der Wallfahrtskirche Maria Kirchenthal aus dem Jahr 1859. Foto: Archiv Jaritz

Das Pinzgauer Rind hat in seinem Stammgebiet seit Ende des 20. Jahrhunderts durch starken Fremdbluteinfluss von milchbetonteren Red-Holstein-Einkreuzungen und die Ausbreitung der Rassen Fleckvieh und Holstein deutlich an Bestand eingebüßt. Rund 6.000 (aktive Population) der in Summe 7.273 Herdebuchkühe der Pinzgauer Rasse entfallen auf Original Pinzgauer mit maximal 6,25 Prozent Fremdblutanteil. Von den 6.000 Herdebuchkühen der Original Pinzgauer Rasse werden etwa 2.000 als Mutterkühe und 4.000 als Milchkühe eingesetzt. Im Herdebuch erfolgt eine Trennung zwischen Pinzgauer und Original Pinzgauer Rindern (<6,25 Prozent Fremdblutanteil). In der Roten Liste der gefährdeten Nutztiere Österreichs wurde die Original Pinzgauer Rasse 2010 in die Kategorie „Gefährdung droht“ (NT) eingestuft. Die Gesamtpopulation unfasst knapp 40.000 Tiere.

Die Population der genetisch hornlosen Jochberger Hummeln (Haller-Linie) wird im Herdebuch nicht gesondert ausgeschieden. Es erfolgt auch keine getrennte Zucht dieser hornlosen Variante. Der Bestand umfasst einige hundert Tiere (<500). Die Jochberger Hummeln werden fast ausschließlich als Mutterkühe gehalten. Diese

Die Alpenregion Salzburg

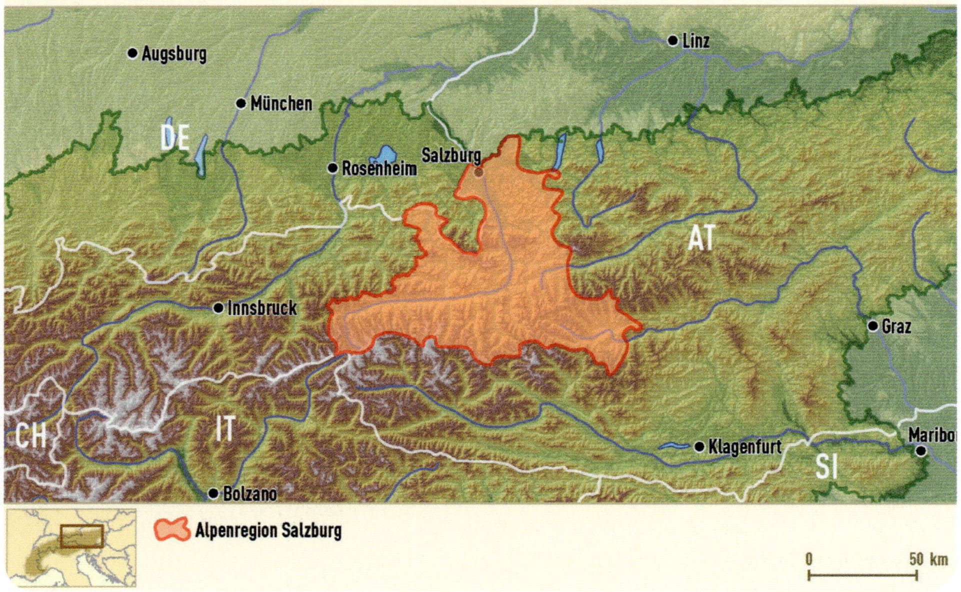

1851	15.225 Schweine (14.384*)
1869	15.379* Schweine
1880	10.932* Schweine
1993	32.598 Schweine
2007	12.044 Schweine

Tabelle: Schweinebestand in Salzburg zwischen 1851 und 2007. Daten: Kronland Salzburg 1851, *Klinger 1881, Grüner Bericht Salzburg 2009

Population hat einen sehr geringen Fremdblutanteil und kann als nahezu reinrassig eingestuft werden.

In Salzburg hat die Viehhaltung trotz des fortschreitenden Strukturwandels immer noch einen hohen Stellenwert. Dies liegt an dem hohen Grünland- und Almenanteil an der Landesfläche sowie an den günstigen Witterungsbedingungen. Über 80 Prozent der land- und forstwirtschaftlichen Betriebe betreiben Tierzucht in irgendeiner Form. Seit 1999 zeigt sich dabei ein deutlicher Trend zur Spezialisierung. Bei allen Tierkategorien, mit Ausnahme der kleinen Wiederkäuer, ist die Zahl der Halter gesunken und die Anzahl der Tiere je Betrieb gestiegen. Seit 1953 hat sich die Zahl der Rinderhalter mehr als halbiert. Die durchschnittliche Bestandsgröße stieg im selben Zeitraum von 10 auf rund 24 Rinder. Die dominierenden Rinderrassen sind das Fleckvieh mit 67 Prozent, gefolgt vom Pinzgauer Rind mit rund 16 Prozent und der Rasse Holstein mit 11 Prozent.

Unter den Kleinwiederkäuern haben neben dem Alpinen Steinschaf die Pinzgauer Ziege sowie die schwarze und braune Pinzgauer Strahlenziege ihr Stammgebiet im Pinzgau. Beide Ziegenrassen zählen heute zu den hochgefährdeten Nutztieren Österreichs, waren jedoch um 1900 in Tirol, Salzburg und in Teilen Oberkärntens weit verbreitet.

Die Pinzgauer oder auch Salzburger Ziege, wie sie Adametz 1915 nannte, zählt zu den ursprünglichsten Ziegenrassen des Alpenraumes. Sie unterscheidet sich in den morphologischen Merkmalen sowie im Verhalten von der Gämsfärbigen Gebirgsziege, die in den Ostalpen eine wesentlich jüngere Zuchtgeschichte hat und in Österreich auf Schweizer Bestände zurückgeht. Auch die Bunte Deutsche Edelziege hatte maßgeblichen Einfluss auf den heutigen Bestand der Gämsfärbigen Gebirgsziege.

Auch die Schafhaltung hat in Salzburg eine lange Tradition. Bereits im Mittelalter war sie für die Salzburger Schwaighöfe signifikant. Um 1.000 n. Chr. erfolgte eine gezielte Kolonisation der Hochlagen durch bajuwarische Schwaighöfe. Diese Neusiedler wurden vom Grundherrn mit Vieh ausgestattet und die Höfe in weiterer Folge in Erbpacht vergeben (Müller 1958). Abgaben in Form von Schafkäse des mittelalterlichen Steinschafes zählen zu den ältesten Zehent-Leistungen in Salzburg.

Im Codex Falkensteinensis aus dem Jahr 1166 sind Schafkäseabgaben der Schwaigen in Tirol (Brixenthal) und Salzburg (Pinzgau) vermerkt: *„Binzgow 600 casi, Brihsinthal 600 casi."*

Erst später ersetzte das Butterschmalz aus der Kuhmilch den Schafkäse als Zehent. Gegen Mitte des 19. Jahrhunderts wurde das Steinschaf nur mehr selten gemolken. Um 1850 wurde zum Käsen auf den Almen die Schafmilch der Magermilch von der Kuh beigemengt. Mein Großvater, der in den 1930er-Jahren als Landarbeiter im Lungau tätig war, hat dies noch so erlebt.

Das Alpine Steinschaf zählt wie das Krainer Steinschaf und das Montafoner Schaf zur Gruppe der noch sehr ursprünglichen, mischwolligen Alpenschafe der Ostalpen. Bis in die 1930er-Jahre war es in Salzburg die einzige nennenswerte Schafrasse. Zwischen 1960 und 1970 wurde das Steinschaf vom Bergschaf weitestgehend verdrängt. Aber nach einigen erfolglosen Versuchen gelang 1999 der Aufbau einer Erhaltungszucht mit rund 30 Tieren.

Im Mittelalter zählte das Schwein im Erzbistum Salzburg zum festen, wenn auch nicht dominierenden Tierbestand auf den bäuerlichen Gütern. Der Codex Falkensteinensis, ein wichtiges Urbar und Lehensverzeichnis, belegt den Schweinezins in den Gebirgsgauen Salzburgs für die hochmittelalterliche Zeit. Um die Mitte des 19. Jahrhunderts war die Schweinezucht eher unbedeutend. Sie wurde vorwiegend im Pinzgau (4.524) und Lungau (4.374) betrieben. Rund 80 Prozent des Gesamtbestandes entfielen auf das Innergebirg.

Der Großteil des Schweinebedarfs wurde durch Zutrieb aus Oberösterreich gedeckt. In den nördlichen Landesteilen Salzburgs findet man um 1850 das Bayerische Landschwein, ein hochbeiniges, stark karpfenrückiges, meist rotbraun geflecktes Schwein mit feinen Borsten und langen hängenden Ohren. Im Salzburger Alpengebiet war das Gebirgsschwein verbreitet. Es zählte vermutlich zum Typus der spitzohrigen Landschweine Mitteleuropas aus der Keltenzeit. Es war deutlich schmäler, mit kürzerem Rücken und Körper sowie kürzeren Füßen als das bayerische Landschwein. Es kam in den Farben weißgelb, grau, rotbraun und schwarz vor. Charakteristisch waren die aufgestülpten kurzen Ohren. In den Gebirgsgauen wurden die Schweine traditionell auf die Almen getrieben und mit Gras und Abfällen aus der Käseherstellung gefüttert. Im Winterhalbjahr war die Saubohne ein wichtiges Futtermittel.

Das Pinzgauer Schwein war bis in das 19. Jahrhundert im zentralen Ostalpenraum aufgrund seiner Widerstandsfähigkeit und Anspruchslosigkeit in Bezug auf Fütterung und Haltung ein begehrter Landschlag. Bereits zu Beginn des 20. Jahrhunderts scheint es in der Tierzuchtliteratur nicht mehr auf.

In der zweiten Hälfte des 19. Jahrhunderts war die Schweinezucht im Bezirk Lungau am bedeutendsten. Josef Klinger beschreibt um 1881 auch für den Lungau die Verbreitung des Bayerischen Landschweins, das damals bereits den alpinen Schweineschlag verdrängt haben dürfte. Unter den bodenständigen Schweineschlägen des österreichischen Alpenraumes war vor allem das Pinzgauer Schwein aufgrund seiner Widerstandsfähigkeit und Anspruchslosigkeit hinsichtlich Fütterung und Haltung gefragt.

Die Lungauer Sauschneider zogen weit in der österreichisch-ungarischen Monarchie sowie in Deutschland umher, wo sie ihr Wandergewerbe der Viehschneiderei, also der Kastration, ausübten.

Bereits in den sogenannten Taidingen (Salzburger Weisheiten), der mittelalterlichen Form der Volksgerichte, finden sich Hinweise auf die Haltung von Hühnern, Gänsen und Enten. Auf für heutiges Empfinden etwas skurrile Weise wurde darin auch das „Hühnerrecht“ festgeschrieben. Es regelt, wie weit sich ein Huhn bei der Futtersuche vom Haus entfernen durfte. Dazu musste der Hühnerhalter auf das Dach steigen und mit einem Fuß auf dem First, mit dem anderen auf der Dachlatte stehend, ein Ei zwischen den Beinen hindurchwerfen. Wo das Ei zu liegen kam, befand sich die Grenze.

Die Obrigkeit hatte besonderes Interesse an der bäuerlichen Hühnerhaltung. Es sollte so viel Geflügel wie möglich und ohne Einschränkung gehalten werden. Naturalabgaben an den Grundherrn mussten häufig in Form von Hühnern geleistet werden. Im Erzbistum Salzburg unterschied man, je nach Zeitpunkt der Abgabe an den Pfleger, zwischen Mai-, Gras- oder Faschingshennen. Die Bezeichnung Gerichtshuhn stand für ein bestimmtes Größenmaß (Traintinger 1957).

Von der Obrigkeit wurde von jedem Haus der sogenannte „Hühnerkreuzer“ für das Fuchsfangen eingehoben oder durch Naturalgaben von Hühnern abgelöst. Nach Raymond Traintinger ist dies ein Indiz dafür, dass der Grundherr ein ausgeprägtes Interesse an der Erhaltung der Hühnerbestände hatte. Conrad Hagger führt 1719 in seinem „Salzburgischen Koch-Buch“ verschiedene Geflügel-Rezepte an.

Zu den autochthonen Hühnerschlägen Salzburgs zählten mitteleuropäische Landhühner, die vermutlich der alten Form des Steirer Huhns entsprachen sowie die zu den Haubenhühnern zählenden Landschläge vom Typ des Tiroler Huhns.

Von der landwirtschaftlichen Gesellschaft wurde zu Beginn des 20. Jahrhunderts der Einsatz rosenkämmiger weißer Wyandottes forciert, um diese als Salzburger Landesrasse durchzusetzen. Die weißen Wyandottes waren eine Kreuzung aus Silber Wyandottes und weißem Leghorn (Italiener). Die Wyandottes sind eine aus den USA stammende, bereits 1883 anerkannte Hühnerrasse. Noch im selben Jahr wurden die ersten Tiere nach Deutschland und wenig später auch nach Österreich eingeführt.

Auch im Lungau waren bis Mitte des 20. Jahrhunderts zierliche Landhühner mit Federhaube vom Typ des Tiroler Huhns verbreitet. Hühnerfüttern beim Kösslerbauern in St. Andrä im Lungau um 1940. Foto: Archiv Pucher

Alpine Steinschafe auf der Schuldirektor-Noggler-Promenade in Mariapfarr um 1935. Foto: Archiv Pichler

Die Marstallschwemme neben dem Sigmundstor in der Stadt Salzburg mit ihren kunstvollen Pferdefresken geht auf das Baujahr 1699 unter Erzbischof Wolf Dietrich zurück. Foto: B. Loidl

In den 1960er-Jahren setzen sich die Hybridrassen durch. Aber weder eine Schlachtgeflügel-Produktion noch Zucht- und Legebetriebe konnten sich in Salzburg in größerem Umfang etablieren. In den vergangenen 20 Jahren haben sich die Nutzgeflügel-Bestände von 195.635 im Jahr 1993 auf 136.760 im Jahr 2012 verringert. Dazu beigetragen haben die Auswirkungen der Vogelgrippe H5N1 in den Jahren 2005/06 und das seit 2009 geltende Verbot der Käfighaltung.

Im Bundesland Salzburg halten rund 3.400 Betriebe Nutzgeflügel. Rund 12 Kilogramm Hühnerfleisch werden hier pro Kopf und Jahr verzehrt. Dabei handelt es sich sogar bei der Bioware fast ausschließlich um Hybrid-Hühner (Arvay 2013).

Die Pferdezucht hat in Salzburg eine lange Tradition. Das Erzbistum Salzburg (798 bis 1803) gilt als Ursprungsland des Noriker Pferdes. Die wirtschaftliche Bedeutung der Pferdezucht blieb aber, mit Ausnahme der letzten beiden Jahrhunderte, eher gering. Nach Raymond Traintinger wurde das Pferd zwar in Salzburg gezüchtet, es spielte jedoch für die Ernährung keine Rolle. Bereits 1599 regelten aber erzbischöfliche Verordnungen unter Wolf Dietrich den Viehhandel.

Ende des 18. Jahrhunderts findet man farbenfrohe, gescheckte Pferde. So viele Farben wie möglich, lautete das Motto. im Bild: Ein Noriker Tiger im Krimmler Achental. Diese Scheckung ist bei Züchtern sehr begehrt.

Nur minderwertiges Vieh, unter einem Wert von „fünf Pfund Pfenning“, also nicht mehr zuchttaugliche Tiere (darunter auch Pferde), durften außer Landes gebracht werden, sofern dadurch die Zucht im Land keinen Schaden erlitt. Vor allem Stuten, die für die Zucht nicht mehr geeignet waren, wurden als Zugpferde, mit einem eigenen Hufbrand versehen, veräußert. Die Bestimmungen aus der frühen Neuzeit zeigen, dass offensichtlich ein Mangel an guten Zuchttieren bestand. Das Pferd diente, seit Einführung des Kummets im Spätmittelalter, als Arbeitstier und wurde im militärischen Dienst verwendet. Um die Mitte des 16. Jahrhunderts wurde die Noriker-Pferdezucht im Erzbistum Salzburg ausgebaut. Unter Erzbischof Johann Jakob (1560-1585) wurden die erzbischöflichen Gestüte und Gestütshöfe im Pinzgau, in Rif, im Nonntal und in Weitwörth errichtet.

1703 wurde die erste Körverordnung für Hengste in bäuerlicher Zucht erlassen. Und damit die Prinzipien der Reinzucht eingeführt. Im 18. Jahrhundert änderte sich die Situation in der Pferdezucht maßgeblich. Die Intensivierung der Landwirtschaft, vor allem des Ackerbaus, und die ständigen Kriege steigerten den in- und ausländischen Bedarf an Pferden. Salzburg verfügte zwar über günstige Zuchtbedingungen, aber gegen Ende des Fürsterzbistums setzte ein zunehmender Verfall des Gestütwesens ein und die Reinzucht verlor an Bedeutung.

Durch die Konjunktur des Pferdemarktes griff eine ungeregelte Zucht um sich, da Pferde den Bauern plötzlich mehr Erlös einbrachten als Rinder. Gute Rinderweiden wurden damals für Pferde verwendet.

Zahlenmäßig nahm die Pferdezucht aber nicht ab, wie in der Literatur oft fälschlich angegeben wird, sondern es erfolgte ein qualitativer Rückgang in der Norikerzucht. Es traten vermehrt Fehler wie Speckhals oder lockere Schulter auf, da aufgrund des guten Absatzes kein Interesse an der Zuchtauslese bestand. Die Pferdezucht im Erzbistum Salzburg, die anfänglich auf hohem Niveau betrieben wurde, musste im 18. Jahrhundert bei der Qualität Rückschläge hinnehmen.

Der letzte Erzbischof vor der Säkularisierung im Jahr 1803, Hieronymus Graf von Colloredo, versuchte unter fachkundiger Hilfe noch einmal Ordnung in die Norikerzucht zu bringen. Seine Bemühungen führten später zu einer wesentlichen Verbesserung der Zucht und zu einem neuerlichen Aufblühen im 19. Jahrhundert (Traintinger 1957).

Im Jahr 1807 richtete die kaiserliche Regierung staatliche (ärarische) Deckstationen ein und das Privatbeschälwesen, das Decken privater Stuten, wurde ab 1855 gesetzlich geregelt. Im Jahr 1926 wurde in Saalfelden der Verband Pinzgauer Pferdezuchtvereine gegründet. Drei Jahre später richtete die Landesregierung am Stoißengut in Saalfelden eine Hengstenaufzuchtstation ein. Die Zucht der Stuten blieb im bäuerlichen Besitz, die Hengste stellte der Staat zur Verfügung (Hörl/Hörl 1992).

Porträt: Lukas Brandner
Die Norikerzucht am Stoissengut in Saalfelden

Die alte Tradition der Norikerzucht wird in der Pinzgauer Marktgemeinde Saalfelden hochgehalten. Bereits im 16. Jahrhundert wurde in Saalfelden ein erzbischöflicher Gestüthof eingerichtet. 1929 wurden die beiden Stoissengüter in Saalfelden vom Land Salzburg erworben und für die Hengstenaufzucht zur Verfügung gestellt. Seit Bestehen des Fohlenhofes wurden am Stoissengut über 1.000 Hengstenjährlinge eingestellt, wovon rund 80 Prozent gekört und in die Zucht übernommen wurden. Rund 20 Junghengste sind jedes Jahr am Fohlenhof untergebracht.

Lukas Brandtner betreut seit 1997 die Fohlen und Junghengste am Fohlenhof. Er hat die Aufgabe von seinem Onkel, Lois Rainer, übernommen, der über Jahrzehnte hier tätig war. Die Junghengste bleiben bis zu einem Alter von zweieinhalb Jahren am Fohlenhof und werden anschließend im Herbst bei der österreichweiten zentralen Hengstkörung Anfang September in Stadl-Paura vorgeführt.

„Daher bleiben die Jährlinge im letzten Jahr am Hof und kommen nicht, wie der diesjährige Jahrgang, auf die Grieswiesalm in Rauris", erklärt Lukas Brandtner. Zum Fohlenhof gehören ausgedehnte Weideflächen entlang der Saalach, wo die Jährlinge die Zeit bis zu dem für sie wichtigsten Lebensabschnitt, der Körung, verbringen. Zwei mal am Tag dürfen sie für ein paar Stunden auf die Weide, die Nacht verbringen sie immer im alten Rossstall. Dadurch kann Lukas Brandtner die Entwicklung der Junghengste beobachten, damit sie bei der Körung in guter Konstitution sind. In Stadl-Paura werden jährlich bis zu 50 Hengste aus ganz Österreich gekört.

Der Almsommer der Hengste auf der Grieswiesalm endet mit dem traditionellen Jährlingsmarkt im September in Maishofen, bei dem die besten Tiere vom Pferdezuchtverband für die Weiterzucht am Fohlenhof ausgewählt werden. Die übrigen Tiere kommen zum Verkauf.

„Die große Aufgabe des Fohlenhofes ist die Erhaltung der fünf Hengstlinien der Norikerzucht", erklärt Lukas Brandtner. „Vulkan ist die am meisten verbreitete Hengstlinie, gefolgt von Nero, Diamant, Schaunitz und Elmar." Wie beim Pinzgauer Rind ist auch beim Pinzgauer Noriker die kastanienbraune Farbe das typische Merkmal des ursprünglichsten Schlages.

Die beiden erwähnten Stoissengüter, Ober- und Unterstoißen, liegen malerisch am Eingang des engen Durchbruchstals der Saalach, die sich in diesen Flussabschnitt zwischen die steil aufragenden Gebirgsstöcke des Steinernen Meeres und der Loferer Steinberge einschneidet. Insgesamt 50 Hektar bewirtschaften die beiden Stoissengüter. Die Feuchtwiesen und Weiden entlang der Saalach sind ideal für die Aufzucht der Noriker. Die Junghengste werden alle zwei Monate gewogen und vermessen. Die Tageszunahme liegt bei rund einem halben Kilogramm pro 30 Kilogramm in 2 Monaten.

Ein gewisser Nachteil ist die fehlende Nutzung des Norikers als Arbeitstier. Nur mehr einige wenige Betriebe setzen den Noriker noch für die Holzrückung im Wald ein. Dadurch besteht die Gefahr, dass die besonderen Eigenschaften des Kaltbluts, wie Ausdauer und Kraft, langfristig verloren gehen. Die Forcierung des sportlichen Typs, wie etwa beim Haflinger, hat beim Noriker nicht in derselben Intensität stattgefunden. Im Gegensatz zum Haflinger ist der Noriker ein reines Kaltblut und die Zucht liegt noch überwiegend in bäuerlicher Hand.

Bis zu 25 Hengste treffen am Fohlenhof aufeinander und das bedeutet 25 unterschiedliche Charaktere und Temperamente. Während bei den Hengstfohlen

Der Herr der Hengste. Markus Brandtner, betreut seit 1997 die Hengstfohlen und Junghengste der Pinzgauer Norikerzucht am ehemaligen erzbischöflichen Gestüthof am Stoissengut.

Bis zu 3.000 Besucher verfolgen alljährlich die Rangkämpfe der Norikerhengste beim Hengstauftrieb auf der Grieswiesalm im Raurisertal. In einem temperamentvollen Wettkampf legen die Norikerhengste die Leitposition für den Almsommer fest.

das Fressen noch im Vordergrund steht und sich Rangkämpfe darum drehen, wer als Erster fressen darf, zeigen die Jährlinge und Junghengste bereits eine ausgeprägte Rangordnung. „Die Hengste haben im Stall und innerhalb ihrer Box die Rangordnung klar abgesteckt", sagt Lukas Brandtner. „Im zweiten Jahr entwickeln sich die Hengste sehr rasch und sie werden immer hengstischer. Bei der Körung treffen über 50 Hengste aufeinander und sind dann dementsprechend aufgeregt." Oft verhalten sich die Hengste bei der Körung völlig anders als zu Hause am Fohlenhof. So mancher ruhige Hengst wird dann zum Temperamentsbündel. Andere werden ganz ruhig und verstecken sich hinter ihren Artgenossen.

Oft wird er gefragt, ob es ihm nicht leidtut, wenn seine Hengste den Hof verlassen müssen. „Natürlich! Wenn die Tiere ein Jahr am Fohlenhof sind, haben sich die Junghengste an die Umgebung gewöhnt und man versteht sich gegenseitig. Andererseits sind es meist besonders wertvolle Tiere, die für die Zucht ausgewählt werden, und ich bin froh, wenn die Tiere gesund den Hof verlassen und für den Fortbestand der Norikerzucht sorgen", meint er. Lukas Brandtner trägt damit eine große Verantwortung, denn die Aufzucht ist mit hohen Kosten verbunden. Ein Jahr nach der Körung müssen die Junghengste eine Leistungsprüfung ablegen. Es handelt sich um einen 30-Tage-Test im österreichischen Pferdezentrum Stadl-Paura. Neben der Exterieurbeurteilung bei der Körung ist eine Interieurprüfung der inneren Eigenschaften wie Charakter, Umgänglichkeit sowie des Leistungsvermögens für die Zuchtverwendung erforderlich. Die Abschlussprüfung beinhaltet die Reiteignungs- und Einspänner-Fahrprüfung, den Schwerzug sowie das Leichtholzziehen durch Hindernisse. In Summe sind mit der Aufzucht der Hengste Kosten in der Höhe von rund 7.000 Euro verbunden. Bei den Stuten erfolgt eine Feldprüfung auf freiwilliger Basis.

Ein „IB" Hengst (Champion) kostet, je nach Zuchtklasse, zwischen 10.000 und 15.000 Euro. Teilweise über 20 Jahre sind die Hengste im Deckeinsatz, so auch der im Jahr 1993 geborene IB Hengst Hollerberg-Schaunitz. Über 300 Noriker Hengste hat Lukas Brandtner seit 1997 bis zur Körung geführt.

Ein Saumpferd, wie sie ab dem frühen Mittelalter in den Hohen Tauern für den Warenverkehr zwischen Venedig und den Städten nördlich der Alpen wie Salzburg, Regensburg und Nürnberg eingesetzt waren. Foto: P. Schwaiger

Die Norikerzucht

Die Erhaltungszucht der Pinzgauer Noriker erfolgt nach Farbschlägen, jedoch nicht liniengetreu. Als Linie, besser Hengstlinie, wird die direkte Vaterlinie eines Hengstes bezeichnet. Aufgrund der geringen Gesamtpopulation werden die fünf Hengstlinien untereinander vermischt. Durch die niedrigen Inzuchtwerte ist eine Zucht nach gezielter Anpaarung derzeit nicht notwendig. Die Züchter sind angehalten, möglichst farbrein zu züchten. Es bestehen jedoch diesbezüglich keine Ausschließungsgründe, um die genetische Vielfalt nicht unnötig einzuschränken. In der Norikerzucht sind alle Grundfarben vertreten, doch wie bei allen Rassezuchten gibt es auch hier Modetrends.

Die gezielte Anpaarung wird dem Züchter nicht vorgeschrieben, sondern es werden über die Zuchtwertschätzung möglichst viele Anpaarungsvarianten angeboten. In der Norikerzucht wird ausschließlich mit Natursprung gearbeitet, da die künstliche Besamung die Gefahr in sich birgt, dass bestimmte Linien übermäßig forciert werden. Der Natursprung ist mit 40 bis 50 Bewegungen natürlich limitiert und damit kommen andere Linien gleichermaßen zum Einsatz.

In jedem Bundesland bestehen eigenständige Tierzuchtverbände, da die Tierzucht in Österreich Kompetenz der Länder ist. Der Landespferdezuchtverband Salzburg führt das Ursprungszuchtbuch und ist die in Österreich verantwortliche Zuchtorganisation für die Umsetzung des Generhaltungsprogramms des Norikers. Alle acht Landesorganisationen sind in einer bundesweiten Dachorganisation mit Sitz im Salzburger Maishofen, der „Arbeitsgemeinschaft für Noriker", zusammengeschlossen. Die Körung der Hengste erfolgt zentral im oberösterreichischen Stadl-Paura.

Für die züchterische Selektion ist die Fleischproduktion ein wichtiges Absatzsegment. Rund 20 bis 25 Prozent der Fohlen beider Geschlechter gehen derzeit in den Pferdefleischmarkt. In den vergangenen Jahren wurde verstärkt eine regionale Vermarktung des Fohlenfleisches aufgebaut. Nach Italien, dem bislang größten Abnehmer für Pferdefleisch, werden nur mehr rund 5 Prozent exportiert (2013 rund 40 Tiere). Der überwiegende Teil davon wird regional direkt vermarktet.

Das Hauptzuchtgebiet erstreckt sich ausgehend vom Salzburger Pinzgau über die Obersteiermark, Kärnten, Slowenien, Osttirol, Südtirol, Nordtirol ins südliche Bayern und nach Oberösterreich. Das Zuchtgebiet des Norikers gilt als das größte geschlossene aller Kaltblutrassen in Europa.

Heute findet der gutmütige und anspruchslose Noriker in erster Linie im Reit- und Fahrsport sowie im Brauchtum Einsatz.

Pferde als Tragetiere

Über den Saumhandel gelangten Luxusgüter wie Welschwein, Seide, Metallwaren, Öl, Honig und Südfrüchte aus dem Süden über die Alpen. Gegenfracht waren in erster Linie Salz, Wolle, Loden und Leder. Ein Saum entspricht einem Pferd mit einer Traglast von rund 150 Kilogramm. Im Spätmittelalter, um 1570, wurden jährlich rund 2.880 Tonnen (19.200 Säume) allein über den Radstädter Tauern transportiert. Der Saumweg über die „obere Straße“ führte vom friulanischen Venzone über den Plöckenpass nach Mautern und weiter nach Heiligenblut über die Hohen Tauern in Richtung Salzburg.

Kontakt:
Fohlenhof Stoissen
Hohlwegen 5, A-5760 Saalfelden
Tel.: 0043 (0)6582 72 266
Fax.: 0043 (0)6582 72 266
fohlenhof.stoissen@gmx.at
www.fohlenhof.at
Lukas Brandtner:
Tel: 0043 (0)676 74 07 242

Pinzgauer Noriker, ursprüngliches Verbreitungsgebiet

Steckbrief Pinzgauer Noriker (Norisches Kaltblut, Noriker, ital. Norico)

Der Pinzgauer oder Österreichische Noriker ist ein mittelschweres, kräftiges Gebirgskaltblut. Das Widerrist-Mindeststockmaß bei Stuten beträgt 152 Zentimeter. Die „Bestmaße“ bei Stuten im Stockmaß liegen von 156 bis 162 Zentimeter. Das Mindeststockmaß bei Hengsten beträgt 156 Zentimeter bei 2,5-jährigen, 157 Zentimeter bei 3-jährigen und 158 Zentimeter bei 4-jährigen und älteren Hengsten. Das Höchststockmaß bei Hengsten bei der Anerkennung beträgt 170 Zentimeter. Mit einem Alter von rund zweieinhalb Jahren erreichen die Hengste bei der Körung ein Stockmaß von durchschnittlich 1,60 Meter und im Mittel ein Gewicht von 700 bis 720 Kilogramm. Ein Stockmaß von über 1,65 Meter wird bei der Körung mit Abschlägen bei der Punktezahl gewertet. Das Höchststockmaß bei Hengsten bei der Anerkennung beträgt 170 Zentimeter. Die „Bestmaße“ bei Hengsten reichen von 158 bis 165 Zentimeter. Der erwünschte Röhrbeinumfang beträgt bei Stuten 22 bis 25 Zentimeter und bei Hengsten 23 bis 26 Zentimeter.

Bis vor wenigen Jahrzehnten gab es einen kleinrahmigen Norikerschlag mit einem Stockmaß von max. 152 Zentimeter. Der kleinrahmige „Abtenauerschlag“ der Noriker war sehr leichtgängig und wurde gern für die Holzrückung im steilen Gelände eingesetzt.

Durch die Forcierung des großrahmigen Typus durch den Zuchtverband ist der Abtenauerschlag sukzessive in der „modernen“ Norikerpopulation aufgegangen. Die Farbausprägung ist bei der heutigen Norikerzucht ein besonderes Zuchtkriterium. Neben den möglichst dunklen Hauptfarben Brauner, Rappe und Fuchs mit hellem Langhaar, findet man Mohrenköpfe/Blauschimmel, Tiger und Plattenschecken/Kuhschecken (dreifärbig). Im Jahr 2013 waren im Stutbuch 4.752 Stuten und 206 Hengste registriert (Daten Arge Noriker). In der Roten Liste der seltenen Tiere Österreichs wird der Noriker trotz der leicht positiven Entwicklung in die Kategorie mit drohender Gefährdung eingestuft (NT, near threatened).

Die Jochberger Hummeln sind ideal für Betriebe, die mit hornlosen Rindern arbeiten möchten. Sie zeigen die Qualitätseigenschaften der Pinzgauer Rasse, wie gute Tageszunahmen und ausgezeichnete Mutterinstinkte.

Die genetisch hornlosen Jochberger Hummeln

Das Pinzgauer Rind ist heute in rund 30 Staaten der Welt verbreitet. Wenig Beachtung fand bisher der „kleine Bruder", die genetisch hornlosen Jochberger Hummeln. Sie sind dem Pinzgauer Rind zuzurechnen und werden seit über 170 Jahren reinrassig gezüchtet. Die wenigen verbliebenen Tiere können leider sprichwörtlich als Raritäten bezeichnet werden. Nur mehr zehn Betriebe in Salzburg und Tirol züchten diese Variante der Original Pinzgauer.

Das Ursprungsgebiet der Jochberger Hummeln ist das Tiroler Oberaurach zwischen Jochberg und Kitzbühel an der Grenze zum Salzburger Pinzgau. Die Region zählt zum Ursprungsgebiet der Pinzgauer Rasse. In Tirol verwendet man den Begriff „hummlert" für hornlose und damit mehr oder weniger wehrlose Tiere. Der Begriff leitet sich von den Hummeln ab, über die das Gerücht verbreitet ist, sie könnten überhaupt nicht stechen, was aber nicht stimmt.

Sie gehören, wie die Bienen, zu den Stechimmen, sind jedoch deutlich friedlicher. Gleiches gilt für die Jochberger Hummeln. Sie vereinen die guten Mutterkuheigenschaften des Pinzgauer Rindes mit ausgesprochener Gutmütigkeit.

Eine besondere Rarität sind die schwarzen Jochberger Hummeln, die auch als „Glückskühe" bezeichnet werden. Vor Jahrzehnten waren sie noch häufiger, aber immer vereinzelt, auf den Höfen anzutreffen.

Die Vorfahren des heutigen Hallerwirtes, Franz Filzer in Oberaurach bei Kitzbühel, haben in den 1830er-Jahren durch gezielte Selektion die Rasse begründet. Die Pinzgauer Rasse wurde zu dieser Zeit auch als Arbeitstier eingesetzt. Genetisch hornlose Tiere waren nicht gefragt, da sie sich nicht in das Ochsenjoch einspannen ließen. Um 1929 gab es nur mehr eine Handvoll Zuchttiere am Ursprungsbetrieb der Rasse. Der Gesamtbestand wird aktuell auf rund 130 Tiere geschätzt. Die Jochberger Hummeln zählen daher neben den Ennstaler Bergschecken zu den gefährdeten Rinderrassen Österreichs.

Porträt: Die Jochberger Hummeln am Lackenhof

Bereits Ende der 1970er-Jahre interessierte sich Oswald Dick vom Lackenhof in Maishofen, einem Traditionsbetrieb, wo das Pinzgauer Rind seit seinen Ursprüngen zu Beginn der 1840er-Jahre zu Hause ist, für die genetisch hornlose Variante der Pinzgauer. Zu dieser Zeit wurden die ersten Laufställe für Rinder entwickelt. Der Lackenhof war einer der ersten Betriebe im Pinzgau, die auf dieses neue Haltungssystem umstellten. Von Anfang an kam es zu Haltungsproblemen, immer wieder zu schweren Verletzungen. Enthornung war für Oswald Dick jedoch kein Thema, daher wurde er auf die genetisch hornlosen Jochberger Hummeln aufmerksam.

Der Lackenhof züchtet seit über 40 Jahren auf Fleischproduktion. „1972 haben wir als erster Betrieb innerhalb der Pinzgauer Zucht auf Mutterkuhhaltung umgestellt und den Betrieb auf Zucht ausgerichtet", erklärt Oswald Dick mit Stolz, der auf diesem Weg an der Pinzgauer Rasse festhalten konnte. „Auf der Alm sind die Pinzgauer widerstandsfähig. Sie haben einen ruhigen Charakter und viele gute Eigenschaften, die nicht messbar sind", weiß er aus Erfahrung.

Schauen wir nun wieder nach Oberaurach bei Kitzbühel. – Ende der 1970er-Jahre gab es dort im Betrieb des Hallerwirts immer noch Jochberger Hummeln. Betriebsführerin war die Witwe eines Nachfahren des Zuchtbegründers. „Mehrfach habe ich die Witwe besucht, um einen Zuchtstier zu erwerben", erzählt Oswald Dick. „Über zehn Jahre lang hat sie mir jährlich das Versprechen erneuert, bis sie schließlich verstarb. Sie hat mir jedoch weder eine Kuh noch einen Stier verkauft."

Zu Beginn der 1990er-Jahre gelang es dem Geschäftsführer des Rinderzuchtverbandes und späteren Tierzuchtdirektors, Dr. Lederer, auf Anregung von Oswald Dick nach zähen Verhandlungen endlich zwei Stiere vom neuen Betriebsführer des Hallergutes zu erwerben. Mit der Nachzucht aus der ersten Besamung begründete Dick seine Jochberger Hummelzucht. Die beiden Besamungsstiere des Zuchtverbandes bewährten sich nicht besonders, da zu dieser Zeit kaum Nachfrage nach hornlosen Pinzgauern bestand. „Viele Bauern wollten keinen hornlosen

Stier einsetzen. Eine Kuh muss Hörner tragen, war die landläufige Meinung", so Oswald Dick.

Der erste Nachzuchtstier war Linienbegründer am Lackenhof. „Nachdem ich den Stier nicht mehr benötigte, wurde er Besamungsstier, doch niemand traute sich, mit diesem Stier zu besamen. Der Stier wurde schließlich nach Norddeutschland verkauft. Bei einer Fleischrinderausstellung, auf der sämtliche Rassen vertreten waren, ist dieser Stier als Sieger hervorgegangen", erzählt Oswald Dick weiter.

Im Gegensatz zur Gesamtpopulation der Pinzgauer Rinder ist die Subpopulation der Jochberger Hummeln nahezu zu 100 Prozent reinrassig. In der Pinzgauer Zucht setzt man seit Jahrzehnten auf Kreuzungsprogramme mit Holstein-Friesian, um die Milchleistung weiter anzuheben. Nicht nur für Oswald Dick ist das der falsche Weg. „Entweder Pinzgauer oder gleich eine ganz andere Rasse", ist er überzeugt.

Der Bestand des Original Pinzgauer Rindes mit bis zu maximal 6,25 Prozent Fremdblutanteil ist mittlerweile auf rund 6.000 gesunken, Tendenz weiter abnehmend. Am Lackenhof leben 30 Mutterkühe und drei bis vier Zuchtstiere. Die übrigen 10 Stierkälber werden kastriert und mit 12 Monaten geschlachtet. „Klasse statt Masse" war die Herausforderung, der sich die Familie Dick vor 40 Jahren mit der Umstellung auf Mutterkuhhaltung und Fleischproduktion stellte. Vor allem in den 1970er- und 1980er-Jahren galt dieses Bekenntnis nur wenig, bei der Vermarktung des Rindfleisches zählte ausschließlich die Masse. „Der Schlachtkörper eines Pinzgauer Rindes hat eine andere Körpermasse als der Schlachtkörper eines Fleckviehs. Das Pinzgauer Rind hat einen längeren Körper. Wenn die Tiere gleich schwer sind, müssen sie irgendwo schmäler sein", erklärt Oswald Dick den Unterschied. Die Schlachttiere vom Lackenhof wurden trotz hoher Qualität immer zweit- bis drittklassig bewertet. Damit wollte sich Oswald Dick nicht zufrieden geben. Er entschied sich für die Eigenschlachtung und Direktvermarktung, um einen fairen Preis erzielen zu können. „Wir wurden quasi dazu gezwungen, aber mittlerweile sind es 30 erfolgreiche Jahre. Wir haben Kunden, die seit Beginn regelmäßig Fleisch von unseren Tieren kaufen", berichtet er.

Der Lackenhof hat sich als Zuchtbetrieb für Fleischrinder in der Mutterkuhhaltung einen Namen gemacht. Fünf Mal hintereinander stellte der Betrieb bei der Bundesfleischrinderschau die Bundessiegerin. „Wir haben die Tiere immer direkt von der Alm zur Ausstellung gebracht und waren stets erfolgreich. Leider jedoch in erster Linie im Ausland", meint Oswald Dick bedauernd. Im Inland stehen die Jochberger Hummeln in Konkurrenz zu der überwiegend genetisch veränderten Pinzgauer Rasse. „Eine Forcierung der Jochberger Hummeln als eigene Mutterkuhrasse war daher seitens des Zuchtverbandes nicht gewollt", weiß er. Für die „Hummeln" gib es keine eigene züchterische Betreuung. Sie sind eingegliedert in das Herdebuch und Teil des Generhaltungsprogramms der Original Pinzgauer. Aufgrund der fehlenden Anerkennung erhalten die Züchter trotz der extrem niedrigen Bestandszahlen lediglich die Förderung für den Status der „nur" gefährdeten Original Pinzgauer und nicht den für den Status „hochgefährdet". So sind die Hummeln trotz der über 170-jährigen Zuchtgeschichte immer noch ein mehr oder weniger geliebtes „Anhängsel" der Pinzgauer Rasse. In der österreichischen Roten Liste der gefährdeten Tiere werden die Jochberger Hummeln aber in der höchsten Gefährdungskategorie „vom Aussterben bedroht" (CR, critically endangered) geführt.

Genetisch hornlose Tiere haben auf den Betrieben der Fam. Dick eine lange Tradition. „Enthornung war nicht meine Sache. Nachdem es innerhalb der Pinzgauer Rasse genetisch hornlose Tiere gab, haben wir uns für die Jochberger Hummeln entschieden", erklärt Osswald Dick.

Steckbrief Jochberger Hummeln

Wie das Original Pinzgauer Rind haben sie die kastanienbraune (oder schwarze) Grundfarbe mit charakteristischer weißer Farbzeichnung über Widerrist, Rücken, Oberschenkel, Bauch und Unterbrust. Der Rücken ist auffallend lang. Die dunklen Klauen sind hart, die Hörner hell mit schwarzen Hornspitzen.

Als Besonderheit sind die Jochberger Hummeln genetisch hornlos. Sowohl bei den Original Pinzgauern als auch bei den Jochberger Hummeln tritt gelegentlich der schwarzweiße Farbschlag auf, den man als „Glückskühe" bezeichnet. Die Jochberger Hummeln sind ein auf Milch- und Fleischleistung gezüchtetes Zweinutzungsrind. Durch das ursprüngliche Vorkommen in Berggebieten hat sich ein marschtüchtiges Rind mit bestem Fundament und besonderer Anpassungsfähigkeit an schwierige Standorte entwickelt. Hinsichtlich der Milchleistung sind bei der ausgewachsenen Kuh durchschnittlich 5.800 Kilogramm Milch pro Jahr bei 3,9 % Fett und 3,3% Eiweiß zu erwarten, bei der Fleischleistung in der Stiermast bei guter Bemuskelung 1.300 Gramm tägliche Zunahme mit rund 58 Prozent Ausschlachtung und hervorragender Fleischqualität. Das Fleisch der Rinder ist zart, feinfaserig und appetitlich marmoriert.

„Eine schöne Haut ist zu wenig ...“,
Johann Gruber

oben: Johann Gruber mit seinen Pinzgauer Ziegen auf der Tödlingalm am Hundstein.
unten: Der Pinzgauer Käse mit seiner charakteristischen Wagenradform besteht aus Kuh-Rohmilch und 15 Prozent Ziegenmilch. Vermarktet wird in erster Linie der Pinzgauer Käse, daneben Bergkäse und Tilsiter. Auf der Tödlingalm fallen dafür in einem Almsommer 38.000 Liter Kuh- und Ziegenmilch an.

Porträt: Tödlingbauer Johann Gruber
Die Pinzgauer Ziegen am Hundstein

Die Tödlingalm liegt am Südrand des Hundsteins, einem der höchsten Grasberg in den Alpen. Der unbewaldete Bergstock liegt im Herzen des Pinzgaus und gehört zu den Kitzbühler Alpen. Johann Gruber, Tödlingbauer aus Thumersbach im Pinzgau, ist passionierter Ziegenzüchter. Er bewirtschaftet gemeinsam mit seiner Frau Maria und den beiden Kindern den 18 Hektar großen Bergbauernhof hoch über dem Zeller See und die über 300 Hektar große Tödlingalm am Hundstein im Haupterwerb. Die Veredelung der Milch zu verschiedenen Käsespezialitäten ist der Gewinnbringer des Hofes. Neben den Jersey Kühen spielen die Pinzgauer Ziegen dabei eine zentrale Rolle. Im Sommer werden auf der Alm rund 38.000 Liter und am Heimgut rund 20.000 Liter Milch zu Käse verarbeitet. Vermarktet wird der Käse in erster Linie über Großabnehmer, Ausflugsgasthäuser, Schihütten und Feinkostläden.

Im Alter von sechs Jahren bekam Johann Gruber von seinem Vater die erste Ziege und seit er 18 ist, beschäftigt er sich intensiv mit der Zucht der Pinzgauer Ziegen. Anfangs führte er eigenständig ein Zuchtbuch, seit 1996 beteiligt er sich an der Generhaltungszucht des Zuchtverbandes.

Heute umfasst seine Herde 40 Pinzgauer Ziegen. Er hat seinen Bestand über die Jahre sukzessive aus eigener Nachzucht aufgebaut. „Wir haben nie Geißen zugekauft und sind damit gut gefahren“, erklärt er. „Von 40 Ziegen bekommt man jährlich viele Kitze und nur die besten haben wir für die Zucht verwendet. Ich habe immer streng selektiert.“

Ein Vierteljahrhundert hat Johann Gruber seine Pinzgauer Ziegen auf gut melkbare Euter und gute Milchleistung selektiert. Er hat sich mit seiner Frau Maria und den beiden Kindern auf die Herstellung von Almkäse spezialisiert. Neben Pinzgauer Käse, Bergkäse, Butterkäse, Tilsiter und verschiedenen Frischkäsesorten stellt die Familie auch Ziegenkäse her. Im Frühjahr wird die Ziegenmilch verbuttert. Bei der Käsiade 2008 und 2010 wurde der Pinzgauer Käse von der Tödlingalm mehrfach ausgezeichnet.

Eine passable Milchleistung ist neben der Genügsamkeit und Robustheit der Pinzgauer Ziege für Johann Gruber eine wirtschaftlich relevante Eigenschaft. Kitz- und Ziegenfleisch war immer nur ein Nebenprodukt der Milchziegenhaltung.

Auch Siegfried Drexel schreibt 1924 über die Viehhaltung im Inntal zwischen Innsbruck und Landeck, dass die Ziege neben der Heimkuh oder auch die Ziege alleine der Lieferant der Milch ist, die zusammen mit der Kuhmilch verbuttert wurde. Jeder Bauer besaß ein bis zwei Ziegen. In Summe zählte man 1929 in den Bezirken Innsbruck, Imst und Landeck 12.208 Ziegen und es dominierte fast ausschließlich die Pinzgauer Ziege! Das verdeutlicht die Rolle der Pinzgauer Ziege als Milchlieferant und das nicht nur in ihrem Kernzuchtgebiet, dem Salzburger Pinzgau.

Einem heutigen Trend entsprechend wird die Pinzgauer Ziege verstärkt in der Mutterziegenhaltung eingesetzt. Die Milchleistung als Leistungsmerkmal dieser Extensivrasse tritt dabei sukzessive in den Hintergrund. Potenziale für eine erfolgreiche Nischenproduktion gehen damit verloren. Eine umsichtige und nachhaltige Generhaltungszucht muss aber auch die besonderen Qualitätsmerkmale einer seltenen Nutztierrasse im Auge behalten. Die Pinzgauer Ziege hat ein ähnliches Schicksal wie das Alpine Steinschaf ereilt. Noch vor 100 Jahren über weite Bereiche der Ostalpen verbreitet, ist sie heute bei den hochgefährdeten Ziegenrassen einzureihen.

Der Herdebuchbestand der Pinzgauer Ziege umfasst 386 Tiere (mit Bewertung). In der Roten Liste der gefährdeten Tiere Österreichs wird die Pinzgauer Ziege als hochgefährdete Rasse (EN, endangered) geführt. Die Bestandsentwicklung und die Anzahl der Züchter sind derzeit leicht rückläufig (– 2,7 Prozent 2011–2012, ÖBSZ).

Die Pinzgauer Käsetradition

Anneliese und Franz Lechner, vulgo Bachbauer aus Uttendorf im Oberpinzgau, halten die alte Pinzgauer Käsetradition noch hoch. Sie sind vermutlich die letzten Bauern, die noch den echten Pinzgauer Käse herstellen. Die Pinzgauer Ziege, einst weit im zentralen und westlichen Abschnitt der Ostalpen verbreitet, steht heute oben auf der roten Liste der seltenen Nutztierrassen. Von den rund 90 Zuchtbetrieben nutzt nur mehr eine Handvoll die Ziegen für die Milchproduktion. Die einst für ihre Milchleistung geschätzte Pinzgauer Ziege wird kaum mehr auf gute Melkbarkeit, Zitzenlänge und gute Milchleistung selektiert und verliert so ihre besonderen Eigenschaften. Einige Zuchtbetriebe kreuzen ihren Pinzgauer Ziegenbestand bereits mit Gämsfärbigen Gebirgsziegen, um die Milchleistung zu verbessern.

Beim Bachbauer stehen für die Käseproduktion noch rund 20 Original Pinzgauer Milchkühe und 16 reinrassige Pinzgauer Ziegen im Stall. „Den echten Pinzgauer Käse stellt man aus ⅔ Magermilch von der Pinzgauer Kuh und ⅓ Vollmilch von der Pinzgauer Ziege her", erklärt Anneliese, „nur dann ist es ein echter Pinzgauer Käse." Im Frühjahr, wenn die Kitze auf die Welt kommen, macht die Bäuerin aus der überschüssigen Ziegenmilch Ziegenbutter.

Den Sommer verbringen die Tiere auf der Bachalm in den Hohen Tauern. Die knapp 40 Hektar große Alm wird je nach Witterungsverlauf von Ende Mai bis September bewirtschaftet. Die Milch wird zur Gänze auf der Alm verarbeitet. Die typische Pinzgauer Ziege der wenigen verbliebenen Melkbetriebe hat im Vergleich zu anderen heimischen Gebirgsziegenrassen eine überdurchschnittlich hohe Milchleistung. „Rund 2,5 Liter Milch pro Tag gibt eine durchschnittliche Geiß, besonders Milchergiebige kommen auf 3 Liter", erklärt Anneliese.

Die Ziegen bekommen lediglich das Futter, das sie auf der Alm finden. Kraftfutter gibt es nur in Form von „Gleck" (zum Locken). „Wenn die Ziegen im Herbst keine Milch mehr geben, ziehen sie ganz hinauf in die höchsten Lagen und werden spritzwild", weiß Anneliese. Meistens kommen die Ziegen erst am Dreikönigstag (6. Jänner) von der Alm zurück auf den Hof.

Kontakt:
Johann und Maria Gruber,
vulgo Tödling
Erlberg 12, A-5705 Thumersbach
Tel.: 0043 (0)664 52 85 354

Die Butter kommt aus dem Fass in die traditionellen Buttermodel.
Foto: J. Öschlberger

Steckbrief Pinzgauer Ziege (Salzburger Ziege, Gämsfärbige Pinzgauer Ziege)

Diese großrahmige Gebirgsziegenrasse mit kräftigem Fundament hat einen langen und tiefen Körper mit breiter Brust. Beide Geschlechter sind ausnahmslos behornt. Die mächtigen Hörner der Böcke können bis zu 120 Zentimeter lang werden. Das Gewicht liegt beim weiblichen Tier zwischen 55 und 65 Kilogramm, beim männlichen zwischen 70 und 90 Kilogramm. Der Kopf zeigt eine schwarze Maske, teilweise mit braunen Abzeichen. Die Farbe ist braun mit schwarzem Aalstrich. Die Böcke haben eine schwarze Brust, bei den Jungtieren und den weiblichen Tieren ist die Brust schwarz-braun gestichelt. Die Beine sind schwarz, das Fell mittellang. Die Unterwolle ist grau und stark abhängig von der Jahreszeit. Im Frühling verlieren die Tiere „fliegende Unterwolle", derer sie sich an Kratzstellen entledigen.

Wiederentdeckte Schönheit aus dem Pinzgau.

Porträt: Barbara und Günter Jaritz
Von Strahlenziegen und Alpinen Steinschafen

Alles begann im Jahr 1999 mit einer Broschüre des Österreichischen Naturschutzbundes von 1997 mit dem Schwerpunkt „Alte Haustierrassen". Sie machte Prof. Mag. Ambros Aichhorn, Lehrer am Borromäum in Salzburg, auf die prekäre Lage der autochthonen österreichischen Nutztierrassen aufmerksam. „Es gibt niemanden, der sich um sie bemüht", war das ernüchternde Resümee des engagierten Pfarrers und Naturwissenschaftlers über die Bestandssituation der Pinzgauer Strahlenziege. Er wollte etwas daran ändern.

Das Tux-Zillertaler Rind und die Pinzgauer Ziege würden ohne seinen unermüdlichen Einsatz heute nicht mehr existieren. Parallel zu seiner Suchaktion nach Tuxer Rindern im Jahr 1977 begann er, nach Bestandsresten der Pinzgauer Ziege Ausschau zu halten. Dabei entdeckte er im Gebiet von Saalfelden und Rauris noch große Herden von rassigen Pinzgauer Strahlenziegen. Die braune Pinzgauer Ziege war in diesen Gebieten nicht mehr präsent. „Das reine Schwarz und die reinweißen Zeichen sind ansprechende Farben. Kitze mit der weißen Strahlenzeichnung wurden als besonders schön empfunden. Niemand kümmerte sich um die Zucht der braunen Pinzgauer Rasse, daher wanderten die einfärbig Braunen in die Bratpfanne", erinnert sich Ambros Aichhorn an die Situation vor rund 36 Jahren.

Auch ich setzte mir damals das ehrgeizige Ziel, die Pinzgauer Strahlenziege vor ihrem endgültigen Verschwinden zu retten. Die Ausgangslage war aber für eine Erhaltungszucht denkbar schlecht. Nur mehr zwei Betriebe im Pinzgau hielten gegen Ende der 1990er-Jahre kleine unverfälschte Herden von Pinzgauer Strahlenziegen. Weitere Einzeltiere waren über den Alpenraum von Salzburg bis ins Tiroler Oberland verstreut und mussten erst ausgekundschaftet werden.

Steng genommen war es nur mehr eine Herde, die anfangs zur Verfügung stand. Rund zehn Tiere eines Pinzgauer Bauern verbrachten bereits den zweiten Winter im Gebirge und konnten nicht mehr eingefangen werden. Erst ein Lawinenabgang, den die Tiere auslösten, als man sie wieder einmal einzufangen versuchte, machte es möglich, sie talwärts zu befördern. Nun konnte ich gemeinsam mit zwei Landwirten mit der Erhaltung dieser formschönen Pinzgauer Rasse beginnen.

Die Pinzgauer Strahlenziege gilt neben der Gämsfärbigen Pinzgauer Ziege als alte bodenständige Ziegenrasse der zentralen und westlichen Ostalpen. Erich Saffert beschreibt 1921 in seiner Dissertation „Studien über die gämsfärbige Pinzgauer Ziege" neben der typischen Pinzgauer Ziege mit charakteristischer gämsfärbiger Mantelfarbe und schwarzem Aalstrich, Gesichtsfeld und Extremitäten auch den „schwarzen Schlag" der Pinzgauer Ziege. Dieser trägt die markanten weißen Abzeichen der Bezoar Ziege. Saffert ging davon aus, dass beide Farbschläge der Pinzgauer Ziege zuzuordnen waren. Seine detaillierten Vermessungen des Kopfes und des gesamten Körpers zeigten keinerlei morphologische Unterschiede zwischen den beiden Farbvarianten. Er vermutete, dass der braune Schlag den ursprünglicheren Typ von Strahlenziege darstellte, da in älteren Beschreibungen immer nur der gämsfärbige Typus beschrieben wurde. Festzuhalten ist, dass unter den von Erich Saffert beschriebenen Ziegen ein erheblicher Teil dem Strahlenziegentypus zuzuordnen ist.

Die Pinzgauer Strahlenziege zählte neben der Pinzgauer Ziege bis in die zweite Hälfte des 20. Jahrhunderts zu den meistverbreiteten Ziegenschlägen des Ostalpenraumes. Phänotypisch sehr ähnliche Landschläge und Rassen findet man von Slowenien bis über die gesamten Ostalpen. In den Populationen der Rassen Drežniška in Slowenien, Pezzata Mochena im Trentino oder Chèvre des Savoie in den französischen Alpen findet man nahezu idente Tiere.

Die typische Pinzgauer Strahlenziegengeiß ist eine große, stämmige Gebirgsziege mit lang gestrecktem Körper. Die Grundfarbe des schwarzen Schlags ist pechschwarz bis schwarzbraun.

Diese pechschwarzen und braunen Pinzgauer Strahlenziegen mit ihrer attraktiven Zeichnung waren bis in die 1970er-Jahre noch häufig in den Gebirgsgauen von Salzburg, Nord- und Osttirol sowie in Oberkärnten anzutreffen. Als sich Professor Aichhorn Mitte der 1970er-Jahre in Tirol und Salzburg auf die Suche nach den letzten Gämsfärbigen Pinzgauer Ziegen machte, traf er noch häufig auf die pechschwarzen und braunen Strahlenziegen mit ihren charakteristischen weißen Abzeichen. Erst mehr als 20 Jahre später, beinahe schon fünf nach zwölf, sollte das Interesse an dieser Ziege wieder neu entflammen.

Im Salzburger Pinzgau genoss die Pinzgauer Strahlenziege aufgrund ihrer guten Milchleistung und der geschmacklich neutralen Milchqualität den Ruf einer Ziege der „besseren" Leute. Sie war vorwiegend auf den großen bäuerlichen Gehöften des Pinzgaus anzutreffen (Fürthermoar Gut, Dick Gut). Zu Beginn der 1930er-Jahre, noch vor der Rassebereinigung in der Schweiz, wurden Pinzgauer Strahlenziegen von Tirol in die Schweiz für den Bestandsaufbau der Bündner Strahlenziege exportiert. Nach 1938 wurden die Schweizer Bestände aufgrund der fehlenden Anerkennung im Zuge der Rassebereinigung im Bestand stark ausgedünnt. Das lässt auf das gute Zuchtmaterial der österreichischen Population schließen, vor allem wenn man berücksichtigt, dass die Schweiz in Europa eine Vorreiterrolle bei der Ziegenzucht einnimmt.

Die Rassebereinigung im Dritten Reich machte jedoch auch vor den heimischen Ziegenrassen nicht halt und führte zu einem Haltungsverbot der Pinzgauer Strahlenziege. Sie entsprach nicht dem Idealbild einer braunen milchbetonten Ziegenrasse. Die Pinzgauer Ziege blieb dank ihrer braunen Fellfarbe von einer Rassebereinigung im Dritten Reich verschont.

Ab den 1950er-Jahren verlor die Ziegenhaltung für die Eigenversorgung mit Milch an Bedeutung. In den folgenden Jahrzehnten der 1960er- und 1970er-Jahre nahm auch im Pinzgau die Almwirtschaft stetig ab und die geänderten Nutzungsansprüche oder Ernährungsgewohnheiten führten zu einem Verschwinden der heimischen Gebirgsziege.

Die Anfangspopulation umfasste im Jahr 2002 rund 30 Tiere aus fünf nicht verwandten Beständen sowie aus zwei Böcken zweier Linien. In den nachfolgenden 10 Jahren konnte der Bestand auf lediglich 52 Tiere angehoben werden. Mit 25 Züchtern liegt die durchschnittliche Herdengröße bei lediglich zwei Tieren. Der geringe Populationsanstieg geht darauf zurück, dass parallel zum Aufbau der Erhaltungszucht der Pinzgauer Strahlenziegen die phänotypisch ähnliche Bündner Strahlenziege in Österreich eingeführt und von den Zuchtverbänden forciert wurde. Gleichzeitig wurde das Herdebuch bei einer Populationsgröße von 40 Tieren geschlossen. So wurde die Aufnahme weiterer rassetypischer Tiere zur Begründung neuer Linien unterbunden.

In der Roten Liste der gefährdeten Tiere Österreichs/alte Haustierrassen, wird die Pinzgauer

Pinzgauer Strahlenziege, ursprüngliches Verbreitungsgebiet

Steckbrief Pinzgauer Strahlenziege

Diese mittelgroße bis großrahmige, stämmige Gebirgsziege hat einen lang gestreckten Körper, eine breite Brust und ein kräftiges Fundament. Böcke weisen eine Widerristhöhe von 70 – 90 Zentimetern und ein Gewicht von 65 – 85 Kilogramm, Geißen 70 – 85 Zentimeter und 45 – 75 Kilogramm auf. Die Grundfarbe ist pechschwarz bis schwarzbraun, beim braunen Farbschlag mittelbraun. Die Namen gebenden weißen Strahlen im Gesichtsfeld reichen beim weiblichen Tier von der Hornbasis bis zum Maul. Beim Bock reduzieren sich die weißen Strahlen mit zunehmendem Alter bis auf einen kurzen weißen Strahl im Bereich der Augen. Die Gliedmaßen sind vom Vorderfußgelenk und Sprunggelenk abwärts ebenfalls weiß geschient und von einem schmalen schwarzen Streifen durchzogen. Weiß sind weiters die Umgebung des Mauls, die Innenseite der Ohren, der Bauch sowie der Bereich des Afters. Das Haarkleid ist kurz bis mittellang. Die Tiere sind in der Regel behornt, wobei auch die Geißen ein besonders mächtiges Horn entwickeln. Es treten jedoch vereinzelt genetisch hornlose Tiere auf. In ihren Eigenschaften ähnelt die Strahlenziege der Pinzgauer Ziege, wobei die gute Milchleistung und das ruhigere Temperament hervorzuheben sind. Sie ist eine robuste und genügsame Gebirgsziegenrasse, die für extreme Haltungsbedingungen gut geeignet ist. Die Bündner Strahlenziege unterscheidet sich von der Pinzgauer Strahlenziege durch die längeren Extremitäten und die schmälere Brust sowie durch den schmäleren Rücken. Die typische Pinzgauer Strahlenziege hat einen deutlich tieferen, voluminöseren Körper. Die Strahlenzeichnung ist bei den Schweizer Ziegen, vor allem an den Extremitäten, weniger deutlich ausgeprägt. Der Bauch ist bei der Bündner Strahlenziege nicht weiß.

Typische Pinzgauer Strahlenziegengeiß mit einer kräftigen Hornanlage. Ihren Namen hat sie von den weißen Strahlen im Gesichtsfeld, die bei den weiblichen Tieren von der Hornbasis bis zum Maul reichen.

Strahlenziege in der höchsten Gefährdungskategorie (CR, critically endangered) geführt. Aufgrund der geringen Bestandsgröße zählt die Pinzgauer Strahlenziege mit Abstand zu den am stärksten vom Aussterben bedrohten Ziegenrassen der Alpen. Der heutige Bestand beschränkt sich auf kleinere Herden im Salzburger Pinzgau und in Tirol.

Die Erfolgsgeschichte der Tauernschecken Ziege

Das Auftreten von Gebirgsziegen mit Plattscheckung lässt sich anhand historischer Gemälde bis in das 19. Jahrhundert zurückverfolgen. Bei Landschaftsmalern der Biedermeierzeit, wie Friedrich Gauermann, findet man gescheckte Gebirgsziegen, die annähernd dem Rassetyp der Tauernschecken Ziege entsprechen. Sie hat ihre Wurzeln im Pinzgauer Raurisertal. Im Krumltal, der Kinderstube der österreichischen Bartgeier-Population, nahm auch die Tauernschecken-Zucht ihren Ausgang.

Die Gesamtpopulation lässt sich auf eine einstige Stammherde von rund 100 Tieren eines einzigen Züchters zurückführen. Kaspar Mulitzer (1884–1956), Rohrmoosbauer in Goldegg, war ein begeisterter Ziegenzüchter. Er besaß um 1925 die 1.000 Hektar große Wasserfallalm im hinteren Raurisertal (Krumltal). Die riesige Weidefläche erlaubte eine Reinzucht seiner gescheckten Ziegen. Im Rahmen von Sammelfahrten erwarb er gescheckte Ziegen des Landschlages in verschiedenen Tauerntälern und baute damit seinen Ziegenbestand sukzessive auf. So begründete er die Zucht der Tauernschecken Ziege. Zur Blutauffrischung holte Kaspar Mulitzer regelmäßig gescheckte Ziegenböcke aus Osttirol. Nach seinem Tod im Jahr 1956 führte sein Nachfolger, der spätere Melker des Rohrmoosgutes, die Zucht fort.

Die Zeit des Nationalsozialismus brachte in den Jahren 1941 bis 1944 Einschränkungen für die Zuchtarbeit und führte bei der Tauernschecken Ziege beinahe zum Verlust der Rasse. In der Nachkriegszeit konnte sie sich langsam wieder erholen, bis 1967 Johann Wallner aus Rauris, der damalige Zuchtwart des Pinzgauer Rinderzuchtverbandes, mit der konsequenten Herdebuchführung für die Tauernschecken begann. Er konnte zu Beginn lediglich auf fünf Mutterziegen und einen Bock aufbauen. Auf Fahrten nach Osttirol wurden in den Jahren 1969, 1971 und 1986 noch einige wenige, dem Rassetyp entsprechende, weitere Böcke ausfindig gemacht. Über zwei Jahrzehnte züchtete er mehr oder weniger im Alleingang die Rasse, die Verantwortung lag in seinen Händen.

Erst 1983 konnten weitere Züchter für die formschöne Rasse gewonnen und die Zuchtpopulation sukzessive ausgebaut werden. Waren es anfangs noch sein Bruder und sein Sohn, die ihn bei der Erhaltungszucht unterstützten, so findet man heute die Rasse auch außerhalb von Salzburg in fast allen Bundesländern sowie in den Nachbarländern Deutschland und Südtirol. Im Jahr 2000 wurde das Herdebuch geschlossen. Der Bestand umfasste lediglich 200 Herdebuchtiere. In den letzten 10 Jahren konnte der Bestand verfünffacht werden und zählt heute 943 Herdebuchtiere (mit Bewertung). Eine wahre Erfolgsgeschichte der Generhaltung!

Die überdurchschnittlichen Zuchttierpreise bei den jährlichen Frühjahrs- und Herbstversteigerungen unterstreichen die ungebrochene Nachfrage nach dieser Rasse. Rund 50 Prozent des Gesamtbestandes im Hauptzuchtgebiet werden gealpt. Bei der Koppelhaltung bewährt sich die Rasse nicht. Die Tauernschecken Ziege wurde an die Haltung in den Hohen Tauern selektiert. Ihr hoch angesetztes, straffes Euter vermindert die Verletzungsgefahr an Felskanten oder Gestrüpp. Das trockene Fundament mit harten Klauen gibt der Tauernschecken Ziege Trittsicherheit selbst in steilem und felsigem Gelände, wodurch sie gut für die Landschaftspflege in Extremlagen geeignet ist. In der Roten Liste der gefährdeten Tiere Österreichs wird die Tauernschecken Ziege als

Heute zählt die Rasse wieder 1.018 Zuchttiere und ist damit die populationsstärkste Gebirgsziegenrasse in Österreich.

vom Aussterben bedroht (CR, critically endangered) geführt.

Lebhafte Scheckung

Die Platt- oder Kuhscheckung findet man bei verschiedenen Tierkategorien, auch bei Rindern (Pinzgauer Rind, Tux-Zillertaler) und Pferden (Tiger bei den Noriker Pferden). Sie gilt als typisches Domestikationsmerkmal. Von den österreichischen Ziegenrassen hat lediglich die Steirische Scheckenziege eine, jedoch in der Farbverteilung unterschiedliche Mantelscheckung. Angestrebt wird eine durchgehende Blässe von der Hornbasis bis zum Maul. Die Farbe des Schwanzes korreliert mit der Blässe. Beide Geschlechter sind gehörnt, die Hornform soll leicht nach außen gedreht sein. Bei der Zuchtauswahl (Typnote) rassetypischer Tauernschecken wird besonderes Augenmerk auf die korrekte Farbverteilung gelegt. Um den extremen Haltungsbedingungen im Hochgebirge gerecht zu werden, wird auf eine Pigmentierung der Augen und des Ohrenbereiches geachtet. Die Pigmentierung bietet Schutz vor zu intensiver UV-Einstrahlung und schützt die empfindlichen Sinnesorgane. Bei der Selektion wird ein besonderes Augenmerk auf ein hoch angesetztes, straffes und kitzgerechtes Euter gelegt. Gemolken wird nur mehr ein geringer Anteil der Gesamtpopulation (<10 %). Auf ein gut melkbares Euter wird nicht gezielt selektiert. Trotz der variablen Scheckung zeigt die Rasse durch die strenge Selektion bei Exterieur, Kurzhaarigkeit und Behornung ein einheitliches Erscheinungsbild. Das Haarkleid ist kurz und ohne Behang, bei älteren Böcken kommen mitunter „Hosen" (Behang) vor.

Tauernscheckenbock auf der Alm. Das trockene Fundament mit harten Klauen gibt der Tauernschecken Ziege Trittsicherheit in steilem und felsigem Gelände. Foto: www.mythos-tauernschecken.com

Steckbrief Tauernschecken Ziege

Eine mittelrahmige, robuste Gebirgsziegenrasse mit leichter Beckenneigung und stabilem Fundament. Die Schulter soll geschlossen, die Oberlinie gerade sein. Das Gewicht liegt bei Ziegen zwischen 50 und 70 Kilogramm, bei Böcken zwischen 65 und 85 Kilogramm. Die Widerristhöhe erreicht bei erwachsenen Tieren zwischen 70 und 80 Zentimeter. Charakteristisch für die Rasse ist die auffällige Plattenscheckung. Die Rasse ist sehr lebhaft gefärbt. Sie ist braun-weiß-schwarz gescheckt mit einer durchgehenden Blässe am Kopf. Es sind aber auch rein schwarz-weiße Tiere zur Zucht zugelassen. Dieser Farbschlag nimmt jedoch nur 5 Prozent der Gesamtpopulation ein. Die Beinfarbe ist schwarz bis gescheckt. Ein besonderes Rassemerkmal ist die Dreifärbigkeit. Diese bedingt jedoch eine sehr strenge Auslese bei der Zucht. Rund ein Drittel der Nachzucht ist für die Weiterzucht geeignet. Die Scheckung lässt sich nie zur Gänze eingrenzen und wird immer einer gewissen Varietät unterliegen.

Alt-altbauer Johann (106) und Altbauer Alois (68) auf der Schaunbergalm. Gemeinsam verfügen sie über 173 Jahre Erfahrungswissen über die Berglandwirtschaft und die Viehzucht des Pinzgaus.

Ein sprichwörtlicher „Sauhaufen". Kein Schimpfwort, sondern ein gruppendynamischer Ort der Entspannung.

Kontakt:
Johann Foidl-Bernsteiner
Schaunbergbauer - Biobauer
Hummersdorf 1, 5721 Piesendorf
Tel: 0043 (0)6549 73 62
schaunberghof@aon.at

Porträt: Johann und Alois Foidl-Bernsteiner 173 Jahre Erfahrungswissen am Schaunberghof

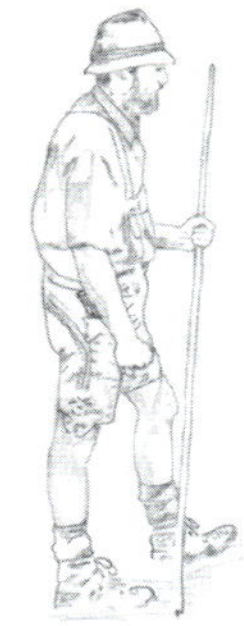

Johann Foidl-Bernsteiner ist der Altaltbauer vom Schaunberghof in Hummersdorf bei Piesendorf im Salzburger Pinzgau. Er ist stolze 106 Jahre alt und der mit Abstand älteste noch lebende Senn im Bundesland Salzburg. Trotz seines hohen Alters verbringt er jeden Sommer mit seinem Sohn Alois (68) und seiner Schwiegertochter auf der Schaunberg-Mittelalm. Die Alm liegt auf 1.669 Meter Seehöhe in den Hohen Tauern. Johann hat 1934 den Hof von seinem kinderlosen Onkel übernommen. Betriebsführer ist mittlerweile sein Urenkel Johannes, der 42-jährige „Jungbauer".

Der Schaunberghof ist ein typischer Bergbauernhof des Oberpinzgaus, am Rand des flachen Talbodens des Salzachtales gelegen. Zum Hof gehörte früher die Staffel der Schaunberg Nieder-, Mittel- und Hochalm. Der Talboden des Salzachtales war zu Beginn des 19. Jahrhunderts von ausgedehnten Rossheu- und Streuwiesen geprägt. Ideale Bedingungen für die Norikerpferdezucht. Ein Großteil der Feuchtgebiete ist der Salzachregulierung zum Opfer gefallen. Am Schaunberghof hält man an der Oberpinzgauer Tradition der Pferdezucht fest, auch wenn die edlen Kaltblüter heute nicht mehr für die Arbeit in der Land- und Forstwirtschaft, sondern nur mehr für das Kutschenfahren eingesetzt werden.

Die Schweinehaltung hat auf der Schaunbergalm eine lange Tradition. Der 106-jährige Johann kann sich noch vage an das alte schwarze und schwarzweiße Pinzgauer Schwein erinnern, das über den Pinzgau hinaus geschätzt war. Heute werden auf der Alm in Ermangelung alpiner Schweinerassen ein gutes Dutzend Kreuzungsferkel der Rassen Landrasse-Piétrain aufgezogen. „Das Edelschwein hat sich auf dem Almgelände nicht bewährt", weiß Alois Foidl. Am Heimbetrieb werden zwei Muttersauen der Rasse Landrasse als Zuchtsauen gehalten. Als Vaterrasse werden Piétrain eingesetzt. Das Piétrain hat eine besonders gute Fleischfülle, ist jedoch reinrassig zu stressanfällig und ein schlechter Futterverwerter. In Mitteleuropa wird das Piétrain Schwein häufig als Vaterrasse in der Mastschweineproduktion eingesetzt.

Die Mastschweineferkel kommen mit einem Lebendgewicht von rund 30 Kilogramm bereits Anfang Juni mit dem übrigen Almvieh vom Heimbetrieb auf die Schaunbergmittelalm und verbringen bis Mitte September den Almsommer als glückliche Freilaufschweine auf der Alm. Bis zum Herbst erreichen die Mastferkel ein Endgewicht von rund 110 Kilogramm. Auf der Alm verwerten die Schweine die anfallende Molke aus der Käseherstellung. „Darüber hinaus müssen sie sich von dem ernähren, was sie beim Grasen finden", meint Alois. Die Schweine nützen das weitläufige Almgelände für ihre Weidegänge und kommen manchmal bis zur rund 200 Meter höher gelegenen Mooslehen Grundalm. „Heuer sind sie ausnahmsweise brav", schmunzelt Alois, „sie haben noch keinen Ausflug gemacht."

Auf der Schaunbergalm wird, wie seit Jahrhunderten, der traditionelle Pinzgauer Käse produziert. 25 reinrassige Pinzgauer Milchkühe liefern die Milch für die Käse- und Butterherstellung. Die gesamte Milch wird auf der Alm verarbeitet. Ab April werden jedoch auch am Schaunberghof rund 200 Liter Milch täglich verkäst, damit für die ersten Wochen auf der Alm für die Jausenstation reifer Pinzgauer Käse zur Verfügung steht. Der Magermilchkäse wird aus entrahmter Milch des Pinzgauer Rindes gewonnen. Daraus werden die im Durchmesser 30 Zentimeter großen und acht Zentimeter starken, wagenradförmigen Laibe hergestellt, die im Kaskeller der Alm reifen. Der Pinzgauer Käse ist ein Kuhrohmilchkäse, dem ursprünglich Ziegenvollmilch beigemengt wurde. Dieses klassische Zweigespann findet man heute kaum mehr auf den Pinzgauer Almen. Durch den generellen Rückgang der Ziegenhaltung wird der Pinzgauer Käse heute meist ausschließlich aus Kuhmilch hergestellt. Auch auf der Schaunbergalm gibt es heute keine Ziegen mehr, und schon gar keine Pinzgauer Ziegen. Bereits in den 1960er-Jahren wurde die Ziegenhaltung aufgegeben. Die Alpung der Ziegen führte zu immer mehr Problemen mit dem Jagdpächter. „Die schwarzweißen Strahlenziegen hatten wir auch, das waren die Schönsten", schwärmt der Altbauer. Die braune Pinzgauer Ziege war aber die Hauptrasse am Schaunberghof. Knapp 20 Ziegen wurden am Hof gehalten. Jungböcke wurden immer aus der eigenen Herde nachgezogen und ab und zu ein fremder Bock zugekauft. Auch die Schafhaltung wurde in den 1970er-Jahren auf Druck der Jagd aufgegeben. „Als ich ein Bub war, gegen Anfang der 1950er-Jahre, bekam ich das erste „boarische" Lamm (Anm: Bayerisches Bergschaf). Ein weißes mit langen Ohren. Bis dahin hatten wir noch das Steinschaf (Alpines Steinschaf)", erinnert sich Alois Foidl. „Die Steinschafe waren klein, weiß, schwarz und grau mit dunklem Kopf."

Neben 55 Hektar Eigengrund bewirtschaftet die Familie Foidl noch zugepachtete Hochalmflächen im Talschluss des Mühlbachtales. Altaltbauer Johann Foidl-Brennsteiner verstarb im November 2013 nach Vollendung seines 106. Geburtstages wohlbehütet im Kreise seiner Großfamilie.

Das Alpine Steinschaf

Auch Original Steinschaf, Dachsteinschaf, Niederösterreichisches Bergschaf, Weißes Steinschaf, Pecora della Roccia (del Sasso), Bschlabser Schaf, Lechtaler Schaf, Goggel Schaf genannt.

Alles begann im Herbst 1999. Meine Frau und ich konnten uns endlich einen lang gehegten Wunsch erfüllen und einen kleinen Bergbauernhof in Unken im Salzburger Pinzgau erwerben. Mit dem Hof kamen auch die seltenen Nutztiere zu uns. Noch bevor wir selbst den Hof bewohnen konnten, bevölkerten wir mit einer kleinen Steinschafherde den provisorisch eingerichteten Stall am Kempichlhof.

Aber da war noch vorher ein für uns wichtiges Ereignis gewesen. Im Jahr 1994 berichtete der Verein zur Erhaltung gefährdeter Haustierrassen in Österreich von einem sensationellen Fund von noch sehr ursprünglichen originalen Steinschafen in Salzburg. Dem Bericht zufolge gab es in Salzburg den letzten Schafhalter, der noch rund 30 weitestgehend reinrassige Tiere hielt. Es gab jedoch niemanden, der sich um die gezielte Erhaltung kümmerte. Von 1986 bis 1997 bemühte sich der Strobler Gemeindearzt Ferdinand Brandstätter als Einzelkämpfer um die Rasse. Als er die Zucht aufgab, wäre die Rasse beinahe gänzlich verloren gegangen. Gerade zum richtigen Zeitpunkt wurde ich auf die Rasse aufmerksam und es gelang mir, eine kleine aktive Gruppe von interessierten Schafzüchtern für den Aufbau einer Herdebuchzucht zu begeistern. Der Salzburger Schafzuchtverband erklärte sich bereit, das Herdebuch für das Alpine Steinschaf zu führen, ich übernahm die Funktion des Zuchtwartes und koordinierte die Zuchtgruppe. Vorrangiges Ziel der ersten Jahre war das Auffinden weiterer Zuchttiere zum Aufbau einer überlebensfähigen Population. Auf zahllosen Fahrten quer durch Österreich zu Schafmusterungen konnten noch rassetypische Tiere für die Herdebuchzucht gewonnen werden. Im Jahr 2000 gelang dann auch die offizielle Anerkennung.

Um 1900 waren in Anpassung an die extremen Haltungsbedingungen der Alpenregion phänotypisch ähnliche, sehr kleinwüchsige und zierliche Alpenschafe vom Typ des Alpinen Steinschafes über den gesamten Alpenbogen, von dem Bacher Gebirge über das Veltlin (Pecora Ciuta), das Tessin (Razza piccola), das nördliche Piemont (Pecora Saltasassi) bis in die französischen Alpen verbreitet. Noch bevor sich in Mitteleuropa die Leistungszucht bei den Nutztierrassen etablierte, wurden in England bereits neue Wirtschaftsrassen geschaffen. Ab der Mitte des 19. Jahrhunderts gewann auch im Alpenraum die Leistungszucht nicht nur bei den Rinderrassen an Bedeutung. Neben leistungsbetonten englischen Schweinerassen werden um 1900 auch erste englische, verbesserte Fleischschafrassen im Alpenraum eingeführt, so die englischen Hampshire Böcke zur Verbesserung von Mastleistung und Wollqualität. Das bedingte eine Verdrängung des bodenständigen Steinschafes.

Zu Beginn des 20. Jahrhunderts war der ursprüngliche, mischwollige Typ des Steinschafes (Alpines Steinschaf) noch die Hauptwirtschaftsrasse in den Ostalpen. Nach Kurt Kaspar war das Steinschaf in Oberbayern hauptsächlich in Berchtesgaden, in der Umgebung von Traunstein und südöstlich von Rosenheim anzutreffen. In Österreich reichte das Vorkommen östlich von Salzburg über das Salzkammergut und die Oberösterreichischen Kalkalpen bis zu den Niederösterreichischen Kalkalpen. In Niederösterreich wurden die Steinschafschläge auch Bergschaf genannt (Reich 1919). Kerngebiet waren neben dem Salzkammergut und dem oberen Murtal die Tauernregion von Salzburg, Kärnten und Osttirol. In Nordtirol war das Steinschaf noch in Teilen der Kitzbühler Alpen und Tuxer Voralpen sowie im Oberland anzutreffen. Siegfried Drexel berichtet 1923, dass die Haltung des Steinschafes neben der Pinzgauer

Bis gegen Ende des 19. Jahrhunderts war das Alpine Steinschaf in den Ostalpen vorherrschend. Heute ist die Rasse in Österreich und Oberbayern hoch gefährdet.

Die Liebe zu den seltenen Nutztieren begann mit den Alpinen Steinschafen. Foto: B. Jaritz

Ziege im oberen Inntal (Bezirk Landeck, Imst und Innsbruck) von hoher Bedeutung und sogar noch im Steigen begriffen war (33.000 Tiere).

Das Steinschaf lieferte Fleisch und Wolle. Das Schaffleisch wurde zu Dauerware verarbeitet und war neben dem Schweinefleisch die einzige Fleischspeise, da das Hornvieh nicht geschlachtet wurde. Vereinzelt kamen noch Spiegel und Kärntner Schafe vor. Im Ötztal wurden in den 1920er-Jahren erste Bergamasker Zuchtböcke eingeführt. Im Südtiroler Vintschgau, Eisack-, Puster- und Passeiertal war das Alpine Steinschaf auch unter dem Namen Steinschaf oder Pecora della Roccia (del Sasso) heimisch (Porter 2002).

Vorarlberg war von jeher Ursprungsgebiet des Montafoner Steinschafes. Im südlichen Teil Mittelkärntens und dem heutigen Slowenien wurden bereits sehr früh Bergamasker und Paduaner Schafe zur Verbesserung der bodenständigen Steinschafschläge eingekreuzt. Daraus entwickelte sich das Uggowitzer oder Seeländer Schaf.

Auf Anregung des bekannten Tierzuchtexperten Prof. Leopold Adametz verfasste Ludwig Führer eine Monographie über das Steinschaf, um den Vorwurf abzuwenden, man habe „eine interessante und höchst nützliche Haustierform aussterben lassen". Damals, also im Jahr 1911, war diese Gefahr wirklich groß.

Das Alpine Steinschaf zeigt auch heute noch sehr interessante Eigenschaften und Verhaltensweisen, die seine Ursprünglichkeit und gute Anpassung an den Lebensraum Alpen beweisen. Das zierliche, aber äußerst robuste Gebirgsschaf nützt wie keine andere Schafrasse die höchstgelegenen, rauen und steilen Weiden des Hochgebirges, die nur gelegentlich von den Gebirgsziegenrassen begangen werden. Auch Ludwig Führer machte dazu Beobachtungen und schreibt, dass „auf den Hochalmen Kühe und Ziegen nebeneinader (gehen), das Schaf hält sich dort nicht auf. Es steigt hinauf auf die Kämme, Scharten und Runsen und sucht sich dort zwischen den Felsen sein Futter."

Bemerkenswert ist, dass die Steinschafe bei Wetterstürtzen die höchstgelegenen Bereiche aufsuchen. „Die Tiere spüren ein Gewitter sehr rasch, ziehen dann ganz auf den Kamm und stecken die Köpfe zusammen", schreibt er weiter und dass die Schafe auch bei Schneestürmen diese Eigenschaft zeigen. In tieferen Lagen wären die Schafe durch Lawinenabgänge gefährdet.

Anton Aberger, Fürthermooarbauer aus Kaprun und Besitzer der großen Fürthermooar-Schafalm in den Hohen Tauern bestätigt diese Eigenschaft der Alpinen Steinschafe. Bei Wetterstürzen mit Neuschnee muss er immer wieder mit Verlusten rechnen, lediglich die Alpinen Steinschafe retten sich rechtzeitig auf die lawinenfreien Kamm- und Gipfelbereiche.

Die Tradition der Schafhaltung ist in Abhängigkeit von Besitzverhältnissen und den natürlichen Bedingungen zu sehen. Im Oberpinzgau wurden die Steinschafe meist auf großen privaten Schafalmen in Herdengrößen von 600 bis 800 Tieren gemeinsam aufgetrieben. Am 28. August wurden die Tiere tradtionell von den Hochweiden zur Schur ins Tal abgetrieben. Anschließend kamen die Tiere wieder zurück auf die Hochgebirgsweiden.

Die weiße Vliesfarbe ist nach alten Studien über die Rasse (Führer 1911) zumindest in der Tauernregion die dominante Farbvariante. Meine Recherchen führten mich in verschiedene Alpenregionen, vom Tiroler Oberland über Südtirol bis in die Obersteiermark und das Salzkammergut. In den Kalkhochalpen dominierten graue Tiere, da die Wolle für den regional typischen grauen Loden verwendet wurde. Die graue Wolle verfärbt sich durch die intensive Sonneneinstrahlung während der Sommermonate auf den Hochalmen von Grau zu Braun, wodurch der Loden ein für die Region typisches Grau-Braun erhielt.

Als die Zuchtarbeit zu Beginn des 21. Jahrhunderts Fuß fasste und sich immer neue Bauern für die Rasse interessierten, schlugen persönliche Vorlieben bei der Zuchtauswahl sukzessive durch.

Alpines Steinschaf in Weißbach bei Lofer im Jahr 2010 und (oben) auf Heimweiden in Saalfelden, um 1920. Foto: Archiv HMR

Viele Züchter wünschten sich eine einheitliche Rasse und jeder hatte ein klares Bild, wie diese auszusehen hatte. Der überwiegende Teil der Züchter forciert aus persönlicher Vorliebe graue Schafe mit dunkelgrauem bis schwarzem Kopf und dunklen Extremitäten. Zudem wurde argumentiert, dass weiße Tiere weniger robust wären als graue Tiere. Auch auf Hornanlagen wurde wieder verstärkt selektiert. Seit Mitte des 20. Jahrhunderts wurde aufgrund von Sicherheitsaspekten beim Umgang mit den Schafen und bei der Stallhaltung im Winter meist auf Hornlosigkeit selektiert. Weiße Tiere wurden aufgrund der subjektiv schwierigeren Abgrenzung zum Bergschaf und Waldschaf kaum geschätzt. Da die weiße Farbe dominant vererbt wird, ließ sie sich durch Selektion relativ einfach eliminieren. Zu Beginn des 20. Jahrhunderts war der überwiegende Teil der Schafe, zumindest in der Tauernregion (Hohe Tauern), weiß. Nur vereinzelt kamen graue oder schwarze Tiere vor. Auch die Hornanlagen wurden im Lauf der 2. Hälfte des 20. Jahrhunderts ausselektiert.

Die Masse der Züchter geht davon aus, dass eine Rasse einheitlich aussehen muss und sich deutlich von anderen Rassen abgrenzen soll. Das ist bei weißen Schafen naturgemäß schwieriger, da die dominierende Rasse in den Ostalpen das Weiße Bergschaf und in der Schweiz das Weiße Alpenschaf ist. Mit andersfärbigen Tieren erreicht man ein Alleinstellungsmerkmal einfacher. Leider passiert das jedoch auf Kosten der genetischen Vielfalt der Rasse.

Bei den ersten zentralen Widderkörungen, an denen ich als Neozüchter teilnahm, wurde ich mit meinen kleinen und wenig einheitlichen Steinschafen, im Vergleich zu den großrahmigen homogenen Bergschafen, oft belächelt. „Wir dachten, wir hätten die schon ausgerottet“, war eine Aussage von Schafzüchtern, mit der ich nicht nur einmal konfrontiert wurde.

Das Alpine Steinschaf zählte neben dem Kärntnerschaf bis zur Mitte des 20. Jahrhunderts zu den charakteristischen Schafrassen der österreichischen Alpenregion. Um 1950 war das Alpine Steinschaf in verschiedenen Schlägen in einigen Regionen der Alpen noch relativ stark präsent. In den 1960er-Jahren wurden v.a. im Salzburger und oberösterreichischen Salzkammergut die letzten noch vorhandenen größeren Bestände endgültig verdrängt. Komaz Edmund, Schafbauer aus Bad Ischl, organisierte die ersten Schafversteigerungen im Salzkammergut und kaufte die Alpinen Steinschafe gezielt auf, um sie der Schlachtung zuzuführen. Damit sollte ein Markt für moderne Rassen geschaffen werden. Die triebigen Steinschafböcke wurden in weiterer Folge von den Gemeinschaftsalmen verbannt.

Franz Rieder, Schafzüchter aus Bruck an der Glocknerstraße, schildert seine Erinnerung an die Rasse mit etwas Wehmut. Am elterlichen Saalhofgut in der Pinzgauer Gemeinde Maishofen hielten sein Bruder und er bis gegen Ende der 1960er-Jahre noch den ursprünglichen Typ des Steinschafes. „Die Tiere mit ihren charakteristischen spitzen Ohren und ihrer groben Mischwolle waren bis in die 1960er-Jahre noch regelmäßig im Mitterpinzgau und hier insbesondere im Glemmtal anzutreffen. Mutterschafe wogen damals nicht mehr als 30 bis 35 Kilogramm. Widder mit 40 Kilogramm waren schon recht stattliche Tiere. Die heute gängigen Tiroler Bergschafe bringen rund das Dreifache auf die Waage. Gegen Saalfelden zu setzte sich bereits in den 1960er-Jahren das schlichtwollige Tiroler Bergschaf vermehrt durch. Zu dieser Zeit spielte der Wollertrag noch eine entscheidende Rolle und daher wurde der feineren Bergschafwolle der Vorzug gegeben“, erzählt Rieder.

Das Brüderpaar kaufte im Spätherbst die trächtigen Alpinen Steinschaf-Mutterschafe von den umliegenden Bauern, als diese von den Almen zurück auf die Heimathöfe kamen. Aufgrund ihrer starken Bewollung und der tiefen Tretmistauflage der Ställe machten die Tiere vordergründig einen recht stattlichen Eindruck. Erst nach der Schur wurde es offensichtlich, dass das Alpine Steinschaf ein recht zierliches Schaf ist. Umso bemerkenswerter war jedoch die hervorragende Aufzuchtleistung. Zwillings- und Drillingsgeburten waren die Regel. „Die Lämmer erreichten ohne Kraftfuttergaben und trotz minderer Heuqualität beachtliche Zuwachsleistungen. Sie nahmen bis zu einem Gewicht von 20–25 Kilogramm rasch zu und mit ca. 5 Monaten erreichten die feinknochigen Tiere die Schlachtreife“, berichtet Franz Rieder.

Neben der hohen Fruchtbarkeit waren für Rieder die Muttereigenschaften der Rasse etwas ganz Besonderes. „Der Fuchs hatte bei meinen Steinschafen nie eine Chance!“ Nachdem er Ende der 1960er-Jahre mangels an Zuchttieren auf das Tiroler Bergschaf umstellte, hatte der Fuchs regelmäßig seinen Anteil am Ertrag der Schafzucht.

Mitte der 1980er-Jahre setzen erste Erhaltungsbemühungen in Österreich und Bayern ein. In Österreich machte Heinz Gurker, damaliger

Alpine Steinschafe auf der Seealm im Raurisertal im Pinzgau, 1932. Foto: Archiv SFM

Die Wolle der Alpinen Steinschafe hat viele Nuancen und muss daher nicht eingefärbt werden.

Schafmusterung (Schafscheid) bayerischer und österreichischer Alpiner Steinschafe auf der Kallbrunnalm, Naturpark Weißbach 2010.

Obmann des Vereins zur Erhaltung gefährdeter Haustierrassen, auf die Gefährdungssituation der Rasse aufmerksam. Seit November 1999 wird die Rasse in Österreich planmäßig gezüchtet. Im Jahr 2000 gelang die offizielle Anerkennung. Die letzten Alpinen Steinschafbestände, die für die Generhaltungszucht noch gerettet werden konnten, stammen in erster Linie aus dem Salzburger und oberösterreichischen Salzkammergut, aus dem Oberen Inntal bei Nauders (Oberes Gericht), aus den Tuxer Voralpen sowie aus dem Ötztal. Wenige Tiere konnten weiters im Oberen Murtal und im Pinzgau gefunden werden. In Nauders bestand bis 1999 noch eine große Schafherde mit Alpinen Steinschafen (Weißes Steinschaf). Kurz bevor die Tiere für die Zucht angekauft werden konnten, wurde fast der gesamte Bestand geschlachtet. Das Alpine Steinschaf zählt zu den hochgefährdeten Schafrassen in Österreich. Die Rote Liste der gefährdeten Tiere Österreichs/alte Haustierrassen listet das Alpine Steinschaf in der Kategorie „stark gefährdet" (EN, endangered). Der derzeitige Bestand an Alpinen Steinschafen liegt bei 495 herdebuchmäßig erfassten Tieren (Tiere mit Bewertung, ÖBSZ 2013), die Hauptzuchtgebiete liegen in Salzburg, Tirol, der Obersteiermark, Oberösterreich sowie in Oberbayern.

Der klein- bis mittelrahmige Körper gewährleistet eine gute Handhabung der Schafrasse bei der Schur, Klauenpflege und bei der täglichen Zuchtarbeit. Aufgrund der Zutraulichkeit und einfachen Handhabung ist die Rasse besonders gut für die Haltung in kleinen Beständen, bei Umtriebsweiden und für Neueinsteiger geeignet. Das Alpine Steinschaf zeigt aufgrund seiner Anpassungsfähigkeit einen sehr breiten Einsatzbereich. Es ist sowohl für die Koppelhaltung als auch für die Alpung im Hochgebirge bestens geeignet. Die Tiere sind sehr standorttreu bei der Alpung. Die harten, kleinen und am Außenrand scharfkantigen Klauen machen das Alpine Steinschaf zu einem sicheren Kletterer sowie weitestgehend resistent gegen die Klauenkrankheit „Moderhinke". Die Tiere zeigen rassespezifisch eine hohe Unempfindlichkeit gegenüber Verwurmung. Aufgrund der hohen Fruchtbarkeit und ausgeprägten Mutterinstinkte ist das Alpine Steinschaf für Gebrauchskreuzungen mit Fleischrassen bestens geeignet.

Alles vom Steinschaf. Das Alpine Steinschaf liefert Vliese in vielfältigen Farbschattierungen von Meliert über Silbergrau bis Anthrazitfarben.

Qualitätsfleisch vom Feinsten

Dozent Dr. Paul Stampfl beschreibt 1920 in einer Abhandlung über den Stand der Schafzucht in Österreich das Fleisch des Alpinen Steinschafes als fein, zart und von guter Qualität. Es wird aufgrund seines guten Geschmackes geschätzt und der Schaffleischgeschmack ist besonders bei gealpten Tieren nicht so stark ausgeprägt.

Auch Führer erwähnt 1911 die „vorzügliche Qualität" des Fleisches. Die Tiere sind kleinwüchsiger als Bergschafrassen und haben einen geringeren Fleischansatz als diese. Sie benötigen länger für ihre körperliche Entwicklung. Ihre sinnvoll nutzbare Schlachtreife erreichen sie erst mit sechs bis acht Monaten. Das hat einen positiven Nebeneffekt. Das Fleisch wächst langsamer, ist feinfasrig, gut marmoriert und von besonderer Qualität!

Das Lammfleisch des Alpinen Steinschafes der heutigen Zuchtrichtung zeigt weniger Fett, ist viel schmackhafter, fester und vor allem wesentlich feinfasriger als jenes von Bergschafrassen. Junglämmer bis acht Monate liefern mageres fettarmes Fleisch besonderer Qualität. Reife Lämmer mit zehn bis elf Monaten eignen sich aufgrund des gut marmorierten Fleisches hervorragend für Grillspezialitäten. Hohe Fruchtbarkeit, gute Zuwachsleistungen und beste Fleischqualität bei reinen Grundfuttergaben sind die herausragenden Qualitäten der Rasse. Gute Futterverwertung, Robustheit und Genügsamkeit machen das Alpine Steinschaf zu einer echten Extensivrasse.

Das Steinschaf-Wollprojekt

Das Alpine Steinschaf wurde in Österreich bis 1999 nicht züchterisch betreut. Es zeigt daher in seinen Vliesfarben noch eine breite genetische Vielfalt. Weltweit besitzt kaum eine Schafrasse eine derartige Fülle an unterschiedlichen Vliesfarben und Farbnuancen.

Aufgrund dieser zahlreichen unterschiedlichen Farbvarianten liefert das Alpine Steinschaf Vliese in vielfältigen Farbschattierungen von Meliert über Silbergrau bis Anthrazitfarben. Die grobe Mischwolle ist sehr gut spinnbar und eignet sich beispielsweise besonders für die Herstellung von Socken. Die Wolle zeigt eine intensive Farbaufnahme. In Kombination mit den attraktiven Vliesfarben zeigt das Alpine Steinschaf hinsichtlich der Kriterien Spinnbarkeit, Filzeigenschaften und Farbaufnahme die besten Wollverarbeitungseigenschaften unter den Generhaltungsrassen. Die grobe Mischwolle des Alpinen Steinschafes verfilzt überdurchschnittlich schnell und erlaubt eine rasche Herstellung von Wollprodukten. Durch die grobe Mischwolle halten Filzprodukte, wie Filzpatschen, vergleichsweise länger!

Das österreichisch-deutsche Wollprojekt vermarktet die rassetypische Wolle des Alpinen Steinschafes mit eigenem Qualitätssiegel.

Eine breite Palette an Wollprodukten, Pullovern, Strickwesten, Socken, modischen und praktischen Filzprodukten wird hergestellt. Einmal im Jahr wird die Wolle der Alpinen Steinschafe der österreichischen und bayerischen Bestände zentral gesammelt und zu hochwertigen Woll- und Filzprodukten veredelt. Engagierte Steinschafzüchter organisieren die Vermarktung der Produkte.

Kontakt
Spartenbetreuer Alpines Steinschaf & Blobe Ziege
Verein Arche Austria
Dipl. Ing. Günter Jaritz
Unkenberg 15
5091 Unken
Tel.: 0043 (0)664 30 46 814
info@alpenrassen.at
www.alpenrassen.at

Alpines Steinschaf, ursprüngliches Verbreitungsgebiet

Steckbrief Alpines Steinschaf

In seinen Eigenschaften und im äußeren Erscheinungsbild hat sich das Alpine Steinschaf gegenüber den Rassebeschreibungen zu Beginn des 20. Jahrhunderts (Führer, 1911 und Stampfl, 1920) kaum verändert. Lediglich die wesentlich besseren Haltungsbedingungen und die züchterische Selektion in Richtung schwerer Tiere seit Beginn des Zuchtprogramms haben zu einer Zunahme des Körpergewichtes und der Rahmengröße geführt.

Das rassetypische Alpine Steinschaf ist heute ein feingliedriges, kleines bis mittelgroßes Gebirgsschaf mit breitem und tiefem Körper. Mutterschafe erreichen ein durchschnittliches Gewicht von 45 bis 50 Kilogramm, Widder von bis zu 75 Kilogramm. Die bei Widdern häufig auftretende Mähnenbildung im Brust- und Nackenbereich ist ein Zeichen des ursprünglichen Rassetyps. Das Kopfprofil ist gerade, das Nasenbein leicht gebogen. Die kurzen, spitz zulaufenden Ohren mit viel Spiel stehen waagerecht bis leicht hängend ab. Auffallend ist das ausgesprochen trockene Fundament. Bei beiden Geschlechtern kommen behornte und unbehornte Tiere vor, wobei das männliche Horn deutlich stärker ausgebildet ist. Typisch für das Alpine Steinschaf, wie auch für die übrigen Steinschafrassen, ist die grobe Mischwolle mit drei Fasertypen, den Wollfasern, dem Kurzhaar und dem Lang- oder Grannenhaar. Das Langhaar hat eine Feinheit von 38 bis 43 Mikron. Beim Alpinen Steinschaf kommen alle Farbschläge vor, wobei die Lämmer grauer Tiere schwarz fallen. Überdurchschnittlich viel Wollfett verhindert die Durchfeuchtung bei Regen. Häufig treten Pigmentierungen des Gesichtsfeldes und der Ohren auf.

Das Alpine Steinschaf hat einen asaisonalen Brunstzyklus mit in der Regel zwei Lammungen pro Jahr und Zwillingsgeburten. Aufgrund der Frühreife erfolgt die Erstzulassung im Alter von 6 bis 7 Monaten. Die extrem triebigen Steinschafwidder bedingen kurze Zwischenlammzeiten und eine hohe Fruchtbarkeit. Die täglichen Zunahmen liegen bei Schlachtlämmern im Bereich von 200 – 250 Gramm. Hohe Zuwachsleistungen werden bei der Alpung erzielt. Das Alpine Steinschaf ist sehr genügsam. Lämmer zeigen bei reiner Grundfütterung gute Zuwachsleistungen. Milchlämmer erreichen mit 6 – 8 Monaten ein Lebendgewicht von 30 – 35 Kilogramm, reife Lämmer mit 10 –11 Monaten ein Lebendgewicht von rund 40 Kilogramm. Das Alpine Steinschaf besitzt einen ausgeprägten Mutterinstinkt. Weideverluste bei der Alpung treten daher kaum auf.

Die Alpenregion Osttirol

Die Innere Steiner Alm in der Granatspitzgruppe im Nationalpark Hohe Tauern.

Im Tiroler Oberland hatte die Schafzucht bis nach dem Zweiten Weltkrieg einen hohen Stellenwert. In den Berggebieten besaß nahezu jeder Bauer zwei bis drei Schafe, die Landwirtschaft war geprägt von kleinbäuerlichen Betriebsstrukturen und auf Subsistenzwirtschaft ausgerichtet. Schaf und Schwein deckten in erster Linie den Fleischbedarf, das Schaf erbrachte auch die unentbehrliche Wolle, das Schaffleisch wurde zu Dauerware verarbeitet. Der Landschlag wurde von der Bevölkerung als Steinschaf bezeichnet. Daneben gab es noch vereinzelt Spiegelschafe und Kärntner Schafe. Um 1920 wurden im Ötztal einige Bergamasker Böcke für die Kreuzungszucht eingeführt (Drexel 1924).

In Osttirol gibt es rund 16.000 Schafe und 400 Schafhalter, davon sind an die 100 aktive Herdebuchzüchter. In der Mehrheit sind die Tiroler Bergschafe, gefolgt von Tiroler Steinschafen sowie Braunen Bergschafen und Suffolk Schafen. Zehn Prozent des Gesamtschafbestandes, etwa 1.600 Tiere, sind registrierte Zuchtschafe. Die Raiffeisengenossenschaft Osttirol vermarktet jährlich 12.000 Lämmer, Altschafe und Kitze. Dreiviertel des Schaf- und Ziegenfleisches gehen in den Export und sind in erster Linie für den oberitalienischen Markt bestimmt. Ein kleinerer Anteil geht nach Deutschland und in den heimischen Lebensmittelhandel. Die Übernahmen und Verladestellen werden von der Raiffeisengenossenschaft betrieben, im Gegensatz zu anderen Bundesländern gibt es keine Gewichtsuntergrenzen und es werden alle Qualitäten angenommen.

Das obere Iseltal, nördlich von St. Johann im Walde, gehörte bis 1803 zum Erzbistum Salzburg, jedoch mit geteiltem Landesrecht, was wirtschaftliche Nachteile mit sich brachte. Noch bis vor dem Zweiten Weltkrieg wurde Groß- und Kleinvieh über den Felbertauern nach Mittersill zu den Viehmärkten getrieben und feilgeboten. Dort wurden bis in die 1950er-Jahre drei große Vieh- und Rossmärkte abgehalten (Dopsch 2008). Vor allem der Herbstviehmarkt in Mittersill, am 28. Oktober, zu St. Simon und Juda, war überregional von Bedeutung und auch für die Osttiroler Bauern ein wichtiger Absatzmarkt. Immer wieder kam es bei dem mühevollen Trieb über den 2.481 m hohen Felber Tauern zu schweren Unglücksfällen.

Das Weiße Tiroler Steinschaf

In Osttirol hatte die Schafzucht im österreichischen Vergleich immer einen hohen Stellenwert. Bis heute liegt diese Exklave des Bundeslandes Tirol mit durchschnittlich 37 Schafen pro Betrieb über dem Doppelten des Bundesdurchschnitts. In den 1960er- und 1970er-Jahren, als die Produktions-Optimierung über alles gestellt wurde, verlor auch die Almwirtschaft an Bedeutung. Ähnliche Entwicklungen ereilten die Viehzucht, es traf vor allem die kleinen Wiederkäuer. Die primär auf den italienischen Markt orientierte Fleischlämmer-Vermarktung Osttirols stockte. Die italienischen Einkäufer verlangten homogene Qualitäten von schweren Schlachtlämmern und gaben sich mit dem uneinheitlichen Angebot der Osttiroler Landeszucht nicht mehr zufrieden. Neben einigen Lämmermästern belieferten damals noch sehr traditionell züchtende Steinschafhalter die Sammelstellen. Die Mutterschafe hatten zu Beginn der 1970er-Jahre, je nach lokalem Steinschafschlag und Intensität der Haltung und Fütterung, zwischen 50 und 80 Kilogramm Lebendgewicht. In der Regel wurden die Schafe mit minderwertigem Heu gefüttert, kamen zeitig im Frühjahr auf die Weiden und mit dem ersten Schnee zurück in den Stall. Dementsprechend unterschiedlich war auch das Gewicht der Schlachtlämmer. Auf einer Raiffeisen-Genossenschaftsversammlung machte der damalige Geschäftsführer, Ing. Gutternig, auf diese prekäre Situation aufmerksam: „Was machen wir mit den Steinschafen, die Italiener kaufen sie nicht mehr, die müssen wir entsorgen!“

„Das war für viele traditionsbewusste Osttiroler Schafzüchter natürlich ein Schock“, erzählt der heute fünfundsiebzigjährige Johann Frantl, Steinschafzüchter aus St. Johann im Walde in Osttirol. Sein Züchterkollege Karl Schneider, später Schriftführer des Zuchtvereins für das Weiße Tiroler Steinschaf, meinte dazu: „Ich habe den Eindruck, die guten Fütterer und Bauern haben auf das Tiroler Bergschaf umgestellt und jene, die den Tieren nichts vergönnen, sind beim Steinschaf geblieben.“ „Darin liegt der Hund begraben“, meint nachdenklich Johann Frantl: „Alle waren enttäuscht, denn sie dachten immer, sie hätten ein gutes, alptüchtiges und fruchtbares Schaf mit gutem Wollertrag.“ Dahinter stand der Druck der italienischen Einkäufer, eine einheitliche Ware zu liefern, wie auch die Intention der verantwortlichen Stellen, die Zucht des Tiroler Bergschafes zu forcieren. Die Schafhaltung war damals noch eine wichtige Einnahmequelle, auch war sie Teil der bäuerlichen Identität in Osttirol. Für Johann Frantl, den engagierten und interessierten Schafhalter war klar, dass etwas unternommen werden musste.

In Nordtirol, in der Gemeinde Hintertux im Zillertal, hatte inzwischen der Hotelier Franz Fankhauser die Initiative ergriffen und 1969 den „Zuchtverein Hinteres Zillertal“ für das Graue Tiroler Steinschaf ins Leben gerufen. Im Zillertal gab es die üblichen Rivalitäten zwischen Tiroler Bergschafzüchtern, die immer mehr Fuß fassten, und Züchtern, die an der Tradition des Grauen Tiroler Steinschafes festhielten.

„Was draußen im Zillertal geht, muss bei uns auch möglich sein“, war Johann Frantl überzeugt und organisierte am 11. Jänner 1975 die Gründung eines Zuchtvereins für das Tiroler Steinschaf in Osttirol. „Die Raiffeisengenossenschaft Osttirol, die auch heute noch die Agenden der Tierzucht und Vermarktung in Osttirol wahrnimmt, unterstützte diese Bemühungen anfangs nicht, da die maßgeblichen Personen in der Genossenschaft Bergschafzüchter waren“, erinnert sich Johann Frantl. Seitens der Vermarktungsgenossenschaft wurde so das Ziel erreicht, dass die Schafzüchter auf das Tiroler Bergschaf umstiegen.

Die Züchter der Weißen Tiroler Steinschafe stiegen nicht auf das Tiroler Bergschaf um, sondern gründeten einen eigenen Verein. Johann Frantl wurde Gründungsobmann des 29 Mitglieder umfassenden Zuchtvereins des Weißen Tiroler Steinschafes, der in weiterer Folge eng mit dem Nordtiroler Verein kooperierte. Erst acht Jahre später, 1983, konnten auch die Züchter der

Das Stammzuchtgebiet des Weißen Tiroler Steinschafes liegt in Osttirol. Die Ausgangsrasse bildete das Alpine Steinschaf unter Einflüssen von Bergamasker und Paduaner Schafen.

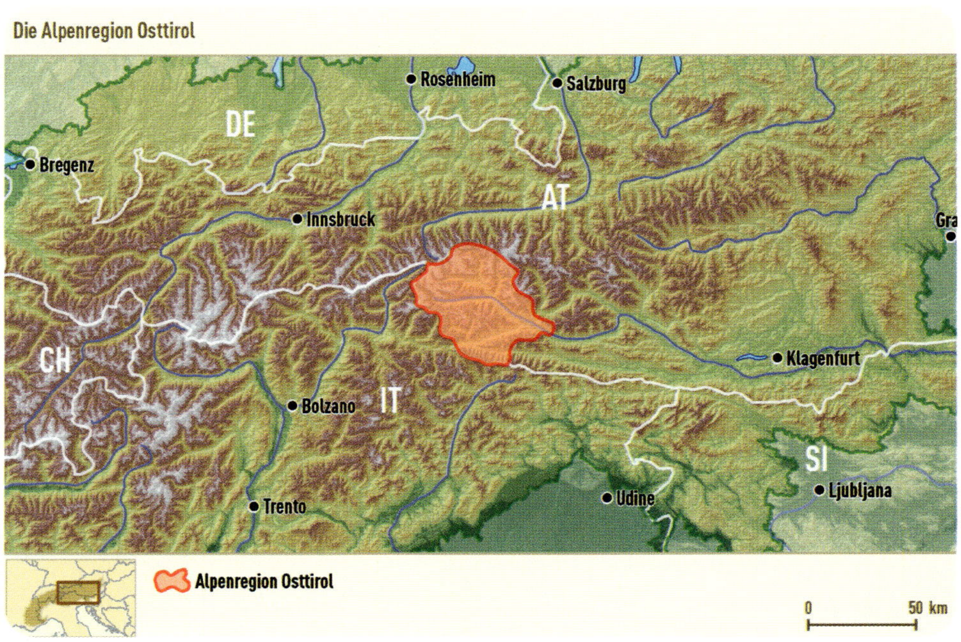

Der ursprüngliche Typus der Weißen Tiroler Steinschafe von Züchter Anton Nageler vulgo Lukasser in Ainet.

Weißen Steinschafe Osttirols der Vermarktungsgenossenschaft beitreten. Anfangs wurden im Verein neben weißen und grauen auch schwarze Schafe toleriert. 1983 wurden schwarze Tiere von der Zucht ausgeschlossen.

Die Gemeinde Schlaiten im Iseltal war bereits vor der Vereinsgründung das Zentrum der Tiroler Steinschafzucht in Osttirol. Denn ihre Weißen Steinschafe hatten immer schon einen guten Ruf. „Die guten Alpgründe im Umballtal boten die beste Voraussetzung", erläutert Johann Frantl. Bei der Volks- und Güterzählung im Jahr 1795 zählte die 341-Seelengemeinde 37 Häuser und 830 Schafe.

Der ursprüngliche Steinschafschlag

In Osttirol gab es noch in den ersten Jahrzehnten des 20. Jahrhunderts neben dem weißen Steinschafschlag alle möglichen Farbvarianten, weiße, graue, schwarze und elbe (hellbraune). „Der verstorbene Nickler sagte immer, früher hatten wir im Herbst im Dorf Schafe in allen Farben und dazu *gringe*, also kleine", erinnert sich Johann Frantl.

Der alte Steinschafschlag vor rund 50 Jahren hatte eine grobe, lange Mischwolle und einen kargen (schmalen) und länglichen Kopf. Im Jahr 1934 fuhren die Schlaitener nach Baden-Württemberg und erwarben dreizehn schwere, gehörnte Württemberger Schafe zur Verbesserung der Steinschafzucht. Das erzählte der alte Karl Engler, vulgo Schneider aus Schlaiten. „Die Schafe waren rauwollig im Gesichtsfeld", berichtet Johann Frantl.

Pinzgauer Strahlenziege und Steinschaf, die beiden alteingesessenen Landrassen Osttirols. Der Steinschafwidder zeigt noch etwas Bergamasker Einfluss, um 1950.
Foto: Archiv Steiner

Der Handel mit italienischen Lämmereinkäufern brachte von jeher einen gewissen Einfluss des Bergamasker Schafes mit sich. „Die kurze Wolle der mit Bergamaskern gekreuzten Tiere bereitete uns jedoch Probleme bei der Wollverarbeitung", erklärt Johann Frantl. Zusammen mit seinem Vater betrieb er bis zur Mitte der 1950er-Jahre eine Wollkadatsche. Er spricht daher aus Erfahrung, wenn er sagt: „Die kurze Wolle der Schafe mit Bergamasker-Einkreuzung fiel beim Dochten unten durch. Genauso wenig war die kurze Bauch- und Beinwolle für die Wollverarbeitung geeignet." Die lange Wolle der Steinschafe ließ sich dagegen besser einbinden.

In den 1960er-Jahren begann man gezielt, großrahmige und feinwollige Bergamasker Schafe einzukreuzen, um größere und schwerere Lämmer zu erzielen. „Wir haben bei der Fruchtbarkeit und Vitalität schon etwas verloren, da wir dem Wuchs nachgelaufen sind", stellt Johann Frantl heute fest. Auch er gesteht Fehler ein. Als junger Bauer verkaufte er ein paar Kühe, um sich die schönsten Weißen Steinschafe Osttirols zu kaufen. Er hat Betriebe besucht und die größten Schafe für seine Zucht ausgewählt. „Bald hat sich gezeigt, dass ich nicht die besten, sondern die schlechtesten gekauft habe", erzählt er weiter. „Die Schafe waren zwar größer als der Durchschnitt, aber die Nachzucht war nicht zu gebrauchen, da sie nicht frohwüchsig waren. Größe ist nicht alles", weiß er heute. Johann Frantl versteht auch nicht, warum der schwarze Farbschlag beim Steinschaf von der Zucht ausgeschlossen wird: „Reinzucht ist zugleich Inzucht, steht in den Lehrbüchern. Beim Weißen Steinschaf ist man bereits dort", gibt er zu bedenken. Er ist mit 75 Jahren immer noch begeisterter Schafbauer mit 70 Mutterschafen. Im Sommer alpt er seine Herde auf der Leibnitzalm bei der Schoberhütte oberhalb von Ainet, auf rund 2.300 m Seehöhe.

Porträt: Thomas Zwischenberger
Vier Jahrzehnte Weißes Tiroler Steinschaf

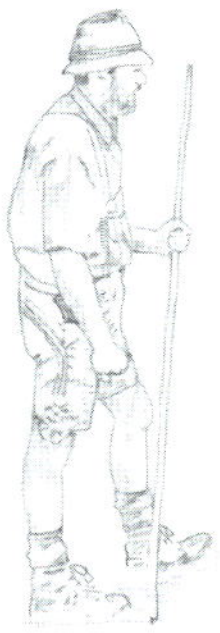

Bis zur Gründung der Zuchtvereine für das Weiße, Schwarze und das Graue Steinschaf in Ost- beziehungsweise Nordtirol zu Beginn der 1970er-Jahre dominierte das Weiße Steinschaf in Osttirol. „Das Weiße Steinschaf war zum damaligen Zeitpunkt deutlich besser bemuskelt und großrahmiger als das Graue Tiroler Steinschaf Nordtirols. Daher wurden Tiere bereits vor den Zuchtvereinsgründungen im Jahr 1975 und in weiterer Folge zur Verbesserung der Zucht bei der grauen Rasse eingesetzt", erklärt Thomas Zwischenberger. „Vor allem Widder aus der Gemeinde Schlaiten waren bei den Züchtern aus Nordtirol begehrt."

Thomas Zwischenberger ist heute Obmann des Zuchtvereins des Weißen Tiroler Steinschafes. Er ist bei der Agrarmarketing Tirol in Innsbruck tätig und auch erfolgreicher Züchter des Grauen Tiroler Steinschafes. Zusätzlich betreibt er einen Lämmermastbetrieb. Bereits der Vater von Thomas Zwischenberger begann vor rund 50 Jahren mit der Zucht der Weißen und Grauen Steinschafe. Er war damals gerade sieben Jahre alt: „Mit sieben bis acht Jahren fängt man in Osttirol üblicherweise mit der Steinschafzucht an", scherzt er. Die Begeisterung für die Schafzucht hat ihm sein Vater in die Wiege gelegt. Sie besitzen zusammen 50 Mutterschafe der Rassen Weißes und Graues Tiroler Steinschaf und durchschnittlich 130 bis 150 Mastlämmer. Etwa die Hälfte der Zuchtschafe entfällt auf Weiße Steinschafe.

Die Tiere sind auf drei Stallungen aufgeteilt. Bemerkenswert ist, dass die Familie Zwischenberger nicht aus dem landwirtschaftlichen Umfeld kommt, aber die nicht-bäuerliche private Schafhaltung hat in Tirol eine lange Tradition. Rund 1,2 Hektar sind im Eigenbesitz, dazu kommen Almrechte auf der genossenschaftlich verwalteten Nussdorfer Alm. Weitere Flächen wie die Magerwiesen in der Gemeinde Stronach sind zugepachtet, ebenso eine der beiden Stallungen. Den Sommer verbringen die Tiere auf der Nussdorfer Alm im Debanttal, einer großen Gemeinschaftsalm, die traditionell mit Schafen bestoßen wird. 2012 wurden noch 220 Schafe aufgetrieben und rund 100 Rinder.

„Es wird immer schwieriger mit den Weißen Steinschafen, da die Population stetig abnimmt", erzählt Thomas Zwischenberger von seinen Sorgen. Der Gesamtbestand an Weißen Tiroler Steinschafen umfasst lediglich rund zehn Prozent des Gesamtbestandes der Rasse Tiroler Steinschaf. Derzeit verzeichnet die Herdebuch-Population 270 Mutterschafe und 27 Widder. Demgegenüber stehen rund 2.500 Herdebuchtiere des Grauen Steinschafes. Die Weißen Steinschafe werden weder als eigene Rasse noch als eigene Population innerhalb der Grauen Steinschafrasse anerkannt. Teilweise werden die beiden Schläge (Rassen) sogar bewusst gekreuzt, weiße Widder mit grauen Mutterschafen gedeckt, um bei Zuchtlämmern das charakteristische hellgraue Wollvlies zu erhalten. Auch Zwischenberger deckt gelegentlich seine gesamte Herde mit einem weißen Widder. Die Farbe der Nachzuchtlämmer fällt aber nach seinen Erfahrungen sehr unterschiedlich aus.

Heute besteht im äußeren Erscheinungsbild der beiden Rassen, abgesehen von der Farbe, kein Unterschied mehr. Die Zucht der Herdebuchtiere orientiert sich am selben Zuchtstandard. Soweit Thomas Zwischenberger von Erzählungen seines Vaters und Onkels berichten kann, waren die Weißen Steinschafe früher besser bemuskelt und gröber im Körperbau, mit deutlich längerer und feinerer Wolle. Mit dem Viehhandel wurden ab den 1960er-Jahren immer mehr Graue Steinschafe in Osttirol eingeführt und die Weißen Steinschafe nahmen stetig ab. „Im Gegenzug wurden weiße Widder zur Verbesserung der Grauen Steinschafzucht eingesetzt, um die Bemuskelung und die Länge und Feinheit des Wollvlieses zu verbessern", erklärt Thomas Zwischenberger. Lediglich zwölf Betriebe halten bis heute an der weißen Rasse in Osttirol fest und besitzen einen nennenswerten Tierbestand. Daneben gibt es weitere Betriebe, die lediglich einzelne weiße Tiere in der Grauen Steinschafherde halten. „Eine Zeit lang war es populär, vielleicht sogar eine Modeerscheinung, ein bis zwei weiße Schafe in der grauen Herde mit einem grauen Widder zu halten, aber das ist jetzt auch nicht mehr der Fall", erzählt Thomas Zwischenberger. Im letzten Jahrzehnt blieb der Bestand stabil, jedoch auf niedrigem Niveau, obwohl bei Versteigerungen für Kilber und Widder gute Preise erzielt wurden (2010: 600 bis 800 Euro für Kilber). Das Problem ist, dass kaum Jungwidder nachgezogen werden und die genetische Basis immer enger wird.

Thomas Zwischenbergers Schafe sind fruchtbar und lammen zwei Mal pro Jahr, wobei Zwillingsgeburten die Regel sind. Die im April geborenen Schlachtlämmer werden fertig gemästet und erreichen im September ein Schlachtgewicht von 45 bis 50 Kilogramm. Die Zuchtschafe erhalten Heu und Grassilage sowie beim Lammen ergänzend Kraftfutter. Zuchtlämmer erhalten auch auf der Weide zusätzlich zum Grundfutter Kraftfutter.

Teilweise werden die beiden Tiroler Steinschafschläge gekreuzt, um bei Zuchtlämmern das charakteristische hellgraue Wollvlies zu erhalten. Dabei werden weiße Widder mit grauen Mutterschafen gedeckt. Thomas Zwischenberger mit einem Weißen Steinschaf und seinem Lamm.

Die Lämmer des Grauen Tiroler Steinschafes fallen wie bei den grauen Schafen der Rasse Alpines Steinschaf immer schwarz aus.

Kontakt:
Thomas Zwischenberger
Obmann des Zuchtvereins
Tiroler Steinschaf
Dölsach in Osttirol
Tel.: 0043 (0)664 54 03 120
tomzwi@hotmail.com

Der Weiße Steinschafwidder wird als Zeichen des Dankes mit Bändern und Blumen festlich geschmückt. Der vierjährige Widder wird drei Mal um den Hochaltar geführt und wohnt anschließend der Messe bei. Foto: F. Holzer

1635 kämpfte der Weiße Steinschafwidder gegen den Tod, um die Virgener und Prägartner vor der Pest zu bewahren. Ausschnitt aus der Votivtafel in der gotischen Wallfahrtskirche „Zu unserer lieben Frau im Schnee" in Obermauern. Heute kämpft das Weiße Tiroler Steinschaf wieder gegen den Tod, aber nicht gegen die Pest, sondern gegen den Untergang seiner eigenen Rasse.

„Zum Züchten sind die weißen Schafe einfacher", erklärt Thomas Zwischenberger, „da die Farbe als Selektionskriterium wegfällt." Bei der Zucht der Grauen Steinschafe fallen zum Teil auch schwarze Tiere an, die aber von der Zucht ausgeschlossen bleiben. Auch beim Grauton gibt es Abstufungen. Angestrebt wird ein lichtes Grau, das für die Herstellung des Tuxer Lodens verwendet wird. Thomas Zwischenberger verkauft seine Tiere primär über Versteigerungen, damit die Rasse auch bei Veranstaltungen präsent ist. Auch die Körungen und Herdebuch-Aufnahmen der Widder und Mutterschafe erfolgen zentral bei Veranstaltungen im Frühjahr und Herbst. Dadurch können die Tiere besser untereinander verglichen werden. „Auch die Qualität der Zuchttiere ist dadurch besser geworden, da durchwegs nur gute und vitale Tiere vorgeführt werden", erklärt Obmann Thomas Zwischenberger.

Der Opferwidder vom Virgental – 379 Jahre Tradition

Am ersten Samstag nach Ostern, dem Weißen Samstag, wiederholt sich seit 379 Jahren alljährlich ein Schauspiel, bei dem eine vom Aussterben bedrohte Nutztierrasse die Hauptrolle spielt. Es ist die Widderopfer-Prozession der kleinen Osttiroler Gemeinden Virgen und Prägarten im hinteren Iseltal.

Es war um 1635, als mit den Wirren des 30-jährigen Krieges auch noch die Pest die Gemeinden Osttirols heimsuchte. In den 20er-und 30er-Jahren des 17. Jahrhunderts wurde rund ein Drittel der Tiroler Bevölkerung dahingerafft. Nach einer Überlieferung kämpfte während einer Bittprozession von Prägarten zur Pfarrkirche nach Virgen ein weißer gehörnter Widder auf einer Wiese im Ortsteil Niedermauern gegen den Sensenmann und schlug diesen in die Flucht. Die Pfarrgemeinden Virgen und Prägarten gelobten von da an jährlich eine Wallfahrt zu Fuß nach Lavant bei Lienz und die Opferung eines weißen gehörnten Widders.

Ob es sich dabei um das Weiterleben eines heidnischen Kultes in christlicher Verbrämung handelt, der auf keltische oder slawische Siedler des Iseltales zurückgeht, oder um eine rein christliche Zeremonie, ist nicht wissenschaftlich belegt. Auch in anderen Gemeinden Österreichs gibt es vergleichbare christliche Bräuche, wie etwa das Widderopfer der Pfarrkirche Ötting in der Gemeinde Oberdrauburg. In der antiken Mythologie werden Widderopfer häufig erwähnt. In der keltoromanischen Provinz Norikum wurde der Gott Belenus verehrt, schreibt der frühchristliche Schriftsteller Tertullian, dem Widderopfer dargebracht wurden. Auch im Kult der Donauländischen Reiter oder im Kybele-Attis-Kult, der als Märzfest im gesamten römischen Reich noch bis ins 5. Jahrhundert n. Chr. gefeiert wurde, spielten Widderopfer eine Rolle.

Sieben Jahre lang stellen die sieben Fraktionen der Gemeinde Virgen den Opferwidder, bevor für fünf Jahre die Gemeinde Prägarten diese Aufgabe übernimmt. In jeder Fraktion bilden die bäuerlichen Güter eine Agrargemeinschaft. Der jeweils amtierende Obmann ist verantwortlich für die Bereitstellung des Opferwidders. „In der Regel nimmt der Obmann selbst diese ehrenvolle Aufgabe wahr, außer es meldet sich jemand freiwillig", erklärt Leopold Dichtl. Der 38-jährige Bauer aus Untermauern war 2012 Widderhalter und durfte den weißen gehörnten Widder von Virgen zur Wallfahrtskirche in Obermauern führen. „Für uns war das sehr ehrenvoll, da man nur mit Glück einmal im Leben diese Aufgabe übertragen bekommt", sagt Leopold Dichtl stolz. Er kaufte den Widder bei einem Steinschafzüchter im Ort.

Der Widder muss weiß und gehörnt und sollte bereits einige Jahre alt sein. „Er soll etwas darstellen und ein gutes Bild machen", erläutert Dichtl. Der Widderhalter füttert den Widder bis zum kommenden Frühjahr und darf im Herbst zuvor nicht mehr geschoren werden, damit er bei der Prozession im Frühjahr eine lange prächtige Jahreswolle trägt. Vor der Prozession wird er zwei- bis drei Mal gewaschen und das Vlies ausgekämmt. Die Nachbarn helfen dabei mit. Die Bäuerin schmückt anschließend das Tier nach der Tradition und alten Vorlagen mit bunten Bändern und Blumen. „Seit 1920 führt die Prozession von

Prägarten über Untermauern bis nach Obermauern zur Wallfahrtskirche Zu unserer lieben Frau im Schnee“, schildert Leopold Dichtl den Ablauf. Zuvor ging die Prozession aufgrund des Bittgelöbnisses zu dem zwölf Stunden Gehzeit entfernten Lavanter Kirchbichl im Lienzer Becken. Das Weiße Steinschaf wird vom Widderhalter drei Mal um den Hochaltar geführt. Während des Bitt- und Dankgottesdienstes bleibt der Widder in der Kirche an der Seite des Widderhalters.

Leopold Dichtl bewirtschaftet mit seiner Frau Agnes den 22 Hektar großen Krinhuberhof, einen Bergbauernhof im hinteren Virgental. Sie betreiben Milchwirtschaft, halten Fleckvieh und Tauernschecken Ziegen. Bis zum Vorjahr hatten sie auch noch einen für Osttirol typischen Bergspitz, schwarz mit weißem Halskranz. „Der Hund hatte einen feinen Charakter und war ein guter Wachhund. Da ist keiner zum Hof gekommen, ohne dass wir es gemerkt haben.“ Der Hund hatte auch eine wichtige Aufgabe als Treibhund auf der 118 Hektar großen Merschenalm.

Aller guten Dinge sind drei

Der Steinschafzüchter Peter Steiner aus Matrei in Osttirol stellte in den Jahren 2008, 2009 und 2010 den gehörnten Steinschafwidder für die Widderopfer-Prozession. Angebot und Nachfrage hielten sich in Grenzen, daher kamen die Widderhalter auf Steiner zurück und der vierjährige Widder durfte zwei Mal in die Opferrolle schlüpfen. Der Widder ließ sich gut führen, war gutmütig und erwarb sich Routine bei seiner kultischen Aufgabe. Ein Glück für ihn, dass er nicht als Blutopfer endete, sondern durch das Los einem neuen Besitzer zugeteilt wurde. Die jährliche Bittprozession begleiten mehrere hundert Gläubige und Schaulustige. 2012 konnten 4.200 Lose verkauft werden.

Mit dem Hauptpreis, dem Opferwidder, wissen die wenigsten Besucher etwas anzufangen, daher konnte Peter Steiner den Widder zwei Mal wieder erwerben. Im Winter 2010, vor seinem dritten Auftritt als Opferwidder, erkrankte jedoch das Tier und ein Ersatzwidder musste gefunden werden. Ein nochmaliges Antreten bei der Bittprozession war damit ausgeschlossen.

Gemeindeamt Virgen
A-9972 Virgen, Virgental Straße 81
Tel.: 0043 (0)4874 52 02
Fax: 0043 (0)4874 52 02 17
www.virgen.at

Tiroler Steinschaf, ursprüngliche Verbreitungsgebiete

Steckbrief – Tiroler Steinschaf (grauer und weißer Farbschlag)

Mit einer Widerristhöhe von 60 Zentimetern bei Mutterschafen und 80 Zentimetern bei Widdern zählt es zu den großrahmigen Gebirgsschafrassen. Die Böcke tragen mächtige Schneckenhörner, weibliche Tiere sind nur vereinzelt gehörnt oder tragen Hornstummeln. Diese werden bei Zuchttieren meist entfernt. Charakteristisch für die Rasse ist der mäßig ausgeprägte Ramskopf der Widder. Bei den Schafen ist das Nasenbein nur gerade bis leicht geramst. Die kurzen bis mittellangen Ohren stehen ab. Tiefer Rumpf, langer Rücken und schräge Schultern machen das edle Erscheinungsbild des Tiroler Steinschafs aus. Das kräftige Fundament mit dunklen Beinen und harten Klauen verleiht der Rasse ihre besondere Alptauglichkeit. Weitere Merkmale sind die typische Stirn- und Bauchbewollung und die seidig glänzende Schlichtwolle (Feinheitsgrad C-D). Teilweise findet man auch mischwollige Tiere. Der weiße Farbschlag weist ein etwas längeres und feineres Wollvlies auf. Beim grauen Farbschlag treten mehrere Farbabstufungen auf. Angestrebt wird ein lichtes Grau, das traditionell für die Herstellung des Zillertaler Lodens verwendet wird. Vereinzelt findet man ganz schwarze Tiere, die aber von der Zucht ausgeschlossen sind. Das lange, grobe Deckhaar und das feine Unterhaar bieten einen guten Wetterschutz im Hochgebirge. Das Tiroler Steinschaf unterscheidet sich vom ursprünglicheren mischwolligen Alpinen Steinschaf durch den deutlich geringeren oder fehlenden Kurzhaaranteil (Kemp) und das kürzere Langhaar. Der Wollertrag beim Tiroler Steinschaf liegt bei 4,0 bis 4,5 Kilogramm bei den Mutterschafen. Die Tiere sind meist grau bis blaugrau. Ausgehend von Osttirol wird auch ein weißer Farbschlag gezüchtet. Das Gewicht der Altböcke liegt zwischen 100 und 130 Kilogramm, das der Schafe bei über 80 Kilogramm. Die tägliche Gewichtszunahme in den ersten fünf Lebensmonaten beträgt mindestens 250 Gramm. Der weiße Farbschlag weist eine stärkere Bemuskelung und einen höheren Fleischansatz auf. Das Tiroler Steinschaf hat einen asaisonalen Brunstzyklus, zwei Ablammungen pro Jahr und Zwillingsgeburten sind die Regel. Nach mittlerweile 40-jähriger Zuchtarbeit zählt das Tiroler Steinschaf zu den großrahmigen Schafrassen. Durch Einkreuzungen zu Beginn der Erhaltungszucht und stetige Zuchtauslese wurde die Rasse zwar qualitativ verbessert, aber deutlich schwergewichtiger. Das Schauwesen hat in Tirol einen besonders hohen Stellenwert. Das Graue Tiroler Steinschaf wird heute ausgehend von seinem Hauptverbreitungsgebiet, dem Zillertal, vorwiegend in Nord- und Osttirol sowie in den Bundesländern Vorarlberg, Salzburg, Kärnten und Steiermark gezüchtet, der weiße Farbschlag hauptsächlich in Osttirol. Der Gesamtbestand lag 2011 bei rund 2.600 Herdebuchtieren. In Österreich wird die Rasse Tiroler Steinschaf (grauer Farbschlag) als gefährdete Schafrasse angeführt.

Tiroler Bergspitze beim Liebesspiel. Die beiden Linienbegründer der Erhaltungszucht des Tiroler Bergspitzes. Foto: M. Kurzthaler

Der Tiroler Bergspitz

Der Spitz zählt zu den ursprünglichsten Hunderassen der Alpen und darüber hinaus. Bereits in den neolithischen Pfahlbausiedlungen konnten sie nachgewiesen werden. Anhand der vergleichsweise gut erhaltenen Knochenfunde im Schlamm der Seeufersiedlungen wird eine nahe verwandtschaftliche Beziehung zwischen den Pfahlbauhunden der Jungsteinzeit und den rezenten spitzartigen Hunden (Mittelspitz, Großspitz) angenommen. Wie alle Nutztiere wurde der Hund über Jahrtausende an die unterschiedlichen Anforderungen des Menschen selektiert. Anfangs als jagdlicher Begleiter der frühen Jäger und Sammler, später als Treib- und Herdenschutzhund, als Wachhund sowie als Gesellschaftshund.

Verteilt über den Globus, zeigen auf Funktion und Verwendung selektierte Gebrauchshunde und verwilderte Haushunde, wie der Dingo oder die afrikanischen Hunde, ähnliche morphologische Merkmale. Dabei kamen regelmäßig sogenannte Webfehler in der Domestikation zum Vorschein. Bei niedriger Intensität der Zucht findet man bei Hunden die für Spitzartige typische Ringelrute und das Stehohr. Bei der klassischen Formenzucht wurde, so auch beim Rassehund, auf äußere Merkmale gezüchtet. Im Gegensatz dazu war bei den bis in die 1960er-Jahre als Polarhunde zusammengefassten Gebrauchshunden die Zucht auf morphologische Merkmale wichtiger als die Zucht auf das äußere Erscheinungsbild. Ein Beispiel dafür sind die auf Kraft und Ausdauer gezüchteten Grönlandhunde. Diese Polarspitze wurden für die arktischen Bedingungen von Schlittenhunden selektiert. In ihrem äußeren Erscheinungsbild sind sie dagegen relativ heterogen. Neben einer gewissen Variabilität in der Größe kommen bei dieser Rasse alle Farben vor.

Noch 1955 verwendete Emil Hauck in seinem Standardwerk über die Spitze den Begriff Polarhunde. Erst in den 1960er-Jahren kam frischer Wind in die Kynologie, die Wissenschaft des Haushundes, und die Systematik der Spitze wurde neu geschrieben. In Deutschland war der Mittelspitz bis in die Mitte des 20. Jahrhunderts der verbreitete Haus- und Hofhund. Durch den Wandel der Landwirtschaft verlor er zusehends an Bedeutung und fristete oft nur mehr als Kettenhund sein Dasein. Er kam aufgrund der oft schlechten Haltungsbedingungen zu Unrecht als „Kläffer" in Verruf und findet sich mittlerweile auf der Roten Liste der gefährdeten Nutztiere Deutschlands. Auf Island und in den skandinavischen Ländern werden nordische Hütespitze zum Treiben und Zusammenführen des Viehs eingesetzt. Diese Hunde entsprechen im Aussehen wie in ihren Eigenschaften noch dem ursprünglichen Typus des Tiroler Bergspitzes.

Wenig beachtet, konnte sich in Tirol, südlich des Tauernhauptkammes, ein dem Mittelspitz entsprechender Hundeschlag behaupten. Er wird bei den Bergbauern in Ost- und Südtirol als Bergspitz, Almspitz oder Kranz bezeichnet, denn er trägt eine charakteristische kranzartige Hals- und Brustmähne und wurde primär als Treibhund auf den Almen eingesetzt. Auf den Rinderalmen arbeitete er als unermüdlicher Begleiter des Senners (Älplers). Auf sein Kommando hin treibt er tagein, tagaus die Milchkühe zur Melkzeit zu den Kasern oder vertreibt das Galtvieh, Schafe und Ziegen von den für die Milchkühe bestimmten Weideflächen im Nahbereich der Almhütten.

Seinen großen Auftritt hat der Bergspitz jedoch beim alljährlichen Almabtrieb. Bereits am frühen Morgen werden von den Hochalmen Schafe, Ziegen und Rinder in froher Heimkehrstimmung zu den Almhütten und weiter in die Talschaften getrieben. Die Wintermonate bedeuten für den Bergspitz eine Zeit der Ruhe und Entspannung, die er genüsslich vor dem Kachelofen einer Bauernstube verbringt.

Im Gegensatz zum heute weit verbreiteten Border Collie ist der Bergspitz weniger temperamentvoll, er setzt seine Kraft und Ausdauer gezielt dann ein, wenn sie gefordert wird. Er braucht zwar eine strenge Hand, ist aber weniger sensibel als der Border Collie und verträgt auch forsche Kritik von seinem Herrl.

Bella, eine charaktervolle Bergspitz Hündin. Foto: M. Kurtzthaler

Martin Kurzthaler, Naturraum-Manager im Nationalpark Hohe Tauern, besitzt einen der letzten typischen Bergspitze. „Schwarz soll er sein, mit mittellangem Haarkleid und einem kleinen weißen Brustfleck. Auch die Stehohren mit Behaarung der Innenohren kennzeichnen ihn." So beschreibt er den Idealtyp des Bergspitzes. Sein Onkel Alois Wibmer vulgo Oberortner in Zedlach bei Matrei war einer der letzten aktiven Züchter des Bergspitzes.

Es war 1984. Starke Unwetter mit Schneefall waren Mitte August für die Tauernregion südlich der Alpen angekündigt. Alois Wibmer arbeitete mit seinem Bergspitz auf der Zedlacher Alm im Frosnitztal bei Matrei in Osttirol. Rasch galt es, das Vieh, die Schafe und Ziegen in den Viehunterständen der Alm in Sicherheit zu bringen. Der Bergspitz erhielt das Kommando, die verstreut weidenden Tiere zusammenzutreiben. Unermüdlich trieb er die Rinder und Schafe zur sicheren Alm. Trotz aufziehenden Starkregens und Hagels gab er nicht auf, bis er am frühen Morgen völlig entkräftet von den Strapazen tot vor der Almhütte des Senners lag.

Heute findet man vor allem noch braun-weiße und mehrfärbig gescheckte Bergspitze. „Die Kinder *tschenen* (jammern) so lange, bis auch die mehrfärbigen Welpen behalten werden", bedauert Martin Kurzthaler die Entwicklung. Früher wurde streng auf die schwarzen Hunde selektiert.

In Osttirol werden beinahe auf jeder der 500 Einzel- und Gemeinschaftsalmen kleine Treibhunde, teilweise noch vom Typ des Bergspitzes, eingesetzt. Auch im unteren Pustertal auf Südtiroler Seite sind noch vereinzelt Hunde von diesem Typus anzutreffen. Aber weder nördlich des Alpenhauptkamms, im Bundesland Salzburg, noch in den angrenzenden Bezirken Spittal und Hermagor in Kärnten findet man diese Form der Partnerschaft zwischen Hund und Almbauern.

Ähnlich wie beim Pastore Bergamasca sah man auch beim Bergspitz nie den zwingenden Bedarf einer systematischen Rassezucht. Der Bergspitz wurde daher nicht als Rasse beim FCI eingetragen. Die Bergspitze wurden trotzdem zu stolzen Preisen, die über jenen von gängigen Treibhunden lagen, gehandelt. Wichtig wäre, die Wertschätzung für den Spitz wieder im Bewusstsein der Bauern zu verankern. Der Spitz ist etwas typisch Osttirolerisches.

Neben Osttirol, wo Schafhaltung und Viehtrieb über den Felbertauern und auf entlegene Almen eine lange Tradition ausgebildet haben, findet man auch noch im entfernten Südtiroler Schnalstal Restbestände des Bergspitzes.

Das Schnalstal mit seinen Schnalser Schafen ist bekannt für den Viehtrieb der Schafe über das Hauslabjoch zu den Sommerweiden im Nordtiroler Ötztal. „Früher haben die Bauern hier fast ausschließlich den Bergspitz als Treibhund für die Schafe verwendet, bis vor rund zehn bis 15 Jahren vermehrt Border Collies eingesetzt wurden", erzählt Dr. Georg Forscher, Großtierarzt in Naturns am Eingang des Schnalstales. Heute sind es nur mehr einige wenige Betriebe im Schnalstal, die an dieser alten Hunderasse festhalten. „Dabei eignet sich der Border Collie gar nicht für das hochalpine Gelände. Er ist zu hektisch und treibt die Schafe zu schnell. Im steilen, absturzgefährdeten Gelände kann das zum Problem werden", erklärt er weiter. Der Bergspitz ist besonnener und bellt lediglich laut, wenn es für die Schafe gefährlich wird.

Bello bei seinem großen Einsatz, beim Almabtrieb von der Arnitzalm. Foto: T. Steiner

Ein Hoffnungsschimmer für die Erhaltung der kleinen Bergspitz-Population. Foto: M. Kurzthaler

Kontakt:
Erhaltungsprojekt Bergspitz
Dipl. Ing. Günter Jaritz
Unkenberg 15
5091 Unken
Tel.: 0043 (0)664 30 46 814
info@alpenrassen.at
www.alpenrassen.at

Porträt: Der Hirte Vinzenz und sein Treibhund Kanz

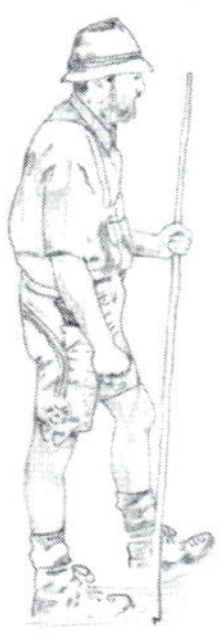

Vinzenz Tabernig lebt in Göriach bei Schlaiten in Osttirol. Die Leidenschaft des 71-Jährigen gilt seinem Rüden Kranz, einem stattlichen kurzhaarigen Bergspitz mit 45 Zentimeter Schulterhöhe. Im Winter hat der aufgeweckte Treibhund nicht viel zu tun. „Dann lasse ich ihn die Leit'n auf- und abjagen, damit er fit bleibt und sich bewegen kann", erklärt er seine Haltungsmethode. Mit seinem schwarzen Fell und dem weißen Halskranz, der sich bis über die Vorderbeine erstreckt, sowie den für einen Spitz charakteristischen Stehohren ist der 5-jährige Kranz ein wirklich perfekter Tiroler Bergspitz. Leider ist er auch einer der Letzten seiner Rasse. Der Rüde gehörte ursprünglich dem Cousin von Vinzenz, der ihn als Treibhund auf der Alm einsetzte. Als der Cousin 2009 mit 80 Jahren schwer erkrankte, wurde der Hund plötzlich arbeitslos. Er stand vor einer schwierigen Entscheidung. Der Hund musste bewegt werden und dieser wollte auch seiner Aufgabe und Bestimmung nachgehen. „Zum Hinmachen (Töten) war er ein zu wertvoller Treibhund", meinte Vinzenz. Daher trennte er sich von seiner noch jungen und nicht fertig ausgebildeten Hündin und übernahm den Hund seines Cousins. Seither sind die beiden ein Herz und eine Seele, ein echtes Erfolgsteam. Oft wird Vinzenz im Herbst, wenn die Schafe und Kühe rechtzeitig ins Tal getrieben werden müssen, von den Almbauern um Hilfe gebeten. Vinzenz muss mit Kranz auf solche Anrufe hin ausrücken.

Vor zwei Jahren traf Vinzenz den Obmann einer Almgenossenschaft aus Lobersberg bei Winklern im Kärntner Mölltal. Dieser erzählte ihm, dass immer wieder rund 200 Schafe vom Obermölltal und Drautal in das für die Milchkühe bestimmte Weidegebiet der Hochalm in der Kreuzeckgruppe ziehen. Fast täglich müssen die Schafe von den Almweiden vertrieben werden. Mehrere Personen und der Einsatz von Knallkörpern sind notwendig, um den Schafen einen anderen Weg zu weisen. Vinzenz erzählte dem Obmann von seinem Tiroler Bergspitz und sie vereinbarten ein Treffen auf der Alm. Dort sollte Kranz seine Fähigkeiten unter Beweis stellen. Als sie auf der Zleinitzalm (Zleinitzen) ankamen, waren rund 100 Schafe auf den Almweiden. „Kranz stürmte sofort auf die Schafe zu. Als sich die Herde teilte, rief ich ihn und der Hund setzte sich nieder. Die Schafe vereinten sich wieder zu einer Herde. Und jetzt beiß!, rief ich und der Hund trieb die Schafe von der Alm. In ein paar Minuten war die Alm sauber", berichtet Vinzenz stolz von diesem Einsatz.

Die Bauern wollten ihn gleich als Hirten auf der Alm behalten. „Und so bin ich Hirt auf der Lahmalm und auf der Zleinitzalm . Drei Mal muss ich umpacken (überstellen), von einer Alm zu anderen." Anfangs kamen die Schafe noch jeden Tag auf die Alm zurück, aber Kranz verschaffte sich Respekt und es genügte mit der Zeit, wenn er laut bellte. „Im felsigen absturzgefährdeten Gelände lass ich ihn immer zuerst bellen, damit die Schafe einen Fluchtweg suchen können. Und wenn sie marschieren, rufe ich Beiß! Dann

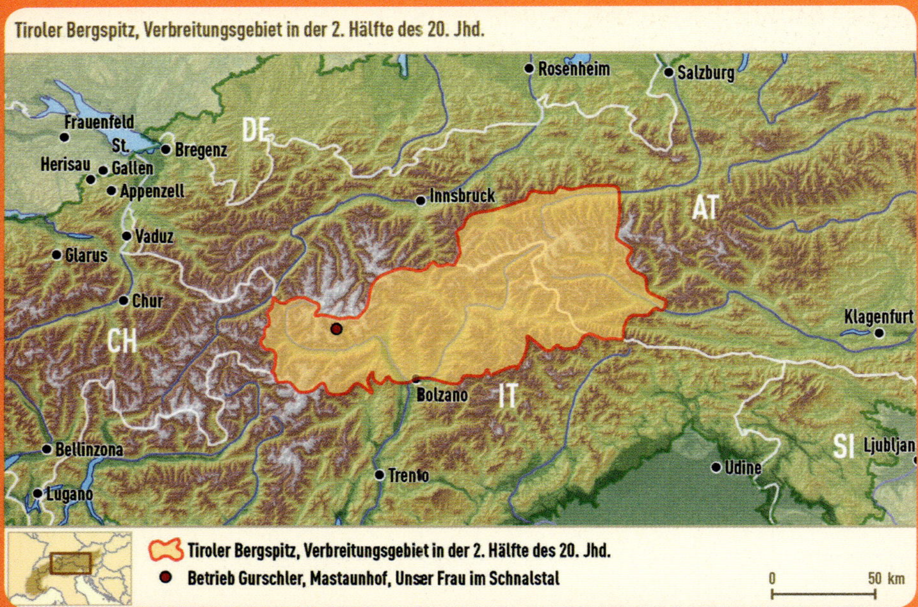

Steckbrief Tiroler Bergspitz

Der mittelgroße Hund von rechteckigem Format erreicht eine Schulterhöhe, die geringer ist als die Körperlänge vom Buggelenk bis zum Sitzbeinhöcker. Die Länge der Vorderläufe entspricht in etwa der Tiefe des Brustkorbes. Die Schulterhöhe beträgt rund 40 Zentimeter. Der Kopf ist mittellang mit sehr deutlichem Stirnabsatz, der Oberkopf rund, die Stehohren kurz und spitz. Die meist buschige Rute ist stark gerollt und hoch angesetzt. Der Tiroler Bergspitz ist meist schwarz mit einem stark mähnenartigen weißen Kragen am Hals (Kranz), der sich über die Brust bis zu den Vorderläufen erstreckt. Es kommen jedoch auch braune, rotbraune, rein weiße und graue Tiere vor. Neben der dominanten Fellfarbe findet man meist weiße Flecken und charakteristische Abzeichen. Typisch ist auch die weiße Blässe, die sich vom Kopf bis zur Nase erstreckt. Weiß sind meist die Rutenspitze sowie die Brust und die Vorderläufe. Charakteristisch sind auch die ausgeprägten Augenflecken, die ihn zu einem „Vieräugel" machen.
Emil Hauck beschreibt die kleineren Spitze (Groß- und Mittelspitz) als weiß oder schwarz gefärbt. Beim Bergspitz kommen zwei Haararten vor. Neben dem Langhaartyp mit Hals-Brustmähne (Kranz) und starker Behaarung der Innenohren und Läufe findet man auch einen Kurzhaartyp. Charakteristisch ist das dichte Stehhaar mit dichter Unterwolle sowohl beim Langhaar- als auch beim Kurzhaartyp. Es schützt den Spitz vor Kälte wie Hitze und zeichnet ihn als Alpenhund aus. Das reichliche Haar des Bergspitzes ist, wie bei allen Spitzartigen, pflegeleicht und verzottelt nicht. Der Bergspitz zeigt ein lebhaftes Verhalten und ist sehr wachsam. Aufgrund seiner Wendigkeit und Lauffreude ist er der perfekte Treib- und Hirtenhund. Der Jagdinstinkt ist dagegen nur schwach ausgebildet.

ist Kranz nicht mehr zu halten", erklärt Vinzenz Tabernig.

Spitze sind furchtlos und scheuen sich auch nicht, Rindvieh zu treiben. Kranz attackierte die Kühe immer am Kopf. Das hat den Vorteil, dass man sie aus Gefahrenzonen wegtreiben kann. Das Viehtreiben mit Hunden hat auch noch den Vorteil, dass die Tiere vor dem Hund Angst haben und nicht vor dem Hirten. „Von mir lassen sie sich angreifen und werden nicht flüchtig", versichert Vinzenz. „Außer bei den Ziegen, da kannst du auch einen alten erfahrenen Hund noch etwas lehren. Das hat mein Vater immer gesagt: Mögen sie sonst noch so viel streiten – wenn ein Hund kommt, dann stecken sie die Köpfe zusammen und richten die Hörner alle gegen den Hund", so fasst Vinzenz Tabernig seine Erfahrungen mit Ziegen zusammen. Seit 2011 verbringt er nun mit seiner Frau Aloisia und dem Treibhund Kranz als Hirte den Sommer im Mölltal auf drei Almen. Regelmäßig kommen Bauern mit ihren Hündinnen zum Decken zu ihm und Kranz kann seine Gene weitervererben. Die Haltung von Spitzhunden hatte am elterlichen Zischger Hof in Göriach bei Schlaiten von jeher Tradition. Solange sich Vinzenz erinnern kann, wurden sogenannte Kranz (weißer Halskranz) zum Viehtreiben, für Kühe und Schafe, eingesetzt.

„Früher hat man das Vieh getrieben, heute werden die Tiere mit dem Auto transportiert", erklärt er den Unterschied. Die Schlaitener Bauern besitzen im hintersten Umballtal (Virgental), bei Prägarten in der Nähe der Umballfälle, gute Almweidegründe.

Bis zum Bau der Felbertauernstraße 1967 wurden die Schafe von Göriach eineinhalb Tage lang auf die Alm getrieben. „Gegen zwei, halb drei Uhr am Nachmittag sind wir von zu Hause mit 500 bis 600 Schafen aufgebrochen und die ganze Nacht durchmarschiert. Am nächsten Tag gegen neun Uhr sind wir auf der Schlaitenalm angekommen. Zwei- bis drei Mal haben wir zwischendurch gerastet", erzählt Vinzenz Tabernig.

Er kann sich noch gut an ein Erlebnis mit einem jungen Spitzhund erinnern. Der Hund war noch nicht ausgebildet, musste aber bereits am Viehtrieb ins Umballtal teilnehmen: „Am Anfang hat der Hund nur gebellt. Als wir auf der Schlaitner Alm bei der Clara-Hütte angekommen sind, konnte er dann schon treiben. Die Kranz' haben es eben im Blut!"

Eine Zeit lang hatte Vinzenz einen schwarzen langhaarigen Spitz namens Mori, einen besonders guten Treibhund: „Wenn die Schafe beim Treiben entlang der Straße in die angrenzenden Felder gelaufen sind, hat der Hund die Herde immer ausbalanciert und die Ausreißer sofort zurückgetrieben", erinnert er sich, und wenn die Schafe nicht mehr gehen wollten, hat Mori auf Kommando drei Mal gebellt.

Mit dem wachsenden Verkehr entlang der neuen Transitroute wurde das Treiben der Schafe entlang der Hauptstraße unmöglich. „Wir hatten großteils Steinschafe, in allen Farben, schwarz, weiß, grau und elb (braun)". Die Schlaitener Schafe waren damals schwerer als heute, meint Vinzenz Tabernig, der es wissen muss.

Früher war fast auf jedem Hof ein Spitz zu finden, bei jedem Bauern gab es einen Hund. „Es gab Kranzelte in allen Farben, schwarze, graue, braune. Sie waren zottlert (langhaarig) und haal (kurzhaarig). Alle hatten Stehohren", fasst Vinzenz Tabernig sein Wissen zusammen. Typisch sind auch die braunen Augenflecken. „Der Vater sagte immer, wenn im Wurf ein Vieraugerter ist, dann wollen wir diesen behalten."

Solange er sich erinnern kann, züchtet Vinzenz Tabernig Strahlenziegen. Zuerst am elterlichen Zischger Hof in Göriach, später als weichender Erbe, als sogenannter Häusler, in einem kleinen Stall bei seinem Haus in Göriach.

Für den Bergspitz ist aktuell ein Erhaltungsprojekt in Vorbereitung. Ziel ist neben der Erfassung rassetypischer Hunde und dem Aufbau eines Zuchtbuches die Förderung des Bergspitzes als Gebrauchshund in den Stammgebieten Ost- und Südtirol.

Der Bergspitz war ein unentbehrlicher Helfer auf den Almen der Tauernregion. Das schwierige Gelände des Hochgebirges stellte hohe Anforderungen an die Treibhunde hinsichtlich Robustheit, Ausdauer, Anspruchslosigkeit und Gehorsam. Sie hatten flink und mutig zu sein, wenn die verstreuten Schafherden oft über mehrere Tage durch unwegsames Alpingelände, reißende Gebirgsflüsse und Geröllfelder bei extremen Witterungsbedingungen zusammengetrieben werden mussten. Sie wurden aufgrund ihres unermüdlichen Arbeitseinsatzes sehr geschätzt. Das Foto zeigt Hirten mit einem Bergspitz in Innergschlöß, Nationalpark Hohe Tauern – Tirol, um 1940. Foto: J. Niederegger

Die Norische Alpenregion in Unterkärnten

Der markante Gipfel des Gertrusk mit seinen zwei „Meeraugen", das sind kleine runde Wasserflächen. Auf 2.044 m Seehöhe auf der Saualpe in Kärnten.
Foto: TVB Wolfsberg

Die Norische Region ist eine Bezeichnung aus der Regionalplanung für die Mittelgebirgslandschaft im Nordosten Kärntens (NUTS-3 Region Unterkärnten) mit den Gurktaler und Teilen der Lavanttaler Alpen; sie umfasst die Bezirke St. Veit und Wolfsberg. Nach der Alpengliederung von Soiusa spricht man von den Steirisch-Kärntnerischen oder Norischen Alpen.

Der Abbau und die Verarbeitung von Eisenerz prägte seit der Keltenzeit die wirtschaftliche und kulturelle Entwicklung und das Kärntner Blondvieh ist die typische und bodenständige Rinderrasse der Norischen Region Unterkärntens. In den 1850er-Jahren erreichte es mit einem Anteil von rund 60 Prozent des Gesamtrinderbestandes in Kärnten seine Hochblüte. Mit der Auflösung des Gelbvieh-Zuchtverbandes (vormals Kärntner Blondvieh-Zuchtverband) im Jahr 1968 wurde formell ein Schlussstrich unter die planmäßige Zucht dieser Urkärntner Rasse gezogen. Durch zunehmende Verdrängungskreuzung wurde die Rasse schließlich an den Rand der Auslöschung gedrängt. Noch heute sind die Fremdbluteinflüsse spürbar.

Die Norische Alpenregion in Unterkärnten

Pioniere der Blondviehzucht

Gerade noch rechtzeitig erkannte der junge Agrarökonom Karl Krachler den kulturellen und regionalwirtschaftlichen Wert dieser alten Rinderrasse. Das Kärntner Blondvieh war das erste Rinderprojekt des damals noch jungen Vereins zur Erhaltung gefährdeter Haustierrassen in Österreich (kurz VegH, heute: Arche Austria). Bereits Ende der 1980er-Jahre setzte sich Karl Krachler, später Obmann des Vereins VegH, für die Anerkennung der Rasse ein, ganz im Widerspruch zu tierzuchtrechtlichen Bestimmungen von damals. Das Kärntner Blondvieh zählte seit 1986 nicht mehr zu den anerkannten Rassen.

Raphael Pliemitscher aus Eberstein in der Region Unterkärnten ist ein weiterer Pionier der Kärntner Blondviehzucht. Er gründete 1994 gemeinsam mit Ilmar Tessman vom Biolandhaus Arche in St. Oswald den Kärntner Blondvieh-Zuchtverein. Ihre Bemühungen scheiterten, daher ergriffen die beiden engagierten Landwirte selbst die Initiative und gründeten einen eigenen Verein zur Erhaltung des Kärntner Blondviehs. Die Gemeinde Eberstein im Görtschitztal war das Ursprungsgebiet der Erhaltungsmaßnahmen. „40 Mutterkühe der insgesamt 80 Tiere und alle drei Stiere der Ausgangspopulation stammen aus der Gemeinde Eberstein“, erklärt Raphael Pliemitscher.

Ihr Stamm reicht weit zurück. Bereits zu Beginn des 17. Jahrhunderts wurden weiße und semmelfärbige Rinder bei dem in Eberstein ansässigen Adelsgeschlecht der Grafen von Christalnigg beschrieben. Die spätere Erhaltungszucht des Blondviehs verteilte sich auf rund 20 Betriebe in der Region. Viele Bauern waren damals der Meinung, dass das Blondvieh ohnedies nicht mehr zu retten sei. Die Ernährungs- und Landwirtschaftsorganisation der UNO (FAO) führte das Kärntner Blondvieh bereits auf der Roten Liste der Nutztiere.

Im Juli 1994, so erinnert sich Raphael Pliemitscher an die Anfangszeit, fand das erste Kärntner Blondviehfest statt. Es setzte einen Wendepunkt in der öffentlichen Aufmerksamkeit. Viele Bauern aus der Region nahmen daran teil und gaben Tipps, wo noch Blondvieh zu finden wäre. Ein Hinweis führte Raphael Pliemitscher und den Zuchtleiter Dr. Petschenig zu einem älteren Bauernehepaar in Friesach am Rand der Gurktaler Alpen. Dem Bauern war mittlerweile bekannt, dass das Blondvieh wieder einen gewissen Wert hatte. Am Hof stand eine schöne rassetypische Blondviehkuh, die jedoch nicht mehr aufnahm. Der Zuchtleiter gab dem Bauern Tipps, um das zu ändern. Knapp ein Jahr später kamen sie wieder auf den Hof und siehe da, die Kuh hatte ein schönes Kuhkalb bei sich. „Der Bischofbauer hat vor Freude fast geweint“, erzählt Raphael Pliemitscher. So rasch hat sich die Wertschätzung für das Kärntner Blondvieh wieder hergestellt. Fünf Jahre nach der Vereinsgründung umfasste die Gesamtpopulation bereits rund 300 Tiere.

Raphael Pliemitscher gibt gern die Geschichte einer Stierprämierung zum Besten, die sich 1869 in Bad St. Leonhard im Lavanttal ereignet haben soll: Eine Bauernfamilie mit einem schönen Blondviehstier wurde von den Nachbarn angeregt,

Eberstein im Görtschitztal, an den westlichen Abhängen der Saualpe gelegen, gilt als das Stammgebiet des Kärntner Blondviehs.

„Weibalan seah, seah, Semmla, semmla“ (Weibchen kommt her, Semmelfärbige), so ruft Raphael Pliemitscher seine Tiere. Im Bild: eine typische *„falchete“*, also semmelfärbige Blondviehkuh.

doch an der Ausstellung teilzunehmen. Anfangs wollte der Bauer nicht, aber die Nachbarn blieben hartnäckig, bis er einwilligte. Prompt gewann er den mit 40 Gulden prämierten ersten Preis. Voller Stolz versammelte er zu Hause seine Familie und das Gesinde am Standplatz des Stieres. Der Bauer hielt eine Ansprache und bedankte sich bei dem Tier für die seinem Hof zuteil gewordene Ehre und das ansehnliche Preisgeld. Er versprach dem Tier, dass es von nun an das beste Heu erhalten und keine schwere Arbeit mehr verrichten müsse.

Das Kärntner Blondvieh

Für die Unterkärntner Viehzucht ist immer noch der italienische Markt bestimmend, der gut bemuskelte Rinder verlangt. Die italienischen Händler bevorzugen aus diesem Grund Zwei-Rassen-Kreuzungen aus Charolais und Fleckvieh. Fährt man von Klagenfurt in das Görtschitztal, sieht man vorwiegend diese Kreuzungstiere.

Das Berggebiet der Norischen Region Unterkärntens, die Gurktaler und Lavanttaler Alpen, waren traditionelles Ochsenzuchtgebiet. Ochsen verrichteten in den Ackerbaugebieten den Zug. Vom Gasthof Funder im Krappfeld, einem biedermeierlichen Gutshof, der von 1843 bis 1922 auch Poststation war, ist für das Jahr 1906 ein Blondvieh Ochse nachgewiesen, der 1.406 Kilogramm wog. Die Arbeitsleistung des Blondviehs war immer sehr gefragt. Auf den kleineren Höfen setzte man eher Kühe anstatt Ochsen als Arbeitstiere ein.

Auch die Ochsenmast war früher in Unterkärnten verbreitet, ebenso am elterlichen Betrieb von Raphael Pliemitscher. Die Ochsen bekamen das beste Futter. „Der Großvater kontrollierte abendlich mit einer Handlampe den Futterbarn. Über elektrisches Licht verfügte man zu jener Zeit noch nicht“, erzählt er. Blieben ein paar Heuhalme im Futterbarn zurück, bemerkte er: „Johanna, du hast heute wieder zu viel gefüttert.“ Waren keine Halme im Futterbarn, dann hieß es: „Heute hast du wieder zu wenig gefüttert.“ Die Mutter konnte es dem Großvater nie recht machen.

Mittlerweile haben viele Betriebe auf Mutterkuhhaltung umgestellt. Heute werden meistens Stiere oder Kalbinnen als Einsteller verkauft.

Bereits 1986 konnte Karl Krachler den ersten Blondviehstier Xaver als Linienbegründer der Erhaltungszucht im Görtschitztal ankaufen. Er wurde bei verschiedenen Mutterkuhherden eingesetzt. Die Pioniere der neu aufgeflammten Blondviehzucht stammten aus Arndorf, Maria Saal, Thon bei Grafenstein und aus St. Oswald. Foto: K. Krachler

Porträt: Raphael Pliemitscher. Der Schützhofin Eberstein – wo das Blondvieh zuhause ist

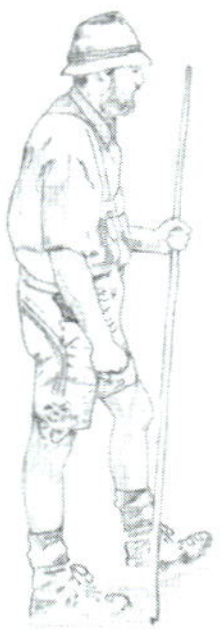

Das Blondvieh bot auch auf diesem Hof fast alles, was der Mensch zum Leben benötigte. Die Kuh lieferte das Fleisch, sie gab Milch und hat die Arbeit gemacht. Sie musste ihr Futter selbst nach Hause ziehen. Es bestand damals eine ganz andere Beziehung zwischen Mensch und Tier. Diese innige Beziehung ist durch die Mutterkuhhaltung weitgehend verloren gegangen. „Unsere Tiere sind noch sehr zahm, weil unser Betrieb noch eine überschaubare Größe besitzt", ist Schützhof-Besitzer Raphael Pliemitscher überzeugt. Darum hält er persönlich nichts von zu großen Mutterkuhherden. Der Schützhof wurde 1990 von einem Milchvieh- auf einen Mutterkuhbetrieb umgestellt.

Der 65-jährige Raphael Pliemitscher bewirtschaftete bis 2010 den Schützhof als Haupterwerbsbetrieb mit rund 20 Hektar landwirtschaftlicher Nutzfläche und 40 Hektar Wald in der Gemeinde Ebenstein. Der Ort liegt im Görtschitztal, am Westhang der Saualpe in den Lavanttaler Alpen. Die 20 Mutterkühe sind ganzjährig auf den Heimweiden rund um den Hof.

Raphael Pliemitscher arbeitet mit einem Mäster zusammen, der die Jungstiere vom Schützhof ankauft und ausmästet. Die Maststiere werden am Hof geschlachtet und als Rinderhälften weiterverkauft. Zum Schützhof gehört auch der Gasthof Liegl in Eberstein, der „Erste Kärntner Blondviehwirt".

Auf der Speisekarte werden Spezialitäten vom Kärntner Blondvieh angeboten, Essigfleisch mit hausgemachtem Holzapfelessig, gekochte Rindfleisch-Variationen, gegrillte Beiriedscheiben und klassischer Zwiebelrostbraten. Der Betrieb stellt auch Salami und Trockenwürste her.

Kontakt:
Raphael Pliemitscher
Schützhof Nr. 1
A-9372 Eberstein

Raphael Pliemitscher mit seinem enthornten fünfjährigen Stier Xenophon. Am Schützhof werden zwei Stiere im Natursprung für die Zucht eingesetzt. Xenophon stammt von der landwirtschaftlichen Fachschule Goldbrunnhof. Inzwischen wurde dort die Blondviehhaltung leider aufgegeben.

Kärntner Blondvieh (Mariahofer-Laventhaler), ursprüngliches Verbreitungsgebiet

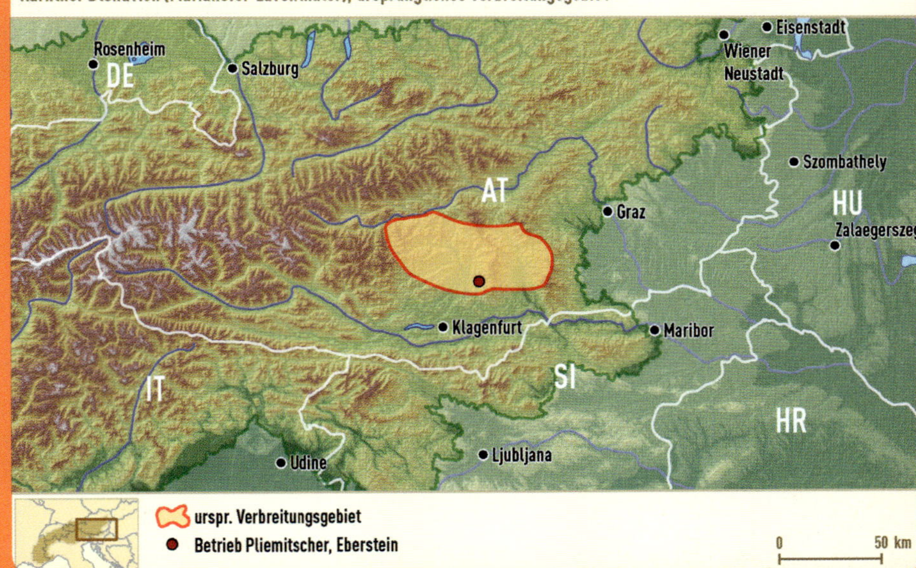

Steckbrief Kärntner Blondvieh

Dieses mittelrahmige kräftige Rind weist einen langen Kopf und feinen Knochenbau auf. Die Kühe erreichen ein Gewicht von rund 600 Kilogramm, die Stiere bis zu 1.000 Kilogramm. Charakteristisch sind das nahezu weiße bis semmelfarbene Fell sowie die hell pigmentierten Schleimhäute. Das Flotzmaul ist rosafarbig. Hörner und Klauen sind wachsgelb. Laut Rassestandard von 1901 bilden nur die vereinzelt eingesprengt vorkommenden Helmeten-Tiere eine Ausnahme von der strengen Regel der Einfärbigkeit. Bei dieser Farbvariante ist der Gesichtsteil des Kopfes über den Augen bis zum Flotzmaul rein weiß. Das Fleisch des Kärntner Blondviehs ist marmoriert, feinfaserig, mit Fett durchzogen und sehr geschmackvoll. Die Rinder besitzen eine hohe Mastfähigkeit und sind gute Futterverwerter. Rund 120 Züchter halten derzeit wieder 1.000 Stück Herdebuchkühe. In der Roten Liste der gefährdeten Tiere wird das Kärntner Blondvieh als stark gefährdet (endangered) eingestuft.

Der Bayerische Alpenraum

Allgäuer Braunvieh am Fuße des Höfats in Oberstdorf.
Foto: Tourismus Oberstdorf

Deutschland hat mit den Bayerischen Alpen und 283 bayerischen Gemeinden Anteil am Alpenbogen. Das entspricht rund 4,8 Prozent aller Alpengemeinden und über zehn Prozent der Gesamtbevölkerung des Alpenraumes. Die Gebirgsstöcke von den Allgäuer Alpen im Westen bis zu den Berchtesgadener Alpen im Osten sind Teil der Nördlichen Kalkalpen. Das Alpenvorland wurde stark von der letzten Eiszeit geprägt, die eine hügelige Landschaft mit ausgedehnten Moorlandschaften und Seen entstehen ließ.

Durch die Almweide-Beschränkungen im Zuge der Forst-Purifikation und die Ablöse der Forstrechte und Dienstbarkeiten (1744 bis 1811) sowie die Aufteilung der Gemeindegründe zu Beginn des 19. Jahrhunderts wurde die Viehzucht im oberbayerischen Alpenraum stark eingeschränkt (Baur-Breitenfeld 1820). Schafe wurden vermehrt zur Alpung auf die Tiroler Almen geschickt. Vor allem litt die Rinderzucht unter diesen Beschränkungen des freien Weidegangs auf den Almen. Die Tiroler und Schweizer Bauern konnten sich dem entgegen zu dieser Zeit die Freiheit der Gebirgsweide erhalten. Ferdinand Joseph Gruber schreibt 1853, dass infolge dieser Entwicklung die Viehzucht im bayerischen Hochland stark gelitten habe.

Die Rinderzucht war in Bayern im 19. Jahrhundert in der Tierzucht vorherrschend, vor allem in Südbayern. Im Jahr 1883 umfasste der Rinderbestand in Bayern drei Millionen Stück, davon entfielen auf Oberbayern rund 615.000 Rinder.

Neben dem Allgäuer Raum (Braunvieh), wo natürlicher Futterreichtum die Almwirtschaft begünstigt, sind die Chiemgauer Alpen und das Alpenvorland (Pinzgauer Vieh) mit dem Kochel- und Walchsee sowie das Gebiet um den Tegernsee und Miesbach (Miesbacher Vieh) für die Viehzucht von Bedeutung.

Die graubraunen Rinderrassen

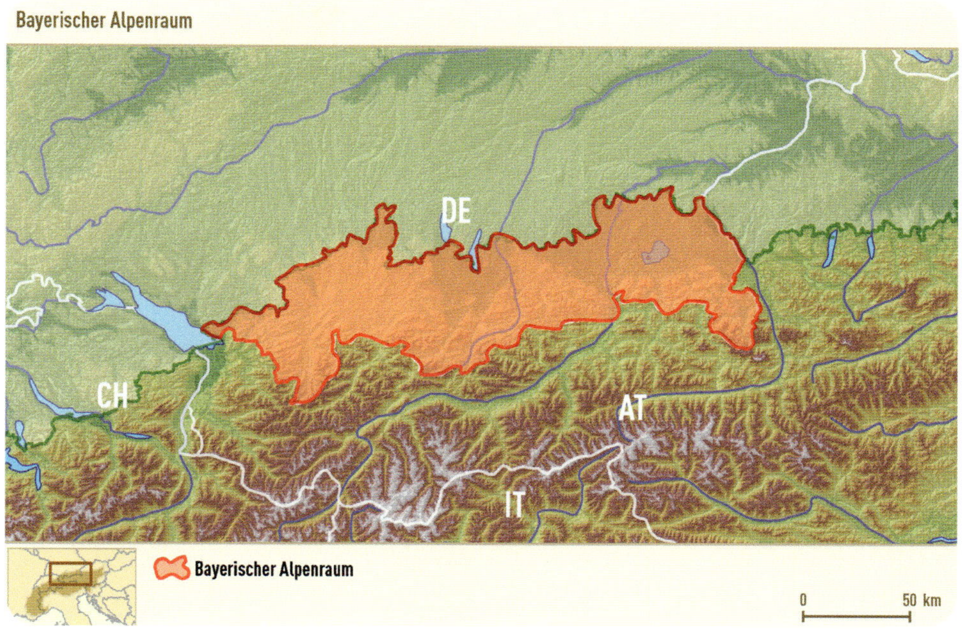

Mit rund 3,3 Millionen Rindern entfällt auf Bayern ein Viertel des deutschen Rinderbestandes. Das unterstreicht die Bedeutung der Berglandwirtschaft für die Tierhaltung. Gegenüber 1883 hat sich der Rinderbestand kaum verändert, spezialisierte Zweinutzungsrassen auf Milch- und Fleischleistung dominieren. Das Ansbach-Triesdorfer Rind, das Deutsche Gelbvieh, das Pinzgauer-, das Murnau-Werdenfelser-, das Original Braunvieh sowie das Rote Höhenvieh sind in der zweiten Hälfte des 20. Jahrhunderts in ihrer Population stark zurückgegangen und zählen mittlerweile zu den gefährdeten autochthonen Rinderrassen Bayerns. Sie werden staatlich gefördert.

Der Rinderzuchtverband Traunstein betreut neben den heimischen gefährdeten Rassen das Tiroler Grauvieh, das Tux-Zillertaler Rind und die Pustertaler Sprinzen, an deren Erhaltung Bayern wesentlichen Anteil hatte. Die Rasse wird in Bayern herdebuchmäßig betreut, die Pustertaler werden jedoch nicht als autochthone Rasse geführt. Die Gesamtpopulation umfasste im Jahr 2012 nur 55 Tiere.

Bereits in den frühen 1840er-Jahren wurden, etwa zur gleichen Zeit wie im Tiroler Unterland, aus dem Schweizer Berner Oberland Schwarz- sowie Rotschecken importiert. Zwei Bauern aus Gmünd am Tegernsee reisten 1837 in die Schweiz, führten das erste Simmentaler Fleckvieh in Oberbayern ein und begründeten so die oberbayerische Fleckviehzucht. In der Miesbacher Gegend wurden im Gegensatz zu Tirol rasch Zuchtfortschritte erzielt.

Zu den gefährdeten Rinderrassen Bayerns zählen das Murnau-Werdenfelser Rind, das Original Braunvieh, das Pinzgauer Rind, das Ansbach-Triesdorfer Rind, das Gelbvieh und das Rote Höhenvieh. Das Ansbach-Triesdorfer Rind mit seiner auffälligen Sprenkelung kommt ausschließlich in Mittelfranken vor. Das Gelbvieh wird vorwiegend um Würzburg als Doppelnutzungsrasse gezüchtet. Das Rote Höhenvieh ist die typische Rasse des deutschen Mittelgebirges und wird als extensive Fleischrasse gezüchtet. Autochthone Rinderrassen des bayerischen Alpenraumes sind das Murnau-Werdenfelser Rind, das Original Braunvieh und das Original Pinzgauer Rind. Diese haben ihr ursprüngliches Verbreitungsgebiet im oberbayerischen Alpenraum. Das Allgäuer Original Braunvieh und das Murnau-Werdenfelser Rind zählen zur Gruppe der grau-braunen Rinderrassen des bayerischen Alpenraumes. Das Deutsche Braunvieh mit Brown Swiss Genetik ist eine milchbetonte Zweinutzungsrasse, die insbesondere im Alpen- und Alpenvorland des Allgäus verbreitet ist. Der Gesamtbestand umfasst rund 125.000 Rinder in ganz Bayern. Lediglich 0,44 Prozent entfallen davon auf das Original Braunvieh (bis 12,5 Prozent Fremdblut) und nur 0,16 Prozent auf das Original Braunvieh ohne Fremdblutanteil. Die Jahresmilchleistung liegt je nach Standort und Haltungsintensität zwischen 8.000 und 9.000 Kilogramm. Wie in den angrenzenden Alpenregionen in Österreich ist auch in Bayern beim Original Braunvieh ein Zuwachs bei der Mutterkuhhaltung zu verzeichnen.

Die Herkunft des Murnau-Werdenfelser Rindes geht vermutlich auf Tiroler Grauviehschläge des Oberinntales und Einflüsse von Allgäuer und Montafoner Braunvieh sowie des Murbodner Rindes zurück.

Das Fleckvieh ist mit 80 Prozent die dominierende Rinderrasse in Bayern, gefolgt vom Braunvieh mit neun Prozent. Im Bild: Bayerisches Fleckvieh auf der Kallbrunnalm.

Autochthone Rinderrassen des bayerischen Alpenraumes

Rinderrasse	Bestand (Zuchtbuch/ Register) *Kühe	Gefährdung (FAO, Rote Liste)	urspr. Verbreitungsgebiet	Bezirk
Murnau Werdenfelser	126*	FAO: stark gefährdet, EN; RL: Erhaltungspopulation	Werdenfelser Land	Oberbayern
Allgäuer Original Braunvieh	Kat. A: 205, Kat. B: 355*	FAO: stark gefährdet, EN; RL: Erhaltungspopulation	bayerisches und württembergisches Allgäu	Schwaben u. südöstlicher Teil Baden-Württembergs
Pinzgauer Rind	336*	FAO: gefährdet, EN; RL: Erhaltungspopulation	östliches Oberbayern	Oberbayern

Pinzgauer und „neu Miesbacher", um 1853, B. Adam. Foto: Bayerisches Staatsarchiv

Das Pinzgauer Rind in Oberbayern

Die Pinzgauer Rasse geht zurück auf die keltischen Rinder der Bergscheckengruppe. Noch zu Beginn des 19. Jahrhunderts waren im östlichen Abschnitt der Bayerischen Alpen kleinrahmige gescheckte Rinder vertreten. Erst in der zweiten Hälfte des 19. Jahrhunderts festigte sich die Pinzgauer Rasse, ihre charakteristische Zeichnung setzte sich durch. Der alte Ausdruck „Berchtesgadener Katzen" für Rinder im Berchtesgadener Land geht vermutlich auf die alten Bergscheckenschläge zurück.

Carl Fraas beschreibt in seinen Erläuterungen zum Festalbum der XVI. Versammlung der deutschen Land- und Forstwirtschaft in Nürnberg im Jahr 1853 erstmals detailliert das Pinzgauer Rind. Er gibt ein Gewicht von fünf bis neun Zentner (250 bis 450 Kilogramm) an.

Original Pinzgauer Rind auf der Tannbergalm in Ruperting.

In den 1920er-Jahren lag das Durchschnittsgewicht bereits bei 600 bis 700 Kilogramm. Ochsen erreichten ein Gewicht von 1.000 bis 1.200 Kilogramm. 1896 wurden in Bayern ein Zuchtverband und Zuchtgenossenschaften gegründet. Seither betreibt man die Reinzucht des Pinzgauer Rindes. Wie im Stammzuchtgebiet, dem Salzburger Pinzgau, ist die Pinzgauer Rasse auch in Oberbayern seit etwa 1950 zunehmend Fremdbluteinflüssen ausgesetzt, in Bayern nicht zuletzt durch Tierzukäufe aus Österreich. In den 1960er-Jahren hat sich der Großteil der Milchviehbetriebe in Oberbayern weg von der Pinzgauer Rasse hin zum Fleckvieh entwickelt.

Die aktuelle Situation der Pinzgauer Zucht in Oberbayern ist in etwa vergleichbar mit der Lage im benachbarten Pinzgau. Die Mutterkuhhaltung steigt, wofür die Pinzgauer Rasse eigentlich die besten Voraussetzungen mitbringt. Die wenigen verbliebenen extensiven Milchviehbetriebe werden vermutlich auch weiter an der Pinzgauer Rasse festhalten. Die genetisch hornlosen Jochberger Hummeln sind in Oberbayern nur vereinzelt zu finden. Eine insuläre Herde von 30 genetisch hornlosen Jochberger Hummeln wurde bis 2011 im Staatsgut Baumannshof bei Ingolstadt geführt. Ihre Haltung wurde inzwischen aus Spargründen aufgegeben.

In Bayern werden, im Gegensatz zur österreichischen Original Pinzgauer Zucht, Rinder mit einem Fremdblutanteil von bis zu 25 Prozent noch als Original Pinzgauer geführt. Auch diese Tiere kommen daher noch in den Genuss der staatlichen Förderung. Der überwiegende Teil der Tiere weist nach Konrad Rosner ohnedies nur einen geringen Fremdblutanteil auf.

In Österreich liegt dieser Grenzwert bei 6,25 Prozent. 21 Betriebe züchten in Oberbayern Original Pinzgauer Rinder in Doppelnutzung auf Milch und Fleisch und 14 Betriebe in Mutterkuhhaltung. Die Zahlen sind in den vergangenen Jahren stabil geblieben. Die Kühe in den 21 Doppelnutzungsbetrieben hatten im Jahr 2013 eine Milchleistung von 5.363 Kilogramm mit 3,85 Prozent Fett und 3,31 Prozent Eiweiß.

Das Allgäuer Original Braunvieh

Die Berglandwirtschaft des Allgäus bietet die besten Voraussetzungen für die alpine Viehzucht. Neben der Schweiz und dem Montafon fand man hier schon Mitte des 19. Jahrhunderts eine entwickelte Viehzucht und gute Milchkühe. Das Allgäuer Braunvieh hat sich, wie im benachbarten Vorarlberg, aus verschiedenen Landschlägen unter Einfluss des milchergiebigen dunkelbraungrauen Montafoner Schlags und des Schweizer Braunviehs entwickelt. Wie das Original Braunvieh in Österreich und der Schweiz zählt es zur Gruppe der grau-braunen Alpenrinder. Einfluss auf die Entwicklung hatten auch der Oberstdorfer und Hindelanger Schlag sowie das Montafoner und Schweizer Braunvieh. Die Rinderpest-Epidemie um 1800 sowie die nachfolgenden Kriegs- und Krisenjahre 1816 und 1817 (Jahre ohne Sommer) brachten das Allgäu um rund zwei Drittel seines Rinderbestandes. Aus den Zuchtgebieten der Schweiz wurden die Bestände bis 1950 ergänzt. Seit den 1830er-Jahren entwickelte sich im Allgäu eine Milchwirtschaft mit Hartkäsereien. Wie in Vorarlberg kam es zu einem Ausverkauf des guten Milchviehs an Abmelkbetriebe, damit zur Vernachlässigung der Kälberaufzucht und schließlich gegen 1900 zu einem Niedergang der Braunviehzucht im Allgäu.

„In den nördlichen Landesteilen Vorarlbergs und Tirols, im gebirgigen Teil des Kreises Schwaben und bis nach Oberbayern ins Bezirksamt Werdenfels hinein, findet sich eine Unterrasse des einfärbigen dachsgrauen Gebirgsviehs, vorteilhaft bekannt unter dem Namen Allgäuer Schlag", so beschrieb Ph. J. Göhring 1864 das Braunvieh der Bayerischen Alpen. Er unterschied davon das kleine Hindelanger Braunvieh, das aufgrund seiner guten Futterverwertung gleich viel Milch gab wie das deutlich größere Oberstdorfer Braunvieh.

Die durchschnittliche Jahresmilchleistung lag um 1850 bei 1.800 bis 2.200 Maß (1.924 bis 2.352 Liter). In der weiteren Beschreibung des Allgäuer Viehs heißt es: „Hals, Rücken und Kreuz bilden selten wie beim Schwyzern eine gerade Linie. Das Kreuz ist nicht sehr breit, etwas abschüssig und nach den Seiten abgeflacht. Die Tiere haben meistens schöne Griffe (Zitzen) und die Euter findet man immer gut."

Ph. J. Göhring betont die Qualität dieser Milchkühe, auch wenn der Kälberaufzucht nicht wie in der Schweiz die größte Aufmerksamkeit geschenkt werde. Die Kälber, so schreibt er, erhalten nur sechs Wochen lang Milch und verbringen ihre Zeit auf den Sennalmen immer im Freien. In der Schweiz wurden sie im ersten Lebensjahr am Abend gewöhnlich eingestallt.

Die Milch- und Mastnutzung war im Hinblick auf das geringe Körpergewicht und die Futterverwertung vorzüglich. Die Zuchtstiere zeigten jedoch eine schlechte Qualität, da sie zu hoch, zu schmal und bugleer gebaut waren. Ph. J. Göhring erklärte sich diesen Umstand damit, dass verkäufliche Zuchtstiere nach der Sprungzeit im Frühjahr schnell ins Ausland verkauft wurden und nur Ausschussware zurückblieb. Die Nachzucht dieser Stiere wurde gewöhnlich nicht zur Zucht verwendet. Traditionell richtete man die Sprungzeit so, dass die Kälber zu Martini (11. November) fielen.

Die schönsten Rinder des gesamten Allgäus waren nach Ph. J. Göhring auf der Rappen- oder Biberalpe bei Oberstdorf zu finden. Das Allgäuer Braunvieh erzielte Mitte des 19. Jahrhunderts bereits hohe Preise. Es erreichte zwar nicht das Niveau des besseren Schwyzer Viehs, wurde aber sogar in Sachsen und Böhmen nachgefragt.

Allgäuer Braunvieh-Kalbinnen im Günztal bei der Weidearbeit für die Landschaftspflege. Die schönsten Kalbinnen findet man auf der Biberalpe.

Der große Viehmarkt in Sonthofen

Große Herbstmärkte des Allgäuer Braunviehs gab es traditionell zu den Viehscheiden in Oberstdorf und Hindelang. Die Oberstdorfer Viehscheid ist die älteste überlieferte im Allgäu. Auch heute noch werden über 1.000 Jungrinder von sechs großen Genossenschaften auf dem großen Scheidplatz aufgetrieben.

Der Hauptviehmarkt fand alljährlich am 14. September in Sonthofen statt. Der Sonthofener Mangenmarkt galt als der größte Viehumschlagplatz im gesamten bayrisch-schwäbischen Raum. Nach Michael Honisch wurden 1814 insgesamt 6.656 Stück Vieh aufgetrieben, 636 Melkkühe, 800 Kälber und Galtvieh, 450 Sommerkälber, 1.600 Stiere, 350 Ochsen, 80 Fohlen und 390 Pferde, 850 Geißen und Böcke sowie 1.500 Schafe.

Im Jahr 1893 wurde die Allgäuer-Herdebuch-Gesellschaft gegründet. Es folgten bis um 1950 Zuchttierimporte aus der Schweiz, die zu einer Änderung des Zuchtziels und zu einem Typuswandel hin zum mittelrahmigen Zweinutzungstyp beitrugen. Ab 1950 führten die Importe von Montafoner Stieren aus Vorarlberg zu einem neuerlichen Typuswandel in Richtung mittelrahmiger, gut bemuskelter Grundfuttertyp. Ab 1965 wurde Brown-Swiss-Genetik aus den USA in die bayerischen Bestände eingeführt. Die Entwicklung erfolgte parallel in der Schweiz und Österreich. Ab 1975 intensivierte sich dieser Prozess. 1980 wurde der letzte Original Braunvieh-Besamungsstier geschlachtet. Es existierten nur mehr einige wenige alte Kühe, die Population drohte zu verschwinden.

Allgäuer Braunvieh Kalbin.

Kontakt:
Allgäuer Original Braunvieh-zuchtverein e.V.
Geschäftsführer: Andreas Bühler
Jungholz 19, D-87491 Jungholz
Tel.: 0049 (0)5676 81 76
www.originalbraunviehzuchtverein.de

Zur aktuellen Situation ist zu sagen, dass die Allgäuer Original Braunviehpopulation in Abhängigkeit vom Brown-Swiss-Genanteil in zwei Kategorien eingeteilt wird. Tiere der Kategorie A besitzen nachweislich in der Abstammung bis 1969 beziehungsweise 1968 (Bayern beziehungsweise Baden-Württemberg) keinen Brown-Swiss-Genanteil (205 Kühe). Tiere der Kategorie B dürfen einen maximalen Brown-Swiss-Genanteil von 12,5 Prozent aufweisen. Zu dieser Kategorie zählen auch Original Braunviehtiere, deren Abstammung nicht bis zu den festgelegten Jahresgrenzen reicht (150 Kühe). Der Gesamtbestand der Original Braunviehpopulation in Bayern beträgt 355 Kühe, davon sind 70 Mutterkühe. Die Tendenz ist steigend, der Anteil der Milchkühe stagniert.

Kategorie A mit 0 Prozent Fremdblutanteil: Von den derzeit 205 Kühen entfällt die Mehrheit auf das außeralpine Gebiet Baden-Württemberg. Hier wird der Schwerpunkt auf die Einhaltung des ursprünglichen Allgäuer Typus ohne Schweizer Original-Braunvieh-Genetik gelegt. Innerhalb der Original-Braunvieh-Population der Kategorie A wird weiters in Tiere mit reiner Allgäuer Abstammung (92 Kühe), in Tiere mit 100 Prozent Schweizer Genetik (16 Kühe) und in Tiere mit kombinierter Genetik aus dem Allgäu und der Schweiz unterschieden (97 Kühe).

Rund zehn Betriebe in Bayern züchten konsequent das Original Braunvieh der Allgäuer Zuchtrichtung, die im Erscheinungsbild gedrungener ist und eine um 500 bis 600 Liter geringere Milchleistung aufweist als die kombinierten Original Braunvieh Tiere. Doch besitzt die Milch der Allgäuer Zuchtrichtung einen deutlich höheren Anteil an Milchinhaltsstoffen.

Die Jahresmilchleistung des Brown Swiss liegt bei mehr als 1.500 Litern über der Milchleistung des Allgäuer Original Braunviehs alter Zuchtrichtung, doch sind sie schwer vergleichbar.

Die derzeitige staatliche Förderung für heimische Rinderrassen unterscheidet prämienmäßig nicht zwischen Kategorie A und Kategorie B. Es gibt also keinen Anreiz für eine stärkere Forcierung der ursprünglichen Zuchtrichtung. Derzeit werden doppelt so viele Original Braunviehstiere in der Besamung eingesetzt, es folgt daraus eine sukzessive Rückkreuzung von Brown Swiss Rindern hin zum Original Braunvieh. Nach der zweiten Generation erreichen die Tiere den Grenzwert von 12,5 Prozent und ihre Besitzer kommen damit in den Genuss der staatlichen Förderung. Es bleibt zu hoffen, dass die Überarbeitung der Förderrichtlinien den Erfordernissen Rechnung trägt.

Das Allgäuer Original Braunvieh wird heute schwerpunktmäßig im ursprünglichen Verbreitungsgebiet, dem bayerischen und württembergischen Allgäu, gehalten. Rund 30 Prozent der Züchter entfallen auf Baden-Württemberg. In Bayern wird vorwiegend mit künstlicher Besamung gearbeitet, wogegen in Baden-Württemberg der Natursprung noch eine Rolle spielt.

Nach den Kriterien der FAO ist die Gefährdungssituation der Rasse als kritisch zu beurteilen (CR, critically). Die Rote Liste des Fachbeirates für tiergenetische Ressourcen fasst die beiden Kategorien des Allgäuer Original Braunviehs im Begriff „Braunvieh alter Zuchtrichtung“ zusammen und stuft die Rasse als Erhaltungspopulation ein.

Steckbrief Allgäuer Original Braunvieh (Allgäuer Dachs)

Das Allgäuer Original Braunvieh ist ein mittelrahmiges, tiefrumpfiges und gut bemuskeltes Rind mit kräftigem Knochenbau. Die Grundfarbe variiert zwischen dunkelbraun und graubraun. Die Hornspitzen und Klauen sind dunkel pigmentiert. Das ebenfalls dunkle Flotzmaul ist hell gesäumt. Charakteristisch ist die helle Innenbehaarung der Ohren. Angestrebt wird eine Widerristhöhe von 130 bis 140 Zentimeter bei der Kuh und 145 bis 155 Zentimeter beim Stier. Das Gewicht liegt beim weiblichen Tier zwischen 550 und 700 Kilogramm, beim männlichen zwischen 900 und 1.200 Kilogramm. Die durchschnittliche Jahresmilchleistung beträgt 5.076 Kilogramm.

Das Murnau-Werdenfelser Rind

Der Name leitet sich vom Kloster Murnau und der früheren Grafschaft Werdenfels ab. Diese oberbayerische Region erstreckt sich entlang der Bayerischen Alpen und Voralpen zwischen dem Allgäu und dem Bezirk Miesbach. Die Ursprünge der ausschließlich in Bayern gezüchteten Rinderrasse sind trotz genetischer Analysen noch ungeklärt, doch wird angenommen, dass mehrere Rinderrassen an der Entstehung der Murnau-Werdenfelser beteiligt waren. Den Grundstock bildeten vermutlich frühe Formen des Oberinntaler Grauviehs, das vom Tiroler Kloster Stams in die oberbayerischen Klöster Ettal und Murnau eingeführt wurde. Den Hauptabsatz machten Zugochsen (Gangochsen) für den Raum südlich von München aus. Daraus ergab sich ein Mangel an guten Zuchtstieren, der durch Importe von Grauviehschlägen sowie von Montafoner und Schwyzer Braunvieh gedeckt wurde (Haller 2000). Auch Einflüsse des semmelblonden bis fuchsroten Murbodner Rindes sind wahrscheinlich.

Ende der 1970er-Jahre sank der Bestand auf unter 50 Tiere und Anfang der 1980er-Jahre wäre die Rasse beinahe gänzlich verschwunden. Dem wirkte aber ein erwachendes Bewusstsein für heimische Nutztiere entgegen. 1981 wurde die Gesellschaft zur Erhaltung alter und gefährdeter Haustierrassen e.V. (GEH) im niederbayerischen Rottal gegründet. Damit stieg auch das Interesse an der Erhaltung der Murnau-Werdenfelser Rasse. Die letzten verbliebenen Bestände der Rasse wurden zusammengeführt. Es handelte sich um Tiere mit sehr lückenhafter Abstammung, von Beständen außerhalb von Herdbuchzuchten und Milchleistungskontrollen. In Summe konnten knapp 40 Tiere aus drei Linien gefunden werden, die noch dem ursprünglichen Rassetypus entsprachen. Zur Blutauffrischung der kleinen Anfangspopulation wurde leider kein genetisch der Ursprungsrasse nahestehender Stier herangezogen, sondern die lediglich phänotypisch ähnliche französische Milchrasse Tarentaise. Die Tarentaise Genetik wurde für ein Jahr in der künstlichen Besamung eingesetzt.

Das Murnau-Werdenfelser Rind wurde ursprünglich als klassisches Dreinutzungsrind für die kleinbäuerliche Landwirtschaft gezüchtet. Die Arbeitsleistung als Zugochsen und die Milchnutzung standen im Vordergrund, geschlachtet wurden nur Alttiere. Im bäuerlichen Haushalt spielte die Fleischnutzung der Rinder eine Nebenrolle. Auch im oberen Inntal wurde das Grauvieh nicht für die Eigenversorgung mit Fleisch genutzt. Zu diesem Zweck hielt man Schweine und Schafe.

Als dann gegen Ende des 19. Jahrhunderts das Molkereiwesen neue Anreize bot, leistungsfähige Milchrinder zu halten, verlor das Murnau-Werdenfelser Vieh seinen angestammten Platz in den Ställen. Seine optimale Eignung für die Beweidung von Steillagen oder Feuchtgebieten zählte nicht mehr. Erst heute wird die Rasse wieder gezielt für die Landschaftspflege eingesetzt. So auch auf den Renaturierungs-Flächen des Donaumooses.

Der Förderverein zur Erhaltung des Murnau-Werdenfelser Rindes vermarktet Ochsen und Jungstiere im Alter zwischen 32 und 36 Monaten. Die Schlachttiere stammen von ausgesuchten Züchtern, die die Tiere freilaufend und unter ökologischen Gesichtspunkten halten. Aufgrund der geringen Populationsgröße werden derzeit nur männliche Tiere geschlachtet. Wurst und Fleischwaren werden exklusiv im Wirtshaus „Pschorr" am Viktualienmarkt in München angeboten.

Die Gesamtpopulation der Murnau-Werdenfelser umfasst derzeit rund 600 Tiere. Der überwiegende Teil der Rinder ist im Herdebuch erfasst, die Abstammung ist jedoch teilweise noch lückenhaft. Rund 75 Züchter befassen sich wieder mit der Rasse. In den vom Rinderzuchtverband Weilheim betreuten Beständen ist das Verhältnis Milchvieh- zu Mutterkuhbetrieben annähernd ausgeglichen. Bayernweit überwiegt jedoch mit steigender Tendenz die Mutterkuhhaltung.

Das Ursprungsgebiet des Murnau-Werdenfelser Rindes ist das Werdenfelser Land, das Alpen- und Voralpengebiet um Garmisch-Partenkirchen, Mittenwald, Oberammergau und Murnau. In den Staatsgütern Achselschwang und Schweiganger werden auch Murnau-Werdenfelser Herden als Genpool geführt. Von der Milchleistungsprüfung sind 149 Tiere, davon 126 Kühe und 23 Stiere erfasst (TGRDEU 2012). Die Inzuchtrate liegt bei etwa acht Prozent. Großer Handlungsbedarf besteht aufgrund der starken Linienverengung.

Traditionelles Murnau-Werdenfelser Ochsengespann. Foto: aelf-wm

„Die Rasse hat mich einfach angesprochen." Werner Haase mit seiner Lieblingskuh Jenny. Sie zählt stolze 23 Jahre und wird von den anderen Kühen respektiert.

Kontakt:
Leitzachtaler Ziegenhof Demeterbetrieb
Werner und Martina Haase
Sandbichl 2+4, D-83730 Fischbachau
Tel. 0049 (0) 8028 20 64
haase.ziegenhof@gmx.de

Porträt: Martina und Werner Haase
Murnau-Werdenfelser Rinder im Leitzachtal

Wir stehen inmitten einer Herde von 13 Murnau-Werdenfelser Rindern beim Betrieb der Familie Haase im Leitzachtal. Die erdig rotbraunen Tiere ruhen auf einer Weide und strahlen dabei Harmonie und Gelassenheit aus. Es liegt wohl auch an ihrem Besitzer Werner Haase, der zu seinen Tieren eine besondere Zuneigung und Vertrautheit aufgebaut hat. Sein Demeterbetrieb ist einer der wenigen Zuchtbetriebe, die die Murnauer Rasse für die Milchproduktion nützen und die Milch am Hof zu Milchprodukten veredeln. Heute werden die Murnau-Werdenfelser überwiegend in Mutterkuhhaltung gezüchtet. Für Werner Haase geht damit der enge Kontakt zum Tier verloren. „Das ist mit ein Grund, warum wir die Kühe melken", erklärt er. Für ihn ist die Murnau-Werdenfelser Rasse vorzüglich für die Milchproduktion geeignet, weil die Tiere ausgesprochen ruhig sind.

Bei einer Bergtour im Jahr 1988, während seiner Bundeswehrzeit in Mittenwald, wurde er auf diese markante Rasse aufmerksam. Mit dem Reaktorunfall von Tschernobyl veränderte er seine Einstellung zur Natur und zur Landwirtschaft grundlegend. Er wollte nicht wie andere einfach zur Tagesordnung übergehen und weiterwirtschaften wie bisher. Er stellte den Leitzachtaler Ziegenhof in der Fischbachau auf biologisch-dynamische Wirtschaftsweise um. Was hätte in diese Betriebsform besser hineingepasst als diese bodenständige, robuste und anspruchslose Rinderrasse?

Martina und Werner Haase verarbeiten die Milch der 13 Milchkühe und 60 Deutschen Edelziegen zu Joghurt, Frischkäse, Schnittkäse und Butter. Frischmilch wird am Milchautomaten angeboten. Die Milchprodukte werden privat ab Hof verkauft. Die anfallende Molke wird an die Duroc Schweine verfüttert. Rund 40.000 Liter Milch werden jährlich verarbeitet. Die neue hofeigene Käserei hat Werner Haase gemeinsam mit seinen Kunden finanziert. Die Verbraucher haben die Käserei vorfinanziert und erhalten im Gegenzug Genussrechte in Form von Naturalien ab Hof.

Die typische Murnau-Werdenfelser Kuh hat ein schwarzes Flotzmaul, schwarze Hornspitzen, schwarze Klauen und eine dunkle Schwanzquaste. Zum strittigen Thema Enthornung sagt Werner Haase: „Schneidet man ihnen das Horn ab, dann sind sie keine Murnau-Werdenfelser mehr. Dann fehlt ihnen das Rassemerkmal, das sind die schwarzen Hornspitzen. Eine Kuh ist erst dann eine Kuh, wenn sie Hörner hat!" Charakteristisch für die Murnau-Werdenfelser Rasse sind auch die harten Klauen. „Wenn die Kuh auf der Straße läuft, klingt es, als würde ein Pferd laufen", sagt er. Für Werner Haase ist auch wichtig, dass die Geburten problemlos und die Kälber frohwüchsig sind. „Die Rinder sind viel im Freien und im Sommer auf der Alm. Sie werden nicht intensiv gefüttert und kalben daher auch problemlos. Es bringt keinen Vorteil, wenn Kühe große Kälber zur Welt bringen", weiß der Demeter-Landwirt.

Die Fleischvermarktung wird über den Förderverein zur Erhaltung des Murnau-Werdenfelser Rindes abgewickelt. Dem Verein ist es gelungen, das hochwertige Rindfleisch der Murnau-Werdenfelser Rasse erfolgreich in der gehobenen Gastronomie in München zu vermarkten. Zwischen 2.500 und 3.000 Euro erhält Werner Haase für einen Ochsen. Jürgen Lochbichler vom Gasthof „Pschorr" in München kauft sein Fleisch statt vom Großhandel von ausgesuchten Zuchtbetrieben des Murnau-Werdenfelser Rindes. Er bezieht ganze Ochsen und verarbeitet alle Teile nach fünfwöchiger Reifezeit zu verschiedenen Gerichten.

Murnau-Werdenfelser Rind, ursprüngliches Verbreitungsgebiet

Steckbrief Murnau-Werdenfelser Rind (Oberländer Rind)

Das mittelgroße, kompakte Rind mit edlem Kopf von mittlerer Länge hat eine Widerristhöhe von 140 bis 145 Zentimetern (Kuh) und ist im Erscheinungsbild etwas gedrungener als das Original Braunvieh. Beim Murnau-Werdenfelser Rind hat sich im Laufe des 20. Jahrhunderts eine rotbraune Farbe durchgesetzt. Die Umgebung von Augen und Stirn ist meist dunkel. Um 1900 waren die Tiere noch durchwegs hellgelb bis graugelb mit den charakteristischen Abzeichen des Braunviehs. Die Tiere haben ein dunkles Flotzmaul mit hellem Saum. Kühe erreichen ein Gewicht von 550, Stiere von 900 Kilogramm. Die Murnau-Werdenfelser sind gute Futterverwerter bei mittlerer Milchleistung, die heute bei rund 4.500 Kilogramm liegt. In den vergangenen zehn Jahren wurde diese um rund 500 Kilogramm angehoben.

Oberländer Kaltblut und Haflinger-Pferd

Mit dem ehemaligen privaten Gut und späteren Klosterbesitz Schwaiganger südlich von Murnau und den ehemaligen Besitzungen der Salzburger Erzbischöfe im heute bayerischen Rupertiwinkel reicht die Pferdezucht in Bayern stolze 1.000 Jahre zurück.

Historisch betrachtet stand jedoch die Pferdezucht in Bayern im Vergleich zu Preußen auf einer vergleichsweise niedrigen Stufe. 1883 zählte man in Bayern 356.316 Pferde (4,8 auf 1 km^2). Oberbayern mit dem bayerischen Alpenraum hatte innerhalb von Bayern eine Vorreiterrolle mit 111.336 Tieren gegenüber Niederbayern mit 77.219 Tieren und Schwaben mit rund 59.862 Tieren. Durch die enge politische Verflechtung von Bayern mit dem Erzbistum Salzburg zählt die Region auch zum Ursprungsgebiet des Norischen Pferdes. Der Rupertiwinkel, der äußerste Südosten Bayerns war bis zum Anfang des 19. Jahrhunderts Teil des Erzbistums Salzburg. Zwischen 1810 und 1816 war Salzburg wiederum Teil des Königreichs Bayern.

Die Nutzung als Wirtschaftspferd wird noch bei Veranstaltungen gepflegt. Foto: Landesverband Bayerischer Pferdezüchter e.V.

Das Süddeutsche Kaltblut

Beim Pinzgauer Noriker geht man seit Mitte der 1990er-Jahre mit dem Beginn des Generhaltungs-Programms den Weg der Reinzucht. Bis dahin wurde die Begriffe Noriker und Süddeutsches Kaltblut synonym verwendet, da beide das Norische Kaltblut bezeichneten. Im staatlichen Gestüt in Schwaiganger südlich von München bestand seit 1920 eine eigene Zucht für die beiden Zuchtrichtungen des Norischen Pferdes. In der Zeit davor, zwischen 1808 und 1918 wurden in Schwaiganger ein Fohlenhof und ein Remontedepot für das Militär betrieben. Bis in die 1980er-Jahre war die Oberländer mit der Pinzgauer Norikerzucht eng verwoben, doch seit Ende der 1980er-Jahre beschreitet die bayerische Zucht einen eigenen Weg und hat verschiedene schwere Warmblutrassen, bis hin zum Vollblut, eingekreuzt.

De facto wurde eine Kreuzungszucht betrieben. Angestrebt wurden ein großrahmigeres Exterieur und eine verbesserte Eignung des Süddeutschen Kaltblutes als Reitpferd. Damit haben sich die beiden Rassen, Pinzgauer Noriker und Süddeutsches Kaltblut, deutlich auseinanderentwickelt. Auch aus tierzuchtrechtlicher Sicht sind heute beide Rassen getrennt voneinander zu betrachten und beide Zuchten werden in Reinzucht betrieben. Aktuell gibt es jedoch Bestrebungen, in der süddeutschen Kaltblutzucht wieder Noriker einzusetzen, um sie erneut stärker dem Kaltblut anzunähern. Die neue EU-konforme Tierzuchtgesetzgebung ermöglicht seit 2010 die züchterische Mitbetreuung von Tierbeständen im Ausland. 2012 umfasste der Bestand des Süddeutschen Kaltblutes 1.916 eingetragene Stuten und

Verbreitung des Pinzgauer Noriker im bayerischen Alpenraum um 1918, verändert nach E. Groll

Steckbrief Süddeutsches Kaltblut (Oberländer Noriker)

Die Richtlinien für die Zucht sehen ein mittelschweres, leichtfüßiges und kräftiges Pferd mit vielseitiger Verwendbarkeit vor. Der Kopf soll trocken und ausdrucksvoll sein, mit großen Augen und einer gut geformten, genügend langen Halsung. Die Tiere sollen dazu eine plastische Bemuskelung sowie trockene und korrekte Gliedmaßen aufweisen. Unerwünscht ist ein plumpes und derbes Erscheinungsbild. In der Zucht überwiegen Füchse mit hellem Langhaar und Braune, auch Rappen, Schimmel und Tiger kommen vor. Nach Charakter und Leistung wird ein unkompliziertes, ruhiges, dabei kräftiges und ausdauerndes Kaltblutpferd angestrebt. Die Tiere sollen über ein lebhaftes, jedoch kontrollierbares Temperament verfügen und zudem Futterdankbarkeit, natürliche Fruchtbarkeit und eine gute Hufgesundheit besitzen.

In Bayern werden seit 1935 Haflinger gezüchtet. Deutschland zählt damit neben Italien und Österreich zu den ältesten Haflinger-Zuchtgebieten. Foto: Landesverband Bayerischer Pferdezüchter e.V.

Beobachtungspopulation: Gefährdete Population, die unter Beobachtung steht; unter 100 adulten männlichen Tieren sollte ein Kryokonservierungsprogramm (Genbanken) gestartet werden.

117 eingetragene Hengste. Von 49 vorgestellten Hengsten wurden elf gekört. In der Roten Liste der gefährdeten einheimischen Nutztierrassen in Deutschland wird das Süddeutsche Kaltblut in der Gefährdungskategorie „Beobachtungspopulation" (200 < Ne < 1000) geführt.

Es wird heute vorwiegend als Freizeitpferd eingesetzt, sein ruhiges Temperament macht es zum Reiten und Gespannfahren geeignet. Seine traditionelle Aufgabe als Wirtschaftspferd wird heute noch bei allfälligen Veranstaltungen und Umritten gepflegt. Die Verwendung des mittelschweren Kaltblutes als Rückepferd und Zugpferd in der Land- und Forstwirtschaft ist nur mehr eine Nischenfunktion.

Das Haflinger Pferd

Deutschland zählt neben Italien und Österreich zu den ältesten Haflingerzuchtgebieten. In Bayern wurde 1935 mit der Haflingerzucht begonnen, dabei anfangs in erster Linie der schwere Typus des Haflingers forciert. Im Gegensatz zu Italien und Österreich wurde in allen deutschen Zuchtverbänden auch mit eingekreuzten Pferden gearbeitet, ohne dass diese separat geführt wurden, was zum Austritt Deutschlands aus der Welt-Haflinger-Vereinigung führte.

In den 1960er-Jahren und danach strebte man durch Einkreuzungszucht mit Araberhengsten einen raschen Wandel des Typus an, um moderne Erwartungen an die Pferdezucht zufriedenzustellen. Der Haflinger sollte zum sportlichen Reit- und Fahrpferd werden. So finden sich im Haflinger Hengstbuch des bayerischen Landesverbandes des Jahres 1985 von 112 Pedigrees nur mehr knapp über 50 Prozent reingezogene Haflingerhengste. In den folgenden Jahrzehnten verschärfte sich dieser Trend weiter.

Im Jahr 2012 wurde eine neue Dachorganisation, die „Haflinger Welt-Zucht- und Sportvereinigung" für die weltweite Haflingerzucht mit Sitz in Ebbs in Tirol geschaffen, bei der alle Herdebuch führenden Organisationen ordentliche Mitglieder sind. Damit konnte ein jahrzehntelanger Streit beigelegt und ein einheitlicher Standard für die Haflingerzucht geschaffen werden. Davor legte jedes Tochterstutbuch selbst fest, nach welchen Grundsätzen es züchten wollte. Der Begriff Sport wurde bewusst in den Titel des neuen Dachverbandes aufgenommen, um die Hauptzuchtrichtung des Haflingers zu betonen.

Südtirol wurde als historisches Ursprungszuchtgebiet der Rasse festgeschrieben, der Italienische Nationalverband ANACRHAI und der Haflinger Pferdezuchtverband Tirol als gleichwertig definiert. Eine EU-Richtlinie legt fest, dass für jede Rasse nur ein Ursprungszuchtgebiet mit Ursprungszuchtbuch gültig sein kann. Im Ursprungszuchtbuch wird das Zuchtziel definiert. Für den Haflinger wurde ein maximaler Fremdblutanteil von 1,56 Prozent festgelegt.

Ein großer Teil des Haflingerbestandes in Bayern entsprach damit nicht mehr den Kriterien des Ursprungszuchtbuches. Als Reaktion darauf wurde die „neue" Rasse Edelblut-Haflinger geschaffen. Die künftige Entwicklung der Haflingerzucht wird durch eine Zuchtkommission, bestehend aus je zwei Vertretern der Zuchtbuchorganisationen Nordtirols und Italiens, unter dem ständigen Vorsitz Südtirols als Ursprungszuchtgebiet, gelenkt werden. In Bayern sind 1.506 Stuten und 72 Hengste im Herdebuch eingetragen (Daten: Landesverband Bayerischer Pferdezüchter, 2011).

Kontakt:
Landesverband Bayerischer Pferdezüchter e.V. Geschäftsstelle
Landshamer Str. 11
D-81929 München
Tel. 0049 (0)89 92 69 67 200
Fax: 0049 (0)89 90 74 05

Das Bayerische Landschwein

Bis in die erste Hälfte des 20. Jahrhunderts war das Schwein für die Fleischversorgung am bäuerlichen Betrieb maßgeblich. Der Ochse war Zugtier, das Rind diente der Milchversorgung.

Das Bayerische Landschwein war neben dem Fränkischen Schwein, dem Donauschwein oder Schwäbischen Schwein der vorherrschende Schweineschlag. Diese spät reifen, rotbraun gefleckten Tiere waren hochbeinig, hatten einen deutlichen Widerristkamm und einen lang gestreckten Hals sowie Kopf mit Schlapp- oder Hängeohren. Daneben gab es in den Alpengebieten noch das Oberbayerische Landschwein, das vorne hell und hinten rot war. Vor 1900 kamen auch noch schwarze Tiere vor. Schließlich gab es noch das gedrungene kleine Gebirgsschwein mit aufgestülpten kurzen Ohren.

1863 gelangten die ersten englischen Zuchten nach Norddeutschland. In Hamburg wurden erstmals englische Yorkshire-Schweine ausgestellt, die sich rasch verbreiteten. Es war der Ausgangspunkt für die Umzüchtung weg vom Sus-scrofa-Typ hin zum Weißen Deutschen veredelten Landschwein, die vom Landwirtschaftlichen Verein massiv vorangetrieben wurde.

Um 1900 stellte das Bayerische Landschwein noch rund 5 Prozent des Schweinebestandes (Sambraus 2012). Aber bereits 1903 hatte das weiße Rasseschwein die widerstandsfähigen, spät reifen Bayerischen Halbroten weitestgehend verdrängt. Letzte Bestände konnten sich in Südbayern noch bis 1920 halten (Dettweiler/Müller 1924). Um 1930 kam es an den letzten Exemplaren der Bayerischen Halbroten noch zu anatomischen Untersuchungen, wenig später war die Rasse ausgestorben.

Die heute in Bayern gehaltenen Schweinerassen gehen alle auf Kreuzungen englischer Landrassen mit asiatischen Schweinen des Vittatus-Typs aus China und Siam zurück sowie auf neapolitanische und portugiesische Schweine. Daraus entstanden neue englische Rassen, die mit den heimischen Landrassen gekreuzt und weiter selektiert wurden.

So entstand die Rasse Deutsches Edelschwein und Deutsche Landrasse. Es folgte das belgische Piétrain und amerikanische Leistungsrassen (Duroc und Hampshire). Bis in die 1950er-Jahre waren die deutschen Fettschweinerassen Schwäbisch-Hällische und Angler Sattelschwein als Fett- und Schmalzlieferanten sehr begehrt. Aber mit der Änderung der Essgewohnheiten stieg die Nachfrage nach magerem Schweinefleisch. Damit wurden verstärkt belgische Fleischrassen wie Piétrain und Belgische Landrasse eingekreuzt.

Seit nunmehr fast 100 Jahren existiert im bayerischen Alpenraum keine autochthone Schweinerasse mehr. Heute beherrscht das Deutsche Landschwein (54,1 Prozent), gefolgt vom Deutschen Piétrain Schwein (20,6 Prozent) und dem Deutschen Edelschwein, einschließlich dem Large White (21,7 Prozent), den Markt. Autochthone Schweinerassen wie Schwäbisch-Hällische, Angler Sattelschwein und Bunte Bentheimer stellen zusammen weniger als ein Prozent des Gesamtbestandes.

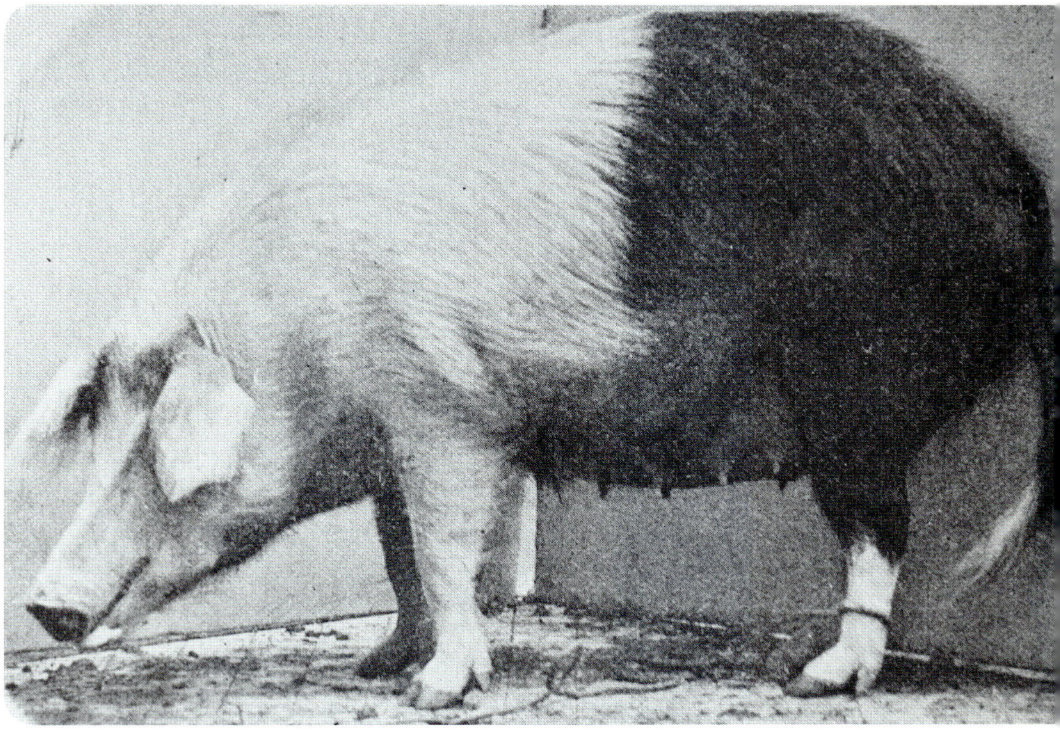

Im Miesbacher Raum wurden Mitte des 19. Jahrhunderts auf den großen Gütern Schweine gezüchtet. Von dort kauften die Bauern Ferkel zu und mästeten sie für den Verkauf. Im Bild eine zweieinhalbjährige Halbrote Bayerische Sau, 1899. Foto: Archiv Jaritz

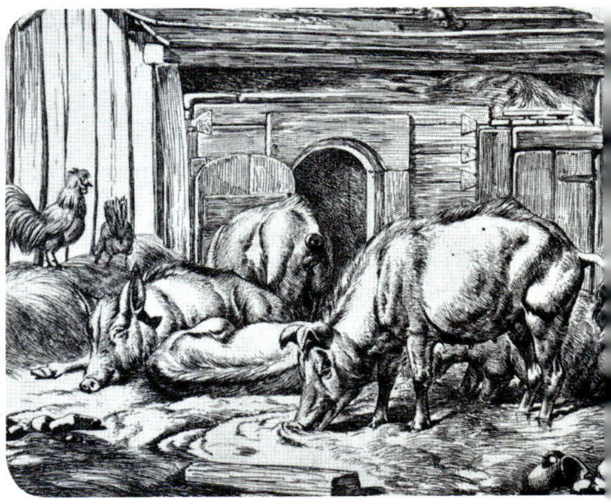

Süddeutsche Hausschweine vor ihrer Verdrängung durch englische Zuchten. Sie waren hochbeinig, mit ausgeprägtem Widerristkamm und langem schmalem Kopf. Radierung von Johann Adam Klein, 1817. Foto: Archiv Jaritz

Autochthone Schafrassen des bayerischen Alpenraumes

Schafrassen	Bestand (Zuchtbuch)	weibl. Tiere	männl. Tiere	Züchter	Gefährdung (FAO, Rote Liste)	urspr. Verbreitungsgebiet	Bezirk
Alpines Steinschaf	126	523	38	27	FAO: stark gefährdet, EN; RL: Erhaltungspopulation	bayerischer Alpenraum	Oberbayern, Schwaben
Braunes Bergschaf	1.193	1.145	48	32	FAO: gefährdet, VU; RL: Erhaltungspopulation	bayerischer Alpenraum	Oberbayern, Schwaben
Weißes Bergschaf	1.404	1.351	53	41	RL: Erhaltungspopulation	bayerischer Alpenraum	Oberbayern, Schwaben
Schwarzes Bergschaf	121	113	8	5	RL: Erhaltungspopulation	bayerischer Alpenraum	Oberbayern, Schwaben
Geschecktes Bergschaf	48	41	7	7	RL: Erhaltungspopulation	bayerischer Alpenraum	Oberbayern, Schwaben
Brillenschaf	537	514	23	19	FAO: stark gefährdet, EN; RL: Erhaltungspopulation	östliches Oberbayern	Bezirk Oberbayern

Mutterschafe der Rasse Weißes Bergschaf wiegen heute bis zu 85 Kilogamm. Um 1930 lag das Durchschnittsgewicht des Alpinen Steinschafs in Oberbayern noch bei rund 35 Kilogamm.
Foto: Ch. Mendel

Schafhaltung mit Tradition

Im Bayerischen Alpenraum hat die Schafhaltung eine lange Tradition. Bereits im frühen Mittelalter dominierte in der Viehhaltung das Kleinvieh (Schaf, Ziege und Schwein). Der Viehbestand im Chiemgau setzte sich beispielsweise im Jahr 1755 zu 93 Prozent aus Kleinwiederkäuern und Schweinen und nur zu sieben Prozent aus Rindern zusammen. Nördlich der Alpen, in Franken und Baden-Württemberg war das Land der Wanderschäfer. Diese Form der Hüteschafhaltung mit dem jahreszeitlichen Standortwechsel zwischen Vorsommer-, Sommer-, Herbst- und Winterweiden geht zurück auf das frühe Mittelalter. Die jahreszeitlichen Herdenwanderungen führten die Wanderschäfer auch in das Alpenvorland und die Kalkvoralpen.

Die ertragreichen Weiden der Allgäuer und bayerischen Kalkalpen boten die denkbar besten Voraussetzungen für die Schafzucht. Im 18. und zu Beginn des 19. Jahrhunderts führten jedoch Almweide-Beschränkungen zu einem sehr starken Rückgang der Schaf- und Ziegenhaltung im bayerischen Alpenraum. Die Wollschafzucht ab 1820 und dann die Spezialisierung und Leistungsorientierung in der Berglandwirtschaft führten abermals zu einem Rückgang der bayerischen Schafschläge und Rassen. Grünland wurde vielfach in Ackerland umgewandelt, der Mineraldünger ersetzte den bis dahin geschätzten Schafdung. Brachen verschwanden und die Waldweide in Gemeinde- und Staatswäldern wurde eingeschränkt.

In den Kriegs- und Zwischenkriegsjahren erlebte jedoch die Schafhaltung im gesamten Alpenraum wieder einen Aufschwung. Die Ursache waren Handelsbeschränkungen und allgemeine Notzeiten mit Lebensmittelknappheit. Nach dem Zweiten Weltkrieg ging es mit der Schafzucht wieder steil bergab. Im Jahr 1965 erreichte die süddeutsche Schafzucht einen Tiefstand mit 141.000 Schafen in Bayern und 24.000 in Schwaben (Mayer 1999).

Die Schafalpung spielt heute, mit Ausnahme des Werdenfelser Landes, in Bayern eine untergeordnete Rolle. Rund 3.000 Schafe werden jährlich gealpt, das ist ein Prozent des bayerischen Schafbestandes von rund 230.000 Tieren. In den letzten Jahrzehnten kam es auch zu einem deutlichen Rückgang der landwirtschaftlich genutzten Fläche im Berggebiet. Davon waren in erster Linie Almen und Grenzertragsflächen betroffen. Zwischen 1990 und 2000 kam es zu einem weiteren deutlichen Rückgang der agrarisch genutzten Fläche von über 10 Prozent. (Tappeiner u. a. 2008)

In Schwaben und Bayern dominierte wie im gesamten süddeutschen Raum und in den Ostalpen das einfache mischwollige Zaupelschaf (später auch Steinschaf). Durch Einkreuzung und Forcierung spanischer Merinos wurde das bodenständige Landschaf Südbayerns bis Ende des 19. Jahrhunderts weitestgehend verdrängt (Mayer 1999).

Auf Anordnung von Herzog Carl Eugen von Württemberg wanderten 1786 zwei Schäfer mit einer Herde von 106 Feinwollmerinos vier Monate lang vom spanischen Segovia nach Justingen auf die Schwäbische Alb. Die Tiere bildeten die Basis für die Zucht des württembergischen Merinolandschafes. 1802 wurde in der fürstlichen Schäferei in Schleißheim im oberbayerischen Landkreis München die erste Merinoschafherde Bayerns eingeführt. Für rund 70 Jahre bildete sie die Grundlage für die kurzzeitig aufblühende

Kontakt:
Arbeitsgemeinschaft der Alpinen Steinschafzüchter
Sprecherin Renate Aschauer
Wimbachweg 24, D-83486 Ramsau
Tel.: 0049 (0)86 57 531
info@alpines-steinschaf.de
www.alpines-steinschaf.net

bayerische Schafzucht. Zwischen 1820 und 1860 war Deutschland der weltgrößte Exporteur von Schafwolle. Ende des 19. Jahrhunderts verlor die Merinowollschafzucht in Bayern jedoch, bedingt durch den Wollpreisverfall infolge billiger Importwolle und Baumwolle, rasant an Bedeutung.

Im Raum Miesbach war die Schafzucht um 1860 nur mehr eine wenig einträgliche Nebensache (Gumppenberg 1858). In der Region konnte man drei Sorten von Schafen unterscheiden, das Steinschaf, das Grobwollige und Halbveredelte, wovon das mittlere am häufigsten vorkam.

Das im 19. Jahrhundert beliebte Uggowitzer oder Kärntner Brillenschaf kam gegen Ende des 19. Jahrhunderts nach Bayern. Kleine Bestände konnten sich bis zur Rassebereinigung in den 1930er-Jahren halten. Das Brillenschaf ist in Bayern seit 1989 als Rasse anerkannt. Das Württemberger Schaf (Baskerschaf) war um 1928 im Raum Trostberg, Tittmoning sowie im Norden von Rosenheim weit verbreitet.

Mit der Machtübernahme der Nationalsozialisten wurde 1936 das reichseinheitlich geltende Gesetz zur Förderung der Tierzucht erlassen. Es ermächtigte den Reichsminister für Ernährung und Landwirtschaft, die allgemeine Körpflicht für Hengste, Bullen, Eber, Schaf- und Ziegenböcke sowie die gemeindliche Vatertierhaltung zu regeln. Die darauf aufbauende bayerische Körordnung führte in der Schafzucht dazu, dass nur mehr die Rassen Deutsches veredeltes Landschaf, Rhönschaf, das Ostfriesische Milchschaf und das Bergschaf zugelassen waren. Diese vier Rassen stellten knapp 98 Prozent des gesamten bayerischen Schafbestandes.

Heute wird hingegen in Bayern eine breite Vielfalt an Schafrassen gezüchtet. Nur ein geringer Teil der 38 Zuchtschafrassen ist jedoch in Bayern nach seinen Ursprüngen heimisch. Zu den gefährdeten autochthonen Schafrassen Bayerns zählen Alpines Steinschaf, die Bergschafrassen (Braunes, Weißes, Schwarzes und Geschecktes Bergschaf), Brillenschaf, Coburger Fuchsschaf, Krainer Steinschaf, Rhönschaf und Waldschaf. Das mischwollige Alpine Steinschaf ist die älteste Schafrasse im bayerischen Alpenanteil. Das Steinschaf geht zurück auf das primitive Alpenschaf, das über weite Bereiche der Alpen verbreitet war (siehe Kapitel „Die Alpenregion Salzburg“). Durch Kreuzung der bodenständigen Schläge des Alpinen Steinschafes mit Bergamasker Schafen wurden in den 1930er-Jahren das Weiße Bergschaf und in weiterer Folge das Braune, Schwarze und Gescheckte Bergschaf gezüchtet.

Das Alpine Steinschaf oder Gockelschaf

Nach Kurt Kaspar (1928) war das Steinschaf im Chiemgau mit einem kleineren Typus im Bezirk Berchtesgaden und mit einem größeren Typus im Landkreis Traunstein und im südöstlichen Teil des Bezirks Rosenheim vertreten. Der Bezirk Laufen zählte bereits zum Zuchtgebiet des Kärntner Schafes. Generell sind, wie auch in der Rinderzucht, durch die besseren Futterbedingungen im Alpenvorland größere Typen vertreten als in den gebirgsnahen Gebieten. So kamen in den gebirgigen Teilen, wie beispielsweise im Berchtesgadener Land, ein kleinerer Schlag und im Alpenvorland besser entwickelte Schläge vor.

Die Steinschafzucht wurde im Chiemgau in kleinen bis mittleren Betrieben mit lediglich vier bis zehn Steinschafen betrieben. Schafbestände mit 20 Schafen waren die Ausnahme. Üblicherweise wurden im Frühjahr die Schafe von drei bis fünf Gemeinden gegen Lohn einem Schäfer übergeben, der als Wanderschäfer Raine, Wegränder, die Brachfelder und Waldweiden nutzte. Als ein zentrales Hindernis für die Steinschafzucht nannte Kurt Kaspar die Verbote und Bestimmungen der Forstämter.

Ende der 1920er-Jahre wird das Steinschaf als grob- und glänzendmischwollig beschrieben. Die Tiere sind spät reif und dadurch besonders wetterhart. Ihre Fruchtbarkeit ist hoch, Drillingsgeburten sind häufig; die Schafe lammen in der Regel zwei Mal im Jahr. Sie zeigen noch sehr ursprüngliche Verhaltensweisen, sind wie das Wild Feinschmecker, laufen auf der Weide viel umher und fressen nur, was ihnen zusagt. Dazu sind sie leicht in der Handhabung, widerstandsfähig, anspruchslos und fruchtbar. Bessere Eigenschaften könnte ein Schaf eigentlich nicht haben.

Diese älteste bayerische Schafrasse stellt ein lebendes Kulturgut dar, trotzdem zählt sie zu den am stärksten gefährdeten Nutztieren Bayerns und des gesamten Alpenbogens. Vom 16. bis zum späten 19. Jahrhundert war es die Produktion von Feinwolle, die dem grobwolligen Steinschaf zusetzte. Bereits 1536 wurde die Haltung des Zaupelschafes von Herzog Ulrich von Württemberg unter Strafe gestellt, da grobe Mischwolle nicht gewünscht war. Aufgrund der schlechten Eignung der Feinwollmerinos für die rauen Haltungsbedingungen in den gebirgigen Regionen blieb das Steinschaf in den Alpen aber von diesen Verdrängungsprozessen vorerst verschont. Im 20. Jahrhundert wurden anfangs englische Fleischrassen und später großrahmige Bergamasker Schafe zur „Verbesserung“ dieser Rasse

Alpine Steinschafe am Fuße der Trettachspitze in den Allgäuer Alpen, um 1920.
Foto: Archiv des DAV, München

Alpine Steinschafwidder auf der Kleinrechenberg Alm, Landkreis Traunstein. Foto: C. Groß

Brillenschafbock. Foto: M. Wagenpfeil

Weißes Bergschaf. Foto: Ch. Mendel

Brauner Bergschaf Widder.
Foto: Ch. Mendel

eingekreuzt. Mit den Rassevorschriften im Dritten Reich wurde der Einsatz von Steinschaf-Widdern in Bayern, aber auch in Österreich, sogar bei Strafe verboten.

Bei der Erzüchtung des Weißen Bergschafes (Tiroler Bergschaf) nutzte man die Eigenschaften des Steinschafes, wie hohe Fruchtbarkeit und Wetterhärte. Die Verbesserung der Wollqualität ging zu Lasten der in den Gebirgsregionen als Wetterschutz wichtigen Mischwolle. Auch die Genügsamkeit ging mit der Leistungssteigerung in der Zucht verloren. Ab den 1950er-Jahren, mit dem Trend zu den spezialisierten Leistungsrassen, war das Alpine Steinschaf mit seinem geringen Schlachtkörpergewicht nicht mehr marktgerecht. Mitte der 1980er-Jahre bemühte sich eine Gruppe von Schafzüchtern um die Erhaltung des Steinschafes in Österreich und Bayern. Der bayerische Ausgangsbestand wurde mit Tieren aus Berchtesgaden (Ramsau), Garmisch sowie aus Nauders und Weerberg in Tirol aufgebaut. Das Steinschaf ist in Bayern seit 1991 als eigenständige Rasse anerkannt. Im Jahr 2000 umfasste der Bestand im Ostalpenraum bereits 130 Mutterschafe mit sechs Bocklinien. Die deutsche und österreichische Population wird seit Beginn der Erhaltungsmaßnahmen weitestgehend getrennt geführt, um die genetische Breite der Rasse zu erhalten, aber eine einheitliche Rassebezeichnung und -beschreibung wurde festgelegt. Der Bestand an Alpinen Steinschafen umfasst in Bayern 523 herdebuchmäßig erfasste Mutterschafe in 27 Zuchtbetrieben (Stand 1/2013). In der österreichischen Generhaltungszucht sind 45 Betriebe mit 452 Mutterschafen und 43 Widder (Herdebuchtiere mit Bewertung, Stand 2013) erfasst.

Das Brillenschaf oder Kärntner Schaf

Sein Ursprungsgebiet liegt im Dreiländereck Slowenien–Friaul–Österreich. Wie die Bergschafrassen zählt es zu den verbesserten schlichtwolligen Gebirgsschafen und ist aus der Kreuzung von bodenständigen Steinschafschlägen mit feinwolligen Paduaner und Bergamasker Schafen entstanden. Seine Wurzeln reichen zurück bis in das 18. Jahrhundert. Das fruchtbare und frohwüchsige Brillenschaf war in der zweiten Hälfte des 19. Jahrhunderts sehr begehrt und in vielen Alpenländern wie auch in Oberbayern anzutreffen. Das Kärntner Schaf zählte neben dem Bergamasker Schaf zu den ersten bedeutenden Bergschafrassen, die auf viele Rassen Einfluss genommen haben. Kurt Kaspar erwähnt 1928, dass das Kärntner Schaf auch im Bezirk Laufen stark verbreitet war. Das Paduaner Schaf stammt aus den fruchtbaren nördlichen Küstenregionen der oberen Adria und zeichnet sich durch eine feinere und dichtere Wolle aus als das Bergamasker Schaf. Es wurde daher zur Verbesserung der Wollqualität in verschiedene Gebirgsschaf-Populationen eingekreuzt und hatte auch Einfluss auf die Entstehung des Kärntner Schafes. Das Vlies des Brillenschafs zeigt eine etwas kürzere und feinere Wolle als jenes des Weißen Bergschafs und hat einen seidigen Glanz. Daher rührt der Name Spiegelschaf. Erst 1990 wurde das Brillenschaf in Bayern wieder als eigenständige Rasse anerkannt. Zur Blutauffrischung wurden einzelne Tiere aus dem Bestand des Südtiroler Vilnösser Schafes eingeführt. Der Gesamtbestand in Bayern umfasst 514 Mutterschafe und 23 Widder, verteilt auf 19 Herdebuchbetriebe. In der Roten Liste der gefährdeten einheimischen Nutztiererassen Deutschlands wird das Brillenschaf in der Kategorie „Erhaltungspopulation“ geführt.

Die Entwicklung der Bergschafzucht

Das schlichtwollige Weiße Bergschaf (Bayerisches Bergschaf) wurde in den 1930er-Jahren in Oberbayern aus den bodenständigen Landschlägen des mischwolligen Steinschafes (Alpines Steinschaf) und aus norditalienischen Bergamasker Schafen gezüchtet.

Das Bergamasker Schaf stammt ursprünglich aus dem Gebiet der Bergamasker Alpen in der Lombardei, einem Gebirgsstock zwischen Iseosee im Osten und Comer See sowie Val Camonica im Westen. Die großrahmige Rasse mit den charakteristischen Hängeohren und der Ramsnase wurde mit den Wanderhirten ins Veltlin und Engadin verbreitet. Mit den im Engadin tätigen Tiroler Hirten gelangte es nach Tirol und in den süddeutschen Raum. Vor allem während der Habsburger Herrschaft in der Lombardei im 18. und 19. Jahrhundert wurde das Bergamasker Schaf über den oberitalienischen Raum hinaus weit verbreitet.

In den 1930er-Jahren kamen durch Einfluss des in den Vliesfarben vielfältigen Alpinen Steinschafes noch unterschiedliche Farbvarianten beim Bergschaf vor. Mit der Vereinheitlichung der Bayerischen Bergschafzucht und der Reinzucht des Weißen Bergschafes wurden diese Farbschläge wie braun, schwarz oder gescheckt vermehrt aus der Zucht ausgeschieden. Ab den 1970er-Jahren entwickelte sich dann in Österreich, in weiterer Folge auch in Südtirol und Bayern, ein vermehrtes Interesse an der Erhaltung der verschiedenen Farbschläge des Bergschafes.

Das Braune Bergschaf

Unter den verschiedenen Bergschaf-Farbschlägen ist es der am meisten gedrungene und am wenigsten spezialisierte Typ. Mit der Reinzucht des Weißen Bergschafes in Bayern sind die braunen Tiere weitestgehend verloren gegangen. Durch Importe aus Österreich und Südtirol konnten in Oberbayern wieder kleine Bestände des Braunen Bergschafes aufgebaut werden. Da die Rasse seit den 1970er-Jahren zunehmend beliebt wurde, gingen einige Schafhalter rund um Miesbach, Rosenheim und Garmisch-Partenkirchen zur Reinzucht über. Auf Initiative der Schafhaltervereinigung Tegernsee Tal gelang 1977 die offizielle Anerkennung der Rasse und die Aufnahme in das Bayerische Herdebuch.

Das Schwarze Bergschaf

Durch Zuchttier-Importe aus Südtirol, wo die Farbschläge Braun und Schwarz in einer Population geführt werden, ist es auch in Bayern heimisch geworden. Im Unterschied zum mittelrahmigen Braunen Bergschaf stellt das Schwarze Bergschaf im Prinzip eine Farbvariante des Weißen Bergschafes dar. Es unterscheidet sich lediglich in der Vliesfarbe vom Weißen Bergschaf. Ganzfarbig schwarz mit schmalem, ramsnasigem Kopf, sind die Tiere hornlos und tragen breite hängende Ohren. Wie alle Bergschafrassen ist auch das Schwarze Bergschaf schlichtwollig, mit einer Feinheit von 32 bis 36 Mikron. Die Rasse wurde in Bayern 2002 offiziell anerkannt. Der Gesamtbestand beträgt 121 Tiere. In der Roten Liste der seltenen Nutztiere Deutschlands wird es als Erhaltungspopulation geführt.

Das Gescheckte Bergschaf

Diese jüngste Rasse in der Bergschafgruppe wird in Deutschland seit 1975 gezielt gezüchtet. Niedersachsen war das erste Bundesland, wo es (1990) als eigenständige Schafrasse offiziell anerkannt und ins Herdebuch aufgenommen wurde. 2011 folgte die Anerkennung in Bayern.

Eine gemischte Gebirgsziegenherde zieht durch Mittenwald, 1926. Foto: Archiv Jaritz

Bayern war einst Ziegenland

Alois Schlögl (1954) nimmt an, dass zur Keltenzeit die nordkeltische Ziege in Bayern beheimatet war. Für Bayern sind drei autochthone Ziegenrassen bekannt. Die rehbraune Frankenziege war seit dem ausgehenden 19. Jahrhundert die „Universalziege" Bayerns. Bis in die 1920er-Jahre existierte eine autochthone Rasse der rauen Mittelgebirgslandschaft der Rhön. Für die Alpenregion Bayerns kann jedoch angenommen werden, dass Ziegenschläge aus Österreich und der Schweiz Einfluss auf den Bestand genommen haben.

Im 19. Jahrhundert erreichten die Ziegenbestände in Bayern einen Höchststand. Um 1950 waren es rund 257.000 Ziegen, davon 50.000 in Südbayern. Die „Kuh des kleinen Mannes" war damals noch fast allgegenwärtig. Eine bäuerliche Ziegenhaltung fand man in den Gebirgsregionen sowie in Franken. Um 1970 war das Pendel auf die Gegenseite umgeschlagen, die Ziegenzucht in Bayern wie auch andernorts auf dem Tiefstand angelangt. Der gesamte Ziegenbestand reduzierte sich auf etwa 19.000 Tiere. Auch gegenwärtig spielt die Ziege in Oberbayern nur eine untergeordnete Rolle. In Bayern werden zwölf Ziegenrassen herdebuchmäßig betreut. Für alle gibt es ein Deckregister und eine Anpaarungsplanung, 111 Zuchtbetriebe mit 3.904 Tieren sind registriert.

Im oberbayerischen Alpengebiet fehlt eine autochthone Gebirgsziegenrasse. Aber es gibt einige wenige Züchter von Tauernschecken Ziegen, Pinzgauer Ziegen, Passeirer Gebirgsziegen und Bündner Strahlenziegen.

Augsburger Gockel mit dem charakteristischen Becher- oder Kronenkamm. Beim Augsburger Huhn steht der Kamm aufrecht und beginnt vorn am Schnabel einfach, teilt sich jedoch nach dem ersten oder zweiten Zacken zu einem becherförmigen Kamm. Foto: S. Reitmeier

Vom Nutzen des Geflügels

Zu den heimischen Geflügelrassen des bayerischen Alpenraumes zählen die Bayerische Landgans und das Augsburger Huhn. Die Landente wird von der Gesellschaft zur Erhaltung alter und gefährdeter Haustierrassen e. V. nicht mehr als Nutztierrasse geführt. 1997 wurde noch ein bundesweiter Bestand von 313 Tieren angegeben. In Deutschland wird neben der Bronzepute die Cröllwitzer Pute als heimische Geflügelrasse angeführt. In der Arbeitsgruppe Geflügel des Fachbeirates für Tiergenetische Ressourcen wurde 2012 eine Rote Liste erarbeitet. Ihren Erkenntnissen zufolge sind „Heimische Geflügelrassen" solche, die vor 1930 entstanden oder seither anerkannt wurden und einen nachhaltigen Nutzen haben oder hatten. Es werden nur die ursprünglichen Farbschläge in der Liste geführt.

Hühner, Gänse, Enten und Tauben

Die Hofgeflügelhaltung hat im bayerischen Alpenraum eine weit ins Mittelalter zurückreichende Tradition. Geflügel und Eier spielten als Zehent an die Grundherrschaft eine wichtige Rolle und wurden daher in Urbaren und Abgaberegistern häufig angeführt (Stutzer 2007). Ostalpine Haubenhuhnschläge vom Typ des Tiroler Huhns wie auch das mitteleuropäische Landhuhn zählten zu den autochthonen Hühnerschlägen Oberbayerns. 1929 wurde in Oberbayern ein Geflügelzuchtverband gegründet und die Leistungszucht auf wenige, für die landwirtschaftliche Haltung bewährte Rassen beschränkt. Dazu zählte man die rebhuhnfärbigen Italiener, die weißen Leghorn sowie die roten Rhodeländer (Abelein/Damme 1993). Ende der 1950er-Jahre wurde, ausgehend von den USA und Kanada, die Zucht von speziellen Mast- und Legehybriden forciert (Deutsches Geflügelzuchtprojekt) und damit die Geflügelhaltung zunehmend industrialisiert.

Das Augsburger Huhn ist das einzige noch existierende bayerische Landhuhn im Alpenbogen. Um 1870 in Augsburg gezüchtet, war es bald in ganz Bayern und Schwaben verbreitet. Mit den aufkommenden Hochleistungsrassen wurde es – als einziger Vertreter der bayerischen Hühnerrasse – nur mehr als Zierhuhn gezüchtet. Heute gilt die Rasse als akut gefährdet (Kategorie I, Rote Liste der Nutztiere).

Julius Meyer erzüchtete das Augsburger Huhn um 1870 aus der Kreuzung von französischen La Flèche und schwarzfüßigen italienischen La-Motta-Hühnern. Die Rasse gewann rasch an Beliebtheit und verbreitete sich über die schwäbisch-bayerische Hochebene und darüber hinaus. Bis in die 1960er-Jahre war das Zwiehuhn sehr beliebt. Mit der passablen Legeleistung von 150 bis 180 Eiern konnte es aber mit den aufkommenden Legehybriden nicht konkurrieren.

Diese in den Haltungs- und Fütterungsbedingungen variierenden Landgans-Schläge waren bis in die 1950er-Jahre weit verbreitet und entsprachen dem heutigen Typus der leichten Bayerischen Landgans. Die verschiedenen Landgans-Schläge von Oberbayern bis Franken und in die Oberpfalz werden heute unter dem Begriff Bayerische Landgans zusammengefasst. Nach Verhalten und Erscheinungsbild ähnelt sie ihrer Stammform, der Graugans. Die Gesellschaft zur Erhaltung alter und gefährdeter Haustierrassen e.V. arbeitet derzeit an einem Verzeichnis der Landgänse-Zuchten in Bayern, um eine planmäßige Herdebuchzucht unter Beibehaltung aller

Steckbrief Bayerische Landgans

Eine robuste, feinknochige Weidegans, die ihren eiförmigen Rumpf fast waagerecht trägt. Ganter erreichen ein Gewicht von fünf bis sechs, Gänse von vier bis fünf Kilogramm. Aufgrund des geringen Gewichts ist die Bayerische Landgans vergleichsweise gut flugfähig. Rumpf und Rücken sind gut gerundet, der Rücken zudem schön breit ausgebildet. Die Schulter soll schön eingebaut und nicht locker sein. Die Bayerische Landgans ist eine sicher brütende Rasse. Die weißen Eier haben ein Mindestgewicht von 140 Gramm.

Steckbrief Landente (mit und ohne Haube)

Alle bei Entenrassen zugelassenen Farbschläge, ausgenommen die Wildfarben-Varianten der Warzen-Enten sind erlaubt. Das Gewicht der Erpel beträgt 2,5 Kilogramm, das der Enten 2 Kilogramm. Das Bruteier-Mindestgewicht liegt bei 60 Gramm. Die Schale der Eier ist weiß, selten auch grünlich.

Farbschläge aufzubauen. Eine offizielle Anerkennung der Bayerischen Landgans durch den Bund Deutscher Rassegeflügelzüchter scheiterte bisher an der Variabilität der Farbschläge. Diese vorhandene Vielfalt passt offensichtlich nicht in das Schema der standardisierten Rassegeflügelzucht.

Ein bayerischer Züchter hat sich speziell mit der Erzüchtung des hellblauen Farbschlags befasst. Diese Farbvariante wurde unter dem Namen Fränkische Landgans anerkannt. In der Roten Liste alter einheimischer Geflügelrassen in Deutschland ist die Bayerische Landgans als extrem gefährdete Tierart erfasst (< 50 erfasste Zuchten). Die letzte Erhebung aus dem Jahr 2013 ergab 49 Gänse, 45 Ganter und 35 Züchter.

In Mitteleuropa entwickelte sich die Entenhaltung erst im 17. Jahrhundert, ausgehend von Nord- und Nordwestdeutschland und den Niederlanden. Es entstanden Zuchten, die zahlenmäßig die Gänsehaltung überflügelten, mit Ausnahme Süddeutschlands, wo die Gans das wichtigste Wassergeflügel blieb. Erst im 19. Jahrhundert entwickelte sich eine intensivere Mastentenzucht. Für diese Wirtschafts-Geflügelzucht wurden vermehrt die deutsche und amerikanische Variante der Pekingente, die Rouen Ente und die massige Aylesbury Ente eingesetzt. Sie drängten die bodenständige Landente zurück. Anfang des 20. Jahrhunderts wurden aus der Kreuzung von Wild- und Hausenten die gut flugfähigen Hochbrut-Flugenten gezüchtet. Im Jahr 1997 wurden noch 43 Zuchten mit 313 Tieren angegeben. In der aktuellen Roten Liste alter einheimischer Geflügelrassen in Deutschland wird die Landente (mit und ohne Haube) nicht mehr gelistet.

Wie in Österreich gilt auch im oberbayerischen Raum neben den nicht standardisierten Landtauben die Gimpeltaube als alte Nutztaubenrasse. Die Gimpeltaube hieß auch Illyrische Taube, sie stammt angeblich aus dem österreichischen Küstenland an der Adria. Belege dafür liegen jedoch nicht vor. Der Name Gimpeltaube leitet sich vermutlich von der dem Gimpel (Dompfaff) ähnlichen Farbverteilung ab. Der erste Nachweis von Gimpeltauben stammt aus Wien. Das Naturhistorische Museum in Wien verwahrt Bälge eines Schwarzflügel-Gimpels mit Spitzkappe aus dem Jahr 1817 und einer Kupfer-Spiegelgimpel-Taube von 1810 aus der Volière Kaiser Franz I. Damals breitete sich die Gimpeltaube von Süddeutschland ausgehend in Mittel- und Nordeuropa aus. Der Spiegelgimpel (heute Weißflügel-Gimpel) und weitere Farbschläge sind vorwiegend in Österreich und im süddeutschen Raum erzüchtet worden. Heute ist die Gimpeltaube die meistgezüchtete Farbtaubenrasse Deutschlands. Seit 1974 finden jährlich Deutsche Gimpeltauben-Schauen statt. Über 1.000 Gimpeltauben wurden seit dem Jahr 2000 den Sonderrichtern vorgeführt. 2008 war die erste Europaschau.

Bei der Bayerischen Landgans findet man noch eine große Variationsbreite an Farbschlägen. Grau, dunkelblau, hellblau, blauhals, gelbschimmel, hellblauschimmel, dunkelblauschimmel, grauschimmel, weiß sowie alle Scheckenvarianten. Foto: M. Bachmann

Kaninchenrassen und Landschläge

Im Gegensatz zu Frankreich, wo der Kaninchenbraten seit dem 18. Jahrhundert fest auf dem Speiseplan steht, wurde das Kaninchen in Bayern lange Zeit nicht sonderlich geschätzt. Hier entwickelte sich die Kaninchenzucht erst gegen Ende des 19. Jahrhunderts. Fürst von Thurn und Taxis hatte auf einer Reise nach Frankreich im Jahr 1895 die Bedeutung des Kaninchens für die Volkswirtschaft erkannt und initiierte den Ersten Bayerischen Kaninchenzuchtverein. Dafür wurden anfangs schwere belgische und französische Rassen importiert, später legte man den Schwerpunkt auf fruchtbare, leichtfütterige, mittelschwere Rassen wie den Deutschen Widder oder den Weißen und Blauen Wiener. 1920 zählte man in Bayern 521.000 Tiere einschließlich der Pfalz. In den Kriegs- und Nachkriegsjahren war das Kaninchen ein wichtiger Fleischlieferant, die Bestandszahlen gingen dementsprechend nach oben (1938: 611.00; 1942: 1.565.000 Tiere nach Schlögl 1954). Für den Alpenraum Bayerns ist keine alteingesessene Kaninchenrasse bekannt.

Kontakt:
Landesverband Bayerischer Rassegeflügelzüchter e.V.
Mühldorfer Str. 10
D-84503 Altötting
Tel.: 0049 (0) 86 71 13 470
Fax: 0049 (0) 86 71 95 71 156
schorschi.hermann@web.de

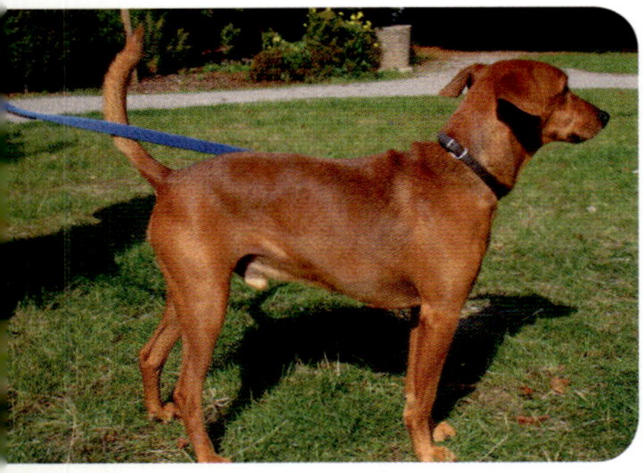

Deutscher Pinscher in der roten Farbvariante. Foto: C. Simantke

Spitz, Pinscher und Co

Der mittlere Spitzhund war bis um 1960 weit verbreitet als klassischer Haus- und Hofhund mit einem umfassenden Aufgabengebiet. Denn der Spitz war ein Alleskönner. Er bewachte den Hof vor Eindringlingen und die Tiere vor Fressfeinden. Mit dem Strukturwandel in der Landwirtschaft verlor er seine Stellung und fristete oft nur mehr ein Dasein als Kettenhund. Durch diese nicht artgerechte Haltung kam er als „Kläffer" in Verruf, ein Image, das ihm bis heute anhaftet. Heute wird der Spitz in Deutschland als Freizeithund und für den Hundesport (Agility) gehalten. Aus dem Gebrauchshund wurde der Familienhund, aber so hat er überlebt. Gleichzeitig sind seine besonderen Talente als Arbeitstier verloren gegangen. Man unterscheidet, abhängig von der Körpergröße, zwischen Mittelspitz und Großspitz.

Deutscher Pinscher

Neben dem Spitz eine weitere alteingesessene Gebrauchshunderasse, die früher vorwiegend in bäuerlichen Kreisen gehalten wurde. Der Österreichische und der Deutsche Pinscher haben zwar eine ähnliche Entstehungsgeschichte, unterscheiden sich aber mittlerweile deutlich voneinander. Der Deutsche Pinscher ist durch das Einkreuzen von Manchester Terriern seit 1834 zarter in seiner Erscheinung geworden, sein Fell ist kurz und ohne Unterwolle, sein Jagdtrieb beschränkt sich nicht mehr auf Nager (Götz 1834).

Der Pinscher in der Landform bewährte sich als Stall- und Hofhund. Konnte er seinen Jagdtrieb nicht ausleben, wurde er am Hof zum eifrigen Rattenfänger, von daher rührt auch die Bezeichnung „Rattler".

Der Pinscher wurde als alte deutsche Landhunderasse bereits 1880 im Deutschen Hundestammbuch erwähnt. Damals wurden der glatthaarige Pinscher und der rauhaarige Schnauzer noch unter dem gemeinsamen Namen Pinscher geführt. Theodor Götz berichtete in seinem Standardwerk 1834 über die zunehmende Beliebtheit des englischen Pinschers. Vermutlich handelte es sich um Einkreuzungen von englischen Manchester Terriern in die Landschläge des Pinschers und Schnauzers. Es ist anzunehmen, dass der wärmeliebende Pinscher in den weniger rauen Lagen des Alpenvorlandes verbreitet war. Nach Reichenbach hielt er sich gerne in den warmen Pferdeställen auf (Feldmann u. a. 2003).

Für Bayern gibt es ab 1825 zahlreiche Erwähnungen. „Der Königlich Bayerische Polizey-Anzeiger von München" und andere Blätter berichteten damals mehrfach über entlaufene oder tollwütige Pinscher. Teilweise wurden sie als Raue Pinscher bezeichnet. Meist handelte es sich um schwarze oder gelbrote Tiere.

Seit 1958 wird der Deutsche Pinscher wieder gezielt gezüchtet. Er wird heute primär als Familien- und Begleithund mit Wachfunktion gehalten. Der Bestand verzeichnet 400 bis 500 Welpen pro Jahr und hat sich damit seit 2000 annähernd verdreifacht. Zuchtbuch führende Stelle ist der Deutsche Pinscher-Schnauzer-Klub. Die Rasse ist vom Verband für das Deutsche Hundewesen (VDH) anerkannt. Laut der Roten Liste der Gesellschaft zur Erhaltung alter und gefährdeter

Deutscher Pinscher (Landrasse alter Zuchtrichtung) und Mittelspitz (Landspitz), ursprüngliches Verbreitungsgebiet

Steckbrief Mittelspitz

Mit einer Schulterhöhe von 30 bis 38 Zentimetern und einem Gewicht von sieben bis zwölf Kilogramm hat er ein Idealmaß. Aus diesem „normalen Spitz" sind im Lauf der Zeit kleine und große Varianten entstanden. Seine typischen Merkmale sind die kleinen Stehohren und die am Rücken getragene Ringelrute. Der Mittelspitz wird heute in den Farben schwarz, braun, weiß, grau gewolkt und in Neufarben gezüchtet. Bei der Landrasse war vor allem schwarz verbreitet. Charakteristisch für den Spitz ist auch das Langstockhaar mit viel Unterwolle und Halsmähne. Das Fell ist schmutzabweisend und verzottelt nicht. Da er ohne Jagdtrieb ist, verträgt er sich gut mit anderen Haustieren, auch mit Geflügel.

Steckbrief Deutscher Pinscher (Stallpinscher, Rattler, Zwicker)

Der mittelgroße, glatthaarige und quadratisch gebaute Hund hat eine gut entwickelte Muskulatur. Er wird in den Haarfarben rot und schwarz-rot (schwarz mit roten Abzeichen) gezüchtet. Im 19. Jahrhundert sind auch rotgelbe, reinschwarze und rehfarbene Tiere erwähnt. Der Pinscher ist lebhaft, temperamentvoll und ein ausdauernder Begleiter. Er benötigt eine weiche, aber konsequente Führung, da er sensibel ist und ungerechte Behandlung schlecht verträgt.

Haustierrassen ist die Bestandssituation als „gefährdet“ (Kategorie III) eingestuft. In Bayern sind vier Züchter registriert.

Altdeutsche Hütehunde

Durch die Tradition der Wanderschäferei sind sie auch mit dem Nordalpenraum verbunden. Die verschiedenen Schläge haben sich in Anpassung an die jeweiligen regionalen Bedingungen entwickelt. Die Wurzeln der Hütehunde und der Wanderschäferei im süddeutschen Raum reichen zumindest bis ins frühe Mittelalter zurück. 1987 wurde für die Erhaltung und Zucht der deutschen Hütehunde eine Arbeitsgemeinschaft von Schäfern, Schafhaltern und Privatleuten gegründet, um die zum Teil vom Aussterben bedrohten Hütehunde-Schläge zu erhalten und zu fördern. Primäres Anliegen ist die Erhaltung der besonderen Qualitäten und Arbeitseigenschaften dieser Gebrauchshunde, die nicht durch eine zu enge Reglementierung auf äußere Merkmale beeinträchtigt werden sollen. Daher wird auch die Anerkennung der Schläge durch die Weltorganisation der Kynologie, die Fédération Cynologique Internationale (FCI), nicht angestrebt. Auch eine Aufteilung der Schläge in Arbeits- und Familienlinien, wie sie bei vielen ehemaligen Gebrauchshunderassen praktiziert wird, lehnt die Arbeitsgemeinschaft zur Zucht altdeutscher Hütehunde ab. Denn meistens ist damit längerfristig ein Verlust der spezifischen Arbeitseigenschaften und der Robustheit verbunden.

Die für den bayerischen und Allgäuer Alpenraum relevanten Schläge sind der Strobel und der Süddeutsche Schwarze, der vorwiegend bei den süddeutschen Wanderschäfern in Württemberg und Franken zuhause ist.

Der Strobel

Der häufigste Vertreter der Altdeutschen Hütehunde-Schläge im süddeutschen Raum ist der Strobel. Durch seinen kräftigen Körperbau und die Fellstruktur ist er optimal an die rauen Bedingungen des Nordalpenrandes angepasst. Er ist temperamentvoll und besitzt einen ausgeprägten Hütetrieb, ist selbstständig und ein hart arbeitender Hütehund. Er arbeitet mit Nacken- und Rippengriff. Sein Einsatzbereich sind mittelgroße bis große Herden in Bayern und Baden-Württemberg. Der Strobel ist ein relativ großer Hund mit ausgewogenen Proportionen. Kopf und Schnauze sind in etwa gleich lang. Der Fang ist kräftig und dicht behaart, das Fell leicht gelockt, zottelhaarig, häufig schwarz oder auch gelbbacken und grau.

Der Spitz zählt zu den ältesten Hunderassen in den Alpen.
Foto: C. u. V. Mahler

Der Süddeutsche Schwarze

Er zählt zu den klassischen Schlägen der süddeutschen Wanderschäfer und kommt vorwiegend in Franken und in Württemberg vor. Seine Widerristhöhe liegt bei 65 Zentimetern und mehr, die Körperform ist leicht rechteckig mit einem kräftigen Knochenbau. Die gesamte Erscheinung ist ausgewogen, der Schlag trägt mittelgroße Schlapp- oder Kippohren. Der Kopf ist trocken und kräftig. Angestrebt wird ein nicht zu breiter Kopf. Er kommt in den Varianten Stockhaar, Langstockhaar, Roll- und Rauhaar vor. Wie der Strobl erweist er sich als druckvoller Arbeiter an der Herde. Den Nacken- und Rippengriff setzt er sehr gezielt ein. Er zeigt mittleres Temperament und kann Hütehund, aber auch Herdenschutzhund sein und arbeitet dabei sehr selbstständig mit angeborener Naturschärfe.

2005 zog der letze Wanderschäfer mit seinem Strobel vom Benninger Ried im Unterallgäu auf die Einödsberg Alpe bei Oberstdorf.
Foto: C. Träger

Kontakt:
GEH Rassebetreuer Deutscher Pinscher
Siegried Menzel
Dammstraße 120, D-33824 Werther
Tel.: 0049 (0)52 03 62 58
Fax: 0049 (0)88 25 07
info@robinienhof.de
www.robinienhof.de

AAH – Arbeitsgemeinschaft zur Zucht Altdeutscher Hütehunde
Susanne Zander
Allerbogen 12, 29223 Celle
Tel/Fax: 0049 (0)51 41 900 600
s.zander@A-A-H.de

Der Strobel und der Süddeutsche Schwarze sind die in Oberbayern und im Allgäu wichtigen Schläge des Altdeutschen Hütehundes.
Foto: C. Träger

Der slowenische Alpenraum

Mit den Steiner Alpen, Karawanken und Julischen Alpen, von Maribor im Osten bis zu den nördlichen Ausläufern des Karsthochlandes im Süden (nördlich von Postojna), zählt dieses Gebiet geologisch zu den Südlichen Kalkalpen. Höchste Erhebung ist der Triglav mit 2.864 Metern. Ganz im Osten, südwestlich von Maribor, schließt sich das dicht bewaldete und nur sehr dünn besiedelte Mittelgebirge, der Pohorje (Bachergebirge), an die Südlichen Kalkalpen an, das aus kristallinem Gestein aufgebaut ist und geologisch zu den Zentralalpen gehört.

Nach Thomas Streifeneder ist der slowenische Alpenraum widersprüchlich abgegrenzt. Rund ein Drittel des slowenischen Staatsgebietes und lediglich 23 Gemeinden liegen in den slowenischen Alpen. Das Berggebiet ist geprägt von einer klein strukturierten Landwirtschaft, eine Folge der Verstaatlichung von großen Flächen und der verordneten Betriebsobergrenze von 10 Hektar nach dem Zweiten Weltkrieg. Aufgrund fehlender Nebenerwerbsmöglichkeiten liegt die Hofaufgaberate bei über 50 Prozent, entlang der Grenze zu Kärnten ist sie am höchsten. Doch wächst hier die Anzahl der Haupterwerbsbetriebe, wobei die Zahl der Nebenerwerbsbetriebe mit über 72 Prozent nach wie vor deutlich überwiegt (Streifeneder 2009). Slowenien besaß bis zur Unabhängigkeit im Jahr 1991 keine eigenständige Agrarpolitik, die freie Marktwirtschaft löste das sozialistische Wirtschaftssystem ab.

Das obere Soča-Tal mit den Julischen Alpen.

Die Entwicklung der Nutztierzucht

Die Zerstückelung des Grundbesitzes infolge der Realteilung und der damit verbundene Mangel an Futterflächen erschwerte im 19. Jahrhundert die Entwicklung der Viehzucht. Zur Verbesserung der landwirtschaftlichen Verhältnisse wurde 1776 von Kaiserin Maria Theresia die k. u. k. Landwirtschaftliche Gesellschaft ins Leben gerufen. 1779 verteilte diese spanische Zuchtwidder und Mutterschafe aus der von Maria Theresia errichteten Merkolaner Pflanzschule. Zur Hebung der Rinderzucht wurden Tierprämierungen eingeführt.

Die Rinder- und Pferdezucht war um 1850 in Oberkrain, was dem heutigen Slowenien entspricht, am weitesten entwickelt. Die schweren Schläge von Bled (dt. Veldes) und Bohinj (dt. Wochein) waren dem Original Noriker vergleichbar. Durch Einkreuzung unverhältnismäßig dünnbeiniger Hengste nahm die Qualität in der zweiten Hälfte des 19. Jahrhunderts jedoch deutlich ab. Daneben wurde in Slowenien noch ein mittlerer Schlag gezüchtet. Vor allem die jungen, besten Stuten wurden großteils in das Küstenland und nach Italien verkauft, was sich negativ auf die Entwicklung der heimischen Pferdezucht auswirkte. 1851 umfasste der Gesamtpferdebestand der Krain 19.714 Tiere, darunter 6.480 Stuten und nur 88 Hengste.

In Prestranek, am Südostrand der Alpen nahe Postojna, befand sich ein k. k. Gestüt zur Aufzucht von Fohlen. Die felsigen und mageren Almweiden dieser Karstberge waren ideal für die Zucht der robusten Karster. Rund 60 bis 80 Fohlen kamen jährlich vom kaiserlichen Gestüt in Lipizza zur Aufzucht nach Prestranek und nach dem vierten Jahr wieder zurück. Die Karster Pferde waren von mittlerem Schlag mit schlankem Körperbau und sehr harten Hufen.

Heute beheimatet Schloss Prestranek ein Pferdegestüt zur Aufzucht des Slowenischen Warmbluts. Bei Selo nahe Ljubljana befand sich ein k. k. Beschäl-Departement mit 32 für das Herzogtum Krain bestimmten Deckhengsten. Weniger als ein Drittel der Stuten der Landeszucht wurden mit den staatlichen Hengsten belegt (ca. 2.000 Stuten).

Von allen Nutztierrassen war im 19. Jahrhundert die Schweinezucht in Krain am weitesten entwickelt. Von den 75.200 Schweinen des Jahres 1851 wurden mehr als die Hälfte in Unterkrain mit Eicheln und Bucheckern ausgemästet. Der Speck dieser Mastschweine zählte zu den begehrtesten landwirtschaftlichen Produkten dieser Zeit. Auch der Schweinedarm, der für die hohe Tradition der geräucherten Wurstherstellung (Klobase) benötigt wurde, war ein wichtiger Handelsartikel. Gemästet wurde hier nicht nur die heimische Aufzucht, sondern auch Tausende aus Kroatien zugetriebene Schweine. Sie wurden von Kleinbauern gekauft, die sie nach der Ausmästung nach Kärnten und Triest auf den Markt brachten.

Slowenischer Alpenraum

In der Grenzregion zu Friaul und Unterkärnten gab es im 19. Jahrhundert verschiedene Landschläge vom Typ des ursprünglichen Alpenschafes. Sie wurden nach ihrer regionalen Herkunft benannt, also Tolmin, Tarvisio und so weiter. Für die Region um Bovec (dt. Flitsch) ist die Schafzucht bereits im 14. Jahrhundert belegt. Das kleine ursprüngliche Bovec Schaf (slow. Bovška ovca, Trentarka, dt. Flitscher Schaf od. Krainer Steinschaf, ital. Plezzana) ist die autochthone Rasse des oberen Soča-Tales in den Julischen Alpen. Es zählt, wie das österreichische Alpine Steinschaf, zur Steinschafgruppe, deren Landschläge aus den primitiven Alpenschafen hervorgegangen sind. Das Bovec Schaf wird noch, wie das mittelalterliche Alpine Steinschaf, primär für die Milchproduktion gezüchtet.

Im äußersten Westen Sloweniens, im Küstenland, war bis um 1900 das kleine Istrianer Landschaf (Istrska Pramenka) verbreitet, es galt als bestes Weideschaf seiner Zeit. Sein Ursprungsgebiet sind die Halbinsel Istrien und der angrenzende Karst. Die Wanderschafherden wurden im Sommer von den Karstgebieten in die Almregionen der Julischen Alpen und Voralpen getrieben.

Der schwarze Farbschlag des Altsteirer Huhns, das Štajerska kokoš – črna, wurde 2011 in Slowenien offiziell anerkannt. Foto: A. Šapec

Slow. = Gefährdungseinstufung in Slowenien.

Die Oberkrain, die wichtigste Schafzuchtregion Sloweniens, ist das Ursprungsgebiet des Jezersko-Solčavska ovca, also des Seeländer Schafes, einer Rasse, die im 18. und 19. Jahrhundert durch Kreuzung der kleinwüchsigen primitiven Alpenschafe mit Paduaner und Bergamasker Schafen entstanden ist. Seit der Mitte des 19. Jahrhunderts wurden Seeländer Zuchtböcke zur Verbesserung der Landschafzucht in viele verschiedene Regionen der Monarchie exportiert, beispielsweise auch nach Oberösterreich. Das k.u.k. Ackerbauministerium subventionierte zu dieser Zeit die Einfuhr von Zuchtböcken zur Hebung der Fleischnutzung.

In der karstüberzogenen Innerkrain, deren westlicher Abschnitt noch Anteil am Alpenbogen hat, war die Schafzucht ein bedeutender Erwerbszweig, 1851 wurden dort mehr Schafe gehalten (46.461) als in der Ober- und Unterkrain zusammen. Ein Teil wurde im Frühjahr auf Weiden in Istrien getrieben, aus der Milch ein geschätzter Schafkäse hergestellt.

Mit dem Verfall der Wollpreise durch den zunehmenden Import aus Übersee, ist auch der Schafbestand in Slowenien zurückgegangen. Wurden 1851 in Krain noch 67.542 Schafe gezählt, so waren es 1899 nur mehr 53.462 Tiere.

Durch die einschränkenden Bestimmungen der Forstgesetzgebung im 18. und 19. Jahrhundert wurde die Ziegenzucht mehr und mehr zurückgedrängt. Die durchschnittliche Milchleistung der Landziege betrug um 1850 noch 141 Liter (100 Maß). Ziegenkitze, besonders von der Innerkrain, waren auf den Märkten in Laibach und Triest sehr geschätzt. In den Alpengebieten der Krain wurde die Krainer Ziege gern gehalten, weil sie genügsam und milchergiebig ist. Heute liegen über diesen Landschlag keine Informationen mehr vor. In der Küstenregion Primorska, im Nordwesten Sloweniens, war die Ziege sogar das „Brottier" der bäuerlichen Bevölkerung, die gänzlich auf Subsistenzwirtschaft ausgerichtet war.

Das Steirer Huhn kann als das damals typische Landhuhn Sloweniens angesehen werden.

Autochthone Rassen des slowenischen Alpenraumes	**Bestand (Zuchtbuch/ Register)**	**Gefährdung (FAO)**	**urspr. Verbreitungsgebiet**	**Region**
Ziegenrassen				
Drežniška Ziege	500 gesamt (460 Ziegen)	Slow./FAO: stark gefährdet, EN	Kobarid, Bovec und Tolmin, oberes Soča-Tal	Goriška
Schafrassen				
Istrianer Landschaf oder Istrska Pramenka Schaf	1.150 gesamt (851 Mutterschafe)	Slow./FAO: gefährdet, VU	historische Küstenregion Primorska	Obalno-kraška und Goriška (Primorska)
Kariner Steinschaf oder Bovška ovca, Bovec Schaf,Trentarka, dt. Flitscher Schaf	2.794 gesamt (2.638 Mutterschafe)	Slow.: riskant, FAO: gefährdet, VU	Region um Bovec (Flitsch)	Goriška
Seeländerschaf oder Jezersko-Solčavska ovca	5.140 gesamt (4.931 Mutterschafe)	Slow.: ungefährdet; FAO: gefährdet, VU	Gebiet um Jezersko	Gorenjska (Oberkrain)
Schweinerassen				
Krškopolje Schwein	300 Zuchttiere (820 Gesamtpop.)	Slow./FAO: stark gefährdet, EN	Krško und Brežice, Hügelland von Gorjanci	Dolenjska (Unterkrain)
Gebrauchshunderassen				
Karst Schäferhund oder Kraški ovčar	198 gesamt (99 Hündinnen)	Slow./FAO: vom Aussterben bedroht, CR	slowenischer Karst	um Pivka
Rinderrassen				
Cika Rind	2858 (gesamt)	FAO: gefährdet, VU	Tolmin, Bohinj	Gorenjska
Pferderassen				
Slowenisches Kaltblutpferd	1.810 Stuten, 176 Hengste	Slow./FAO: gefährdet, VU	Sanntal, Ljutomer	Steiner Alpen, Prlekija
Lipizzaner	340 Stuten, 50 Hengste	Slow.: gefährdet, VU, FAO: stark gefährdet, EN	Gebiet um Sežana	Obalno-kraška und Goriška
Hühnerrassen				
Altsteirer Huhn oder Štajerska kokoš	1.800	Slow.: riskant, FAO: gefährdet, VU	Cilli, Untersteiermark (Štajerska),	Koroška, Podravska, Savinjska
Istrianer Huhn	keine Daten vorhanden	FAO: vom Aussterben bedroht oder bereits ausgestorben	slowenischer Karst, Istrien, Kvarner Inseln	Obalno-kraška und Goriška

In der Region Štajerska (Untersteiermark) wurde das Cillier Huhn aus den Landschlägen der Untersteiermark und Krains herausgezüchtet. Im Küstenland war das Istrianer Huhn der verbreitete Landschlag.

Herumziehende Hühnerhändler kauften den Überschuss an Hühnern von den Kleinbauern und veräußerten diese in Ljubljana und Triest.

Zur Situation der autochthonen Rassen

Erst im Jahr 2000 wurden im Landwirtschaftsgesetz hoheitsrechtliche Bestimmungen zum Schutz autochthoner Nutztierrassen und die Verpflichtung zum Aufbau von Genbanken verankert.

Heute findet man in den slowenischen Alpen nur mehr je eine autochthone Ziegen-, Rinder- und Pferderasse. Die Drežniška Ziege, die einzige Vertreterin dieser Nutztiergattung in Slowenien, ist zudem in ihrem Bestand gefährdet. Es gibt drei Schafrassen, wobei das Istrska pramenka Schaf nur durch die einstige Wanderschäferei einen Bezug zum Alpenraum aufweist. Das Krškopolje Schwein ist das einzige indigene Schwein Sloweniens. Sein Hauptverbreitungsgebiet lag im Südosten Sloweniens, in der Region Dolenjska, im Becken von Krško und Brežice und dem Hügelland von Gorjanci. Derzeit erlebt es eine gewisse Renaissance, da es an karge Weiden angepasst und ein ausgezeichnetes Weideschwein ist. Der Kraški ovčar (Karst-Schäferhund) ist ein traditioneller Hirtenhund, dessen Gefährdungssituation als kritisch eingestuft wird. Abgesehen von Jagdhunden vertritt er die einzige slowenische Gebrauchshunderasse.

In Slowenien werden alle Rassen, die länger als 30 Jahre im Land gezüchtet wurden, als traditionelle Rasse geführt und staatlich gefördert. Damit stehen junge „traditionelle“ Leistungsrassen wie Sahne-Ziegen oder Gämsfärbige Gebirgsziegen in Konkurrenz zu den autochthonen Rassen.

Blond- und Braunvieh, Cika Rind

Die Landschläge des frühen 19. Jahrhunderts im Herzogtum Krain waren kleine Rinder mit nur 225 Kilogramm Lebendgewicht und einer Jahresmilchleistung von 1.132 Litern. Die Käserei hatte ihren Schwerpunkt in den Alpenregionen der Oberkrain. Zugtiere wurden meist zu früh, bereits im zweiten Lebensjahr, eingespannt, das Fuhrwerken mit Rindern war sehr verbreitet. Absatzmärkte für Zugochsen waren vorwiegend Friaul und das Veneto. Etwas Ochsenmast wurde für den heimischen Markt betrieben.

Cika Rind auf der Sužiska planina bei Kobarid im oberen Soča-Tal im Jahr 1951. Foto: B. Orel, SEM

Nach Ferdinand Kaltenegger war in den Südostalpen vor dem Vordringen der österreichischen Rassen Mölltaler, Pinzgauer, Murbodner, Blondvieh sowie Fleckvieh ein kleiner leichter Landschlag verbreitet. Dieser südliche Rindertypus war meist einfärbig grauweiß bis graugelb oder auch gefleckt und stand dem Mürztaler Schlag nahe, hatte jedoch mehr illyrisches Blut.

In der Oberkrain war die Futtergrundlage für die Viehzucht durch die Weiden und Almregionen der Karawanken, Julischen und Karnischen Alpen vergleichsweise günstig, die Viehzucht daher bereits im 19. Jahrhundert höher entwickelt. Man bezog dafür auch leistungsfähigere Milchkühe aus der Steiermark und Kärnten.

Im Herzogtum Krain versuchte man von staatlicher Seite bereits zu Beginn des 19. Jahrhunderts durch Gewährung von Hornviehprämien die Rinderzucht zu verbessern und gewährte Prämien von jährlich 600 Gulden für das schönste Hornvieh. Um 1851 zählte man in Krain 187.107 Rinder, darunter 79.610 Kühe, 67.692 Stiere und Ochsen sowie 39.803 Stück Jungvieh (Quelle: amtliche Viehzählung 1851).

Am Ostrand der Alpen, im Mittelgebirge des slowenischen Bacher Gebirges, war um 1900 das Murbodner Rind bis hinunter an die Save verbreitet. Das Tal der Mislinja, an der Grenze zwischen Bacher Gebirge im Osten und Steiner Alpen im Westen, bildete die Grenze zum Kärntner und verdrängte andere Rinderrassen, wie eben auch das Kärntner Blondvieh (Hansen 1922).

Das Cika Rind ist die einzige autochthone Rinderrasse Sloweniens und die traditionelle Rasse des slowenischen Alpenraums in der Region Gorenjska. Das Foto zeigt eine Herde Cika Rinder auf der Sužiška Alm (Sužiška planina, 1.107 m) am Matajur, in den Julischen Voralpen nahe Kobarid; 1952.
Foto: B. Orel, SEM

Ein Cika Rindergespann bei Idrija, 1959.
Foto: B. Orel, SEM

Das Gebiet der Karawanken und Julischen Alpen zählt bereits zum Einflussgebiet des Mölltaler und Pinzgauer Rindes, das sich gegen Ende des 19. Jahrhunderts nach Süden ausbreitete und die regionalen Cika-Schläge veränderte. Im Karstgebirge im Hinterland der Triester Bucht war nach Johannes Hansen um 1900 das autochthone kleine, gelbrote Rind bereits mit Kärntner Blondvieh vom Mariahof-Lavanttaler Schlag vermischt. In den küstennahen Karstregionen, am Südostrand der Alpen, spielte die Rinderzucht kaum eine Rolle.

Heute besitzt Slowenien knapp eine halbe Million Rinder (450.000). Zahlenmäßig dominieren internationale Rinderrassen, das Simmentaler ist mit 220.182 Rindern (84.081 Kühe im Herdebuch, Daten: EFABIS) die dominante Rinderrasse Sloweniens, wobei der Verbreitungsschwerpunkt in den Mais-Anbaugebieten des Flachlandes liegt. Die Milchleistung wurde, wie in der Schweiz, durch Einkreuzung von amerikanischen Brown Swiss Stieren hinsichtlich der Milchleistung einseitig verbessert.

Das Mölltaler Rind, um 1890 ins obere Soča-Tal eingeführt, nahm Einfluss auf die Entwicklung der Cika-Rasse.

Mit 80.227 Rindern stellt die Rasse Holstein (35.969 Kühe im Herdebuch, Daten: EFABIS) die zweitstärkste Rinderrasse. Die Holstein-Bestände (auch: Black and White, Črno-belo govedo, Holštajnsko govedo) wurden von Importen aus Dänemark, Deutschland und der USA aufgebaut. Seit 1960 besteht ein Herdebuch für die Rasse und ab 1950 wurden wiederholt aus Dänemark Danish Black Pied und Deutsche Schwarzbunte eingekreuzt.

Das Slowenische Braunvieh findet man in der Karstregion und im Berggebiet Sloweniens. Die Rasse baut auf Importen aus der Schweiz und Österreich auf, ab 1950 auch aus Deutschland. Das Herdebuch besteht, wie beim Fleckvieh, seit 1909. Der Gesamtbestand umfasst 41.283 Tiere (19.779 Kühe im Herdebuch; Daten: EFABIS).

Das Cika Rind ist die einzige autochthone Rinderrasse Sloweniens, die bis heute besteht. Vor rund 60 Jahren war es noch in verschiedenen Schlägen verbreitet, zählt aber mittlerweile zu den stark gefährdeten Rinderrassen der Alpen. Es ist aus der Kreuzung heller Norischer Rinder (Bohinjskega, Rind von Bohinj) mit Mölltaler Rindern entstanden (siehe Kapitel „Friaul-Julisch Venetien“). Im Nordwesten Sloweniens existierten mehrere Rinderschläge dieses Typus. Neben den beiden kleinrahmigen Schlägen Tolmin und Bohinj züchtete man in den Ebenen von Gornjska einen großrahmigeren Schlag (Gorenjska Cika).

Bereits 1846 wird ein Rinderschlag namens Bohinska živinca erwähnt. Schollmayr beschreibt 1872 unterschiedliche Phänotypen, darunter das rote Bohinj Rind. Um 1850 wurden rotbraune Zillertaler Rinder eingekreuzt, die in ihren Eigenschaften den heimischen Rindern ähnlich waren.

Seit den 1970er-Jahren mussten zur Blutauffrischung und Bestandssicherung des kleinrahmigen Cika Rindes wiederholt Pinzgauer eingekreuzt werden. Heute versucht man durch Rückkreuzung den kleinrahmigen Typus zu erhalten.

Bovec und Istrisches Schaf

Das Bovec Schaf (slow. Bovška ovca, Trentarka, dt. Flitscher Schaf, ital. Plezzana) ist eine autochthone Schafrasse des unteren Soča-Tales und seiner Seitentäler. Benannt ist die Rasse nach dem Ort Bovec (Flitsch, Plezzo) in den Julischen Alpen. Trentarka ist eine weitere regionale Bezeichnung, die sich von Beständen aus dem Trentana-Tal ableitet. Die Flitscher betrieben bereits im 14. Jahrhundert Handel mit ihren Schafen (Bovec) und Ziegen (Tolminotta, Drežniška).

Sie trieben ihr Schmalvieh alljährlich am 8. September zu Maria Geburt nach Pontebba im Kanaltal zum Viehmarkt. Der Ort wurde bereits 1342 zum Markt erhoben. (Migglautsch/Pust 1995). Die Rasse wird im Nordosten Friauls sowie in Österreich und Deutschland vorwiegend als Fleischschaf gehalten.

Während des Sozialismus wurden zur Verbesserung der Milchleistung und für die Woll- und Fellproduktion russische Romanov Schafe und Ostfriesische Milchschafe eingekreuzt. Der Verein zur Erhaltung gefährdeter Haustierrassen in Österreich (vormals VegH) und die Gesellschaft für die Erhaltung gefährdeter Haustierrassen in Deutschland starteten Ende der 1990er-Jahre Erhaltungsprojekte für das Krainer Steinschaf und importierten rassetypische Tiere in die Nachbarländer Sloweniens. Heute verfügt das Land über einen gut gestreuten Bestand von rund 2.674 Herdebuchtieren (effektive Populationsgröße: 559 oder 55,9 Prozent), der sich annähernd konstant verhält.

Das milchergiebige Bovška ovca ähnelt in seinem Morphotyp den ursprünglichen, nicht verbesserten und sehr kleinwüchsigen alpinen Schafschlägen (Ciuta, Saltasassi, Alpines und Montafoner Steinschaf). V. Novak vermutet, dass sich die Rasse von den weißen Gemeinen Alpenschafen ableitet. Das Bovška ovca findet man auch in Friaul und Unterkärnten bis nach Südbayern. Neben dem reinen Bovška ovca wird seit 1983 eine mit Ostfriesischen Milchschafen verbesserte Population herdebuchmäßig gezüchtet.

Die dominierenden Schafrassen im slowenischen Alpenraum sind das autochthone Jezersko-Solčavska Schaf (Seeländer Schaf) und das verbesserte Jezersko-Solčavska ovca, eine Kreuzung mit der russischen Romanov Rasse. Das reinrassige Jezersko-Solčavska ovca stammt ursprünglich aus Oberkrain, der heutigen Region Gorenjska. Der Ort Jezersko (Seeland) liegt im Kanker-Tal, unweit des Seebergsattels an der Grenze zu Österreich, im Übergangsbereich von Steiner Alpen (Kamniške Alpe) und Karawanken (Karavanke). Der Name geht auf einen großflächigen See zurück, der einst das Becken von Jezersko bedeckte. Im Lauf der Zeit verlandete der See, zurück blieb der kleine Planscharsko See. Die Gemeinde Jezersko war bis 1919 Teil des Herzogtums Kärnten und fiel erst mit dem Friedensvertrag von St. Germain an das Königreich Jugoslawien.

Das Jezersko-Solčavska ovca (auch Seeländer-, Spiegel- oder Kärntner Brillenschaf) geht zurück auf das kleinwüchsige Alpenschaf (Steinschaf bzw. Zaupelschaf). Zur Verbesserung der bodenständigen Landschläge wurden im 18. und 19. Jahrhundert Paduaner und Bergamasker Schafe eingekreuzt. Nach Emil Baier (1899) wurden oberitalienische Schafe über Meran in die Region importiert.

Ab 1850 war das Seeländer Schaf in weiten Teilen der Alpenländer anzutreffen. Zur Sömmerung wurden die Tiere von Unterkärnten vorwiegend nach Tirol gebracht und im Herbst in die Schweiz und nach Frankreich exportiert. Zuchtzentren waren das Drau- und Lesachtal sowie das Kanaltal im heutigen Friaul, das von Tarvis bis Moggio Udinese reicht (slow. Kanalska dolina, furlan. Val Cjanâl).

In den 1870er-Jahren wurden im Kanaltal und im Seenland reinrassige Bergamasker Zuchtböcke zur Blutauffrischung eingekreuzt. Emil Baier beschreibt das Seeländer Schaf als Gebirgsschaf mit einem auf hohen Beinen ruhenden kräftigen Rumpf. Der schwere Kopf mit ausgeprägtem konvexem Profil trägt Schlappohren. Die Farbe der Tiere ist weiß, teilweise tritt die für das heutige Kärntner Brillenschaf typische dunkle Pigmentierung im Bereich der Augen, Lippen und Ohrenspitzen auf. Diese schwarzen Abzeichen findet man auch beim heutigen Jezersko-Solčavska Schaf, aber nur vereinzelt.

Um 1899 weist das Seeländer Schaf noch ein mischwolliges Vlies auf. Die dreimalige Schur pro Jahr ergab zwei bis drei Kilogramm Rohwolle. 1919 zählte Ernst Puteani das Jezersko-Solčavska ovca zu den schlichtwolligen Rassen. Die besten Schläge des Jezersko-Solčavska ovca waren in Krain unter dem Namen Ugovizza Schaf sowie als Tucheiner Schaf in den politischen Bezirken Stein (slow. Kamnik) und Radmannsdorf (slow. Radovljica) zu finden (Puteani u.a. 1919).

Heute sind das Jezersko-Solčavska ovca und das Kärntner Brillenschaf schlichtwollig, ihr Vlies hat also zwei und nicht drei Fasertypen.

Das Seeländer Schaf war im 19. Jahrhundert aufgrund seiner hohen Fruchtbarkeit mit drei Lämmern in zwei Jahren, wegen seiner Genügsamkeit und Widerstandsfähigkeit sehr geschätzt. Die Tiere waren frohwüchsig und erreichten um 1900 ungemästet 50 bis 60 Kilogramm. Im Vergleich dazu wog das Steinschaf damals lediglich 30 bis 35 Kilogramm. Heute ist das Jezersko-Solčavska ovca ein großrahmiges Schaf mit einer Widerristhöhe von 65 bis 67 Zentimetern und einem Gewicht von 65 bis 75 Kilogramm. Das Jezersko-Solčavska ovca ist asaisonal brünstig, Zwillingsgeburten sind die Regel. Die Gesamtpopulation umfasst 17.200 Tiere, 4.999 weibliche Tiere und 203 Widder sind im Herdebuch

Zweijähriges Seeländer Mutterschaf (1899). Die für die Kärntner Brillenschafe typische schwarze Farbzeichnung um die Augen und an den Ohrenspitzen war nicht immer vorhanden. Foto: Archiv Jaritz

Das Jezersko-Solčavska ovca ist mit rund 17.200 Tieren die zahlenkräftigste autochthone Schafrasse Sloweniens.

Bis um 1900 war das Istrianer Landschaf neben dem Bovec Schaf vom slowenischen Karst bis ins Gebiet der Julischen Alpen weit verbreitet. Foto: R. Ozimec

registriert. In Slowenien ist die Rasse nicht in ihrem Bestand gefährdet. Das Kärntner Brillenschaf und das Südtiroler Villnösser Schaf stehen dem Jezersko-Solčavska Schaf sehr nahe.

Das verbesserte Jezersko-Solčavska Schaf ist ebenfalls einfärbig weiß, mit langen Hängeohren. Für die Rasse existiert seit 1983 ein Herdebuch. Der Gesamtbestand umfasst etwa 60.000 Tiere. Im Herdebuch sind 4.722 weibliche Tiere und rund 150 männliche Tiere erfasst (Quelle: EFABIS).

Noch zu Beginn des 20. Jahrhunderts war das kleine Istrska Pramenka (Istrianer Landschaf) neben dem Bovec Schaf im slowenischen Karst bis in das Gebiet der Julischen Alpen weit verbreitet und wurde wegen seiner Robustheit und Genügsamkeit sehr geschätzt. Ernst Puteani bezeichnete es 1919 als das beste Weideschaf der hochgelegenen, zerklüfteten Weidegebiete der Julischen Alpen. Die mischwolligen Schafe liefern eine zwar grobe, aber gut zu verarbeitende Wolle. Die Milchschafe sind trotz des kargen Futters milchergiebig und leicht mästbar. Im Durchschnitt beträgt die Milchleistung 120 bis 130 Kilogramm. Die Milch wird zu verschiedenen Weich- und Hartkäsen verarbeitet. Die aromatische Karstvegetation und die traditionellen Reifungsmethoden verleihen dem Schafskäse eine charakteristische Textur und ein besonderes Aroma. Aufgrund ihrer kleinen Zahl (Gesamtbestand ca. 1.150 Tiere, EFABIS) sind die Produkte leider nicht für den Markt geeignet.

Das Istrska Pramenka ist neben dem Jezersko-Solčavska ovca und dem Bovška ovca die dritte autochthone Schafrasse mit Bezug zum slowenischen Alpenraum. Ihr Ursprungsgebiet ist die slowenische Küstenregion Primorska, die sich von Istrien über die Karstgebiete bis zu den Julischen Alpen erstreckt. Seit 1994 wird für die Rasse ein Herdebuch geführt. Im Zuchtregister sind 851 Mutterschafe und 43 Widder erfasst (Daten: EFABIS). Der Herdebuchbestand ist seit 2011 leicht rückläufig. Derzeit gibt es lediglich neun Herden mit Zuchtschafen und einer Durchschnittsgröße von 150 Tieren. Der Bestand wird als gefährdet eingestuft (VU, vulnerable).

Im slowenischen Karstgebiet am Vremščica-Plateau bei Divača betreibt die Veterinärmedizinische Fakultät von Ljubljana ein Zentrum für nachhaltige Rekultivierung (CSR). Auf einem 386 Hektar großen Areal werden 500 Istrska Pramenka Schafe und eine kleine Gruppe von Krško polje Schweinen gezielt für die Erhaltung der sensiblen Karstlandschaft eingesetzt. Eine Gruppe von vier Eseln ist für den Herdenschutz zuständig, da das Vremščica-Plateau im Verbreitungsgebiet von Wolf, Bär und Luchs liegt. Esel sind sehr wachsam und aggressiv gegenüber Hundeartigen. Durch ihr ausgeprägtes Sozialverhalten zeigen sie eine enge Bindung an andere Tiergattungen. Verantwortlich für das Monitoring der Rasse ist die Universität in Ljubljana.

Die italienischen Carsolina Schafe sind mit 52 Kilogramm bei den Schafen und 65 Kilogramm bei den Widdern und einer Widerristhöhe von durchschnittlich 65 Zentimetern wesentlich leichter und kleiner. Kopf und Hals sind lang und schmal, das Nasenbein bei beiden Geschlechtern deutlich geramst. Markant sind die spiralförmig nach außen gedrehten Hörner der Widder. Hornanlagen treten nur bei der kroatischen Population bei beiden Geschlechtern dominant auf. Auf Istrien unterscheidet man einen großrahmigen Typus des Istrischen Schafs (Südistrien) und einen mehr gedrungenen Typus aus dem Gebiet um Labin und Ostistrien. Die Mantelfärbung der Tiere ist meist schwarz-weiß

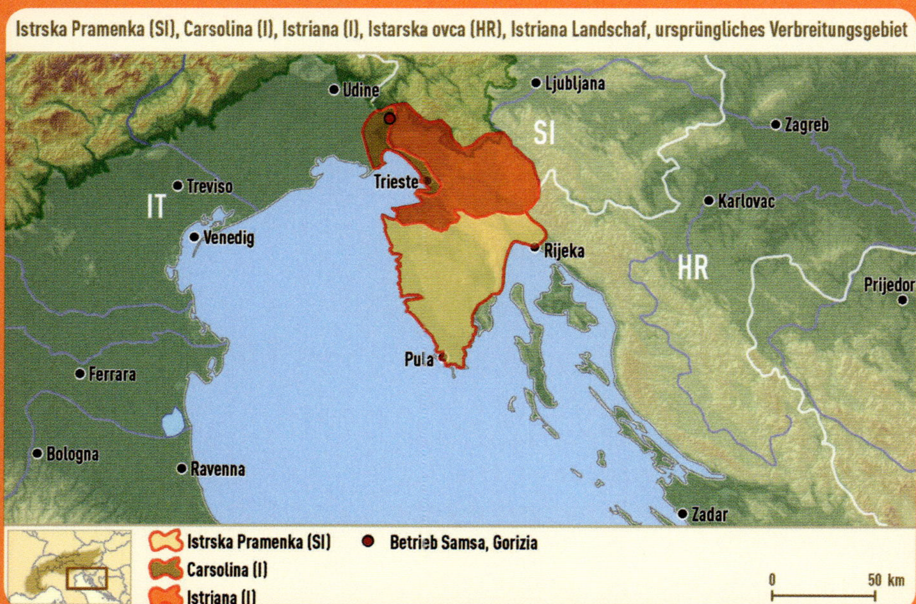

Steckbrief Istrisches Schaf (Istrianer Landschaf, slow. Istrska Pramenka, kroat. Istarska ovca, italien. Istriana, Carsolina)

Wie die meisten mediterranen Schafe sind die Tiere auffallend hochbeinig und mittel- bis großrahmig. Die Oberlinie ist lang und gerade. Die Bestände in Slowenien, Italien und Kroatien unterscheiden sich zum Teil deutlich bei der Widerristhöhe und im Gewicht. Im slowenischen Bestand findet man die schwersten Tiere mit einem Durchschnittsgewicht von 75 Kilogramm bei den Schafen und 90 Kilogramm bei den männlichen Tieren. Im kroatischen Bestand erreichen die Schafe eine Widerristhöhe von durchschnittlich 73,5 Zentimetern und ein mittleres Gewicht von 67,4 Kilogramm. Widder sind rund 10 bis 15 Prozent größer und haben ein Durchschnittsgewicht von 76,7 Kilogramm (Mioc u. a. 2011).

gefleckt, rund ein Viertel ist vollständig schwarz, selten sind sie vollständig weiß. Die Schafe haben ein mischwolliges Vlies. Der durchschnittliche Faserdurchmesser beträgt 36,3 Mikrometer. Der jährliche Wollertrag liegt bei 1,5 Kilogramm. Die Wolle hat heute leider keine wirtschaftliche Bedeutung mehr. Einlings-Lämmer sind die Regel. Die Hufe sind schwarz und besonders hart, in Anpassung an die rauen Dolomite des nackten Karstbodens. Das Istrische Schaf wurde traditionell zwar mehrfach für die Fleisch-, Milch- und Wollproduktion genutzt, der Hauptnutzen liegt jedoch bei der Milch. Über die Entstehung der Rasse gibt es unterschiedliche Theorien. Man vermutet illyrische Wurzeln bis hin zu Einflüssen rumänischer Rassen während der venezianischen Herrschaft. Während der Habsburger Herrschaft wurde durch das Dekret 1771 von Maria Theresia versucht, die autochthonen Landschläge zu verbessern. Das Gentile di Pugli (Merino die Puglia) sollte zu einer Verbesserung der Vliesqualität, das englische Southdown, Merinolandschafe und Bergamasker Schafe zur Hebung der Fleischqualität führen.

Ursachen für die Rückentwicklung

Inwieweit fremdländische Rassen zur Entwicklung des milchbetonten Istrischen Schafes beigetragen haben, ist umstritten. Für die heutige Gefährdungssituation des Istrischen Schafes gibt es verschiedene Ursachen. Der allgemeine Rückgang der Schafhaltung infolge des Strukturwandels in der Landwirtschaft machte sich hier besonders bemerkbar. Die Vertreibungen und Umsiedlungen in diesem multikulturellen Grenzraum zerstörten überdies das soziale Gefüge und mit ihm auch die Strukturen in der Landwirtschaft.

Das Istrische Schaf war lebendiger Teil der Wanderschäferei im südöstlichen oberen Adriaraum. Die Schafherden wurden während der Sommermonate von den Küstenregionen bis in die Julischen Alpen und Friauler Dolomiten getrieben, aber auch per Bahn und LKW bis nach Bosnien-Herzegowina und Mazedonien gebracht. Durch die wechselnden Staatsgrenzen im Landschaftsraum wurden alte Nutzungsformen unterbunden. Nach Boro Mioč waren auch innerhalb von Istrien jahreszeitliche Wanderungen im späten Herbst und frühen Winter vom inneren Istrien an den westlichen und südlichen Küstenstreifen üblich. Zusätzlich führten Tierseuchen in den Nachkriegsjahren des Zweiten Weltkrieges zu einem massiven Rückgang der Bestände.

Die Schafhaltung der Gegenwart

Seit über 60 Jahren ist die Schafzucht kleinstrukturiert mit Herdengrößen von durchschnittlich zehn bis maximal 40 Tieren. In Istrien werden die Tiere ganzjährig im Freien gehalten. Während der Sommermonate halten sie sich tagsüber im Schatten von Bäumen oder in Scheunen auf und weiden nur in der Nacht. Die Gesamtpopulation des slowenischen Istarska ovca umfasst rund 1.150 Tiere. Im Herdebuch, das seit 1994 geführt wird, sind 851 Schafe und 55 Widder erfasst. Die Entwicklung ist seit 2011 wieder leicht rückläufig (EFABIS 2012). Die Rasse ist als gefährdet eingestuft (VU, vulnerable). Die Rasse Istrska Pramenka wird auch in Friaul Julisch-Venetien unter dem Namen Istriana oder Carsola sowie auf der kroatischen Halbinsel Istrien unter der Bezeichnung Istarsca ovca gezüchtet. Die italienische Gesamtpopulation beträgt rund 1.100 Tiere. Der Bestand ist seit 2010 fallend. Im Tiermelderegister (Registro anagrafico) sind 892 Schafe und 16 Widder erfasst. Der kroatische Bestand auf Istrien ist mit rund 1.650 Tieren, davon sind 89 Widder und 441 Schafe im Herdebuch, etwas größer. Die Situation des Istarsca ovca in Kroatien wird derzeit als gefährdet eingestuft. Die Entwicklung ist aber stabil.

Zu den autochthonen Schafrassen Sloweniens zählt auch das Bela Krajina Pramenka (Belokranjska Pramenka). Die Rasse ist im äußersten Südosten Sloweniens, der sanft hügeligen Karstregion der Bela Krajina (Weiße Mark), beheimatet und gehört daher nicht mehr zu den Rassen des Alpenraums. Im Herdebuch sind 767 weibliche Tiere und 35 Widder erfasst. Der Bestand wird derzeit, wie beim Istarska ovca, als gefährdet (VU, vulnerable) eingestuft.

Neben der traditionellen Form der Schafmilchproduktion im Soča-Tal und in der südlichen Primorska Region wird heute vorwiegend Lämmermast betrieben. Angestrebt werden Schlachtlämmer mit rund 30 Kilogramm Lebendgewicht bei einem Alter von rund 100 Tagen. Die Lämmer werden zwischen dem 50. und 60. Lebenstag entwöhnt und mit Kraftfutter bis zum Erreichen der Schlachtreife gemästet. Zur Verbesserung des Schlachtkörpers wurden in Slowenien ab dem Jahr 2004 Texel und Charollais eingeführt (Cividini u.a. 2005).

Die Gesamtpopulation des slowenischen Istarska ovca umfasst rund 1.150 Tiere. Foto: Samsa

Kontakt:
Anerkannte Zuchtorganisation für Kleinwiederkäuer
Zveza društev rejcev drobnice Slovenije (Kleintierzuchtverein Slowenien)
Rodica Grobljе 3, 230 Domžale
Präsident Boris Grabrijan
Tel.: 00386 (0)41 36 65 01
drobnica@km-z.si

Kleintier-Züchtervereinigung des oberen Soča-Tales, Društvo rejcev drobnice Zgornjega Posočja
Präsident: Milan Kalčič
Tel.: 00386 (0)41 31 52 72
milan.kalc@gmail.com

Kleintier-Züchtervereinigung von Bovec Društvo rejcev drobnice Bovške
Predsednik: Dominik Černuta
Tel.: 00386 (0)41 822 940
domen.cernuta@gmail.com

Trentarka Ziegen und Bovška ovca (Flitscher Schafe) auf der Zapotok Alm im Trenta-Tal, im heutigen Gebiet des Triglav Nationalparks (1952). Die Trentarka Ziege ist ein indigener Ziegenschlag des Trenta-Tales, am Oberlauf der Soča. Der Enkelsohn des am Foto abgebildeten Bauern züchtet heute noch immer diesen autochthonen Ziegenschlag. Foto: SEM

Die Ziegen Sloweniens

Nach Alfons Fischione wurde in der Region um Bovec bereits im 13. Jahrhundert ein sehr geschätzter Käse aus Kuh-, Schaf- und Ziegenmilch hergestellt. Noch im 15. Jahrhundert lebten die Bewohner der Region von dem, was sie aus den kargen Böden erwirtschaften konnten, dazu von der Schaf- und Ziegenhaltung. Schlechte Ernten, die Rinderpest-Epidemien in den Jahren 1711 bis 1714 und die Ausbeutung des Bodens führten zu sozialen Spannungen und Bauernaufständen im Soča-Tal. Auch am Alpensüdostrand im Karst, im Hinterland zwischen Triest und Laibach und auf der Halbinsel Istrien war die Ziege ein wichtiges Nutztier sowie über Jahrhunderte Kulturgut. Im ehemaligen Österreichischen Küstenland, heute der Nordwesten Sloweniens, Istrien und der italienische Karst, war die Ziegenhaltung seit dem 17. Jahrhundert geprägt von Restriktionen durch die Obrigkeit. Unter venezianischer Herrschaft wurde die Ziegenhaltung aufgrund der zunehmenden Verkarstung reglementiert. Vor allem ab dem 18. Jahrhundert, zu Zeiten von Maria Theresia, gab es strenge forstgesetzliche Bestimmungen zur Regelung der Ziegenhaltung. Um ihr Überleben zu sichern, waren viele Subsistenzbetriebe gezwungen, von der Schaf- und Ziegenhaltung auf die Rinderhaltung umzusteigen. Viele Kleinbetriebe gaben damals auch auf und verließen die Region.

Ziegenfeindliche Maßnahmen

1765 gründete Erzherzogin Maria Theresia die Landwirtschaftliche Gesellschaft von Görz. Sie sollte Vorschläge zur Verbesserung der tierischen Produktion von Fleisch, Käse und Butter durch die Einführung leistungsfähiger, neuer Rassen machen (Fischione 1998). Für die Ziegenhaltung entstanden daraus eher Hindernisse. 1883 erließ das k. u. k. Ackerbauministerium strenge Gesetze. Für jede einzelne Ziege brauchte es nun eine Genehmigung, teilweise sogar ärztliche Bescheinigungen, die den Bedarf der Ziegenmilch für kranke und alte Personen rechtfertigten. Nachts mussten die Ziegen nach einer Mitteilung von Ante Ivankovic (2013) im Stall sein.

Nach dem Zweiten Weltkrieg, als Jugoslawien eine sozialistische Planwirtschaft einführte, wurden die Forstgesetze gegen die Ziegenhaltung weiter verschärft und streng überwacht. Dies hatte katastrophale Folgen. Die Ziegenbestände wurden beinahe ausgemerzt. Mit den Ziegen verließen auch Teile der bäuerlichen Bevölkerung die Gemeinden um Bovec, da sie einer wichtigen Existenzgrundlage beraubt waren. Die extrem steilen Weiden und Hochflächen der Täler von Pausza und Moscniza waren für die Schafbeweidung nicht geeignet, daher konnte das Schaf die Ziege nicht ersetzen. Erst in den 1970er-Jahren wurden die Forstgesetze liberaler. Einigen wenigen couragierten Züchterinnen und Züchtern im oberen Soča-Tal ist es zu verdanken, dass zumindest zwei, zudem alpine Ziegenrassen erhalten geblieben sind.

Die Drežniška Ziege ist beinahe der einzige Ziegenschlag Sloweniens, der die Zeit der Repressionen überdauert hat. Der Name der Rasse leitet sich von der kleinen slowenischen Gemeinde Drežnica nahe Kobarid ab. Vor rund 15 Jahren erkannten einige Bauern der Gemeinde den Wert ihres lokalen Ziegenbestandes und gründeten eine Vereinigung zur Erhaltung der Drežniška Ziege.

Die Istrische Ziege, die zweite autochthone Ziegenrasse, die im Karst am Südostrand der Alpen überlebt hat, galt bis 2008 überhaupt als ausgestorben. Doch auf Istrien blieb eine kleine Restpopulation von rund 100 Tieren erhalten. Im Rahmen einer grenzüberschreitenden Initiative soll die Istrische Ziege nun wieder in ihrem Bestand gesichert werden. Im benachbarten Friaul in Julisch-Venetien ist die Rasse im letzten Jahrzehnt vermutlich ausgestorben.

Bei den Recherchen für dieses Buch konnte im Trenta-Tal am Oberlauf der Soča ein weiterer lokaler Ziegenschlag wiederentdeckt werden. Der isolierte Restbestand dieses lokalen Ziegenschlages unterscheidet sich signifikant von den verschiedenen Farbschlägen der Drežniška Ziege. Er umfasst lediglich 25 weibliche Tiere. Ein Landwirt im kleinen Ort Trenta bei Bovec hat diesen Schlag über viele Jahrzehnte erhalten. Die Trentarka Ziege ist ein indigener Ziegenschlag des Trenta-Tales am Oberlauf der Soča im Triglav-Nationalpark.

Das Jahr 1883 markierte einen massiven Einbruch in der Ziegenhaltung des ehemaligen habsburgischen Kronlandes Österreichisches Küstenland.
Die Tabelle zeigt die Entwicklung der Tierbestände in Istrien zwischen 1857 und 1942.
*Statistische Übersicht über den Viehstand von Österreich nach der Zählung vom 31. 10. 1857, Wien 1859 (zit. Ivankovič, 2012).
** Legović, M. (1986): Istarska poljoprivreda između dva rata i proletarizacija seljačkog stanovništva. Rijeka (zit. Ivankovič, 2012).

Jahr	Ziegen	Schafe	Schweine	Rinder	Pferde	Esel
1857*	2.200	147.849	23.047	32.906	2.219	6.294
1880**	1.723	255.208	27.407	53.486	3.400	14.796
1890**	789	244.606	29.386	51.647	2.909	16.335
1900**	844	226.723	32.464	59.662	3.615	18.826
1919**	10.534	140.160	11.861	56.852	–	–
1942**	12.723	106.116	31.572	58.123	984	12.566

Die Istrische Ziege

Das Karstgebiet am Südostrand der Alpen blickt auf eine wechselvolle Geschichte zurück. Das Gebiet stand lange Zeit unter dem Einfluss Venedigs und des Hauses Habsburg. Dem prosperierenden, venezianisch geprägten Küstenland stand das dünn besiedelte Hinterland mit slawischer Bevölkerung gegenüber. In diesen kargen Karstregionen hat die Ziegenzucht neben der Schafhaltung eine lange Tradition. Archäologische Funde von Vondráček-Mesar (1999) aus einem istrischen Dorf in der Nähe von Vizače-Valtura (lat. Nesactium) belegen, dass hier die Ziegenhaltung in vorrömischer Zeit gegenüber anderen Nutztieren dominierte. Bereits zur Römerzeit war die Ziege die Symbolfigur Istriens und noch das Wappen des habsburgischen Kronlandes Markgrafschaft Istrien führt einen goldenen gehörnten Ziegenbock mit mittellangem Fell. Dieses Wappen ist nun seit 1994 Teil der kroatischen Flagge.

Durch Restriktionen seit dem 18. Jahrhundert erreichte die Ziegenzucht nie mehr den Stellenwert der landesüblichen Schafzucht. Das Wappentier Istriens um 1700 war noch die Weiße Istrische Ziege. Damals war die Halbinsel geteilt. Der westliche Teil gehörte zur Republik Venedig, der östliche Teil und das Karstgebiet zu Österreich.

Die Istrische Ziege, neben den Schafen der Pramenka-Gruppe der charakteristische Kleinwiederkäuer der Karst- und Küstenregion der nördlichen Adria, galt in Tierzüchterkreisen seit 2008 als ausgestorben. Die Ursprünge dieser Rasse liegen nach Roman Ozimec (2011) vermutlich in dinarischen und alpinen Rassen, die in diesem Landschaftsraum, am Übergang zwischen den südlichen Ausläufern der Ostalpen und den Dinarischen Alpen, zusammentrafen.

Ausgehend von der Bestandserfassung der kroatischen Istarska koza von Prof. Ivanković vom Institut für Nutztierwissenschaften und Technologien der Fakultät für Landwirtschaft an der Universität Zagreb wurden auch im slowenischen Teil Istriens rassetypische Tiere dokumentiert. Im März 2013 wurde im Rahmen einer grenzüberschreitenden Initiative zum Schutz und zur Wiederherstellung der biologischen Vielfalt, unter Einsatz heimischer Nutztierrassen (APRO), die Erhaltung und Wiederansiedelung der Istrischen Ziege in der Grenzregion zwischen Slowenien und Kroatien beschlossen. In den kommenden Jahren soll ein Netzwerk zur Förderung der Istarska koza aufgebaut werden. Vor allem auf der Halbinsel Istrien und in den angrenzenden Karstgebieten Kroatiens existiert noch ein kleiner Bestand der Istrischen Ziege. Eine zweijährige Bestandserfassung der Rasse im Rahmen des APRO-Projekts ergab einen Restbestand von 50 ausgewachsenen Tieren, verteilt auf lediglich acht Höfe der Grenzregion. Im gesamten Verbreitungsgebiet wird die Population auf rund 100 Tiere geschätzt. Mit Hilfe von DNA-Analysen konnten Eigenständigkeit und Einzigartigkeit dieser Rasse nachgewiesen werden. Eine kleine insuläre Herde befindet sich auf den Brijuni-Inseln (Veli Brijun) vor Pula, die 1983 als Nationalpark ausgewiesen wurden. In einem Ethno-Park werden die für einen istrischen Hof typischen autochthonen Nutztiere präsentiert. Die Bewohner des Gorizischen Karstes, des Hinterlandes entlang der Küstenregion und Istriens, waren kleine Weinbauern, Schäfer und Viehzüchter sowie bescheidene Landarbeiter.

Die traditionelle Form der Ziegenhaltung in Istrien sieht die Ankettung an ein Holzhalsband vor. So wird Fläche um Fläche abgeweidet. Traditionelle Hausformen wie die „kažuni", einfache Hirtenhütten in Trockenbauweise, zeugen vom einfachen und kargen Leben der Bauern der Küstenregion. Foto: A. Ivanković

Istriana (IT), Istarska koza (HR), Istrische Ziege, ursprüngliches Verbreitungsgebiet, aktuelles Verbreitungsgebiet

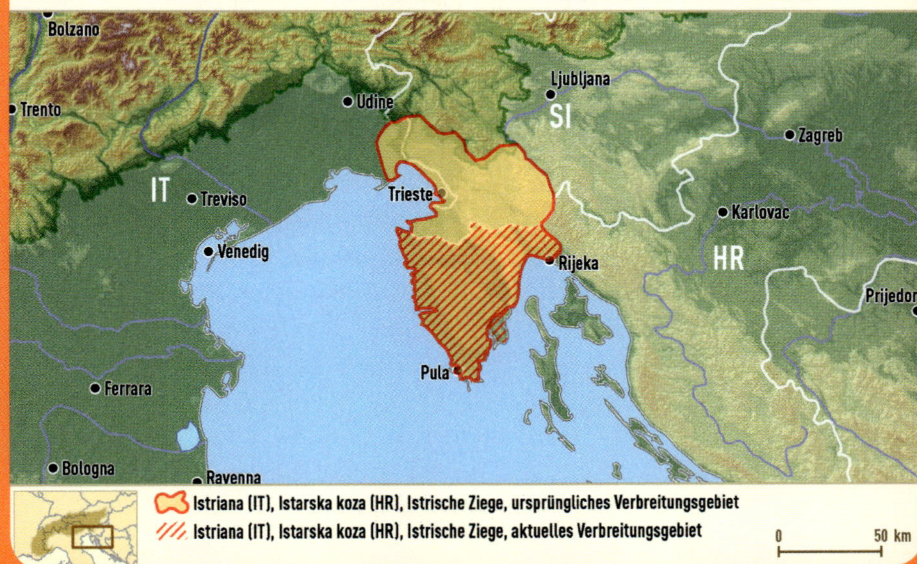

Steckbrief Istrische Ziege (Istriana, Istarska koza)

Die Istarska koza ist eine kräftig gebaute, mittelrahmige Ziege. Sie ist leicht überbaut und hat einen kräftigen Knochenbau. Die Brust ist relativ flach und schmal. Bei der Rasse kommen sowohl behornte wie unbehornte Tiere vor. Bei den Böcken ist das Horn gut entwickelt, spiralförmig verdreht und durchschnittlich 60 Zentimeter lang. Die Ziegen tragen nach hinten gerichtete, säbelförmige Hörner. Die mittellangen Ohren sind nach vorne gerichtet. Das Fell ist kurz bis mittellang. Einen Behang findet man im Bereich des Halses und an den Hinterbeinen. Beide Geschlechter tragen meist einen Bart, der bei Böcken auch impossant werden kann. Die Mantelfärbung ist weiß, auch gräuliche und bräunliche Farbtöne sind zulässig. Meist findet man graue Pigmentierungen an der Oberseite des Maules, in den Ohren, am Euter sowie über den Hufen. Die Euter sind meist gut entwickelt. Die harten Hufe sind weiß, weiß-grau oder beigefarbig. Ausgewachsene Ziegen erreichen ein Gewicht von 50 bis 70 Kilogramm, Böcke von 70 bis 120 Kilogramm. Die Widerristhöhe liegt bei Ziegen durchschnittlich bei 65 und bei Böcken bei 75 Zentimetern. Die Istrische Ziege wurde immer für die Milch- und Fleischnutzung gehalten. Die Ziegen haben eine Milchleistung von 320 bis 420 Kilogramm bei einer Laktationsperiode von 180 bis 210 Tagen.

Der Kraški ovčar ist die einzige autochthone, international anerkannte Gebrauchshunderasse Sloweniens. Foto: R. Žagavec

Kontakt:
DLVKOS
Društvu ljubiteljev in vzrediteljev kraških ovčarjev Slovenije
Auto 19, 2105 Maribor
info@dlvkos.si
www.dlvkos.si

Der Karstschäferhund

Neben drei heimischen Jagdhunderassen gibt es in Slowenien lediglich eine autochthone und international vom FCI anerkannte Gebrauchshunderasse. Der Kraški ovčar (Kraševec, Slowenischer Karstschäferhund) ist nach SAVE die älteste heimische Hunderasse Sloweniens. Er stammt aus dem Karstgebiet, der Region um Pivka. Aufgrund der vergleichsweise starken Braunbären-Population in Slowenien (< 475 Tiere, Quelle Euronatur) und der Verbreitung des Wolfes hat der Herdenschutz wieder an Bedeutung gewonnen. Dieser slowenische Hirtenhund soll ein konfliktfreies Nebeneinander von Nutztieren und Wildtieren ermöglichen. Karstschäferhunde sind auch in das von der Europäischen Union ko-finanzierte LIFE+ Projekt Slowolf integriert. Derzeit sind 15 Karstschäferhunde als Herdenschutzhunde eingesetzt. Die Gesellschaft der Liebhaber und Züchter des slowenischen Karstschäferhundes (DLVKOS) ist die verantwortliche Zuchtorganisation und bietet professionelle Schulungsprogramme an. Derzeit sind im Herdebuch 198 Tiere, darunter 99 Hündinnen registriert. Die Gesamtpopulation umfasst 658 Tiere. Die Rasse ist vom Aussterben bedroht.

Kraški ovcar, Slowenischer Karstschäferhund, ursprüngliches Verbreitungsgebiet

Steckbrief Karstschäferhund (Kraški ovčar)

Dieser mittelgroße, robuste Hund zeigt eine gut entwickelte Muskulatur. Rüden erreichen ein Gewicht von 30 bis 42 Kilogramm und eine Widerristhöhe von 57 bis 63 Zentimetern. Hündinnen werden 25 bis 37 Kilogramm schwer und 54 bis 60 Zentimeter hoch. Der Rücken ist breit und gerade, von mittlerer Länge. Das lange eisengraue Haar ist dicht und glatt mit sehr viel Unterwolle. Das Deckhaar ist mindestens zehn Zentimeter lang. Die Hunde besitzen eine dunkle Maske, die sich zum Kopf hin erweitert. Die Ohren sind mäßig hoch angesetzt und von mittlerer Länge, die Vorderseite nach außen gefaltet. Die Rute ist säbelförmig, buschig, mit langen Haaren besetzt und herabhängend.

Steirer und Istrianer Huhn

Kennzeichen für die ursprünglichen Landhuhnschläge waren Haube oder Schopf, Bart sowie dunkle bis schiefergraue Läufe. Das Gefieder war nicht einheitlich (Leifheit/Kleemann 2001). Haube und Bart stellen eine Anpassung an die raueren Umweltbedingungen im Alpenraum dar.

Auf dem Gebiet der Ober- und Untersteiermark, der Krain und im österreichischen Küstenland mit Istrien und den Inseln der oberen Adria hat sich als Landhuhnschlag das Steirer Huhn als Vorläufer des Altsteirer, Sulmtaler und Istrischen Huhns entwickelt.

Die steirische Tafelgeflügelzucht hatte bereits im 17. Jahrhundert weit über die Grenzen der Steiermark hinaus einen hohen Stellenwert. Nach Benno Martiny war die Kapaunzucht der Hauptträger dieses Weltrufes. Besonders der Steirer Hahn eignete sich für die Kapaunisierung. Nach Leifheit und Kleemann wurden zwischen 1840 und 1860 jährlich über 20.000 Kapaune an den kaiserlichen Hof nach Wien geliefert. Die wirtschaftliche Bedeutung der Nutzgeflügelzucht verdeutlichen die Bestandszahlen von 1850, die allein für Krain 1,36 Millionen Stück anführen.

In der historischen Region Untersteiermark herrschte ein etwas schwerer, aber robuster Landschlag des Steirer Huhns vor. In der zweiten Hälfte des 18. Jahrhunderts wurden durch die Einführung fremder Rassen die verschiedenen Farbschläge des Steirer Huhns der Untersteiermark fast vollkommen verdrängt. Gegen Ende des 19. Jahrhunderts gab es in der Mittel- und Untersteiermark (seit 1918 Teil Sloweniens) einen regen Diskurs über die Reinzucht des Altsteirer Huhns und die Einfuhr fremdländischer Leistungsrassen.

Erhaltungsbemühungen und Neuzucht

1880 bemühte sich der k.k. Obergeometer und Leiter der Anstalt für Geflügelzucht in Cilli (Celje) um die Erhaltung des alteingesessenen Landhuhns der Steiermark. Benno Martiny setzte sich zum Ziel, aus der Vielzahl der um 1880 vorhandenen Kreuzungszuchten das ursprüngliche Steirer Huhn herauszuzüchten. Er suchte in über 500 Gemeinden der Untersteiermark nach Tieren mit den charakteristischen Merkmalen des Steirer Huhns, stellte Nachforschungen bei Bauern der

Region an und durchsuchte die Märkte von Cilli, Graz, Rijeka, Marburg, Pettau, Triest und der Insel Reglia nach Geflügel mit fleischfarbigen, nackten Füßen, fleischfarbigen Schnäbeln und weißer Haut. Er orientierte sich dabei an einer Musterbeschreibung des „echten Steirischen Huhns". Der Landschlag der historischen Region Untersteiermark war ein schweres, jedoch legefreudiges und genügsames Huhn. Dieser mittelschwere Typus beeinflusste auch die Herauszüchtung des Sulmtaler Huhns in der Mittelsteiermark. Das Steirer Huhn vom Cillier Schlag wurde anfangs in vier Farbschlägen, weiß, rotbraun, gesperbert und weizenfärbig, gezüchtet. Cilli entwickelte sich um 1900 zum Zentrum für die Zucht des Steirer Huhns. Die Stadt liegt in der historischen Region der Untersteiermark (Štajerska), rund 70 Kilometer nordöstlich von Ljubljana, wo auch die Haltung von Truthühnern und Gänsen verbreitet war.

Heute werden in Slowenien wieder drei Farbschläge des Altsteirer Huhns (Štajerska kokoš) gezüchtet. Neben dem wildbraunen und weißen Farbschlag ist seit 2011 auch wieder der ursprüngliche schwarze Farbschlag offiziell anerkannt. Der Kleintierzuchtverein in Ormož (dt. Friedau), einer Kleinstadt östlich von Maribor, hat diesen ursprünglichen Farbschlag wieder gezielt herausgezüchtet. Ormož liegt wie Celje in der historischen Region Štajerska (Untersteiermark). Im Jahr 2005 wurde die Rasse Štajerska kokoš-crna vom Verein Društvo gojiteljev malih živali (DGMZ) öffentlich präsentiert. Bei der Landesaustellung in Celje im November 2011 wurde die sechste Generation erstmals gekört.

Für Istrien und die Karstregion am Südrand der Alpen beschreibt Armin Arbeiter 1914 einen gesperberten Farbschlag des Steirer beziehungsweise des Kroatischen Typus, das Istrianer Huhn oder Istarska kokoš. Vor allem im Süden Istriens entwickelte sich in Anpassung an die vorherrschende Sommertrockenheit und aufgrund des Mangels an Grünfutter nur ein kleiner und anspruchsloser Landhuhnschlag. Neben dem Steirer Huhn mit weißen Füßen waren durch den Einfluss italienischer Hühner auch blau-, grün- und gelbfüßige Schläge verbreitet. Weiß beziehungsweise fleischfarben ist die markante Lauffarbe des Steirer Huhns, die sich durch weiße bis perlmuttfarbige Schuppen ergibt. Im ehemaligen Königreich Kroatien-Slawonien fand man um 1900 neben dem echten Steirer Huhn auch einen blaufüßigen Steirer Huhn Typus, der nach Benno Martiny aus der Kreuzung mit dem Paduaner Huhn hervorgegangen ist. In Kroatien wird dieser Schlag als Kroatisches Landhuhn bezeichnet. Es galt als gutes Nutzhuhn mit beachtlicher Fruchtbarkeit und Legeleistung.

Aufgrund seiner kargen Umwelt entwickelte sich das Istrianer Huhn zu einem lebhaften Huhn und aktivem Futtersucher. In der nördlichen Grenzregion von Istrien und am Alpensüdostrand in Friaul sowie im slowenischen Karst war zu Beginn des 20. Jahrhunderts ein deutlich größerer Schlag des Istrianer Huhns anzutreffen.

Das weißfüßige gesperberte Istrianer Huhn auf einem Aquarell nach der Natur von Kurt Zander.
Foto: Archiv Jaritz

Istrianer Huhn, Istarska kokoš (HR), ursprüngliches Verbreitungsgebiet

Steckbrief Istrianer Huhn (Istarska kokoš)

Dieses leichte, mittelgroße und sehr lebhafte Huhn ist von variabler Farbe, wobei gesperberte Tiere dominieren. Die Farbe der Iris ist rot oder gelb. Die Hennen tragen einen niedrigen Schopf hinter dem Kamm. Charakteristisch für die Hähne sind der intensiv rote Kamm und der ausgeprägte Schwanz mit seinen langen sichelförmigen Federn. Die weißen Eier erreichen ein Durchschnittsgewicht von rund 60 Gramm. Das Istrianer Huhn wurde jedoch nie standardisiert und detailliert beschrieben. Nach Roman Ozimec und Darko Petanjek umfasste das Verbreitungsgebiet des Istrianer Huhns Istrien mit den angrenzenden kroatischen Inseln und Küstengebieten, das benachbarte Slowenien und im Nordosten die Grenzregion zu Italien. Heute ist dieser Landschlag weitestgehend in Vergessenheit geraten. Über die aktuelle Situation des Istrianer Huhns liegen keine Informationen vor. Es ist unklar, ob noch Restbestände des gesperberten Landhuhns existieren. Auch im „Grünbuch" der indigenen Rassen Kroatiens wird dieser Hühnerschlag als unzureichend dokumentiert geführt und eine Bestandserfassung als notwendig erachtet (Ozimek/Petanjek 2011).

oben: Eine alte Lipizzaner Stute (Lipicanski konj) genießt ihren Lebensabend in den Julischen Alpen bei Kobarid.
unten: Der Slowenische Kaltblut-Hengst 951 Lesnik Vulkan XVIII. Foto: M. Mesarič

Lipizzaner und Slowenisches Kaltblut

Robuste und urtümliche Bergpferde zählten in Slowenien zu den ursprünglichen alpinen Pferdeschlägen. Alle Lokalschläge, wie das Bohinj Pferd oder Kobarid Pferd, sind ausgestorben oder im Slowenischen Kaltblut aufgegangen. Neben dem vom Noriker stark beeinflussten Slowenischen Kaltblut (Slovenski hladnokrvni konj) zählen der Lipizzaner (Lipicanski konj) und das Posavina Pferd (Posavski konj) zu den einheimischen Pferderassen Sloweniens. Als nicht autochthone, aber traditionelle Rassen werden der Ljutomer Traber (Ljutomerski kasač, Luttenberger Traber) und der Haflinger (Haflinški konj) geführt. Der Ljutomer Traber stammt aus der Region Prlekija im Nordosten Sloweniens, wo die Traberzucht auf eine lange Tradition zurückblickt. 1875 wurde in Ljutomer der zweite Pferderennverein der österreichisch-ungarischen Monarchie gegründet. Diese Trabrenntradition wird heute noch im Hippodrom von Ljutomer gepflegt.

Zwischen Slowenien und Südtirol gab es im 18. und 19. Jahrhundert einen regen Viehhandel. Seeländer Schafe wurden nach Südtirol gehandelt und im Gegenzug Paduaner Schafe und Haflinger nach Slowenien eingeführt. Der Haflinger war aufgrund seines ruhigen Temperaments und seiner Gutmütigkeit beliebt und wurde im Berggebiet von Oberkrain und in der Untersteiermark (Štajerska) noch bis in die 1970er-Jahre als Zug- und Tragtier in der Landwirtschaft eingesetzt. Der heutige Bestand umfasst rund 300 Zuchtstuten und 20 Zuchthengste. In der slowenischen Zucht sind alle sieben Haflinger-Blutlinien enthalten. Der Schwerpunkt der Zucht liegt heute in Slovenska Bistrica (dt. Windisch-Feistritz) im Draugebiet, der Region Podravska. Der slowenische Haflingerbestand ist als Nachzuchtgebiet und nicht als eigenständige Population zu betrachten.

Das Pferd der Habsburger hat seinen Geburtsort in der ehemaligen Sommerresidenz des Bischofs von Triest, in Sežana (ital. Sesana, dt. Zizan), wo im Jahr 1580 von Erzherzog Karl das Hofgestüt Lipica gegründet wurde. Spanische Genetten bildeten die Zuchtbasis, in weiterer Folge wurden auch Neapolitaner und Araber eingekreuzt. Landschaft und Klima ähnelten zwar dem Herkunftsgebiet der südspanischen Pferde, der Standort erwies sich jedoch anfangs als wenig geeignet für ein Gestüt.

Der Lipizzaner hat idealerweise 158 Zentimeter Stockmaß. In der Zucht dominieren Schimmel, seltener Braune und Rappen. Früher kamen dunkle Tiere häufiger vor. Die slowenische Lipizzaner-Population umfasste rund 350 Zuchtstuten und 50 Zuchthengste. Die Rasse hat für den slowenischen Alpenraum jedoch aufgrund der randalpinen Lage wenig Relevanz.

Das Slowenische Kaltblut, die einzige autochthone Pferderasse Sloweniens mit Bezug zum Alpenraum ist nach ihrer Zuchtgeschichte untrennbar mit der Norischen Rasse, dem Original Noriker oder Pinzgauer, verbunden. In der österreichisch-ungarischen Monarchie gab es in Oberkrain und der Untersteiermark Zuchtinseln des Norischen Pferdes. 1935 wurde das Zuchtbuch für das Slowenische Kaltblut gegründet. Im Gegensatz zur Norikerzucht in Salzburg hielt man hier länger an der Kreuzungszucht mit Belgischen Kaltblut- und Percheron Hengsten fest. Aus diesen regionalen Zuchtinseln entwickelten sich abgegrenzte Lokalschläge wie das Sannthaler (Region Steiner Alpen) und das Luttenberger Pferd in der Region Prlekija (Haller 2002). Noriker Hengste sind auch heute noch bei der Zucht des Slowenischen Kaltblutes im Einsatz (5 bis 8 Prozent des Bestandes).

Das Slowenische Kaltblut ist heute ein mittelschweres und mittelrahmiges, harmonisch gebautes, trockenes Kaltblut. Hengste erreichen eine Widerristhöhe von 150 bis 155 und Stuten von mindestens 148 Zentimetern. Die slowenische Zucht ist stark angelehnt an die österreichische Norikerzucht, die Stuten und Hengste sind jedoch etwas gedrungener als die Tiere der Noriker-Population. In der slowenischen Kaltblutzucht sind alle fünf original Noriker-Linien sowie die slowenische Nikodem-Linie vertreten. In der Zucht dominieren Rappen, Braune und Dunkelbraune. Kennzeichnend ist das kräftige Langhaar. Die Rasse zeigt das für Kaltblüter charakteristische freundliche Gemüt und ein ruhiges Temperament. Das Slowenische Kaltblut wird auf starke Konstitution, Ausdauer, gute Futterverwertung und hohe Fruchtbarkeit gezüchtet. Vielfältig einsetzbar, werden die Pferde heute kaum mehr in der Land- und Forstwirtschaft als Arbeitspferde verwendet, sondern vorwiegend bei kulturellen und touristischen Veranstaltungen vorgeführt. Auch als Fleischlieferant spielt der Noriker noch eine gewisse Rolle. In den 1960er-Jahren zählte Slowenien zu den großen Exportländern für Pferdefleisch, wobei in erster Linie der italienische Markt bedient wurde. Bei den Hengsten ist die Absolvierung der Arbeitsleistungsprüfung verpflichtend für die Aufnahme in das Zuchtprogramm. Die Prüfung erfolgt im Rahmen der Körung für das Grundzuchtbuch. Auch bei den Stuten ist dafür eine Arbeitsleistungsprüfung vorgesehen.

Der Gesamtbestand umfasst 3.420 Tiere. Die Rasse ist heute in ganz Slowenien verbreitet. Rund 500 Züchter sind derzeit im Verband der Züchter der Slowenischen Kaltblut-Pferderasse (Združenje rejcev konj slovenske hladnokrvne pasme) registriert. In den Alpenregionen Sloweniens, in Kamnik und Kranj, sind nur rund 10 Prozent der Züchter des Slowenischen Kaltbluts angesiedelt. In dieser Region züchtete man noch bis vor rund 20 Jahren Original Noriker Hengste für den Zuchteinsatz beim Slowenischen Kaltblut. Darüber hinaus findet man die Rasse vor allem östlich von Maribor und um Celje. Im Herdebuch sind 1.810 Stuten und 176 Hengste erfasst (Daten: EFABIS 2011). Der Bestand wird derzeit als gefährdet (NT, drohende Gefährdung/near threatened) eingestuft. Die Situation hat sich zwischen 2009 und 2011 positiv entwickelt, ist jedoch aktuell aufgrund der globalen Krise des Pferdemarktes wieder rückläufig.

Der Istrische Esel (Istarski magarac) kam vermutlich mit den Römern nach Istrien und an den Südostrand der Alpen. Istrien und Venetien bildeten um 200 n. Chr. zusammen die X. römische Region Ventia et Histria. Die Tiere wurden früh für den Arbeitseinsatz ausgebildet und ab einem Alter von fünf Jahren für den Transport schwerer Lasten eingesetzt. In seinem Aussehen ähnelt der Istrische Esel dem Apulischen Esel.

Slowenische Kaltblutpferde auf der Weide. Foto: M. Mesarič

Kontakt:
Verband der Züchter der slowenischen Kaltblut Pferderasse
Združenje rejcev konj Slovenske hladnokrvne pasme (ZRKSHP)
1292 IG, Slovenija
Jože Škulj, Präsident des Verbandes
hladnokrvni@konji.tk
www.hladnokrvnikonji.com

Lipizza mit weidenden Lipizzaner Pferden des Hofgestüts, Illustration von J. v. Blaas, 1891. Foto: Archiv Jaritz

Das Slowenische Gürtelschwein

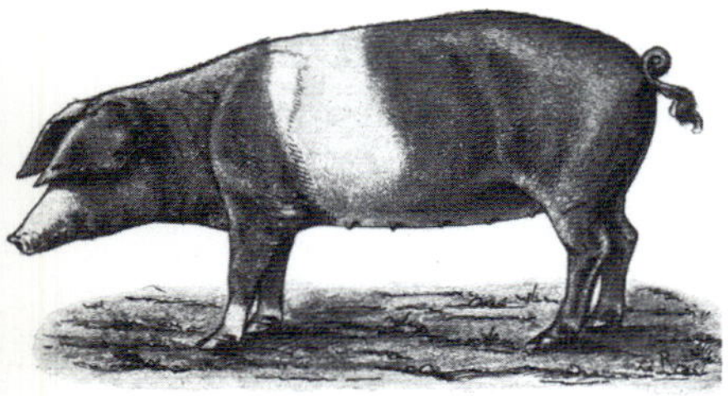

Das Krškopolje Schwein (Slowenisches Gürtelschwein, auch Krškopoljski prašič) ist die einzige autochthone Schweinerasse Sloweniens. Das Ursprungsgebiet erstreckte sich vom Südosten Sloweniens bis an den Südostrand der Alpen. Oben: Die Abbildung von Rohmann (1899) zeigt ein gegurtetes (Bauchstreifen) Krškopolje Schwein. Die weiße Gurtung sollte sich typischerweise über den gesamten Schulterbereich erstrecken. Foto: Archiv Jaritz. Unten: Heute findet man im Bestand vorwiegend gegurtete und vereinzelt einfärbig-schwarze Tiere.

Das Krškopoljski Schwein, auch črnopasasti prekasti oder Slowenisches Gürtelschwein, ist die einzige autochthone Schweinerasse Sloweniens. Das Ursprungsgebiet erstreckte sich, ausgehend vom Südosten Sloweniens in der Region Dolenjska bis an den Südostrand der Alpen. Der Verbreitungsschwerpunkt lag im 19. Jahrhundert im Gebiet der Krško-polje-Ebene, in Südostslowenien. Von daher stammt auch der Name. Bei Krško-polje öffnet sich das Save-Tal zur großen Ebene. Der Ursprung dieser Rasse geht auf dunkle, leichte Landschläge Südostsloweniens zurück, die Mitte des 19. Jahrhunderts mit englischen Rassen verbessert wurden.

Im Jahr 1899 beschrieb Viljem Rohrmann in einer Ausgabe des „Landwirtschaftlichen-Industriellen Wochenblatt“ (Kmetijske in rokodelske Novice) erstmals das Krškopoljski Schwein. In der zweiten Hälfte des 19. Jahrhunderts wurden von der k. k. Landwirtschaftlichen Gesellschaft des Herzogtums Krain viele englische Zuchteber der Suffolk Rasse (später Wessex) zur Verbesserung der heimischen Landschläge eingeführt. Weitere Importe von Berkshire und Yorkshire Zuchtebern folgten aus der Steiermark. Nach Erhebungen im Jahr 1938 konnte die Rasse nur mehr in entlegenen Dörfern der Region nachgewiesen werden.

52 Jahre später, zwischen 1990 und 1992 wurde wieder eine Bestandsuntersuchung durchgeführt. Lediglich auf rund 40 Betrieben konnten noch Restbestände dieser indigenen Schweinerasse ausfindig gemacht werden. Diese Betriebe hatten an der Rasse festgehalten, weil sie anspruchslos ist, aber gute Qualität und einen appetitlichen Fettansatz zeigt. Zur Rettung der Restbestände wurde im Jahr 1992 ein Herdebuch mit drei Betrieben gegründet.

Im Ursprungsgebiet der Rasse, dem Krško-Becken und dem angrenzenden Gorjanci Grenzgebirge zu Kroatien, werden pro Betrieb acht bis neun Schweine gehalten, was etwa dem doppelten Landesdurchschnitt entspricht und die starke Tradition der Schweinehaltung in dieser Region unterstreicht. Die Muttersauen werden meist für mehrere Abferkelungen gehalten. Lediglich rund ein Viertel der Betriebe halten die Tiere noch traditionell als Weideschweine, die übrigen im Stall.

Die Rasse ist spät reif und weist eine durchschnittliche Fruchtbarkeit auf. Nach 20 Jahren intensiver Erhaltungsbemühungen konnte der Bestand auf rund 300 Zuchttiere ausgebaut werden. Die Gesamtpopulation umfasst etwa 820 Tiere (Daten: EFABIS 2012). Heute ist die Rasse immer noch stark gefährdet. Etwa 60 Betriebe beteiligen sich am Zuchtprogramm.

Die Alpenregion Görzer Küstenland

Der Soča-Fluss (italienisch Isonzo, friulanisch Lusinç) prägt die Grenzregion zwischen dem Westen Sloweniens und Friaul-Julisch Venetien, der Region Goriška. Der smaragdene Fluss, wie die Soča in ihrem Oberlauf auch heißt, entspringt im Herzen der Julischen Alpen, aus einer Karstquelle im Trenta-Tal und mündet südlich von Monfalcone, nach 140 Kilometern, in den Golf von Triest. Die Julischen Alpen zählen zu den Südlichen Kalkalpen, sie liegen im Übergangsbereich zwischen den Alpen und den Dinariden. So vielfältig die Natur- und Kulturlandschaft des slowenischen Alpenanteils auch ist, so arm ist das Gebiet an autochthonen Nutztierrassen.

Der westlichste Teil Sloweniens, der sich entlang der Grenze zu Friaul-Julisch Venetien von der Adriaküste im Süden bis zu den Julischen Alpen im Norden erstreckt, wird auch „Primorska“ genannt (slowenisches Küstenland). Das ehemalige habsburgische Kronland fiel nach dem Ersten Weltkrieg trotz seiner slowenischsprachigen Bevölkerungsmehrheit an Italien und wurde Teil der Region Julisch Venetien (Venezia Giulia). Nach dem Zweiten Weltkrieg wurde die Region mehrfach geteilt. Das oberste Soča-Tal fiel an die Teilrepublik Slowenien der Sozialistischen Föderativen Republik Jugoslawien.

Die Gemeinde Drežniške Ravne am Fuße des 2.244 Meter hohen Krn an der Südabdachung der Julischen Alpen im oberen Soča-Tal. Das Tal öffnet sich nach Süden gegen das Mittelmeer, was ein mildes Klima im Frühjahr und Herbst mit sich bringt. In der Region Zgornje Posočje (das obere Soča-Tal), das die Gemeinden Kobarid, Tolmin und Bovec umfasst, wird der regionale Tolminc Hartkäses hergestellt.

Die Alpenregion Goriška - das Görzer Küstenland

Die Drežniška Ziege

Diese einzige anerkannte, autochthone slowenische Ziegenrasse hat ihr Ursprungsgebiet im oberen Soča-Tal im Gemeindegebiet von Kobarid, Bovec und Tolmin. Namensgebend für die Rasse wurde der nordöstlich von Kobarid gelegene Ort Drežniške Ravne. Sie entspricht in ihrem Erscheinungsbild, wie die meisten Ziegen des Alpenbogens, dem alpinen Typus und dürfte sich aus der Gemeinen Alpenziege entwickelt haben. Als Milchziege war sie eine wichtige Nahrungsgrundlage im kleinbäuerlich geprägten Nordwesten Sloweniens. Innerhalb der Rasse gibt es unterschiedliche Nutzungsschwerpunkte. Vier Züchter in der Gemeinde Bovec nutzen sie noch für die Milchproduktion und selektieren auf Milchleistung. Sie stellen aus Ziegenmilch der Drežniška Ziege und aus Schafsmilch des Bovec Schafes den Bovec Käse, einen landestypischen Hartkäse, her. Der überwiegende Teil des Ziegenbestandes wird jedoch nicht mehr gemolken. Die Restriktionen gegen die Ziegenhaltung bewirkten, dass die Ziegen auch während des Winterhalbjahres im Freien blieben, im Bereich der steilen und unwegsamen Einhänge des Krasji vrh. Eine Milchnutzung war praktisch kaum mehr möglich. Der Strukturwandel in der Landwirtschaft trug seinerseits dazu bei, dass die Rasse nur mehr für den Gewinn von Kitzfleisch gehalten wird. Im Kerngebiet der Drežniška Ziege, im Gemeindegebiet von Drežniške Ravne, produzieren die Ziegenzüchter gezielt für den italienischen Markt für die Osterfeiertage. Die Milchkitze werden bereits in einem Alter von acht bis zehn Tagen geschlachtet. Die lokale Landwirtschaftskammer in Nova Gorica betreut das Herdebuch und ist für die Anerkennung der zuchtfähigen Böcke zuständig.

Wie bei allen Generhaltungsrassen, die meist erst gegen Ende des 20. Jahrhunderts wiederentdeckt wurden, kommt auch bei der Drežniška Ziege ein gewisser Fremdblutanteil zum Tragen. Das soll nicht darüber hinwegtäuschen, dass die Drežniška Ziege, ähnlich wie die Alpina Comune im Piemont, sehr variabel in ihrem Erscheinungsbild ist.

Die Böcke tragen kräftige, sichelförmig nach hinten gerichtete Hörner, ihre Form ist ansonsten variabel, die äußeren Enden sind meist nach außen gedreht. Bei den weiblichen Ziegen sind rund 80 Prozent der Tiere behornt, die Länge der Ohren variiert. Der fünfjährige Bock Taikun ist das Lieblingstier von Davorin Koren.

Unterschiedliche Mantelzeichnungen

Es treten verschiedene Farbvarianten auf. Neben rein schwarz gefärbten Tieren (Sivočrne), rund ein Drittel des Gesamtbestandes, finden sich schwarze Tiere mit weißer Scheckung an Hals und Rumpf (Golobaste), Tiere mit weißer Mantelfärbung und schwarzen Flecken (Pirnjaste blekaste) sowie braun oder beige gefärbte Ziegen (Črnorjave).

Es treten auch Tiere mit Strahlenzeichnung auf, wie man sie von der Alpina Comune oder anderen Alpenziegen kennt (Pinzgauer Strahlenziegen, Pezzata Mocheni, Bündner Strahlenzeige, Roya Ziege, Chèvre Savoie). Diese Tiere werden als Ribasta bezeichnet. Der Name leitet sich von der weißen, fischförmigen Blässe ab. Bei der Strahlenzeichnung dürfte es sich um ein ursprüngliches Merkmal der Gemeinen Alpenziege handeln, das auf die Abzeichen der Stammform der Hausziege, der Bezoar Ziege, zurückgeht. Das Haarkleid ist kurz bis mittellang, vereinzelt tragen die Tiere einen Behang an Rücken und Oberschenkel der Hinterhand, einen sogenannten Cimbasta.

Die milchbetonte Linie der Drežniška Ziege ist etwas weniger robust als der extensive Mutterziegentypus. Die Milchleistung liegt durchschnittlich bei 370 Kilogramm Milch pro Laktationsperiode, bei einem Fettgehalt von 4,3 Prozent und 3,6 Prozent Eiweiß. Im Jahr 2004 wurde die Drežniška Ziege als eigenständige Rasse offiziell anerkannt. Der Gesamtbestand an reinrassigen Tieren im Herdebuch umfasst 460 Ziegen und 40 Böcke (Daten: genska banka, 2012). Die Rasse ist mit einer effektiven Populationsgröße von 147 (14,7 Prozent) stark gefährdet.

Porträt: Davorin Koren
Morizna – eine lokale Initiative für die Dreżniška Ziege

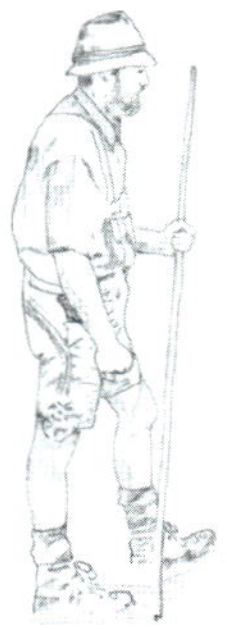

Davorin Koren ist Nebenerwerbslandwirt in Dreżniške Ravne, einem kleinen Ort am Fuße des mächtigen Krasji vrh. Der Ort liegt auf 560 Meter Seehöhe im unteren Soča-Tal, klimatisch begünstigt durch die Lage an der Südwestabdachung der Julischen Alpen. Er ist der maßgebliche Betreiber der Erhaltung der Dreżniška Ziege. Im Zivilberuf arbeitet er für die Nationalparkverwaltung des Triglav Nationalparks, dessen Außengrenzen fast bis zur kleinen Gemeinde Dreżniške Ravne reichen. Dreżniške Ravne ist auch der einzige Ort in Slowenien, wo für die Dreżniška Ziege Gemeinschaftsweiden und Gemeinschaftsalmen zur Verfügung stehen. In den übrigen Gebieten werden die Ziegen in kleineren Herden auf Weiden gehalten. Auf einer solchen rund 10 Hektar großen Gemeinschaftsweide im Ort Dreżniške Ravne verbringen die Ziegen das Frühjahr. Zu Ostern wird der überwiegende Teil der Milchkitze geschlachtet und die Ziegen werden trocken gestellt. Ab Mitte Mai dürfen die Tiere den Weidebereich verlassen und ziehen bergwärts in höhere Lagen des rund 400 Hektar großen Almweidegebiets Morizna, im Gebiet des Bergstocks von Krasji vrh und Javoršček. Die Ziegenböcke weiden während der Sommermonate getrennt von den Ziegen. Erst im Spätsommer, im August und September, treffen die Böcke wieder auf die Herde der etwa 190 Mutterziegen. Morizna heißt auch eine lokale Initiative aus elf Ziegenzüchterinnen und -züchtern im kleinen Ort Dreżniške Ravne zur Erhaltung der Dreżniška Ziege. Seit mittlerweile fünf Jahren werden dafür brach gefallene Wiesen, Äcker und Weiden wieder urbar gemacht. Aufgrund der kleinteiligen Besitzstruktur gestaltet sich die Wiederherstellung eines zusammenhängenden Weidegebietes schwierig. Die ehemaligen Äcker und Wiesenparzellen sind oft nur wenige tausend Quadratmeter groß. Die Besitzer der Bracheflächen sind oft nicht mehr greifbar oder stellen die Flächen nicht zur Verfügung, da ihnen der Bezug zur Landwirtschaft mittlerweile abhanden gekommen ist und überzogene Pachtzinsforderungen gestellt werden.

„Im Gebiet um Dreżniške Ravne werden die Ziegen ausschließlich für die Kitzfleischproduktion gehalten", erklärt Davorin Koren. Im unteren Soča-Tal hat man zwar einen offenen Markt Richtung Italien, aber zu einem sehr niedrigen Preisniveau. Für Milchkitze erhält man lediglich vier Euro pro Kilogramm Lebendgewicht. „Die Kitze sollen so klein wie möglich sein. Fünf bis sechs Kilogramm Schlachtkörper. Von italienischen Kunden werden auch Föten verlangt. Das ist einfach verrückt", findet Davorin Koren.

Bereits der römische Gelehrte Plinius der Ältere (23 bis 79 n. Chr.) beschreibt im 8. Buch seiner Naturgeschichte den Brauch der Spanier, sogenannte „laurices", ungeborene Föten und neugeborene Jungtiere der Kaninchen zu verspeisen. Üblicherweise werden die Milchkitze zu Ostern für den italienischen Markt produziert. Dementsprechend variiert die Größe der Schlachtkörper. Nach 80 Tagen erreichen die Milchkitze gut 20 Kilogramm Lebendgewicht. Die Steilhänge am Fuß des Bergmassivs von Krasji vrh und Javoršček, die sich von Dreżniške Ravne bis fast nach Bovec erstrecken, wurden bis in die 1970er-Jahre als Bergmähder genützt und jedes zweite Jahr gemäht. Jeder Hof hielt ein paar Ziegen zur Selbstversorgung. Während der Bergmahd im Hochsommer begleiteten die Ziegen die Bauern und lieferten Frischmilch. Eine ähnliche Rolle hatte die Ziege auch im Passeiertal in Südtirol und in anderen Regionen der Alpen. Heute ist das Gebiet teilweise verbuscht und so unzugänglich, dass es nur mehr von Ziegen erreicht werden kann.

Davorin Koren mit seiner Ziegenherde. Die Mantelfärbung der Dreżniška Ziege ist, vergleichbar mit der Alpina Comune im Piemont sehr variabel, wobei bei der Dreżniška Ziege schwarze Tiere überwiegen.

Kontakt:
Davorin Koren
Dreżniške Ravne 33, 5222 Kobarid
Tel.: 00386 (0)53 84 86 56
Mobil: 00386 (0)31 66 42 48
kmetija.zvanc@gmail.com

„Der robustere Typ der Drežniška Ziege wird im Gebiet des Ortes Drežniške Ravne gezüchtet", erklärt Davorin Koren. Nach dem Entwöhnen der Kitze im Frühjahr weiden die Tiere bis in den Frühwinter in den Bergen des Soča-Tales. Ein zweiter Nutzungstypus wird traditionell als Milchziege gehalten, vor allem rund um Bovec. Sie ist auch wichtig für die Käseherstellung, die bis in das 13. Jahrhundert zurückreicht. Die drei autochthonen Nutztierrassen, Bovec Schaf, Drežniska Ziege und Cika Rind, lieferten seit alter Zeit die Zutaten für den regionaltypischen Käse aus Rohvollmilch. Die aktive Züchterschaft der Drežniška Ziege bemüht sich auch, mit neuen Ideen und innovativen Produkten diese gefährdete Ziegenrasse in Wert zu halten.

Davorin Koren produziert mittlerweile den braunen Räucherkäse Provolone. „Früher wurden die Ziegen täglich in der Früh und nach der Rückkehr von den Weiden gemolken und versorgten die Bewohner mit Milch, so auch in Drežniške Ravne. Durch die Restriktionen des Staates ist diese Nutzungsform fast verloren gegangen", erklärt er. Auffallend an der Drežniska Ziege ist das markant dunkle Euter. Die beiden Nutzungstypen werden aufgrund der geringen Bestandsgröße nicht in zwei getrennten Populationen geführt. Die Erhaltung der traditionellen Milchlinie ist neben dem Einsatz der Ziege für die Offenhaltung und Wiederherstellung verbrachter Kulturlandschaften ein Ziel der Erhaltungszucht.

Mutterziegen mit Kitzen der Farbschläge „crna" (schwarz) und „rumena" (gelbbraun) auf einer Frühlingsweide oberhalb von Drežniške Ravne.

Drežniška Ziege, Drežniška Koza (SI), ursprüngliches Verbreitungsgebiet

Steckbrief Drežniška Ziege (Drežniška Koza)

Diese mittelgroße, kräftig gebaute Gebirgsziege erreicht ein Gewicht von 40 bis 60 Kilogramm und eine Widerristhöhe von 60 bis 70 Zentimetern. Böcke sind 50 bis 70 Kilogramm schwer und weisen eine Widerristhöhe von 65 bis 75 Zentimetern auf. Der Körper ist lang gestreckt. Im Gesamtbestand überwiegen dunkel gefärbte Ziegen. Rund ein Drittel der Tiere haben eine schwarze bis dunkelbraune Mantelfärbung. Das Haarkleid ist in der Regel kurz, es kommen aber auch Tiere mit langer Behaarung am Rücken und an den Oberschenkeln vor.

Für die einzelnen Farbvarianten gibt es lokale Bezeichnungen: **zelena** (sivo crna, grün): graue bis dunkelgraue Mantelfärbung; **rumena** (gelb): gelbbraune Mantelfärbung; **ribasta** (fischförmige Blässe): schwarze oder braune Tiere mit Strahlenzeichnung; **golobata oder golobasta** (taubengrau): Ziegen mit Farbzeichnung der Pfauenziege; **crna** (schwarz): schwarze Mantelfärbung; **jopasta** (Joppe, Jacke), auch **pirnjasta** oder **blekasta**: schwarze Mantelfärbung mit weißen Flecken; **sajasta**: braun-schwarze Mantelfärbung. Die Rasse eignet sich gut für die extensive Weidehaltung.

Das Cika Rind

Das slowenische Cika Rind geht auf verschiedene Landschläge in der Region Gorenjska zurück. Bis etwa 2000 existierten in den Gebieten um Tolmin und Bohinj noch zwei kleinrahmige, phänotypisch leicht variierende Schläge. Das Tolmin Rind war etwas größer und schwerer als das Bohinj Rind. Beide Schläge wurden anfangs mit Mölltaler, später mit Pinzgauer Rindern gekreuzt. Für das Tolmin Rind standen bereits Ende der 1990er-Jahre keine reinrassigen Stiere mehr zur Verfügung. Für die Zucht wurden Spermaportionen von Original Pinzgauer Stieren aus Österreich eingesetzt. Bis 2003/2004 wurden die beiden Schläge noch getrennt geführt, mittlerweile aber zu einer Rasse Cika Rind vereint. Die Einkreuzung von Pinzgauer Rindern führte zum Verlust der Einfärbigkeit. Heute tragen nahezu alle Tiere die charakteristische weiße Zeichnung am Rücken, im Bereich der Oberschenkel, an Bauch und Unterbrust.

Die durchschnittliche Milchleistung der Cika Rinder liegt bei rund 2.500 Kilogramm pro Laktationsperiode (300 Tage). Das Tagesgemelk beträgt ca. acht Kilogramm. Aus der Milch der Cika Rinder wird der Sir Tolminc oder Tolminer Käse hergestellt, ein süß-würziger Hartkäse mit geschützter Ursprungsbezeichnung (PDO), der aus Vollmilch oder teilentrahmter Kuhmilch hergestellt wird.

Heute liegt der Schwerpunkt der Zucht des Cika Rindes in der Region Gorenjska und in Zentralslowenien. Dessen nördlicher Teil gehört mit der Kamniško-Savinjske Alpe, den Steiner Alpen (auch: Sannthaler Alpen oder Sulzbacher Alpen), zum slowenischen Alpenraum. Seit 2009 wird für die Cika Rasse ein Herdebuch geführt, in dem 1.243 Kühe und rund 70 Stiere registriert sind. Die Gesamtpopulation umfasst 2.858 Tiere. Aber lediglich rund 20 Prozent der Rinder der Gesamtpopulation entsprechen dem in der historischen Literatur beschriebenem Phänotyp. Heute hat die Cika Rasse in Gorenjska (Oberkrain) und Osrednjeslovenska (Zentralslowenien) die größte Verbreitung. Sie wird aber aufgrund der geringen Populationsgröße immer noch als gefährdet eingestuft (VU, vulnerable).

Kontakt:
Emil Skočir
Drežnica 43/A, 5222 Kobarid
Tel.: 00386 (0)41 72 48 85
e.skocir@siol.net

Porträt: Emil Skočir – der gelernte Metzger züchtet Drežniška Ziegen und Cika Rinder

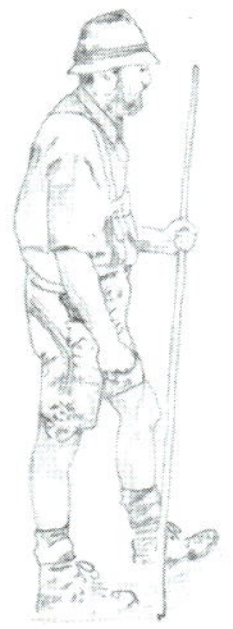

Emil Skočir ist einer der wenigen Zuerwerbsbetriebe im Gebiet von Drežnica, der noch einen maßgeblichen Anteil seines Einkommens aus seiner landwirtschaftlichen Tätigkeit erwirtschaftet. Er ist gelernter Metzger und schlachtet Nutztiere regionaler Landwirte und verarbeitet das Fleisch von Cika Rindern und Drežniška Ziegen zu Salami, Schinken und anderen Spezialitäten. Emil züchtet Drežniška Ziegen und das stark gefährdete Cika Rind.

Er besitzt rund 25 Drežniška Ziegen, 20 Cika Rinder und 20 Schafe. „Heute selektiert man wieder gezielt auf einen kleinen Rinderschlag, wobei die Haltungsmethoden nicht unbedingt abgestimmt sind auf die Ansprüche dieser extensiven Rasse", weiß er aus Erfahrung. „Meist werden die Tiere zu gut gefüttert."

oben: Emil Skočir ist aktives Mitglied der lokalen Initiative „Morizna".
unten: Ein Cika Rind auf der Alm Zaprikraj bei Drežnica. Foto: D. Koren

Cika Rind, Cikasto govedo (SI), ursprüngliches Verbreitungsgebiet

Steckbrief Cika Rind (Cikasto govedo)

Diese kleinrahmige Rinderrasse mit kompaktem, feinknochigem Körperbau hat einen kurzen, einfärbigen Kopf, der Hals ist vergleichsweise lang und dünn. Die Grundfarbe ist rot bis kastanienbraun und tritt in verschiedenen Schattierungen auf. Charakteristisch ist der weiße Streifen, der sich, gleich wie beim Pinzgauer Rind, vom Rücken über Mittelfleisch und weiter zum Euter und Unterbauch bis zu den Vorderbeinen zieht. Vereinzelt kommen einfärbig rotbraune Rinder ohne weiße Abzeichen vor. Kühe erreichen ein Gewicht von 300 bis 450 Kilogramm und eine Widerristhöhe von 115 bis 125 Zentimetern. Aufgrund ihres geringen Gewichts eignen sie sich gut für die Beweidung der steilen Almweiden in den Julischen Alpen.

Bovec Schafe auf dem Biobauernhof „Ekološka kmetija“ von Urban Škander in Bovec im oberen Soča-Tal.

Porträt: Urban Škander und seine Bovec Schafe

Urban Škander ist Agrarökonom und Biobauer in Bovec im unteren Soča-Tal und hat sich auf die Herstellung von Schafskäse spezialisiert. Sie reicht im oberen Soča-Tal bis in das 14. Jahrhundert, in die Zeit der Herrschaft der Patriarchen von Aquileia, zurück. Die Region in den Julischen Alpen war von jeher umstrittenes Grenzgebiet und stand im wechselnden Einflussbereich unterschiedlicher Herrscherhäuser. Kulturell und wirtschaftlich war das Gebiet eng mit Friaul und dem Kärntner Kanaltal verbunden. Der traditionelle Schafskäse, Schaffleisch und Zuchttiere wurden auf den Märkten in Udine und auf dem Jahrmarkt am Bartholomäustag in Tarvis angeboten, der auf das Jahr 1571 zurückgeht. Das bodenständige Schaf der Region ist das Bovška ovca, dessen Name sich vom kleinen Ort Bovec (Flitsch) ableitet. Der Bovški sir oder Flitscher Käse ist ein Vollfett-Hartkäse aus der Milch des Bovec Schafes oder aus einer Mischung von Schafsmilch mit maximal 20-prozentiger Beimengung von Ziegen- und Kuhmilch. Der Formaggio di Plezzo vero, wie er auf Italienisch genannt wird, wurde auf einer Preisliste eines Marktes in Udine 1756 erstmals namentlich erwähnt. Er war vor über 250 Jahren bereits ein geschätzter und exklusiver Käse der Region.

Die grobe Mischwolle des Bovec Schafes ist meist weiß, scharz-braun, seltener grau meliert oder gescheckt. Charakteristisch ist die auffällige Farbzeichnung im Gesichtsfeld.

Auf die Frage, warum Urban Škander Bovec Schafe und nicht leistungsfähigere Ostfriesische Milchschafe für seinen Betrieb einsetzt, nennt er vier triftige Gründe: „Erstens finde ich die Schafe wunderschön, ich bin mit dieser Rasse aufgewachsen und sie ist für mich ein Teil meiner Identität. Zweitens sind die Bovec Schafe mit einem Lebendgewicht von 40 bis 45 Kilogramm sehr leicht und ausgesprochen genügsam. Im Vergleich dazu bringt ein Ostfriesisches Milchschaf 80 Kilogramm und mehr auf die Waage und benötigt sehr viel mehr Erhaltungsfutter. Grundfutter ist bei uns im Soča-Tal, insbesondere in Jahren mit trockenen Frühjahren, oft knapp und wir müssen Heu zukaufen.“

Als überzeugter Biobauer möchte Urban Škander mit dem wirtschaften, was ihm zur Verfügung steht. Er benötigt jedoch auch eine gewisse Mindestanzahl an Milchschafen, um den Betrieb wirtschaftlich führen zu können. Ein gutes Bovec Schaf gibt bis zu 200 Kilogramm Milch pro Jahr, ein durchschnittliches Ostfriesisches Milchschaf mit 80 Kilogramm erbringt unter gleichen Standortbedingungen und bei derselben Futtergrundlage dieselbe Milchleistung. „Das Bovec Schaf ist zudem viel robuster als das anfällige Ostfriesische Milchschaf. Am Südostrand der Julischen Alpen sind Wetterstürze keine Seltenheit.“ Für die Bovec Schafe spricht auch die besondere Qualität der Milch für den regional geschützte Bovški ovčji sir.

Bis zum Zweiten Weltkrieg wurden im Gebiet um Bovec 35 Almen mit Schafen bestoßen. Nahezu jede Familie hielt rund 40 Schafe, zehn bis 15 Ziegen und eine Kuh. Schafe und Ziegen verbrachten den Sommer von Ende Juni bis Mitte September auf der Alm. Eines der Kinder kam auf die Alm zum Hüten, die übrigen mussten bei der Heuernte helfen. Auf den Almen wurde traditionell Bovški sir hergestellt.

Nach 1945 gingen die Schaf- und Ziegenbestände massiv zurück und beinahe alle Almen in der Region wurden aufgegeben. Vor dem Zweiten Weltkrieg gab es im Gebiet um Bovec an die 15.000 Bovec Schafe und 8.000 Drežniška Ziegen. Heute gib es im Gebiet nur mehr rund 3.000 Schafe und 200 Ziegen und lediglich drei der zuvor 35 Almgebiete. Die Gemeindealm Mangart weist heute den größten Bovec-Schafbestand mit rund 250 Mutterschafen auf. Am Mangart lernte Urban Škander die Bovec Schafe kennen und lieben. Er betreute dort die Schafe seines Onkels, der ihm auch das Käsen beibrachte. Am elterlichen Betrieb gab es zu dieser Zeit noch keine Schafe. Aber sein Vater schenkte ihm das erste reinrassige Bovec Schaf und so begann die inzwischen erfolgreiche Schafzucht und Käseproduktion. Auch Urban Škander alpte seine ersten 50 Mutterschafe auf der Mangart Alm und stellte dort Käse her. Er entschied sich jedoch dann dafür, zu Hause auf seinem Hof eine Schafkäseproduktion aufzubauen. Urban Škander bewirtschaftet rund 25 Hektar gepachtete Wiesen und Weiden, weitere 15 Hektar nutzt er zusätzlich von privaten Eigentümern ohne bestehende Pachtverträge. Er besitzt heute 120 Milchschafe und 20 Jungschafe für die Zucht.

Ab dem zweiten Lebensjahr eignet sich das Bovec Schaf für die Milchproduktion. Die höchste Leistung erreichen die Schafe mit der fünften bis sechsten Laktation. „Wir haben immer wieder zwölfjährige Schafe, die eine höhere Milchleistung erbringen als junge Tiere." Aufgrund seiner bisherigen Erfahrung ist eine Herdengröße von etwa 50 Mutterschafen für die Milchproduktion ideal. Die ersten zwei Lebenswochen bleiben die Lämmer ständig bei der Mutter. In den darauffolgenden drei bis vier Wochen kommen die Lämmer getrennt von den Mutterschafen auf die Weide, erhalten zusätzlich Heu und Kraftfutter. Sie gewöhnen sich daran, Wasser zu trinken. Am Morgen und am Abend dürfen die Lämmer bei den Mutterschafen säugen. Mit der Milchproduktion wird begonnen, wenn die Lämmer die fünfte bis sechste Lebenswoche erreicht haben. Anschließend werden die Lämmer vollständig von den Müttern getrennt. Der Großteil wird geschlachtet, einige Lämmer werden für die Zucht verwendet. Nach der Laktationsperiode, meist um Mitte September, gönnt Urban Škander seinen Schafen zwei Wochen Ruhe, bevor die Zuchtwidder zum Decken zur Herde gebracht werden. Das Bovec Schaf ist, wie alle ursprünglichen Schafe der Steinschafgruppe, asaisonal fruchtbar, Urban Škanders Bovec Schafe werden jedoch nur einmal im Jahr gedeckt und werden von Mitte März bis Mitte September gemolken. Die Tiere sind untertags auf den Umtriebsweiden und am Abend im Stall, wo etwas Heu zugefüttert wird. Eine geringe Kraftfuttergabe erhalten die Tiere nur im Melkstand, damit die Schafe gefügiger sind.

Gegen Ende März werden die Milchlämmer im Alter von fünf bis sechs Wochen geschlachtet. Seine Milchprodukte verkauft Urban in seinem Geschäft in Bovec sowie am samstäglichen Wochenmarkt in Laibach. Geschoren werden die Schafe zwei Mal pro Jahr. Im Herbst und Mitte Mai, wenn die Temperaturen ein gewisses Niveau erreicht haben. „Die Tiere haben dann weniger Stress", erklärt Urban Škander. Stress, etwa durch Spätfröste im Frühjahr, wirkt sich negativ auf die Milchleistung der Schafe aus.

Urban Škander ist nicht nur professioneller Käseproduzent und Züchter, er hat auch eine Dissertation über das Bovec Schaf verfasst. Die Entwicklung der Rasse und die Frage nach den richtigen Zuchtzielen liegen ihm daher am Herzen. Wie vermutlich bei fast jeder Rasse gibt es auch in Slowenien kontroversielle Ansichten, die Ziele der Zucht betreffend. Züchter großer Milchschafherden streben eine Verbesserung der Milchleistung an. Urban Škander sieht dies kritisch, da die Lebensleistung massiv darunter leidet. In intensiv betriebenen Milchschafherden mit 250 Tieren und mehr wird das Bovec Schaf meist nach fünf bis sechs Jahren durch Junge ersetzt. Auch die Eutergesundheit laktierender Bovec Schafe sinkt mit der steigenden Intensität der Haltung. Seine Zuchtphilosophie lautet: weniger Milch, dafür gesunde Schafe. „In großen Herden sind meist 25 Prozent sehr leistungsfähig, aber anfällig, 25 Prozent sind Tiere mit geringer Leistung, die mittleren Schafe sind jedoch die besten", ist Urban Škander überzeugt.

Bovški sir

Diese Hartkäsesorte wird hauptsächlich aus roher Schafsmilch hergestellt. Dabei können bis zu 20 Prozent Ziegen- oder Kuhmilch dazugemischt werden. Träger dieser anerkannten Herkunftsbezeichnung ist der Verein der Schaf- und Ziegenzüchter aus Bovec. Der Bovški sir ist ein Zeugnis der alten Tradition der Käseherstellung in der Region um Tolmin und wurde unter diesem Namen schon 1756 erstmals erwähnt.

Urban Škander macht aus der Schafsmilch der Bovec Schafe den traditionellen „Bovški ovčji sir", dazu Frischkäse, Molke und Joghurt. Foto: Archiv LTO Bovec

Kontakt:
Ekološka kmetija Urban Škander
Klanc 43, 5230 Bovec
Mobil: 00386 (0)40 80 14 88
eko.kmetija.skander@gmail.com

Krainer Steinschaf, Bovška ovca, Plezzana, ursprüngliches Verbreitungsgebiet

Steckbrief Bovška ovca (Bovec Schaf, Plezzana Schaf, Flitscher Schaf, Trentarka)

Das klein- bis mittelrahmige Milchschaf ist feingliedrig, mit geradem Nasenprofil und kurzen, waagerecht abstehenden Ohren. Die Tiere sind, wie alle Vertreter der ursprünglichen Steinschafgruppe, asaisonal, mit zwei Ablammungen pro Jahr. Das Krainer Steinschaf ist ein fruchtbares Tier und liefert im Durchschnitt 1,45 Lämmer pro Jahr.
Die grobe Mischwolle ist schwarzbraun, weiß, seltener grau meliert oder gescheckt. Bei den österreichischen Beständen findet man sowohl behornte als auch unbehornte Tiere. Die slowenischen Zuchtbestände sind generell hornlos. Stirn, Bauch und Schwanz sind bewollt, Gesicht und Beine unbewollt. Weibliche Tiere erreichen ein Gewicht von 50 bis 60 Kilogramm, Widder bis zu 80 Kilogramm.

1990 wurde für das Krškopolje Schwein ein Herdebuch gegründet. Seit 2005 ist der Bestand zunehmend. Das einjährige Schwein genießt offensichtlich die saftige und artenreiche Bergweide.

Porträt: Robert Žgavec und seine Krškopolje Schweine

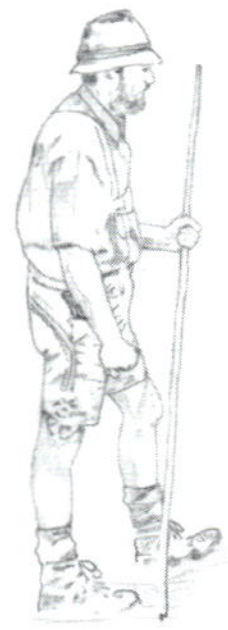

Robert Žgavec lebt auf seinem einsam gelegenen Hof auf rund 1.100 Meter Seehöhe auf der Hochebene von Vojsko (Vojskarska planota). Das Gebiet wird auch Friedenshochebene genannt. Das breite, zerklüftete Gebiet erstreckt sich über rund 3.600 Hektar, hoch über den Tälern der Idrijca, Kanomljica und Trebuša und bietet grandiose Ausblicke auf die Julischen Alpen. Vojsko ist der höchstgelegene Ort in der Küstenregion Primorska. Verstreut liegende Gehöfte, Wiesen und Weiden wechseln hier mit Buchenmischwäldern.

Der Name Krškopoljski Prašič leitet sich von einer Region im Südosten Sloweniens ab, in der die Rasse entstanden ist und bis heute erhalten werden konnte. Das Krškopolje Schwein ist ein nicht so ausgeprägtes Fettschwein wie etwa das Mangaliza Schwein. Je nach Haltung und Fütterung bildet es einen mehr oder weniger starken Fettansatz aus. Krškopoljski Prašič nennt man das Slowenische Sattelschwein in seinem Ursprungsgebiet. Es ist sehr robust und wurde für eine extensive Haltung gezüchtet. „Die Tiere können auch in rauen Lagen, wie hier auf der Hochebene von Vojsko, im Winter in halboffenen Ställen gehalten werden“, erklärt Robert Žgavec. „Man gibt einen Ballen Stroh in den Stall und die Tiere graben sich darin ein. Die Schweine sind wirklich schlau!“ Die Schäden an der Grasnarbe halten sich in Grenzen und sind für den Bauer kein Problem. Das Schwein darf den Sommer über seine Freiheit als Weideschwein genießen, bevor es im Herbst zu Speck und Wurst verarbeitet wird. Die Freilandhaltung der Schweine gemeinsam mit den Schafen ist leider nicht möglich, da die Karst-Schäferhunde die Schweine innerhalb der Schafkoppel nicht akzeptieren und attackieren würden. So erklärt Robert Žgavec die artgerechte Haltung.

Die Gesamtpopulation umfasst 821 Stück. Im Herdebuch sind 53 Eber und 130 Sauen erfasst (EFABIS 2012). Die Rasse ist als im Bestand stark gefährdet (EN, endangered) ausgewiesen.

Steckbrief Krškopolje Schwein

Bei dieser mittleren bis großen Schweinerasse erreichen ausgewachsene Sauen eine Körperlänge von 155 bis 170 Zentimeter und eine Widerristhöhe von 62 Zentimetern sowie ein Gewicht von 190 Kilogramm. Eber werden rund 70 Zentimeter hoch und 220 Kilogramm schwer. Charakteristisches Merkmal der Rasse ist die Schwarzfärbung mit dem weißen Sattel und den Hängeohren. Die Schlachtausbeute liegt bei rund 80 Prozent, der Muskelfleischanteil bei 40 bis 45 Prozent. Das Krškopolje Schwein ist robust, ein guter Futterverwerter und besonders geeignet für die Freilandhaltung, zeigt aber auch eine gute Mastfähigkeit. Mastschweine erreichen eine Tageszunahme von bis zu einem Kilogramm.

Kontakt:
Robert Žgavec
Vojsko 79 , 5280 Idrija
Tel.: 00386 (0)31 63 20 86
zgavec.robert@amis.net
guest.icra.si/zgavec

Der italienische Alpenraum

Wie man die Alpen auch untergliedert, in Italien haben sie die größte Längsausdehnung. Sie reichen vom südöstlichen Alpenrand im Übergang zum Karst über die Ostalpen und Westalpen bis zur ligurischen Küste beim Golf von Genua. Hier prägte über einen langen Zeitraum die Realteilung die Besitzstruktur und damit auch die Entwicklung der Kulturlandschaft. Erst mit dem Gesetz „Nuove disposizioni per le zone montane“ von 1994 wurde das Anerbrecht mit der Regelung des geschlossenen Hofes für alle Landwirtschaftsbetriebe eingeführt. Durch diese Neuregelung wurde der Zerstückelung von Grund und Boden Einhalt geboten und die ungeteilte Übernahme des Hofes durch einen Erben ermöglicht.

Steingemauerte Stallungen im Valle Antigori im nordwestlichen Piemont.

Hauptverbreitungsgebiete des auf Fleischleistung gezüchteten Piemontese Rindes sind die Provinzen Cueno, Asti und Turin.

Alte Vielfalt der Rinderrassen

Mitte des 19. Jahrhunderts waren in der oberitalienischen Ebene weizenfärbige, also semmelfärbige oder blonde Rinderschläge vorherrschend. Sie waren großrahmig und hochgestellt. Domenico Vallada unterschied 1872 verschiedene Subtypen: Im Piemont sind die Landschläge aus der Kreuzung des roten keltischen Kurzkopfrindes mit Braunvieh und Fleckvieh aus der Schweiz hervorgegangen. Im östlichen Teil der Poebene bis nach Friaul beeinflusste nach seiner Theorie das graue Steppenrind die verschiedenen bodenständigen, roten keltischen Schläge, wobei auch hier der Typus des Kurzkopfrindes überwog.

In der Region Carnia der Provinz Udine überdauerte bis gegen 1900 der letzte ursprüngliche Schlag vom Typ des keltischen Bergscheckenrindes (Carnica Rasse). Der grau-rote Friauler Schlag (Razza Friulana) war in der außeralpinen friulanischen Ebene der Provinz Udine verbreitet.

Bestandssituation und Gefährdung der allochthonen Rinderrassen im italienischen Alpenraum

Rinderrasse	Bestand (Zuchtbuch/ Register)	Gefährdung (FAO)	urspr. Verbreitungebiet	Region
Bruna	178.000 (750.000 gesamt)	nicht gefährdet, LC	eingeführt	eingeführt
Chianina	22.552 (46.156 gesamt)	nicht gefährdet, LC	Val Chianina, Provinz Arezzo	Toskana und Umbrien
Frisona Italiana	2 Mio.	nicht gefährdet, LC	eingeführt	eingeführt

Gegen Ende des 19. Jahrhunderts wurden Tiroler Grauvieh (Alpines Grauvieh) und Schweizer Freiburger, etwas später Simmentaler Vieh, zur Verbesserung der Rasse eingekreuzt. Daraus entwickelte sich die Rasse Pezzata Rossa Friulana (Friulaner Fleckvieh), die 1986 in Pezzata Rossa Italiana umbenannt wurde. Diese großrahmigen Tiere erreichten eine Widerristhöhe von 160 bis 180 Zentimetern! Das Friulaner Rind war sehr marschtüchtig und wurde als Arbeitstier und für die Mast eingesetzt. Die Milchleistung war gering, sie reichte gerade für die Ernährung des Kalbes.

Ende des 19. Jahrhunderts versuchte man, die Zug- und Fleischleistung der Rasse durch Einkreuzung von Grauvieh aus der Region um Meran und von Schweizer Freiburgern zu verbessern. Mit den geänderten Nutzungsansprüchen wurden Simmentaler Stiere zur Hebung der Milchleistung eingesetzt. Die führenden Milchrassen Norditaliens sind Holstein Friesian und Bruna Alpina (Braunvieh), Letztere zeichnet sich durch hohe Milchleistung und Widerstandskraft aus, was ab 1850 zur Verbreitung im nordöstlichen Alpenraum Italiens beitrug.

In Friaul verdrängten die Mölltaler und Pustertaler und später das Braunvieh zu Beginn des 20. Jahrhunderts die Rasse Carniella. In weiterer Folge setzte sich das Braunvieh auch vermehrt in der Poebene durch und verdrängte die angestammten Rassen, wie etwa die im Piemont ansässige Lokalrasse Camandona. Mit der beginnenden künstlichen Besamung wurden sukzessive amerikanische Brown Swiss Stämme eingesetzt und es kam zu einer massiven Veränderung der Eigenschaften und Leistungsmerkmale der Rasse Bruna Alpina.

Das Piemontese Rind

Das hellgraue Piemontese Rind ist als eine autochthone Rasse der Region Piemont vorwiegend in den Provinzen Cuneo, Asti und Turin verbreitet. Man findet es auch in der Lombardei und in Ligurien. Sogar auf dem amerikanischen Kontinent fand dieser kompakte, mittelrahmige Fleischrindtypus Verbreitung. Über die Abstammung des Piemontese Rindes gibt es verschiedene Theorien. Es zeigt ähnliche anatomische Merkmale wie das Zebu Rind (gespaltene Dornfortsätze der Brustwirbel), doch fehlen Hinweise, wie diese westpakistanischen Rinder vom Zebu-Typ in die Poebene gelangt sein könnten.

Weitere Quellen auf der Basis anderer Erkenntnisse gehen davon aus, dass das Piemontese Rind aus verschiedenen Lokalrassen (Langhe,

Autochthone Rinderrassen des italienischen Alpenraumes

Rinderrasse	Bestand (Zuchtbuch/ Register)	Gefährdung (FAO)	urspr. Verbreitungebiet	Region
Burlina	636* (Kühe)	stark gefährdet, EN	Provinz Vicenza, Trento	Veneto, Trentino-Südtirol,
Grigio Alpina	16.186* gesamt (25.000 gesamt Italien)	nicht gefährdet, LC	Provinz Bozen, Trento, Belluno, Treviso, Vicenza, Pordenone	Trentino-Südtirol, Veneto, Friaul-Julisch Venetien
Pezzata Rossa Friulana	10* (Kühe)	vom Aussterben bedroht, CR	Provinz Pordenone	Friaul-Julisch Venetien
Pezzata Rossa Italiana	59.031* (gesamt)	nicht gefährdet, LC	Friaul-Julisch Venetien	Friaul-Julisch Venetien
Pezzata Rossa Oropa	5.520* (Kühe)	ungesichert, rare	Provinz Biella	Piemont
Piemontese	230.000***	nicht gefährdet, LC	Cuneo, Torino, Asti	Piemont
Original Pinzgauer	1.929** (gesamt)	gefährdet VU, (Österreich)	Provinzen Udine, Görz, Bozen	Friaul-Julisch Venetien, Trentino-Südtirol
Pustertaler (Barà-Pustertaler)	425* (Kühe); 2.827 gesamt Italien	stark gefährdet, EN	Provinz Bozen	Trentino-Südtirol
Rendena	6.345* (Kühe)	gefährdet, VU	Provinz Trento	Trentino-Südtirol
Torontese/Varezese	216* (gesamt)	stark gefährdet, EN		Lombardei, Piemont, Ligurien
Valdostana Castana	5.025** (gesamt)	ungesichert, rare	Valle d'Aosta	Autonome Region Valle d'Aosta
Valdostana Pezzata Nera	497** (gesamt)	gefährdet, VU	Valle d'Aosta	Autonome Region Valle d'Aosta
Valdostana Pezzata Rossa	10.964** (gesamt)	nicht gefährdet, LC	Valle d'Aosta	Autonome Region Valle d'Aosta

***2008, **2012, *2013

Demont) unter Einfluss podolischer Rinder hervorgegangen ist (Bigi/Zanon 2008).

Bereits im Neolithikum gab es einen fließenden Übergang zwischen asiatischen, europäischen und afrikanischen Abstammungslinien. Das Vorhandensein vorderasiatisch-orientalischer Wurzeln bei den italischen Rindern ist noch viel zu wenig erforscht. Auch in Ägypten gab es große Rinder mit gewissen Ähnlichkeiten zu den italischen Formen.

Der Einfluss podolischer Rinder (ungarischer Steppenrinder) in Oberitalien reicht mit hoher Wahrscheinlichkeit lediglich in die Neuzeit zurück, da es in Ungarn keine Belege für Steppenrinder vor dem ausgehenden Mittelalter gibt.

Um 1900 umfasste die Gesamtpopulation in Norditalien noch rund 680.000 Tiere. Bis zur Mitte der 1980er-Jahre blieb der Bestand konstant. Im Anagrafischen Register sind derzeit 300.000 Tiere in über 15.000 Betrieben erfasst. Im Herdebuch, das seit 1963 geführt wird, sind 230.000 Tiere registriert. Zu den ausgestorbenen Rassen des italienischen Alpenraumes zählt der Demonte-Schlag, eine strohgelbe bis rotfärbige Varietät der Piemonteser aus dem Val Stura.

Aktuell sind im Anagrafischen Register der gefährdeten autochthonen Rinderrassen (Registro anagrafico delle popolazioni Bovine autoctone e gruppi etnici a limitata diffusione) im italienischen Alpenraum die Rassen Burlina, Pinzgauer, Pustertaler, Pezzata Rossa d'Oropa, Original Braunvieh und Tarina erfasst.

Die graubraunen Rinderrassen und Schläge

Aus dem Trentino stammen die ältesten Nachweise für das frühe Auftreten von sehr kleinen Alpenrindern, die der Gruppe der Graubraunen Rinder zugerechnet werden. Zu dieser Gruppe der rezenten autochthonen Graubraunen Rinder des italienischen Alpenraumes zählen neben dem Rendena Rind der Provinz Trento auch das Alpine Grauvieh (Grigio Alpina), das in mehreren Schlägen von Südtirol bis in den östlichen Teil der friulanischen Ebene verbreitet ist.

Das milchbetontere Braunvieh wurde Mitte des 19. Jahrhunderts aus der Schweiz und Österreich in Oberitalien eingeführt und verdrängte sukzessive die bodenständigen Landschläge. Nach 1950 wurden die Grauviehschläge Nord- und Südtirols zu einem einheitlichen Typ zusammengefasst. Hauptzuchtgebiet ist heute die Provinz Bozen mit einem Gesamtbestand von 16.186 Tieren, kleine Bestände gibt es auch in der Region Veneto und Friaul-Julisch Venetien. Seit 1970 wurde mit der Forcierung der Brown-Swiss-Genetik das Original Braunvieh nach und nach verdrängt.

Das Tarina Rind zählt ebenfalls zur Gruppe der Braunviehschläge, den ursprünglichsten

Piemonteser Rinder im hinteren Formazza-Tal, im Norden von Domodossola.

Die Ursprünge des Rendena Rindes reichen zurück in das frühe 18. Jahrhundert. Foto: C. Klenovec

Das piemontesische Tarina Rind hatte vermutlich denselben Ursprung wie das französische Tarantaise Rind (im Bild).

Nach dem Zweiten Weltkrieg existierten in der Provinz Vicenza offiziell noch 22 Zuchtbetriebe und 45 Zuchtstiere der Burlina Rasse. Aufnahme um 1914. Foto: Azienda agricola sperimentale

Rinderschlägen der Alpen. Es hat vermutlich dieselbe Zuchtgeschichte wie das französische Tarantaise Rind der alpinen Hochtäler Tarantaise und Maurienne Savoyens. Diese Rasse dürfte in Italien ausgestorben sein.

Das Tarina Rind

Dieses kleine, kräftige Rind geht zurück auf den Rinderschlag Tarantaise der Region Savoyen, das bis 1860 zusammen mit der Grafschaft Nizza Teil des Königreichs Sardinien-Piemont war und erst nach einer Volksabstimmung an das französische Kaiserreich fiel. Es ist ungeklärt, ob es sich um ein ursprünglich zusammenhängendes Zuchtgebiet oder um frühe Importe aus Savoyen handelte.

Die letzten Vorkommen der Tarina Rasse hatten die Waldenser Täler (Val Pellice) zu verzeichnen, wohin sich einst die verfolgten evangelischen Waldenser zurückgezogen hatten. Möglicherweise wurden die Rinder sogar von diesen reformierten Gläubigen im Piemont angesiedelt. Bemühungen um die Gründung eines Zuchtbuches in Italien gehen auf 1888 zurück, dies konnte aber erst 1949 realisiert werden.

Im Jahr 1993 war von der Rasse nur mehr ein halbes Dutzend Tiere im Val Pellice, im äußersten Westen der Region Piemont in den Cottischen Alpen, vorhanden. Dieses kleinrahmige, kräftig gebaute Rind hatte kurze Beine und einen gedrungenen Körper. Die Kühe erreichten eine Widerristhöhe von 117 bis 122 Zentimetern und ein Gewicht von 400 bis 450 Kilogramm. Stiere wurden durchschnittlich 125 bis 130 Zentimeter groß und 600 bis 800 Kilogramm schwer.

Die Erhebungen des Monitoring Institutes der SAVE über die landwirtschaftlichen Genressourcen in Italien erbrachten keine Hinweise mehr auf Tiere dieser Rasse. Wiederholte Recherchen im Jahr 2013 blieben gleichfalls erfolglos.

Das Rendena Rind

Dieses kastanienbraune bis schwarzbraune Rind stammt aus dem gleichnamigen Val Rendena der Provinz Trento. Seine Ursprünge reichen in das frühe 18. Jahrhundert zurück, als Importe von Schweizervieh zur Verbesserung der bodenständigen Grauviehschläge diese Rasse begründeten. Durch den Einfluss des rätischen Grauviehs entstand eine dunkelgraubraune Färbung. Nach Wilhelm Müller (1958) waren, wie bei der Eringer Rasse und dem Tuxer Rind, ein rötlicher Schopf und der Aalstrich nicht selten. Die Rendena Rasse ist in ihrem Bestand gefährdet. Im Anagrafischen Register sind 4.093 Rinder registriert (siehe Kapitel „Die autonome Region Südtirol-Trentino“).

Die schwarz- und rotscheckigen Rinder

Zu dieser ursprünglich randalpinen Rindergruppe zählen die Rotfleck-Viehrasse (Pezzata Rossa Oropa, Pezzata Rossa Italiana und Pezzata Rossa Valdostana) und die französischen Rassen Mombéliarde und Abondance. Das friulanische Fleckvieh entwickelte sich um 1850 aus bodenständigen Gelbviehbeständen in der Ebene von Friaul. Nach dem Zweiten Weltkrieg wurde das Friulaner Fleckvieh durch vermehrte Einkreuzung von Simmentaler Fleckvieh zur Rasse Pezzata Rossa Italiana weiterentwickelt. Das vizentinische Burlina Rind ist die einzige autochthone schwarzscheckige Milchviehrasse der Alpen. Ihr Ursprung liegt jedoch noch im Verborgenen. Unter den drei Zuchtrichtungen der Valdostana Rinder des Aostatals gibt es neben der rot gescheckten (Valdostana Pezzata Rossa) auch eine extensive schwarz gescheckte Zuchtrichtung, die Valdostana Pezzata Nera, deren Bestand bereits gefährdet ist (siehe Kapitel „Die autonome Region Valle d’Aosta“).

Das Burlina Rind

Diese autochthone Rinderrasse der Provinzen Veneto und Trentino-Südtirol war bis um 1930 die meistverbreitete Milchrasse auf der Hochebene von Asiago, auf rund 1.000 Meter Seehöhe über Vicenza und Bassano del Grappa gelegen. Die Rasse wird vorwiegend für die Milchproduktion gehalten, die durchschnittliche

Milchleistung beträgt 5.000 Kilogramm. Aus der Milch wird der Asiago Pressato hergestellt, ein Hartkäse mit geschützter Herkunftsbezeichnung (DOP). Über die Ursprünge der Rasse Burlina gibt es verschiedene, wissenschaftlich jedoch nicht belegte Theorien. Eine populäre Variante geht davon aus, dass der schwarzscheckige Rinderschlag mit dem germanischen Stamm der Kimbern (lat. Cimbri) um 120 v. Chr. aus dem nördlichen Jütland hier eingewandert sei. Der Volksstamm wurde um 100 v. Ch. bei Vincenza/Verona vernichtend geschlagen. Die Überlebenden sollen sich auf die Hochebene von Asiago zurückgezogen haben.

Das Stammzuchtgebiet der Rasse deckt sich mit der deutschen Sprachinsel der Zimbern, den sogenannten „Sieben Gemeinden" westlich von Bassano del Grappa. Das südliche Voralpengebiet auf der Hochebene wurde zwischen 1050 und 1100 von Bauern aus dem tirolerisch-bayerischen Raum besiedelt und urbar gemacht. Die Siedler kamen aus dem westlichen Tirol (Ötztal, Außerfern) sowie aus dem angrenzenden Oberbayern, aus dem Loisachtal.

Der Bund der Sieben Gemeinden erreichte bis 1807 weitestgehende Autonomie und Sonderrechte. Eher unwahrscheinlich ist, dass diese Neusiedler schwarzscheckiges Vieh vom Freiburger Typus mit in ihre neue Heimat gebracht hätten, da dieser Rindertypus in der Westschweiz verbreitet war. Ein erster schriftlicher Hinweis auf die „borlina" geht auf das Jahr 1610 zurück und liegt im Staatsarchiv in Vicenza. 1884 wurde die Rasse Burlina erstmals als kleinrahmiges und dünnknochiges Rind mit kurzen Hörnern und kleinem Kopf beschrieben und auf der Landesausstellung in Vicenza 1886 als milchergiebige Rasse vorgestellt (Dall'Ava 2008).

Gegen 1900 erreichte die Rasse Burlina neben den Zweinutzungsrassen Grigio Alpina und Rendena aufgrund des sich stetig entwickelnden Molkereiwesens eine größere Beliebtheit. Danach wurde die Rasse Bruna Alpina bevorzugt und die heimischen Rassen, vor allem auch die Burlina, zurückgedrängt. Der Erste Weltkrieg führte zu einem Zusammenbruch der Viehbestände in der Region Vicenza.

In den Zwischenkriegsjahren des 20. Jahrhunderts wurden vom Ministerium für Landwirtschaft in Rom Tierzuchtgesetze erlassen, die eine Ausmerzung der Burlina Rasse zugunsten der Bruna Alpina zum Ziel hatten. Bei der Rassezählung 1931 umfasste die Gesamtpopulation noch an die 15.000 Tiere in der Provinz Veneto. Nach dem Zweiten Weltkrieg existierten in der Provinz Vicenza offiziell noch 22 Zuchtbetriebe und 45 Zuchtstiere.

1963 wurde neuerlich ein Tierzuchtgesetz erlassen (Legge n. 126 del 3. febbraio 1963 sulla disciplina della riproduzione bovina), das den Einsatz von Burlina Stieren untersagte. Der damalige Gesamtbestand von rund 10.000 Tieren verschwand fast vollständig in den darauffolgenden Jahrzehnten. Erst mit der Gründung des Anagrafischen Registers durch das Ministerium für Landwirtschaft und Forsten 1985 wurden erste Schritte zur Erhaltung der Rasse gesetzt. Eine genetische Vergleichsuntersuchung zwischen der bodenständigen Burlina Rasse und den im Nordosten Italiens ebenfalls auf Milchleistung gezüchteten Rassen Braunvieh und Holstein Friesian belegte die Eigenständigkeit der Burlina Rasse. Sie zeigte die höchste Variabilität unter den analysierten Rassen und ihr Inzuchtkoeffizient war gering (Dalvit u.a. 2008). Die Gesamtpopulation der Rasse Burlina umfasst

Das Burlina Rind ist eine autochthone Milchviehrasse aus der Hochebene von Asiago der Provinz Vicenza. Die Rinderrasse wird fast ausschließlich für die Milchproduktion und die Herstellung regionaler Käsespezialitäten gehalten.
Foto: Azienda agricola sperimentale

Burlina Rind, ursprüngliches Verbreitungsgebiet

Steckbrief Burlina Rind

Dieses klein- bis mittelrahmige Rind mit einer glänzend schwarzen Scheckung auf weißem Grund erreicht bei Kühen eine Widerristhöhe von 120 bis 125 Zentimetern und ein Gewicht von etwa 400 Kilogramm. Stiere sind durchschnittlich 130 bis 132 Zentimeter groß und 600 bis 700 Kilogramm schwer. Der Körper ist gestreckt mit geradem Rücken, die Beine sind kurz und schlank. Das Horn ist an der Basis gelblich mit schwarzer Spitze. Der Kopf zeigt ein leicht konkaves Profil und ist bei Kühen etwas länger. Charakteristisch sind die großen Augen und Ohren. Der Nacken ist leicht ausgebildet mit reichlicher Wamme. Die durchschnittliche Milchleistung liegt bei 5.000 bis 6.000 Kilogramm pro Laktation und findet Verwendung für die Herstellung regionaler Käsespezialitäten, wie des Morlacco del Grappa oder des Frischkäses Caciota.

oben: Das Pezzata Rossa Oropa Rind ist orange bis tiefrot gescheckt auf weißem Grund.
Foto: E. Raffo, APAVC
unten: Das Valdostana Pezzata Rossa Rind zählt nicht zur Gruppe der im Eringer-Typ stehenden Valdostana Rinder. Foto: C. Finotto

derzeit 636 Kühe und 27 Stiere. Im Anagrafischen Register sind rund 400 Kühe eingetragen. Derzeit züchten 20 Betriebe in den Provinzen Veneto und Trentino-Südtirol die Rasse Burlina. Rund 70 Prozent der Züchter liegen innerhalb des Alpenkonventionsgebietes.

Das Pezzata Rossa Oropa Rind

Zu dieser alpinen Rotfleck-Viehgruppe werden auch die Rassen Mombéliarde, Pezzata Rossa Italiana, Valdostana Pezzata Rossa und Abondance gezählt. Es ist ein mittelrahmiges Rind, das im Piemont vorwiegend als Fleischrasse gehalten wird. Die Milchleistung ist mit durchschnittlich 2.500 Kilogramm gering. Nach Bonadonna umfasste die Gesamtpopulation in den 1950er-Jahren rund 8.000 Tiere, wovon etwa 5.000 als reinrassig eingestuft wurden. Für die Rasse wurde 1964 ein Herdebuch gegründet. Die Gesamtpopulation umfasst derzeit rund 5.900 Tiere. Im Herdebuch sind knapp 4.000 Kühe erfasst. Das Verbreitungsgebiet liegt fast ausschließlich in der Provinz Biella in den Talschaften des Valle dell'Elvo und Cervo. Einige wenige Herden befinden sich auch in den Nachbarregionen Vercelli und Turin. Der überwiegende Teil der Betriebe alpt die Tiere.

Das Valdostana Pezzata Rossa

Diese autochthone Rinderrasse der Region Valle d'Aosta wird mehrheitlich, um die 85 Prozent, bis heute im Stammzuchtgebiet gezüchtet. Im Valle d'Aosta gibt es drei Rinderrassen der Valdostana-Gruppe, die sich aber hinsichtlich ihrer Zuchtgeschichte, Morphologie, in der Färbung sowie der Nutzung und den Eigenschaften unterscheiden (siehe Kapitel „Die autonome Region Valle d'Aosta“). Im Jahr 1937 wurde die nationale Vereinigung der Valdostana Rinderzüchter gegründet (Associazione Nazionale Allevatori Bovini Razza Valdostana ANA Bo.Ra.Va.). Die Valdostana Pezzata Rossa zählt zu den wenigen autochthonen, milchorientierten Zweinutzungsrassen des norditalienischen Alpenraums. Die Rinder sind gut bemuskelt und liefern eine hohe Fleischqualität. Sie sind außerdem sehr robust und gut angepasst an die Hochgebirgsweiden des Valle d'Aosta. Der Herdebuchbestand umfasst 10.964 Tiere (2012).

Die Gruppe der Valdostana Rinder

Sie zählen neben den Eringern, Evolènern und Tuxer Rindern zu einer eigenständigen Gruppe innerhalb der alpinen Rinder. Bei ihnen handelt es sich vermutlich um Relikte aus der älteren Bronzezeit. Gemeinsam sind ihnen eine vergleichsweise grobe Behornung, der kräftige Wuchs, die ursprünglich geringe Milchleistung, eine gewisse Wildheit (Kuhkämpfe) sowie die Einfärbigkeit mit geringen weißen Abzeichen. Während beim Tuxer Rind die Abstammung vom Walser Vieh unwahrscheinlich ist, stammt das Valdostana Vieh direkt vom Walser Vieh ab, das mit den mittelalterlichen Walserkolonisten im Aostatal heimisch wurde.

Die Rinder der Bergscheckengruppe

Diese Gruppe zählte vermutlich schon zur Zeit der keltischen Besiedelung zu den bodenständigen Rindern des italienischen und französischen Alpenraums. Die mehr auf Milchleistung und weniger auf Zugleistung und Fleischansatz spezialisierten Rinder in verschiedener Schattierung waren einst über weite Gebiete der Alpen verbreitet. Das kleine, milchbetonte Carnica Rind der Region Carnia in Friaul-Julisch Venetien war einer der letzten direkten Vertreter. Die Rasse wurde zu Beginn des 20. Jahrhunderts von Mölltaler und Pustertaler Rindern verdrängt. Das Pinzgauer Rind und die Pustertaler Sprinzen zählen zu Abkömmlingen dieses alpinen Rindertyps. Letztere sind eine autochthone Rasse des Puster- und

Steckbrief Pezzata Rossa Oropa

Die Rasse ähnelt jener der Pezzata Rossa Valdostana, obwohl genetische Untersuchungen in den 1980er-Jahren eine größere Nähe zur Rasse Pezzata Rossa Friulana nachwiesen. Die Rinder sind orange bis tiefrot gescheckt auf weißem Grund. Tiefrote Tiere werden in der Zucht bevorzugt. Derzeit sind 5.695 Rinder, darunter 5.520 Kühe, verteilt auf 204 Zuchtbetriebe, im Anagrafischen Register erfasst. Der Bestand wird nach der Gefährdungseinstufung der FAO als ungesichert (rare) gelistet.

Gardatales. Sie waren im 19. Jahrhundert aufgrund ihrer guten Mastfähigkeit sehr begehrt und breiteten sich auch in Oberitalien aus.

Die Barà-Pustertaler Rinder der Region Piemont werden ebenfalls der Pustertaler Rasse zugeordnet. Ihr Ursprung geht vermutlich auf Tierimporte aus dem Pustertal während des Zweiten Weltkriegs zurück. Seit 2001 werden die Barà-Pustertaler in einem Stammregister verzeichnet. Über die weiter zurückliegenden Generationen gibt es keine Aufzeichnungen. In den Provinzen Cuneo und Turin werden in rund 150 Betrieben an die 2.400 Barà-Pustertaler Rinder gehalten.

Die Pinzgauer Rasse wurde im 19. Jahrhundert in zwei Schlägen, dem Pinzgauer- und dem Mölltalerschlag, gehandelt. Stammzuchtgebiete waren Salzburg und das Kärntner Mölltal. Um 1900 wurde die Rasse von Oberbayern aus, über die Stammzuchtgebiete in Österreich, in den Gebirgsregionen Friauls (Alto Friuli) und im oberen Isonzotal verbreitet. Das Zuchtgebiet reichte bis in das südliche Bosnien-Herzegowina. Auch im Osten der Provinz Bozen wurden neben den Pustertalern auch Pinzgauer Rinder gehalten.

Die Rinder der Blondviehgruppe

Dazu zählen das Varzese-Ottonese-Tortonese Rind und das Reggiana Rind, ihre Entstehung ist allerdings ungeklärt. Bisher ist man davon ausgegangen, dass das Blondvieh aus der Vermischung jenes Viehs, das die Langobarden eingeführt haben, mit dem bodenständigen roten Vieh Oberitaliens entstanden ist. Inzwischen geht man eher davon aus, dass das Blondvieh der Ostalpen auf die bodenständigen keltischen Rinder zurückgeht und römische Rinder bei der Entstehung der Rasse Einfluss genommen haben.

Die randalpinen Blondviehrassen aus Österreich (Kärntner Blondvieh), Italien (Varzese) und Frankreich (Villard de Lans) ähneln einander in den morphologischen Merkmalen und in den Nutzungseigenschaften. Gemeinsam ist ihnen die Eignung als Arbeitsvieh und für die Fleischproduktion bei einer eher mäßigen Milchleistung.

Das Tortonese Rind

Nach Alessio Zanon ist Tortonese ein Sammelbegriff für verschiedene Ökotypen der Lombardei und des Piemont, die nur mehr in einer Restpopulation existieren. Das Tortonese Rind (Varzese) ist die einzige autochthone Rinderrasse der Lombardei. Ihr Ursprungsgebiet sind die Ausläufer der Apenninen. Für den Alpenraum hat die Rasse vermutlich keine direkte Relevanz. Wahrscheinlich waren die italienischen Blondvieh Rassen ursprünglich weiter verbreitet.

In den 1950er- und 1960er-Jahren wurden noch rund 40.000 Tiere gezählt. Das kleinrahmige Tortonese Rind erreicht bei Kühen ein Gewicht von 400 bis 500 Kilogramm und eine Widerristhöhe von 130 Zentimetern, bei Stieren eine Widerristhöhe von 150 Zentimetern bei einem Durchschnittsgewicht von 600 Kilogramm. Die Rinder besitzen im ursprünglichen Typus ein rotblondes Fell und das charakteristische fleischfarbene Flotzmaul. Das Horn ist wachsgelb. Heute ist das Tortonese Rind mehr rötlich gefärbt, vermutlich durch Einkreuzung mit französischen Limousin Rindern.

Das Valdostana Castana Rind zeigt noch eine gewisse ursprüngliche Wildheit und einen kräftigen Wuchs. Foto: C. Finotto

Die Tortonese Rinder (Varezese) zählen zu den Blondviehschlägen. Foto: B. Milerski

oben: Ein Hirte in der Lombardei mit seiner Bergamasker-Herde. unten: Eine Herde Saltasassi Schafe auf dem weiten Boden der Piana d'Avino, etwa 1.700 Meter über dem Simplon-Tunnel an der Schweizer Grenze. Aufnahme um 1970. Foto: V. Sartore

Biellese Schafe. Die großohrigen Alpenschafe vom Bergamasker-Typ haben lange Hängeohren, einen markanten Ramskopf und bis zu einem Meter Widerristhöhe. Foto: M. Verona
Seite 176: Biellese Schafe. Foto: M. Verona

Die Schafe Norditaliens

Während nördlich des Alpenhauptkamms seit dem Hochmittelalter die Rinderzucht vorherrschend war, nahm die Zucht der Kleinwiederkäuer Schaf und Ziege in den südlichen Alpengebieten von jeher eine führende Rolle ein. Begünstigt wurde dies einerseits durch die niedrigen Niederschlagsmengen und kargen Wuchsbedingungen sowie andererseits durch die Unzugänglichkeit vieler Südalpengebiete. Die robusten, anspruchslosen und trittsicheren Kleinwiederkäuer, die ihren Futterbedarf auch aus Gehölzaufwuchs decken können, waren diesen Umständen ideal angepasst. Dazu ergänzte sich die meist kleinteilige, oft zersplitterte Besitzstruktur in den italienischen Alpenregionen, die aufgrund der Realteilung entstanden war.

Die Wanderschäferei, also der jahreszeitliche Wechsel der Weidegebiete, ist in Norditalien noch heute üblich, wenn auch die Rahmenbedingungen für diese archaische Landnutzung immer schwieriger werden.

Zu den ältesten Schafschlägen zählen hier die kleinwüchsigen, grob mischwolligen, primitiven Alpenschafe, die einst quer über den Alpenbogen verbreitet waren. Diese spätreifen Gebirgsschafe hatten nur eine mindere Wollqualität und im Vergleich zu den großrahmigen Alpenrassen, wie Bergamaska oder Biellese, weniger Fleischansatz. Das Fleisch war jedoch aufgrund der Spätreife fein marmoriert und schmackhaft. Sie wurden durch Bergamasker Schafe und feinwollige Arten wie das Paduaner Schaf verdrängt.

Die kleinen, fruchtbaren und widerstandsfähigen Alpenschafe bildeten aber für verbesserte Schafrassen die Zuchtbasis (Foza, Lamon, Brogna, Tiroler Bergschaf, Vilnösser Schaf, Schnalser Schaf). In den italienischen Alpen sind diese ursprünglichen Schafschläge nahezu verschwunden. Für das urtümliche Ciuta del Valchiavenna in der Provinz Sondrio und die Rasse Saltasassi im Nordwesten des Piemont (Val d'Ossola und Seitentäler) wurden 2013 erste Erhaltungsmaßnahmen ergriffen. Viele der einst verbreiteten primitiven Alpenschafe, das Razza Piccolo des Tessin und der angrenzenden Provinz Verbano-Cusio-Ossola (Region Piemont) oder das Cardorina des nördlichen Belluno, sind bereits ausgestorben, um nur einige zu nennen.

Die Zucht von feinwolligen Schafen reicht im oberitalienischen Raum bis in die Antike zurück. Bereits der griechische Geschichtsschreiber und Geograf Strabon († ca. 23 n. Chr.) erwähnte für die Gegend Modena feinwollige Schafe. Im Mittelalter und in der frühen Neuzeit erreichte die Tuchherstellung im oberitalienischen Raum, vor allem um Padua, eine Hochblüte.

Das Padovana Seidenschaf wurde zwischen dem 18. und 20. Jahrhundert in verschiedene Gebirgsschafrassen zur Verbesserung der Wollqualität eingekreuzt (Kärntner Schaf, Schnalser Schaf, Weißes Tiroler Steinschaf, Friulana Schaf, Lamon und so weiter). Die großrahmigen und langohrigen Alpenschafe vom Bergamasker und Biellese Typ wurden durch die Wanderschäferei nicht nur in Norditalien, sondern im gesamten Alpenraum verbreitet. Beide Rassen, insbesondere das Bergamasker, wurden zur Erhöhung des Gewichts und des Rahmens in viele Rassen eingekreuzt.

Die Schafhaltung hat im italienischen Alpenraum trotz des tiefgreifenden Strukturwandels immer noch eine vergleichsweise hohe Bedeutung. Im Lauf des 19. und 20. Jahrhunderts sind viele extensive Landschläge von Kleinwiederkäuern verschwunden. Aber mit 27 autochthonen Schafrassen besitzt das Gebiet noch immer eine eindrucksvolle Vielfalt. Hoffnung für die Erhaltung dieser akut vom Aussterben bedrohten Rassen geben die jungen Initiativen zur Erhaltung der Schafrassen Saltasassi und Ciuta, die 2012 und 2013 ins Leben gerufen wurden. Neben den autochthonen Rassen findet man im italienischen Alpenraum auch vermehrt Leistungsrassen, wie Weißes Alpenschaf, Merinos d'Arles, Ile de France oder Suffolk.

Autochthone Schafrassen

Region Piemont	Gesamtbestand (Zuchtbuch/Register*)	Gefährdung (FAO)	ursprüngliches Verbreitungsgebiet
Biellese	1.016* (gesamt >50.000)	nicht gefährdet, LC	Provinz Ravenna, Turin, Teramo
Brigasca	3.008	gefährdet, VU	Provinz Imperia, Savona
Delle Langhe	1.800	gefährdet, VU	Provinz Cuneo, Savona
Finarda	ca. 5.000 nicht registr.	gefährdet, VU	Ebenen des Piemont und der Lombardei; Wanderschafherden
Frabosana	4.284	gefährdet, VU	Provinz Cuneo, Turin, Pavia
Garessina	110	vom Aussterben bedroht, CR	Provinz Cuneo
Saltasassi	40	vom Aussterben bedroht, CR	Provinz Verbano-Cusio-Ossola
Sambucana	3.490	gefährdet, VU	Provinz Cuneo, Turin
Savoiarda	120	stark gefährdet, EN	Provinz Turin
Tacola	5.350	ungesichert, rare	Provinz Vercelli, Turin, Novara
Region Lombardei			
Bergamasca	12.042	nicht gefährdet, LC	Provinz Bergamo
Ciavenasca	<50	vom Aussterben bedroht, CR od. ausgestorben	Provinz Sondrio
Ciuta	<50	vom Aussterben bedroht, CR	Provinz Sondrio
Corteno	295	stark gefährdet, EN	Provinz Brescia
Livo	<100	vom Aussterben bedroht, CR od. ausgestorben	Provinz Como
Region Veneto			
Alpagota	3.363	gefährdet, VU	Provinz Belluno, Alpago Hochebene (Belluneser Voralpen, Dolomiti d'Alpago)
Brentegana	?	vermutlich ausgestorben	Monte-Baldo-Massiv, Provinz Verona,Trentino-Südtirol
Brogne	2.193	gefährdet, VU	südliche Täler der Monti Lessini (Vizentiner Alpen), Provinz Vicenza u. Verona
Foza/Vicentina	115	vom Aussterben bedroht, CR	Provinz Belluno, Padova und Vicenza
Lamon	240	stark gefährdet, EN	südliche Belluneser Dolomiten, Provinz Belluno
Region Friaul – Julisch Venetien			
Istriana (Carsolina)	635	stark gefährdet, EN	Provinz Gorizia, Pordenone, Triest
Plezzana	108	stark gefährdet, EN	Oberes Soča-Tal (Isonzo-Tal), Resia-Tal, Provinz Udine
Region Valle d'Aosta			
Rosset	919	stark gefährdet, EN	Valle d'Aosta
Trentino-Südtirol			
Schnalser Schaf	1.164	gefährdet, VU	Provinz Südtirol
Schwarz-Braunes Bergschaf	7.279 (2.213 Herdebuch)	ungesichert, rare	Provinz Bozen
Tiroler Bergschaf	40.561 (14.110 Herdebuch)	nicht gefährdet, LC	Provinz Bozen
Villnösser Brillenschaf	4.973	gefährdet, VU	Provinz Bozen, Villnösstal

(Quelle: Assonapa 2013, L.A. Brambilla, eigene Erhebungen des Autors, Bestandszahlen 2013)

Steckbrief Savoiarda Schaf

Bei diesem mittelgroßen Schaf erreichen die Auen ein Gewicht von 60 bis 65 Kilogramm und eine Widerristhöhe von 65 bis 70 Zentimetern. Widder werden 65 bis 75 Kilogramm schwer und 75 bis 80 Zentimeter hoch. Der Kopf ist eher schwer mit einer leichten Ramsung, die bei den männlichen Tieren deutlicher ausgeprägt ist. Typisch sind das schmutzigweiße halboffene Vlies von mittlerer Länge sowie schwarze Pigmentierungen im Bereich des Mauls, der Ohrspitzen, Gliedmaßen und Augen. Beide Geschlechter sind meist behornt. Das Horn ist spiralförmig nach außen gedreht. Die Ohren sind schmal und leicht hängend.

Die Region Piemont

Nicht umsonst hat die Slow-Food-Bewegung in der Region Piemont ihren Ausgang genommen. Die Vielzahl an regionalen Sorten von Schaf- und Ziegenkäse zeigt, dass die Piemonteser genussfreudige Menschen sind und die Spezialitäten ihres Landes besonders schätzen. Die Region Piemont hat zehn autochthone Schafrassen aufzuweisen. Mehr als die Hälfte davon ist gefährdet. Vom Aussterben bedoht ist zum einen das kleinrahmige weiße Saltasassi im Nordwesten des Piemont. Es gehört zur Gruppe der zierlichen und kleinrahmigen primitiven Alpenschafe. Dasselbe Schicksal könnte das Garessina Schaf treffen, das am Übergang von den Ligurischen Alpen zu den Seealpen heimisch ist. Im Piemont kam es zu einer starken Ausbreitung und Einkreuzung der fleischbetonten und großrahmigen Alpenrassen vom Biellese und Bergamasker Typ und parallel zu einer Ausdünnung und Verdrängung von extensiven Mehrnutzungsrassen sowie auf Milch- oder Wollproduktion spezialisierten Schafrassen. In Biella, dem Ursprungsgebiet des großrahmigen, langohrigen Biellese Schafs liegt auch ein Wollverarbeitungszentrum der Region.

Zur Gruppe der großrahmigen und langohrigen Alpenschafe des Piemont zählen das Biellese und das Finarda. Das Tacola Schaf entspricht auch dem Bergamasker Typ, besitzt jedoch im Gegensatz zu den anderen Vertretern dieser Gruppe auch Individuen mit Stummelohren. Die Mutterschafe der drei Rassen erreichen ein Gewicht von über 80, Widder von über 95 bis 120 Kilogramm. Das Finarda Schaf ist mit einer Widerristhöhe bei Widdern von bis zu 100 Zentimetern das größte und schwerste Alpenschaf des Piemont und des gesamten Alpenbogens.

Das Biellese Schaf

Dieses schwere, großrahmige und fleischbetonte Schaf vom Bergamasker Typ wurde traditionell für Wanderschafherden genutzt, die die Sommermonate auf hochgelegenen Weiden in der Provinz Vercelli verbrachten. Die Rasse wurde in den letzten Jahrzehnten in zahlreiche autochthone Rassen zur Verbesserung des Fleischansatzes eingekreuzt, was diese in ihrer Reinrassigkeit gefährdet. Als Beispiele zu nennen sind die Rassen Sambucana, Savoiarda, Frabosana und Garessina. Ursprungsgebiet ist die Provinz Biella. Bei allen Schafen vom Bergamasker Typus vermutet man eine Abstammung von sudanesischen Schafen (*Ovis aries sudanica*). Der Bestand der Biellese Rasse überschritt im Jahr

1994 die Marke von 50.000 Tieren und ist weiter im Steigen begriffen. Im Anagrafischen Register sind 1.016 Tiere erfasst. Mittlerweile ist die Rasse über die Provinz Biella hinaus in den Provinzen Turin, Cuneo und in geringerem Umfang auch in den Provinzen Asti und Novarra verbreitet.

Das Finarda Schaf

Dieses Kreuzungsprodukt aus den Rassen Biellese und Bergamasker ist in den Ebenen des Piemont und in der Lombardei verbreitet. Durch die Wanderschäferei hat die Rasse einen Bezug zum Alpenraum. Das teilweise stummelohrige Tacola wird meist nur als Phänotyp der Biellese Rasse eingestuft. Durch eine Mutation ist die Ohrmuschel stark reduziert oder fehlt überhaupt. Die Mutationsform findet man vereinzelt auch bei den Rassen Lamon und Alpagota. Die Tacola Schafe werden meist in gemischten Herden mit Biellese Schafen gehalten.

Das Savoiarda Schaf

Es handelt sich um eine autochthone Rasse der Grajischen Alpen im Grenzgebiet zwischen Frankreich und der Provinz Turin. Mason setzt das Savoiarda mit dem französischen Thônes et Marthod gleich. Beide Rassen dürften aufgrund der langen politischen Einheit Savoyens mit dem Piemont eine gemeinsame Zuchtgeschichte aufweisen. Erst 1860 wurden im Vertrag von Turin von König Viktor Emanuel II. Savoyen und die Grafschaft Nizza an das französische Kaiserreich abgetreten. Die aktuellen Zuchtgebiete sind das Val Chisone, Val di Susa, Valli di Lanzo und das Val Pellice.

Das Savoiarda ist gleich wie die Rasse Thônes et Marthod eine Zweinutzungsrasse für Milch und Fleisch. Die Milchlämmer werden meist mit 12 bis 15 Kilogramm abgesetzt und die Mutterschafe weiter gemolken. Die Schafmilch wird der Kuhmagermilch beigemengt und zu Käse verarbeitet. In der Vergangenheit gab es Versuche, die Produktion durch Kreuzungen mit italienischen und französischen Fleischrassen oder durch Kreuzungen mit der Rasse Frabosana zu verbessern. Im Jahr 1961 umfasste die Gesamtpopulation laut Associazione Nazionale della Pastorizia (ASSO.NA.PA.) noch 2.500 Tiere. Rund 20 Jahre später, im Jahr 1979, ergab eine Erhebung des Consiglio Nazionale delle Ricerche eine dramatische Bestandssituation von weniger als 100 Tieren. Seit dem Jahr 2000 wird die Rasse im Register der gefährdeten Rassen des Piemont geführt. Derzeit entwickelt sich die Rasse leicht positiv. Die Gesamtpopulation der im Anagrafischen Register erfassten Tiere beträgt lediglich 120 Tiere (107 Auen). Die Einkreuzung fleischbetonter Rassen erhöht ihre Gefährdung.

Im Südwesten des Piemont in den italienischen Seealpen und den Ligurischen Alpen sind die Schafrassen Garessina Schaf und Sambucana sowie die Rassen Brigasca, Frabosana und Delle Langhe beheimatet. Im Grenzgebiet zwischen dem Département Alpes-Maritime und der Region Piemont findet man mit der französischen Schafrasse Brigasque und der italienischen Schafrasse Brigasca nahezu idente Rassen. Auch die Rasse Frabosana (Roaschina) dürfte einen gemeinsamen Ursprung haben. Daniele Bigi ordnet auch die Rasse Delle Langhe aufgrund der charakteristischen Kopfform dieser Gruppe zu, obwohl sie sich durch das reinweiße Vlies und die fehlende Behornung unterscheidet. Die beiden Rassen Garessina und Sambucana Schaf haben einen ähnlichen Phänotyp.

Das Brigasca Schaf

Sie stammt aus der Region um das französische Roya-Tal und den angrenzenden Gebieten im Piemont. Namensgebend für die Schläge

oben: Roaschina Schafe.
Foto: M. Verona
unten: Die piemontesische Savoiarda Rasse steht, wie der Name andeutet, dem savoyardischen Thônes et Marthod nahe.
Foto: A. Feldmann

Steckbrief Brigasca Schaf

Dieses mittelgroße, robuste Schaf zeigt ein markant geformtes Nasenbein. Auen erreichen bei einer Widerristhöhe von 50 bis 60 Zentimetern ein Gewicht von 65 bis 70 Kilogramm. Widder werden 65 bis 70 Zentimeter groß und rund 80 Kilogramm schwer. Das halboffene Vlies bedeckt den gesamten Körper mit Ausnahme des Kopfes. Die Beine sind unterhalb des Karpal- beziehungsweise Tarsalgelenks unregelmäßig rötlich-braun pigmentiert. Diese für die Rasse charakteristische Pigmentierung findet man auch bei den Lämmern, sie verschwindet meist mit zunehmendem Alter.

Die Rasse Frabosana war einst die verbreitete Milchschafrasse des Piemont.
Foto: B. Milerski

Brigasca und Brigasque sind die Orte La Brique und der piemontesische Nachbarort Alta Briga. Das Roya-Tal und die angrenzenden Gebiete des Mercantur Massivs waren ein historisches Zentrum der Schafzucht und das Ziel der Wanderschäfer aus der Crau-Ebene und den östlichen Gebieten der Provinzen Piemont, Imperia und Savona. Die Schafrassen Roaschina, Brigasca und die französische Rasse Brigasque des Vallée de la Roya im Massif du Mercantour (Departement Alpes Maritimes) sind heute nahezu idente Rassen.

Vor mehreren Jahrzehnten konnten die unterschiedlichen Schäge noch anhand der Farbunterschiede des Vlieses und der Pigmentierung der Extremitäten unterschieden werden. Die Brigasque Schafe der französischen Seealpen waren deutlich heller, lichtbraun, mit hellen Beinen und bräunlicher Färbung von Hals und Brust. Aufgrund der geringen Populationsgröße des Brigasca und des Brigasque Schafes wird heute nur mehr auf einen einheitlichen Typ selektiert.

Ursprungsgebiet der Rasse Brigasca ist das Grenzgebiet zwischen dem französischen Département Alpes-Maritimes und der Region Piemont. Es liegt im Übergangsbereich zwischen Seealpen und Ligurischen Alpen.

Die Brigasca Schafe können dank des milden Klimas ganzjährig im Freien gehalten werden. In den Sommermonaten von Mai bis Oktober weiden die Tiere auf den Almflächen der Seealpen. Das Winterhalbjahr verbringen sie in den Tallagen oder entlang der Ligurischen Riviera. Aus der Milch der Brigasca Schafe werden traditionell drei Käsesorten hergestellt. Für die Produktion von Sora, Toma und Brus werden jahrhundertealte Techniken und Materialien verwendet. Slow Food unterstützt die Erhaltung dieser alten Käsesorten und hat diese als Presidi-Produkte anerkannt. Im Anagrafischen Register sind etwas mehr als 3.000 Tiere erfasst (2.967 Auen). Der Bestand wird derzeit als gefährdet eingestuft.

Das Frabosana Schaf

Diese ursprünglich häufigste Milchschafrasse des Piemont war nach dem Zweiten Weltkrieg noch mit 52.532 Tieren registriert. Bis 1983 war der Bestand auf 5.000 Tiere gesunken. Die Rasse wurde zunehmend von den Delle Langhe verdrängt, ursprüngliche Bestände konnten sich nur mehr in den Alpentälern der Seealpen halten. Namensgebend für die Rasse sind die Orte Roáschia und Frabosa, im Süden beziehungsweise Südosten von Cuneo an der Grenze zu Frankreich. Ursprünglich wurde der etwas großrahmigere Roaschina und der kleinere Frabosana Schlag unterschieden.

Bei der Zucht der Rasse Frabosana zielt man seit einigen Jahren verstärkt auf den Ertrag von Lammfleisch. Denn die Schafkäse-Erzeugung bringt hier weniger ein als in Frankreich. Es wird daher verstärkt auf Zwillingslämmer selektiert und die Milchproduktion vernachlässigt. In den vergangenen Jahrzehnten wurden auch vermehrt Biellese Schafe zur Erhöhung der Fleischleistung eingekreuzt. Hauptzuchtgebiete sind die Alpentäler der Provinz Cuneo (Valli Monregalesi, Valle Gesso, Vermenagna und Pesio, Grain Valley) und das Pellice-Tal in der Provinz Turin.

Weitere Betriebe findet man in den Provinzen Asti, Alessandria und Vercelli. 1995 wurde die Rasse aufgrund der zunehmenden Gefährdung in das Anagrafische Register aufgenommen. Die Rasse Frabosana ist mit einem Gesamtbestand von 4.284 Tieren im Bestand gefährdet.

Frabosana Schaf, ursprüngliches Verbreitungsgebiet

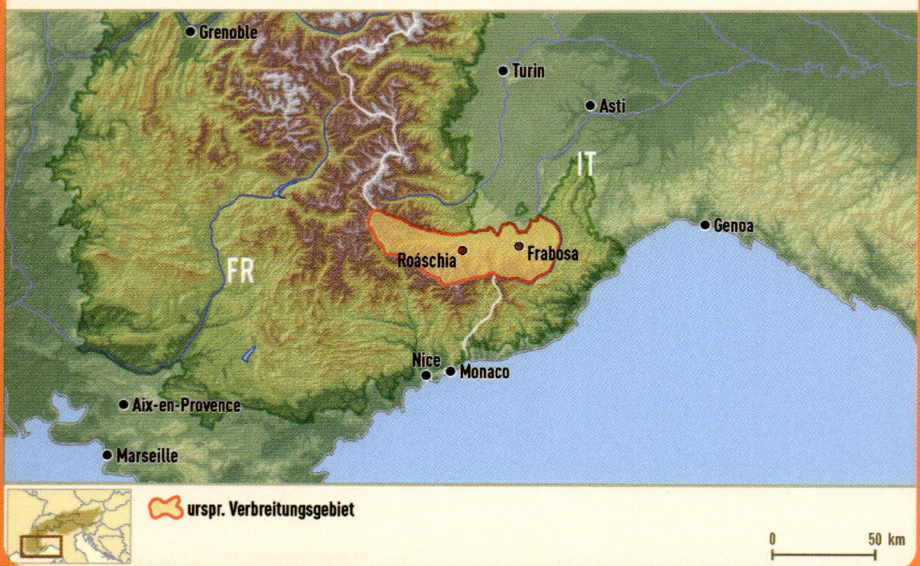

Steckbrief Frabosana Schaf

Es ähnelt der Rasse Brigasca, ist jedoch etwas höher gestellt. Mutterschafe erreichen bei einer Widerristhöhe von 74 bis 80 Zentimetern ein Gewicht von 65 bis 80 Kilogramm. Widder sind durchschnittlich 75 bis 85 Kilogramm schwer bei einer Widerristhöhe von 80 bis 90 Zentimetern. Der Kopf ist schwer und zeigt das typische konvexe Nasenprofil. Die gelbliche Wolle ist grob. In der Regel werden die Tiere nur einmal im Jahr geschoren. Der Wollertrag liegt bei rund 2 bis 2,5 Kilogramm. Im Bereich des Kopfes und der Gliedmaßen findet man gelblichbraune Flecken. Die kleinen Ohren stehen seitlich ab und sind nach hinten gerichtet. Die Tiere sind behornt. Die Widder tragen eng anliegende, spiralförmige Hörner. Die Hörner der Auen sind sichelförmig. Die Schafe lammen einmal pro Jahr. Im Durchschnitt werden 1,2 Lämmer zur Welt gebracht.

Das Delle Langhe Schaf

Diese milchbetonte autochthone Schafrasse der Alta Langa südöstlich von Belbo ist in den Provinzen Cuneo und Asti heimisch. Das Gebiet liegt zwischen den Ligurischen Alpen und der oberen Poebene bei Turin. Die Alta Langa weist im Übergangsbereich zu den Ligurischen Alpen höhere Hügel mit rauerem Klima auf. Heute ist die Rasse auch in Ligurien und Mittel- sowie Süditalien verbreitet.

Das Delle Langhe ist eine der leistungsfähigsten, autochthonen, milchbetonten Schafrassen Italiens. Dieses mittelgroße, schlanke Schaf trägt ein elfenbeinfärbiges gelocktes Vlies. Der Körper ist langgestreckt. Schafe erreichen ein Gewicht von 60 Kilogramm und eine Widerristhöhe von 72 Zentimetern. Widder sind durchschnittlich 82 Kilogramm schwer bei einer Widerristhöhe von 80 Zentimeter. Die Beine sind lang und dünn. Kopf, Bauch und Extremitäten sind unbewollt. Die Tiere haben einen markanten Ramskopf. Die Ohren sind mittellang, nach unten und vorne gerichtet. Die Milchleistung liegt bei 180 bis 200 Liter in sechs Monaten, mit Spitzenwerten von 250 bis 300 Liter. Die Lämmer werden meist sehr früh entwöhnt und mit Milchaustauschern großgezogen. Sie werden meist zu Ostern mit einem Alter von 20 bis 30 Tagen und einem Gewicht von 15 bis 17 Kilogramm geschlachtet. Nach Daniele Bigi wurden bereits in den 1920er-Jahren vom Institut für Tierzucht im Piemont Milchleistungen von 130 bis 180 Kilogramm und Spitzenwerten von mehr als 350 Kilogramm pro Laktation gemessen.

Das Delle Langhe Schaf wurde in der Alta Langa traditionell in kleinen Herden von drei bis fünf Tieren gehalten. Die Betreuung übernahmen meist Kinder und ältere Frauen, ähnlich der Haltung von Ziegen in anderen Regionen der Alpen mit kleinem Streubesitz. Zu Beginn des 20. Jahrhunderts gab es Versuche zur Verbesserung des Fleischansatzes durch Einkreuzung von Bergamasker Widdern, was sich jedoch negativ auf die Milchleistung auswirkte. Später wurden Versuche mit südfranzösischen Larzac und Lacaune Milchschafen unternommen, die sich ebenso wenig bewährten. In den 1930er-Jahren umfasste die Population noch rund 40.000 Tiere, 1946 wurden 42.394 Delle Langhe erfasst. Mit den Folgen der Landflucht in den 1960er-und 1970er-Jahren nahm der Bestand der Rasse rapide ab. Derzeit sind 1.800 Tiere im Anagrafischen Register erfasst. Die Rasse ist in ihrem Bestand gefährdet.

Das Sambucana Schaf stammt ursprünglich aus dem Südwesten der Provinz Cuneo (Valle Stura und Valle Gesso). Foto: M. Verona

Das Sambucana Schaf

Die Rasse stammt ursprünglich aus dem Grenzgebiet zwischen Seealpen und Ligurischen Alpen. Hauptverbreitungsgebiet sind heute noch das Valle Stura und dessen Nachbartäler, das Valle Grana und Valle Gesso. Das Dorf Sambuca im Sturatal in den Alpi Marittime, dem italienischen Abschnitt der Seealpen, wurde Namensgeber.

Die Herkunft der Rasse ist umstritten. Einige Autoren geben an, sie stamme aus dem Apennin und stehe der Garessina Rasse nahe (Feldmann u.a. 2005). Auch Mason erwähnte 1942 die Ähnlichkeit mit dem deutlich kleineren Garessina Schaf und bereits die Einkreuzung des Biellese (Porter 2002). Genetische Untersuchungen von Stasio im Jahr 2001 haben dies jedoch nicht bestätigt. Es ist vielmehr anzunehmen, dass das Sambucana aus bodenständigen Landschlägen der Seealpentäler entstanden ist. Daniele Bigi gibt an, dass das Herrscherhaus Savoyen in den 1820er-Jahren Merinoschafe zur Verbesserung der Schafbestände einsetzte (Bigi/Zanon 2008).

Ab 1950 forcierte die Provinzregierung die Kreuzung der bodenständigen Schafrasse Sambucana mit Biellese Schafen, um den Fleischertrag zu erhöhen. Viele Bauern folgten diesen Empfehlungen der Tierzuchtberater. 1961 umfasste die Population noch rund 8.000 Tiere. Den Tiefststand erreichte die Rasse in den 1980er-Jahren, als im Sturatal nur mehr zwei Betriebe mit rund 80 reinrassigen Tieren übrig blieben.

Die größte Herausforderung für die Rasse Sambucana ist die Reinzucht der Rasse aufgrund der starken Durchmischung mit der Rasse

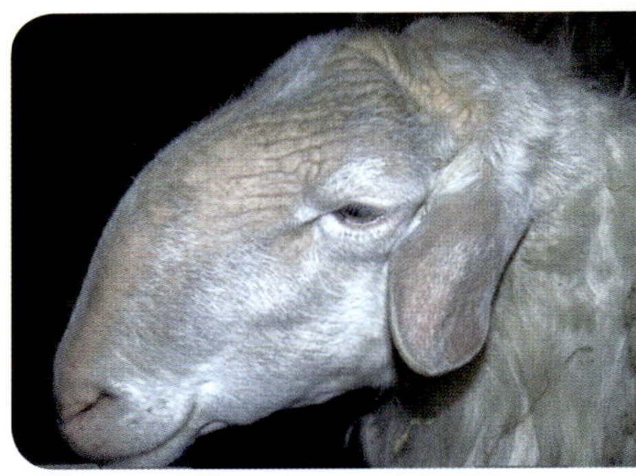

Das Delle Langhe Schaf stammt ursprünglich aus dem Hügelland Alta Langa, im Übergangsbereich der Poebene zu den Ligurischen Alpen. Die Tiere haben einen markanten Ramskopf. Foto: R. Fortina

Das Garessina Schaf ist eine autochthone Rasse im Übergangsbereich von Seealpen und Ligurischen Alpen. Das mittelkleine Schaf liefert ein feines Wollvlies.
Foto: A. Feldmann

Biellese, deren Derivate einen deutlich höheren Fleischertrag liefern. Das Sambucana wird traditionell in kleinen Herden von unter 20 Stück gehalten (50 Prozent des Gesamtbestandes). Im Anagrafischen Register sind knapp 3.500 Tiere erfasst (2013). Der Gesamtbestand liegt bei etwas über 5.000 Tieren. Die Rasse wird als gefährdet eingestuft. Mittlerweile hat man die Bedeutung hochwertiger regionaler Produkte erkannt. 1985 wurde im Sturatal eine Initiative zur Erhaltung der Rasse und Vermarktung der regionalen Produkte gestartet. Die aus seiner Milch hergestellte regionale Käsesorte La Toumo findet viele Abnehmer. Das Sambucana besitzt eine feine hochwertige Wolle, die wieder vermehrt veredelt wird.

Delle Langhe, Sambucana u. Garessina Schaf, ursprüngliches Verbreitungsgebiet

Steckbrief Sambucana

Ein mittelgroßes Schaf mit langem Körper und breiter Brust, das auch eine gut bemuskelte Keule zeigt. Die Auen erreichen ein Gewicht von 71 Kilogramm bei einer Widerristhöhe von 78 Zentimeter. Widder sind im Schnitt 90 Kilogramm schwer und 83 Zentimeter hoch. Die Tiere sind in der Regel hornlos. Kopf und Bauch sind frei von Wolle. Die mittellangen Ohren werden fast horizontal getragen. Das Vlies ist meist weiß bis strohgelb, es kommen jedoch auch braune Tiere vor. Die Wolle ist mittelfein und von guter Qualität.

Steckbrief Garessina (Muma, Garessio)

Das mittelkleine Schaf mit einer Widerristhöhe von 55 bis 60 Zentimetern bei Schafen und 60 bis 65 Zentimeter bei männlichen Tieren ist generell unbehornt. Auen erreichen ein Gewicht von 45 bis 50 Kilogramm, Widder von 55 bis 60 Kilogramm. Beide Geschlechter sind unbehornt. Der Kopf ist kurz und zierlich. Weibliche Tiere haben ein gerades Kopfprofil, Widder sind deutlich geramst. Die Ohren sind mittellang und leicht abstehend. Die Extremitäten sind kurz und kräftig. Die Wolle ist fein (43 Mikron) und von guter Qualität. Das gelblich-weiße Vlies ist halboffen und lang. Der jährliche Wollertrag liegt bei 2,5 bis 3 Kilogramm (Mutterschafe und Widder). Drei Lammungen in zwei Jahren sind die Regel, meist Zwillingsgeburten.

Das Garessina Schaf

Seine Ursprünge liegen im oberen Tanaro-Tal, zwischen Ceva und Ormea, sowie in den Talschaften Negrone und Casotto. Diese Gebiete gehören zum südwestlichen Teil der Provinz Cuneo an der Grenze zu Frankreich. Mason beschreibt diese autochthone Rasse ähnlich wie das Sambucana, jedoch als etwas kleiner und mit feinerer Wolle. Der Ursprung der Rasse geht vermutlich auf französische Alpenrassen mit Einfluss von Merino Schafen zurück. Nach Alessio Zanon wurde die Rasse in den 1920er-Jahren noch als sehr uneinheitlich, mit dichter, weißer, feiner Wolle und geschlossenem Vlies beschrieben, was eine starke Beeinflussung durch Merinos vermuten lässt. Das robuste Garessina Schaf wurde ursprünglich als Mehrnutzungsrasse gehalten. Neben der Fleisch- und Milchproduktion schätzte man seine feine Wolle, aber mit dem Verfall der Wollpreise wurde die Rasse vermehrt zur Gewinnung von Lammfleisch genutzt und schwere Rassen, insbesondere Biellese, eingekreuzt.

Nach dem Zweiten Weltkrieg wurden noch 14.746 Schafe registriert. Seit Beginn der 1970er-Jahre ist die Rasse stark rückläufig. Während der Bestand 1961 noch rund 2.700 Tiere umfasste, sank die Population bis Mitte der 1970er-Jahre auf 600 Tiere. Um 1980 waren es lediglich noch 80 Tiere, davon waren nur 31 registriert.

Der Gesamtbestand umfasst derzeit 110 Tiere. Lediglich in drei Betrieben sind die Tiere im Anagrafischen Register erfasst. Die Rasse ist akut vom Aussterben bedroht. Das Garessina Schaf wurde traditionell in Familienbetrieben in geringer Herdenzahl gehalten. Während der Sommermonate nutzten die Schafe die Almweiden in den Ausläufern des Apennins und der Seealpen. In den Wintermonaten werden die Schafe mit Heu und Laub gefüttert. Die Milch wird meist für die Aufzucht der Lämmer verwendet und nach dem Absetzen zur regionalen Käsesorte Tomette verarbeitet.

Die Region Valle d'Aosta

Sie besitzt mit dem Rosset Schaf nur eine autochthone Schafrasse. Das mittelgroße Rosset Schaf ähnelt im äußeren Erscheinungsbild dem piemontesischen Savoiarda Schaf. Die Rasse ist im Bestand stark gefährdet. Im Anagrafischen Register sind 863 weibliche Zuchttiere in 94 Zuchtbetrieben erfasst.

Die Region Lombardei

Der nördliche Teil der Lombardei hat mit den Provinzen Varese, Como, Lecco, Bergamo, Sondrio und Brescia Anteil am italienischen Alpenraum. Die Region besitzt insgesamt fünf autochthone Schafrassen. Das Bergamasker Schaf ist Typus bestimmend für die Gruppe der langohrigen, großrahmigen Alpenschafe. Es stammte ursprünglich aus den Talschaften der Bergamasker Alpen. Durch die jahrhundertelange Tradition der Wanderschäferei wurde die Rasse weit verbreitet. Es war die erste erfolgreich verbreitete Schafrasse der Alpen.

Das Brianzola Schaf war bis zum Zweiten Weltkrieg die meistverbreitete Schafrasse der Lombardei und der südlichen Voralpen. Das Ursprungsgebiet liegt im Dreieck Monza-Como-Lecco, also bereits außerhalb des Alpenbogens. Die Rasse zählt zur Gruppe der langohrigen Alpenschafe vom Bergamasker-Typus und ist nach Valerie Porter aus der Kreuzung von Bergamasker und Varesina Schafen hervorgegangen. Die Rasse ist mit einer Gesamtpopulation von 1.446 registrierten Tieren im Bestand gefährdet.

Das Varesina Schaf stammt ursprünglich aus der Provinz Varese. Es war vermutlich eine Varietät des Bergamasker Schafes. Durch die Verbreitung der Bergamasker und der Biellese Rasse wurde das Varesina Schaf völlig verdrängt.

Das Corteno Schaf stammt aus der Provinz Brescia. Es zählt ebenfalls zur Gruppe der im Bergamasker-Typus stehenden Schafe und ist stark gefährdet. Drei Schafrassen, das Ciuta, Ciavenasca und das Livo Schaf, sind akut vom Aussterben bedroht, für die beiden Letzteren liegen keine aktuellen Daten vor, sie sind möglicherweise bereits ausgestorben. Ciuta und Ciavenasca zählen zur Gruppe der grob- oder mischwolligen primitiven Alpenschafe (siehe Kapitel „Die Region Veltlin mit dem Tal der Adda“).

Das Livo Schaf

Über diese autochthone Rasse des Val di Livo in der Provinz Como liegen kaum Informationen vor. Valerie Porter führte die rauwollige Rasse mit geradem Nasenprofil bereits im Jahr 2002 als ausgestorben. Der „Consiglio Nazionale delle Ricerche“ im Atlante Ethnografico gab 1983 nur mehr einen Bestand von 500 Tieren im Val di Livo an. Daniele Bigi schätzte den Bestand im Jahr 2007 auf weniger als 100 Tiere. Ob die Rasse tatsächlich noch existiert, ist daher fraglich.

Das Corteno Schaf

Es ist die einzige autochthone Schafrasse der lombardischen Provinz Brescia. Sein Ursprungsgebiet sind das Valle di Corteno, das der Rasse auch den Namen gegeben hat, sowie das Valcamonica zwischen Montana di Valle Camonica und Edolo. Die Rasse zählt zur Gruppe der im Bergamasker Typus stehenden Schafe. Bei der Zucht wurde historisch auf einen guten Fettansatz Wert gelegt, da dieses eine Winter-Lagerung erlaubte. Das Eintopfgericht „Cuz“, das aus fettem Hammelfleisch in einem Kupferkessel zubereitet und in Töpfen aus Terrakotta aufbewahrt wird, erinnert noch an diese Mangelzeiten. Man verwendete dazu das Fleisch vom ganzen Tier

Das Corteno wird in erster Linie für die Fleischproduktion genutzt. Die Mastlämmer werden mit einem Lebendgewicht von 40 bis 50 Kilogramm geschlachtet.

Livo und Corteno Schaf, ursprüngliches Verbreitungsgebiet

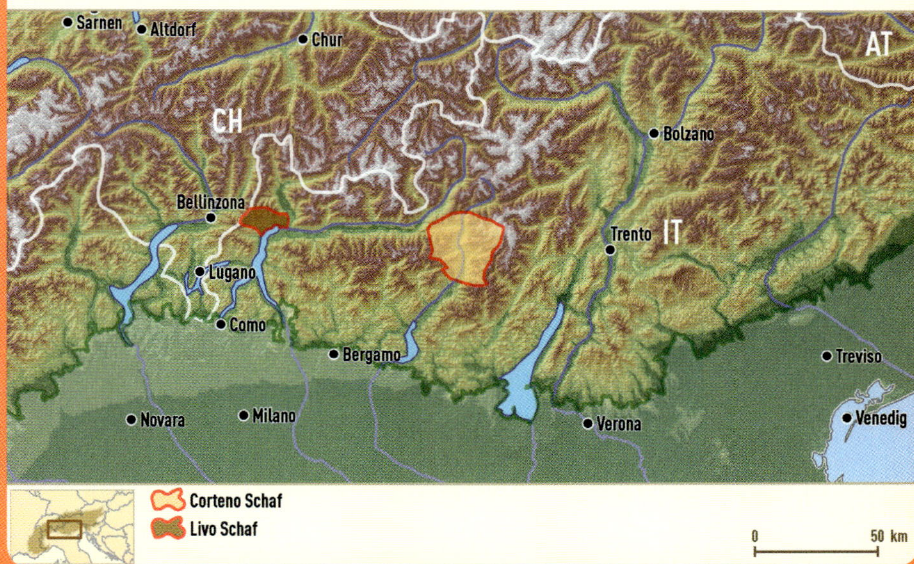

Steckbrief Livo Schaf

Es ist von mittlerer Größe, Mutterschafe erreichen ein Gewicht von 50 bis 55 Kilogramm bei einer Widerristhöhe von 65 bis 70 Zentimetern. Widder sind durchschnittlich 70 Kilogramm schwer und 70 bis 75 Zentimeter groß. Das Livo Schaf mit seiner ausgeprägten Stirnbewollung und den Hängeohren zeigt Merkmale des Bergamaska-Typus, doch überwiegen die Kennzeichen des primitiven rauwolligen Alpenschafs. Das Profil ist gerade, der Kopf fein und gut proportioniert. Beide Geschlechter sind hornlos. Das Vlies ist strohfarben und halb geschlossen.

Steckbrief Corteno Schaf (Di Corteno, Dicorteno)

Ein mittelgroßes Schaf mit kompaktem, relativ tiefem Körper, dessen Hinterhand gut bemuskelt ist. Auen erreichen bei einer Widerristhöhe von 73 Zentimetern ein Gewicht von 60 Kilogramm. Widder werden durchschnittlich 77 Zentimeter hoch und 70 Kilogramm schwer. Die Ohren sind mittellang und schräg nach unten abstehend. Die Tiere sind meist unbehornt. Der Kopf ist relativ kurz, schmal und leicht geramst. Die Stirn ist bewollt. Die Wolle hat eine mittlere Feinheit. Das Vlies ist weiß und halboffen. Vereinzelt treten schwarze Pigmentflecken auf. Die Rasse ist asaisonal. Drei Ablammungen in zwei Jahren sind die Regel.

Schafherde, Hirte und Hirtenhund auf einem Stich aus dem bekannten Buch von Friedrich von Tschudi (1861). Er beschreibt die Bergamasker Hirtenhunde als groß, mager und langwollig.
Foto: Archiv Jaritz

Kontakt:
Associazione Provinciale Allevatori (APA) di Brescia
Via Dalmazia 27, I-25125 Brescia
Tel.: 0039 (0)30 22 73 011
www.apabs.it

mitsamt dem Kopffleisch, der Haut und dem Blut, jedoch ohne Innereien. Zur Haltbarmachung wird das Fleisch mit einer Fettschicht abgedeckt. In der Gemeinde Corteno Golgi im Corteno-Tal wird jedes Jahr am 15. August ein Fest gefeiert, bei dem dieses traditionelle Hirtengericht noch angeboten und gemeinschaftlich verzehrt wird.

Das Corteno wird als Fleischschaf genutzt, die Mastlämmer werden mit einem Lebendgewicht von 40 bis 50 Kilogramm geschlachtet. Der Gesamtbestand der Rasse umfasst derzeit 295 Tiere (268 Auen) in 14 Betrieben, war aber in den vergangenen Jahren wieder leicht rückläufig. Die Rasse ist im Bestand stark gefährdet.

Das Bergamasker Schaf und die Wanderschäferei

Das Bergamasker Schaf stammt aus dem Gebiet der Bergamasker Alpen in der Lombardei, einem Gebirgsstock zwischen Iseosee, Comer See und Val Camonica. Die großrahmige Rasse mit den charakteristischen Hängeohren und der Ramsnase wurde mit den Wanderhirten im Veltlin und Engadin verbreitet. Im Engadin tätige Tiroler Hirten brachten sie über die Alpen bis in den süddeutschen Raum. Vor allem während der Habsburger Herrschaft in der Lombardei im 18. und 19. Jahrhundert wurde das Bergamasker Schaf weit verbreitet und in Österreich zur Verbesserung des Kärntner Schafes eingesetzt. Georg May unterstützte 1866 den Vorschlag eines oberbayerischen Bezirksvereins, Bergamasker Schafe in das Gebirgsschaf einzukreuzen, und führte dazu an, dass diese bereits in Westpreußen, in der Steiermark und in Kärnten zum Einsatz kämen.

Die Bergamasker Transhumanz bis Ende des 19. Jahrhunderts, Nach Wernike 1991.

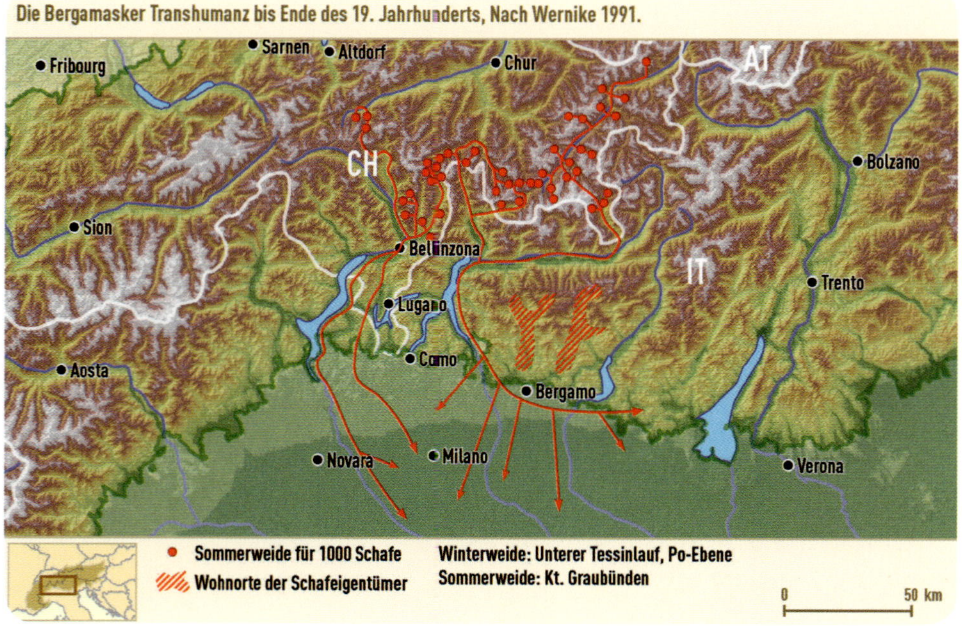

Die klassische Form der Bergamasker Wanderschäferei basierte auf dem Wechsel von Sommerweiden im Schweizer Engadin und Winterweiden zwischen Bergamo, Cremona und Mailand sowie in den Ebenen des südlichen Tessin. Die Herden aus den Tälern von Brescia zogen am Comer See vorbei und über den 2.328 Meter hohen Bernina Pass in den Kanton Graubünden. Um 1850 wurden jährlich 30.000 bis 40.000 Bergamasker Schafe in den Gebirgsregionen des Misox, Bergell, Buschlab, Engadin, Rheinalp, Stalla und Avers gealpt. Allein in Graubünden waren es 24.191 Stück. Neben den Bergamasker Schafen verzeichnete der damalige heimische Schafbestand in Graubünden (Bündner Oberländer Schafe) rund 80.000 Schafe.

In Friedrich von Tschudis Buch über die Alpentiere heißt es: „Alljährlich, wenn die Vegetation der höchsten Engadiner Bergweiden sich zu entwickeln beginnt, sieht man auf den Straßen, welche aus den südmailändischen Tessinmarschen nach der Adda und dem Comer See führen, die nomadisierenden Karawanen. Große, magere, langwollige Hunde halten eine musterhafte Polizei." In der Regel bestand eine Herde aus 2.000 bis 3.000 Schafen. An der Spitze ging „il pastore", der Chef, als Schlusslichter meist ein bis zwei Hirten. Die Bergamasker Hirten des 19. Jahrhunderts stammten aus Großfamilien der Täler Val Seriana und Brembana in der Provinz Bergamo.

Während das Bergamasker Schaf bis in die erste Häfte des 20. Jahrhunderts den Alpenraum regelrecht eroberte und in zahlreiche Schafrassen eingekreuzt wurde, war der typische Hund der Bergamasker-Herden, der Cane de Bergamasco, in seiner Arbeitslinie bald akut vom Aussterben bedroht. Der Gesamtbestand der im Anagrafischen Register erfassten Bergamasker umfasst heute 12.042 Tiere (Assonapa 2013). Über 80 Prozent des Gesamtbestandes werden in der Provinz Teramo in den Abruzzen gehalten.

Porträt: Die Bergamasker Schafe des Hirten Danilo Augustini

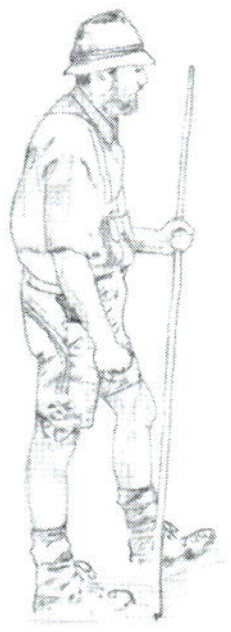

Der 51-jährige Danilo Augustini und sein Sohn führen getrennt voneinander eine Bergamasker Herde. Sie sind zwei von rund 40 Hirten der Lombardei, die diese alte Tradition der Transhumanz noch immer aufrechthalten. Für rund drei bis dreieinhalb Monate im Jahr hat Danilo ein festes Dach über dem Kopf, auch wenn es nur eine Almhütte ist. Er verbringt die Sommermonate im oberen Val di Scale. Zwischen Ende August und Ende Mai nutzt er die Herbst- und Winterweiden in der Ebene zwischen Bergamo und Cremona.

Diese jahreszeitliche Wanderung wiederholt sich jedes Jahr aufs Neue. Danilo wandert mit seinen 700 Schafen auf denselben alten Routen, sein Zuhause ist für diese Zeit ein Wohnwagen, mit dem er den Tross der Schafe begleitet. „Meine Familie sehe ich nur zwischendurch, wenn es die Situation erlaubt und wir einen sicheren Weideplatz finden", erklärt Danilo. Während der Nacht müssen die Tiere gepfercht werden. Durch die zunehmende Verbauung der Siedlungsränder wird die nutzbare Fläche immer weniger und die Ausübung der Wanderschäferei immer schwieriger. Danilo und sein Sohn können noch von den Einkünften als Hirten leben, da sie kaum Fixkosten haben. Sie benötigen keinen Stall und bezahlen für die Weiden keinen Zins. Aber die Rahmenbedingungen gestalten sich immer schwieriger.

Traditionell wurden die Bergamasker Jungschafe mit eineinhalb Jahren und einem Gewicht von etwa 80 Kilogramm geschlachtet. „Erst dann haben die Tiere ordentlich Fleisch angesetzt", erklärt Danilo. „Heute verlangt der Markt junge Milchlämmer mit 20 bis 25 Kilogramm Lebendgewicht. Das ist nicht mehr praktikabel."

Der Begleiter der lombardischen Wanderschäfer ist heute selten geworden, seit vermehrt Border Collie und Belgische Schäferhunde als Hütehunde eingesetzt werden. Rund ein Drittel der 67 Wanderschäfer setzen noch Bergamasker Hunde ein. Jedoch nur ein kleiner Teil der Hunde ist noch annähernd reinrassig. Dabei hat sich der Border Collie als Hirtenhund gar nicht bewährt. „Die Hunde sind zu unruhig. Sie laufen ständig hin und her und versuchen, die Herde zusammenzuhalten. Entlang von Straßen ist das ein Problem", erklärt Danilo.

Danilo Augustini nutzt von Ende August bis Ende Mai verschiedene Stoppeläcker und Wiesen zwischen dem Valseriano und Cremona für seine transhumane Bergamasker-Herde, eine sogenannte Masseria, westlich von Bergamo. Den Sommer über verbringt der Hirte mit seinen Tieren auf einer Alm hoch oben im Val di Scale.

Region Trentino-Südtirol

Das Steinschaf (Della Roccia) war in Südtirol vor der Etablierung der Bergschafzucht die meistverbreitete Schafrasse. Ihr Ursprungsgebiet war der Alpenhauptkamm vom oberen Vintschgau bis ins Ahrntal. Um das Jahr 2000 waren die letzten Bestände des Bergschaf-Typus endgültig verdrängt. Das Pustertaler Schaf, das 1983 für den „Atlante etnografico delle popolazione ovine e caprine allevate in italia" noch mit 50 Tieren erfasst wurde, ist mittlerweile vermutlich ausgestorben. Es handelte sich dabei um eine Vorstufe des Bergschafes mit einem hohen Steinschaf-Blutanteil. Ebenfalls vermutlich ausgestorben ist das Brentegana Schaf, das sein Ursprungsgebiet um das Monte-Baldo-Massiv, an der Grenze der Provinzen Trient und Vicenza hatte. Über die Entstehung und Existenz dieser Rasse kursieren widersprüchliche Theorien (Consiglio Nazionale delle Ricerche und der Universität Padua). Ursprünglich ist man davon ausgegangen, dass die Rasse vom Lamon Schaf abstammt. Recherchen der Universität Padua von 2007 haben ergeben, dass der Ursprung der Rasse im Gebiet der Gemeinde Brentonico in der Provinz Trient, an den nördlichen Ausläufern des Monte-Baldo-Massivs liegt. Es kam in zwei Schlägen, dem verbesserten Brentegana Schaf (Brentegane-Trentina) und dem kleineren und leichteren Brentegana comune vor. Zu den rezenten autochthonen Schafrassen der autonomen Region Südtirol-Trentino zählen die gefährdeten Rassen Schnalser Schaf und Villnösser Brillenschaf sowie die beiden Bergschafschläge Tiroler Bergschaf und Schwarz-Braunes Bergschaf. Diese sind aus dem bodenständigen Steinschaf unter Einfluss des Bergamasker und Paduaner Schafes hervorgegangen.

Bis vor drei Jahrzehnten war der Bergamasker Hirtenhund in allen Wanderschafherden präsent. Heute findet man kaum mehr einen reinrassigen Cane pastore bergamasco. Foto: M. Verona

oben: Charakteristisch für die Rasse Brogna Schaf sind hellbraune bis braune Farbflecken im Gesichtsfeld, an den Extremitäten und Ohren. Foto: M. Musitelli
unten: Die Rasse Foza hat dunkle oder schwarze unregelmäßige Flecken am Kopf und an den Ohren. Foto: F. Menegatti

Der Schäfer Tabaro mit seiner Foza Schafherde auf den Winterweiden in der Poebene. Die Transhumanz der Foza Schafherden wurde in den 1960er-Jahren aufgegeben. Die Restpopulation von 115 Tieren wird heute in Kleingruppen von sechs Züchtern betreut und erhalten. Foto: Archiv Menegatti

Die Region Veneto

Hier existieren heute noch vier autochthone Schafrassen, deren Ursprungsgebiet im italienischen Alpenraum liegt. Die Rasse Foza (Vicentina) ist mit einem Bestand von lediglich 115 Tieren vom Aussterben bedroht. Ihr Ursprungsgebiet ist die Hochfläche von Asiago (Sette Comuni). Mit der Aufgabe der Wanderschäferei in den 1960er-Jahren hat der Bestand rapide abgenommen. Die Rasse Lamon besitzt im Vergleich zu den Rassen Foza und Brogna den höchsten Fremdblutanteil. Sie ist mit lediglich 240 Tieren im Gesamtbestand stark gefährdet. Die Rasse Brogna hat nördlich von Verona, in der Gebirgsgruppe der Monti Lessini, eine kleinräumige Verbreitungsinsel. Sie ist im Bestand gefährdet. Die Rasse Alpagota (Pagota) hat ihr Ursprungsgebiet um den Monte Alpago östlich von Belluno, nahe Friaul-Julisch Venetien.

Die Existenz der Rasse Brentegana am Monte-Baldo-Massiv, östlich des Gardasees, ist nicht gesichert. Das mittlerweile ausgestorbene Cadorina Schaf war nach dem Zweiten Weltkrieg in den Cadorischen Dolomiten verbreitet. Bereits 1979 wurde die Rasse nicht mehr im nationalen Register dokumentiert.

Foza und Brogna – Schafe der Vizentiner Alpen

Sie stammen aus der Gebirgsgruppe der Vizentiner Voralpen, die sich im Grenzgebiet zwischen dem Trentino und den venezianischen Provinzen Verona und Vicenza erstreckt. Im Westen bildet die Etsch zwischen Verona und Trient die Grenze. Westlich schließen die Gardasee Berge an. Nordöstlich trennten das Fersental und das Valsugana die Fleimstaler Alpen, im Süden und Südosten fällt die Hochebene von Asiago zur oberitalienischen Tiefebene ab. Das Plateau von Asiago in der Provinz Vicenza ist altes Siedlungsgebiet von bayerisch-alemannischen Auswanderern in der Zeit von 1050 bis 1100. Der Bund der „Sette Comuni" ist ein Zusammenschluss von sieben Gemeinden. Sie erlangten 1310 Sonderrechte und weitestgehende Autonomie, die erst Napoleon 1807 aufhob. Bis heute wird in den Gemeinden das Zimbrische gesprochen, das Elemente des Mittelhochdeutschen und Althochdeutschen aufweist. Die Zimbern sind seit 2001 als deutschsprachige Minderheit anerkannt. Ihre intensive Rodungstätigkeit entwaldete die Gebiete und schuf Weideflächen für die Schafe. Das Auftreten der beiden Schafrassen Brogna und Foza fiel mit der Ankunft der bayerischen Siedler zusammen.

Das Foza Schaf

Die Rasse stammt von der Hochebene von Asiago in den südlichen Vizentinischen Voralpen, die urkundlich bereits um 917 n. Chr. als Hirtenland nachweisbar ist. Die alte Tradition der Schafhaltung findet sich auch im Wappen der Stadt Foza wieder, das weidende Schafe mit einem Hirten zeigt.

Eine erste Hochblüte erreichte die Schafzucht auf der Hochebene von Asiago im 16. Jahrhundert durch die Verbindung mit der hochentwickelten Tuchherstellung in Padua, die wiederum von Venedig Anregungen erfuhr. Auch das nahe gelegene Schio am Fuß der Hochebene entwickelte sich vom 15. Jahrhundert an zu einem Zentrum der vorindustriellen Wollproduktion, dem die Sieben Gemeinden als Hauptlieferanten zuarbeiteten. Die Wollschuh-Erzeugung von Schio (Panni-lanni di Schio) erreichte im 19. Jahrhundert einige Bekanntheit (Fusinato 1845). Aber das Foza Schaf war auch unentbehrlich für die Selbstversorgung mit Milch, Käse, Fleisch und Wolle.

Traditionell wurden die Foca Schafe für das Winterhalbjahr in die Poebene geführt. Ende April kehrten sie auf die Hochebene zurück, wo die Tiere auf Gemeindeflächen weideten. Den Sommer über zogen die Hirten auf die Almen und kehrten Ende September für zwei bis drei Wochen auf die Hochebene von Asiago zurück, wo auch zwei Mal pro Jahr die Schur vorgenommen wurde (Bigi/Zanon 2008).

Nach Filippo Menegatti umfasste der Bestand der Foza Schafe im Jahr 1763 auf der Hochebene der Sieben Gemeinden an die 200.000 Tiere. Gut 200 Jahre später waren es nur mehr rund 9.000 Schafe. Mit der Modernisierung der Landwirtschaft hatten sich immer mehr Betriebe von der Rasse abgewandt oder die Schafhaltung überhaupt aufgegeben. Im Jahr 1991 existierten nur mehr rund 60 Tiere, aufgeteilt auf zwei Herden. Der Bericht eines Hirten über diese dramatische Situation veranlasste Filippo Menegatti und Prof. Emilio Pastore von der Universität von Padua zu einer Rettungsaktion. Sie suchten nach besonders rassetypischen Tieren und gründeten mehrere Zuchtgruppen bei verschiedenen öffentlichen Institutionen und einigen landwirtschaftlichen Betrieben der Region. Die kritsche Situation konnte entschärft werden, 2012 betrug die Gesamtpopulation bereits 120 Tiere, 2013 nur mehr 115 Tiere in sechs Betrieben. Im Museum der Stadt Foza wurde der vom Aussterben bedrohten Rasse eine Ausstellung gewidmet.

Das Brogna Schaf

Das Ursprungsgebiet sind die südlichen Täler der Monti Lessini, einer Landschaft nördlich von Verona, direkt am Südrand der Alpen. Der Gebirgsstock mit seinem Hochplateau und fünf Tälern gehört zu den Venetianer Voralpen oder Vizentiner Alpen. Die Talschaften Valpolicella, Valpantena, Val di Squaranto, Val d' Illasi und Val d'Alpone sind durch eine vom Etschtal kommende Straße verbunden. Die meisten Zuchtbetriebe der Brogna Rasse findet man im Val d' Illasi.

Der Ursprung der Rasse hängt eng mit der zimbrischen Kultur zusammen. Ursprünglich stand vom Mittelalter bis in die Neuzeit die Wollproduktion im Vordergrund. Im 16. Jahrhundert umfasste die Population rund 30.000 Tiere, doch bis um 1980 war der Bestand auf lediglich 50 Tiere geschrumpft. Die Gesamtpopulation umfasst heute 2.193 Tiere. Die Rasse wird als gefährdet eingestuft.

Das Lamon Schaf

Über Jahrhunderte befanden sich Herden von 400 bis 800 Lamon Schafen zwischen den Winterweiden am Golf von Venedig und den Belluneser Dolomiten sowie den Karnischen Alpen auf Wanderschaft. Ursprünglich für die Fleisch-, Woll- und Milchproduktion genutzt, begann man in der ersten Hälfte des 20. Jahrhunderts, Bergamasker Widder zur Verbesserung der Fleischleistung einzusetzen. Dies brachte einen elementaren Wandel mit sich. Heute wird das Lamon Schaf fast ausschließlich für die Fleischerzeugung gehalten. Das Ursprungsgebiet der Rasse sind die Gemeinden Lamon, Sovramonte, Fonzaso, Sospirolo, San Gregorio nelle Alpi und Sedico in der Provinz Belluno. Der Rassestandard für das Lamon

Foza, Brogne und Lamon, ursprüngliches Verbreitungsgebiet

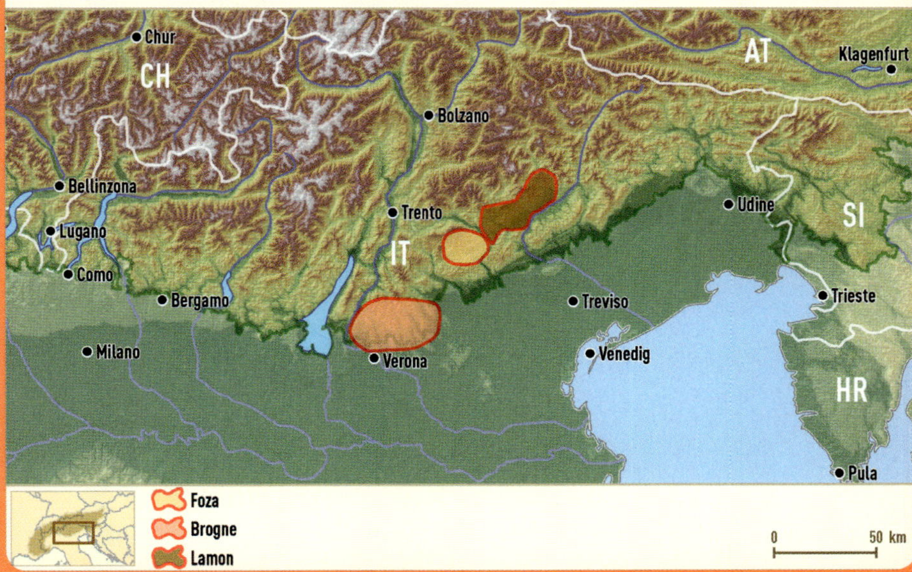

Steckbrief Foza Schaf (Vicentina, Fodata)

Dieses mittelschwere Schaf erreicht ein Durchschnittsgewicht von 83 Kilogramm. Der Hals ist mittellang und gut angesetzt, die Brust tief. Die Tiere sind hochbeinig, die Gliedmaßen kräftig und trocken. Der unbewollte Kopf ist schwer, mit breiten hängenden Ohren. Beide Geschlechter sind unbehornt. Das Nasenbein ist nach außen gewölbt. Charakteristisch sind dunkle oder schwarze unregelmäßige Flecken am Kopf und an den Ohren. Die Haut ist hellrosa, häufig schwarz pigmentiert. Auch die Innenseite des Mauls ist häufig pigmentiert. Das Wollvlies ist meist weiß, glänzend und deutlich gewellt. Das Schurgewicht beträgt drei bis vier Kilogramm pro Jahr. Zwei Schuren sind die Regel.

Steckbrief Brogna Schaf (Brogne, Nostrana)

Diese mittelgroßen Schafe haben ein weißes, offenes bis halboffenes Vlies. Das Gesichtsfeld, die Extremitäten und Ohren tragen hellbraune bis braune Farbflecken. Kopf und Gliedmaßen sind frei von Wolle (mittlerer Feinheit). Beide Geschlechter sind in der Regel hornlos. Vereinzelt findet man bei den Widdern Hornstummeln. Die Ohren sind mittellang und stehen schräg nach unten ab. Die Schafe erreichen ein Durchschnittsgewicht von 48 Kilogramm und eine Widerristhöhe von 68 Zentimeter. Heute werden die Schafe hauptsächlich wegen ihres Fleisches gehalten. Wenige Betriebe melken die Schafe nach dem Absetzen der Lämmer für rund 100 Tage. Das Schlachtgewicht liegt bei 15 bis 18 Kilogramm. Einige Betriebe haben sich wieder auf die alte Kultur der Wollverarbeitung spezialisiert.

Steckbrief Lamon Schaf

Dieses großrahmige Schaf mit gelblich weißem Vlies und einer charakteristischen Pigmentierung erreicht bei Auen eine Widerristhöhe von 70 Zentimeter und ein Gewicht von 65 Kilogramm, bei Widdern eine Widerristhöhe von 75 Zentimeter und ein Gewicht von rund 80 Kilogramm. Die Ohren sind lang, breit und hängend. Charakteristisch sind braune und dunkelbraune variable Pigmentierungen am Kopf, im Bereich der Ohren und an den Gliedmaßen, die in Anpassung ans Gebirge und die Wandertierhaltung kräftig ausgebildet sind. Der Schwanz reicht bis unterhalb des Sprunggelenks. Das Vlies ist offen oder halboffen. Die weiße Wolle ist grob.

Steckbrief Alpagota Schaf (Pagota)

Dieses kleinrahmige, zierliche Schaf erreicht bei Widdern ein Gewicht von 55 bis 60 Kilogramm, bei Mutterschafen rund 50 Kilogramm. Der Kopf ist kurz und schmal mit leichtem Ramsprofil. Die Ohren sind von mittlerer Länge. Die Tiere tragen keine Hörner. Die Wolle ist weiß und von guter Qualität, mit Ausnahme der braun-schwarzen Flecken am Kopf und an den Extremitäten. Das Alpagota ist asaisonal fruchtbar. Etwa 20 Prozent der Lämmer fallen als Zwillinge, der Rest sind Einlinge. Drei Ablammungen in zwei Jahren sind die Regel. Beim Alpagota Schaf unterscheidet man, je nach Ohrlänge, vier Varietäten. Tiere mit langen Ohren, mit mittellangen und kurzen Ohren sowie Schafe mit Stummelohren, analog zum Tacola Schaf des Piemont. Rund 20 bis 30 Prozent der Alpagota Schafe weisen Stummelohren auf.

Schaf wurde bereits 1942 festgelegt. Das Lamon hat ein lebhaftes Temperament und ist sehr robust und genügsam. Die Gesamtpopulation umfasst 240 Tiere (225 weibliche Tiere) in 17 Zuchtbetrieben. Die Rasse ist stark gefährdet.

Der Parco Naturale Paneveggio – Pale di San Martino im Osten der Provinz Trient setzt eine Herde Lamon Schafe in Zusammenarbeit mit Landwirten der Naturparkregion gezielt für die Erhaltung von Lebensräumen des gefährdeten Steinhuhnes (*Alectoris graeca saxatilis*) ein. Die genügsamen Schafe erhalten als Weidegebiet wertvolle Magerrasen und extensive Wiesen im Naturpark.

Das Alpagota Schaf

Das ursprüngliche Verbreitungsgebiet dieser autochthonen Rasse des Veneto liegt auf der Alpago Hochebene in den Belluneser Voralpen (Dolomiti d'Alpago) im Südosten der Provinz Belluno. Das Becken von Alpagota mit seinen fünf Gemeinden Puos, Tambre, Chies, Pieve und Farra hat der Rasse den Namen gegeben. Aktuelles Verbreitungsgebiet sind die Provinzen Belluno, Pordenone, Treviso und Padova, das Hauptvorkommen liegt aber weiterhin im Stammgebiet um den Monte Alpagota.

Nach Valerie Porter hat die Rasse ihren Ursprung in den Lamon, Vicentina und Istriana Schafen, der Gesamtbestand umfasst ca. 3.363 Tiere, verteilt auf zahlreiche kleine Betriebe. Seit 1996 wird von der Provinzregierung Belluno ein Erhaltungsprogramm umgesetzt. Das Melderegister wird durch den Verband „Associazione Provinziale Allevatori Belluno (APA)" verwaltet. Die Rasse ist in ihrem Bestand jedoch noch immer gefährdet.

Der Nationalpark Belluneser Dolomiten bewirbt die Rasse und die Slow-Food-Stiftung für biologische Vielfalt unterstützt gleichfalls ihre Erhaltung. Die Tiere sind sehr gut an die Hochalmen und das Mittelgebirge angepasst, wo sie in der Regel vier bis fünf Monate verbringen. Im Winter bleiben sie im Stall. Seit 1996 erfolgt eine Bestandserfassung im Anagrafischen Register der Assonapa für gefährdete Schaf- und Ziegenrassen.

Porträt: Fabio Damuzzo – Immobilien und Schafe

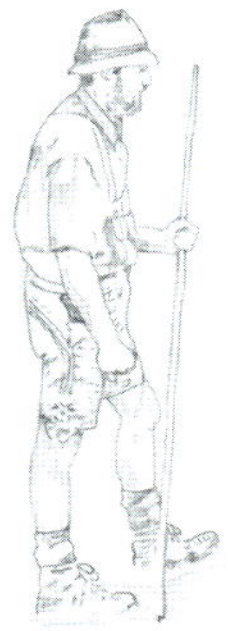

Fabio Damuzzo (37) ist Immobilienmakler und Neobauer in Aviano-Budoia in der Provinz Pordenone der Region Friaul-Julisch Venetien. Er ist Herr über 725 weibliche Zuchtschafe der Rasse Alpagota. Gemeinsam mit seiner Frau Sabrina Staffus (43) bewirtschaftet er in Budoia den rund 25 Hektar großen, biologisch bewirtschafteten Betrieb Azienda Agricola „Le Grave“ mit acht Hektar Ackerfläche und Dauergrünland. Neben den Alpagota Schafen leben hier noch 50 Esel für die Milchproduktion, 20 toskanische Schweine der Rasse Cinta Senese in Freilandhaltung, sieben Noriker Stuten und ein gekörter weißer Deckhengst sowie zwölf Fleckvieh Mutterkühe auf dem Hof mit Direktvermarktung. Eine Besonderheit des Hauses ist der Selbstbedienungsautomat für Salami.

Fabio Damuzzo ist Obmann des Vereins „Allevatori custodi Friuli Venezia Giulia“, einer Untergruppe des Tierzuchtverbandes von Friaul-Julisch Venetien (Associazione Allevatori Friuli Venezia Giulia). Dieser führt die Herdebücher der gefährdeten Rassen und ist die Interessensvertretung der Züchter.

Den Sommer verbringen die Alpagota Schafe von Fabio Damuzzo auf zwei Almen, der Val de Lama und der Friz mit insgesamt 200 Hektar Weidefläche in den Prealpi Carniche, den Karnischen Voralpen, südlich des Monte Cavallo in der Grenzregion zwischen Belluno und Pordenone. Das Dreiländereck, wo die Regionen Pordenone und Belluno zusammentreffen, schließt direkt an das Stammgebiet der Alpagota Rasse an. In diesem Grenzgebiet liegt auch der Foresta del Cansiglio, das größte zusammenhängende Buchenwaldgebiet Italiens.

Im Winter weiden die Schafe in der Ebene um Budoia auf 135 Meter Seehöhe. „Das Klima ist mild und die Schafe sind robust“, erklärt Fabio Damuzzo, „eine Stallhaltung ist daher nicht notwendig.“ Fabio setzt in seiner Herde zehn Widder ein, die mit der Herde mitlaufen. Alle zwei Jahre werden sie ausgetauscht, um Inzucht zu vermeiden. Die Schafherde wird meist von einem rumänischen Hirten betreut. „Italienische Hirten bekommt man nur sehr schwer, zudem sind die rumänischen Hirten viel erfahrener“, erklärt Fabio.

Der Schäfer wohnt in einem Wohnwagen. Vier Treibhunde (Border Colli Mix) unterstützen den Hirten bei seiner Arbeit. Die Schafe werden am Abend und während der Mittagspause mit mobilen Elektrozäunen gepfercht. Für ein Gruppenfoto dürfen sie den Pferch kurz verlassen. Ein kurzes Kommando an die Hunde und die Schafe verlassen koordiniert den Pferch.

„Ob das Zusammenspiel zwischen Schäfer und Hunden funktioniert, hängt stark von der Einstellung des Hirten ab“, erklärt Fabio Damuzzo. „Wenn ein Schäfer nur unwillig mit Hunden arbeitet und ihnen nicht laufend Kommandos gibt, dann arbeiten die Hunde auch nicht entsprechend. Es funktioniert auch besser mit 300 als mit nur 100 Schafen“, weiß er aus Erfahrung. Der Hirte sucht jede Nacht einen anderen Platz auf, denn die Ammoniakdämpfe des Schafkots sind giftig.

Fabio Damuzzo vermarktet seine Tiere fast ausschließlich in der Nachbarregion Veneto, er hat sich auch intensiv um die Vermarktung der Wolle bemüht, aber dafür fand er nur in der lombardischen Provinz Bergamo Abnehmer. Der Preis deckt lediglich die Transportkosten.

linke Seite: Ursprungsgebiet des Alpagota Schafes ist die Hochebene von Alpago in den Belluneser Voralpen (Dolomiti d'Alpago).
oben: Fabio Damuzzo, Immobilienmakler und Neobauer, setzt sich als Obmann der Gruppe "Allevatori custodi Friuli Venezia Giulia" für die heimischen Nutztiere Friauls ein.

Das Lamon ist das traditionelle Schaf der Wanderhirten des Veneto. Foto: Archive of Ente Parco Paneveggio Pale di San Martino; Ph. Carlo Albino Turra

Slow Food Presidium
Producers Coordinator
Zaccaria Tona
Tel. +39 0437 40443
zaccaria.tona@unicredit.eu

Slow Food Presidium Coordinator
Luca Pessot
Tel. +39 339 3975443
slowfood.bl@gmail.com
www.fondazioneslowfood.it/italian-presidia/details/3528/alpagota-lamb

Carsolina, Alpagota und Lamon Schaf

Im Vergleich zum Alpagota Schaf ist das Carsolina Schaf etwas feingliedriger, größer und hat auch ein trockeneres Fundament. Das Alpagota Schaf zeigt noch deutlich den Einfluss des Pramenka Typus, mit merklichem Einfluss des alpinen Typus. Auch Alpagota und Lamon Schaf zeigen gewisse Ähnlichkeiten. Das Alpagota ist beeinflusst von der Region der südlichen Karnischen Alpen (ital. Prealpi Carniche), das Lamon Schaf hat sein Ursprungsgebiet im Val Sugana, zwischen Feltre und Trento, mit dem namensgebenden Ort Lamon südwestlich der Belluneser Dolomiten.

Das Alpagota Schaf war ursprünglich ein Dreinutzungsschaf für Milch, Fleisch und Wolle, wird aber heute vorrangig wegen seines Fleisches gehalten. Die Lämmer werden nach 55 bis 65 Tagen geschlachtet und erreichen bis dahin ein Lebendgewicht von 18 bis 25 Kilogramm. Weitere 90 bis 120 Tage werden die Muttertiere gemolken. Die Schafsmilch wird zusammen mit Kuhmilch zu Käse und Ricotta verarbeitet. Altschafe werden zu Wurstwaren gemacht. Eine Spezialität ist das Rauchfleisch (Pendole). Die Wolle wird noch teilweise zu Decken und Teppichen verarbeitet.

Das Lammfleisch wurde als Presidi-Produkt (ital. Presisia) anerkannt. Zugelassen sind nur die Alpagota Gemeinden in der Provinz Belluno. Die Slow-Food-Stiftung erfüllt dabei aktive Förder- und Schutzaufgaben. Das Presidio (ital. Schutzraum) besteht aus einem Netzwerk von engagierten Landwirten der Alpagota Gemeinden (Alpago Berggemeinschaft) und der Regionalbehörde des Veneto.

Das Brentegana Schaf

Über die Entstehung der Rasse gibt es widersprüchliche Theorien (Consiglio Nazionale delle Ricerche und der Universität Padua). Ursprünglich ist man von einer Abstammung der Rasse vom Lamon Schaf ausgegangen.

Die Universität Padua hat dann 2007 festgestellt, dass die Rasse aus der Gemeinde Brentonico in der Provinz Trient, an den nördlichen Ausläufern des Monte-Baldo-Massivs, stammt. Es gab also zwei Schläge der Rasse Brentegana. Das verbesserte Brentegana Schaf (Brentegane Trentina) ist aus einer Kreuzung von lokalen Rassen mit Bergamasker Schafen entstanden, ein großes und schweres Schaf, das für Fleisch und Wolle gehalten wurde. Das deutlich kleinere und leichtere Brentegana Comune ist aus einer Kreuzung von Vicentina mit Veronese und Bergamasker Schafen hervorgegangen. Dieser Schlag war eine Mehrnutzungsrasse für Fleisch, Wolle und Milch. Die Nutzung erfolgte im Wechsel zwischen Sommerweiden am Monte-Baldo-Massiv und Winterweiden in der Ebene um Verona.

In der zweiten Hälfte des 20. Jahrhunderts wurde das Brentegana Schaf allmählich durch das Biellese Schaf ersetzt. 1983 existierten noch über 3.000 Tiere. Ab dem Jahr 2000 brach die Population massiv ein. Nach Angaben von Assonapa waren 2002 nur mehr 58 Tiere registriert, 2004 gab die FAO nur mehr 36 Tiere an. Mittlerweile ist der Bestand vermutlich erloschen.

Die Region Friaul-Julisch Venetien

Für dieses Gebiet sind zwei autochthone Schafrassen anzuführen, beide, das Istriana Schaf (Carsolina) wie das Plezzana Schaf, sind Subpopulationen von Rassen, die im Österreichischen Küstenland ein größeres Verbreitungsgebiet besaßen. Das heutige Grenzgebiet war vom 14. Jahrhundert bis zum Zweiten Weltkrieg eine politische Einheit. Nach dem Ersten Weltkrieg wurde das Küstenland im Vertrag von Saint Germain völkerrechtlich Italien zugesprochen, 1947 fiel es mit Ausnahme von Görz und Triest an Jugoslawien. Damit wurden die ursprünglich zusammenhängenden Zuchtgebiete der beiden Rassen getrennt.

Die Ziegenvielfalt Norditaliens

Während in Österreich, Bayern und vermehrt auch in der Schweiz die Erhaltungszucht von autochthonen Ziegenrassen fast ausschließlich in der Hand von Hobbyhaltern liegt, hat die Ziegenhaltung im italienischen Alpenraum noch eine lebendige Tradition. Viele der 15 noch erhaltenen autochthonen Ziegenrassen (ohne Verzaschese) sind noch in bäuerlichen Wirtschaftskreisläufen eingebunden und auch die ursprüngliche Form der Milchnutzung ist noch aufrecht.

Die Dominanz der Schaf- und Ziegenhaltung gegenüber der Rinderhaltung liegt aber auch in den Standorten und den zersplitterten Besitzverhältnissen begründet. In vielen Südalpentälern zwangen die schwierigen wirtschaftlichen Verhältnisse die Männer kleinbäuerlicher Betriebe zur Fremdarbeit in den Industriezentren.

Die Zucht und Haltung der Ziegen lag damit zur Eigenversorgung im Verantwortungsbereich der Frauen. Für die akut vom Aussterben bedrohten Rassen Bormina, Pedula sowie Vallesana Grigia und Rossa fehlt aber bislang die offizielle Anerkennung als eigenständige Rassen.

Die Region Piemont

Die Alpina Comune repräsentiert noch den ursprünglichen, wenig selektionierten Typus der Gemeinen Alpenziege. Diese Landrasse war ursprünglich über weite Teile der italienischen Alpen und Voralpen sowie des hügeligen Alpenvorlandes verbreitet.

Im Piemont findet man sie in den alpinen Gebieten der Provinz Verbania im Norden bis nach Cuneo im Süden. Nach Luigi Andrea Brambilla umfasst der Gesamtbestand im italienischen Alpenraum rund 100.000 Tiere. Im Anagrafischen Register sind jedoch nur knapp 500 Tiere erfasst.

Durch die Walserkolonisation ab dem 11. Jahrhundert wurde die Südseite des Simplon besiedelt und die romanische Bevölkerung teilweise verdrängt. Die Vallesana Ziege mit ihren drei Farbschlägen und die Simplon Ziege sind Relikte aus dieser Zeit. Im Val Divedro findet man heute noch Restpopulationen.

Die autonome Region Valle d'Aosta

Die Valdostana Ziege ist die einzige autochthone Ziegenrasse des Aostatales. Sie zeichnet sich durch einen kräftigen Körperbau und mächtigen Hornansatz aus. Einzigartig im Alpenraum ist die Tradition der Schaukämpfe der Valdostana Mutterziegen. Im Anagrafischen Register sind 959 Tiere (888 Geißen) erfasst. Diese Gebirgsziegenrasse ist im Bestand stark gefährdet.

Die Region Lombardei

Sie besitzt mit sieben autochthonen Ziegenrassen die größte Vielfalt dieser Nutztierkategorie bezogen auf den italienischen Alpenraum. Die Rassen Bormina und Pedula der Provinz Sondrio sind vom Aussterben bedroht. Es gibt keine Initiativen für die Erhaltung, obwohl die kritische Situation bereits mehrfach dokumentiert wurde.

Alessio Zanon gab 1992 für die Rasse Bormina einen Bestand von rund 100 Tieren an. 2001 schätzte die SAVE-Foundation den Bestand auf nur mehr wenige Tiere. Von der Rasse Pedula liegen lediglich aus den 1990er-Jahren Bestandsschätzungen über einige hundert Tiere vor.

Vallesana Rossa, eine vom Aussterben bedrohte Ziegenrasse des nördlichen Piemont.

Die Rasse Verzaschese (Nera di Verzasca) wird zwar in Italien als autochthone Rasse geführt, ihr Ursprungsgebiet liegt aber im Schweizer Kanton Tessin (Val Verzasca). Sie wurde erst in den 1970er-Jahren in Italien eingeführt. Verzaschese Ziegen hoch über dem Comer See in den Lepodinischen Alpen. Foto: G. Zanatta

Die autochthonen Ziegenrassen und Landschläge der Region **Lombardei**	Bestand (Zuchtbuch/ Anagr. Register)	Gefährdung (FAO)	Region	Ursprungsgebiet
Bionda dell'Adamello	3.148	gefährdet, VU	Provinz Brescia	Lombardei
Bormina (Frisa Rossa)	?	vom Aussterben bedroht, CR	Provinz Sondrio	Lombardei
Capra di Livo / Lariana	2.777	gefährdet, VU	Provinz Como	Lombardei
Ciavenasca	2.000	gefährdet, VU	Val Chiavenna, Provinz Sondrio	Lombardei
Frisa Valtellinese	2.810	gefährdet, VU	vorderes Val Rezzalo, Provinz Sondrio	Lombardei
Orobica	274	stark gefährdet, EN	Provinz Como (Sondrio)	Lombardei
Pedula	?	vom Aussterben bedroht, CR	Valtellina, Provinz Sondrio	Lombardei
Piemont				
Alpina Comune	497 (100.000 gesamt)	stark gefährdet, EN	weite Teile der italienischen Westalpen	Piemont, Lombardei
Sempione	50 (4*)	vom Aussterben bedroht, CR	Val Divedro, Provinz Verbano-Cusio-Ossola (VB), Novarra	Piemont
Vallesana	959	stark gefährdet, EN	Provinz Aosta, Perugia	Piemont, Aosta
Vallesana Grigia	15	vom Aussterben bedroht, CR	Val Divedro, Provinz Verbano-Cusio-Ossola (VB)	Piemont
Vallesana Rossa	30	vom Aussterben bedroht, CR	Val Divedro, Provinz Verbano-Cusio-Ossola (VB)	Piemont
Valle d'Aosta				
Valdostana	959		Valle d'Aosta	Autonome Region Valle d'Aosta
Trentino-Südtirol				
Capra Pezzata Mochena	261	stark gefährdet, EN	Provinz Trento	Trentino-Südtirol
Passeier Gebirgsziegen	3.354	gefährdet, VU	Provinz Bozen	Trentino-Südtirol

(Quelle: Assonapa 2013, L.A. Brambilla, Südtiroler Kleintierzuchtverband, eigene Erhebungen des Autors, Bestandszahlen 2013)

Die Bionda dell'Adamello Ziege

„Blondinen bevorzugt", das ist im Valle di Saviore in der Provinz Brescia nicht nur ein Schlagwort. Die hellbraunen, mittel- bis langhaarigen Gebirgsziegen des Adamello Massivs erfreuen sich wieder steigender Beliebtheit. Die hübschen Ziegen heißen in der Region die „Blonden von Adamello". Die robusten Ziegen eignen sich gut für die Beweidung der Almen und Bergweiden des Adamello Massivs bis in Höhen von 2.500 Metern. Die Ziegen liefern auch den Rohstoff für die regionaltypischen Käsesorten Fatuli und Mascapi, die für die Identität der Region stehen. Der Fatuli della Val Saviore steht, wie viele weitere Spezialitäten, auf der Liste der Arche des guten Geschmackes (Slow food) und trägt damit zur wirtschaftlichen Absicherung der vom Aussterben bedrohten Ziegenrasse bei.

Als Ursprungsgebiet der Bionda dell'Adamello gilt das Valle di Saviore, eines der Zugangstäler der Adamellogruppe an der Grenze zwischen der italienischen Provinz Brescia und Trient. Die Bionda dell'Adamello Ziege ist wahrscheinlich durch züchterische Selektion aus der Gemeinen Gebirgsziege hervorgegangen, die als Vorfahrin aller autochthonen Ziegenrassen des italienischen Alpenraumes gilt (Brambilla 2012). Um 1900 erreichte die Rasse ein sehr einheitliches Erscheinungsbild, damals begann auch die eigentliche Rassezucht der Bionda dell'Adamello. Heute findet man sie in der Lombardei, in den Provinzen Brescia, Bergamo, Lecco und Como sowie in den angrenzenden Talschaften der Autonomen Provinz Trient. Die Gesamtpopulation umfasst laut Anagrafischem Register 2.719 Ziegen und 161 Böcke, verteilt auf rund 117 Zuchtbetriebe. Die Rasse gilt als gefährdet.

Die Ziegen werden von November bis März in Ställen gehalten und bereits im zeitigen Frühjahr auf die Bergweiden und Almen getrieben. Vereinzelt findet man in der Region um Val Camonica noch Steinhäuser für die Ziegenhaltung in den Wintermonaten.

Auch bei der Bionda dell'Adamello Ziege zeigen sich die üblichen Risiken der Erhaltungsarbeit. Nach einer gewissen Konsolidierungsphase treten regelmäßig Bestrebungen zur „Weiterentwicklung" der Rasse auf. Durch die erfolgreiche

Enzo Maffeis mit seinen Bionda dell'Adamello Ziegen in Cevo-Pozzuolo im Valle di Saviore.

Vermarktung der Käsesorte Fatuli gewann die Milch der Bionda dell'Adamello wieder mehr wirtschaftliche Bedeutung. Vereinzelt werden daher die deutlich leistungsstärkeren, milchbetonten Toggenburger Ziegen aus der Schweiz eingekreuzt, um die Milchleistung zu steigern. Die Toggenburger Ziege hat lediglich eine ähnliche Mantelfärbung, ist aber keine extensive Gebirgsziegenrasse wie die Bionda dell'Adamello.

Der traditionelle Räucherkäse Fatuli della Val Saviore aus Ziegenrohmilch der Bionda dell'Adamello wird nach einem besonderen Räucherverfahren mit Wacholderästen und -beeren hergestellt, was ihm sein einmaliges Aroma verleiht. Der Fatuli oder Formaggelle, ein Dialektwort für „kleines Stück", wird vom Frühjahr bis zum Spätherbst erzeugt, er duftet nach Kräutern und Trockenfrüchten. Seine Farbe reicht von hellgelb bis dunkelgelb, er hat eine kompakte Struktur mir kleinen Löchern.

Die Capra di Livo Ziege

Sie stammt vom westlichen Comer See mit dem Valle di Livo in der Provinz Como, in den Lepondinischen Alpen. Im Norden grenzt Graubünden mit dem Valle Mesolcina an. Genetische Untersuchungen an fünf Ziegenpopulationen der lombardischen Alpen haben gezeigt, dass die morphologische Einzigartigkeit der Capra di Livo Ziege stärker auf Umwelteinflüsse und Selektionsdruck als auf eine unterschiedliche genetische Herkunft zurückzuführen ist (Crepaldi u.a. 2001). Valerie Porter beschreibt sie 2002 als Mischung verschiedener Schläge der Alpinen Ziege. Die Rasse stammt vermutlich von der Gemeinen Alpenziege ab und ist lokal durch züchterische Selektion entstanden. Im Anagrafischen Register sind 2.777 Tiere erfasst, darunter 2.337 Ziegen und 95 Böcke. 64 Betriebe züchten die Livo Ziege im Gebiet des westlichen Comer Sees. Die Rasse ist in ihrem Bestand gefährdet.

Die Orobica Ziege

Sie nimmt eine Sonderstellung innerhalb der italienischen Gebirgsziegen ein, denn sie weicht genetisch ab, was nach Paola Crepaldi möglicherweise auf einen süditalienischen Ursprung hinweist. Auch die eigenwillige Form der Hörner lässt das vermuten. Doch ist über die Herkunft der Rasse nichts Näheres bekannt. Nach Alessio Zanon gab es Ziegen vom Typ der Orobica im frühen 19. Jahrhundert bei Wanderhirten der Gegend um Mailand und im Hochtal von Brembana (Alta Val Brembana). Ursprungsgebiet der Rasse ist das Val Gerola in der Provinz Sondrio. Darüber hinaus hat sich die Rasse kaum verbreitet, mit Ausnahme einzelner Vorkommen im Val Chiavenna und westlich des Comer Sees. Im Jahr 1993 wurde für die Rasse ein Zuchtbuch eröffnet und der Bestand im Anagrafischen Register erfasst. Aktuell sind dort 274 Tiere eingetragen, darunter 158 Ziegen. 60 Züchter betreuen die Rasse Orobica. Sie gilt als stark gefährdet.

Auch die Mutterziegen der Rasse Orobica tragen ein langes, leicht schraubenförmig gedrehtes Horn. Im Bild die Farbschläge Farinel (grau-beige) und Camosch (dunkel mit weißen Haaren).

Die Verzaschese Ziege

Ihren Ursprung hat sie im Tessin im gleichnamigen Val Verzasca, nördlich von Locarno. In den 1970er-Jahren wurde die Rasse in den Bergregionen der Provinzen Varese und Como auf italienischer Seite eingeführt und mittlerweile auch in der Provinz Verbano-Cusio-Ossola gezüchtet. Durch die steigende Beliebtheit der Rasse werden die autochthonen Bestände der Capra di Livo zunehmend zurückgedrängt. Zudem wird die bodenständige Rasse Livo durch die Leistungsrassen Camosciata delle Alpi und Saanen ersetzt. Im Anagrafischen Register sind noch 1.388 Tiere, darunter 1.129 Ziegen in 33 Betrieben erfasst. Im Ursprungsgebiet der Rasse, im Schweizer Tessin, sind 1.223 Herdebuchtiere erfasst. Die Rasse ist in ihrem Bestand gefährdet.

Die Verzaschese Ziege ist eine mittelrahmige Gebirgsziege, bei der die Böcke eine Widerristhöhe von 86 Zentimetern und ein Gewicht

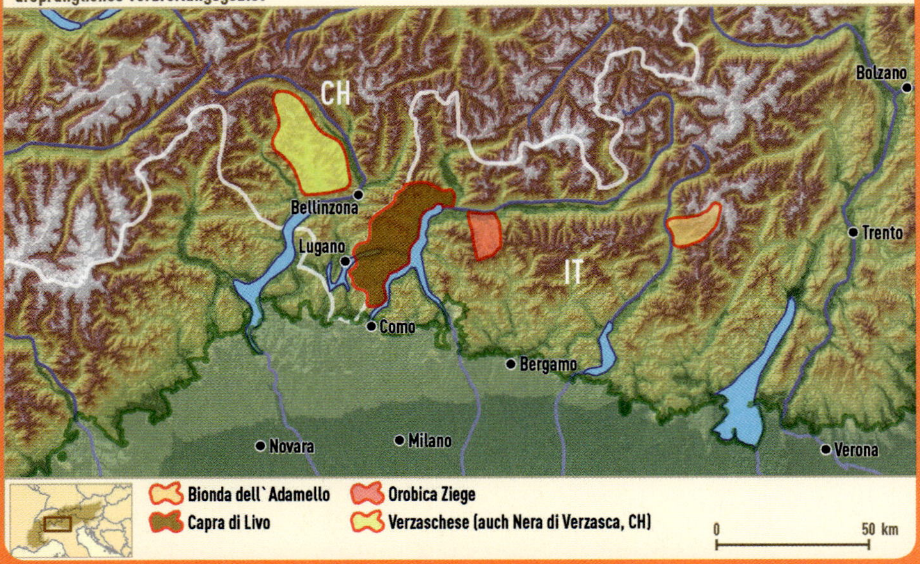

Bionda dell'Adamello, Capra di Livo, Orobica Ziege und Verzaschese (auch Nera di Verzasca, CH), ursprüngliches Verbreitungsgebiet

Steckbrief Bionda dell'Adamello

Diese mittelgroße Ziege erreicht eine Widerristhöhe von knapp 70 Zentimetern bei einem Gewicht von 55 bis 60 Kilogramm. Böcke werden durchschnittlich 70 bis 75 Kilogramm schwer und erreichen eine Widerristhöhe von 74 Zentimetern. Die Ohren sind kurz und abstehend. Charakteristisch für die Rasse ist die mittelbraune (blonde) Mantelfärbung. Das Fell ist fein und langhaarig herabhängend. Die Bionda dell'Adamello besitzt die Abzeichen der Bezoar Ziege, mit den typischen weißen Streifen. Diese reichen im Gesichtsfeld von der Hornbasis bis zum Maul. Sie hat den weißen Spiegel im Bereich des Afters und einen weißen Bauch. Die Milchleistung beträgt 350 Kilogramm bei 3,16 Gramm Fett und 2,97 Prozent Eiweiß.

Steckbrief Capra di Livo (Lariana)

Diese mittelgroße Gebirgsziege erreicht ein Gewicht von 45 bis 50 Kilogramm bei Ziegen, Böcke werden durchschnittlich 60 Kilogramm schwer und erreichen eine Widerristhöhe von etwa 72 Zentimetern. Der Kopf zeigt ein gerades bis leicht konkaves Profil. Die Ohren sind mittellang und stehen aufrecht. Es kommen gehörnte wie hornlose Tiere vor. Die sichelförmigen Hörner sind nach hinten und außen gerichtet. Teilweise tragen die Tiere einen Bart. In der Mantelfärbung sind sie variabel, man findet sie mit schwarz, braun, rot oder mit weiß-braun gefärbtem Mantel. Häufig tritt Strahlenzeichnung (Abzeichen der Bezoar) auf, vereinzelt auch die Zeichnung der Pfauenziege. Glänzend schwarze Tiere werden aufgrund der Nähe zum Verzaschese Verbreitungsgebiet nicht in das Anagrafische Register aufgenommen. Das Fell ist kurz oder mittellang, Behang an der Hinterhand und am Rücken. Die Extremitäten sind kräftig entwickelt.

Steckbrief Orobica Ziege (Valgerola)

Die Ziegen dieser mittelgroßen Rasse erreichen bei einer Widerristhöhe von 73 Zentimetern ein Gewicht von rund 65 Kilogramm. Böcke wiegen durchschnittlich 80 Kilogramm bei einer Widerristhöhe von knapp 80 Zentimetern. Markant ist das bei beiden Geschlechtern lange, nach oben und außen gerichtete Horn, das im Querschnitt abgeflacht ist und eine leicht schraubenförmige Drehung aufweist. Der Kopf ist verhältnismäßig leicht, die Ohren sind mittellang, aufrecht und schräg nach vorne gerichtet. Auffällig sind die großen, kegelförmigen Zitzen, die sich meist nicht vom Euter absetzen.
Das Fell ist lang und hängend. Es kommen vier Farbschläge vor: Nigru (schwarz-braun), Marin (Pfauenzeichnung), Farinel (grau-beige mit violetten Reflexen) und Camosch (dunkel mit weißen Haaren, Schwarz und Rot in verschiedenen Farbtönen, wobei der Kopf immer dunkel gezeichnet ist). Die Milchleistung liegt bei 300 bis 400 Liter pro Laktation (160 bis 190 Tage), das Erstkitzalter bei 18 Monaten. Viele Zwillingsgeburten.

von 90 Kilogramm erreichen. Ziegen werden 76 Zentimeter hoch und durchschnittlich 60 kilogramm schwer. Die Verzaschese hat einen kräftigen Körperbau und eine gute Flankentiefe. Die Extremitäten sind kräftig entwickelt. Die Rasse ist einfärbig schwarz, das Fell kurz und fein. Es hat einen auffälligen Glanz. Beide Geschlechter tragen ein kräftiges Horn. Die Milchleistung liegt bei durchschnittlich 452 Kilogramm pro Laktation (202 Tage).

Die Region Trentino-Südtirol

Bis in die zweite Hälfte des 20. Jahrhunderts waren hier verschiedene Landschläge der Gemeinen Alpenziege verbreitet. Bis heute findet man in den Sarntaler Alpen und im Pustertal Ziegen vom Typ der Pinzgauer Strahlenziege. In den 1970er-Jahren wurden im Passeiertal die verschiedenen Schläge der Talschaft zu einer Rasse mit der einheitlichen Bezeichnung „Passeier Gebirgsziegen" zusammengefasst. Mit einem Bestand von 3.354 Tieren (2.871 Ziegen) gilt sie als im Bestand gefährdet. 155 Betriebe züchten diese autochthone Gebirgsziegenrasse der Provinz Bozen.

Die Pezzata Mochena ist eine autochthone Ziegenrasse des östlichen Trentino. Ihr Ursprungsgebiet ist das Fersental (Bernstol), ein Alttiroler Siedlungsgebiet des Hochmittelalters. Die Rasse ist mit einem Bestand von lediglich 261 Tieren (235 Ziegen) stark gefährdet. Eine aktive Vereinigung bemüht sich um ihre Erhaltung und wirtschaftliche Absicherung.

Die Region Friaul-Julisch Venetien und Veneto

Heute bestehen hier keine autochthonen Ziegenrassen oder Schläge mehr. Für die Gebirgsregionen von Friaul-Julisch Venetien werden in der Literatur verschiedene Landschläge beschrieben, die alle dem alpinen Typus, aber keiner eigenständigen Rasse zugeordnet wurden. Einzig die Tolminotta Ziege des oberen Isonzotales (Soča-Tal) im heutigen Slowenien zeigte einen weitgehend einheitlichen Typus. Dieser Landschlag ist in der Drežniška Ziege erhalten geblieben.

Die Istriana Ziege der nordadriatischen Karstregion war ursprünglich auch in der italienischen Provinz Goriza beheimatet. 1983 wurden noch rund 100 Tiere gezählt. Um das Jahr 2000 dürfte diese Ziegenrasse in Italien ausgestorben sein. Kleine Restbestände konnten auf Istrien wiederentdeckt werden.

Haflinger, Norico und Samólaco

Der Haflinger zählt heute nicht nur im Alpenraum zu den bekanntesten Kleinpferderassen. Neben dem Noriker und seinen verwandten Kaltblutrassen in Süddeutschland und Slowenien ist der Haflinger die einzige bodenständige Kleinpferderasse des Alpenbogens, lässt man die Rückzüchtung des französischen Cheval du vercors außer Betracht. Seinen Ursprung hat die Haflinger Rasse im kleinen, primitiven Alpenpferd, aus dem sich auch der Noriker entwickelt hat. Auch für den Alpenraum der Schweiz und Frankreichs wird in der Literatur des 19. Jahrhunderts noch ein robuster, kleiner Alpenpferdeschlag erwähnt. Spätmittelalterliche Abbildungen zeigen, dass in Nordtirol ein vergleichsweise schweres norisches Kaltblutpferd und südlich des Alpenhauptkamms ein eher leichter, orientalisch beeinflusster Schlag verbreitet waren. Vielfach wird in der Literatur davon ausgegangen, dass bereits das spätmittelalterliche Saumpferd südlich des Brenner Passes orientalisch beeinflusst war. Um 1282 wurde die Pferdezucht im Etschtal erstmals beschrieben. Der Einsatz von wendigen Saum-, Reit- und Wagenpferden hat in Südtirol eine lange Tradition. Mit dem Ausbau der Landstraßen und Passwege wurden vermehrt schwere Kaltblutpferde in die Landeszucht eingekreuzt. Die Fertigstellung der Brennerbahn im Jahr 1867 bewirkte eine sinkende Nachfrage nach Saumpferden. Ende des 19. Jahrhunderts wurde die Zucht des Haflingers aus militärstrategischen Überlegungen intensiviert. Das k. u. k. Ackerbauministerium ließ alle Hengste registrieren und gewährte finanzielle Förderungen für gutes Zuchtmaterial. Das Ziel war die Deckung des Pferdebedarfs für die Truppen durch die bäuerlichen Zuchten in Tirol. Der im Jahr 1874 geborene Stammvater und Linienbegründer der Haflingerzucht, der Hengst 249 Folie, brachte jedenfalls orientalisches Blut in die Zucht. Seit 1899 wird die Rasse offiziell als „Haflinger“ geführt. Ursprungsgebiet ist die Gemeinde Hafling in den Sarntaler Alpen nahe Meran.

Das Ursprungsgebiet des Haflingers ist die gleichnamige Gemeinde Hafling in den Sarntaler Alpen nahe Meran.

Das Norico Pferd

Es wurde in Italien vor allem im Pustertal und in den ladinischen Tälern gezüchtet. Aufgrund seines ruhigen Charakters und seiner Zuverlässigkeit ist der Norico auch in den Provinzen Trient, Belluno, Verona und Rovigo beliebt. In Friaul-Julisch Venetien wird das schwere Kaltblut auch für die Pferdefleischproduktion gezüchtet. In Italien wird für den Cavallo Norico seit 1903 ein Herdebuch geführt. Darin sind rund 130 Stuten und 25 Hengste erfasst (EFABIS 2013). Der italienische Norikerbestand ist jedoch als Nachzuchtgebiet und nicht als eigenständige Population zu betrachten.

Für die Region Lomellina, im Südwesten der Lombardei, beschreibt Gustav Schwarznecker (1884) Anfang des 19. Jahrhunderts die Zucht eines kräftigen Artilleriepferdes. Während der Habsburger Herrschaft wurde in Crema ein Beschäldepot angelegt, das vorwiegend mit ungarischen Tieren versorgt wurde. Unter König Viktor Emanuel von Sardinien war Crema eines der sieben Staatsdepots.

Das Samólaco Pferd

Es geht nach seinen Ursprüngen auf das frühe 16. Jahrhundert zurück. Nach der Eroberung des Herzogtums Mailand durch König Ludwig XI. von Frankreich erhielt der siegreiche Feldherr Gian Giacomo Trivulzio 1499 die Herrschaft in der Grafschaft Chiavenna, Provinz Sondrio (Pestalozzi-Keyser 2003). Chiavenna hatte im Mittelalter eine zentrale Rolle für den Saumhandel über die Alpenpässe inne. Die Routen führten über das Valle San Giacomo und den Splügenpass sowie über das Bergell und den Septimerpass nach Norden. Am oberen Ende des Lago di Mezzola wurden die Schiffe des Comer Sees entladen und dort begann der Weg der Wagen- und

Samólaco Pferdegespann, um 1940. Foto. A. Paggi

oben: Haflinger Pferde am Markt in Klausen, 1930. Erst wesentlich später wurde die heute typische Fuchsfarbe des Haflinger Standard. Heute kommen Haflinger ausschließlich als Füchse vor.
unten: Haflinger Stute mit Fohlen, im Bildhintergrund das Schlernmassiv mit Seiser Alm.
Beide Fotos: www.haflinger.eu

Saumkolonnen über die Alpenpässe. Wie in Südtirol kam auch den Saumpferden im Veltlin eine besondere Bedeutung zu.

Der Graf von Chiavenna siedelte in der Ebene von Samólaco spanische Andalusierpferde an. Aus der Kreuzung mit dem kleinen autochthonen Alpenpferd entwickelte sich im 17. Jahrhundert das Samólaco Pferd. Durch das Andalusierblut sollten die kleinen Kaltblüter größer und kräftiger werden. Die Samólaco Pferde wurden als Lasten- und Wagentiere eingespannt und waren wegen ihrer Folgsamkeit und Belastbarkeit auf den Saumpfaden sehr geschätzt.

Zur weiteren Verbesserung der Rasse wurde 1887 ein Hackney Hengst alter Zuchtrichtung eingesetzt, damals noch ein ausdauerndes Zugpferd mit kraftvoller Hinterhand. Mit dem Ausbau der Passwege und der Mechanisierung von Landwirtschaft und Transportwesen verlor das Saumpferd rasch an Bedeutung. Das Samólaco wandelte sich vom Lasten- zum Schlachtpferd, der Charakter und die besonderen Eigenschaften der Rasse gingen sukzessive verloren. Ab 1954 wurden zur Verbesserung der Rasse systematisch Haflinger (Aveligneser) eingekreuzt.

Im Jahr 2000 konnten im Zuge des Monitorings der landwirtschaftlichen Genressourcen in Italien nur mehr wenige Stuten der Rasse nachgewiesen werden. Heute ist die Rasse vermutlich definitiv ausgestorben, wie auch Valerie Porter 2002 erwähnt.

Hirten- und Treibhunde

Die Hirten mit ihren Schaf- und Ziegenherden folgten den frühen Jägern und Sammlern. Sie nutzten anfangs die natürlich baumfreien alpinen Rasengesellschaften des Hochgebirges, im jahreszeitlichen Wechsel mit den Winterweiden in den Tieflagen. Der Hund zählte von Anfang an zum treuen Begleiter des Menschen. Er war für den Zusammenhalt der Herde verantwortlich und wehrte die Angriffe der Raubtiere ab. Die Entwicklung der autochthonen Schaf- und Ziegen- sowie Rinderbestände der italienischen Alpen erfolgte vermutlich parallel mit der Züchtung der an die jeweiligen speziellen Erfordernisse angepassten Hüte- und Treibhundeschläge. Die alten Hütehundeschläge verfügen meist noch über einen gewissen Grad an Wildheit und Naturschärfe. Sie wurden über Jahrhunderte auf bestimmte Schaf- und Ziegenschläge geprägt. Zudem formte das meist sehr unübersichtliche und steile Gelände der italienischen Alpen schnelle und ausdauernde Hundeschläge. Aus den verschiedenartigen Anforderungen haben sich regional angepasste Landschläge und Rassen entwickelt.

Der Cane da Pastore d' Oropa ist der westlichste Vertreter der italienischen Hirtenhunde der Alpen, der sowohl als Begleiter der Wanderhirten wie auch als Treibhund auf den Rinderalmen eingesetzt wird. Dieser piemontesische Hütehundeschlag war vermutlich weit über die Provinz Biella hinaus verbreitet, die regionalen Hütehundeschläge des Val Grande stehen dem Cane da Pastore d' Oropa vermutlich nahe.

Der Cane da Pastore del Valle d'Aosta, der züchterisch nicht betreut wird und zu dessen Erhaltung es keine Initiativen gibt, ist weitgehend identisch mit dem Berger de Savoie. Er ist ein

Der Cane pastore d' Oropa ist der traditionelle Hirtenhund der Provinz Biella. Foto: M. Verona

Autochthone Gebrauchshunderassen und Schläge der italienischen Alpenregion

Hunderasse	Gefährdungsstatus FAO	Population	Welpen/Jahr	Züchter/ Halter	Region
Cane da Pastore Bergamasco*	gefährdet, VU	2000 (Herdebuch, Italien)	110 (Italien)	4 (Norditalien)	Bergamasker Alpen, Provinz Lecco, Bergamo und Sondrio (Region Lombardei)
Cane Pastore del Lagorai	vom Aussterben bedroht, CR	< 80	unbek.	< 80	Fiemme, Altopiano di Pinè, Alta Valsugana (Region Trentino und Veneto)
Cane da Pastore d'Oropa** (Cane da Pastore delle Alpi Biellesi, Cane da Pastore Biellese)	vom Aussterben bedroht, CR	100 (registriert)	50	5 (+ 25 Hirten)	Biellesische Voralpen, Walliser Alpen, Provinz Biella (Region Piemont)
Tiroler Bergspitz	vom Aussterben bedroht, CR	< 50	unbek.	< 50	Provinz Bozen: Vintschgau, Sarntaler Alpen, Pustertal; Region Osttirol und Tauernregion des Oberpinzgaus, Zillertaler Alpen

* Rassestandard vorhanden, vom FCI anerkannte Rasse, **Rasseanerkennung beantragt.

Der Cane da Pastore d' Oropa ist ein besonders agiler und ausdauernder Hirtenhund. Die Rasse war einst durch die Transhumanz v. a der Bielleser Schafhirten über weite Bereiche der norditalienischen Alpen und der Nachbarregionen verbreitet. Foto: Ass. Amici del Cane d'Oropa.

universeller Treibhund für verschiedene Herdentiere. Die gemeinsamen Wurzeln des Berger de Savoie und des Cane da Pastore del Valle d'Aosta reichen zurück bis in die Zeit vor 1860, als Savoyen und der piemontesische Raum noch eine politische Einheit bildeten.

Der Lagorai Schäferhund (Cane Pastore del Lagorai) und die variablen Schläge der Talschaften des Valsassina (Pastore di Valsassina) gehören beide dem Schäferhundetyp (Lupoide) an und bilden vermutlich eine gemeinsame Gruppe von Hirtenhunden. Der Cane da Pastore Bergamasco ist derzeit die einzige offiziell anerkannte Hirtenhunderasse des italienischen Alpenraumes.

Der Cane da Pastore d'Oropa

Die Region der Prealpi Biellesi (Biellesische Voralpen) beherbergt mit der Schafrasse Biellese, der Rinderrasse Pezzata d'Oropa und dem Hirtenhund Pastore d' Oropa drei autochthone Nutztierrassen, die optimal an die Landschaft am Übergang der Hochalpen in die weite Poebene angepasst sind. Die Prealpi Biellesi sind die südlichen Ausläufer der mächtigen Alpi del Vallese (Walliser Alpen, auch Penninische Alpen). Hauptorte sind Biella am Rande der Poebene und die 1.180 Meter hoch gelegene Gemeinde Oropa. Das Gebiet am Ostrand der Westalpen wurde von ligurischer und keltischer Kultur geprägt. Ab dem Hochmittelalter unterstand es dem Haus Savoyen.

Der Pastore d' Oropa zählt zur Gruppe der autochthonen norditalienischen Hüte- und Treibhunde. Seine Wurzeln liegen im primitiven Alpenhund, der von den Karnischen Voralpen bis in die Ligurischen Alpen in verschiedenen Lokalschlägen verbreitet war. Über eine jahrhundertelange Selektion hat er sich an steiles und unübersichtliches Gelände angepasst. So wurde er zum charakteristischen Hirtenhund der Provinz Biella. 2004 wurde in Biella ein Verein zur Förderung des Pastore d' Oropa ins Leben gerufen (Amici del Cane d' Oropa), der derzeit fünf Züchter betreut. Ein Erhaltungsprojekt wird von Prof. Guidobono Cavalchini, dem Präsidenten der FCI Herding Dog Commission und der ENCI Central Technical Commition, sowie von Dr. Stefano Marelli, Institut für Tierhaltung an der Universität von Mailand, betreut. 2005 fand das erste Treffen von Haltern und Züchtern der Rasse statt. Die Hirtenhunderasse ist derzeit noch nicht offiziell anerkannt und es gibt noch keinen offiziellen Rassestandard. Der Verein bemüht sich jedoch um die Anerkennung der Rasse durch den italienischen Dachverband ENCI beziehungsweise in weiterer Folge durch den internationalen Hundeverband FCI.

In der Provinz Biella gibt es 25 Hirten, die Pastore d' Oropa züchten und als Gebrauchshunde einsetzen. Dort sind über 100 Hunde vom Typ des Pastore d' Oropa als Hirtenhunde bei Wanderhirten oder auf Almen in Verwendung.

Der Schwanz ist hoch angesetzt, dicht und kräftig an der Wurzel und verjüngt sich gegen die Spitze. Er reicht maximal bis zum Sprunggelenk. Viele Tiere sind genetisch stummelschwänzig. Diese Tiere sind besonders gesucht. Das Fell ist kurz bis mittellang, glatt oder rauhaarig. Die reichliche Unterwolle macht den Oropa sehr wetterhart. Die Fellfarbe ist variabel. Sie reicht von Schwarz und verschiedenen Brauntönen bis Merl und Merl mit Schwarz und Tan-Abzeichen; auch rötlich-braune Zeichnungen im Fell kommen vor. Alle Farbvarianten können weiß durchbrochen sein, die weißen Flecken sollen jedoch weniger als 50 Prozent ausmachen. Der Cane da Pastore d' Oropa ist sehr lernfähig und dadurch für verschiedene Aufgaben geeignet, auch wenn er in erster Linie Hütehund in großen Schafherden ist. Der typische Cane da Pastore

Steckbrief Cane da Pastore d' Oropa (Cane da Pastore Biellese)

Der mittelgroße, harmonisch proportionierte Hirtenhund hat einen kompakten Körper mit schlanker Muskulatur, was ihn agil und ausdauernd macht. Rüden erreichen ein durchschnittliches Stockmaß von 60 Zentimeter, weibliche Tiere von 45 Zentimetern. Der Rücken ist gerade, die Kruppe oft etwas höher als der Widerrist. Die Lenden sind kurz und kräftig. Der Hals ist gerade, gut bemuskelt und ohne Wamme. Schädel und Schnauze sind in etwa gleich lang. Der Nasenrücken ist gerade. Sein Blick ist lebhaft und ausdrucksstark, die Augenfarbe braun. Die Ohren sind dreieckig, aufrecht oder halb stehend (Stehkippohren).

d' Oropa ist ein leichter und schneller, beweglicher Hund, der sich zum Führen von Schaf- und Ziegenherden, aber in einem etwas kräftigeren Typus genauso zum Treiben von Rindern und als Wach- und Schutzhund eignet.

Der Cane da Pastore Bergamasco

Dieser einzige anerkannte autochthone Hirtenhund der norditalienischen Alpen ist trotz seiner Fähigkeiten kaum mehr anzutreffen und in seinem Ursprungsgebiet in Norditalien im Bestand gefährdet. Der Bergamasco wurde vor allem in den norditalienischen Kalk- und Dolomitalpen als Hüte- und Treibhund für Schafe, Ziegen und Rinder eingesetzt. Er war der typische Begleiter der Wanderschäfer, die im jahreszeitlichen Rhythmus zwischen den Bergamasker Bergen der Lombardei und der Poebene wechselten. Über Jahrhunderte wurde er als robuster, selbstständig arbeitender und zuverlässiger Hirtenhund gezüchtet, der die Herde führte und den Hirten unterstützte. Nur wenige Tiere wurden in das Zuchtbuch eingetragen, da die geeignete Nachzucht meistens für den eigenen Bestand eingesetzt wurde. Duch das Verschwinden von Berglandwirtschaft und Wanderschäferei verlor auch der Bergamasco seine Daseinsberechtigung.

Lediglich rund 20 Welpen pro Jahr werden in Italien gezüchtet, die Tendenz ist weiter sinkend. Der Inzuchtkoeffizient liegt bereits bei rund 20 Prozent.

Die Gesellschaft zur Erhaltung alter und gefährdeter Nutztierrassen in Deutschland (GEH) hat die Rasse 2012 in die Rote Liste der gefährdeten Nutztiere in der Kategorie „Tiere aus anderen Ländern" aufgenommen. Mit der deutschen Population erhofft man sich, zur Erhaltung der Gesamtpopulation beitragen zu können. In Deutschland sind seit 2002 rund neun Würfe pro Jahr registriert. Im Alpenraum liegt das heutige Hauptverbreitungsgebiet in den norditalienischen Alpen und in der Schweiz.

Bereits 1898 wurde das Zuchtbuch des Cane da Pastore Bergamasco gegründet. Vor rund 30 Jahren war der Bergamasker Hirtenhund noch ein relativ häufiger Begleiter der großen Bergamasker und Biellese Schafherden, aber heute ist er selten geworden. Border Collie und Belgischer Schäferhund haben ihn nahezu verdrängt. In Norditalien gibt es lediglich vier Züchter der Rasse. Italienweit sind zwar 2.000 Hunde registriert und rund 110 Welpen kommen jährlich zur Welt. Der Bestand gilt damit im Ursprungsgebiet als gefährdet (VU, vulnerable). Bei den Wanderschafherden werden jedoch trotz der besonderen Eignung der Bergamasker kaum mehr reinrassige Hunde eingesetzt, sondern Border Collie, Belgische Schäferhunde oder verkreuzte Tiere. Als Freizeit- und Familienhund erfreut sich hingegen der Cane da Pastore Bergamasco in vielen Ländern, der Schweiz, in Deutschland, Polen, Finnland, Schweden, Belgien und den USA, zunehmender Beliebtheit. Um seine ursprünglichen Arbeitseigenschaften, seine Genügsamkeit und Fitness zu erhalten, werden in Italien Ausbildungkurse angeboten. Dazu sind spezielle Tests und Leistungsprüfungen vorgesehen. Der Verband „Amatori del Cane da Pastore Bergamasco" ist Organisator und bietet auch regelmäßig Ausbildungskurse an, in denen das Arbeiten mit Schafen vermittelt wird.

Der Bergamasco ist ein mittelgroßer Hirtenhund. Sein Ursprungsgebiet sind die Bergamasker Alpen zwischen Comer See und Iseosee.
Foto: C. Träger

Der Lagorai Schäferhund

Das Gebiet der Lagorai-Bergkette, die das Val di Fiemme vom Valsugana trennt, ist das Ursprungsgebiet des Lagorai. Die Bergkette im östlichen Trentino zählt zu den Fleimstaler Alpen und liegt an der Grenze zum Veneto. Das Gebiet wurde von jeher genutzt, um das spärliche Grün der Porphyrkette abzuweiden.

Der Lagorai ist ein reiner Gebrauchshund. Er ist sehr aktiv und daher nicht als Begleithund oder Familienhund geeignet. Aber er bewährt sich bei Wanderschafherden sowie als Treibhund auf Rinderalmen. Er ist zudem ein sehr ausdauernder und arbeitsfreudiger Hirtenhund, der gerne bellt und sich beim Treiben der Schafe meist im Galopp bewegt, manchmal auch im Trab. In der Regel sind zwei Hunde für die Begleitung einer Schafherde von 1.000 bis 1.500 Köpfen ausreichend, die von den Dolomiten in die Lagune von Venedig zieht.

Der Verband der Züchter der Capra Pezzata Mochena, also der gescheckten Fersentaler Ziege, bemüht sich seit 2008 um die Erhaltung dieses traditionellen Hirtenhundes des östlichen Trentino. Der Cane da Pastore del Lagorai ist keine anerkannte Hunderasse in Italien. Der Gesamtbestand umfasst weniger als 80 Tiere. Diese alte Landrasse des östlichen Trentino ist trotz der geringen Population kaum mit anderen Hunderassen verkreuzt, da die Wanderschäfer und Almhirten die Arbeitshunde streng nach ihren Leistungsmerkmalen selektiert haben.

Die Ursprungsgebiete des Lagorai Schäferhundes sind die Talschaften um die Lagorai Bergkette im Osten des Trentino sowie im angrenzenden Veneto. Dazu zählen das Fiemme-Tal mit der Hochebene von Pinè, das Fersental, das obere Sugana-Tal und das Cembra-Tal.
Foto: G. Giovannini

Cane da Pastore Bergamasco und Cane da Pastore del Lagorai, ursprüngliches Verbreitungsgebiet

Steckbrief Cane da Pastore Bergamasco

Mit einer Schulterhöhe von 56 bis 60 Zentimetern ist der Bergamasco ein mittelgroßer Hirtenhund, aber deutlich größer als die alpinen Hüte- und Treibhunde der Alpen. Durch seine lange, zottige Behaarung hat er ein rustikales Aussehen. Das dichte Fell schützt den Hirtenhund vor Kälte, aber auch vor den Bissen attackierender Wölfe, ähnlich wie bei den rumänischen Hirtenhunden.

Steckbrief Cane da pastore del Lagorai

Rüden erreichen ein Stockmaß von rund 60 Zentimetern, weibliche Tiere 50 bis 55 Zentimeter. Es kommen dunkelgraue, aber auch hellgraue Tiere mit dunklen Flecken vor. Auch rein schwarze Tiere sind in der Population vertreten. Nicht rassetypisch sind braune Flecken, Schattierungen, langhaarige oder sehr schlanke Tiere, ähnlich dem Belgischen Schäfer. In der Farbvariante Merle besitzen die Hunde häufig verschiedenfärbige Augen, was den Schäfern besonders gefällt. Das Fell ist wollig und mittellang mit dichter Unterwolle. Häufig wird der Lagorai mit dem Australian Sheperd und dem Belgischen Schäferhund verwechselt. Er ist aber kräftiger und zeigt auch deutlich mehr Temperament.

Geflügel für die feine Küche

Italien hat in den Randlagen des Alpenraums eine alte Tradition in der Geflügelhaltung. Neben der Lombardei, die als Ursprungsgebiet der Italiener Rasse gilt, hatte auch die Region Piemont eine wichtige Rolle in der Geflügelzucht und Geflügelmast inne. Neben dem österreichischen Steirer Huhn (Sulmtaler) wurden die piemontesischen Landrassen Bionda Piemontese und Bianca di Saluzzo für die Züchtung von Kapaunen eingesetzt. Die Neubelebung dieser alten Geflügelzucht durch Slow Food Italien rettete Ende der 1990er-Jahre wirklich in letzter Minute das Bestehen dieser alten Landrassen.

Die Geflügelmärkte in den Regionen von Cuneo und Turin waren im 19. Jahrhundert Anziehungspunkte für Geflügelhändler aus ganz Norditalien. Weiße italienische Landhühner bildeten die Grundlage für die Leghornrasse und die daraus entwickelten Industriestämme der Hybridrassen. Benannt nach der Stadt Livorno (engl. Leghorn), wurden die Landhühner 1835 zuerst in den USA und Großbritannien weitergezüchtet und gelangten vor 1900 unter dem Namen Leghorn nach Mitteleuropa. Bereits um 1850 waren Italienerhühner unter der Bezeichnung „Braunes Leghorn" nach Österreich und Deutschland gelangt, wo sie die angestammten Landschläge verdrängten. Ab den 1950er-Jahren wurden verstärkt Mast- und Legehybriden eingesetzt. Die herkömmliche kleinbäuerliche Geflügelhaltung mit Landhühnern und langsam wachsenden Kapaunen war dieser Konkurrenz nicht gewachsen. Die Slow-Food-Bewegung, die im piemontesischen Bra ihren Ausgang nahm, führte zu einem Umdenken und zu einer Rückbesinnung auf genussvolles, bewusstes und regionales Essen von hoher Qualität.

Trentina Huhn und Friulana Huhn sind die einzigen Legerassen, deren Ursprungsgebiet im Alpenraum liegt. Letzteres ähnelt dem Trentina und auch dem Istrischen Huhn, das einen Mischtyp zwischen dem mediterranen Typus und dem Steirer Huhn-Typus darstellt. Das Trentina Huhn gilt als ausgestorben. Es ähnelte der Rasse Razza Italiana weiß beziehungsweise goldfarben, hatte aber einen etwas kleineren Kamm.

Die Rassen Padovana a gran ciuffo und Padovana a penne riccia sind Vertreter der Haubenhühner. Ihr Ursprungsgebiet liegt jedoch außerhalb des Alpenraums. Vor allem das Padovana a gran ciuffo wird auch im Alpenraum gehalten und wurde als Nutzgeflügel auf die Almen mitgenommen.

Bei der Zwiehuhnrasse Bionda Piemontese sind der Kamm und Kehllappen bei beiden Geschlechtern stark ausgeprägt. Diese sind wesentliche Bestandteile des piemontesischen Gerichtes „la Finanziera". Foto: G. Fassino

Die Federhaube stellt eine Anpassung an die niedrigeren Temperaturen dar. Padovana a penne riccia ist in erster Linie ein Zierhuhn und hat als Wirtschaftshuhn keinen Stellenwert.

Im italienischen Alpenraum existieren heute noch drei autochthone Zwiehuhnrassen, die sich am Alpenostrand der Cottischen, Grajischen und der Seealpen konzentrieren, und zwar in den Provinzen von Cuneo, Asti und Turin mit den Rassen Bionda Piemontese, Bianca di Saluzzo und Bionda di Cuneo.

Das Bionda Piemontese Huhn

Diese autochthone Zwiehuhnrasse des südlichen Piemont wird vorwiegend im Gebiet um Cuneo und in Villanova im Aostatal noch rein gezüchtet. Die Hühner werden für die Fleisch- und Eierproduktion gehalten. Die rotblonden Landhühner sind eifrige Futtersucher und gut für die Freilandhaltung geeignet.

Im Jahr 1999 wurde der Bestand auf weniger als 100 Tiere geschätzt und als hoch gefährdet eingestuft (CR, critical). Durch Slow Food Italien (Presidio) und die Wiederbelebung der Tradition des Kapaunisierens, also der Kastration der Junghähne, konnte der Bestand wesentlich verbessert werden. 2007 wurde ein offizieller Standard für die Rasse Bionda Piemontese festgelegt, es folgte die Anerkennung von der Federazione Italiana delle Associazioni Avicolem (FIAV). Bis

Ein Cappone di Marozzo. Für die alte Tradition des Kapaunisierens werden ausschließlich Junghähne der Rasse Bionda Piemontese und Bianca di Saluzzo verwendet. Foto: P. A. Montanaro

Autochthone italienische Hühnerrassen mit Bezug zum Alpenraum	Status
leichter Typ (Legerassen), mediterrane Hühner-Typen (Razza Italiana Comune)	
Lombardei	
Brianzola	ausgestorben
Trentino	
Trentina	ausgestorben (keine Exemplare bekannt)
Friaul	
Friulana	ausgestorben
Veneto	
Padovana a gran ciuffo	wenig verbreitet
Padovana a penne riccia	bedroht
mittlerer Typ (Zwiehühner)	**keine Alpenrassen**
Veneto	
Ermellinata di Rovigo	verbreitet
Polverara**	bedroht***
Collo nudo italiana	bedroht
Robusta lionata	wenig verbreitet
Robusta maculata	wenig verbreitet
Boffa	ausgestorben
Cuccola	ausgestorben
Piemont	
Bianca di Saluzzo (di Cavur)	wenig verbreitet***
Bionda piemontese	wenig verbreitet***
Zwerghühner	
Lombardei	
Mericanel della brianza	verbreitet
Veneto	
Pèpoi	verbreitet

**Rassestandard vorhanden ***Erhaltungsprogramm
(Quelle: A. Zanon, eigene Erhebungen des Autors.)

2007 konnte sich der Bestand deutlich erholen. Die Gesamtpopulation umfasste damals bereits 2.786 Tiere (Ne 2285).

Eine Varietät der Rasse Bionda Piemontese ist die Bionda di Cuneo. Diese Landrasse aus der Provinz Cuneo wird von den 20 Mitgliedern der Züchterorganisation „Club Avicolo 3C di Cuneo" betreut. 2001 wurde der Bestand mit einer Gesamtpopulation von über 1.000 Tieren als gefährdet eingestuft (VU, vulnerable).

In einigen Gemeinden des Piemont, wie in Morozzo in der Provinz Cuneo und einigen Nachbargemeinden, hat das Kapaunisieren von Junghähnen eine alte Tradition, die bis heute unter strengen Auflagen praktiziert wird. Auf dem Jahrmarkt in Morozzo, der immer am dritten Montag im Dezember stattfindet, wurden die Kapaune feilgeboten. Kapaune sind friedfertig und können daher leicht in Gruppen gehalten werden. Im Jahr 1998 gab es aber nur mehr einige wenige Tiere. Mit Unterstützung von Slow Food Italien (Presidio) konnte die Zucht wiederbelebt werden. Bereits 1999 wurden wieder rund 300 Kapaune gezüchtet. Im Jahr 2002 stieg die Zahl bereits auf 3.000 Stück. Heute produziert eine Vereinigung von über 30 Bauern aus der Region um Morozzo Kapaune. Sie beliefern rund 60 Metzger in der Region und versorgen den jährlich stattfindenden Markt im Dezember mit ihren Spezialitäten.

Das Kapaunisieren lag in der kleinen piemontesischen Gemeinde Morozzo seit jeher in der Hand der Frauen, die es meist im August durchführen. Danach bleiben den Kapaunen noch rund vier Monate Zeit für einen ausreichenden Fleischansatz. Geschlachtet werden sie vor Weihnachten mit einem Mindestalter von 220 Tagen, sie haben dann ein Gewicht von zwei bis knapp drei Kilogramm.

Das Bianca di Saluzzo Huhn

Es ist im Körperbau der Bionda Piemontese ähnlich, aber etwas kleiner als dieses. Sein Verbreitungsgebiet liegt um Saluzzo in der Provinz Cuneo sowie in einigen Gemeinden der Provinz Turin (Cavour, Garzigliana, Villafranca). Die Gemeinde Saluzzo, die auch namengebend wurde, leitet sich von der ehemaligen Markgrafschaft Saluzzo ab. In der Gemeinde Cavour, die gleichfalls Namensstifterin wurde, bestand früher ein regional bedeutender Geflügelmarkt. Das Bianca di Saluzzo oder Cavour war bis in die 1950er-Jahre eine geschätzte Landhuhnrasse des Piemont und lockte viele Geflügelhändler aus ganz Norditalien zu den Geflügelmärkten der Region. Im 19. Jahrhundert bildete dort die Geflügelzucht einen wichtigen Teil des Einkommens. Die Forcierung der industriellen Geflügelmast mit Masthybridzuchten führte zu einer Verdrängung der Landhuhnrassen. Die kleinbäuerliche Geflügelzucht brach zusammen. Erst durch Slow Food Italien und die Unterstützung durch das Fachinstitut für Landwirtschaft und Umwelt von Verzuolo konnten die vom Aussterben bedrohten Geflügelrassen, Bianca di Saluzzo und Bionda Piemontese, vor ihrem endgültigen Verschwinden bewahrt werden.

Im Jahr 2001 züchteten nur mehr einige wenige Betriebe in Saluzzo die Rasse reinrassig. Der Bestand wurde mit weniger als 100 Tieren als vom Aussterben bedroht (CR, critically endangered) eingestuft. Bis 2007 konnte die Gesamtpopulation auf 700 Tiere, davon rund 200 Hähne, angehoben werden (Spalona u. a. 2007). Der derzeitige Gesamtbestand umfasst 5.000 bis 6.000 Tiere. Die Rasse ist jedoch weder offiziell anerkannt noch in einem Tierregister erfasst.

Rund 50 bis 60 Züchter findet man in den Gebieten Saluzzese und Cavour. Zwei Bauernhöfe und eine kleine Brüterei bemühen sich um die gezielte Reinzucht der Rasse. Auch die beiden autochthonen Zwerghuhnrassen Mericanel della brianza aus der Lombardei und Pèpoi werden im Alpenraum als Nutzgeflügel gehalten. Ihr Ursprungsgebiet liegt jedoch ebenfalls außerhalb des Alpenraums.

Das Bianca di Saluzzo ist ein traditionelles Zweinutzungshuhn, das etwas größer ist als das Bionda Piemontese. Die Tiere sind robust und fleißige Futtersucher. Hähne erreichen ein Gewicht von 1,9 bis 2,4 Kilogramm, Hennen von 1,7 bis 2,2 Kilogramm. Der Schnabel und die Beine sind wie bei der Bionda Piemontese gelb, die Haut ist fein und goldgelb. Bis auf den lebendigen roten Kamm und die Kehllappen sind Hahn wie Henne gänzlich weiß bis perlfarben.

Die Eier haben eine glatte Schale und sind rosafarben. Sie erreichen ein Gewicht von 50 Gramm. Die Legeleistung liegt bei 180 Eiern pro Jahr. Die Junghennen beginnen mit einem Alter von sechs bis sieben Monaten mit dem Legen. Das Fleisch des Bianca di Saluzzo ist zart und schmackhaft.

links: Bianca di Saluzzo. Foto G. Fassino
rechts: Das Foto zeigt einen Kapaun der Rasse Bianca di Saluzzo mit deutlich reduziertem Kamm und kleinerem Kehllappen. Foto. J. F. Marengo

Bionda Piemontese und Bianca di Saluzzo, ursprüngliches Verbreitungsgebiet

Steckbrief Bionda Piemontese (Bionda di Vallanova)

Eine mittelgroße, gut entwickelte Landrasse, der Körper ist tief, breit und von mittlerer Länge. Der gut proportionierte, mittelgroße Kopf trägt einen roten Kamm mit vier bis sechs Zähnen. Die Augen sind groß, hell und rot bis orange. Beim Hahn ist der Kamm hochstehend, bei der Henne auf der Seite liegend. Schnabel, Haut und Beine sind gelb gefärbt. Der Kehllappen ist lange ausgebildet. Die Farbe des Gefieders variiert zwischen blond bis dunkelblond. Der hoch aufgerichtete Schwanz ist offen, hat eine mittlere Länge und ist bei der Henne schwarz und beim Hahn blau mit metallischem Glanz. Die Rasse ist frohwüchsig und die Tiere erreichen bereits nach der 16. Lebenswoche ihr Endgewicht. Ausgewachsene Hähne wiegen bis zu drei Kilogramm. Die Eier haben eine rosa-bräunliche Färbung, eine glatte Schale und erreichen ein Mindestgewicht von 55 Gramm. Die Legeleistung liegt bei 180 bis 200 Eiern pro Jahr und konzentriert sich auf die Frühjahrs- und Sommermonate. Die Junghennen beginnen mit sechs bis sieben Monaten mit dem Legen.

Die Venezianer Gans, Pezzata Veneta, stammt aus den Ebenen des Veneto und der Lombardei sowie aus den venezianischen Voralpen. Foto: M. Venturi

Die Enten und Gänse

Enten waren im italienischen Alpenraum bis Ende der 1950er-Jahre weit verbreitet, die verschiedenen Landschläge unterschieden sich meist nur in der Gefiederfarbe. Die Enten waren anspruchslos und fanden ihr Futter selbstständig entlang der Gräben, Tümpel und Wegränder der Siedlungen. Ihre Haltung ist jedoch an Wasser gebunden, da Enten Wasser für den Tretakt, also ihre Vermehrung benötigen. Entenfleisch wurde mehr geschätzt als das von Gänsen. Eine besondere Verbindung bestand zwischen Enten- und Gänsehaltung und jener von Schweinen, da Schweineschmalz für die Konservierung des Geflügelfleisches benötigt wird. Ab etwa 1950 wurden die Landschläge häufig durch produktivere Rassen wie die Moschusente oder Pekingente ersetzt. Keine der Rassen stammte ursprünglich aus dem Alpenraum. Die Tiere wurden häufig mit den Schweinen mit auf die Alm genommen und manchmal sogar ganzjährig im Gebirge gehalten.

Das Aussterben vieler Enten- und Gänserassen hängt mit dem bekannten kulturellen Prozess des technischen Fortschritts zusammen, der auch viele andere Nutztierrassen verändert oder verdrängt hat. Speziell das Geflügel verlor seinen Lebensraum, die Enten und Gänse ihre offenen Wasserflächen. Auch die Essgewohnheiten wandelten sich, der Bedarf an leicht konservierbarem Fleisch ging verloren.

Traditionell war die Enten- und Gänsehaltung in Italien im Norden mehr verbreitet, da im Süden die höheren Temperaturen die Konservierung des Fleisches in Schweineschmalz nicht erlaubten. Wenn die Gänsehaltung in Italien trotzdem einen gewissen Stellenwert behielt, liegt das an den Besonderheiten der italienischen Küche.

Von den autochthonen Gänserassen und Landschlägen des italienischen Alpenraums ist an erster Stelle die Pezzata Veneta zu nennen, die in den Venezianischen Voralpen der Provinz Vicenza verbreitet ist. Der zweite Gänseschlag des italienischen Alpenraums war die Friulana Gans, die jedoch vor rund 40 Jahren ausgestorben ist.

Die Gänserasse Grigia di Padova hat ihren Ursprung in der Provinz Padua und ähnelt im Erscheinungsbild der Graugans.

Die Graue Padova ist eine alte italienische Landrasse, die für ihre gute Mastfähigkeit bekannt war. Bei guter Fütterung erreichten die Gänse ein Gewicht von sechs bis acht Kilogramm. Der heutige Bestand ist deutlich leichter, doch ist die Rasse in ihrem Bestand bedroht. Das landwirtschaftliche Institut San Benedetto da Norcia erhält sie in Reinzucht und leitet Erhaltungsprojekte.

Ein weiterer Gänseschlag Norditaliens, der im Bestand bedroht ist, ist die Oca di Lomellina, nach Alessio Zanon eher eine Variante der Gemeinen Landgans und keine eigenständige Rasse. Die Lomellina ist eine mittelgroße Gans, das Gefieder ist weiß mit verschiedenen Grautönen. Ihr Ursprungsgebiet ist das Valle Lomellina südwestlich von Pavia.

Alle autochthonen Gänserassen waren in erster Linie in der Ebene verbreitet, lediglich die Ursprungsgebiete der Rassen Pezzata Veneta und Friulana haben Anteil am Alpenraum. Gänse sind aber wie Enten und Hühner von den norditalienischen Almen nicht wegzudenken.

Oca Pezzata Veneta, ursprüngliches Verbreitungsgebiet

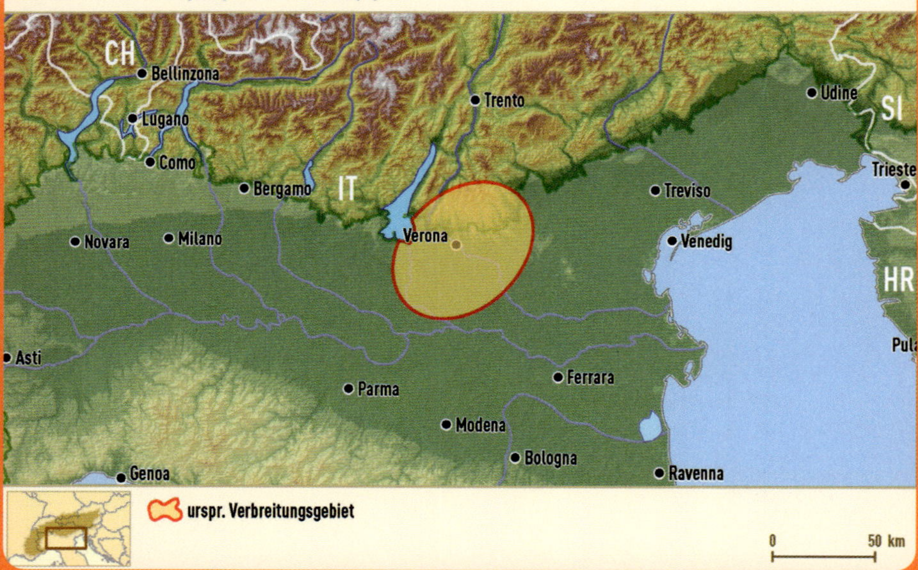

Steckbrief Pezzata Veneta

Diese große, massige Gans mit abgerundeten Formen hat eine volle Brust mit einem breiten und tiefen Körper, der horizontal getragen wird. Der Hals ist mittellang, der Rücken lang und breit, leicht konvex. Das Gefieder ist reinweiß, der Kopf grau und matt glänzend. Der Hals ist im oberen Viertel bis maximal zur Hälfte grau. Nicht erlaubt sind laut Rassestandard graue Flecken in den weißen Gefiederbereichen. Die Beine sind rot-orange. Der rosa bis orange Schnabel ist mittellang und kräftig, leicht konkav. Die Augen sind groß, braun oder blau, mit roten Augenringen. Nach 16 bis 18 Wochen erreichen weibliche Tiere ein Gewicht von fünf bis sechs, Erpel von sechs bis sieben Kilogramm. Die Pezzata Veneta ist früh reif und fruchtbar. Sie liefert eine hochwertige Fleischqualität. Das Mindestgewicht der weißen Eier beträgt 120 Gramm.

Die Venezianer Gans

Diese alte Landrasse der Ebene der Lombardei und Venetiens wurde traditionell als Weidegans gehalten. Sie ist eine robuste Rasse mit gesprenkeltem Gefieder, die sich unterschiedlichen Haltungsbedingungen anpasst. Die Gänse legen durchschnittlich 100 Eier pro Jahr. Die Pezzata Veneta hat keinen ausgeprägten Bruttrieb. Ein Rassestandard der italienischen Vereinigung der Geflügelverbände (FIAV) ist ausgearbeitet. Die Rasse ist in ihrem Ursprungsgebiet wenig verbreitet, derzeit jedoch nicht vom Aussterben bedroht.

Ein wesentlicher Faktor für den Rückgang der Rasse war, analog zur Pezzata Friulana, der Verlust an Feuchtgebieten sowie die Einschränkung des freien Weidegangs durch die zunehmende Versiegelung der Landschaft. Eine Gefährdung der Rasse ergibt sich durch die fehlende Reinzucht und Hybridrassen. Es gibt kein Herdebuch und keine Registrierung der reinrassigen Zuchttiere.

Die Perlhühner und Truthühner

Nach dem Fasan liefert das Perlhuhn das beste Fleisch unter allem Nutzgeflügel und war daher sehr geschätzt. Die wenigen Eier wurden meist für die Brut verwendet. Die Tiere bevorzugen trockene, sandige Böden und wärmere Zonen, sie waren daher nur am Rande für den Alpenraum von Bedeutung. Im Veneto und in der Emilia Romagna existierten sie in zahlreichen Farbvarianten. Praktische und ökonomische Relevanz hatte in Norditalien nur die graue Rasse (Grigia Comune). Keine davon kann als autochthon für den italienischen Alpenraum betrachtet werden. Die Präsenz von Farona Lilla und Pavonata ist vernachlässigbar gering.

Die Hennen der Truthühner zählen zu den besten Brütern unter allen Nutzgeflügeln und waren daher immer als Glucken gefragt. Das Truthuhn liefert auch schmackhaftes Fleisch, wird aber darin vom Perlhuhn übertroffen. Die italienischen Landrassen erreichen ein Gewicht von rund sieben Kilogramm. Truthühner wurden überall dort gehalten, wo Wiesen und Brachen zur Verfügung standen. Sie scheuen jedoch die Feuchtigkeit wie auch das Perlhuhn.

Bei den gemeinen italienischen Rassen treten viele Farbvarianten auf. Am meisten verbreitet war von jeher die bronzefarbene Pute, die Bronzato Comune. Unter den für den Alpenraum relevanten Truthuhnrassen ist lediglich die Faraona Bronzato comune weiter verbreitet. Die bedrohten Rassen Faraona Brianzolo und Faraona Bronzato dei colli euganei haben nur eine begrenzte Bedeutung.

Autochthone Entenrassen mit Bezug zum Alpenraum	Status
Lombardei	
Bergamasca	ausgestorben
Friaul	
Friulana	ausgestorben
Veneto	
Germanata Veneta	bedroht
Mignon	wenig verbreitet
Vicentina	ausgestorben

Autochthone Gänserassen mit Bezug zum Alpenraum	Status
Lombardei	
Oca di Lomellina	bedroht
Friaul	
Friulana	ausgestorben
Veneto	
Oca Grigia di Padova	bedroht
Oca Pezzata Veneta**	wenig verbreitet

Autochthone Perlhuhnrassen mit Bezug zum Alpenraum	Status
Norditalien	
Lilla**	wenig verbreitet
Grigia Comune**	weit verbreitet
Veneto	
Pavonata**	wenig verbreitet

Autochthone Truthuhnrassen mit Bezug zum Alpenraum	Status
Lombardei	
Brianzolo	bedroht***
Veneto	
Bronzato dei colli euganei	bedroht***
Nord Italien	
Bronzato comune	verbreitet

Die Pezzata Veneta ist frühreif und fruchtbar. Foto: M. Venturi

**Rassestandard vorhanden

***Erhaltungsprogramm

(Quelle: A. Zanon, eigene Erhebungen des Autors.)

Im vergangenen Jahrhundert wurden fast alle Alpenschweine-Rassen durch englische Leistungszuchten verdrängt. Lediglich im Veltlin und im Südtiroler Ultental haben eine Handvoll Tiere vom Typ des alten Alpenschweines überlebt.
Foto: H.P. Grünenfelder

Die Gruppe der Landschweine

Das Lage White und das italienische Landschwein sind heute die verbreiteten Schweinerassen des italienischen Alpenraums. Der römische Schriftsteller Lucius Iunius Moderatus Columella († um 70 n. Chr.) verfasste einen mehrbändigen Ratgeber für die Führung eines landwirtschaftlichen Betriebes zur Zeit von Kaiser Claudius (Rei rusticae libri duodecim). Für das nördliche Italien beschreibt er schwarze bis schwarzgraue, weiße, einfärbig rostbraune und verschieden gefleckte Schweine.

Felix Hoesch beschreibt 1911 die norditalienischen Landschweine des keltoromanischen Kulturkreises mit Einfluss des romanischen Schweines als verhältnismäßig große Tiere von schwarzer, schwarzweißer, kupferbrauner und rotbrauner Färbung und mit großen Schlappohren. Das trifft auf das piemontesische, das lombardische und das Mailänder Schwein zu sowie auf die Schläge von Parma und Bologna. Die beiden Letztgenannten stehen jedoch nach Felix Hoesch den mittelitalienischen Formen näher.

Vor der Ausbreitung der englischen Rassen vom asiatischen Typus gab es eine nördlich des Po, vom Ticino, einem Nebenfluss, bis zur Etsch verbreitete Landrasse. Bei guter Haltung war der Schlag fetter, fleischiger und früher reif als das Schwarze Landschwein der südlichen Ostalpen (Staffe 1916). Nach seinen Körpermaßen unterschied sich das Lombardische Schwein (Samólaco Schwein) nur geringfügig, in mehr Höhen- und Breitenentwicklung des Schädels, vom Schwarzen Landschwein der südlichen Ostalpen. Um 1913 wird das Lombardische Schwein als schwarz pigmentiertes Landschwein, mit einer reichlichen schwarzen Borstendecke, mit breiten Hängeohren und gut bemuskelten Füßen sowie einem zylindrischen Körper beschrieben (Stanga 1910). Nach Idelfonso Stanga gab es um 1916 in der Lombardei neben dem schwarz pigmentierten Typus auch reinweiße Tiere.

Die drei Talschaften Chiavenna, Veltlin und Bormio waren bis 1797 Teil der Bündner Herrschaft. Dadurch haben sich vermutlich das Lombardische und das Bündner Oberländerschwein teilweise vermischt. Reliktbestände des Lombardischen Schweins konnten in einigen entlegenen Alpentälern des Veltlin 2013 ausfindig gemacht werden (siehe Kapitel „Die Alpenregion Veltlin mit dem Tal der Adda").

Für Südtirol und das Trentino erwähnt Giuseppe Ruatti 1916 heimische kleine Landschweinerassen, die mit den oberitalienischen Rassen weitgehend übereinstimmen. Die Tiere werden als gut angepasst an die klimatischen Verhältnisse und als besonders alptauglich beschrieben.

Das Friulaner Schwein (Friulana Nera, Nera del Friuli, San Daniele) war ein schwarzes, extensives Weideschwein vom Typ des Schwarzen Landschweins der südlichen Ostalpen, wie es Adolf Staffe 1916 in seiner Monografie beschrieben hat.

Charakteristisch für das Friulaner Landschwein war die Glöckchenbildung, zwei bis sieben Zentimeter lange Hautausstülpungen, wie man sie sonst nur von Ziegen kennt. Bereits ab 1880 wurde der ursprüngliche Typus des Friulaner Landschweins durch die Einführung englischer Rassen verändert. Dieses verbesserte Friulaner Schwein des frühen 20. Jahrhunderts hatte einen harmonischen Körper mit Hängeohren und ein gerades Nasenprofil. Es ähnelte in seinem Aussehen dem Schwarzen Slawonischen Schwein aus Nordostkroatien und den Landschweinen der Untersteiermark. In der Region um Comòns im Friaul (slow. Krimín, dt. Kremau), dem kulturellen und wirtschaftlichen Zentrum der Collio Weinbauregion, lag um 1918 ein Zentrum der Schweinezucht des Österreichischen Küstenlandes.

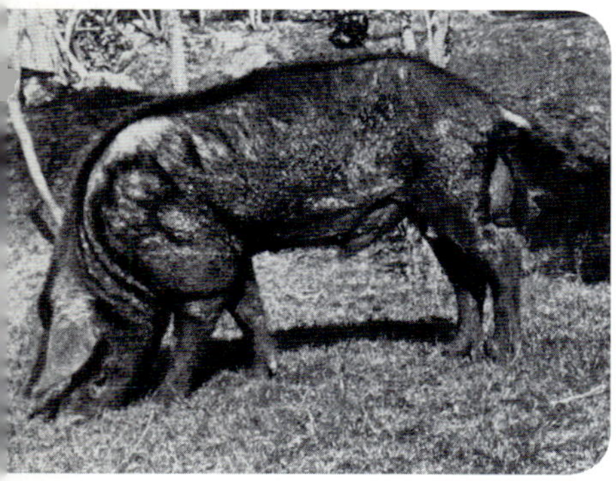

Schwarzes, zweieinhalbjähriges Landschwein aus Tezze im Tal Valsugana (Trentino), um 1911.
Foto: F. Hösch

Die Alpenegion Valle d'Aosta

Das Aostatal zählt geografisch und historisch zum Piemont, hat jedoch als autonome Region einen Sonderstatus. Kein anderes Gebiet der italienischen Alpen bietet mit 20 Viertausendern und ausgedehnten Gletschern vergleichbare landschaftliche Höhepunkte. Mit dem Mont Blanc Massiv und dem Übergang zur Poebene bei Point-San-Martin auf 345 Meter Seehöhe am Ausgang des Aostatales konzentrieren sich hier zudem enorme Höhenunterschiede auf kleinstem Raum. Das unproduktive Hochgebirge nimmt rund ein Drittel der 3.200 Quadratkilometer großen Gesamtfläche ein, die zur Gänze im Alpenkonventionsgebiet liegt.

Die Viehzucht stellt einen wichtigen Erwerbszweig dar, doch der Großteil der 1.200 landwirtschaftlichen Betriebe des Aostatales sind kleine bis mittelgroße Familienbetriebe. Die Sommermonate verbringen die Rinder und Kleinwiederkäuer auf Bergweiden und Hochalmen. Viele Almen reichen bis über 2.500 Meter Seehöhe hinauf. Für die Alptauglichkeit werden die Nutztiere daher seit Jahrhunderten auf Trittsicherheit und Robustheit selektiert. Während sich die Zahl der Kleinwiederkäuer Schaf und Ziege im letzten Jahrzehnt positiv entwickelte, sind die Rinderzahlen rückläufig. Der Gesamtrinderbestand beträgt rund 35.000 Tiere. 2006 wurden im Aostatal rund 3.000 Ziegen und 1.500 Schafe gezählt. Die autochthonen Nutztierrassen der Region sind geprägt von der Walser Kolonisation des Mittelalters und der Herrschaft des Hauses Savoyen. Im Oberen Lystal liegen die Walser Alpengemeinschaften. Die Besiedelung durch die alemannischen Kolonien reicht zurück bis ins Jahr 1242.

oben: Das Valle del Gran San Bernardo ist ein inneralpines Trockental.
unten: Angelo Proment mit einem besonders typischen Rosset Schaf. Charakteristisch sind die verwaschenen Flecken rund um Augen und Schnauze sowie auf den Ohren, die von Rotbraun bis Schwarz variieren.

Valdostana Ziege und Rosset Schaf, ursprüngliches Verbreitungsgebiet

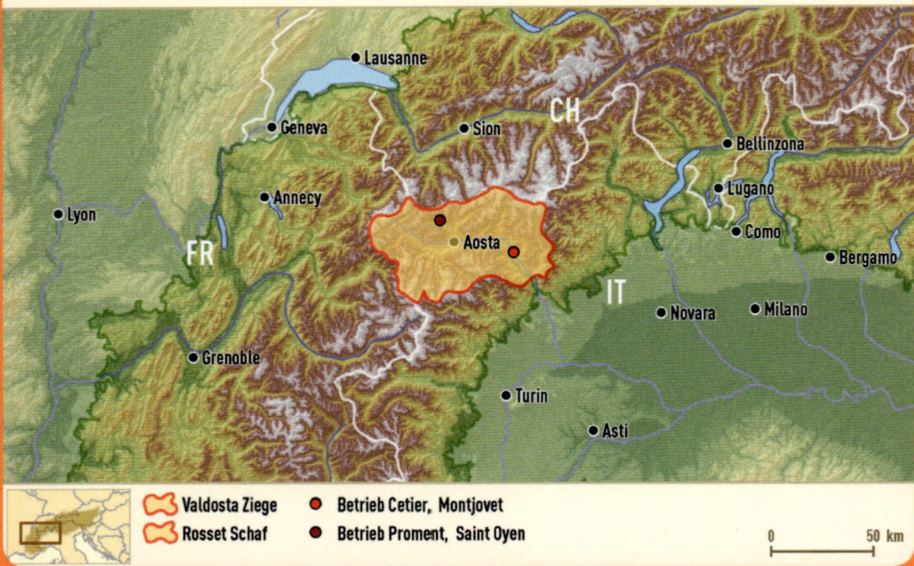

Steckbrief Rosset Schaf (Grisenche, Rhemes)

Bei diesem mittelgroßen Gebirgsschaf erreichen die Mutterschafe ein Gewicht von 50 bis 55 Kilogramm bei einer Widerristhöhe von rund 60 bis 70 Zentimetern. Widder erreichen ein Gewicht von 60 bis 70 Kilogramm. Der Körper ist mittellang, voll und tief angesetzt. Die Extremitäten sind dünn und trocken, aber robust. Der Kopf weist bei den Auen ein gerades Profil auf, Widder sind leicht geramst. Die schmalen, mittellangen Ohren stehen horizontal ab oder sind leicht hängend. Meist sind die Tiere unbehornt. Es kommen aber bei beiden Geschlechtern horntragende Tiere vor. Das Horn der Widder ist robust und spiralig gedreht. Die Wolle bedeckt den gesamten Körper mit Ausnahme des Kopfes, des Bauches und der unteren Extremitäten. Die Vliesfarbe ist weiß, es kommen aber auch schwarze und braune Tiere vor. Charakteristisch sind die verwaschenen, rotbraunen bis schwarzen Flecken rund um Augen und Schnauze sowie auf den Ohren. Das Schurgewicht beträgt rund zwei Kilogramm.

Steckbrief Valdostana Ziege

Diese mittelgroße, kräftig gebaute Ziege mit breiter Brust hat mittellange, kräftig ausgebildete Gliedmaßen. Die Ziegen erreichen ein Gewicht von 65 Kilogramm, Böcke von 80 Kilogramm. Die mittlere Widerristhöhe beträgt bei Geißen 75 und bei Böcken 80 Zentimeter. Der Kopf der Valdostana Ziegen ist relativ klein und zeigt durch den massiven Hornansatz ein stumpfnasiges Profil. Das besonders kräftige Horn ist säbelförmig, steil nach hinten gerichtet und weit abstehend. Die Ohren sind kurz und nie hängend. Der Hals ist kurz und sehr kräftig. Bei der Valdostana Ziege kommen vier Farbschläge vor. „Castana" weist eine kastanienbraune, manchmal zu Grau, manchmal zu Schwarz tendierende Mantelfärbung auf und ähnelt somit der Gämsfärbigen Pinzgauer Ziege beziehungsweise der Rasse Alpina Comune. Einige Individuen tragen einen Aalstrich am Rücken. Beim Farbschlag „Faletta" (Faletto) ist der Mantel einfärbig aschgrau mit blondem Einschlag. Neben einfärbig schwarzen Tieren (Nero) gibt es noch einen vierten Farbschlag, den „Serenato". Bei diesem tragen die pechschwarzen Ziegen weiße Abzeichen wie die Pinzgauer Strahlenziegen. Von dieser Farbvariante gibt es nur mehr einige wenige Individuen.

Das Rosset Schaf

Diese alteingesessene Schafrasse des Aostatals ist durch Einkreuzung fleischbetonter Rassen (Biellese) und die Vernachlässigung der Zucht im Bestand dramatisch zurückgegangen. Seit 2001 zeigen die Schafhalter aber wieder vermehrt Interesse an dieser stark gefährdeten Gebirgsschafrasse.

Das robuste Rosset Schaf zeigt noch die typischen Merkmale des primitiven Alpenschafes. Ian Lauder Mason beschreibt es als gelblichweiß mit rotbraunen Flecken um die Augen und an den Beinen. Es steht dem ebenfalls stark gefährdeten Savoiarda nahe. Das Verbreitungsgebiet des Rosset Schafes sind das Haupttal des Valle d'Aosta sowie die Seitentäler Val di Rhêmes an der Grenze zum Nationalpark Gran Paradiso und das Valgrisenche. Im Aostatal wurden auf den bäuerlichen Betrieben traditionell kleine Herden von fünf bis zehn Tieren gehalten, die im Sommer auf den Almen weideten und im Winter im Stall gehalten wurden. Durch die Grenzlage zum Schweizer Wallis und zu Savoyen kam es auf den Almen immer wieder zur Vermischung mit dem Savoyen Schaf und dem Weißen Alpenschaf (Blanc-des-Alpes).

Auch Angelo Proment aus Saint Oyen im hintersten Valle del Gran San Bernardo ist Schafzüchter aus Leidenschaft. Die Schafzucht hat in der Familie bereits eine lange Tradition. Er alpt seine Schafe von Juli bis September auf einer 2.600 Meter hoch gelegenen Alm zusammen mit weiteren 80 Schafen. Zum Schutz seiner Herde vor Wölfen setzt Angelo Pyrenäen-Berghunde ein. „Im Jahr 2005 war ich der erste Schafzüchter im Gebiet, dessen Herde in Kontakt mit Wölfen kam. Daher habe ich mich für den Einsatz von Herdenschutzhunden der Rasse Padu entschieden", erklärt Angelo. Bei einer neuerlichen Begegnung mit einem Wolf zeigte sich, dass allein die Anwesenheit seines Padu genügte, um den Wolf von einem Angriff abzuhalten.

Das Rosset Schaf wurde früher traditionell für die Produktion von Milch, Fleisch und Wolle genutzt. Heute dominiert die Fleischproduktion. Die Mutterschafe sind sehr fruchtbar, Zwillingsgeburten sind die Regel. Lämmer werden meist mit einem Alter von drei Monaten und einem Gewicht von 18 bis 22 Kilogramm geschlachtet, schwere Lämmer ab einem Gewicht von 25 Kilogramm. Die Hauptlammzeit fällt in die Monate November und Dezember. Angelo Proment setzt den Widder gezielt für die Produktion von Osterlämmern ein und beliefert sogar den Bischof von Aosta mit diesen. Der Gesamtbestand der Rasse umfasst 919 Tiere, verteilt auf 94 Betriebe im Aostatal (Daten: Assonapa 2013). Die Rasse ist in ihrem Bestand stark gefährdet (EN, endangered).

Die Valdostana Ziege

Mit dem Aostatal verbinden Kenner von Nutztieren in erster Linie die kraftstrotzenden Aosta Ziegen. Das mächtige Horn der Mutterziegen übertrifft im Wuchs so manches Horn von Böcken anderer Gebirgsziegenrassen. Mit den Ziegen werden seit jeher Schaukämpfe veranstaltet, ein einmaliges Erlebnis im gesamten Alpenraum. Vergleichbares gibt es nur bei den Eringer (Hérens) und Valdostana Rindern der Grenzregion zum Schweizer Wallis und im französischen Kanton Chamonix-Mont-Blanc. Auch im österreichischen Zillertal wurden bis Ende der 1970er-Jahre beim Gaudafest Schaukämpfe mit Tuxer Rindern und das Widderstoßen mit Tiroler Steinschaf-Widdern veranstaltet.

Neben den autochthonen Aosta Ziegen werden im Aostatal die im gesamten Westalpenraum verbreiteten und aus der Schweiz stammenden Gämsfärbigen Gebirgsziegen (Camosciata delle Alpi) und die Saanen Ziegen gehalten. Von den autochthonen italienischen Rassen findet man im Aostatal die aus dem Piemont stammende Alpina Comune. Diese Lokalrasse des Aostatales zeichnet sich durch einen stark bemuskelten Körper und einen besonders mächtigen Hornansatz bei beiden Geschlechtern aus, der sie von allen übrigen Gebirgsziegenrassen des Alpenraumes abhebt. Die Ursprünge der Rasse gehen auf die Gemeine Alpenziege zurück. Die gezielte Zuchtauswahl von Tieren mit besonders starkem Hornansatz führte zur Entwicklung dieser Rasse. Einzigartig im Alpenraum sind die Schaukämpfe der Valdostana Mutterziegen. Es ist nicht belegt, ob diese Form der Tierkämpfe von den alemannischen Siedlern aus dem Wallis herrührt oder erst später in Anlehnung an die im Dreiländereck Savoyen, Wallis und Aostatal praktizierte Form des „Kuhstechens" eingeführt wurde. Im Tiroler Zillertal wurden ähnliche Schaukämpfe mit Tiroler Steinschaf Widdern bis 1998 praktiziert.

Hauptverbreitungsgebiete der Aosta Ziegen sind neben dem unteren Haupttal des Valle d'Aosta das Valle di Gressoney (walserdeutsch: Greschunei) und das Val d'Ayas, zwei Talschaften südlich des Monte-Rosa-Massivs. Gressoney wird bereits 1219 als Lehen der Kirche von Sion (Wallis) urkundlich erwähnt und zeigt noch die ursprüngliche Verwurzelung in der Kultur der alemannischen Kolonisten des Oberen Wallis.

Giulio Cretier und Maria Reclou bewirtschaften im Weiler Montat in Montjovet einen kleinen Bergbauernhof. Sie sind die letzten Bauern im Tal um Montjovet.

Porträt: Giulio Cretier, der „Königinnen-Macher" in Montjovet

Giulio Cretier und seine Frau Maria Reclou (beide 70 Jahre alt) bewirtschaften im Weiler Montat in der Gemeinde Evancon-Montjovet einen kleinen Bergbauernhof. Die beiden sind mittlerweile die einzigen Bauern in Montjovet. Giulio spricht Francoprovencal, den Regionaldialekt der Region Mt. Blanc (Valle d'Aosta, Haute Savoie, Volais und Piemont). Giulios große Leidenschaft gilt den imposanten Aosta Ziegen. Er besitzt 20 Mutterziegen dieser stark gefährdeten Rasse. Giulio und Maria bewohnen noch ein zweites, größeres, mit mehr Komfort ausgestattetes Haus in Montjovet. Sie verbringen jedoch ihre Zeit lieber im Weiler Montat bei ihren Ziegen. Von Dezember bis März werden die Tiere im Stall gehalten. Die übrige Zeit stehen ihnen reichlich mit Gehölzen bestockte Weiden rund um den Hof zur Verfügung. Die halboffenen Weiden sind nicht eingezäunt. Während der Nacht pfercht Giulio seine Ziegen auf einer kleinen Weide gleich hinter dem Stall.

Die Ziegen werden heute kaum mehr für die Milchproduktion gehalten. Lediglich drei von 350 Züchtern (145 Züchter sind im Anagrafischen Register erfasst) melken ihre Ziegen. Die Ziegenmilch

Den Ziegen von Giulio Cetier und Maria Reclou stehen reichlich mit Gehölz bestockte Weiden um den Hof zur Verfügung. Foto: C. Finotto

Die Aosta Ziegen tragen bei Ausstellungen und Tierschauen besonders reich verzierte Holzhalsbänder.

wird zu Käse verarbeitet. Die durchschnittliche Milchleistung liegt bei 400 Litern in der Laktationsperiode (ca. 200 Tage). Früher wurden üblicherweise einige Ziegen im Verband mit Rindern gealpt. „Auf rund zehn Valdostana Rinder kamen meist zwei bis drei Ziegen", erklärt Giulio.

Die Valdostana Ziegen verbringen den Sommer ohne männliche Begleitung auf der Alm. Erst gegen Ende August wird ein passender Bock zur Herde gegeben. Jungböcke werden mit etwa zwei Monaten geschlachtet und nur ausgewählte Tiere zur Zucht verwendet. In der Regel gebären Valdastana Ziegen Zwillinge (80 Prozent), gelegentlich auch Drillinge. Das massive Horn der Ziegen ist offensichtlich das Ergebnis jahrhundertelanger Selektion für die Schaukämpfe. Als Trophäe oder für Dekorationszwecke wird es nicht verwendet. Es gibt hier kein vergleichbares Brauchtum wie die Umzüge mit Perchtenmasken in Österreich oder Bayern. Veterinär-hygienische Gesetze verbieten die Verwendung von Schlachtabfällen, Hörner mit eingeschlossen.

Das Gesichtsfeld der Ziegen hat sich durch die strenge Selektion auf den starken Hornansatz deutlich verändert. Das Gewicht, das auf den Hornzapfen lastet, bringt ein konkaves Kopfprofil hervor. Hals und Nackenbereich sind bei den für die Schaukämpfe gezüchteten Ziegen kurz und überproportional breit und kräftig, damit die Ziegen die gegnerischen Stöße parieren können.

Sowohl das Kopfprofil als auch die Nackenpartie sollten bei rassetypischen Tieren etwas edler und weniger massiv ausgebildet sein. Trotz dieser Tradition der Schaukämpfe sind die Ziegen in Giulios Stall auffallend ruhig und nicht aggressiv. Giulio Cretier hat 1980 mit der Ziegenzucht begonnen und ist mittlerweile mit seiner Valdostana Rasse sehr erfolgreich. Seine Motivation für den Einstieg in die Ziegenzucht waren die traditionellen Schaukämpfe der Valdostana Rasse. Seine erste Ziege hat er gezielt für diesen Zweck erworben. In den vergangenen 32 Jahren hat er unzählige Preiskämpfe gewonnen. Seine Lieblingsziege ist Puyson. Sie war der Champion der letzten fünf Jahre.

„Du musst die richtige Mutter auswählen, es ist eine Frage der Selektion und der Genetik", so Giulio. Er hat bewusst eine sehr gute Ziege für den Aufbau seiner Zucht erworben. Giulios Ziegen sind momentan die besten.

Der Preis der Jungtiere richtet sich nach den Qualitäten der Mutterziege, erläutert er. Das Kitz einer „Königin" kostet entsprechend mehr als jenes einer durchschnittlichen Ziege. Ein Kitz mit rund drei Monaten kostet etwa 150 Euro. Giulio Cetier hat aber sein eigenes Erfolgsrezept: „Meine Ziegen werden erst mit drei Jahren das erste Mal gedeckt und können sich daher leichter zu Königinnen entwickeln", verrät er.

Schmuck und Kür der Königinnen

Bei Schauen und Ausstellungen tragen die Valdostana Ziegen im Valle d'Aosta kunstvoll verzierte Holzhalsbänder, die aus Walnussholz (*Juglans regia*) und aus Tannenholz (*Abies alba*) gemacht werden. Das Holz wird ausschließlich im Herbst und Frühwinter bei aufnehmendem Mond geschlägert. Giulio Cetier stellt diese kunstvoll geschnitzten Halsbänder selbst her. Das Holz wird in Wasser gekocht, bis es formbar ist. Anschließend wird das Halsband über eine Holzform gebogen und fixiert. Nach dem Trocknen fällt der Rohling nach rund fünf Tagen von der Passform.

Die gewünschten Verzierungen werden auf die Form aufgetragen und mit einem Schnitzmesser in zwei bis drei Tagen ausgestaltet. Die Ziegen tragen diese ausschließlich bei Schauen und besonderen Anlässen.

Bei den Aosta Kühen ist die Ermittlung der Siegerin vergleichsweise einfach, da sich die Verliererin abwendet und wegrennt. Bei den Ziegen ist die Wertung für einen Außenstehenden schwieriger nachvollziehbar und für die Kampfrichter erfordert die kompetente Bewertung der

Kämpfe besondere Kenntnisse. 2011 erreichten zehn Ziegen von Giulio das Finale.

Für die Valdostana Ziege wird, wie für alle Rassen mit kleiner Population, kein Herdebuch, sondern nur ein Anagrafisches Register geführt. Auf Wunsch der Züchter wurde 2004 von der Provinzregierung mit der Erfassung im Anagrafischen Register begonnen. Dabei werden nur der Name und die Nummer der Ziege erfasst. Für die Milchleistungsrassen (Saanen und Camosciata delle Alpi) wird ein Herdebuch geführt.

Die Regionalregierung des Valle d'Aosta fördert die Zucht der Aosta Ziege mit einer jährlichen Ausstellung Anfang November, bei der die Tiere auch bewertet werden. Erwachsene Mutterziegen und Böcke ab einem Alter von einem Jahr werden phänotypisch eingestuft und erhalten eine Prämie (25 bis 40 Euro).

Die Gesamtpopulation umfasst 959 Tiere in 144 Zuchtbetrieben im Valle d'Aosta und einem in der Provinz Perugia. Die Rasse ist in ihrem Bestand stark gefährdet (EN, endangered).

Kontakt:
AREV
Associiation Régionale Eleveurs Valdôtains
Loc. Borgnalle, 10/L, I-11100 Aosta
Tel.: 0039 (0)165 34 510 36 12 75
Fax.: 0039 (0)165 36 12 63
arev@arev.it
www.arev.it

Die Lieblingsziege und der Star des Stalles von Giulio ist die elfjährige Puyson. Eine Valdostana Ziege vom Farbschlag „Castana". Sie wurde bereits fünf Mal zur „Königin" gekürt. Die Tochter von Puyson wurde im Vorjahr in der Jugendklasse ausgezeichnet. Von Giulio wird sie als künftiger Champion gehandelt.

oben: Im Aostatal werden, wie im benachbarten Wallis, Kuhkampffeste veranstaltet. Vorwiegend wird dafür die Rasse Valdostana Castana eingesetzt. Foto: C. Finotto
unten: Umberto Viérin mit einer typischen Valdostana Pezzata Nera Kuh. Durch die Forcierung der Castana Rasse für Kuhkämpfe ist die schwarzgescheckte Rasse ins Hintertreffen geraten.

Rinderrassen als Erbe der Walser

Zu den autochthonen Rinderrassen des Aostatales zählen neben den rotscheckigen Valdostana Pezzata Rossa Rindern die noch sehr ursprünglich anmutenden Rassen Valdostana Pezzata Nera und Valdostana Castana. Beide werden zur Gruppe der Eringer-Evolèner-Tuxer Rinder gezählt und tragen das Erbe des alten Walser Viehs in sich. Die Rinderrassen Valdostana Pezzata Nera und Valdostana Castana haben denselben Ursprung wie die Rinderrassen Eringer (Hérens) und Evolèner. Die Rinder wurden vermutlich im Zuge der Walser Kolonisation im Hochmittelalter im Aostatal heimisch. Durch die regen Handelsbeziehungen der Walser Neusiedler mit ihrem Heimatland, dem Schweizer Wallis, erfolgte immer wieder ein züchterischer Austausch (siehe Kapitel „Das Wallis als Wiege der alpinen Viehzucht").

Die Valdostana Castana zeigt im Vergleich zur Valdostana Pezzata Nera eine deutlich stärkere Kampfbereitschaft, die sich in der Herde in unblutigen Rangkämpfen kundtut. Jedes Jahr finden im Aostatal regionale Meisterschaften statt, bei denen die „Königinnen" ermittelt werden. Im Jahr 2012 wurde erstmals auch ein internationaler Wettbewerb unter Teilnahme italienischer, französischer und Schweizer Rinder veranstaltet.

Der Bestand der Valdostana Castana Rinder im Aostatal setzt sich aus Tieren der Eringer Rasse sowie aus Kreuzungen mit der Valdostana Pezzata Nera zusammen (Gex-Fabry 1996). 1983 wurde von der Association Régionale Eleveurs Valdôtains ein Programm zur Erhaltung der Rasse gestartet. Der Bestand der Valdostana Pezzata Nera umfasst 1.700 Tiere und wird als gefährdet eingestuft. Die Rasse Valdostana Castana zählt mittlerweile über 6.500 Tiere. Die Kuhkämpfe erfreuen sich im Dreiländereck Frankreich-Italien-Schweiz zunehmender Beliebtheit. Sie tragen dazu bei, dass die Sportzucht immer mehr in den Vordergrund rückt. Es wird daher vermehrt die Rasse Castana gezüchtet und auf starke Bemuskelung selektiert. Die Profizüchter widmen sich vor den Regionalkämpfen oft allabendlich dem Training ihrer Spitzentiere. Eine ausgewogene Zweinutzungszucht mit moderater Milchleistung ist derzeit kaum gefragt.

Käsesorte Fortina DOP

Die Milch der Valdostana Rinder wird fast ausschließlich zur regionalen Käsesorte Fortina DOP verarbeitet. Die geschützte Ursprungsbezeichnung Denominazione di Origine Protetta (DOP) legt seit 1996 fest, dass ausschließlich

Milch von Valdostana Rindern aus dem Aostatal verwendet werden darf. Der Fortina ist ein Rohvollmilchkäse mit fester, dünner und bräunlicher Rinde. Er besteht aus einem weichen, schmelzenden Kern mit kleinen Löchern.

Die Valdostana Pezzata Rossa

Sie stammt vermutlich vom bodenständigen keltischen Bergschecken Rind und vom roten Burgundervieh ab, das im 5. Jahrhundert n. Chr. eingeführt wurde. Die Rasse ähnelt dem französischen Montbéliarde Rind, ist jedoch deutlich kleiner.

Die Tiere unterscheiden sich nach Gewicht und Widerristhöhe nicht von den beiden vorgenannten Valdostana Rassen. Die Scheckung des Valdostana Pezzata Rossa Rindes variiert von hellem Rot bis zu dunklem Rot auf weißem Grund. Der Kopf, die Bauchregion, die Füße sowie die Schwanzquaste sind weiß. Die Schleimhäute sind nicht wie bei den beiden anderen Rassen, Valdostana Pezzata Nera und Castana, schwarz pigmentiert, sondern rosa. Die Klauen sind hell. Der Körper und die Extremitäten haben eine mittelstarke Muskulatur.

Die Valdostana Pezzata Rossa ist eine der wenigen Zweinutzungsrassen der italienischen Alpen, die eine gute Milchleistung aufweisen, aber auch die Werte für Aufzucht- und Mastleistung sind überdurchschnittlich. Der Gesamtbestand umfasst 15.000 Rinder, die Rasse ist also nicht gefährdet.

Remo Dalbard aus Pollein produziert aus der Milch seiner Valdostana Pezzata Rossa Kühe die regionale Käsesorte Fontina.

Valdostana Pezzata Nera und Valdostana Castana, ursprüngliches Verbreitungsgebiet

Steckbrief Valdostana Pezzata Nera und Castana

Das Valdostana Rind ist ein mittelkleines, gedrungenes und kräftig gebautes Gebirgsrind. Kühe erreichen bei einer Widerristhöhe von 120 bis 125 Zentimetern ein Gewicht von 450 bis 550 Kilogramm. Stiere werden 135 bis 140 Zentimeter hoch und 600 bis 650 Kilogramm schwer. Der Kopf ist kurz und zeigt einen kraftvollen Ausdruck. Das Horn ist stark entwickelt. Die Stirn ist breit, der Hals ebenfalls kräftig ausgebildet. Die Hufe und das Flotzmaul zeigen die für alle Rinder aus der Gruppe Eringer-Evolèner-Tuxer die charakteristische schwarze Pigmentierung. Die Extremitäten sind kurz und kräftig. Die Mantelfärbung hat eine schwarze und rote Grundpigmentierung und reicht von schwarz bis fuchsrot.

Die Valdostana Pezzata Nera Tiere besitzen einen schwarz gescheckten Mantel mit ausschließlich schwarzem Pigment und weißer Scheckung. Eine weiße Stirnblesse ist häufig. Die Milchleistung liegt bei der Rasse Valdostana Castana bei rund 2.765 Kilogramm, bei der Rasse Valdostana Pezzata Nera mit 2.856 Kilogramm etwas darüber.

Die Alpenregion Südtirol – Trentino

Schaftrieb über den Niederjochferner unter dem Similaun. Foto: W. Koch

Das Trentino bildet zusammen mit Südtirol die autonome Region Trentino-Südtirol im Norden Italiens. Mit Nordtirol bildete die Region während der österreichisch-ungarischen Monarchie das Kronland Tirol. In der autonomen Region gibt es sieben anerkannte ladinische Gemeinden, in denen noch die ladinische Sprache gesprochen wird. Dazu haben sich aus dem Mittelalter die kleinen deutschen Sprachinseln der Zimbern (ital. Cimbri) und Fersentaler (ital. Mocheni) erhalten.

Beide sind neben dem Ladinischen als Minderheitensprachen anerkannt. Das Zimbrische wird noch in der Gemeinde Lusern gesprochen. Die Regionalsprache des Fersentals ist vermutlich ein altbayerisch-tirolerischer Dialekt. Die italienische Bezeichnung „Mocheni" für die Fersentaler leitet sich vom Verb „mochen" (machen) ab, das im Alltag gern und häufig verwendet wird. Die Pezzata Mòchena oder auf Fersentalerisch die „Pletzet Goes van der Bernstol" ist eine stark gefährdete Ziegenrasse der Region wie ganz Italiens.

Mit dem Ende des Ersten Weltkriegs und der Abtretung von Südtirol an das Königreich Italien im Jahr 1919 im Vertrag von Saint-Germain kam es zur Abtrennung von Zucht- und Absatzgebieten, insbesondere auf dem Gebiet der Rinder- und Pferdezucht.

Mit der Machtergreifung der Faschisten im Jahr 1922 folgten Repressionen gegenüber der Tiroler Bevölkerung und ihrer Kultur. Nicht nur das Spielen von Musikkapellen in der Öffentlichkeit wurde untersagt, in den Tierzuchtgesetzen dieser Zeit wurde beispielsweise die Haltung der Pustertaler Sprinzen verboten. Diese Einschränkungen führten zum Niedergang zahlreicher Rassen. Heute werden rund 80 Prozent der landwirtschaftlichen Fläche des Trentino von tierhaltenden Betrieben bewirtschaftet. Der Großteil davon sind Milchviehbetriebe.

Die Rinderrassen und Landschläge

Die Rinderzucht bildete im 19. und in der ersten Hälfte des 20. Jahrhunderts eine Haupteinnahmequelle der Landwirtschaft. Nach Giuseppe Ruati wurde vor allem im Val di Sol, im Val di Fassa (Fassa-Tal) und im Val di Fiemme (Fleimstal) vor 1866 die Ochsenaufzucht sehr intensiv betrieben. Im Val Sugana, im Val Rendena und im Val di Sol wurde traditionell Stufenwirtschaft betrieben. Das Rindvieh wurde auf den „masi" (Maiensäss), das sind ein- bis zweimähdige Wiesen, teilweise mit Nachweide, zwischen November und Dezember ausgefüttert und die Kälber mit Milch getränkt. Im Winterhalbjahr stellte man die Tiere rasch auf Trockenfutter um. Im Herbst, nach der Alpzeit, wurden die Ochsen verkauft. Die Aufzucht der weiblichen Kälber war sehr karg, da sämtliche Milch an die Molkereien geliefert wurde, um dafür Mais anzukaufen.

Lediglich in Gebieten mit schwach entwickeltem Molkereiwesen wurden die Kälber besser mit Milch versorgt. Üblicherweise wurden diese bereits nach zehn bis 15 Tagen abgesetzt und bekamen anschließend nur verdünnte Milch im Verhältnis 1:1 und in weiterer Folge über zwei Monate Molke und bereits Trockenfutter. Dementsprechend schlecht entwickelt war die bodenständige Rendena Rasse gegen Ende des 19. und zu Beginn des 20. Jahrhunderts. Es kam zu Bestrebungen, die Rasse durch Einkreuzung von Schweizer und Montafoner Vieh zu verbessern.

Graubraune Gebirgsrinder zählen zu den ursprünglichsten Rinderrassen Südtirols, zu denen man die Ultentaler, Wipptaler, Passeier oder Vintschgauer zählt.

In der Provinz Trient bestanden vor dem Ersten Weltkrieg neben dem kastanienbraunen bis schwarzbraunen Rendena Rind vier Grauviehschläge, nämlich die aus dem Ultental und Vintschgau stammende grauweiße Etschtaler Rasse, der grauweiße Fleimser Schlag der Bezirke Cavalese und Fassa sowie der Nonnsberger und der Primiero Schlag.

Das Ultener Rind

In Südtirol hat sich in der ersten Hälfte des 20. Jahrhunderts das Ultener Rind (Etschtaler) als kleine Zuchtinsel im gleichnamigen Ultental gehalten. Der Rinderschlag war weiß bis aschgrau gefärbt und die Tiere vor allem im oberitalienischen Raum als Zugochsen begehrt. Das Ultentaler Rind hatte eine Widerristhöhe von durchschnittlich 137 Zentimetern.

Grauvieh Jungrinder auf der Seeberalm im obersten Passeiertal, Naturpark Texelgruppe. Foto: I. Plangger

Im italienischen Alpenraum wird das Grauvieh (Grigio Alpina) in erster Linie in der Region Südtirol-Trentino gezüchtet. Von den insgesamt 25.000 im Anagrafischen Register erfassten Tieren (Italien) entfallen 16.166 auf die Provinz Bozen. Rund 700 Rinder werden in der Provinz Trient gehalten. Die durchschnittliche Milchleistung liegt bei 5.114 Kilogramm.

Aus der Ostschweiz wurde bereits im frühen 19. Jahrhundert Braunvieh nach Südtirol importiert. 1897 wird in Graun im Vintschgau im Länderdreieck Italien – Österreich – Schweiz die erste Braunvieh Zuchtgenossenschaft Nord- und Südtirols gegründet. Weitere Zuchtgenossenschaften folgten und das bodenständige Grauvieh wurde sukzessive zurückgedrängt.

Zu Beginn der 1970er-Jahre beginnt die Blutzufuhr von Brown Swiss aus den USA. Im Jahr 2011 stieg der Landesdurchschnitt der Milchleistung erstmals über 7.000 Kilogramm. Im Vergleich dazu lag der Milchertrag einer Vintschgauer Kuh im Jahr 1922 noch zwischen 2.575 und 2.583 Kilogramm.

Die unterschiedlichen Grauviehschläge wurden, wie in Nordtirol, zu einer einheitlichen Rasse zusammengeführt. Bereits um 1920 spricht man in Nord- und Südtirol überwiegend vom Graubraunen Gebirgsrind.

Die Zucht des Original Braunviehs wird in Südtirol im Rahmen des Europäischen Landwirtschaftsfonds (Ländlicher Entwicklungsplan Südtirols) seit 2007 gezielt gefördert. Männliche

Die Etschtaler Rasse erreichte zu Beginn des 20. Jahrhundert ein Gewicht von 420 Kg bei einer Widerristhöhe von 135 cm. Aufzuchtgebiet waren das Ultental und der Vintschgau, Werner H. 1892. Foto: Archiv Jaritz

Der Einfluss des Walser Viehs auf das alte Rendena und alte Montafoner Rind ist an der typischen Kopfform erkennbar. Foto: A.N.A.RE

Sennerin beim Almauftrieb der Pustertaler Rinder über den Krimmler Tauern. Die Aufnahme entstand 29. 05. 1934. Die Überwindung des 2.634 Meter hoch gelegenen Gebirgspasses zwischen Österreich und Südtirol in den Hohen Tauern beanspruchte zwei Tage.
Foto: Archiv SFM

Kontakt:
A.N.A.RE.
Associazione nazionale allevatori bovini di razza rendena
Via delle Bettine 40, I-38121 Trento
Tel.: 0039 (0)461 82 89 99
info@anare.it

Südtiroler Fleckvieh Zuchtverband
Galvanistrasse 38, I-39100 Bozen
Tel.: 0039 (0)471 06 38 20
www.fleckvieh-suedtirol.it

und weibliche Zuchttiere über sechs Monate werden mit 120 Euro pro Großvieheinheit gefördert. Der ursprüngliche Braunviehtypus erfreut sich in Südtirol steigender Beliebtheit. Mittlerweile züchten wieder 50 Betriebe diese stark gefährdete Rasse.

Die Zucht der Pinzgauer Rasse hat, ausgehend vom Stammgebiet in Salzburg, auch in Teilen des Eisacktales und in den östlichen Landesteilen eine lange Tradition. Durch den Viehhandel über die Tauernpässe und die seit mindestens 1830 bestehenden Almbesitzungen Südtiroler Bauern im Salzburger Krimmler Achental reicht der Viehaustausch weit zurück. In Südtirol wird die Rasse herdebuchmäßig betreut.

Die Pinzgauer Rasse wird in Südtirol und in Teilen Trients fast ausschließlich für die Milchproduktion gehalten. Unter den 124 Zuchtbetrieben gibt es lediglich drei Mutterkuhbetriebe. Die Milchleistung liegt bei 6.331 Kilogramm. In der Südtiroler Pinzgauer Zucht gibt es keine Trennung in Original Pinzgauer und Pinzgauer mit hohem Fremdblutanteil, wie das im Stammzuchtgebiet in Salzburg organisiert ist. Die Tiere werden nur phänotypisch gemustert und zwei Generationen müssen im Herdebuch erfasst sein (12,5 Prozent Fremdblutanteil). Die Gesamtpopulation umfasst 1.929 Tiere.

Das Rendena Rind

Dieses gedrungene, kastanien- bis schwarzbraune Rind, dessen Wurzeln an den Beginn des 18. Jahrhunderts zurückreichen, hat sein Stammzuchtgebiet im inneren Judikarien (ital. Giudicárie), insbesondere im Val Rendena. Der Großraum wird von den Adamello-Presamello Alpen im Westen begrenzt.

Dieses Gebirgsmassiv stößt an das Val di Sol und Val Camonica. Die Nordtäler, das Val di Sol und das Val di Non, verlaufen durch das Brenta-Massiv.

Im Süden liegen die Gardaseeberge und der Monte Casale. Große Gebiete von Judikarien liegen im Regionalpark Adamello (Parco regionale dell' Adamello) und im Naturpark Adamello Brenta (Parco naturale Adamello-Brenta).

Pestepedemien und die Bauernkriege gegen die landesfürstlichen Obrigkeiten wie auch die Herrschaft der Habsburger haben eine Verarmung der Bevölkerung und den Niedergang der Viehzucht herbeigeführt. Um den Viehbestand wieder aufzubauen, kam es 1712 zu Importen von Schweizer Vieh in das Val Rendena, das vom Fluss Sarca durchflossen wird. Die eingeführten Rinder wurden mit den heimischen Schlägen vermischt und so entwickelte sich die Rendena Rasse.

Vor dem Ersten Weltkrieg betrug die Durchschnittsgröße noch rund 118 Zentimeter und das Lebendgewicht 315 Kilogramm. Die durchschnittliche Milchleistung lag zwischen 1.200 bis 2.200 Litern pro Laktation (Ruatti 1916).

Heute sind die Tiere bereits deutlich größer und schwerer. Kühe erreichen eine Widerristhöhe von 125 Zentimetern bei einem Durchschnittsgewicht von 475 Kilogramm. Stiere werden durchschnittlich 130 Zentimeter groß und 600 Kilogramm schwer. Die durchschnittliche Milchleistung beträgt 5.206 Kilogramm bei 3,42 Prozent Fett und 3,31 Prozent Eiweiß. Die charakteristische Farbe ist Kastanienbraun bis Schwarzbraun.

Nach Wilhelm Müller zeigt das alte Montafoner Rind und das Rendena Rind mit seiner kurzen Kopfform deutliche Einflüsse des Walliser Rindes. Auch in der Färbung und Körperform kommt diese Verwandtschaft zum Ausdruck.

Um 1916 war die Rasse in Tione, Condino, Ledro und Stenico noch gut verbreitet. Auffallend war das Vorkommen in Cles im Nonstal am Eingang ins Val-di-Sole-Tal, wo ringsum bereits das Grauvieh verbreitet war. Kreuzungsprodukte traten vermehrt in Riva, Arco und spurenweise im Val di Non du Sole (Passa Madonna di Campiglio, Molveno See) auf.

Das Herdebuch wurde 1982 gegründet. Die Gesamtpopulation umfasst 6.432 Tiere, darunter 6.345 Kühe und 87 Stiere, verteilt auf 209 Betriebe. Die Rasse wird in den Regionen Trentino-Südtirol und Veneto gezüchtet.

Die Pustertaler Sprinzen

Stammzuchtgebiet sind das Pustertal sowie das Gader- und Tauferertal in Südtirol. Gegen Ende des 19. Jahrhunderts galt die Pustertaler Rasse als die beste Rinderrasse der Habsburger Monarchie in der Kategorie Doppelnutzungstyp.

Das aufkommende Molkereiwesen und die starke Nachfrage der Meiereien um Wien zur Versorgung der wachsenden städtischen Bevölkerung führten zu einem Ausverkauf der Rasse und zum Niedergang der Zucht im Stammgebiet.

Der Ausbau der Südbahnstrecke von Franzensfeste nach Spittal in Kärnten begünstigte den Abzug von gutem Zuchtvieh. Die Abtrennung der Absatzgebiete in der österreichisch-ungarischen Monarchie mit der Annektierung Südtirols und die restriktive Tierzuchtgesetzgebung im Jahr 1929 führten zum weiteren Niedergang der Rasse. Die Zuchtverwendung von Pustertaler Sprinzen wurde verboten und unter Strafe gestellt. Um 1927 zählte die Rasse noch 8.000 bis 10.000 Stück und ging laufend weiter zurück. Erste Bemühungen für die Erhaltung der Rasse wurden von Bayern aus unternommen.

Zwischen 1984 und 1990 wurden Zuchttiere nach Bayern zum Aufbau einer Erhaltungszucht exportiert. Die ersten Pustertaler Sprinzen wurden 1998 von Josef Wechselberger aus Gerlosberg über den alten Saumweg des Krimmler Tauern von Südtirol nach Nordtirol eingeführt. Bereits ein Jahr später wurde ein Gen-Erhaltungsprogramm für die Rasse in Österreich gestartet.

Ab 1994 wurden die Südtiroler Züchter wieder vom Südtiroler Fleckvieh Zuchtverband betreut. Die Zählung der Bestände ergab 41 schwarze Kühe und zehn Kühe der roten Variante sowie 17 schwarze und zwei rote männliche Tiere.

Im Jahr 1995 bekam die Pustertaler Rasse mit der Genehmigung des Rassestandards die amtliche Anerkennung. Heute züchten wieder rund 40 Betriebe diese alte Traditionsrasse des Puster- und Gardatales. Die Südtiroler Sprinzenzüchter sind in einem eigenen Verband organisiert. 1999 kam es in Österreich zur Anerkennung als gefährdete Nutztierrasse.

Vom Südtiroler Fleckvieh Zuchtverband werden 429 Pustertaler Rinder herdebuchmäßig betreut. Darunter fallen 369 weibliche Tiere und 60 Stiere. Der rote Farbschlag ist mit 27 Kühen und einem Stier vertreten. Die restlichen Tiere sind schwarz. Die Rasse ist im Bestand stark gefährdet.

Der Barà-Pustertaler-Bestand in den Provinzen Cuneo und Turin mit rund 2.400 Rindern wird züchterisch gesondert betreut.

Herbert Tryer mit einer der raren roten Pustertaler Kühe aus dem Südtiroler Bestand. Foto: Treyer

Steckbrief Pustertaler

Diese mittel- bis großrahmigen Rinder weisen eine Widerristhöhe von 125 bis 140 Zentimetern auf, besitzen einen guten Rumpf und feinen Knochenbau sowie ein trockenes Fundament und gesunde Klauen. Kühe haben ein Gewicht von 550 bis 650 Kilogramm, Stiere von 800 bis 1.000 Kilogramm. Die Tiere sind weiß mit roten, braunen oder schwarzen Platten an den Flanken. Die Ohren sowie die Umgebung von Flotzmaul und Augen sind pigmentiert. Der übrige Teil des Kopfes ist auf weißem Grund mehr oder weniger stark mit Farbtupfen (Sprinzen) versehen. Die Tiere sind an den Körperseiten gefärbt, ein weißer Streifen verläuft entlang des Rückens. Bei den Übergängen von der Farb- zur Weißfärbung treten ebenfalls mehr oder weniger stark ausgeprägte Farbtupfen auf. Die Farbausprägung kann sehr gering sein (fast weiße Tiere) bis stark gedeckt. Pustertaler Sprinzen sind äußerst robuste Rinder und eignen sich deshalb ausgezeichnet für die Haltung in Extremlagen. Es handelt sich um ein leichtfütteriges Fleischrind mit guten Muttereigenschaften. Dank guter Muskelfülle, gesunden Beinen, guter Fruchtbarkeit, Robustheit und guter Zunahme allein aus dem Grundfutter eignet es sich bestens zur Mutterkuhhaltung. Die Rasse wird auch gerne in der Gebrauchskreuzung eingesetzt (siehe Kapitel „Die Rinderrassen und Landschläge des österreichischen Alpenraumes").

Passeirer Gebirgsziegen von Südtiroler Bauern auf der Großalpe im hinteren Ötztal. Einheimische nennen sie auch „die schiane Goaß“ (schöne Ziege).

Ziegenrassen

Die Passeier Goaß

Im Mittelalter hatte, wie in vielen Regionen der Alpen, auch hier der Bergbau die Wälder für die Verhüttung des Metalls verwüstet. Im beginnenden Industriezeitalter wurde vielfach Holzkohle eingesetzt und daher viel Holz geschlagen und im 19. Jahrhundert trugen die Schaf- und Ziegenherden das Ihre zur Waldverwüstung bei.

Gegen 1860 wurde im Trentino billige Steinkohle zur Energieversorgung der Industrie eingeführt, gleichzeitig nahm die Schafhaltung aufgrund der Konkurrenz der Wollimporte aus Übersee rapide ab. Zeitgleich wurden strenge Forstgesetze zum Schutz des Waldes erlassen und die Weidehaltung von Schafen, Ziegen und Rindern zurückgedrängt.

Die klein- bis mittelrahmige Gebirgsziege mit vergleichsweise kurzem, tiefem Körper hat einen gestreckten, geraden Rücken. Das Becken soll flach, lang und breit ausgebildet sein. Charakteristisch ist das konkave Kopfprofil (Nasenbein), das die Passeier Gebirgsziege von den meisten anderen Gebirgsziegenrassen unterscheidet (siehe auch Blobe Ziege). Der Kopf ist kurz und breit, ebenso das Maul. Die Ziegen erreichen ein Gewicht von rund 60 Kilogramm, Böcke von rund 75 Kilogramm.

Angestrebt werden Tiere mit Bart bei beiden Geschlechtern sowie kurzhaarige Tiere. Beim Bock ist der Bart obligatorisch. Langhaarige Ziegen werden akzeptiert. Die Hörner sollen leicht nach außen geschwungen und nach hinten offen sein.

Eine sogenannte blobe (bloobe), also blau-graue Ziege.

Porträt: Hermann Pirpamer
Ein ehemalige Hirtenbub erinnert sich

Der 65-jährige Altbürgermeister Hermann Pirpamer aus St. Martin im Passeiertal hatte gegen Ende der 1950er-Jahre rund 20 Ziegen. Zum elterlichen Gasthof Oberwirt gehörte, wie meist üblich in der Region, auch eine eigene Landwirtschaft. Ein Hochwasser verlegte die Passer, den Dorfbach, und fast der gesamte landwirtschaftliche Besitz ging verloren. Es blieb gerade genug übrig für die Ziegenhaltung. „Als Bursch war es fein, ein paar Ziegen zu halten“, erinnert sich Hermann Pirpamer. Heute ist im Passeiertal eine sehr aktive Ziegenzucht mit zwei Vereinen aufrecht, der Ziegenzuchtverein Passeier und Hinterpasseier, und die Passeier Goaß, die heute zumeist eine „verbrennte“ ist, also eine beige-schwarze Ziege. „Das ist in meinen Augen absolut nicht die Passeier Goaß meiner Kindheit. Die hat sich zwischenzeitlich so entwickelt“, kommentiert Hermann Pirpamer den Wandel.

Der Wandel der Landschaft brachte den Wandel der Ziegen. Heute sind bei den Ziegenzüchtern des Passeiertals die Hobbyzüchter in der Mehrheit. Sie züchten Ziegen aus Freude am Zusammenleben mit Tieren. „Die Ziege muss nicht unbedingt wirtschaftlich sein“, erklärt Hermann Pirpamer. „Die Ziege muss schön sein. Sie muss den heutigen Vorstellungen der Passeier Goaß entsprechen.“ Früher waren die Ziegen des Passeiertals Nutzziegen, die Bauern im Dorf (St. Martin im Passeiertal) hatten allerdings damals keine Ziegen. Die Ziege war die Kuh der Kleinhäusler, der ärmeren Familien ohne Grundbesitz. Mitte der 1950er-Jahre verbrachte Hermann Pirpamer als Hirterbub regelmäßig die Sommer auf der Alm. Die Bauern außerhalb des Dorfes besaßen meist fünf bis sechs Ziegen. Nach dem Abkitzen wurden die Ziegen bis Anfang Juni gemolken. Den Sommer verbrachten sie auf der Alm. Die Ziegenmilch wurde meist zum Tränken der Kälber verwendet. Die Herstellung von Ziegenkäse hatte im Passeiertal keine Tradition. Während der Mahd der Bergwiesen wurden die Ziegen für zwei bis drei Wochen zur Deckung des täglichen Milchbedarfs bei der Bergmahd von der Alm zu den Kochhütten der Mähder geholt. Heute werden die Bergmähder noch im Hinterpasseier-Tal, westlich von St. Leonhard, gemäht. Nicht zuletzt aufgrund der lukrativen Förderungen der Landschafspflege im Naturpark Texelgruppe.

In den Bergdörfern war die Situation anders als auf den Höfen am Talboden. Im Bergdorf Walden, unterhalb des Jaufenpasses, blieben die Ziegen auch im Sommer am Hof. „Der Geißhirte zog in der Früh durch das Dorf, holte die Ziegen bei den Bauern ab und brachte sie am späteren Nachmittag zur Melkzeit wieder heim", erklärt Hermann Pirpamer den Ablauf.

Das typische Rind des Passeiertales war das Grauvieh. Die Rinder waren vergleichsweise klein, da meist nur Weideflächen in extremen Steillagen zur Verfügung standen. „Auch bei den Kühen waren der hohle Kopf (konkaves Profil) und die Form der Hörner wichtig", weiß Hermann Pirpamer.

Nicht nur die Passeier Ziege, auch die Kulturlandschaft des Passeiertales hat sich in den vergangenen 50 Jahren massiv verändert. Noch gegen Ende der 1950er-Jahre waren die besten landwirtschaftlichen Nutzflächen um die Höfe Äcker und die Bauernhatten Subsistenzbetriebe. „Gekauft hat man Salz, die Kuhketten und den Striegel, der Rest wurde selber produziert", erzählt Hermann Pirpamer. Roggen und anschließend Buchweizen sowie Rüben und Kraut wurden angebaut. Die besten Böden dienten der Versorgung der Menschen mit Getreide und Feldfrüchten.

Hermann Pirpamer war als Bub auf der Alm und konnte von dort das gesamte Passeiertal überblicken. „Nach dem Heuen wurde das Korn geschnitten und anschließend gepflügt. Auf das Goldgelb des Roggens folgte das Schwarz der Erde und etwas später das Weiß des Buchweizens. Das war landschaftlich wunderschön", erinnert er sich. „Der schönste Flecken am Hof waren immer der Acker und die Randflächen die Wies (Weide, Portionsmahd) der Kuh", erzählt er weiter. Das Heu für die Winterfütterung wurde auf den Bergmähdern gewonnen. Die Ziegen wurden dorthin gejagt, wo man mit der Sense nicht mehr hinkam.

Die klein strukturierten landwirtschaftlichen Betriebe des stark agrarisch geprägten Passeiertales zwangen die Bevölkerung, einen wesentlichen Teil des familiären Einkommens aus der Saisonarbeit zu erwirtschaften. Viele Bewohner des Tals arbeiteten im Gastgewerbe in der Schweiz und in Österreich, als Erntehelfer (Mahder) im benachbarten Ötztal oder als Gemeindearbeiter im Engadin. Von der Gemeinde St. Martin im Passeiertal waren 350 Personen im Jahr 1960 im Sommer als Saisonarbeiter im Ausland tätig. Durch die Ansiedelung von Industrie- und Gewerbebetrieben und die Entwicklung des Tourismus entstanden neue Arbeitsplätze. „Viele ehemalige Saisonarbeiter waren weichende Erben, Personen mit noch starkem Bezug zur Landwirtschaft. Unter diesen Rahmenbedingungen hat sich in dieser Zeit im Passeiertal die Ziegenzucht entwickelt", erklärt Hermann Pirpamer. Es waren vorwiegend Hobbyzüchter, die 1989 den regionalen Ziegenzuchtverein „Passeier" gründeten. Mit dem EU-Beitritt konnten erstmals auch tierbezogene Ausgleichszahlungen für die Mutterziegenhaltung (Kontingentierung) lukriert werden, die der Ziegenzucht zusätzlich Auftrieb gaben und den Verein rasch wachsen ließen. „Damit war auch das Förderkontingent vorwiegend in der Hand von Hobbyzüchtern", erinnert sich Hermann Pirpamer. Die Ziegenzucht wurde zur Liebhaberei, mit wenig Bezug zur lokalen Landwirtschaft.

„Die Passeier Goaß muss schön aussehen, sie muss zwei Kitz haben und fertig. Sie wird auf den Berg gejagt und man ist froh, wenn sie keine Milch mehr gibt", resümiert Hermann Pirpamer. Die Ziegen werden so gedeckt, dass der Markt zu Ostern mit Milchkitzen beliefert werden kann. Anschließend werden die Ziegen rasch trocken gestellt. „Wenn das über Generationen praktiziert wird, werden diese Eigenschaften züchterisch fixiert", bedauert Hermann Pirpamer.

Zu Beginn der 1960er-Jahre gab es noch keine typische „Passeier Goas". Die Ziegen des Passeiertales waren eine bunte Mischung unterschiedlicher Landschläge. Die heute noch mehr oder weniger vorhandenen Farbvarianten der Passeier Goaß spiegeln diese ursprüngliche Vielfalt wider. „Es gab die „zottlertn" (langhaarigen) und die kurzhaarigen Ziegen. Von der Farbe gab es die „gurteretn" (gegurtet), die „gansitn" (hell-dunkle Mantelfärbung), die „stroolitn" (Strahlenzeichnung) und die „roatn" (braunen) Ziegen.

Und ganz wichtig waren der schöne „hohle" Kopf (konkaves Nasenbein) und die seitlich nach außen gerichtete Hornform. Am Kuntnerhof in St. Leonhard im Passeiertal gab es Ende der 1950er-Jahre

Der Hirte Alfons Gufler (vulgo Alter) aus Pfelders im Passeiertal mit seiner Herde Passeirer Gebirgsziegen auf dem Weg zur Schäferhütte auf der Großalpe im hinteren Ötztal.

bloob	grau-bläulich
gånsit	hell-dunkle Mantelfärbung
geel	gelblich
griislt	grau-braun
gurteretn	gegurtet
liecht	weiß
pråntlt	dunkelbraun
roat	rötlich
stroolit	Strahlenzeichnung
schwoaz	schwarz
verbrennt	beige

Tabelle: Dialektbezeichnungen der Farbvarianten der Passeirer Gebirgsziegen.

Die Ziegenkitze zeigen die Vielfalt in der Mantelfärbung bei den Pezzata Mòchena.

fast nur „blobe" (bloobe), also blau-graue Ziegen und die Geißen hatten fast nur Zwillinge und Drillinge. „Die waren wunderschön", erinnert sich Hermann Pirpamer. „Blaue Ziegen waren bei den Betrieben immer wieder anzutreffen, auffällig große und kräftige Ziegen."

Von einer Rasse spricht man, wenn bei einem Nutztier über viele Generationen auf bestimmte morphologische Merkmale und Eigenschaften selektiert wurde. Der Name Passeier Goaß hat sich erst mit der Vereinsbildung 1989 etabliert. „Zuvor gab es diese Bezeichnung nicht, es war einfach die Goaß", erläutert Hermann Pirpamer den Unterschied.

Die Passeier waren von jeher erfolgreiche Viehhändler und Struuzer (Wandermetzger), die ihr Vieh auf den verschiedenen regionalen Viehmärkten, so auch in Meran, schlachteten. Der Vater von Hermann Pirpamer, Leonhard Pirpamer, und dessen Freund Max Gufler, waren solche Viehhändler und Struuzer. Zwischen den beiden Weltkriegen kauften sie im Spätsommer Zackelschafe und Ziegen in Ungarn und trieben die Herde zu Fuß in das Passeiertal. „Eine Leistung, die heute kaum mehr vorstellbar ist", stellt Hermann Pirpamer fest. Sie zogen mit ihren Tieren über den Jaufenpass und mussten beim ersten Versuch wegen eines Schneesturms umkehren. „Sie gingen von Bauer zu Bauer, bei jedem wurden ein bis zwei Tiere geschlachtet."

Aufgrund der Vielzahl an Ausgangsschlägen treten zahlreiche Farbvarianten auf. Einfärbige Ziegen müssen am ganzen Körper gleich ausgefärbt sein, vom Kopf bis zur Schwanzspitze. Beim heute dominierenden „verbrennt-gånsiten" (verbrennt-ganzet) Farbschlag dürfen keine weißen Haare vorkommen. Die einzelnen Farbschläge, die ursprünglichen regionalen Landschlägen entsprechen, werden innerhalb der Zucht nicht als getrennte Population geführt. Durch die starke Forcierung des verbrennt-gånsiten Typus sind die restlichen Farbvarianten stark zurückgegangen. Man findet auch kaum mehr langhaarige Tiere.

Bei der Passeier Gebirgsziege erfolgt keine Bewertung des Exterieurs nach einem Punktesystem. Der Gesamtbestand umfasst 9.507 Tiere. Der bloobe Schlag, in seiner typischen Ausprägung ohne Strahlenzeichnung, ist im Bestand der Passeier Gebirgsziegen nur mehr vereinzelt anzutreffen.

Viele Ziegen der Rasse Pezzata Mòchena tragen eine Strahlenzeichnung wie die Pinzgauer Strahlenziegen.

Die Pezzata Mòchena Ziege

Diese regionale Ziegenrasse des Fersentals (Val Fersina, Valle dei Mocheni) hat eine spannende Geschichte. Die Fersentaler sind, wie die „Zimbern", eine oberdeutsche Sprachinsel in Oberitalien. Das Gebiet wurde zwischen 1250 und 1320 von Bergknappen und Bauern aus verschiedenen Tälern Nord- und Südtirols besiedelt. Am Talschluss des Fersentals befand sich ein mittlerweile stillgelegtes Silberbergwerk.

Das Fersental ist ein nördliches Seitental des oberen Valsugana in der Provinz Trient. Das Hochtal liegt auf 700 bis 1.000 Meter Seehöhe. Der Name der Ziegenrasse leitet sich vom Wort „Mòcheni", der italienischen Bezeichnung der Fersentaler ab; „mochen" bedeutet „machen", als Hauptwort „Macher". Die Tiroler Einflüsse haben sich bis heute erhalten und die Pezzata Mòchena ist ein lebendiger Teil dieser alten Kulturgeschichte. In Nordtirol und Salzburg existiert noch heute eine vom Aussterben bedrohte Ziegenrasse, die Pinzgauer Strahlenziege, die der Pezzata Mòchena im äußeren Erscheinungsbild wie in den Eigenschaften auffällig gleicht. Vielleicht brachten die Tiroler Auswanderer des 13. und 14. Jahrhunderts diese Ziegenrasse mit ins Trentino.

Dieser regionale Ziegentypus wurde bereits zu Beginn des 20. Jahrhunderts als traditionelle Zweinutzungsrasse für Fleisch und Milch beschrieben. Nach dem Absetzen der Kitze werden die Ziegen meist noch eine gewisse Zeit gemolken und Formaggelle hergestellt.

Kontakt:
Associazione Allevatori Capra Pezzata Mòchena
Via Verdi 1, I-38043 Bedollo
Tel.: 0039 (0)349 66 29 131
casagranda.s@gmail.com

Portät: Giovanni Giovannini und sein Verein „Allevatori Capra Pezzata Mòchena"

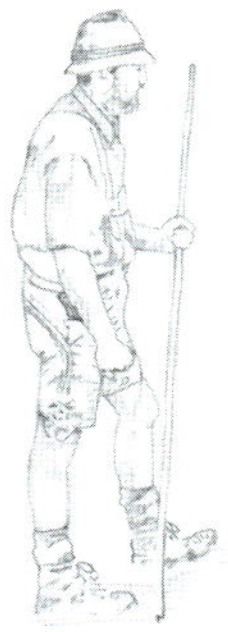

Im Jahr 2000 wurde in der Gemeinde Bedollo am Hochplateau von Pinè eine Initiative zur Erhaltung dieser regionalen Ziegenrasse ins Leben gerufen. Der 2008 gegründete Verein setzte sich das Ziel, die Haltung der heimischen Capra Pezzata Mòchena weiterzuführen. Damit soll auch der Verbuschung und Verwaldung am Hochplateau von Pinè entgegengewirkt werden. 2001 erhielt der Verein eine Projektförderung von der Provinz Trient (Servizio Vigilanza e promozione agricola) im Rahmen des Europäischen Landwirtschaftsfonds. Mit dieser finanziellen Unterstützung wird ein rumänischer Hirte für die Betreuung der Ziegen und die Verarbeitung der Ziegenmilch finanziert. Weiters konnte Zaunmaterial für Weidekoppeln angeschafft werden.

„Mit dem Beweidungsprojekt soll die Mòchena Ziege wieder einen wirtschaftlichen Stellenwert in der Region bekommen", erklärt Giovanni Giovannini, einer der Initiatoren des Projekts. Er ist selbst aktiver Ziegenzüchter und Mitarbeiter der Forstbehörde (Servizio Foreste e Fauna) der Provinz Trient.

Die Pezzata Mòchena dient nicht nur der Erhaltung der Kulturlandschaft. Aus der Milch werden mittlerweile verschiedene Käsesorten, wie Caciotte dolci, Tomini freschi und Ricotta hergestellt. Die Milch der Pezzata Mòchena hat wenig Eigengeschmack und eignet sich daher auch zur Herstellung von Speiseeis. Ein lokaler Konditor produziert daraus eine spezielle Eissorte. Auch bei der ihr vermutlich nahestehenden Pinzgauer Strahlenziege fehlt der intensive Eigengeschmack der Milch. Ein weiteres Indiz für die historische Verbindung der beiden Rassen.

Am Ende der Weidesaison veranstaltet die Züchtergemeinschaft in Bedollo ein Fest, mit dem die Pezzata Mòchena wieder verstärkt im Bewusstsein der Bevölkerung verankert wird. Neben der Tierschau werden auch Produkte der Pezzata Mòchena angeboten, Hartkäse, geräucherter Ricotta, Frischkäse, Kaminwurst und Fleischspezialitäten vom Kitz.

Im Anagrafischen Register sind 261 Tiere (davon 235 Ziegen) für das Jahr 2013 erfasst. 30 Betriebe beteiligen sich im östlichen Trentino an der Erhaltung der stark gefährdeten Rasse.

Giovanni Giovannini ist aktiver Züchter des Vereins „Allevatori Capra Pezzata Mòchena" und eine der Schlüsselpersonen des Erhaltungsprojektes.

Passeier Gebirgsziege und Pezzata Mòchena, ursprüngliches Verbreitungsgebiet

Steckbrief Pezzata Mòchena (Pletzet Goes van der Bernstol)

Diese mittelgroße Gebirgsziege erreicht bei einer Widerristhöhe von 78 Zentimetern ein Gewicht von 55 Kilogramm. Böcke werden 86 Zentimeter hoch und 65 bis 70 Kilogramm schwer. Der Kopf muss ein geradliniges Nasenprofil aufweisen, Ziegen mit konkavem Profil werden von der Zucht ausgeschlossen. Das Haarkleid kann verschieden gescheckt sein. Die Färbung reicht von schwarz bis dunkelbraun. Häufig sind die Tiere gleichmäßig schwarz-weiß gescheckt, was im lokalen Dialekt als „Fristura" bezeichnet wird. Relativ zahlreich sind auch Ziegen mit den weißen Abzeichen der Bezoar Ziege (Strahlenzeichnung) vertreten. Meist tragen beide Geschlechter Hörner, es kommen auch hornlose Tiere vor. Die sichtbaren Schleimhäute und die Hufe können eine verschieden intensive Pigmentierung aufweisen. Das Haarkleid ist meist kurz, auch ein mittellanges Haarkleid ist zu beobachten. Häufig findet man einen Behang im Bereich der hinteren Extremitäten und entlang des Rückens. Die Gliedmaßen sind kräftig entwickelt.

Das Schnalser Schaf hat einen kompakten, tiefen und voluminösen Körper. Widder sind deutlich geramst und haben das charakteristische Halsleder, eine markante Hautfalte im Bereich der Brust. Foto: Verband der Südtiroler Kleintierzüchter

Schnalser Schaf und Villnöser Brillenschaf

Das Tiroler Bergschaf ist die Hauptrasse der Region Südtirol-Trentino, im Herdebuch des Südtiroler Kleintier Zuchtverbandes sind 14.110 Tiere erfasst. Weiters zu nennen ist das Schwarz-Braune Bergschaf. Das Villnösser Brillenschaf und das Schnalser Schaf zählen zu den gefährdeten Rassen. Neben den heimischen Gebirgsschafrassen wird in Südtirol auch das Tiroler Steinschaf züchterisch betreut, dessen Stammzuchtgebiet jedoch das Nordtiroler Zillertal und die Region Osttirol sind (84 Herdebuchtiere).

Das Schnalser Schaf geht zurück auf das mischwollige Steinschaf sowie auf Bergamasker und Paduaner Schafe. Insbesondere um Meran wurden im 18. und 19. Jahrhundert feinwollige Paduaner Schafe wegen ihrer Wollqualität eingeführt. Sie nahmen vermutlich Einfluss auf die Entwicklung des Schnalser Schafes. Urbano Botrè gibt 1942 das Schnalstal und das Ultental als Stamm- und Zuchtgebiete des Schnalser Schafes an. Sie waren beide lokal sehr begrenzt.

Ursprünglich war das Schnalser Schaf behornt. Heute wird auf Hornlosigkeit gezüchtet, Tiere mit Hornansatz werden von der Zucht ausgeschieden.
rechts: Hugo Gurschler mit einer elfjährigen „verbrannt-ganzeten“ Ziege vom Passeirer Typ.

Im übrigen Vintschgau war das kleine mischwollige Steinschaf (Della Roccia) beheimatet, südlich angrenzend an das Ultental im Nons- und Rabbital schlossen die Zuchtgebiete von Bergamasker-Trentina Kreuzungszuchten (Brentegana) an. Seit den 1960er-Jahren sank das Interesse an der Rasse und das Hauptzuchtgebiet beschränkte sich auf das Südtiroler Schnalstal.

Seit 1978 wird in Südtirol die Zucht des Tiroler Bergschafes verstärkt betrieben. Damit ist der Rückgang der reinrassigen Zucht von Schnalser Schafen verbunden. Im Jahr 2005 wurde für das Schnalser Schaf ein Herdebuch angelegt und im Jahr darauf begann das Erhaltungs-Zuchtprogramm der Assonapa. Der Gesamtbestand umfasst 1.164 Tiere, darunter 1.045 Auen, die Rasse ist gefährdet.

Das Villnöser Schaf steht dem Jezersko-Solčavska (Seeländer-, Spiegel- oder Kärntner Brillenschaf) nahe, was nicht weiter verwundert, denn zwischen dem heutigen Slowenien und Südtirol gab es einst einen regen Viehhandel. Seeländer Schafe wurden nach Südtirol gehandelt und im Gegenzug Paduaner Schafe und Haflinger im heutigen Slowenien eingeführt.

In der zweiten Hälfte des 19. Jahrhunderts war das Seeländer Schaf in weiten Teilen der Alpenländer anzutreffen. Zur Sömmerung wurden die Tiere von Unterkärnten vorwiegend nach Tirol gebracht und im Herbst in die Schweiz und nach Frankreich exportiert.

Zu Beginn des 20. Jahrhunderts war das Brillenschaf neben dem Steinschaf die meistverbreitete Schafrasse im Ostalpenraum (siehe Kapitel „Der slowenische Alpenraum“).

Es ist ein mittelgroßes, kräftiges Schaf, Auen erreichen ein Gewicht von 60 Kilogramm, bei einer Widerristhöhe von 75 Zentimetern. Widder werden im Mittel 75 bis 80 Kilogramm schwer und 81 Zentimeter groß. Angestrebt wird ein langer schmaler Kopf mit ausgeprägter Ramsnase. Das Vlies ist schlichtwollig und gewellt.

Neben dem weißen Farbschlag mit der schwarzen Pigmentierung im Bereich der Augen (Brille), Ohren und des Mauls treten auch einheitlich braune und schwarze Tiere auf. Die drei Farbschläge werden als eigene Zuchtrichtung geführt. Es dominieren jedoch die weißen Tiere mit den für das Brillenschaf charakteristischen schwarzen Abzeichen.

Ob das Villnösser Schaf nur auf Importe von Kärntner Brillenschafen zurückgeht oder bei der Entstehung auch bodenständige Südtiroler Schafschläge Einfluss genommen haben, ist nicht belegt. Ursprungs- und Hauptverbreitungsgebiet der Rasse sind die Dolomitentäler. Allen voran das namensgebende Villnösser-Tal (Val di Funes) sowie die ladinischen Talschaften Garda (Val Badia) und Eggen (Val d'Ega) in der Provinz Bozen. Weitere Zuchtgebiete sind die Täler Val Fiemme, Fassa und Sugana in der Provinz Trient (717 Tiere, 20 Züchter). Der Gesamtbestand des Villnösser Brillenschafes umfasst derzeit knapp 5.000 Tiere (3.812 Auen). Die Rasse wird als gefährdet eingestuft.

Porträt: Hugo Gurschler vom Mastaunhof und der Bergspitz

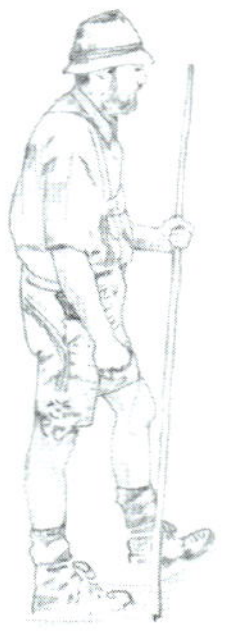

Hugo Gurschler (49) vom Mastaunhof ist neben den Besitzern des Unterbrettachhofes einer der letzten Bauern im Schnalstal, die an der Tradition der heimischen Treibhunde vom Typ des Mittelspitzes festhalten. Strolchi, seine mittlerweile zehnjährige Hündin, ist ein treuer und aufmerksamer Hütehund. „Früher gab es lang- wie kurzhaarige Spitzhunde in allen Farbschlägen", erklärt Hugo Gurschler, der seinen Hund primär zum Hüten seiner Schafe und Ziegen einsetzt. „Zum Zusammentreiben und zum Wegtreiben von den Wiesen eignet sich der Hund besonders gut", weiß er. Die Mastaunalm schließt direkt an die Heimweiden und Wiesen des Mastaunhofes an. Die Ziegen werden daher im Frühjahr direkt vom Stall in die Freiheit entlassen. Sie gehen langsam bergwärts das Mastauntal entlang und kehren meist erst gegen Ende November in den Stall zurück. Zu Beginn des Frühsommers kehren die Ziegen manchmal auf die Heimwiesen zurück, um vom frischen Grün der Wiesen zu naschen. Der aufmerksame Spitzhund ist dann sofort zur Stelle und vertreibt sie bergwärts.

„Heute haben fast alle Bauern im Vintschgau einen Border Colli. Man bekommt kaum mehr einen Spitz", bedauert Hugo Gurschler die Entwicklung. Seine Hündin ist leider schon zu alt, um gedeckt zu werden. Es ist unsicher, ob Hugo Gurschler wieder einen Spitznachfolger bekommen wird. „Zum Zusammentreiben im leichten Gelände eignen sich die Border Collis recht gut, aber wegtreiben und bellen können die Collies nicht, daher sind sie am Berg kaum zu gebrauchen", so lautet sein Urteil. Hugo Gurschler arbeitete bisher fast ausschließlich mit Hündinnen. „Sie sind nicht so kräftig wie Rüden, aber feinfühliger und weniger aggressiv", sagt er.

Bereits die Mutter von Strolchi war ein ausgezeichneter Treibhund. „Auch zum Anlernen ist ein Weibchen deutlich angenehmer."

Der Bergspitz hat keinen Respekt vor Kühen und eignet sich daher auch zum Treiben von Rindern. „Der Spitz zwickt das Rind bei den Fesseln. Er weiß jedoch genau, dass er ausweichen muss, falls die Kühe ausschlagen", erklärt Hugo Gurschler, der seine Hunde immer selber ausbildet. „Wenn der junge Hund mit dem alten mitläuft, dann geht es am besten. Später muss man das Tier langsam alleine weiter anlernen. Das benötigt viel Arbeit und Zeit." Strolchi ist kein Familienhund. Außerhalb der Alpzeit hält er

Schnalser Schaf und Villnösser Brillenschaf, ursprüngliches Verbreitungsgebiet

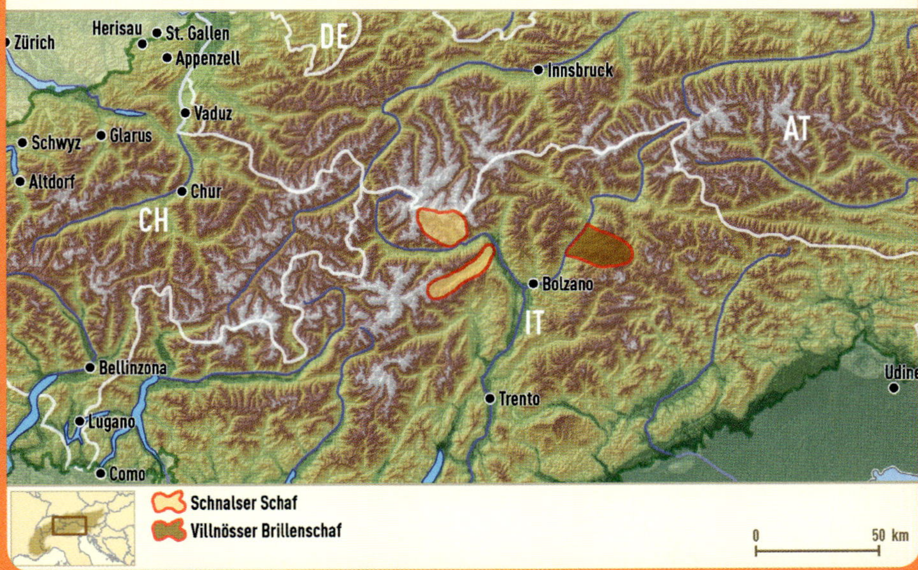

Steckbrief Schnalser Schaf (Val Senales)

Dieses mittelgroße, kompakte und schwere Schaf ist im Vergleich zum Tiroler Bergschaf deutlich gedrungener und kürzer. Auen erreichen ein Gewicht von durchschnittlich 72 Kilogramm bei einer Widerristhöhe von 77 Zentimetern. Widder über zwei Jahre wiegen zwischen 80 bis 110 Kilogramm, bei einer Widerristhöhe von 84 Zentimetern. Die Extremitäten sind kurz und sehr kräftig entwickelt. Die Fesseln sind straff und die Klauen hart. Typisch für die Rasse ist das „Halsleder", eine markante Hautfalte im Bereich der Brust. Der Kopf ist kurz und das Maul breit. Der Kopf muss einen Schopf tragen. Beide Geschlechter besitzen eine ausgeprägte Ramsung, bei den Widdern ist die Ramsnase stark gekrümmt. Ursprünglich war die Rasse behornt, heute wird sie auf Hornlosigkeit gezüchtet. Die Ohren sind breit und mittellang und reichen beim ausgewachsenen Tier höchstens bis zum Maulwinkel. Das Vlies besteht aus weißer, schlichter bis gewellter Wolle mit seidigem Glanz. Dies geht vermutlich auf den Paduaner Bluteinfluss zurück. Ursprünglich waren in der Zucht auch braune und schwarze Tiere zugelassen. Eine zweimalige Schur liefert einen Wollertrag von 2,5 bis 3 Kilogramm. Die Brunst ist ausgeprägt asaisonal. Die erste Ablammung erfolgt mit etwa 15 Monaten.

Der Fang des Bergspitzes ist mittellang und stark zugespitzt. Die Lefzen liegen straff an.

Strolchi, die zehnjährige Hündin, hat ein gutmütiges Wesen. Ihr harmonischer, kräftiger Körper ist quadratisch gebaut.

sich beim Stallgebäude auf und verbringt die Nacht im Stall bei den Tieren. „Er möchte gar nicht ins Wohnhaus und bleibt vor der Wohnungstüre sitzen", erklärt Hugo das Verhalten seiner Hündin.

Seit rund 30 Jahren werden am Mastaunhof Passeier Gebirgsziegen gezüchtet, die früher fast nur im Passeiertal vorgekommen sind. Im Schnalstal und im Vintschgau gab es Gebirgsziegen mit geradem Nasenprofil. Die Ziegen hatten nach hinten gebogene Hörner und keinen „hohlen" (konkaven) Kopf. Sie sahen komplett anders aus als die Passeier Gebirgsziegen. „Es gab Schwarzstrahlerte, Braunstrahlerte (Schwarze und Braune Strahlenziegen), Schwarze und Braune und Fuchserte (Rotbraune). Viele Ziegen waren zottelig (langhaarig)", kann sich Hugo Gurschler erinnern.

Alle 40 Passeier Gebirgsziegen von Hugo Gurschler sind im Herdebuch registriert. In Südtirol werden die Zuchtziegen nicht, wie sonst üblich, nach einem Punktesystem bewertet (punktiert). Eine Vorgangsweise, die auch bei Gen-Erhaltungsrassen zweckmäßig wäre, da durch eine zu strenge phänotypische Selektion die genetische Breite eingeengt wird. Zu den Kriterien für die Herdebuchfähigkeit zählen die beidseitig gleichmäßige Farbverteilung und das Vorhandensein der Halsgangdrüsen. Ein Bart ist erwünscht. Langhaarigkeit ist erlaubt, wird aber nicht angestrebt. Bei der Farbe sind alle Variationen zulässig. Im Sommer weiden rund 300 Passeier Gebirgsziegen auf der Mastaunalm, die sich über 1.160 Hektar erstreckt.

„Von den 300 Ziegen sind nur sehr wenige Blobe oder Blobe-ganzete", vermerkt Hugo Gurschler.

Die Kitze werden bis auf einige Zuchttiere zu Ostern geschlachtet. Die Vermarktung organisiert der Südtiroler Kleintierzuchtverband. „Mehr als sieben bis acht Kilogramm sollen die Milchkitze nicht wiegen, sonst bekommt man einen Abzug", erklärt Hugo Gurschler. Für das Kilogramm Lebendgewicht erhält er lediglich acht Euro. „Man bekommt heute bei weitem nicht mehr das, was es früher gab", bedauert er die Preisentwicklung. Nach dem Absetzen der Kitze werden die Ziegen innerhalb von 14 Tagen trocken gestellt. Heute werden die Ziegen nicht mehr gemolken. „Früher, als der Vater noch Ziegen hatte, mussten wir Buben die Ziegen immer zum Melken holen. Die Milch haben wir selber getrunken und für die Kälberaufzucht verwendet. Käse haben wir nie erzeugt", erklärt Hugo Gurschler.

Die Schweinerassen und Landschläge

Giuseppe Ruatti beschreibt 1916 für die Region Trentino-Südtirol eine kleine Landrasse, die bestens an die klimatischen Verhältnisse der Alpenregion und die Alpung auf den Sennalpen im Gebirge angepasst war. Dieser Landschlag war weitestgehend ident mit den oberitalienischen Landschlägen.

Die alpinen Regionen von Trentino Südtirol waren vorrangig Aufzuchtgebiete für die Schweinehaltung. Aufgrund des Getreidemangels wurden kaum Schweine gemästet, als Mastfutter diente die Kartoffel. Die Tiere erreichten ein Lebendgewicht von durchschnittlich 90 bis 100 Kilogramm und wurden gewöhnlich für die Eigenversorgung gehalten. Für die Industrie wurden Schweine aus dem Pustertal, dem Draugebiet und aus Ungarn importiert. Um 1900 nahm der Import deutlich zu. Im Vergleich zu anderen Alpenregionen war die Schweinehaltung im Trentino der damaligen Zeit, gemessen an 100 Einwohnern mit 68 Stück, immer noch vergleichsweise wenig entwickelt (Graubünden 189, Appenzell 709, Schweiz 151). Im Südtiroler Ultental konnten im Jahr 2014 kleine Restbestände schwarzer Alpenscheine ausfindig gemacht werden. Die Tiere wurden in das Erhaltungsprojekt des Netzwerkes Pro Patrimonio Montano integriert.

Kontakt:
Hugo Gurschler
Mastaunhof, Jausenstation
Unser Frau im Schnalstal
Tel.: 0039 (0)473 669621

Trentiner und Tiroler Huhn

Zu den bodenständigen Hühnerrassen und Landschlägen der autonomen Region Trentino-Südtirol zählen das bereits ausgestorbene Trentiner Huhn und das gleichfalls verschwundene Tiroler Huhn. Das Trentiner Huhn (*Gallina Trentina*) ähnelte der goldfarbenen Variante der Livornese Hühner (*Razza italiana selectionata*). Mit dem Hauptunterschied des etwas weniger entwickelten Kamms und der Anpassung an die raueren Alpenlagen des Trentino.

Das Tiroler Huhn zählte, wie einleitend erwähnt, zur Gruppe der im zentral- und ostalpinen Raum verbreiteten echten Haubenhühner (Spitzhaubenhühner). Es handelte sich um zierliche, sehr bewegliche und gut flugfähige Landhühner mit charakteristischer Federhaube und Bart und dem auf zwei kleine Hörnchen reduzierten Kamm. Dies waren Anpassungen an die raueren Umweltbedingungen im Alpenraum.

Das Tiroler Huhn war ein mittelgroßer Schlag, der für die Region Innsbruck und die angrenzenden Gebiete in Südtirol und Salzburg beschrieben wurde (Festschrift zur Geschichte der österreichischen Land- und Forstwirtschaft 1898). Ursprungsgebiete waren vermutlich die Provinzen Bozen und Trient, Tirol, Salzburg und Vorarlberg, die Zentral- und Ostschweiz sowie der süddeutsche Grenzraum in Bayern.

Diese Landhühner Tirols waren wetterhart und widerstandsfähig gegenüber allfälligen Krankheiten (Stenographische Protokolle 1902), wurden aber trotz ihrer Robustheit in der ersten Hälfte des 20. Jahrhunderts von Wirtschaftrassen verdrängt. Nachweise liegen für Nordtirol, das südliche Oberbayern sowie für Salzburg (Stadt Salzburg und Lungau) vor. Die Appenzeller Spitzhauben Hühner sind die letzten rezenten Vertreter dieser einst im zentralen Alpenraum verbreiteten Landhühner.

Das Tiroler Huhn und Neu-Tiroler Huhn

Seit 2010 bemüht sich eine Gruppe von Züchtern in Südtirol, der Schweiz und Österreich um die Rückzüchtung des ausgestorbenen Tiroler Huhns. Rückzüchtungen sind aus Sicht der Generhaltung grundsätzlich kritisch zu betrachten und sollten nicht in Konkurrenz zu Erhaltungsprojekten gefährdeter Rassen stehen. Zudem können Rassen oder Spezies nicht durch Rückzüchtung wiederhergestellt werden.

Die Rückzüchtung orientiert sich jedoch immer am ursprünglichen Typus des Tiroler Huhns. Als Ausgangsrasse wurden Appenzeller Spitzhauben sowie die im italienischen Veneto vorkommenden Polverara Hühner herangezogen. Die Polverara sind der Restbestand einer Spitzhauben-Population im Raum Padua. Beide Rassen sind Spitzhauben Hühner, doch ist ungeklärt, ob sich die beiden Rassen genetisch nahestehen. Alessio Zanon von der Universität Padua geht davon aus, dass beide Populationen, die zentralalpinen wie jene südlich der Alpen, eine getrennte Entwicklungsgeschichte aufweisen.

Die Rückzüchtung des Tiroler Huhns umfasst mittlerweile einen Bestand von rund 220 Zuchttieren, verteilt auf 15 Zuchtgruppen in der Schweiz, 11 Gruppen in Italien (Südtirol-Trentino), fünf Gruppen in Österreich und eine Gruppe im deutschen Grenzraum.

oben: Rückzüchtungsversuch des alten Trentiner Huhns. Die Tiere ähneln weitestgehend den goldfärbigen Italiener Hühnern. Foto: G. Gionannini
unten: Neu-Tiroler Junghenne im Farbschlag schwarz-silberhalsig auf dem Hof des Autors.

Kontakt:
Neu-Tiroler Huhn
Netzwerk Pro Patrimonio Montano
www.patrimonio-montano.org

Die Alpenregion des nördlichen Piemont – Verbano-Cusio-Ossola

Sie zählt zu den Landschaften mit einer besonderen Vielfalt an Kulturgütern und Natur. Die Höhenstufen reichen von knapp 200 Meter im Süden bis zur höchsten Erhebung der Region, der Dufourspitze (4.633 Meter), dem zweithöchsten Gipfel Italiens, wobei das Staatsgebiet genau genommen nur bis 4.618 Meter hinaufreicht. Die Alpi del Vallese (Walliser Alpen) prägen den westlichen Teil der Region. Im Nordosten schließen die Tessiner Alpen mit der Leone-Gruppe und den Lepontinischen Alpen an. Die Region gliedert sich in das Val d' Ossola (Eschental) und die Gegenden um den Lago Verbano (Lago Maggiore) und Lago di Cusio (Lago d' Orta).

Das hintere Val Divedro mit der Gemeinde Trasquera und dem Ortsteil Bugliaga haben mich besonders in den Bann gezogen. Es waren nicht nur die archaisch anmutenden Weiler mit den kunstvoll aus Naturstein gemauerten Gebäuden, Trockensteinmauern, Holzblockbauten und vielen anderen Zeugnissen der Walserkultur, sondern natürlich auch die ursprünglichen und einzigartigen Ziegenrassen.

Durch die Lage an der Südabdachung der Alpen und die Walser-Wanderung vom ausgehenden 12. bis zur Mitte des 14. Jahrhunderts geprägt, haben sich im Val Divedro eine besondere Kultur der Viehhaltung und auch unterschiedliche Ziegenrassen erhalten. In den Grenzgemeinden findet man auch heute noch die Walliser Ziegen. Diese Rasse ist im Val Divedro noch in einer sehr ursprünglichen Form anzutreffen, die sich vom moderneren Typus der Walliser Ziege der Schweiz deutlich unterscheidet. Auf der italienischen Seite der Alpen werden die Walliser Ziegen in drei Farbschlägen gezüchtet, wie sie sonst in den Alpen nicht mehr anzutreffen sind. Die Vallesana (schwarzer Farbschlag), die Vallesana Rossa (kupferroter Farbschlag) und die Vallesana Grigia (grauer Farbschlag).

Die Simplon Ziege (Capra Sempione) stammt aus dem gleichnamigen Grenzort im schweizerischen Wallis. Von dieser Rasse gibt es heute nur mehr rund 50 Tiere. Sie zählt zu den seltensten Ziegenrassen des gesamten Alpenbogens und ist damit ein besonders schützenswertes Kulturgut!

Die harten Lebensumstände in den hochgelegenen Orten des Val Divedro zwangen die Bewohner zu besonderen wirtschaftlichen Kooperationen. Diesen ist es zu verdanken, dass in den kleinen Orten an der Grenze zur Schweiz noch eine weitere Ziegenrasse gehalten und bis heute erhalten wurde. Die Alpina Comune, die Gemeine Alpenziege. Sie entspricht dem ursprünglichen Typus der Alpenziege und war anfangs in unterschiedlichen Farbschlägen über den gesamten

oben: Eine Herde Saltasassi Schafe bei Bugliaga, um 1972.
Foto: V. Satore
rechts: Das Saltasassi ist ein zierliches Gebirgsschaf mit kleinen abstehenden Ohren und grober Mischwolle. Foto: L. Brambilla

Alpenhauptkamm, von Monaco bis zu den östlichen Ausläufern der Ostalpen, verbreitet. Das Val Divedro beherbergt damit eine außergewöhnliche Vielfalt an autochthonen, hochgefährdeten Ziegenrassen.

Die Mehrzahl der Bäuerinnen und Bauern, die ich kennenlernen durfte, betreiben die Ziegenhaltung mit viel Freude und Engagement. Sie bewirtschaften ihre Höfe jedoch in ihrer Pension und meist fehlt es an engagierten Nachfolgern. Es bleibt zu hoffen, dass diese faszinierende Bergbauernkultur Fortbestand hat und nicht Relikte einer zu Ende gehenden Landwirtschaft sind.

Saltasassi – die Steinspringer Schafe

Das nördliche Piemont beherbergt mit der Schafrasse Saltasassi auch einen der letzten Vertreter der rauwolligen primitiven Alpenschafe vom Ciuta-Typus. Saltasassi ist heute ein Sammelbegriff für die Restbestände kleinrahmiger, rauwolliger Schafschläge der piemontesischen Alpen. In den einzelnen Regionen waren für die kleinen, gedrungenen Tiere unterschiedliche Bezeichnungen gebräuchlich, Saltasassi ist nur eine der lokalen Benennungen. Kerngebiet der Verbreitung war das Ossola-Tal, Belege gibt es auch für das obere Val Divedro und für das Strona-Tal (Val Strona). Eine der letzten Herden wurde um das Jahr 2000 von einem über 90-jährigen Bauern im Strona-Tal gehalten. Die Rasse wird als überaus fruchtbar beschrieben. Zwillings- und Mehrlingsgeburten waren die Regel. Die Tiere wurden primär für die Fleisch- und Wollproduktion genutzt. Bocklämmer wurden im Frühjahr kastriert und im Herbst nach der Almsaison geschlachtet. Die Schlachtlämmer erreichen ein Lebendgewicht von rund 30 Kilogramm und darüber. Alpung und Stallhaltung im Winter waren üblich. Das Fleisch wird als sehr schmackhaft beschrieben. Die Milch der Mutterschafe wurde nur für die Aufzucht der Lämmer verwendet. Durch die Verbreitung der großrahmigen Rassen Biellese und Bergamasca wurde der ursprüngliche Typus seit den 1950er-Jahren stark zurückgedrängt. Das Consiglio Nazionale delle Ricerche (CNR) erhob im Jahr 1983 auf Basis einer Umfrage noch 2.500 Individuen.

Im Jahr 2013 konnte eine kleine Gruppe von rassetypischen Schafen in der Nähe der Stadt Domodossola ausfindig gemacht werden. Die Organisation RARE konnte eine kleine Herde für die Erhaltungszucht sichern. Der Gesamtbestand umfasst derzeit weniger als 50 Tiere. Die Rasse ist akut vom Aussterben bedroht.

Salta Sassi, ursprüngliches Verbreitungsgebiet

Steckbrief Saltasassi

Dieses mittelkleine Gebirgsschaf zählt zum Typus des primitiven Alpenschafes. Die Tiere besitzen eine gedrungene Form mit tiefem Körper und rundlicher Gestalt. Die Oberlinie ist gerade. Meist sind die Tiere leicht überbaut. Mutterschafe erreichen ein Gewicht von 45 bis 50 Kilogramm und eine Widerristhöhe von etwa 55 Zentimeter. Sie zählen daher, nach den Ciuta Schafen, zu den kleinsten rezenten Gebirgsschafen des italienischen Alpenraums. Der Kopf ist zierlich und schmal mit geradem Profil. Die Stirn ist bewollt. Die Ohren sind kurz, abstehend oder werden horizontal getragen. Die Extremitäten sind kräftig entwickelt. Das Vlies ist weiß, halboffen und lange. Die Mischwolle ist rau und grobfaserig. Das Saltasassi ist asaisonal fruchtbar. Zwei Ablammungen pro Jahr mit Zwillings- und Mehrlingsgeburten sind die Regel. Die Tiere sind sehr robust und anspruchslos.

Capra Sempione (Simplon Ziege) mit mittellangem Haarkleid und den nach hinten gerichteten, säbelförmigen Hörnern.

Typische Capra Vallesana mit der ursprünglichen Farbverteilung, das Haarkleid und die Stirnbewollung sind mittellang.

Kontakt:
Comune di TRASQUERA (VB)
Via Municipio, 2
I-28868 TRASQUERA (VB)
Tel.: 0039 (0)32479120
Fax: 0039 (0)324 79 39 00
protocollo@comune.trasquera.vb.it
www.comune.trasquera.vb.it

Alte Ziegenkultur des Val Divedro

Neben der Alpina Comune findet man in der Region des nördlichen Piemont im oberen Val Divedro eine Inselpopulation von verschiedenen Walliser Ziegenrassen. Ihre Existenz geht auf die Walser Kolonisation des Hochmittelalters und eine alte Nutzungsgemeinschaft zwischen den Walsersiedlern in den Hochtälern von Zwischenbergen und der italienischen Bevölkerung im Val Divedro zurück. Sciavèrna und Aruaa sind zwei Haltungspraktiken, die vom Ende des 18. Jahrhunderts bis um 1950 zwischen schweizerischen und italienischen Landwirten praktiziert wurden.

Sciavèrna

Wenn im Winter auf Schweizer Seite des Simplon Gebietes das Heu knapp wurde, übergaben die Schweizer Bauern die Walliser Ziegen an die italienischen Bauern von Trasquera und Bugliaga im oberen Val Divedro. Die Mutterziegen blieben in den italienischen Bergdörfern bis zum Abschluss der Abkitzperiode. Die italienischen Bauern durften sich als Entgelt für die Fütterung Kitze behalten. Die laktierenden Ziegen kamen wieder zurück zu ihren Besitzern im Schweizer Simplon Gebiet und lieferten bis in den Herbst Milch für die Käseverarbeitung. Mit der Zeit entwickelten sich auch auf italienischer Seite Walliser Ziegenbestände von weißen Simplon Ziegen und verschiedenen Farbschlägen der Walliser Ziege. Neben der klassischen Schwarzen Walliser Ziege (Vallesana) existieren im oberen Divedro-Tal auch noch kleine Bestände des roten und des grauen Farbschlags (Vallesana Rossa und Vallesana Grigia). Während sich das äußere Erscheinungsbild der Walliser Schwarzhalsziege in der Schweiz durch Zuchtauswahl maßgeblich verändert hat, blieben die Bestände im Val Divedro noch sehr ursprünglich. In der Schweiz ist das einst mittellange Haarkleid heute meist extrem lang und reicht teilweise bis zum Boden. Auch bei der Stirnbehaarung wurde auf Langhaarigkeit selektiert. Die schwarz-weiße Verteilung der Mantelfärbung wurde verändert. Die Trennlinie zwischen Schwarz und Weiß wurde deutlich nach hinten verschoben. Im Val Divedro findet man noch Ziegen mit der ursprünglichen Farbverteilung und mit mittellangem Haarkleid.

Aruaa

Einer zweiten Haltungspraxis im hinteren Val Divedro ist es zu verdanken, dass in den Bergdörfern Trasquera und Bugliaga neben der Walliser Ziege auch die im Nordpiemont heimische Alpina Comune erhalten geblieben ist. Die Zeit des 19. und frühen 20. Jahrhunderts war für die Bewohner in den Bergdörfern des Piemont eine wirtschaftlich schwierige Zeit. Die Zerstückelung des Grundbesitzes durch die Realteilung erlaubte bloß die Haltung kleiner Tierbestände von meist nur zwei Ziegen. Auf die Bockhaltung wurde aufgrund des fehlenden Ertrages meist ganz verzichtet. So wurden zur Deckzeit die Ziegen der Bauern der oberen Talbereiche (ehemaliges Walser Siedlungsgebiet) zu den Bauern im Talboden gebracht, welche die Capra Alpina Comune hielten. Als Gegenleistung durften sie die Ziegen melken, bis diese keine Milch mehr gaben und gedeckt waren. Daher sind in den Bergdörfern Trasquera und Bugliaga neben alten, vom Aussterben bedrohten Walliser Ziegenrassen auch noch Bestände der stark gefährdeten Alpina Comune anzutreffen.

Die Capra Sempione

Sie hat ihr Ursprungsgebiet in der Simplon Region beiderseits der Grenze zwischen dem Kanton Wallis und der Region Verbano-Cusio-Ossola mit dem oberen Val Divedro. Sie gelangte, wie alle Ziegen aus der Gruppe der Walliser Ziegen, im Zuge der Walser Kolonisation des Hochmittelalters in die Hochtäler des nördlichen Piemont. Bereits vor dem Jahr 1200 überquerten einige Walsergruppen den Simplon und kolonisierten die Südseite des Passes. Die alemannischen Neusiedler verdrängten die romanischstämmige Bevölkerung aus dem Gebiet von Zwischenbergen. Die Capra Sempione ist ein Relikt aus dieser Zeit.

Auf Schweizer Gebiet ist die Simplon oder Simpler Ziege, wie sie im Walliser Dialekt genannt wird, der Rassebereinigung des Jahres 1938 zum Opfer gefallen. Damals gab es keine organisierte Zucht, weshalb sie nicht als eigenständige Rasse anerkannt wurde. Seit 2013 bemüht sich die Schweizer Stiftung „ProSpezieRara“ um die Erhaltung der alten Walliser Ziegenrassen. Für die Simplon Ziege wurde ein eigenes Zuchtbuch eröffnet. Der Gesamtbestand in Italien umfasst derzeit laut einer persönlichen Mitteilung von Luigi Andrea Brambilla nur rund 50 Tiere. Im Anagrafischen Register sind nur einige wenige Tiere registriert. Die Rasse ist akut vom Aussterben bedroht.

Die Gemeinde Trasquera und die Berggemeinschaft Antigorio Divedro und Formazza haben eine Reihe von Initiativen zugunsten dieser

Rasse ergriffen. Jedes Jahr im Oktober wird in der Gemeinde Trasquera das Ziegenfest „Al sun di sunei" („Beim Klang der Glocken") veranstaltet, bei dem gefährdete Ziegenrassen der Öffentlichkeit präsentiert und regionale Produkte dieser Rassen angeboten werden.

Die Capra Vallesana

Die Gruppe der Walliser Ziegen hat ein eng begrenztes Ursprungsgebiet im oberen Val Divedro. Die heutige Verbreitung erstreckt sich über die Provinzen Verbania und einige Täler in den Provinzen Biella und Vercelli. Die Rasse entwickelt sich derzeit positiv. Im Jahr 2008 wurden im Anagrafischen Register 155 Tiere registriert. Mittlerweile umfasst der Bestand 959 Tiere, davon sind 888 Ziegen und 71 Böcke, verteilt auf 145 Herden. Die Rasse ist in Italien stark gefährdet. Die Bestände im Piemont unterscheiden sich noch wesentlich von den Populationen in der Schweiz, in Frankreich, Deutschland und Österreich. Die Rasse sollte in ihrem ursprünglichen Typus erhalten werden.

Vom Farbschlag Vallesana Grigia existieren derzeit nur 15, vom Farbschlag Vallesana Rossa nur etwa 30 Tiere. Die beiden Farbschläge beziehungsweise Rassen sind kulturhistorisch und aus Sicht der Agrobiodiversität besonders wertvoll und sollten daher in getrennten Populationen erhalten werden. In der Schweiz bemüht sich die Stiftung ProSpezieRara um die Erhaltung der beiden Farbschläge.

Die Alpina Comune Ziege

Sie verkörpert noch den ursprünglichen, nicht standardisierten Typus der Alpenziege, wie er vor den standardisierten Rassen bis um 1900 im gesamten Alpenraum weit verbreitet war. Nach Alessio Zanon (2008) zählten der Schweizer Kanton Tessin, Graubünden, das Veltlin, das Val Camonica, die Orobischen Alpen, die Region Brianza und die Täler des Verbano zum Verbreitungsgebiet. Die Population der Alpina Comune wurde nie einer Selektion nach gewissen äußeren Merkmalen unterworfen. Wie bei der natürlichen Auslese wurden aber nicht robuste und leistungsschwache Tiere ausgeschieden. Damit stellt die Gemeine Alpenziege den Prototyp des sogenannten alpinen Stammes innerhalb der Gruppe der europäischen Ziegen dar, mit einer großen Variabilität hinsichtlich Größe und Leistungsmerkmalen. Der Ursprung dieser Rasse, wie auch des überwiegenden Teils aller autochthonen Ziegenrassen der Alpen, ist die Gemeine

Alpina Comune Ziege, Capra Sempione, Vallesana Grigia und Vallesana Rossa ursprüngliches Verbreitungsgebiet

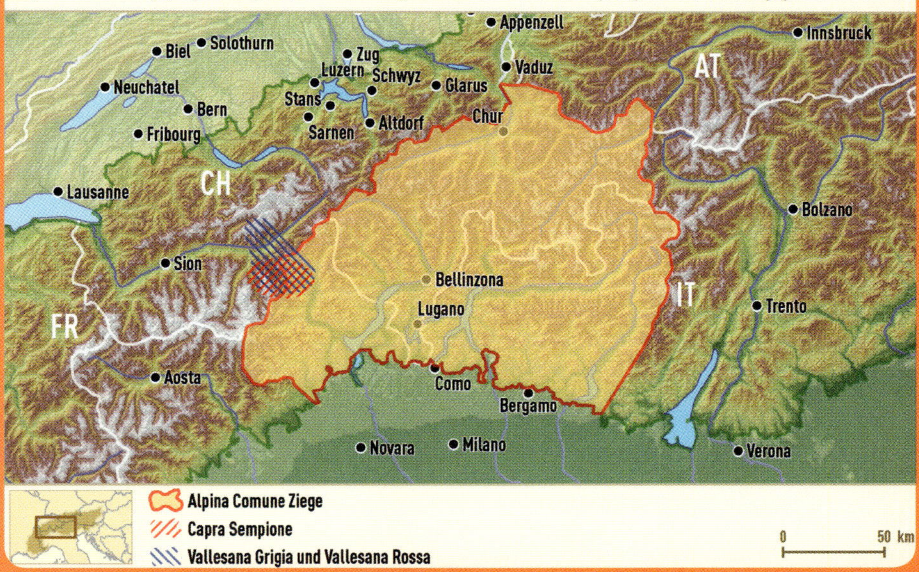

Steckbrief Alpina Comune (Nostrana nelle Alpi, Nostrana, „locale")

Diese mittelgroße Ziege hat einen langen Rumpf, der Kopf ist leicht, mit geraden, spitzen und nach vorn gerichteten Ohren. Die Rasse hat einen lebhaften Ausdruck. Ein Bart ist meist vorhanden. Die säbelförmigen Hörner sind stark entwickelt und nach hinten gerichtet, beim Bock ähnlich dem Steinbock, entsprechend kürzer sind sie bei der Ziege. Es kommen auch hornlose Tiere vor. Das Haar ist generell kurz und glänzend, länger und rauer bei den Böcken. Es treten auch Tiere mit langem Haar an der Hinterhand wie auch mit einheitlich langem Haar am gesamten Rumpf auf. Die Fellfarbe ist variabel, einfärbige und gefleckte Tiere kommen nebeneinander vor, unter ihnen graue, bunte und solche, die den standardisierten autochthonen Rassen im Verbreitungsgebiet ähnlich sind. Die Milchleistung liegt zwischen 400 bis 600 Liter, bei einer Laktationsdauer von 180 bis 270 Tagen. Die Milch wird oft gänzlich den Kitzen überlassen und teilweise gemischt mit Kuhmilch verkäst.

Steckbrief Capra Sempione (Simplon Ziege)

Die weiblichen Tiere dieser mittelgroßen Gebirgsziegenrasse haben eine gute Milchleistung und erreichen eine Widerristhöhe von rund 60 Zentimetern, Böcke von 70 bis 80 Zentimeter. Das Durchschnittsgewicht der weiblichen Tiere liegt bei 50 bis 55 Kilogramm, bei männlichen Tieren bei 60 bis 65 Kilogramm. Der Kopf ist verhältnismäßig leicht. Die säbelförmigen Hörner sind bei beiden Geschlechtern gut entwickelt und nach hinten gerichtet. Die Ohren sind klein und nach oben gerichtet. Beide Geschlechter tragen einen gut entwickelten Bart. Das Fell ist weiß und meist mittellang. Die Stirnbehaarung ist kurz bis mittellang. Die Milchkitze werden normalerweise mit einem Gewicht von 10 bis 15 Kilogramm geschlachtet.

Steckbrief Vallesana Ziege (Vallese)

Diese mittelgroße Gebirgsziege erreicht bei Ziegen eine Widerristhöhe zwischen 70 und 80 Zentimetern und ein Gewicht von 55 Kilogramm. Böcke werden bei einer durchschnittlichen Widerristhöhe von 75 bis 85 Zentimetern rund 75 Kilogramm schwer. Das Fell ist mittellang bis lang, reicht jedoch nicht, wie bei den Schweizer Beständen, bis zum Boden. Auch die Stirnbewollung ist nur mittellang. Das Rassemerkmal der Walliser Ziegen ist die schwarz-weiße Farbverteilung. Kopf und Vorderhand bis auf Höhe des Widerristes sollen beim ursprünglichen Typus schwarz, bei den Farbvarianten „rossa" kupferrot und bei der Farbvariante „grigia" schwarz-grau sein. Die hintere Körperhälfte ist weiß. Entsprechend sind auch die vorderen Klauen dunkel und die hinteren hell pigmentiert.

Die Alpina Comune wurde immer ohne strenge Selektionskriterien gehalten und zeigt daher ein variables Erscheinungsbild.

Der besondere genetische Wert der Alpina Comune liegt in ihrer hohen Anpassungsfähigkeit an schwierige Umweltbedingungen. Diese ist wiederum an die genetische Vielfalt gebunden. Eine strenge Standardisierung würde rasch zu deren Reduktion führen.
Im Bild Gesine Otten aus Montecrestese mit einer typischen Alpina Comue Geiss.

Alpenziege. Vergleichbar ist diese Entwicklung mit den Schafrassen des ostalpinen Raums und deren Ursprungsrasse, dem Zaupelschaf.

Lediglich die Orobische Ziege (Capra Orobica) und die Walliser Ziegen (Capra Vallesana) dürften im italienischen Alpenraum auch gewissen allochthonen Einflüssen ausgesetzt gewesen sein. Die Alpina Comune war ursprünglich über den gesamten italienischen Alpenraum, das Alpenvorland sowie das anschließende Hügelland und die Obere Ebene verbreitet.

Mit dem Aufkommen der standardisierten, autochthonen Rassen und der nachfolgenden Forcierung der spezialisierten Leistungsrassen, wie Saanen und Camosciata delle Alpi, kam es zu einer genetischen Erosion und starker Einschränkung des Verbreitungsareals. Dabei waren der generelle Rückgang der Ziegenhaltung und die Aufgabe der Behirtung infolge des Strukturwandels in der Landwirtschaft wesentliche Einflussfaktoren.

In den Westalpentälern dominieren heute braune oder gämsfärbige Typen der Alpina Comune. Das legt nach Alessio Zanon den Schluss nahe, diese Population von den mehrfärbigen Beständen der Lombardei getrennt zu betrachten. Die Dominanz könnte jedoch auch durch Gepflogenheiten bei der Auswahl der Zuchtböcke verursacht sein. Der Alpina Comune nahestehende Rassen sind die „Pedula" mit gämsfärbigem Fell auf hellem Grund und die „Fasana" (Pfauenziegentyp, Pavonata, Marin).

Neben der Frage, inwieweit die Populationen in den Talschaften der Westalpen mit jenen der Zentralalpen in Verbindung stehen, stellt sich auch die Frage, wie in diesem Zusammenhang die Ziegenpopulationen der Ostalpen zu beurteilen sind.

Vor der Ausbreitung der standardisierten Rasse war hier die Situation sicher mit jener in den lombardischen und piemontesischen Alpen vergleichbar. Interessant ist die Tatsache, dass im Salzach- und Inntal zu Beginn des 20. Jahrhunderts, wie in den Westalpentälern, ebenfalls der gämsfärbige Typus der Pinzgauer Ziege dominierte.

Die gegenwärtige Verbreitung der Alpina Comune in der Region Piemont erstreckt sich in erster Linie über den Raum von Verbano bis Cunese. In der Lombardei ist diese Landrasse beiderseits des Comer Sees anzutreffen, jedoch verstärkt auf der Westseite. Weiters findet man die Alpina Comune im Val Chiavenna und im Valtellina. In der Lombardei wird die Rasse auch als „Nostrana" bezeichnet.

2002 schätzten Michele Corti und Luigi Andrea Brambilla den Bestand der Alpina Comune in der Lombardei auf 15.000 Stück. Eine Zählung im Piemont des Jahres 2001 ergab 40.000 Tiere. Seither ist die Population durch die Forcierung von Leistungsrassen und standardisierter Rassen (Verzasca) stark in Abnahme begriffen. Die letzte Erfassung der Bestände in der Provinz Verbano-Cusio-Ossola im Jahr 2007 ergab einen Bestand von lediglich 6.000 Ziegen auf 300 Almen.

Luigi Andrea Brambilla schätzte den alpenweiten Bestand auf rund 100.000 Tiere, Tendenz stark abnehmend. Derzeit sind im Anagrafischen Register 497 Tiere erfasst. Der Bestand der Rasse ist stark gefährdet.

Die Alpina Comune trägt ein besonderes genetisches Erbe der Alpen in sich, verkörpert eine bunte Alpenrasse, die schon immer ohne strenge Selektionskriterien gehalten wurde. Sie darf daher nicht fälschlicherweise als Kreuzungsprodukt angesehen werden, sondern als Makrorasse, von der sich alle alpinen europäischen Ziegenrassen abgespalten haben. Da die Alpina Comune naturgemäß oft standardisierten Rassen ähnelt, stellt sie einen wertvollen Genpool dar, der zur Erneuerung, Auffrischung und Stärkung autochthoner Rassen mit Tieren von ähnlichem Aussehen herangezogen werden kann.

Die Alpenregion Veltlin mit dem Tal der Adda

Das Valtellina (Veltlin) bildet den nördlichen, zu den Alpen gehörenden Abschnitt der Lombardei. Es liegt in der italienischen Provinz Sondrio, im Grenzgebiet zwischen dem Schweizer Kanton Graubünden und Südtirol. Das Tal der Adda mit seinen Seitentälern prägt das Veltlin. Im Südwesten, bei der Mündung der Adda in den Comer See, schließt die Ebene an. Ortlergrupe und Grosina Alpen prägen das Oberveltlin, im Unterveltlin bilden die Berninagruppe und die Bergeller Alpen die Grenze zu Graubünden. Der rund 80 Kilometer lange Gebirgszug der Bergamasker Alpen (Alpi Orobir) bildet die Südgrenze zur Provinz Bergamo.

Das Valtellina liegt an der Grenzlinie zwischen Ostalpen und Südalpen, an einer großen geologischen Verwerfung, der periadriatischen Naht. Auch geschichtlich war das Valtellina durch seine Lage zwischen den Alpen und Oberitalien häufig umstritten.

Die Bischöfe von Como und Chur sowie mitteleuropäische Herrscherhäuser bildeten die Konfliktparteien. Als Teil des Herzogtums Mailand, im Zeitraum zwischen 1512 bis 1797, gehörten das Veltlin, Chiavenna und Bormio als Untertanengebiete den Drei Bünden.

Nach dem Ende der Bündner Herrschaft infolge der französischen Revolution stand es unter dem Einfluss der Habsburger. 1859 fiel das Valtellina an das Königreich Sardinien-Piemont beziehungsweise 1861 an das neu gegründete Königreich Italien.

1840 erwähnt Friedrich Raumer den im Vergleich zu anderen Ländern hohen Viehbestand der Lombardei in stadtnahen Gebieten. Auch der Anteil des Zugviehs war trotz der überwiegend händischen Bewirtschaftung zu Beginn des 19. Jahrhunderts hoch. Das Rindvieh wurde meist aus der Schweiz importiert, da die eigene Zucht wesentlich teurer war.

Das obere Val Masino.
Foto: W. Jaritz

Die Alpenregion Veltlin

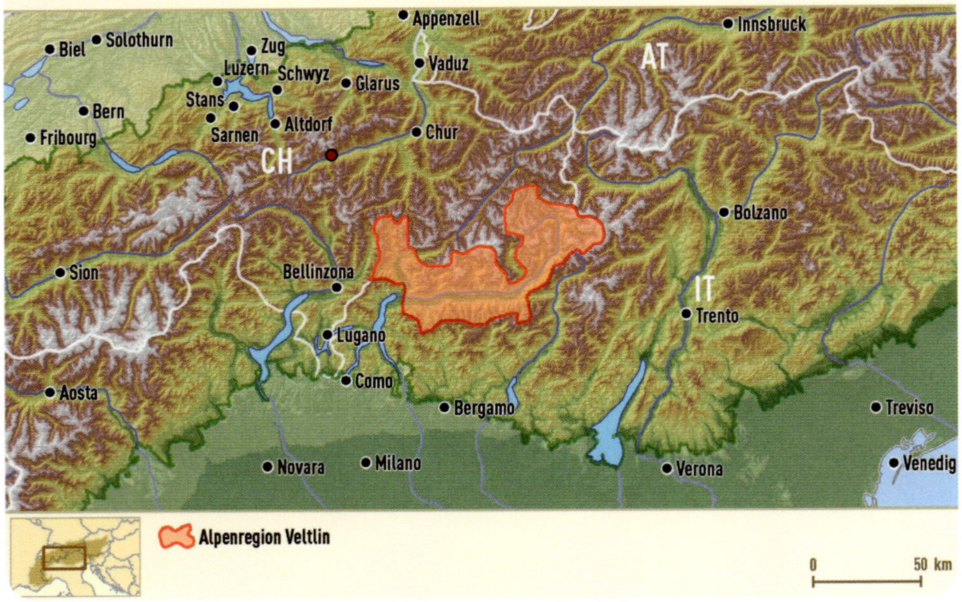

Generell finden sich im 19. Jahrhundert in der Alpenregion Sondrio die geringsten Viehbestände bei Pferden, Eseln und Mauleseln, Ochsen und Kühen. Sondrio weist lediglich ein Drittel des durchschnittlichen Viehbestandes der norditalienischen Region Lombardei auf, bei den Rindern bloße 50 Prozent des Landesdurchschnitts. Mit rund drei Prozent des Gesamtbestandes im Vergleich zur restlichen Lombardei wurden hier auch nur wenige Pferde in der Landwirtschaft eingesetzt (1840: 1522 Pferde).

Das Veltlin ist hinsichtlich seiner autochthonen Nutztier-Rassevielfalt noch wenig erforscht, eine terra incognita. Durch die wechselvolle Geschichte und die Überschneidung von alemannischen, romanischen und rätoromanischen Einflüssen vermischen sich im Veltlin verschiedene Kulturen, was sich im Bestand der Nutztierschläge widerspiegelt. Bei den regionalen Produkten, Bresaola, Bündnerfleisch oder Salz, finden sich Gemeinsamkeiten mit Graubünden. An das Bergamasker Schwein erinnern noch verschiedene regionale Gerichte, wie etwa die Casola, die aus Schweinsschwarten, Klauen und Rippspeer zubereitet wird.

Die kleinsten Schafe der Alpen

In der Region Lombardei hat die Schafhaltung mit der Bergamasker Transhumanz bis heute einen hohen Stellenwert. Neben den großrahmigen langohrigen Schafen aus der Provinz Bergamo (Bergamasca), besitzt das Veltlin mit den vom Aussterben bedrohten Schafrassen Ciuta und Ciavenasca ein erhaltenswertes kulturelles Erbe. Für das Ciuta Schaf wurden im Jahr 2013 vom Netzwerk „Pro Patrimonio Montano“ in Zusammenarbeit mit dem Sanitätsdienst der Provinz Sondrio erste Erhaltungsmaßnahmen ergriffen.

Das Ciavenasca Schaf

Diese autochthone Rasse ist im italienischen Teil des Bergell (Val Bregaglia), des Val Chiavenna und des Val San Giacomo sowie in der Ebene um Chiavenna in der Provinz Sondrio an der Grenze zur Schweiz verbreitet.

Es ist etwas größer als das Ciuta Schaf, die Mutterschafe erreichen ein Gewicht von 40 bis 45 Kilogramm und eine Widerristhöhe von 50 bis 55 Zentimetern. Der Körper ist kurz und abgerundet. Im Gegensatz zum Ciuta sind beide Geschlechter hornlos. Auch der Kopf ist kurz mit leicht geramstem Profil. Das Vlies ist, wie beim Ciuta, strohfarben, die Wolle jedoch etwas feiner. Teilweise sind die Tiere braun pigmentiert. Die Ohren sollen klein sein und seitlich abstehen (Bigi/Zanon 2008).

Im Jahr 1983 wurde der Bestand auf 2.500 bis 3.000 Tiere geschätzt, verteilt auf kleine Betriebe. Derzeit liegen keine aktuellen Bestandszahlen vor. Mittlerweile dürfte die Rasse aber nahezu verschwunden sein.

Das Ciuta Schaf

Dieses ungewöhnlich zierliche, grobwollige Alpenschaf, das an das Steinschaf erinnert, erreicht bei Mutterschafen lediglich ein Gewicht von 35 bis 40 Kilogramm, bei einer Widerristhöhe von 45 bis 50 Zentimetern. Sehr treffend ist die romanische Bezeichnung Ciuta in der Bedeutung „Schäfchen“. Beide Geschlechter sind meist behornt.

Das Ciuta ist ein sehr ursprüngliches Schaf. Die Tiere werden vom Frühsommer bis zum Spätherbst weitestgehend sich selbst überlassen. Das Ciuta Schaf steht wahrscheinlich dem Ciavenasca Schaf nahe, das jedoch rund zehn Kilogramm schwerer und knapp zehn Zentimeter höher ist. Wie das Ciavenasca wird das Ciuta für die Lammfleischproduktion gehalten,

Milchlämmer werden mit einem Gewicht von zwölf bis 15 Kilogramm geschlachtet.

Sein Ursprungsgebiet ist der Norden der Provinz Sondrio (Chiavenna) in der Lombardei, einer Sprachinsel im Übergang vom Lombardisch-Alpinen zum Rätoromanischen. Restbestände der Population wurden im Jahr 2001 im Norden der Provinz Como, im Grenzgebiet zur Talschaft Chiavenna, entdeckt. Die SAVE Foundation unter Hans Peter Grünenfelder bemühte sich intensiv um die Rettung der Rasse. Es konnten jedoch keine Tiere für den Zuchtaufbau erworben oder Landwirte der Region für die Teilnahme an einer Erhaltungszucht gewonnen werden. Seither wurden weder von staatlicher noch von privater Seite weitere Maßnahmen zu seiner Erhaltung ergriffen.

In der Alpenstudie zu den landwirtschaftlichen Gen-Ressourcen der Alpen von 2003 wird die Population als ausgestorben geführt. Auch Valerie Porter listete das Ciuta als ausgestorben. Im unteren Veltlin, im Val Masino, konnten sich jedoch kleine Bestände auf kleinbäuerlichen Betrieben halten. Die Recherchen für das vorliegende Buch gaben einen neuerlichen Anstoß für die Nachsuche. Es kam zur Gründung des Netzwerks „Pro Patrimonio Montano“, deren erstes Projekt die Erhaltung der Ciuta Rasse wurde.

Greta und Patrizio Mazzucchelli mit der ersten Zuchtgruppe der Ciuta-Rasse. Foto: P. Mazzucchelli

Porträt: Greta und Patrizio Mazzucchelli und der Neustart für das Ciuta Schaf

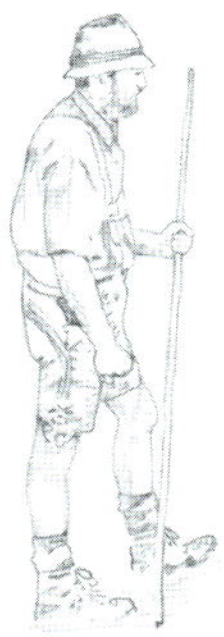

Anfang September 2013 startete nach über zehnjähriger Pause ein neuerlicher Versuch zur Rettung des kleinsten Schafes der Alpen. Den extrem extensiven Haltungsformen im Val Masino und der Genügsamkeit und Robustheit der Ciuta Rasse ist es zu verdanken, dass das kleine Alpenschaf überdauern konnte.

Der richtige Zeitpunkt für das Vorhaben „Ciuta“ war das erste Wochenende im September. Dann werden nämlich die Schafe im Val Masino von der Alpe d'Oro und der Alpe Ferro zur Schafscheid abgetrieben. Rund 500 Tiere versammeln sich in mehreren Etappen am Talboden. Unter diesen konnten rund drei Dutzend zuchtwürdige Ciutas identifiziert und mit diesen Tieren die ersten vier Zuchtgruppen gegründet werden.

Greta und Patrizio Mazzucchelli aus Teglio in der Provinz Sondrio durften eine der ersten Zuchtgruppen des Ciuta Schafes übernehmen. Die beiden bewirtschaften einen kleinen Bergbauernhof nach den Prinzipien des ökologischen Landbaus. Sie haben sich 1998 auf die Zucht und Vermehrung alter Getreide- und Gemüsesorten spezialisiert. Dazu zählten der Teglio-Roggen und eine alte Gerstensorte namens Dumega. Diese wird für die Zubereitung der „Minestra da dumega“, die traditionelle Gerstensuppe, verwendet. Greta und Patrizio Mazzucchelli wollen regionale Produkte möglichst konsumentennah verkaufen. Sie liefern Getreide, Gemüse, Pflanz- und Saatgut an Kooperativen, Restaurants und Privatpersonen. Der Betrieb ist auch Teil des Arca-Net der Save-Foundation, eines pan-europäischen Netzwerks.

„Vielen in der Region ist leider nicht bewusst, dass mit dem Verlust autochthoner und regionaler Nutztiere Biodiversität verloren geht“, bedauert Patrizio Mazzucchelli. Das Ciuta Schaf kam auch für Greta und Patrizio sehr überraschend auf den Hof. „Wir waren sofort begeistert von der Idee und haben uns in dieses kleine, zierliche Schaf verliebt“, erzählt Patrizio. Das Ciuta Schaf soll am Betrieb nicht nur erhalten, sondern Teil des Betriebskonzepts werden. Patrizio Mazzucchelli möchte das Ciuta Schaf in der Region wirtschaftlich absichern. Neben der Veredelung der Wolle plant er die Herstellung eines Schaf-Rohschinkens (Violino di pecora). „Zuerst muss jedoch die Rasse im Bestand abgesichert und aus der akuten Gefahrenlage auszusterben herausgeführt werden“, ist sich Patrizio Mazzucchelli bewusst.

Schafscheid im Val Masino im September 2013.
Foto: P. Mazzucchelli
rechte Seite: Pedula Ziegenbock des Typs „Pedulo classico“.

Die Rasse ist noch nicht im Anagrafischen Register der Tierpopulationen mit beschränkter Bestandsgröße erfasst, diese liegt derzeit bei weniger als 50 Individuen. Im Rahmen der Rettungsaktion konnten aber mit „Pro Patrimonio Montano“ und mit Unterstützung des Bezirksveterinäramtes bereits sechs Zuchtgruppen mit insgesamt 40 Tieren aufgebaut werden.

Das Ciuta ist ein Schaf der Superlative. Es ist nicht nur das kleinste rezente Schaf der Alpen, sondern zählt auch neben dem Saltasassi und dem Ciavenasca mit weniger als 50 Tieren zu den Rassen mit der kleinsten Populationsgröße.

Steckbrief Ciuta Schaf

Das Ciuta ist das kleinste Schaf der Alpen. Auen erreichen bei einer Widerristhöhe von 40 bis 45 Zentimeter ein Gewicht von 30 bis 35 Kilogramm. Widder werden 45 bis 50 Zentimetern hoch und 35 bis 40 Kilogramm schwer. Meist sind beide Geschlechter behornt. Das Horn der Auen ist ziegenartig geformt und erinnert an das ausgestorbene Nalpser beziehungsweise Tavetscher Schaf im Bündner Oberland. Die Ohren sind kurz bis mittellang und stehen meist horizontal ab. Das Horn der Widder ist spiralförmig nach außen gedreht. Der Kopf ist kurz und das Profil fast geradlinig. Das grobe mischwollige Vlies ist strohweiß und halboffen. Das Ciuta Schaf ist asaisonal fruchtbar. Die Auen lammen drei Mal in zwei Jahren.

Die Ziegen des Veltlin

Das Veltlin brachte durch seine inneralpine Lage, den geschichtlichen Bezug und die geografische Nähe zur Schweiz eine breite Vielfalt an autochthonen Ziegenrassen hervor. Vier Ziegenrassen haben ihr Ursprungsgebiet in der Provinz Sondrio. Alle Rassen sind jedoch im Bestand gefährdet, zwei davon, die Bormina und die Pedula Ziege, sogar akut vom Aussterben bedroht.

Die Ciavenasca Ziege

Sie stammt aus dem Val Chiavenna der Provinz Sondrio und entspricht dem Typus der Alpina Comune; vermutlich geht sie auf die Gemeine Alpenziege zurück. Die Rasse hat sich sehr isoliert im Val Chiavenna entwickelt und vertritt seit jeher die bodenständige Landrasse der Talschaft. Durch diese isolierte Entwicklung unterscheidet sich die Ciavenasca in ihrer Größe und ihrem besonders kräftigen Körperbau von den anderen Ziegen des Veltlin. Sie ist sehr widerstandsfähig und robust gebaut.

Diese mittelgroße bis großrahmige Gebirgsziege hat einen vergleichsweise großen Kopf und trägt ein starkes, langes und sichelförmiges Horn. Der Hals ist lange und kräftig ausgebildet, auch Körper und Knochenbau sind massiv, die Extremitäten lang. Das Fell ist kurzhaarig. Die Rasse besitzt eine variable Mantelfärbung mit verschiedenen Scheckungsvarianten. Man unterscheidet die Farbschläge „marin“ mit der charakteristischen Pfauenzeichnung, „mosc“ mit dunkelroter Mantelfärbung und typischer Scheckung, graue Tiere vom Typ „farée“ sowie Tiere mit großflächiger Plattenscheckung in den Färbungen schwarz, rot und weiß.

Die Ciavenasca Ziege wird im Anagrafischen Register nicht gesondert gelistet, sondern unter der Rasse Alpina Comune registriert. Im Jahr 2002 wurde der Bestand auf rund 3.300 Tiere geschätzt (Corti/Brambilla 2002).

Die Pedula Ziege

Nach Luigi Andrea Brambilla ist das ursprüngliche Verbreitungsgebiet der Pedula Ziege das Gemeindegebiet von Alta Valle, Livigno, Sondalo und Grosio. Man findet die Rasse auch im mittleren Abschnitt des Veltlin sowie im Valmalenco und um Chiavenna. Die Rasse zeigt deutliche Merkmale der Gemeinen Alpenziege, ihr Ursprung ist jedoch nicht bekannt.

Bei der Pedula Ziege treten zwei unterschiedliche Typen auf. Die typische Pedula (Pedulo classico) besitzt ein lederfarbenes (grau-beiges) Fell mit dunklen Pigmentierungen. Böcke von diesem Typus besitzen meist ein gänzlich schwarzes Maul, einen schwarzen Bart sowie schwarze Streifen im Gesichtsfeld. Diese schwarzen Streifen treten auch bei den weiblichen Tieren auf. Der Bereich der unteren Extremitäten ist bei beiden Geschlechtern ebenfalls schwarz. Häufig sind auch die Brust und der Bauch dunkel pigmentiert.

Beim Typ Mulina besitzen beide Geschlechter ein weißes Maul und die typischen weißen Abzeichen der Strahlenziege (Abzeichen der Bezoar Ziege). Die Extremitäten sind weiß und dunkel geschient (schwarzer Streifen). Böcke wie Ziegen haben den dunklen Aalstrich (Bigi/Zanon 2008).

Die Pedula ist ein milchbetonter Gebirgsziegentyp, obwohl es keine gezielte Selektion auf diese Nutzung gab. Traditionell wird die Milch der Mutterziegen nach dem Absetzen der Kitze für die Aufzucht der Kälber verwendet. Die Rasse zeigt im Gegensatz zur Frisa Valtellinese keine ausgeprägte Rangordnung und hat ein sanfteres Gemüt. Im Vergleich zur Frisa Valtellinese besitzt die Pedula Ziege nach Alessio Zanon eine deutlich bessere Milchleistung. Trotz dieser positiven Eigenschaften wird sie aufgrund der fehlenden züchterischen Betreuung und Anerkennung sukzessive durch Ziegen der Rasse Frisa Valtellinese ersetzt. Es besteht daher dringender Handlungsbedarf. Über die aktuelle Bestandssituation gibt es keine Informationen. Es liegen lediglich aus den 1990er-Jahren Bestandsschätzungen über einige hundert Tiere vor. Die Rasse ist akut vom Aussterben bedroht.

Die Bormina Ziege

Sie hat ihr Ursprungsgebiet im oberen Veltlin um die Gemeinde Bormio. Nach Luigi Andrea Brambilla war die Rasse ursprünglich weiter verbreitet, sie hat aber in den vergangenen Jahrzehnten stark an Terrain verloren. Im Jahr 2001 wurde um Bormio noch Reinzucht betrieben. Über die Abstammung der Rasse liegen keine Informationen vor. Durch die historischen Bezüge zur Schweiz und die lange Tradition des Handels mit der Eidgenossenschaft ist eine Beeinflussung durch Schweizer Rassen denkbar. Nach Alessio Zanon wurden in den Jahren 1941 und 1942 Toggenburger Ziegen in das Veltlin eingeführt, sie könnten auf die lokalen Ziegenpopulationen eingewirkt haben. Wie bei der Pedula wird die Rasse Bormina sukzessive von der Rasse Frisa Valtellinese verdrängt. Für die Erhaltung sollten umgehend Maßnahmen getroffen werden.

Ciavenasca Ziege und Pedula Ziege, ursprüngliches Verbreitungsgebiet

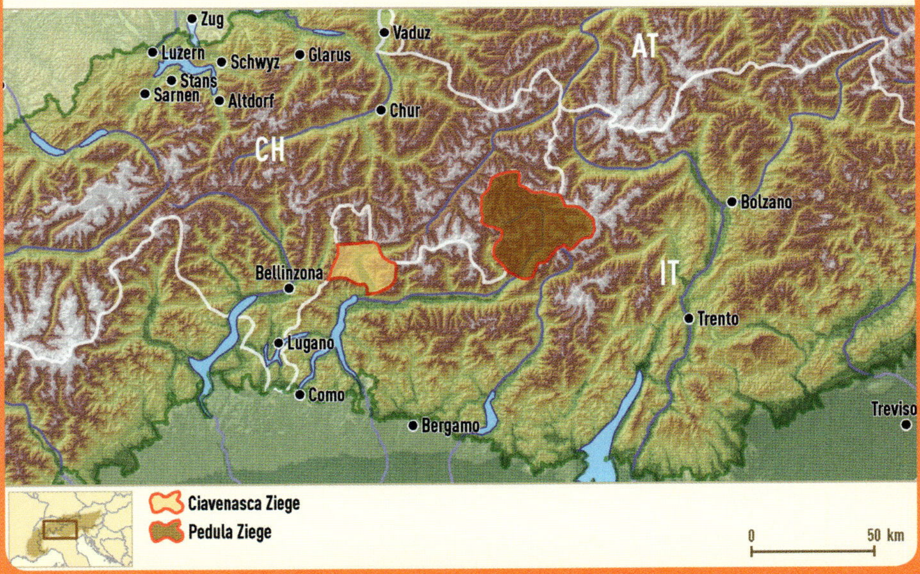

Steckbrief Pedula Ziege

Die Tiere dieser mittelgroßen bis großen, robusten und kräftig gebauten Gebirgsziege besitzen einen langen voluminösen Körper mit breiter, tiefer Brust. Die Extremitäten sind kräftig entwickelt. Der Kopf ist klein, leicht und zeigt ein gerades Profil. Die Ohren sind aufwärtsgerichtet. Die Böcke besitzen oft einen dichten Bart. Beide Geschlechter tragen meist ein stark entwickeltes Horn. Vereinzelt tritt Hornlosigkeit auf. Das Fell besteht aus kurzen, dichten Haaren. Die Mantelfärbung ist beige-grau. Charakteristisch ist der dunkle Aalstrich („Mulina") entlang des Rückens. Die Rasse zeigt deutliche Merkmale der Alpenziege, über ihren Ursprung ist aber nichts bekannt.

Über die Bestandszahlen liegen laut Luigi Andrea Brambilla keine Daten vor. Zu Beginn der 1990er-Jahre wurde der Bestand auf mehrere 100 Tiere geschätzt. Die Rasse ist akut vom Aussterben bedroht.

Die Frisa Valtellinese Ziege

Diese großrahmige Gebirgsziege zeigt ein einheitliches Erscheinungsbild. Sie ist kräftig gebaut, muskulös und gut proportioniert mit einer Widerristhöhe von 79 bis 82 Zentimetern und einem Gewicht von 65 bis 70 Kilogramm. Der Kopf besitzt ein gerades Profil. Beide Geschlechter sind meist behornt. Die Ohren sind an der Oberseite weißlich und seitlich nach vorne gerichtet. Die Grundfarbe des Fells ist schwarz.

Die Frisa Valtellinese besitzt, wie die Bündner Strahlenziege, die charakteristische Strahlenzeichnung. Das Fell ist kurz bis mittellang. Die Frisa Valtellinese Ziege wird vorwiegend für die Fleischproduktion gehalten. Die Rasse besitzt jedoch auch eine gute Milchleistung mit durchschnittlich 396 Liter pro Jahr, bei 3,25 Prozent Fett und 3,04 Prozent Eiweiß. Sie ähnelt der Bündner Strahlenziege, mit der sie vermutlich eine gemeinsame Zuchtgeschichte teilt. Das Ursprungsgebiet der Frisa Valtellinese ist das vordere Val Rezzalo im äußersten Nordosten des Veltlin. Die Bestände haben sich im vergangenen Jahrzehnt positiv entwickelt. Heute ist die Rasse auch im Valmalenco, Val Masino und Val Chiavenna verbreitet. Seit 1997 wird die Rasse im Anagrafischen Register geführt. Aktuell sind 2.810 Tiere erfasst, darunter 2.151 Ziegen, verteilt auf 86 Betriebe in der Provinz Sondrio. Die Frisa Valtellinese ist, nach der Bionda dell'Adamello, die populationsstärkste autochthone Rasse der Lombardei, doch im Bestand noch gefährdet.

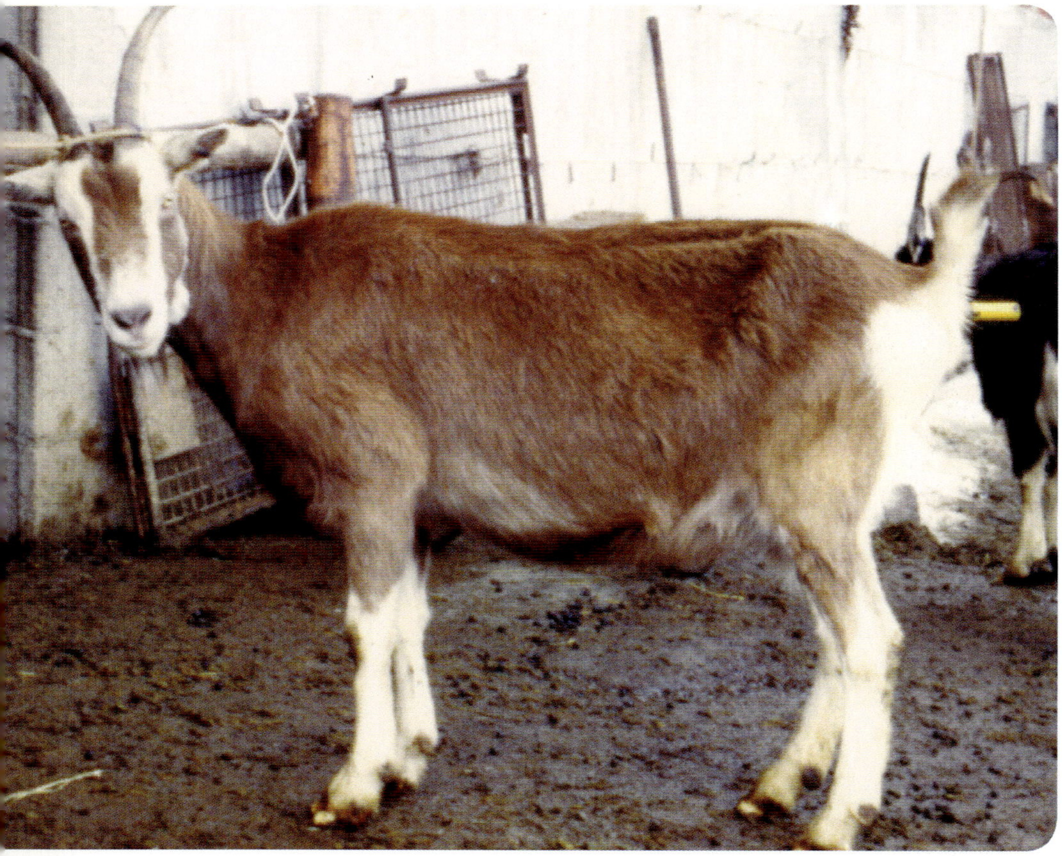

Die Rasse Bormina steht kurz vor ihrem Verschwinden. Foto: L. Brambilla

Bormina Ziege und Frisa Valtellinese Ziege, ursprüngliches Verbreitungsgebiet

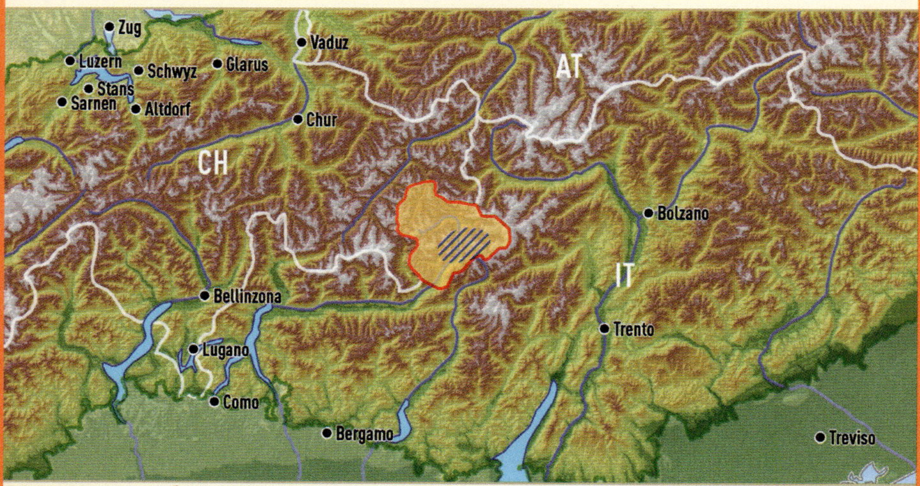

Steckbrief Bormina Ziege (Frisa Rossa)

Die Bormina ist, wie die Pedula Ziege, eine mittelgroße bis große Gebirgsziege mit breiter Brust und großer Flankentiefe. Die Gliedmaßen sind kräftig entwickelt. Die Kruppe ist leicht abfallend ausgebildet. Der Kopf ist klein und breit, von dreieckiger Form mit geradem Nasenprofil. Die Ohren stehen aufrecht. Meist sind beide Geschlechter behornt. Die Mantelfärbung variiert von hellbraun bis rötlichbraun. Charakteristische Merkmale sind die weißen Abzeichen der Strahlenziege. Neben den weißen Streifen, die von der Hornbasis bis zum Maul reichen, sind auch das Maul, der Bereich um die Halsgangdrüsen, der Bereich des Afters sowie der untere Teil der Extremitäten weiß gezeichnet. Das Fell ist meist kurz, vereinzelt treten langhaarige Tiere auf.

Kontakt:
Associazione RARE
Via Nemo Sottili
1 RE 42123 Reggio Emilia Italien
Tel.: 0039 (0)51 20 88 054
Mobil: 0039 (0)334 6204597
www.associazionerare.it

Associazione Provinciale Allevatori
Via Bormio, 26, I-23100 Sondrio
Tel. +39 0342 513900
Fax.: +30 0342 513950

Die letzten Alpenschweine

Neben den roten und schmutzigweißen Bündner Oberländer Schweinen, die den Bündner Schinken lieferten, wurden in den Grenzregionen zu Italien, in den italienischsprachigen Talschaften Graubündens, Puschlav, Bergell und Misoxertal, sowie auch im Veltlin schwarze Schweine gehalten. Zollbeschränkungen im Jahr 1896 erschwerten die Einfuhr von jungen Schweinen nach Graubünden.

Das Veltliner Schwein wird als mittelfrühreif, kräftig und gut mastfähig beschrieben. Die Tiere sollen gutes Fleisch und besonders guten Schinken liefern (Andrea 1915). Bis in die 1970er-Jahre war die Zucht von Veltliner Schweinen in der Region um die norditalienische Gemeinde Grosio in der Provinz Sondrio (Region Lombardei) ein bedeutender Einkommenszweig und wichtig für die Eigenversorgung der bäuerlichen Betriebe.

Die Gemeinde liegt etwa 34 Kilometer nordöstlich von Sondrio an der Grenze zur Schweiz und zur Provinz Brescia. Grosio liegt an der Adda. Nahezu jede Familie hielt eine Muttersau und Ferkel für die Zucht und Mast. Noch in den 1960er-Jahren wurden rund 5.000 Schweine in verschiedene Teile der Provinz Sondrio verkauft.

Das Veltliner und Samólaco Schwein

Schweine sind die einzige Nutztierkategorie der Alpen, die aufgrund des Strukturwandels in der Landwirtschaft, geänderter Essgewohnheiten und der Forcierung der Leistungszucht nahezu alle lokal angepassten Landschläge und Rassen innerhalb der letzten 100 bis 150 Jahre eingebüßt hat.

Heute dominieren im Alpenraum zwei bis drei veredelte Schweinerassen, wie Landrasse, Pietrain oder Edelschwein, die in erster Linie für die Masthaltung in Ställen gezüchtet werden. Sie sind aufgrund ihrer Anatomie und Eigenschaften nur mehr bedingt für die Haltung als Weideschweine und für die Alpung geeignet. Mit Ausnahme der industriellen Geflügelhaltung hat sich keine Haltungsform eines Nutztieres im Alpenraum derart radikal verändert.

Umso überraschender war der Hinweis des Schweine-Experten der italienischen Organisation zur Erhaltung gefährdeter Nutztierrassen (RARE) und Mitarbeiter der Veterinäruniversität Parma, Dr. Alessio Zanon, im Mai 2013, dass im Veltlin noch eine letzte kleine Gruppe Schwarzer Veltliner Schweine existiere.

Veltliner Schweine auf einer Landwirtschaftsmesse in Grosio (SO) in den 1930er-Jahren.
Foto: Archiv Grosi

Das Netzwerk „Pro Patrimonio Montano“ konnte zwei Nukleus-Zuchtgruppen der Veltliner Schweine für den Aufbau einer Erhaltungszucht bilden. Weitere Fundtiere, die für den Aufbau der Zuchtgruppen ausfindig gemacht wurden, sind vorwiegend hellhäutig, da die dunklen Tiere meist ausgemerzt wurden. Wie die erste Nachzucht zeigt, tragen die Tiere aber noch das Gen für die dunkle Farbe in sich.

Die Restbestände der Samólaco beziehungsweise Veltliner Schweine unterscheiden sich deutlich vom Mora Romagnola hinsichtlich der Widerristhöhe, der Mantelfärbung, der Länge der Ohren, der Kopfform und des Kopfprofils.

Auch das Nero di Parma ist wesentlich höher und hat ebenfalls eine andere Schädelform. Es ist zudem weniger beborstet, hat längere Ohren und einen anderen Schwanz sowie stärker ausgeprägte Keulen.

Die Restbestände des Samólaco beziehungsweise Valtellina Landschlags haben eine mittlere Größe. Die Mantelfärbung ist, wie in historischen Beschreibungen angeführt, nicht nur schwarz, sondern auch schwarzweiß gescheckt.

Die Bestände des Veltliner und Samólaco Schweines repräsentieren noch robuste und alptaugliche Weideschweine. Die Lokalbestände werden zu einer Zuchtgruppe zusammengeführt, basieren aber ausschließlich auf Alpenrassen des Veltlin. Es bleibt zu hoffen, dass die Erhaltungszucht gelingt und wieder eine für die nachhaltige Almwirtschaft geeignete Schweinerasse zur Verfügung steht.

Kontakt:
Pro Patrimonio Montano
Netzwerk zur Erhaltung bemerkenswerter Berg-Rassen
Rete per la conservazione delle notevoli razze di montagna
Network for the conservation of notable mountain breeds
info@patrimonio-montano.org
www.patrimonio-montano.org

Die Alpenregion Friaul-Julisch Venetien

Der Alpenanteil der Region Friaul-Julisch Venetien erstreckt sich über 80 Kilometer entlang der Karnischen Alpen an der Grenze zu Österreich. Bis zum Zweiten Weltkrieg zählte auch das obere Isonzo-Tal (Soča-Tal) zu Friaul-Julisch Venetien. Das Soča-Tal wurde von 1945 bis 1947 von anglo-amerikanischen Streitkräften verwaltet. 1947 erfolgte der Anschluss der Region an Jugoslawien.

Das Friulanische ist neben dem Ladinischen eine der alpenromanischen Sprachen. Die Sprachgruppe stellt die drittgrößte Minderheit in Italien dar und wird von rund 780.000 Menschen gesprochen.

Friaul ist im Gegensatz zu Südtirol massiv von Entsiedelung betroffen. Maßgebliche Faktoren sind die kleinteilige Besitzstruktur (Realteilung) und die weniger günstigen klimatischen Verhältnisse infolge der hohen Niederschlagsmengen und starken Regen.

Das Gebiet des oberen Tagliamento, zwischen dem Karnischen Hauptkamm und den Karnischen Voralpen, bildet die Region Carnia (friulanisch Cjargne). Sie bildet den Nordwesten der Landschaft Friaul und grenzt westlich an das Veneto und im Osten an das Canal del Ferro – Val Canale (Kanaltal).

Im Dreiländereck von Italien-Österreich-Slowenien mit dem Kanaltal, das die Karnischen Alpen von den Karawanken und den Julischen Alpen trennt, treffen Slowenen, Friulaner, Italiener und Deutschsprachige aufeinander. Diese ethno-linguistische Vielfalt ist einzigartig im gesamten Alpenraum. Bis heute findet man eine starke Durchmischung der ethnischen Gruppen innerhalb der Kanaltaler Familien.

Bis 1919 gehörte das 23 Kilometer lange Tal zur österreichisch-ungarischen Monarchie. Das spiegelt sich klar in der Siedlungsstruktur wider. Südlich von Pontebba geht das Kanaltal in das Canal del Ferro (Fellatal, Eisental) über, das bei Carnia in das breite Flussbett des Tagliamento mündet. Am Südrand des friulanischen Alpenraums im Bereich des Moränenhügellandes, dem sogenannten „Amfiteatro", öffnet sich die Ebene von Friaul nördlich von Udine zur Adria hin.

Für den Agrarsektor der Region Friaul-Julisch Venetien hatten die Montagna Friulana, die Gebirgsregionen, keine maßgebliche Bedeutung. Das abgeschiedene Gebiet blieb ein strukturschwaches Hinterland.

Die Alpenregion Friaul-Julisch Venetien

Verschwundene Vielfalt

Im 19. Jahrhundert besaß Friaul-Julisch Venetien mit dem oberen Soča-Tal, das heute auf slowenischem Staatsgebiet liegt, eine vergleichbar große Vielfalt an Landrassen. Heute zeigt sich ein gänzlich anderes Bild. Fast alle autochthonen Nutztiere der Region sind mittlerweile verschwunden. Das keltische Rind der Carnia, das Friulaner Schaf oder das Friulaner Schwein sind Geschichte. Auch beim Nutzgeflügel zeigt sich ein ähnliches Bild.

Die Friulaner Gans, einst zentraler Bestandteil der friulanischen Küche, existiert nur mehr in alten Kochbüchern. Die bereits züchterisch sehr eigenständig entwickelte Friulaner Ente (*Anatra Friulana*) gibt es nicht mehr.

Die alten Landschläge des friulanischen Landhuhns der Carnia, die noch dem Typus der alpinen Haubenhühner entsprachen, wurden ab der zweiten Hälfte des 20. Jahrhunderts von den legefreudigen Italiener-Rassen und später von Hybridrassen verdrängt.

rechte Seite: Die verzweigten Natisone Täler nördlich von Cividale waren das Ursprungsgebiet der bereits um 1915 ausgestorbenen Slava Rinderrasse, die sich deutlich von der Carnischen Rasse unterschied. In der Bildmitte die Gemeinde Stregna (furlanisch Stregne, slowenisch Srednje).
Foto: G. Fitzthum

Ein Mölltaler Stier in Friaul. Foto: mit freundlicher Genehmigung der Bibliothek ERSA „Luigi Chiozza"

Eine Vielfalt an Rinderrassen

Die kulturelle, ethnische und landschaftliche Vielfalt Friaul-Julisch Venetiens zeigte sich auch in seinen Rinderschlägen. Da waren die kleinen, milchbetonten keltisch-alpinen Rinder der Carnia, die ebenfalls zur Bergscheckengruppe zählenden Rinder der Mölltaler Rasse und die ihnen nahestehenden Plezzana Rinder, die heute als Cika Rinder weiterbestehen. Verbreitet waren auch die Pustertaler Schecken, die zur Verbesserung der Carnischen Landrasse aus dem Pustertal eingeführt wurden und bis heute in Resten vorhanden sind. Vom Südosten beeinflussten der gelbgraue bis rötlichgelbe Karstschlag und das Ungarische Steppenvieh den Friulaner Landschlag.

Mölltaler Rind und die Schläge des Soča-Tals

Im Osten von Friaul, im oberen Soča-Tal und den angrenzenden Gebieten, die heute bis auf das Val Resia auf slowenischem Staatsgebiet liegen, war das Plezzana Rind (Bovec Rind) heimisch. Der Rinderschlag war dem Mölltaler Rind ähnlich, wies aber eine geringere Körpergröße und einen zarteren Knochenbau auf.

Um Kobarit existierte noch ein eigener Schlag, das sogenannte „Zickete" Rind, mit markantem weißem Rückenstreifen und weißen Abzeichen im Bereich des Schulterkreuzes (wie die Abzeichen der Pinzgauer und Zillertaler Rasse). Nach Benno Martiny kam auch im Kärntner Mölltal des beginnenden 19. Jahrhunderts, noch vor der Entstehung der Mölltaler Rasse, ein gedrungenes, meist einfärbig rotbraun bis falbrot oder dunkel ockergelbfärbiges Vieh vor. Am Kreuz gefleckte Rinder wurden „zicket" genannt (siehe Kapitel „Der österreichische Alpenraum").

Der Tolminschlag war milchweiß oder blondviehfarben und zählt zur ältesten Rasse des Berg- und Hügellandes um Görz. Die Rinder waren an die felsigen und steilen Weiden und Almen angepasst.

1869 förderte die k.u.k. landwirtschaftliche Gesellschaft den Import von Mölltaler Stieren in die Grafschaft von Görz und Gradisca zur Verbesserung der verschiedenen Landschläge. Zwischen 1869 und dem Ersten Weltkrieg kam es in weiterer Folge zur Vermischung der verschiedenen Rassepopulationen von Plezzo und Tolmin und schließlich zu einer Vereinheitlichung der verschiedenen lokalen Rinderpopulationen im Berggebiet von Gorizia.

1903 wurde gesetzlich festgelegt, dass in den Gebirgsregionen der Provinz Gorizia nur Rinder dieses vereinheitlichten Schlages verwendet werden dürfen. Die Provinz Görz, die heute nur mehr teilweise zu Friaul gehört, umfasste zur Zeit Österreich-Ungarns auch die Gebiete im heutigen Slowenien. Zu Beginn des 20. Jahrhunderts war das Verbreitungsgebiet der Pinzgauer (Mölltaler) Rasse ein riesiger Raum, von Oberbayern über Salzburg, die Steiermark, Kärnten, Görz und Kroatien bis nach Bosnien-Herzegowina. Zu dieser Zeit gab es auch Überlegungen, die Pinzgauer Rasse generell zur Verbesserung und Vereinheitlichung aller friulanischen Rinderbestände in den Gebirgsregionen Friauls heranzuziehen. Diese Idee wurde aber nicht umgesetzt. Die Pinzgauer Rasse sollte nach einigen Befürwortern auch die Carnica Rasse vereinheitlichen und züchterisch verbessern. Die Pustertaler, Mölltaler und Gailtaler wurden als weniger hochgezüchtet und daher weniger geeignet eingestuft.

Vor dem Ersten Weltkrieg erfolgten mehrere Zuchtstierimporte nach Friaul (Gemona) und zur gleichen Zeit hat sich die Mölltaler Rasse in der Carnia, im Canal del Ferro, um Gemona, im Torre-Tal und in den Natisone Tälern verbreitet. Die Gesamtpopulation umfasste 22.419 Tiere. Weitere rund 25.000 Tiere gab es damals im Kanaltal und um Uggovizza (Uggowitz, slowenisch: Ukve) und Görz.

Der Erste Weltkrieg führte zu einer starken Reduktion der Mölltaler Bestände. Danach versuchte man, die Rinderbestände wieder aufzubauen. Aufgrund der erschwerten Importmöglichkeiten aus Österreich wurden im Canal del Ferro und für das Gebiet um Gemona Valdostana Rinder eingeführt. 1919 und 1920 wurden 22 Mölltaler und 31 Valdostana Stiere auf den Deckstationen eingestellt. In weiterer Folge setzten sich die Mölltaler jedoch durch.

1926 wurde in einer Provinzverordnung (Körordnung) die geografische Verbreitung der Rasse festgelegt und die Zucht gefördert. Für die Mölltaler wurden die Gebirgsgemeinden von Gemona, Tarcento, Cividale, Canal del Ferro, Valcanale sowie das obere Isonzotal und Idriatal festgelegt. Während des Faschismus wurden die in Italien gehaltenen Mölltaler Rinder per Minister-Dekret aus dem Jahr 1939 als Pezzata rossa norica (Norisches Fleckvieh) bezeichnet. In der Folge wurde oft nur die Bezeichnung Norica (Norisches Rind) verwendet. Die Rasse wurde vorwiegend für die Milch- und Fleischproduktion gehalten. Die Arbeitsleistung war im Vergleich zum Pezzata rossa friulana nur mittelmäßig. 1937 wurde in Uggovizza eine erste Rinderschau mit Viehmarkt speziell für die Mölltaler Rinder organisiert. Im Raum Gemona und im Kanaltal wurden Pinzgauer Ochsen auch für die Arbeit eingesetzt, zum Pflügen wie für den Holztransport. 1934 wurde in Gemona mit 30 Kühen ein Zuchtbuch eröffnet und eine Milchleistungskontrolle eingeführt.

Nach dem Zweiten Weltkrieg verlor die Rasse zunehmend an Bedeutung, da die Zuchtgebiete des oberen Isonzo-Tales abgetrennt und vermehrt Braunvieh anstelle der Mölltaler eingesetzt wurde. Auch bewirkte die Entvölkerung der Gebiete in den Grenzertragslagen einen generellen Rückgang der Viehzucht und Landwirtschaft.

Ab den 1950er-Jahren wurde das Mölltaler Rind auch im Gebiet um Tarvis und im Kanaltal durch Braunvieh ersetzt. In den Torre und Natisone Tälern wurden die Mölltaler Stiere bereits ab den 1920er-Jahren sukzessive durch Braunvieh ersetzt.

1946 gab es 4.923 Belegungen mit Mölltaler Stieren, 1970 nur mehr 66. 1971 wurde auf den Deckstationen in Friaul keine einzige Belegung mehr registriert (Bovolenta/Menegon 2010).

Das Pinzgauer Rind ist im Register der autochthonen Rinderrassen mit geringer Verbreitung gelistet. Das Anagrafische Register wird von der Assoziazione allevatori italiane geführt. In Südtirol wird vom Rinderzuchtverband ein eigenes Herdebuch geführt und betreut. In Friaul gibt es für das Pinzgauer Rind, das Alpine Grauvieh und die Pustertaler Rasse eine Förderung im Rahmen des Programms Ländliche Entwicklung des Europäischen Landwirtschaftsfonds. Der Gesamtbestand an Pinzgauer Rindern in der Region Friaul umfasst 83 Tiere, davon stehen 66 im Herdebuch, verteilt auf 15 Betriebe in der Provinz Udine.

Das Slava Rind

Während das Carnica Rind in der westlichen Gebirgsregion Friauls beheimatet war, bildete das Slava Rind die autochthone Rasse der Grenzregion zum heutigen Slowenien. Sie unterschied sich deutlich von der Carnischen Rasse. Ursprungsgebiet waren die verzweigten Natisone Täler nördlich von Cividale. Das beschauliche Städtchen Cividale liegt am Rande der friulanischen Tiefebene. Das Slava Rind war von kleiner Statur und einem mittleren Gewicht von 230 Kilogramm. Die Rasse war nicht so stark milchorientiert wie die Carnica Rasse. Die Ausschlachtung lag bei rund 50 Prozent. Die Färbung des Rindes variierte von hellrot bis rot gefleckt oder „verbrannt“ (graubraun). Auch blonde und graue Tiere kamen vor. Ab 1900 fand in den Natisone Tälern eine Verdrängung der bodenständigen Slava Rinder durch das Mölltaler Rind statt, das aus dem oberen Isonzo-Tal (Soča-Tal) eingeführt wurde. Nach V. Pergola war bereits um 1912 aufgrund des Fehlens einer organisierten Rinderzucht ein buntes Rassegemisch verschiedener Kreuzungen vorhanden.

Das endgültige Aus für die Rasse brachten die Dürrejahre zwischen 1907 und 1909 mit extremer Futterknappheit. Die schwächsten und wenig produktiven Tiere mussten geschlachtet werden, es traf in erster Linie Slava Rinder. Ab 1915 wurden an den öffentlichen Deckstationen keine Slava Rinder mehr bereitgestellt und damit verschwand die Rasse aus der Region (Bovolenta/Menegon 2010).

Carnica Rind – die keltische Urrasse

Zu den ursprünglichsten Rinderschlägen der Region Friaul-Julisch Venetien zählten die roten bis rotscheckigen, kurzköpfigen keltischen Rinder der Region Carnia. Sie wurden in erster Linie für die Michproduktion verwendet, was die Zuordnung zur Bergschecken-Gruppe bestätigt. Der Gebirgsrinderschlag war im äußeren Erscheinungsbild vielfältig, da er züchterisch nie betreut und nicht auf bestimmte äußere Merkmale selektiert wurde. Von österreichischen Viehhändlern gab es eine rege Nachfrage vor allem nach Carnica Rindern mit Rotschecken-Färbung. Die Landrasse wird als einheitlich rötlichbraun oder rotbraun gefleckt beschrieben. Auch rein schwarze und schwarz gefleckte Tiere kamen vor. Im Jahr 1888 wurde beim 11. Kongress der Rinderhalter in Cividale die Milchleistung des primitiven kleinen Schlages mit rund 1.800 Liter angegeben. Die Rinder waren mit einem Stockmaß von 100 bis 120 Zentimetern vergleichsweise klein.

Bereits 1906 gab es in der Region Carnica eine starke Vermischung der Rasse mit Schwyzer Vieh, mit Pustertaler Sprinzen (Bruneck-Vieh) und mit Belluneser Vieh. Im Zuge des Ersten Weltkrieges ist diese alte Gebirgsrasse Friauls endgültig verschwunden (Bovolenta/Menegon 2010).

Die Pustertaler Sprinzen

Der Pustertaler Bestand Friauls stand der Mölltaler-Pinzgauer-Population nahe und wurde ab 1853 aus dem Südtiroler Pustertal (Taufer-Tal) in die Region Carnia (Gemeinde Paularo) eingeführt. Der Import wurde von der Provinz finanziell gefördert. Kommissionen wurden ins Pustertal entsandt, um geeignete Zuchttiere auszuwählen. Die nächstgelegene Bahnstation war

Slava Rind der Natisone-Talschaften. Foto: mit freundlicher Genehmigung der Bibliothek ERSA „Luigi Chiozza“, Pozzuolo del Friuli

Das Carnica Rind entsprach vermutlich dem Typus der kleinen, milchbetonten keltischen Rinder der Bergscheckengruppe. Im Bild eine Färse der Rasse Carnica. Foto: mit freundlicher Genehmigung der Bibliothek ERSA „Luigi Chiozza“

Die Pustertaler Sprinzen waren nicht nur in Südtirol, sondern auch im nördlichen Veneto und im nordwestlichen Friaul neben Grauvieh und Mölltaler Rindern verbreitet. Foto: Archivio fotografico Umberto Antonelli a cura del gruppo „Gli Ultimi", Tolmezzo – Italia

Pezzata Rossa Friulana in einem gemischten Gespann beim Pflügen in den 1950er-Jahren in der friulanischen Ebene. Foto: ANAPRI

Kontakt:
Associazione Nazionale Allevatori Bovini di razza Pezzata Rossa Italiana A.N.A.P.R.I.
Ph. D. Lorenzo Degano
Area: Ufficio tecnico
Via I. Nievo, 19; I-33100 Udine
Tel.: 0039 (0)432 22 41 11 int. 224119
Fax: 0039 (0)432 22 41 37
ldegano@anapri.it

Bruneck, daher wurden die Rinder auch Bruneck Rinder genannt.

Die Pustertaler waren schwere Rinder mit 600 Kilogramm, die Milchleistung der fleischbetonten Pustertaler Rasse jedoch im Vergleich zur bodenständigen Carnica gering. Die importierten Tiere wurden in die lokale, hagere Carnica Population eingekreuzt. Die Kreuzung bewährte sich offensichtlich und breitete sich weiter in Richtung Süden in die Carnischen Voralpen aus. Durch die Folgen des Ersten Weltkriegs und die nachfolgende Einführung des Braunviehs nahm die Bedeutung der Pustertaler Rasse in Friaul rapide ab. Auch heute gibt es noch einzelne Pustertaler Züchter, die jedoch keine gekörten Stiere einsetzen. Die Haltung wird im Rahmen des Programms Ländliche Entwicklung gefördert.

Das Grigia Alpina

Das Grauvieh wurde in der ersten Hälfte des 19. Jahrhunderts vorwiegend in der westlichen Ebene des Veneto, in der Provinz Belluno, im zentralen und östlichen Trentino sowie in Südtirol, mit Ausnahme des Pustertales, gehalten. Im italienischen Alpenraum kann man die Grauviehrasse unterschiedlichen Schlägen hinsichtlich der Körpergröße und Färbung zuordnen. Der mehr großrahmige Ultener oder Etschtaler Schlag war außer im Ultental in der oberen und mittleren Ebene der Provinzen Verona, Vicenza und Padua sowie in den westlichen veronesischen und vicentinischen Hügeln (Voralpen) zu finden. Der Fleimser Typus war im Val di Fiemme vertreten. In den Tälern Val di Sole und Val di Non war der Nonsberger Schlag anzutreffen.

Ein kleinrahmiger, dunkler Grauviehschlag (Grigia Alpina) wurde im Talkessel von Belluno (Belluneser Schlag) und in den Provinzen Venedig und Treviso gehalten. Der westlichste Teil Friauls war das östlichste Verbreitungsgebiet des Grauviehs.

Für die schweren, lehmigen Böden im Westen der friulanischen Ebene war nur das kräftige Grauvieh als Zugochsen geeignet. Östlich des Tagliamento waren das Friulana und das Pezzata Rossa Friulana verbreitet.

Das Grigia Alpina wurde als Dreinutzungsrind gehalten. Es gab auch Versuche, das Grauvieh mit Simmentaler und Freiburger Rindern zu verbessern. Im Jahr 1917, vor der österreichischen Invasion in Oberitalien, wurden im westlichen Friaul 38.720 Graurinder der Rasse Grigia Alpina gehalten. Am Ende des Ersten Weltkriegs waren es nur mehr 5.620 Tiere. Zum Bestandsaufbau nach dem Krieg wurden verschiedene Rassen herangezogen. Mit der Mechanisierung des Pflügens in den Zwischenkriegsjahren war die Zugkraft des Grauviehs immer weniger gefragt. 1927 wurde in Friaul für das Grauvieh ein Zuchtbuch gegründet und eine Zuchtgruppe eingerichtet und bis etwa 1939 bestand ein Markt für reinrassiges Grauvieh.

Nach dem Krieg wurde die Selektionsarbeit wieder aufgenommen und Deckstationen mit Grauvieh eingerichtet, aber der Niedergang zeichnete sich ab. In den 1950er-und 1960er-Jahren wurde das Grauvieh zunehmend von Braunvieh und Pezzata Friulana ersetzt und bald erwähnte die Landwirtschaftszeitung Friauls „La agricultura friulana" nur mehr Pezzata Rossa Friulana, Braunvieh und Italienische Friesen, aber nicht mehr das Grauvieh (Bovolenta/Menegon 2010).

Ab 1970 wurde das Alpine Grauvieh bereits als gefährdete, autochthone italienische Rasse geführt. 1980 eröffnete der nationale Verband der Grauviehzüchter mit Sitz in Bozen ein Zuchtbuch. Der überwiegende Teil des Gesamtbestandes von rund 16.000 registrierten Tieren wird heute in Südtirol gehalten. Die Zucht des Grauviehs wird in Friaul im Rahmen des Europäischen Landwirtschaftsfonds gefördert.

Der Bestand umfasst 101 Tiere in 15 Betrieben, im Herdebuch sind 76 Rinder eingetragen.

Das Friulana und Toppana Rind

Angrenzend an die Karnischen Voralpen am südlichen Alpenrand in der Provinz Pordenone existierte bis zum Ende des 19. Jahrhunderts das Toppana Rind. Dieser Rinderschlag ging vermutlich aus den milchbetonten, kleinen keltischen Rindern der Carnia Rasse und den alten Friulaner Rindern hervor.

Das graurote Friauler Rind (La razza Friulana) war in der Provinz Udine verbreitet. Diese großrahmigen Tiere mit ihren langen kräftigen Gliedmaßen erreichten eine Widerristhöhe von 160 bis 180 Zentimetern! Charakteristisch waren die schwarz umrandeten Augen, die kleinen Ohren, der kurze, im Bereich der Stirn breite Kopf und das lange Horn. Das Friulaner Vieh war für seine Robustheit und Marschtüchtigkeit bekannt und ein begehrtes Arbeitstier. Durch sein saftiges Fleisch und die gute Mastfähigkeit eignete es sich auch für die Ochsenmast. Nach Hugo Werner war die Milchleistung sehr gering. Sie reichte gerade für die Ernährung des Kalbes.

Ab etwa 1850 entwickelte sich, ausgehend von der friulanischen Ebene, aus dem bodenständigen Landschlag schrittweise das Friulaner Fleckvieh. Anfangs versuchte man, die Zug- und Fleischleistung der Rasse durch Einkreuzung von Grauvieh aus der Region um Meran (Etschtaler Typ) und mit verbesserten Landschlägen aus Lodi, rund 30 Kilometer südöstlich von Mailand am Fluss Adda, zu steigern. Es folgten weitere Einkreuzungen von Freiburger Stieren aus der Schweiz.

Mit den geänderten Nutzungsansprüchen gegen Ende des 19. Jahrhunderts wurden vermehrt Simmentaler Stiere zur Hebung der Milchleistung eingesetzt. Daraus entwickelte sich zu Beginn des 20. Jahrhunderts die mittelrahmige Rasse Pezzata Rossa Friulana (Friulaner Fleckvieh).

Ab etwa 1950 wurden unterschiedliche Rotfleckviehrassen, vorrangig österreichisches und bayerisches Fleckvieh, eingekreuzt, um die Produktivität der Rasse weiter zu heben; der ursprüngliche Fleckviehtypus wurde so weitgehend verdrängt. Die starke Verbreitung der verbesserten Rasse führte schließlich 1984 zur Umbenennung in Pezzata Rossa Italiana. Im Rahmen eines Rückzüchtungsprojekts versuchte man, orientiert am frühen Nachkriegstypus, die Rasse Pezzata Rossa Friulana wieder aufzubauen. Im Parco di San Floriano di Polcenigo und auf dem landwirtschaftlichen Betrieb „Marianis-Volpares" wurde eine Herde von zehn Tieren gehalten.

Mittlerweile wurde diese Nukleusherde aufgelöst und über den Verbleib der Tiere gibt es keine Aufzeichnungen Neben dem Friulaner Rind und dem späteren Friulaner Fleckvieh dominierten in den Alpentälern der Südlichen Kalkalpen das Mölltaler Rind (Pinzgauer) und das Tiroler Grauvieh (Grigio Alpina, Bigia Alpina) beziehungsweise das graubraune Tiroler Vieh. In den 1960er-Jahren wurden noch rund 5.500 Rinder der Mölltaler Rasse (Pinzgauer) gezählt. Heute züchten noch 15 Betriebe in der Provinz Udine Pinzgauer Rinder. Der Gesamtbestand umfasst 83 Tiere, wovon 66 im Herdebuch erfasst sind. Von den alpinen Rinderrassen ist das Grigio Alpina (Grauvieh) mit über 100 Tieren die zahlenmäßig bedeutendste Rasse.

Die Pustertaler Sprinzen (Pusteria) wurden aus Südtirol in Friaul und im nördlichen Veneto eingeführt. Der Gesamtbestand in Friaul umfasst heute rund 35 Tiere.

Typische Pustertaler Sprinzen Kuh der heutigen Zuchtrichtung.

Der viereinhalbjähriger Tuxer Ochse (Pustertaler Schwarzscheck) aus der Zucht von Eduard Grebmer in Bruneck erzielte den ersten Preis auf der Mastviehausstellung in Wien im Jahr 1881.
Gegen Ende des 19. Jahrhunderts besaß das Pustertaler Vieh noch nicht die für sie typische Sprinzenzeichnung. Sie glichen mehr dem Pinzgauer und Tuxer Rind. Auch bei der Wiener Weltausstellung 1873 wurden Tiere ohne die typischen Sprinzen (kleinen Tupfen) präsentiert. Heute sind diese feinen Pigmentierungen Rassenmerkmal. Foto: Tiroler Fotoarchiv

oben: Die friulanischen Bestände des Plezzana Schafes stammen zur Gänze aus Importen aus Österreich und Slowenien. Die italienischen Bestände sind in den 1980er Jahren erloschen.
unten: Zweijähriger Uggovizzer (Canaltaler) Widder mit den charakteristischen pigmentierten Augenflecken und der ausgeprägten Ramsnase (1899). Der Einfluss des Bergamaskerblutes macht sich deutlich bemerkbar. Foto: Archiv Jaritz

Kontakt:
Tiere Viere: AgrikulturAlpina
Kaspar D. Nickles, Natur-/Landschaftsführer
Frz. Drentus 4, Val Aupa – Dordolla
I-33015 Moggio Udinese (UD)
Tel.: 0039 (0)433 51 063
Mobil.: 0039 (0)334 39 53 313
kaspar@tiereviere.net
www.tiereviere.net

Die seltenen Schafe Friauls

Im nördlichen Friaul, an der Grenze zu Österreich und Slowenien, liegt das Kanaltal, das sich von Tarvis bis Pontebba (Pontafel) erstreckt. Bis zum Ersten Weltkrieg gehörte das Kanaltal zu Kärnten, 1923 wurde es der Provinz Udine zugeschlagen. Die Viehzucht war hier immer bedeutender als der Feldbau, vor allem die Kleinwiederkäuer Schaf und Ziege wurden in großer Zahl gehalten.

Das Uggovizzer oder Kanaltaler Schaf war die typische Rasse. Neben der Milchverarbeitung spielten Zuchtlämmer eine Rolle, die vorwiegend nach Tirol verkauft wurden. Die Wolle der Uggovizzer war feiner als die der übrigen Kärntner Landschafe und deshalb besonders von Hutmachern geschätzt.

Im Jahr 1833 zählte man im Kanaltal 6.529 Schafe und 2.176 Ziegen, wogegen die Zahl der Rinder gering war. Mölltaler Zugochsen wurden für die Holzbringung eingesetzt. Nach Giovanni Battista Gaspardis (1914) wurde im Kanaltal das Kärntner oder auch Tarvis Schaf gehalten, das auch in Kärnten und der Steiermark verbreitet war.

Plezzana Schaf oder Krainer Steinschaf

Giovanni Battista Gaspardis beschreibt 1914 für das Gebiet um Plezzo (slow. Bovec), Tolmin und Caporetto (slow. Kobarit) eine robuste, frühreife Schafrasse, das Plezzana Schaf, auch als Trentarka und Bovška ovca bezeichnet. Nach seiner Beschreibung handelt es sich um ein zierliches, hornloses Schaf mit kurzem Kopf und kurzen Ohren. Die Tiere hatten nach Gaspardis in Relation zu den Umweltbedingungen ein „hohes" Gewicht zwischen 18 und 23 Kilogramm und die Milchproduktion frisch laktierender Schafe betrug einen Liter pro Tag! Die Tiere wurden drei Mal im Jahr geschoren. Sie waren weiß, schwarz oder gefleckt. Den bekannten Bovec Käse (Käse von Plezzo), der auf den Almen der Julischen Alpen und Julischen Voralpen hergestellt wurde, brachte man mit Pferden nach Tarvis und mit der Eisenbahn nach Wien. Gaspardis beschreibt vor genau 100 Jahren die Plezzana Rasse, die heute immer noch im Raum Bovec in Slowenien, aber auch in Österreich und in der angrenzenden Provinz Udine, in den Julischen Voralpen und in den Friulanischen Dolomiten gehalten wird.

Porträt: Kaspar Nickles und Marina Tolazzi Plezzana Schafe am Tiere Viere Hof

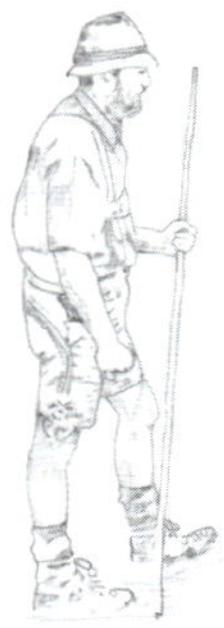

Kaspar Nickles aus dem Weiler Dordolla im Aupatal in Moggio Udinese (Mosach, furlan. Mueç) ist einer von nur vier Betrieben in Friaul-Julisch Venetien, die das Plezzana Schaf züchten. Kaspar Nickles setzt seine 20-köpfige Plezzana-Schafherde für die Offenhaltung der wenigen, noch verbliebenen Wiesenflächen in seiner Heimatgemeinde ein. „Die Tiere sind sehr genügsam und eignen sich daher für die Offenhaltung der von Nutzungsaufgabe bedrohten Flächen", erklärt er, der als studierter Agraringenieur und praktizierender Natur- und Landschaftsführer weiß, wovon er spricht.

Moggio Udinese steht beispielhaft für die kleinen Bergbauern-Gemeinden im gebirgigen Teil von Friaul, die alle mit Landflucht und Verlust landwirtschaftlicher Flächen konfrontiert sind.

„In Moggio Udinese und seinen Weilern existiert heute nur mehr rund ein Zehntel des ehemaligen Offenlandes. Wald und Buschwerk haben mittlerweile viele ehemals artenreiche Magerwiesen und mühevoll kultivierte Ackerterrassen zurückerobert", bedauert Kaspar Nickles die Entwicklung.

Nickles versucht, durch seine beispielhaften Aktivitäten die verbleibenden Strukturen der friulanischen Bergbauernkultur zu erhalten und, wenn möglich, Flächen wieder zu rekultivieren. Mit ihrem

Bergbauernhof im Weiler Drentus, den sie nach dem Modell „Urlaub am Bauernhof" betreiben, und mit verschiedenen Kulturaktivitäten haben er, seine Frau Marina und die drei Söhne dem Ort wieder neues Leben eingehaucht. „Es ist unser Wunsch, in diesem vergessenen Gebirgstal des oberen Friaul die alte Kulturlandschaft rund um das Bergdorf Dordolla wieder als Lebensgrundlage nutzbar zu machen", erklärt Kaspar Nickles seine Beweggründe.

Er betreibt Acker- und Gartenbau auf zehn bis 15 und 100 bis 400 Quadratmeter großen Feldstücken, die in Familienbesitz und insgesamt knapp 3.000 Quadratmeter groß sind. Die „Felder" liegen verstreut und sind oft nur über schmale Fußwege erreichbar.

Den Wahlfriulaner brachte die Liebe in den kleinen Ort an der Mündung des Aupatales. Bei einem grenzüberschreitenden EU-Projekt zum Thema Kulturlandschaftserhaltung lernte er seine heutige Frau Marina kennen und lieben und übersiedelte von Kärnten in das friulanische Bergdorf. Mit dem Idealismus der jungen Familie und dem „Agritourismo" kehrte Leben in dieses von Abwanderung geprägte Gebiet zurück.

Die extrem kleinteilige Besitzstruktur erschwert jedoch alle Bemühungen, brach gefallene Wiesen und Äcker wieder zu aktivieren. Die oft nur wenige hundert Quadratmeter großen Parzellen liegen meist in Streulage verteilt. Zusammenhängende Weideflächen für seine Plezzana Schafe können kaum eingerichtet werden. Auch alte, festgefahrene Traditionen müssen erst aufgebrochen werden. Der einst als wichtige Eiweißquelle geschätzte Nussbaum hat sich mittlerweile auf ehemaligem Kulturland ausgebreitet. Eine Rodung von verwilderten Walnussbäumen ist meist immer noch ein Tabu.

Das Ursprungsgebiet des Plezzana Schafes ist das obere Soča-Tal (Isonzo-Tal) in Slowenien im Gebiet der Stadt Bovec (ital. Plezzo). Im Trenta-Tal heißt es auch Trentarka, in Österreich Krainer Steinschaf. Das Plezzana Schaf zählt zu der noch sehr ursprünglichen Gruppe der Steinschafschläge, die auf das Zaupelschaf zurückgehen. Gemeinsam sind den Schafrassen dieser Gruppe der gedrungene Körperbau, die raue Mischwolle sowie die hohe Fruchtbarkeit. Das Alpine Steinschaf steht dem Plezzana Schaf nahe, wird jedoch seit Mitte des 19. Jahrhunderts kaum mehr für die Milchproduktion genutzt.

In Friaul-Julisch Venetien gibt es einen Bestand von etwa 105 im Anagrafischen Register erfassten Plezzana Schafen, verteilt auf vier Betriebe in der Provinz Udine. Zwei der Zuchtbetriebe haben ihren Bestand mit Tieren aus Österreich, die beiden anderen mit Tieren aus Slowenien, aufgebaut. Die Zuchtgruppe des Naturparks Prealpi Giulie wurde leider mittlerweile aufgelöst. Der friulanische Bestand wird heute nur mehr für die Fleischproduktion genutzt. Mit dem Val Resia in den westlichen Julischen Alpen (Prealpi Giulie) hat Italien Anteil am Ursprungsgebiet des Plezzana Schafes.

Hier wird noch Resianisch gesprochen, ein Dialekt slawischen Ursprungs, der den slowenischen Dialekten in Kärnten nahesteht. Nähere Informationen zum Plezzana Schaf sind im Kapitel „Slowenien" angeführt.

Kaspar Nickles aus Drentus bei Moggio Udinese führt mit seiner Frau Marina einen von nur vier Betrieben in Friaul-Julisch Venetien, die das Plezzana Schaf züchten.

Das rauwollige zierliche Plezzana Schaf um 1940. Foto: ERSA, L. Chiozza. Mit freundlicher Genehmigung der Bibliothek ERSA.

Das feinwollige Friulaner Schaf war bis 1970 in der friulanischen Ebene verbreitet. (Um 1940). Mit freundlicher Genehmigung der Bibliothek ERSA. Foto: ERSA Chiozza L.

Das Friulaner Schaf

Das weiße bis gelbliche Friulaner Schaf wird noch bis zu Beginn des 20. Jahrhunderts als indigene Rasse der friulanischen Ebene erwähnt, die Milch, Fleisch und Wolle geliefert hat.

1938 wurde ein Zuchtprogramm gestartet und 1942 führte Urbano Botrè das Friulaner Schaf als eigenständige autochthone Rasse des Triveneto an, obwohl die Population als heterogen und nicht standardisiert beschrieben wird. Nach dem Zweiten Weltkrieg nahmen die Bestände rasch ab, spätestens um 1970 dürfte es ausgestorben sein.

Das Carsolina Schaf oder Karstschaf

Seine ursprünglichen Verbreitungsgebiete liegen in den nordadriatischen Karstgebieten der Provinzen Görz, Triest und Pordenone sowie in den Karstgebieten von Slowenien und Kroatien bis hin zu den mediterran geprägten Ausläufern des Alpenbogens. Die raue und reizvolle Karst-Hochebene in Friaul-Julisch Venetien ist das heutige Hauptverbreitungsgebiet in Italien. Die Mutterschafe lammen im zeitigen Frühjahr, wenn die Magerweiden des Karstes noch gute Futtergrundlagen bieten. Meist werden nur Einlingslämmer geboren. Aber auch im Hochsommer, wenn die artenreiche Flora längst verblüht ist und nur mehr braune, trockene Gräser und Kräuter das Bild der Karstvegetation prägen, kommen die genügsamen Tiere mit dem natürlichen Aufwuchs noch gut zurecht. Ihre harten Klauen machen die Carsolina Schafe zu besonders trittsicheren Weidetieren auf dem rauen, scharfkantigen Felsboden mit seinen Karren, Rinnen und Firstrillen.

Die traditionelle Haltungsform der Carsolina Schafe ist die Transhumanz. Bereits unter venezianischer Herrschaft um 1500 nutzten rumänische Volksstämme der Ciči und Morzacchi den nordadriatischen Karst als Weidegebiet für ihre wandernden Schafherden. Sie drangen mit ihren Tieren im Westen vermutlich bis auf die Hochebene von Asiago vor.

Die Venezianer gestatteten die Nutzung ihrer Weidegebiete. Im Gegenzug bildeten die rumänischen Volksstämme als Verbündete der Venezianer den ersten Vorposten im Osten gegen die vordringenden türkischen Heerscharen (Erzherzog Rudolf 1889). Nicht nur die Carsolina Schafe sind ein Relikt aus dieser Zeit. Flurnamen und rumänische Familiennamen im Karstgebiet zwischen Opatija und Postojena belegen diese nomadischen Volksstämme über einen langen Zeitraum in diesem Gebiet.

Steckbrief Friulaner Schaf

Ein mittelgroßes, feinwolliges Schaf mit 57 Kilogramm Gewicht und einer Widerristhöhe von 70 Zentimetern, das um 1970 ausgestorben ist. Widder wurden 70 Kilogramm schwer und 72 Zentimeter hoch. Das Vlies war weiß oder gelblich, meist mit kleinen, schwarzen oder braunen Pigmentierungen an den Ohren, um das Maul sowie an den Enden der Gliedmaßen. Die Wolle wird als fein beschrieben, der leichte Kopf mit geradem oder leicht geramstem Profil trug mittelgroße, hängende Ohren. Die Stirn war bewollt und hornlos.

Porträt: Ariella und Paolo Samsa in Fogliano Redipuglia – Carsolina Schafe am „Alture di Polazzo"

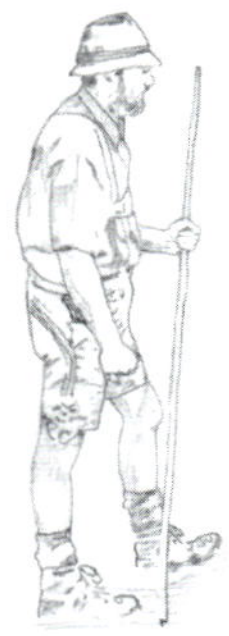

Die Familie Samsa bewirtschaftet in Fogliano Redipuglia einen Bio-Bauernhof mit rund 98 Hektar inmitten des Gorizischen Karstes. Sie bietet Urlaub am Bauernhof an, betreibt einen Campingplatz und veranstaltet Führungen für Schulklassen (Schule am Bauernhof).

Der Betrieb „Parco Rurale – Alture di Polazzo" wurde 2012 mit dem europäischen ECO-Label ausgezeichnet. Paolo Samsa hält 121 Carsolina Schafe, fast die Hälfte der italienischen Gesamtpopulation. Bereits sein Urgroßvater züchtete diese autochthone Schafrasse. Die Familie Samsa hat rumänische Wurzeln und lebte um 1850 in Opatija. 1880 übersiedelte die Familie nach Volče, 80 Kilometer östlich ihres Wohnsitzes. Sie erhielt 1907 den Zuschlag für die Nutzung des „Alture di Polazzo", des heutigen Besitzes.

In der Regulierungsurkunde wurde das Nutzungsrecht für 200 weiße und 45 schwarze Carsolina Schafe festgeschrieben. Die Trockenrasen dienten als Winterweide für die Schafe. Die Tiere wurden im Herbst von den Sommerweiden am Berg Vremsica in der Nähe von Volče im heutigen Slowenien zu den Winterweiden am Alture di Polazzo getrieben. Der Schaftrieb dauerte rund drei Tage. Die Schafe blieben von November bis April auf der Gorizischen Karsthochebene. Das Klima ist hier bereits deutlich mediterran, mit wenig Schnee im Winterhalbjahr.

Die Anhöhe von Polazzo hat eine wechselvolle Geschichte hinter sich. Das Gebiet des nordadriatischen Karstes gehörte bis zum Ersten Weltkrieg zur österreichisch-ungarischen Monarchie, danach fiel es unter italienische Verwaltung. Seit 1945 ist das Alture di Polazzo Grenzgebiet. Der Vater von Paolo Samsa konnte es nach dem Zweiten Weltkrieg erwerben. Bis in die 1960er-Jahre wurden die Schafe im Sommer über drei Monate in der Region Montasio gealpt, da die Heimweiden in Fogliano aufgrund der sommerlichen Hitze und Trockenheit die Produktion von Schafkäse unmöglich gemacht hätten. Zwischen 1960 und 1990 wurde die Schafhaltung aufgegeben und auf Rinderzucht umgestellt. Aufgrund der nahen Staatsgrenze war das militärisches Sperrgebiet, erst 1976 wurden die Nutzungseinschränkungen gelockert.

1991 griff Paolo Samsa die alte Familientradition der Schafhaltung wieder auf. Er konnte im Ort die letzten 30 Carsolina Schafe von einem Züchter erwerben und baute den Schafbestand wieder auf. Das am Hof produzierte Lammfleisch der eigenen Schafe wird heute den Gästen (Urlaub am Bauernhof) angeboten.

Vermutlich ist das Carsolina Schaf aus den lokalen Schafbeständen der Karstregion und unter Einfluss verschiedener Balkanrassen entstanden. Es ist an die mageren Weiden der Karstregion optimal angepasst und durch seine harten Klauen trittsicher. Das Carsolina ist der kleinste Vertreter aus der Gruppe der istrischen Schafe.

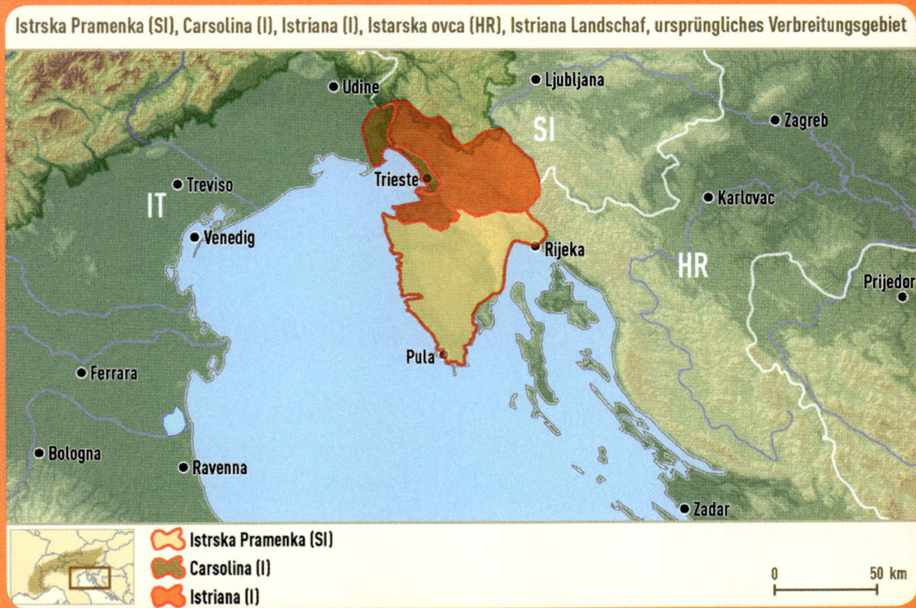

Steckbrief Carsolina Schaf

Dieses mittelgroße Schaf ist der kleinste und leichteste Vertreter der istrischen Schafe. Die slowenischen und kroatischen Schafe sind deutlich großrahmiger und schwerer. Die Widder erreichen ein Gewicht von etwa 65 Kilogramm, Mutterschafe von rund 52 Kilogramm. Das Kopfprofil ist geramst, die Widder tragen spiralförmige Hörner. Weibliche Tiere sind teilweise behornt. Die Ohren sind in der Regel kurz. Das Wollvlies ist weiß mit charakteristischen braunen oder schwarzen Flecken im Gesichtsfeld und an den Extremitäten. Vereinzelt kommen reinschwarze oder braune Tiere vor. Das Carsolina Schaf ist ein Zweinutzungsschaf auf Fleisch und Milch, die zu Pecorino-Käse verarbeitet wird. Der klassische Pecorino darf nur aus Schafmilch hergestellt werden (pecora completo) und wird in verschiedenen Reifegraden angeboten. Aus der Molke (rund 85 Prozent) macht man den Ricotta.
Die Rasse zeigt Merkmale mediterraner Schafe. Schafe vom Typus des Carsolina Schafes werden heute außer in Friaul-Julisch Venetien auch in Slowenien und Kroatien gehalten. Die Rassen unterscheiden sich nach Gewicht und Körpergröße (siehe Kapitel „Slowenien"). Im Anagrafischen Register sind 635 Tiere, davon 557 Auen erfasst. Die Rasse ist im Bestand stark gefährdet.

Die Ziegenschläge Friaul-Julisch Venetiens entsprechen alle, mit Ausnahme der um 2000 in Italien ausgestorbenen Istriana Ziege, dem Typus der Gemeinen Gebirgsziege (im Bild). Eine autochthone standardisierte Rasse hat sich in dieser Region nicht entwickelt. Foto: Archivio fotografico Umberto Antonelli a cura del gruppo „Gli Ultimi", Tolmezzo - Italia

Die Friulaner Ente. Mit freundlicher Genehmigung der Bibliothek ERSA. Foto: ERSA Chiozza L.

Die Ziegen Friaul-Julisch Venetiens

Ihre Abstammungsgeschichte liegt im Dunkeln, doch ist eindeutig, dass sie, abgesehen von der Istrianer Ziege, alle dem alpinen Typus zuzuordnen sind, der in ganz Norditalien verbreitet war. Ob die Bestände der italienischen Ostalpen mit jenen der Lombardei und des Piemont eine Einheit bilden, ist ungeklärt. Naheliegend ist, dass sowohl die Schaf- wie die Ziegenpopulationen der Ostalpen von donauländischen Populationen beeinflusst wurden, während sich die Kleinwiederkäuer der Westalpen von Süden her entwickelt haben. Einige dieser Landschläge Friauls zeigen jedoch einen einheitlichen, von anderen Schlägen gut unterscheidbaren Phänotyp.

G. A. Pirona unterschied 1869 die Ziegen des Gebietes von Maniago und Carnia sowie von Tarcento und San Pietro. Giovanni Battista Gaspardis gab 1914 für die Carnia Region eine eigene Rasse an. Wenn für Friaul, außer der Istrianer Ziege, rückblickend auch keine speziellen Rassen zu nennen sind, so kann doch die Capra Tolminotta als eigenständig betrachtet werden. In der Drežniška Koza hat sie vermutlich einen Fortbestand ausgebildet.

Nutzgeflügelzucht in Friaul

In Friaul war die Hühnerhaltung ein wichtiger Teil der Selbstversorgung bäuerlicher Betriebe. Mit Eiern und Hühnerfleisch wurden Abgaben an die Grundherrschaft geleistet. Das Hühnergeld blieb bis zur Mitte des 19. Jahrhunderts für den Erwerb von Gebrauchsgütern wichtig.

Das ausgestorbene Friulaner Huhn zählt zu den wenigen autochthonen Geflügelrassen des italienischen Alpenraums. Nach Alessio Zanon ähnelte es dem Istriana Huhn, das Einflüsse des mitteleuropäischen Landhuhns und mediterraner Landschläge zeigt. Das Friulaner Huhn wird um 1900 als robustes Landhuhn und eifriger Futtersucher beschrieben. Die Tiere waren nicht allzu groß und lieferten weder sehr feines noch fettes Fleisch. Bereits Mitte des 19. Jahrhunderts wurden in Friaul fremde Rassen wie Dorking, Houdan und Langshan eingeführt. Zu Beginn des 20. Jahrhunderts werden Leghorn und Brakel zur Verbesserung der Landschläge forciert. Wie bei anderen Nutztieren führte der Erste Weltkrieg auch zu einem Zusammenbruch bei den Landschlägen der Geflügel. In den 1920er-Jahren wurden die wenigen noch existierenden bodenständigen Hühnerschläge mit verschiedenen Rassen verkreuzt. Die Geflügelhaltung wurde zunehmend industrialisiert.

Seit rund 40 Jahren gibt es auf das Friulaner Huhn keine Hinweise mehr. Die Rasse dürfte in den 1970er-Jahren ausgestorben sein. Eine ähnlich fatale Entwicklung erfuhren die Gänsebestände.

Wie die meisten Landgansschläge zeigte die Friulaner Gans die Merkmale der Graugans. Die Tiere waren schiefergrau und grau-weiß gefleckt. Der friulanische Landschlag war deutlich leichter als die Graue Paduaner Gans. Die Friulaner Gans wurde im Gegensatz zur Friulaner Ente nie besonders intensiv züchterisch betreut. Es handelte sich um einen variablen Phänotyp der Landgans.

Die Friulaner Ente

Enten zählten bis in die 1950er-Jahre zu den weit verbreiteten Nutztieren Friauls. Sie waren als Allesfresser anspruchslos zu halten und fanden ihr Futter weitgehend selbstständig entlang der Gräben, Tümpel und Wegränder der Siedlungen. In ganz Norditalien wurden Enten in verschiedenen Gefiederfarben gehalten. Sie waren einfach und billig zu halten und lieferten sehr gutes Fleisch. Die verschiedenen Landschläge unterschieden sich meist nur in der Gefiederfarbe. Eine Ausnahme bildete die Friulaner Ente, auch als Anatra di razza Friulana bezeichnet. Sie trat gleichfalls in verschiedenen Farbschlägen auf, von weiß, über lila und blau bis schwarzbraun; charakteristisches Merkmal war ein großer weißer Kehlfleck am Hals, der konstant auftrat.

Ab den 1930er-Jahren wurden in Friaul vermehrt wirtschaftliche Rassen wie Peking Enten, Rouen Enten und Moschusenten gehalten und damit die Friulaner Ente zurückgedrängt.

Das friulanische Landschwein

Letzte Exemplare vom Landschwein der Ostalpen waren bis in die 1880er-Jahre in Friaul vertreten. Charakteristisch für das Schwarze Friulaner Schwein waren die ausgesprochen dünnen, seidigen Borsten. Ein Schwerpunkt der Zucht des primitiven Landschweins lag in der Gegend des Anfiteatro morenico und speziell in der Gemeinde Fagnana. In den hügeligen, wald- und sumpfreichen Gebieten mit ihren ausgedehnten Eichenwäldern wurden die unveredelten Schwarzen Landschweine bis um 1900 halbwild gehalten. Sie waren spätreif und benötigten mindestens zwei Jahre für ihre Entwicklung. Die mageren Tiere erreichten kaum ein Gewicht von 120 Kilogramm. Die Landschweine besaßen einen langen Rumpf und waren vergleichsweise groß, mit einer Widerristhöhe von 70 bis 75 Zentimetern.

Ab 1873 wurden Eber der Bershire Rasse und später Suffolk und Yorkshire Eber mit den Friulaner Schweinen gekreuzt, um mehr Fleisch und Fettansatz zu erzüchten. Daraus entwickelte sich um die Jahrhundertwende das verbesserte Friulaner Schwein. Nach dem Ersten Weltkrieg wurden Eber der Rasse Large Black eingeführt, wodurch die Charakteristika der Rasse tiefgreifend und endgültig verändert wurden.

Neben Fagagna war die Region um Cormòns (Kremau, friul., slow. Krimín), bekannt als Zentrum der Collio-Weinbauregion, um 1918 ein wichtiges Gebiet für die Schweinezucht im historischen österreichischen Küstenland. Die geänderten Essgewohnheiten und in der Folge die Abkehr von Fettschweinetypen ab den 1950er-Jahren führten zu einer Zurückdrängung des verbesserten Friulaner Schweins. Mitte der 1960er-Jahre dominierten bereits die Rassen Large White und Landrace. Das Schwarze Friulaner Schwein und gemischte Bestände umfassten damals kaum mehr zehn Prozent des Gesamtbestandes. Noch bis um 1960 wurden auch in der Carnia Region Schweine im Sommer mit auf die Almen genommen. So brauchte man sie nicht am Hof zu füttern und konnte die auf der Alm anfallende Molke verwerten. Es wurde jedoch im Gebirge keine Schweinezucht betrieben, die Ferkel wurden auf den Jahrmärkten von Ovaro oder San Martino di Terzu angekauft. Um 1970 dürften die letzten Bestände des Schwarzen Friulaner Schweines verschwunden sein.

Ein Friulaner Schwein, um 1911. Faelli F. Foto: Archiv Jaritz

Pferderassen und Landschläge

Die Pferdehaltung spielte im friulanischen Alpenraum kaum eine Rolle. Die Feldarbeiten in den zumeist kleinen Betrieben, viele in Steillage, wurden meist händisch verrichtet. Pferde wurden für den Ackerbau nicht eingesetzt, höchstens als Zugvieh zur Beförderung der Fuhrwerke von Eisen- und Bleigewerken sowie im Transportgeschäft. Lediglich im Kanaltal wurden Zugochsen für die Holzbringung gehalten.

Die von staatlicher Seite in Österreich nicht benötigten Noriker-Hengste gelangten über den freien Verkauf auch nach Oberitalien. In Friaul und Görz waren sie bis in die Zwischenkriegszeit als Furlaner bekannt, eine lokal gezüchtete und an die jeweiligen landwirtschaftlichen Verhältnisse angepasste Pferdepopulation, wie das Kobarit Pferd. Als sogenanntes „Kaps-Fuhrwerk“ wurden die friulanischen Noriker auf den Großbaustellen der Wiener Ringstraßenbauten von 1860 bis 1890 eingesetzt. Furlaner waren Gespanne von Fuhrwerksunternehmen und Baufirmen und nicht bäuerliche Zuchten im friulanischen Alpenraum.

Friulaner Gänse in Passeriano, um 1935. Foto: E. Costantini

Der Schweizer Alpenraum

In der Schweiz sind die Erhaltungsbemühungen für seltene Nutztierrassen alpenweit am weitesten fortgeschritten. Durch die Initiativen der Stiftung ProSpecieRara konnten seit den 1980er-Jahren viele vom Aussterben bedrohte Nutztierrassen in ihrem Bestand gesichert und die Zuchtarbeit privaten Initiativen übertragen werden.

In der Haus- und Nutztierliteratur der Schweiz finden sich ab 1860 zahlreiche Namen von Nutztierschlägen, die auf Viehmärkten gebräuchlich waren und keinen speziellen genetischen Schlag einer Haustierform repräsentierten. Lokale Schläge einer Talschaft, die später einer Rasse zugeordnet wurden, waren ursprünglich in der Literatur gesondert erfasst. So auch die Nalpser und Vriner Schläge der Bündner Oberländer Schafrasse. Trotz allem sind alleine in der Schweiz von den ehemals bekannten 151 Landschlägen und Rassen (ohne Geflügel, Hunde und Kaninchen) 124 in den vergangenen 150 Jahren ausgestorben. Besonders dramatisch ist der Verlust bei den Pferden, gefolgt von Ziegen, Schweinen, Rindern und Schafen.

Die sechs Rinderrassen der Schweiz

Die Rinderhaltung hatte in der Schweizer Landwirtschaft immer einen hohen Stellenwert. Rund 1,6 Millionen Stück, Milchkühe, Galtvieh, Kälber, Stiere, Ochsen, werden in der gesamten Schweiz gehalten. Rund 500.000 Rinder entfallen auf den Alpenraum (Daten: Alm Atlas 2013). Die Fleisch- und Milchproduktion aus der Rinderhaltung erwirtschaftet rund ein Drittel des Ertrages der Schweizer Landwirtschaft.

Je nach Sichtweise sind hier fünf beziehungsweise sechs heimische Rinderrassen vertreten. Das Simmentaler Fleckvieh und das Braunvieh stellen mit Abstand die größten Bestände, gefolgt vom Holstein (Schwarzfleckvieh). Die beiden kleinrahmigen Gebirgsrinderrassen aus dem französischsprachigen Wallis, das Eringer und das Evolèner Rind, zählen zu den gefährdeten Rassen. (siehe Kapitel „Ein Walser Dorf mit seinen Tieren – das Ecomuseum Ammern in Goms“)

Das Rätische Grauvieh war bis zu Beginn des 20. Jahrhunderts, mit dem Albula und dem Oberländer Schlag, die angestammte Rinderrasse der Bündner Alpen. Der leichte, weißgraue bis graue Albula Schlag war im Hinterrheingebiet, um Schams, Avers und Oberhalbstein sowie in Davos verbreitet. Der mittelschwere Oberländer Schlag wechselte farblich von weiß- bis silbergrau und war im Vorderrheingebiet sowie um Glenner und Imboden verbreitet.

Vom leistungsstärkeren Braunvieh wurde das Grauvieh mehr und mehr zurückgedrängt, bis es in den 1920er-Jahren gänzlich im Braunviehbestand aufging. Nach Felix Anderegg wurde das Rätische Gauvieh bereits im 19. Jahrhundert teilweise von Prämierungen zugunsten des Braunviehs ausgeschlossen.

Eringer Rinderherde beim Auftrieb auf die Alpage de la Marlenaz im Val de Bagnes. Wallis 1978. Foto: L. Avon

In Österreich konnte sich ein dem Albulatyp ähnlicher Grauviehschlag, das Oberinntaler Grauvieh, bis in die 1990er-Jahre halten. Der Stiftung ProSpecieRara gelang 1985 die Wiederansiedelung eines dem Albula-Typus ähnlichen Grauviehs aus Tiroler Beständen. Das Rätische Grauvieh wurde bislang vom Bund nicht offiziell als Schweizer Rasse anerkannt, da nach der Schweizer Tierzuchtordnung die Wiedereinführung nach 1949 erfolgte. Durch den züchterischen Austausch von Oberinntaler Vieh (Finstermünzregion u. a.) hat die Rasse neben der gemeinsamen Zuchtgeschichte jedenfalls einen starken kulturhistorischen Bezug zur Schweiz. Eine offizielle Anerkennung als Schweizer Rasse wäre gerechtfertigt und würde die Erhaltungsbemühungen unterstützen.

Seit der Rassenrinderzucht im späten 19. Jahrhundert haben sich die Rindertypen durch Selektion, Anpassung an Modetrends und geänderte

Autochthone Rinderrassen des Schweizer Alpenraumes

Rinderrasse	Bestand (Zuchtbuch/ Register)	Gefährdung (FAO)	ursprüngliches Verbreitungsgebiet	Region/Kanton
Orig. Simmentaler Fleckvieh	30.021 (gesamt)	nicht gefährdet, LC	Simmental	Bern
Braunvieh	187.402 (gesamt)	nicht gefährdet, LC	Berner Oberland, Innerschweiz, Teile Graubündens	Schwyz, Bern, Graubünden, Zug
Original Braunvieh	10.093 (gesamt)	ungesichert, rare	Berner Oberland, Innerschweiz, Teile Graubündens	Schwyz, Bern, Graubünden, Zug
Eringer Rind	6.936 (gesamt)	gefährdet, VU	Eringer-Tal (Val d'Hérens), Bezirk Hérens	Wallis
Evolèner Rind	200 bzw. 400 (gesamt)	stark gefährdet, EN	Eringer-Tal (Val d'Hérens), Bezirk Hérens	Wallis
Rätisches Grauvieh	2.494 (gesamt)	gefährdet, VU	Hinterrheingebiet, Schams, Avers, Oberhalbstein, Davos (Albula Schlag), Vorderrheingebiet sowie um Glenner und Imboden (Oberländer Schlag)	Graubünden

Die Bündner Alpen sind das Stammgebiet des Rätischen Grauviehs. Die Rasse ist mit einem Bestand von 2.389 Herdebuchkühen als gefährdet eingestuft.

Nutzungsansprüche stark gewandelt. Mit dem Braunvieh und dem Simmentaler Fleckvieh aus dem Berner Oberland eroberten die Schweizer Rinderrassen weltweit den Rindermarkt.

Bereits im 15. Jahrhundert wurde Simmentaler Fleckvieh aus Klosterzuchten über die Alpenpässe nach Süden verkauft. Im 17. und 18. Jahrhundert wurde Simmentaler Fleckvieh nach Bayern, in die Lombardei und in die Rhein- und Donauländer exportiert. Der Viehhandel nahm derartige Ausmaße an, dass zu wenig Vieh für die Bestoßung der heimischen Alpen zur Verfügung stand und Ausfuhrverbote verhängt werden mussten.

In den 1960er-Jahren wurde die Rasse zuerst nach Kanada und später in die USA exportiert. Heute ist die Simmentaler Rasse auf allen Kontinenten vertreten und bildet mit ungefähr 50 Millionen Tieren eine weltweit bedeutende Rinderrasse. Mit rund 254.000 Herdebuchtieren ist das Simmentaler Fleckvieh auch die führende Zuchtrinderrasse der Schweiz (Daten: BLW, 2011).

Neben dem Fleischsimmentaler werden in der Schweiz seit 2009 unter dem Namen „Edelweiss Simmentaler“ original Simmentaler vom Zweinutzungstyp mit der Ursprungsgenetik der Simmentaler Rasse gezüchtet. Mit diesem Projekt sollen der harmonisch bemuskelte Körper und die gute Milchleistung erhalten bleiben. Der Herdebuchbestand der Original Simmentaler Rasse umfasst 29.484 Herdebuchkühe.

Eine Kuh aus den letzten reinrassigen Freiburger Beständen von Arthur Dousse aus Arconciel im Kanton Freiburg, 1969.
Foto: L. Avon

Das Braunvieh, nach dem Fleckvieh die zweitwichtigste Rinderrasse der Schweiz (Gesamtpopulation: 204.000 Tiere, Herdebuch 187.402 Kühe), kann mit einer ähnlichen Erfolgsgeschichte aufwarten. Das Braunvieh hat sich aus verschiedenen Landschlägen der Innerschweiz, Teilen Graubündens und der Ostschweiz entwickelt. Ein zentrales Zuchtgebiet war der Kanton Schwyz, weshalb die Rasse im 19. Jahrhundert auch Schwyzer Rasse genannt wurde.

Es wird angenommen, dass das Kloster Einsiedeln im Kanton Schwyz bei der frühen Zucht der Schwyzer Rasse wesentlichen Einfluss hatte. Die Einsiedel Rinder und Zuchtstiere waren noch gegen Ende des 19. Jahrhunderts bekannt für ihre gute Zuchtqualität und erzielten daher hohe Preise.

Mit der Gründung des Schweizerischen Braunvieh-Zuchtverbandes im Jahr 1897 und dem Beginn des Herdebuchwesens wurde die Rasse sukzessive verbessert und vereinheitlicht. Aus den verschiedenen Landschlägen entstand ab 1880 das uniforme graubraune „Schweizerische Braunvieh“, eine Dreinutzungsrasse für Milch, Fleisch und Zugarbeit. Gegen Ende der 1960er-Jahre wurde auch in der Schweizer Braunviehzucht vermehrt auf hohe Milchleistung und Großrahmigkeit selektiert und gezielt Brown Swiss aus den USA eingekreuzt.

Bereits 1869 kam es zu ersten Rinderexporten in die USA und andere Länder, heute wird das anpassungsfähige Braunvieh in über 50 Ländern weltweit gezüchtet. In den USA wurde mit dem Brown Swiss eine milchbetonte Zuchtrichtung entwickelt, die seit 1968 auch den Schweizer Braunviehbestand maßgeblich beeinflusste. Neben diesen an der Brown-Swiss-Genetik orientierten Beständen konnte auch das Original Braunvieh (ohne Brown Swiss Fremdblutanteil) erhalten werden. Seit 2001 wird die Reinzucht des Original Braunviehs in der Schweiz speziell gefördert. Der Herdebuch-Bestand umfasst 10.098 Tiere (9.828 lebende weibliche HB-Tiere, Daten: Braunvieh Schweiz, 8/2013).

Das ursprüngliche Schwarzfleckvieh (Freiburger Rind) der Schweiz gilt seit 1975, als ausgestorben, als der letzte reinrassige Stier „Héron“ geschlachtet wurde. Nach Heini Hofmann wurde das Schwarzfleckvieh (oder Freiberger Vieh) im 19. Jahrhundert meist gemeinsam mit dem Rotfleckvieh gehalten. Im 18. und 19. Jahrhundert war das Schwarzfleckvieh als kombiniertes Höhenvieh noch hochgeschätzt. Auf der landwirtschaftlichen Ausstellung in Paris im Jahr

1856 wurde ein Schwarzfleckstier als Siegertier prämiert. Mit dem Siegeszug des Simmentaler Fleckviehs trat das Schwarzfleckvieh immer mehr in den Hintergrund. Erst in weiterer Folge blieb das Schwarzfleckvieh auf den außeralpinen Kanton Freiburg beschränkt, während das Simmentaler Fleckvieh an Terrain gewann. Durch den starken Rückgang des Bestandes kam es zur genetischen Verarmung innerhalb der Rasse und zu Inzuchterscheinungen. In den 1960er-Jahren wurden zur Blutauffrischung anfangs Schwarzbunte Rinder und später Holstein-Friesian aus Nordamerika eingekreuzt. Die Folge war eine gänzliche Verdrängungskreuzung.

Die Zucht des Freiberger Pferdes, das aus dem Jura stammt, wurde 1904 begonnen.
Foto: ProSpecieRara

Alpenpferde und Maultierzucht

Die alten Pferdeschläge und Rassen der Schweiz sind das Schwyzer (auch: Einsiedler, Cavallo della Madonna), das Erlenbacher und das Jura- oder Freiberger Pferd (Franche Montagne). Daneben erwähnt Gustav Schwarznecker das Schweizer Alpenpferd, das 1894 bereits nicht mehr existent war, sowie den Einfluss englischer und ungarischer Pferde in der Zucht.

Gustav Schwarznecker schreibt 1884: „Das frühere, eigentliche Schweizer Alpenpferd, das auf dem schmalsten und steilsten Felsensteige sicher kletterte und auch vielfach als Reitpferd ausgeführt wurde, ist fast ganz verschwunden. Man hat überhaupt in neuester Zeit den bis dahin ziemlich konsequent verfolgten Weg einer einheimischen Zucht verlassen und angefangen, fremde Schläge, englische Halbblutpferde und Anglonormannen einzuführen und kann, wie z.B. im Kanton Waadt, von Letzteren schon eine ganz tüchtige Deszendenz aufweisen. Als Luxuspferden begegnet man häufig ungarischen und englischen. Maultiere und Esel zieht hauptsächlich der Kanton Wallis."

Von den in der Literatur des 19. Jahrhunderts gelisteten, ehemals 19 Pferdeschlägen der Schweiz sind lediglich das heute von Einkreuzung massiv gefährdete Original Freiberger Pferd und das Einsiedler Pferd (Cavallo della Madonna) erhalten geblieben. Beide Rassen haben jedoch ihr Ursprungsgebiet außerhalb des Alpenbogens. Die Zucht der Cavalli della Madonna des Klosters Einsiedeln geht zurück auf das 15. Jahrhundert. Der Marstall des Klosters gilt als das älteste noch existierende Gestüt Europas.

Das Zentrum der Schweizer Pferdezucht liegt im Staatsgestüt in Avenches im Kanton Waadt, das sich mit der Zucht des modernen Einsiedlers befasst. Der moderne Einsiedler (Schweizer Warmblut) ist eine warmblütige Pferderasse, die nach dem Zweiten Weltkrieg entstand. Das Einsiedler Pferd (Cavallo della Madonna) ist die wichtigste eingekreuzte Schweizer Rasse und heute nicht mehr vom Schweizer Warmblut zu unterscheiden. Das Freiberger Pferd stammt aus den Freibergen im Schweizer Jura. Keiner der alpinen Pferdeschläge oder deren Abkömmlinge, wie das St. Gallener Oberländer oder das St. Gallener Rheintal Pferd, das Bündner Oberländer Pferd oder das Walliser Charrat Pferd, sind heute noch existent.

In der ersten Hälfte des 19. Jahrhunderts war das Charrat Pferd, benannt nach einer Gemeinde im Bezirk Martigny, noch weit verbreitet. Als Stammvater wird ein österreichischer Hengst angenommen. Dieses Tier dürfte ein Überbleibsel des Einmarsches österreichischer Truppen ins Wallis nach dem Ende des französischen Empires im Jahre 1813 gewesen sein. Bereits gegen Ende des Jahrhunderts trat der Schlag nur mehr in wenigen Exemplaren auf.

Bäuerinnen mit einem Pferd vom Typ des mitteleuropäischen Halbblutes in Champery im Katon Wallis, 1919. Vermutlich handelt es sich dabei um ein Landpferd vom Typ des „Charrat Pferdes".
Foto: Archiv Jaritz

Seit Mitte des 19. Jahrhunderts spielte die Pferdezucht im Schweizer Alpenraum nur mehr eine untergeordnete Rolle. Hauptgespanntier in der Land- und Forstwirtschaft war das Rind (Kuh und Ochse). Felix Anderegg begründete dies 1897 damit, dass durch die Ausbreitung der Rinderzucht die Pferdehaltung ins Hintertreffen geriet. Noch gegen Ende des 18. und zu Beginn

Bäuerin auf einem Esel im Kanton Waadt, 1909. Foto: Archiv Jaritz

Deckakt nach Walliser Art bei der Maultierzucht. Der Eselhengst steht etwas erhöht über der in einer flachen Mulde positionierten Mulassière, meist einer Freibergerstute. Foto: H. Hofmann

des 19. Jahrhunderts wurde die Pferdezucht in den Alpenkantonen St. Gallen und Graubünden gezielt gefördert (Hengsten- und Stutenzeichnung der Berner Regierung von 1804). Durch die vermehrte Kreuzung der heimischen Schläge mit ausländischen Pferderassen sind die letzten Landschläge verloren gegangen.

Da durch den regen Saumhandel mit Norditalien sowie der Boden- und Genfersee-Region ununterbrochen Fremdblut unterschiedlicher Rassen durch Saum- und Postpferde und zeitweise sogar Militärpferde in das Alpengebiet kam, etablierten sich regionale Pferdeschläge kaum. Beim Lastwechsel bei den Poststationen wurden die Pferde meist gegen ausgeruhte Tiere getauscht. Teilweise waren die Pferde bereits trächtig, da galt stehende Stuten nicht rentabel waren. Damit kamen nicht nur die Stuten, sondern auch ihre Nachkommen in den lokalen Genpool. Die Militär-Reitpferdezucht begünstigte die Verdrängung der heimischen Pferdebestände durch den Ankauf von ausländischen Zuchthengsten und Militärpferden.

In den Gebirgskantonen der westlichen und südlichen Schweiz, vor allem im Tessin und im Wallis, hat die Esel- und Maultierzucht für die Produktion von Reit- und Lasttieren eine lange Tradition. Aber auch diese ist seit der Mitte des 19. Jahrhunderts stark im Rückgang begriffen. 1866 gab es in der Schweiz noch 2.046 Esel, im Jahr 1896 nur mehr 1.736 Tiere und bis 1918 reduzierte sich deren Zahl auf 1.069 Stück. In den Alpenkantonen Tessin und Wallis halbierte sich der Bestand zwischen 1866 und 1919.

Esel wurden aufgrund ihrer Trittsicherheit und ihres guten Ortssinnes in den Gebirgsgegenden für den Lastentransport zwischen Heimgut und Alp und für den Saumhandel geschätzt. Bereits vor 1900 wurden sie in der Schweiz auch für touristische Zwecke als Reittiere abgerichtet.

Zahlenmäßig noch bedeutender als die Eselreinzucht war die Maultierzucht, vor allem im Kanton Wallis. Als Saumtier wurde das Maultier meist dem Pferd vorgezogen, da die Kreuzung zwischen Eselhengst und Pferdestute kräftiger, ausdauernder, genügsamer und trittsicherer ist. Nach der Viehzählung von 1896 entfielen von den insgesamt 3.116 für die Schweiz registrierten Maultieren 2.526 Stück auf den Kanton Wallis. Dort wurde in erster Linie der heimische Charrat Pferdeschlag als weibliches Zuchtmaterial für die Maultier-Produktion verwendet.

Der Ausbau der Gebirgs- und Passstraßen und des alpenquerenden Eisenbahnnetzes verringerte den Bedarf an Reit- und Tragtieren. Bis zur Mitte des 20. Jahrhunderts war das Maultier vor allem im Wallis und in den anderen Gebirgsregionen ein wichtiges Lastentier für den landwirtschaftlichen und militärischen Einsatz. 150 Kilogramm und mehr konnten die zähen und anspruchslosen Tiere scheinbar mühelos auf ihren Packsätteln tragen.

Das Original Freiberger Pferd

Es stammt ursprünglich aus dem außeralpinen Jura, einer Region im Nordosten der Schweiz. Die Ausgangsrasse war das robuste und anspruchslose Jura Kaltblutpferd. Das Ziel war die Entwicklung eines kräftigen, gutmütigen und trittsicheren Arbeitspferdes für die Land- und Forstwirtschaft des Berggebietes. Aufgrund seines ruhigen Wesens und seiner kräftigen Statur wurde das Freiberger Pferd auch als Tragtier in den Trainings-Einheiten der Schweizer Armee eingesetzt. Die verstärkte Nachfrage nach wendigeren Reit- und Freizeitpferden führte Mitte des 20. Jahrhunderts zur vermehrten Einkreuzung leichterer Vollbluthengste. Durch Schließung des Zuchtbuches im Jahr 1997 versuchte man gegenzusteuern, um den ursprünglichen Typ des Freibergers, den Urfreiberger, zu erhalten.

Das Weltreich der Ziegen

Die Ziegenhaltung spielte im Schweizer Alpenraum, ähnlich wie in Frankreich, eine führende Rolle, die Ziege war ein unentbehrlicher Milch- und Eiweißspender der Subsistenzlandwirtschaft. Nach einem Tiefstand in den 1960er- und 1970er-Jahren hat sich der Ziegenbestand im Schweizer Alpenraum seit 1980 (42.531 Tiere) leicht positiv entwickelt (45.073 Tiere). 13 der ehemals 38 heimischen Ziegenschläge der Schweiz existieren heute noch. Die graue Capra Grigia aus den südlichen Talschaften von Graubünden und des Tessin sowie die Kupferhalsziege aus dem Grenzgebiet des Wallis und des oberen Ossola-Tals im Nordpiemont, zählen zu den stark gefährdeten Ziegenrassen der Schweizer Alpen. Die Rasse Capra Grigia wird im Kapitel „Die Arche Alp de Lagh" näher porträtiert.

Zur Gruppe der Walliser Ziegen zählen, neben der verbreiteten Walliser Schwarzhalsziege und der Kupferhalsziege, die vom Aussterben bedrohte reinweiße Simplon Ziege und die seltene grauweiße Grüenochte Geiß. Im nördlichen Piemont, an der Südabdachung der Walliser Alpen, findet man heute noch eine kleine aktive Zuchtgruppe alter Farbschläge der Walliser Ziegen in den Farben Grau, Rot und Schwarz sowie die reinweiße Simplon Ziege. Die Walliser Ziegen auf piemontesischer Seite sind ein Relikt der Walser Wanderungen und -kolonien des Hoch- und Spätmittelalters.

Die Stiefelgeiß (813 HB-Tiere), die Pfauenziege (1.129 HB-Tiere) sowie die Nera Verzasca (1.223 HB-Tiere) zählen zu den gefährdeten Rassen. Der Schweizer Ziegenzuchtverband versucht durch die Förderung gezielter Anpaarungen und die Forcierung von Tieren mit geringer genetischer Präsenz die genetische Breite der gefährdeten Ziegenrassen zu erhalten und die effektive Populationsgröße zu erhöhen.

Untersuchungen zur genetischen Distanz der Schweizer Ziegenrassen ergaben eine sehr geringe Differenz zwischen den beiden Tessiner Rassen, der Nera Verzasca und der Capra Grigia. Die enge Verwandtschaft ergibt sich aus der gemeinsamen Zuchtgeschichte. In der Schweiz werden die Capra Grigia und die Nera Verzasca jedoch als getrennte Rassen geführt.

Die markante Stiefelgeiß stammt aus dem Sarganserland des Kantons St. Gallen. Sie zeigt unter den Schweizer Ziegen die größte Farbvariabilität. Es treten zwei Typen in unterschiedliche Farbschlägen, von dunkel bis silbergrau auf: der sogenannte „Schwarzstiefel" und der „Braunstiefel". Foto: StiefelGeissen-Züchterverein Schweiz SGS

Autochthone Ziegenrassen des Schweizer Alpenraumes

Ziegenrasse	Gesamtbestand (Zuchtbuch)	Gefährdung (FAO)	ursprüngliches Verbreitungebiet	Region/Kanton
Stiefelgeiß	813 (gesamt)	gefährdet, VU	St. Gallener Oberland	St. Gallen
Pfauenziege	1129 (gesamt)	gefährdet, VU	Graubünden, Tessin	Graubünden, Tessin
Appenzeller Ziege	1479 (gesamt)	gefährdet, VU	Appenzell, Innerrhoden sowie Teile der Nordostschweiz und des badischen Schwarzwaldes	Innerrhoden
Bündner Strahlenziege	2.095 (gesamt)	gefährdet, VU	Prättigau sowie das Vorder- und Hinterrheintal	Graubünden
Capra Grigia	404 (gesamt)	stark gefährdet, EN	südliche Talschaften in Graubünden und Tessin	Tessin
Gämsfärbige Gebirgsziege	8734 (gesamt) Stand: 2011	nicht gefährdet, LC	Brienz, Unterengadin, Münsterland	Bern, Graubünden
Nera Verzasca	1.233 (gesamt)	gefährdet, VU	Versacatal und Nebentäler im Tessin	Tessin
Saanenziege	8.097 (gesamt)	nicht gefährdet, LC	Saanenland, Simmental	Bern
Simplon Ziege	30 (gesamt)	vom Aussterben bedroht, CR	Simplongebiet	Wallis
Toggenburger Ziege	3.873 (gesamt)	nicht gefährdet, LC	Talschaft Toggenburg	St. Gallen
Grüenochte Geiß (Vallesana Grigia)	15 (gesamt)	vom Aussterben bedroht, CR	Simplongebiet	Wallis
Walliser Schwarzhalsziege (Vallesana Nera)	2.424 (gesamt)	gefährdet, VU	Oberwallis	Wallis
Kupferhalsziege (Vallesana Rossa)	230 (gesamt)	stark gefährdet, EN	Grenzgebiet des Wallis u. Val Divedro im Nordpiemont	Wallis

Quelle: ProSpezieRara, EFABIS

oben: Pfauenziege mit dem charakteristischen schwarz-weißen Mantel und den sichelförmigen Wangenstrichen. Die Scheckung der Pfauenziege wird dominant vererbt. Foto: SZZV
unten: Nera Verzasca. Foto: ProSpecieRara

Kontakt:
Schweizer Ziegenzuchtverband (SZZV)
Schützenstraße 10
3052 Zollikofen (Bern)
info@szzv.ch
www.szzv.ch

Schweizerischer Schafzuchtverband
Industriestrasse 9
CH-3362 Niederönz
schafzuchtverband@caprovis.ch
www.caprovis.ch

ProSpecieRara
Schweizerische Stiftung f. d. kulturhistor. u. genet. Vielfalt v. Pflanzen u. Tieren
Unter Brüglingen 6, CH-4052 Basel
info@prospecierara.ch
www.ProSpecieRara.ch

Die Stiefelgeiß

Die Stiefelgeiß stammt aus dem St. Galler Oberland. Sie wurde daher auch St. Galler Oberländer Ziege genannt. Hans Anderegg beschreibt sie als rötlichbraun mit dunklem Aalstrich und dunklen Füßen. Der Bestand war zu Beginn der 1980er-Jahre nahezu erloschen. Lediglich eine kleine Herde und verstreute Einzeltiere konnten für den Wiederaufbau der Rasse gerettet werden.

Die Pfauenziege

Sie stammt aus dem Bündnerland und dem angrenzenden Tessin. Hans Anderegg erwähnte sie 1897 als großrahmige Prättigauer Ziege. Im Tessin wird sie als „Razza naz" bezeichnet, im Bergell als „Colomba". Auch in Österreich wird die Pfauenziege seit Beginn der 1990er-Jahre gezüchtet. In den vergangenen Jahren wurden vermehrt Böcke nach Österreich zur Verbesserung der Zucht exportiert. Die Pfauenziege wurde, wie die Stiefelgeiß, im Zuge der Bereinigung der Schweizer Ziegenrassen im Jahr 1938 als nicht förderungswürdig eingestuft. Erst durch die Initiative der Stiftung ProSpecieRara wurde die Rasse, zuerst 1979 im Kanton Graubünden, und 1998 offiziell vom Bund, als eigenständige Schweizer Rasse anerkannt (Verbreitungskarte und Steckbrief siehe Seite 76).

Die Nera Verzasca Ziege

Die Nera Verzasca ist eine besonders robuste, kräftige Gebirgsziege, die optimal an die zerklüftete, unzugängliche Berglandschaft des Tessin und der Provinz Varese angepasst ist. Die Zeit von April bis November verbringen die Tiere meist in kleinen bis mittleren Herden im Berggebiet. Im Herbst zählen Eicheln und Kastanien zu ihrer Hauptnahrung. Die Nera Verzasca ist eine alte Lokalrasse des Verzasca-Tales und der Nebentäler im Tessin. Sie wird gegen Ende des 19. Jahrhunderts als schwarze Tessiner Ziege (Liviner Ziege) beschrieben. Die Nera Verzasca wird seit einigen Jahrzehnten auch in angrenzenden Gebieten in Italien unter dem Namen Verzaschese gezüchtet, verdrängt dort aber zunehmend die autochthone Ziegenrasse Capra di Livo.

Steckbrief: Sie ist eine sehr robuste genügsame Ziege mit kräftigem Körperbau. Beide Geschlechter sind gehörnt. Die großrahmigen Ziegen erreichen ein Widerristhöhe von 75–85 Zentimeter und ein Gewicht von 50 Kilogramm. Böcke werden rund 10 Zentimeter höher, bei einem Durchschnittsgewicht von 70 kg. Das Haarkleid ist fein und kurz. Die Farbe ist rein schwarz. Die Tiere sind sehr anpassungsfähig, sowohl an sehr tiefe als auch an sehr hohe Temperaturen. (Verbreitungskarte siehe Seite 192)

Die Appenzeller Ziege

Eine leistungsbezogene Milchrasse des Appenzeller Landes. Trotzdem zählt sie mit einem Herdebuchbestand von lediglich 1.479 Tieren (1.379 weiblichen HB-Tieren) zu den gefährdeten Schweizer Ziegenrassen. Das ursprüngliche Verbreitungsgebiet sind Appenzell-Innerrhoden sowie Teile der Nordostschweiz und des badischen Schwarzwaldes. Felix und Hans Anderegg beschreiben sie 1897 noch als kurzhaarige, meist hornlose Ziege mit guter Milchergiebigkeit. Die milchergiebigen und widerstandsfähigen Ziegen waren bereits um 1900 nicht nur im Appenzeller Land, sondern auch in angrenzenden Kantonen und im benachbarten Deutschland beliebt. Mit der Rassezucht wurde zu Beginn des 20. Jahrhunderts im Kanton Appenzell-Innerrhoden und später in Außerrhoden begonnen.

Charakteristisch für den modernen Typus sind das einfärbig weiße, mittellange bis lange Haarkleid und die Hornlosigkeit. Die Appenzeller Ziege ist etwas zierlicher als die Saanenziege. Mit der stärkeren Leistungsorientierung der Landwirtschaft in den 1950er-Jahren wurden pflegeleichte, kurzhaarige Ziegen nachgefragt und der Bestand der Appenzeller Ziegen nahm rapide ab.

Bündner Strahlenziege und Saanenziege

Aus verschiedenen Lokalrassen Graubündens hervorgegangen, vertritt sie eine Gebirgsrasse, die auch noch unter schwierigen Bedingungen eine ansprechende Milchleistung erbringt (rund 600 Kilogramm). Ihr ursprüngliches Verbreitungsgebiet war der Prättigau sowie das Vorder- und Hinterrheintal. 1913 wurde sie noch als Schwarze Bündner Ziege geführt. Seit 1938 wird die Rasse planmäßig gezüchtet. Erst 1939 erhielt sie bei der Landesausstellung in Zürich die Bezeichnung „Strahlenziege", nach den charakteristischen weißen Strahlen, die von der Hornbasis bis zum Maul reichen.

1992 erreichte der Bestand mit lediglich 288 Tieren einen Tiefstand. In den 1990er-Jahren wurden kurzfristig einige British Alpine Ziegen und Böcke zur Blutauffrischung und Leistungsverbesserung eingekreuzt. Durch die Förderung der Bockhaltung konnte die Populationsgröße auf 668 Tiere angehoben werden. Mit einem Herdebuchbestand von 2.095 Ziegen hat sie die geringste Gefährdungssitutation bei Ziegenrassen in der Schweiz.

Zu den nicht gefährdeten heimischen Rassen des Schweizer Alpenbogens zählen die leistungsbetonten Saanenziegen, die Toggenburger Ziegen und die Gämsfärbige Gebirgsziege.

Die weiße, meist hornlose Saanenziege wird seit Jahrzehnten auf Milchleistung gezüchtet und stellt hohe Ansprüche an die Haltung. Sie belohnt dies aber mit über 900 Kilogramm Milch, das ist Schweizer Spitzenwert. Die Saanenziege stellt rund ein Drittel des Schweizer Herdebuchbestandes. Ihr Ursprungsgebiet liegt am äußeren Westrand der Alpen, nach ihr auch Saanenland genannt. Es ist eine Region im Berner Oberland, die vom übrigen Kanton Bern durch das Obersimmental abgegrenzt wird.

Die Toggenburger Ziege liefert mit rund 825 Kilogramm ebenfalls eine beachtliche Milchleistung. Diese mittelgroße Ziege stammt aus der Talschaft Toggenburg im Kanton St. Gallen, der mit den Appenzeller Alpen Anteil an den Alpen hat.

Die Gemsfärbige Gebirgsziege entwickelte sich aus dem alten rötlichbraunen Oberhasli-Brienzer-Schlag (Hasliziege) sowie aus dem braunen Bündner Schlag und dem gämsfärbigen Urner Schlag. Sie zählt mit 8.734 Herdebuchtieren zur zahlenmäßig größten Ziegenrasse der Schweiz (Daten BLW, 2011). Man unterscheidet den meist hornlosen Oberhasli-Brienzer Typus, den man vor allem in der Region Brienz, dem Greyerzerland und der übrigen Westschweiz antrifft, und den behornten Typus aus den Kantonen Graubünden und Uri.

Das von der Milchwirtschaft geprägte, hügelige Appenzeller Vorland ist das angestammte Zuchtgebiet der Appenzeller Ziege. Foto: ProSpezieRara

Steckbrief Stiefelgeiß

Die Stiefelgeiß ist eine sehr robuste genügsame Ziege mit einem dichten, mittellangen braunen Haarkleid. Böcke erreichen bei einer Widerristhöhe von 75–85 Zentimetern ein Gewicht von 60–80 Kilogramm. Ziegen werden 67–77 Zentimeter hoch und rund 35–50 Kilogramm schwer. Charakteristisch sind die langen Grannenhaare entlang des Rückens (das sg. „Mänteli"), die Behosung („Hösli"). Man unterscheidet die drei Farbschläge dunkel, hell und silbergrau. Die Farbe der unteren Extremitäten ist schwarz bis braun (Schwarzstiefel und Braunstiefel). Beide Geschlechter sind behornt.

Steckbrief Appenzeller Ziege

Sie ist eine sehr leistungsfähige, meist hornlose Milchrasse, mit kräftigem Körperbau und guter Flankentiefe. Böcke erreichen bei einer Widerristhöhe von 75–85 Zentimetern ein Gewicht von 65 Kilogramm. Ziegen werden 75–80 Zentimeter hoch und rund 45 Kilogramm schwer. Das mittellange bis lange Haarkleid ist rein weiß.

Steckbrief Bündner Strahlenziege

Die Böcke der mittelgroßen, lang gestreckten Ziege mit guter Flankentiefe erreichen eine Widerristhöhe von 75–80 Zentimetern und ein Gewicht von 65 Kilogramm. Ziegen werden 70–80 Zentimeter hoch bei einem Gewicht von 45 Kilogramm. Das Haarkleid ist kurz und glatt. Charakteristisch sind die weißen Abzeichen in Form von Streifen von der Hornbasis bis zum Maul, der weiße Spiegel sowie die weißen Stiefel. Die Ohren sind an der Außenseite ebenfalls meist weiß. Beide Geschlechter sind behornt. Im Gegensatz zur Pinzgauer Strahlenziege hat die Bündner Strahlenziege eine dunkle Bauchdecke und ist etwas schlanker und hochbeiniger. Die durchschnittliche Milchleistung liegt bei rund 611 Kilogramm.

Ein Nalpser Schaf im Bündner Naturmuseum in Chur.
Foto: Bündner Naturmuseum

Die auffällig hellbraun gezeichneten Partien um Maul, Ohren und Augen (Brillen) sind charakteristisch für das Spiegelschaf. Die unbewollte, glatte Stirn nennt man Spiegel.
Foto: ProSpecieRara

Vom Tavetscher zum Weißen Alpenschaf

Gegen Mitte des 19. Jahrhunderts gab es fast in jeder Schweizer Gebirgsregion oder größeren Talschaft unterschiedliche Landschläge, die sich mehr oder weniger unbeeinflusst entwickelten. Hans Anderegg beschreibt 1897 in seiner Arbeit über die Schmalviehzucht der Schweiz zehn Gruppen mit 30 verschiedenen Landschlägen, die teilweise auch Kreuzungsprodukte verschiedener Schläge darstellten.

Zur Gruppe der Tavetscher Schafe zählt er das kleinrahmige Bündner Oberländer Schaf, das auch Nalpser, Tavetscher oder Vriner Schaf genannt wird. Es gehörte wohl zu den urtümlichsten Schafschlägen der Alpen und ähnelte einer Ziege.

Die Nutztierwissenschaftler des ausgehenden 19. Jahrhunderts, Karl Ludwig Rütimeyer, Conrad Keller, Hans Anderegg, stuften es daher als direkten Abkömmling des Torfschafes ein. Der Name leitet sich von der Alp Nalps bei Disentis in der Surselva ab. Charakteristisch waren die kurzen, waagerecht abstehenden Ohren und das gerade Nasenprofil. Die Wolle war verhältnismäßig kurz und weich, jedoch sehr dicht.

Bereits um 1900 war der Großteil der Tiere mit Walliser Schafen verkreuzt. Versuche, die letzten ihrer Art im Tierpark des Sihlwaldes bei Zürich zu erhalten, scheiterten. Rund 80 Jahre später wurden die letzten Abkömmlinge des ausgestorbenen Bündner Oberländer Schafes wiederentdeckt. Eine kleine Gruppe von Tieren, die dem urtümlichen Typus ähnelten, begründete den gegenwärtigen, immer noch gefährdeten Bestand des Bündner Oberländer Schafes. Der Großteil der vor 116 Jahren beschriebenen Landschläge, wie die Gruppe der extrem kleinrahmigen Tessiner Schafe (Razza piccolo), ist heute nur mehr Geschichte.

In der Schafzucht stellt heute das Weiße Alpenschaf mit 28.529 Herdebuchtieren die mit Abstand zahlenkräftigste Rasse der Schweiz dar. Das Bundesamt für Landwirtschaft führt fünf anerkannte Schweizer Schafrassen. Zwei davon, das Bündner Oberländer Schaf und das Walliser Landschaf, sind als gefährdet (EN, endangered gemäß FAO-Kriterien) einzustufen, da der Bestand an weiblichen Zuchttieren unter der kritischen Marke von 1.000 Tieren liegt. Das Bündner Oberländer Schaf ist mit einem Bestand von 889 Herdebuchtieren (757 weibliche Tiere) die am stärksten gefährdete Schafrasse der Schweiz.

Ursprungsgebiet ist das Bündner Oberland, die Surselva, die Talschaft des oberen Vorderrheins im Kanton Graubünden. Das parallel zum Alpenhauptkamm verlaufende Längstal erstreckt sich vom Oberalp-Pass im Westen über eine Fläche von 1.374 Quadratkilometer bis vor das Bergsturzgebiet von Flims im Osten.

Ganz im Westen des Schweizer Alpenbogens, im Ober- und Mittelwallis (zwischen Leuk und Martigny) des Kantons Wallis, liegt das ursprüngliche Verbreitungsgebiet des Walliser Landschafs. Es ist mit 1.073 Herdebuchtieren (930 weibliche Herdebuchtiere) und trotz positiver Entwicklung immer noch gefährdet.

Das Spiegelschaf und das Engadiner Schaf haben mit 1.607 beziehungsweise 2.897 weiblichen Herdebuchtieren heute wieder einen stabilen Bestand erreicht (FAO: VU, vulnerable, Daten: EFABIS 2013). Das Prättigau im Kanton Graubünden ist das Herkunftsgebiet des Spiegelschafes. Die auffällig dunkle (hellbraune bis schwarze) Färbung der Augenpartien sowie der Ohrenspitzen und des Mauls sind seine charakteristischen Merkmale.

Autochthone Schafrassen des Schweizer Alpenraumes

Rasse	Gesamtbestand (Zuchtbuch)	Gefährdung (FAO)	ursprüngliches Verbreitungsgebiet	Region/Kanton
Bündner Oberländer Schaf	889 (gesamt)	stark gefährdet, EN	Surselva, Talschaft des oberen Vorderrheins	Bündner Oberland, Graubünden
Weißes Alpenschaf	28.529 (gesamt)	nicht gefährdet, LC	landesweit	landesweit
Walliser Landschaf	1.073 (gesamt)	stark gefährdet, EN	Ober- und Mittelwallis (zwischen Leuk und Martigny)	Wallis
Spiegelschaf	1.921 (gesamt)	gefährdet, VU	Prättigau	Graubünden
Walliser Schwarznasenschaf	15.709 (gesamt)	nicht gefährdet, LC	Oberwallis	Wallis
Engadiner Schaf	3.277 (gesamt)	gefährdet, VU	Engadin	Graubünden

Alpschweine – ein Blick zurück

Bei den autochthonen Schweinerassen haben nur züchterisch „verbesserte“ Rassen, das Schweizer Edelschwein und das Veredelte Landschwein (Schweizer Landrasse Schwein), die Industrialisierung der Landwirtschaft überdauert. Bei der Schweinezucht spielten, wie im gesamten Alpenbogen, neben der starken Leistungsorientierung auch die geänderten Essgewohnheiten eine maßgebliche Rolle. Die Weideschweine mit geringem Fettansatz wurden durch Einkreuzung frühreifer und mastfähiger Rassen „veredelt“.

Die Viehzählung von 1886 ergab noch einen Anteil von 60 Prozent (231.825 Stück) an einheimischen Schlägen, neben 30 Prozent an ausländischen Rassen und 10 Prozent Kreuzungen. Auf den Alpenraum entfielen davon in Summe 327.024 Stück (rund 83 Prozent). Die Alpwirtschaft behielt für die Schweinehaltung lange Zeit hohe Bedeutung, da in den rund 2.800 Alpsennereien ausreichend Rückstände aus der Käseproduktion (Schotten, Buttermilch) für die Schweinefütterung anfielen. Neben der Verwertung der Rückstände war mit der Schweine -Alpung auch die Erhaltung von Alpweiden verbunden, die von Rindern nicht genutzt oder verschmäht wurden.

Heute zeigt sich ein gänzlich anderes Bild. Die Ballungszentren der Schweinezucht liegen außerhalb des Alpenraums im östlichen und zentralen Mittelland. Das stehohrige Edelschwein und das hänge- oder klappohrige Veredelte Landschwein sind die beiden einzigen anerkannten und geförderten Schweizer Schweinerassen. Beide werden heute miteinander sowie mit ausländischen Rassen gekreuzt. Gängige Einkreuzungsrassen sind das Hampshire, das Duroc sowie das Piétrain Schwein.

Die Schweizer Edelschweinzucht nahm ihren Ausgang um 1900 in der Westschweiz und im Kanton Bern. Ausgangsrasse war das heimische Walliser Schwein, das mit dem weißen englischen Yorkshire Schwein veredelt wurde. Es folgten kontinuierlich Importe aus ausländischen Edelschweinzuchten. Mit knapp 10.000 Herdebuchtieren ist das Edelschwein heute die zahlenmäßig stärkste Schweinerasse der Schweiz (Daten BLW).

Das Veredelte Landschwein zeigt noch mehr Einflüsse der ehemaligen Landrassen als das Edelschwein. Veredelt wurde das Landschwein anfangs mit Importen aus Deutschland, nach dem Zweiten Weltkrieg mit Tieren aus Holland, Belgien und England. Es hat mit 1.112 Herdebuchtieren einen deutlich geringeren Stellenwert als das Edelschwein.

1899 existierten noch acht rote bis schwarze heimische Schweineschläge, das Luzerner, Freiburger, Unterwaldener und Thurgauer Schwein, das Bündner Oberländer, das kleine Rote Tessiner, das Walliser und Appenzeller Schwein.

Alpschweine auf der Braunwaldalp im hinteren Glarnerland über den Streusiedlungen von Braunwald (1911). Die Alp der Alpkorporation Braunwald besteht aus fünf Sennten (Käsereien).

Das Bündner Oberländer Schwein

Felix Anderegg erwähnte 1897, dass es selten reinrassig in seinen ursprünglichen Verbreitungsgebieten in Graubünden, Uri und im Oberwallis gehalten wurde. Er beschreibt es als dunkelbraun bis schwarz, klein und rundrückig, mit mähnenartigen Haaren an Brust und Kehle, die Beine kurz und dick. Auch der Kopf war kurz mit dickem Rüssel. Die Schweine lieferten ausgezeichnetes Fleisch mit wenig Speck und Schmalz.

Adolf Staffe führt 1916 in seiner Monografie über die Schweine der Ostalpen an, dass das Bündner Schwein im Verschwinden begriffen sei. Er beschreibt es als Landschwein mit breiterem Rücken als die typischen, weiter östlich verbreiteten schwarzen Landschweine-Schläge der Ostalpen. Bald danach wurden die letzten Bestände mit englischen Fettschweinrassen gekreuzt und als Weideschweine auf die Almen getrieben. Die letzten reinrassigen Bestände erwähnt Conrad Keller 1919 für den Raum Disentis, im rätoromanischen Teil von Obergraubünden. Um diese Zeit dürfte es ausgestorben sein.

Zu den ausländischen Rassen zählten damals das große Weiße Yorkshire und Tamunworth (beide England), das Poland-China (USA), das Meißener (Deutschland) sowie das bedeutendste französische Schwein, das Craonnaise.

Valtelliner Schweine auf den Andossi-Alpen im Val San Giacomo zwischen Chiavenna und dem Splügenpass in den 1980er-Jahren. Foto: L. Vinciguerra

Um 1840 wurde das ungarische Mangaliza Schwein für Mastzwecke in die Schweiz eingeführt, das heute eine gewisse Renaissance erlebt.

Die Appenzeller Spitzhauben werden in ihrer Heimat, dem Ostschweizer Appenzellerland, wegen ihres auffallenden Kopfschmucks auch „Tschüpperli" genannt. Durch den kleinen Kehllappen und den auf Hörnchen reduzierten Kamm sind die Hühner wenig kälteempfindlich.

Von Spitzhauben und Schweizer Hühnern

In den Schweizer Alpen findet man noch drei einheimische Hühnerrassen, die Appenzeller Spitzhauben, das Appenzeller Barthuhn sowie das Schweizer Huhn. Alle drei Rassen sind heute in ihrem Bestand gefährdet.

In Summe gibt es in der Schweiz 89 anerkannte Großrassen und 58 Zwergrassen, die von rund 13.500 Nutzgeflügel-Betrieben gehalten werden. Neben der bäuerlichen Haltung für die Eigenversorgung und die Belieferung des Kleinhandels mit Frischeiern, wird der Großteil des Hühnerfleisches und der Eier in einigen wenigen, hoch spezialisierten Mast- und Legebetrieben produziert. Nur jedes zweite Ei stammt dabei aus der Schweiz.

Eine Henne des Farbschlags „gold getupft"; es ist einer von fünf Farbschlägen des Appenzeller Spitzhaubenhuhns. Foto: ProSpecieRara

Die zierlichen Appenzeller Spitzhauben mit dem besonderen Merkmal ihrer nach vorne geneigten Federhaube zählen zu den ursprünglichsten noch lebenden Hühnerrassen der Alpen. Sie zeigen auch noch sehr ursprüngliche Verhaltensweisen, sind gute Flieger und geschickte Kletterer auf felsigem Terrain. Sie schlafen gerne auf Bäumen. Bei Gefahr baumen sie rasch auf.

Bereits im 15. Jahrhundert züchtete man Spitzhaubenhühner in den Klöstern der Alpen. Mit der Standardisierung der Nutzgeflügel und Neuzuchten nach bestimmten Leistungsmerkmalen gerieten die verschiedenen Landschläge allmählich an den Rand des Aussterbens. In der Schweiz wurden zur Leistungsverbesserung und Blutauffrischung ausländische Rassen, La Flèche, Holländische Brakel oder Hamburger Silberlack, in die noch vorhandenen Spitzhauben-Schläge eingekreuzt, in der Meinung, diese Rassen zählten zu den Stammeltern der Spitzhauben.

Die noch junge Stiftung ProSpecieRara begründete im Jahre 1983 als eines ihrer ersten Tierprojekte die Erhaltungszucht für die Appenzeller Spitzhauben auf Basis einiger mehr oder weniger reinrassiger Tiere. Aufgrund des geringen Ausgangsbestandes wurden die verschiedenen Farbschläge innerhalb der Rasse miteinander verpaart und in weiterer Folge die ursprünglichen Farbschläge rückgezüchtet.

Die Gesamtpopulation des Schweizer Bestandes an Appenzeller Spitzhauben umfasst rund 1.000 Tiere (EFABIS 2010), 466 Hennen sind im Herdebuch registriert.

Ebenfalls aus dem Ostschweizer Appenzeller Land stammt das in den 1860er-Jahren aus den verschiedensten Landschlägen herausgezüchtete Appenzeller Barthuhn. Mit rund 800 Tieren im Gesamtbestand zählt es als meistgefährdete Schweizer Hühnerrasse.

Das Schweizerhuhn ist die „jüngste" unter den heimischen Geflügelrassen und mit seinen Farben weiß-rot das Nationalhuhn der Schweiz. Es wurde zu Beginn des 20. Jahrhunderts als klassisches Zweinutzungshuhn mit guter Legeleistung und passablem Fleischansatz für die Eigenversorgung der Bevölkerung aus verschiedenen, nicht heimischen Rassen neu gezüchtet. Ab der Mitte des 20. Jahrhunderts konnte sich diese Zwiehuhnrasse kaum mehr gegen die Konkurrenz der Hybriden behaupten. Doch seit dem Wiederaufleben der Eigenversorgungs-Wirtschaft erfreut sich das Schweizer Huhn wieder steigender Beliebtheit. Der Bestand ist mit rund 1.500 Exemplaren als gefährdet einzustufen.

Autochthone Hühnerrassen des Schweizer Alpenraums

Hühnerrassen	Bestand (Zuchtbuch/Register)	Gefährdung (FAO)	urspr. Verbreitungebiet	Region/Kanton
Appenzeller Spitzhauben	787* (gesamt)	gefährdet, VU	Bezirk Appenzell	Ostschweiz
Appenzeller Barthuhn	769* (gesamt)	gefährdet, VU	Appenzeller Vorderland	Appenzell/Ausserrhoden
Schweizer Huhn	1.524* (gesamt)	gefährdet, VU	Amriswil	Thurgau

* 2010

Die Sennenhunde

Bis zur Mitte des 19. Jahrhunderts gab es in der Schweiz noch keine planmäßige Zucht von Arbeitshunden (Sennen- und Hofhunden). Friedrich Tschudi schreibt 1853 in seinem Buch über das Tierleben der Alpenwelt von „Berghunden, von denen wir manche in unserem Gebirge eigentümliche und interessante Erscheinungen finden".

Um 1900 kamen verschiedene spitzartige Hunde vor, neben dem gewöhnlichen Spitz der Zwergspitz sowie der Wolfspitz des Berner Mittellandes. Damals erkannte man in der Schweiz bereits den Wert der alteingesessenen Treib-, Hüte- und Hofhunde als unverzichtbare Gehilfen bei der Behirtung und begann mit der planmäßigen Zucht der Schweizer Sennenhunde.

Alle vier Schweizer Rassen der Sennenhunde gehen auf bodenständige Bauernhunde zurück und nicht auf römische Molosserhunde, wie Kynologen noch um 1900 annahmen. Damals versuchte man, nicht nur unter Kynologen, möglichst lange Stammbäume der Nutztierrassen zu konstruieren. Der Kynologe Albert Heim grenzte die vier Schweizer Sennenhunde, den Appenzeller Sennhund, den Berner Sennenhund, den Entlebucher Sennenhund und den Großen Schweizer Sennenhund, voneinander ab und formulierte die einzelnen Standards.

Als typischen Sennenhund für die Viehherden in den Schweizer Alpen erwähnt Friedrich Tschudi einen mittelgroßen, kurzhaarigen, vierfärbigen Hund von meist reinem spitzartigem Schlag. Der hell bellende Sennenhund wurde zum Zusammentreiben der Viehherden und als Wachhund bei den Alphütten eingesetzt. Er ähnelte im Morphotypus einem kräftigen Mittelspitz, wie man ihn gelegentlich heute noch in den Gebirgsgegenden von Süd- und Osttirol antrifft.

1898 wurden erste Fördermaßnahmen für die Hebung der Zucht des Appenzeller Sennenhundes im Kanton St. Gallen gewährt. Die Reinzucht wurde 1906 mit der Gründung des „Appenzeller Sennenhunde Clubs" und der Führung des „Appenzeller Hundestammbuches" begonnen. Albert Heim legte 1914 den endgültigen Rassestandard des Appenzeller Sennenhundes fest. Er schätzte den reinrassigen Gesamtbestand für Appenzell-Innerrhoden auf etwa 180 Stück. Der Appenzeller ist als einziger der Schweizer Sennenhunde in seinem Bestand stark gefährdet!

Der Entlebucher Sennenhund ist mit 22 bis 30 Kilogramm das Leichtgewicht und der kleinste unter den Schweizer Sennenhunden. Er eignet sich gut zum Treiben der Schaf- und Viehherden sowie als Wachhund am Hof. Sein Ursprungsgebiet sind die Talschaften Emme und Entlen sowie die große Emme in den Kantonen Luzern und Bern. Die Rasse wurde 1889 erstmals erwähnt und 1913 von Albert Heim wiederentdeckt. Heute wird die Rasse trotz ihres ausgeprägten Hütetriebs leider nur mehr selten als Arbeitshund eingesetzt.

Der Berner Sennenhund oder Dürrbächler wurde, wie der Große Schweizer Sennenhund, ursprünglich ebenfalls als Zug-, Wach- und Treibhund verwendet. Im bäuerlichen Bereich leistete er vor allem Zugdienste für den Transport der Frischmilch zu den Molkereien. Heute ist der Berner Sennenhund ein weltweit beliebter Familienhund, vereinzelt dient er noch als Wachhund. Sein Einsatz als Gebrauchs- sowie als Katastrophen- und Schutzhund ist stark rückläufig. Sein Ursprungsgebiet liegt vorwiegend außerhalb der Alpen, im Berner Mittelland. Er war aber auch in den Berner Voralpen verbreitet. Er ist der einzige langhaarige Vertreter unter den Schweizer Sennenhunden, dazu übermittelgroß und kräftig gebaut.

Der Große Schweizer Sennenhund ist mit bis zu 65 Kilogramm und einer Widerristhöhe von bis zu 72 Zentimetern bei Rüden (68 bei Hündinnen) der größte und schwerste der vier Schweizer Sennenhunde. Es wird angenommen, dass er auf die früher in Mitteleuropa weit verbreiteten Metzger- oder Fleischerhunde zurückgeht.

1939 wurde der erste Standard durch die FCI (Fédération Cynologique Internationale), der Weltorganisation der Kynologie, veröffentlicht. Der als Schutz-, Zug- und Treibhund gezüchtete Große Sennenhund ist heute ein Familienhund. Er hat Stockhaar mit dichtem, mittellangem Deckhaar.

Der Bernhardiner (St. Bernhardshund) ist wohl die bekannteste Schweizer Hunderasse und der Nationalhund der Schweiz. Benannt ist er nach dem um 1.050 gegründeten Hospiz St. Bernhard, das Pilgern und Reisenden als Zufluchtsort auf der Passhöhe des 2.469 Meter hoch gelegenen Großen St. Bernhard Passes in den Walliser Alpen diente.

Der Appenzeller Sennenhund ist ein mittelgroßer, fast quadratisch gebauter, muskulöser Hund. Foto: SCAS

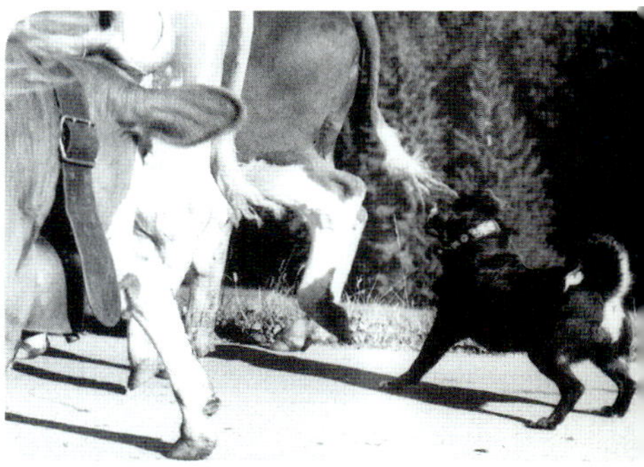

Der Appenzeller Sennenhund hat als einziger der vier Schweizer Sennenhunde wie der Spitz eine dicht behaarte Ringel- oder Posthornrute und die typische Bellfreudigkeit. Die Ohren sind klein und hoch angesetzt und die Ohrlappen hängend. Er ist ein furchtloser Treibhund, der auch für Rinderherden geeignet ist. Inzwischen wird er hauptsächlich als Familienhund gehalten. Foto: SCAS

Die Alpenregion Graubünden

Blick von der Schlanser Alm auf den Ort Trun und die obere Surselva, die Talschaft des oberen Vorderrheins im schweizerischen Kanton Graubünden. Der obere Teil der Surselva (um Disentis) heißt Cadi.

Das Rätische Grauvieh, einst die dominante Viehrasse der Schweiz, verschwand um 1920 aus dem Bündner Oberland. Im Bild: Eine gemischte Herde aus Grau- und Braunvieh am Roseg-Gletscher, um 1910. Foto: Archiv Jaritz

Rund 150 Talschaften bilden im Südosten der Schweiz den Kanton Graubünden. Die zwei Haupttäler der Region, das Engadin im Osten und die Surselva im Westen, verlaufen parallel zum Alpenhauptkamm.

Das Rätische Grauvieh und das Tavetscher oder Nalpser Schaf waren in diesem Bereich ursprüngliche Nutztierrassen, sind jedoch beide im 20. Jahrhundert ausgestorben. Graubünden war über Jahrhunderte durch regen Viehhandel und Wanderschafherden mit dem Tessin und Norditalien verbunden. Schafhirten aus dem Veltlin und Tirol nutzten Almen in den Engadiner Alpen.

Die Landwirtschaft wurde in der Neuzeit lange zur familiären Selbstversorgung ausgeübt. Neben Ackerbau und Viehzucht spielte die Almwirtschaft eine bedeutende Rolle. Durch den Strukturwandel in der Landwirtschaft und die Abwanderung aus Berggebieten konnten die ausgedehnten Almweidegebiete nicht mehr ausreichend bestoßen werden. Die Binnennachfrage war zu gering, daher wurde der überwiegende Teil des Weidelandes und der Almen an Hirten aus Tirol, dem Veltlin und Oberitalien verpachtet.

Aus dem Raum um Brescia und der Ebene des südlichen Tessin zogen bis ins 20. Jahrhundert jährlich 30.000 bis 35.000 Bergamasker Schafe in die Engadiner Alpen. Das Engadiner Fuchsschaf geht vermutlich auf verschiedene Landschläge mit Bergamasker Einkreuzung zurück.

Das kantonale Gesetz, das die Bestoßung der Bündner Almen regelte, schrieb mehrmals aufgrund der Maul- und Klauenseuche ein Wanderverbot vor und schränkte den Viehverkehr deutlich ein. 1914 wurde ein allgemeines Einfuhrverbot für alle Viehgattungen erlassen. 1923 schreibt ein gewisser Adolf Fellen von seinen Eindrücken auf der Reise in das Engadin: „Ich musste leider aus dem Avestale wieder umkehren, da die Übergänge nach dem Engadin und Bergell alle gesperrt sind, wegen der Maul- und Klauenseuche.“

Als Hauptlastentiere waren in Graubünden bis weit in die 1950er-Jahre hinein Ochse und Kuh verbreitet. Das Pferd war das Tier der Herren. In der zweiten Hälfte des 20. Jahrhunderts wurden belgische Kaltblut-Pferderassen verwendet. So setzten bis in die 1970er-Jahre Transportunternehmen und Brauereien in Chur belgisches Kaltblut als Gespanntiere ein. Pferde wurden gezielt zugekauft, wo Bedarf für ein schnelles Lastentier bestand.

Autochthone Geflügelrassen sind für Graubünden nicht belegt.

Porträt: Silvio Pfister. Ein kleines rätisches Dorf und seine Tiere.

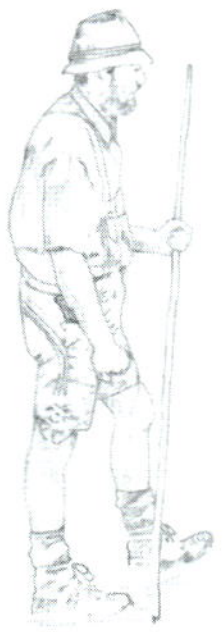

Ein kleines rätoromanisches Dorf, Schlans bei Trun, am Südhang hoch über dem Vorderrhein. Aber eine Hochburg, wenn es um die Erhaltung bodenständiger Schweizer Rassen geht. Die Gemeinde zählt heute mit rund 90 Einwohnern nur mehr halb so viele Bewohner wie vor 350 Jahren und es gibt lediglich vier aktive Landwirte. Zwei davon, Silvio und Reto Pfister, sind die Triebfedern bei der Erhaltung seltener Nutztierrassen. Sie sind entfernt miteinander verwandt und kennen sich, wie man sich in einer 90-Seelen-Gemeinde eben so kennt. Sie haben aber ein gemeinsames Ziel, das sie verbindet.

Der 84-jährige Vater von Silvio, Sepp Pfister, kann sich noch an graue gehörnte Schafe erinnern, als er ein kleiner Junge war. Auch in Silvios Kindheit gab es in Schlans im Surselva-Tal noch typische Bündner Oberländer Schafe.

„Es hieß immer, das sind Schafe ohne Papiere (Zuchtpapiere) und die sind minderwertig. Die Tiere waren aber immer schon in der Region. Niemandem war es bewusst, dass sie etwas Besonderes waren und eine eigenständige Rasse darstellten", erklärt Silvio Pfister. Nach und nach sind die Bündner Oberländer Schafe in Schlans und fast im gesamten Graubünden – nahezu – ausgestorben.

Als 16-Jähriger hat Silvio in einem Buch einen Beitrag über das Tavetscher Schaf gelesen und wurde so auf diese alte Graubündner Rasse aufmerksam. Er war fasziniert von dem Gedanken, dass es in der Region auch eine heimische Rasse gab und nicht nur diese „minderwertigen" Schafe.

So vergingen weitere Jahre. Als 19-Jähriger stieß Silvio auf die Stiftung ProSpecieRara. Von der Stiftung erfuhr er den Seltenheitswert dieser Rasse. Die Restpopulation umfasste damals lediglich 40 Tiere. Rasch begeisterte er sich für das Erhaltungsprojekt der Stiftung und war 1996 einer der Ersten, der eine Zuchtgruppe der Bündner Oberländer Schafe bekam und dem die Verantwortung für diese Rasse übertragen wurde. Silvio Pfister war auch einer der Ersten, der wieder das Rätische Grauvieh züchtete. Es folgten die Capra Grigia, die Graue Bergziege, und das Freiberger Pferd. Die Bündner Strahlenziege war aber bereits seit Generationen am Hof der Pfisters zuhause.

Unterm Strich. „In Summe hat man von einem Bündner Oberländer Schaf genauso viel, wie von einem Weißen Alpenschaf", ist Silvio Pfister überzeugt. Er hat aus Erfahrung gelernt, dass man bei Leistungsrassen züchterisch kaum Fortschritte machen kann. „Wo man auf der einen Seite zulegt, verliert man auf der anderen Seite, sei es bei der Tiergesundheit oder bei der Langlebigkeit. Das ist immer dasselbe Spiel."

Je größer ein Tier ist, desto mehr frisst es auch. Dasselbe gilt für die Leistung. Silvio Pfister kann mit dem Futter, das ein Weißes Alpenschaf verbraucht, zwei Bündner Oberländer Schafe füttern. „Bei den Weißen Alpenschafen wird bei der Schlachtung zuerst ein großer Anteil an Fett weggeschnitten, der im Abfalleimer landet", erzählt Silvio. „Das passiert beim Bündner Oberländer Schaf nicht." Denn das Fleisch der Oberländer Schafe ist gut marmoriert und der Fettansatz ausgewogen. Nicht zu viel und nicht zu wenig. Er verleiht dem Fleisch gerade die richtige Geschmacksnote und sorgt dafür, dass es nach dem Kochen nicht zu trocken ist. Kein überschüssiges Fett landet im Kübel. Silvio spricht aus Erfahrung. Er war lange als Metzger tätig. „Das Bündner Oberländer Schaf ist das Schaf der Individualisten, lauter spezielle Leute", erklärt Silvio. Aber auch die Schafe sind sehr individuell.

Als das Bündner Oberländer Schaf 1984 wiederentdeckt wurde, fand man in Medels, Sedrun und Vrin noch einzelne Exemplare aus unterschiedlicher Landschläge, die dem Tavetscher Schaf ähnlich waren.

Die Grauen aus Graubünden

Die drei Bünde, Gotteshausbund, Zehngerichtebund und Oberer oder Grauer Bund, bildeten vom 14. bis zum Ende des 18. Jahrhunderts auf dem Gebiet des heutigen Kantons Graubünden einen eigenen

Das Engadiner Schaf stammt aus dem Unterengadin und ist aus der Kreuzung bodenständiger Steinschaf-Schläge mit Bergamasker Schafen hervorgegangen.
Foto: Ch. Gazzarin-Junginger

In der Gemeinde Schlans sprechen noch vier Fünftel der Bewohner Rätoromanisch als Muttersprache. Im Bild ein Bündner Oberländer Schaf.

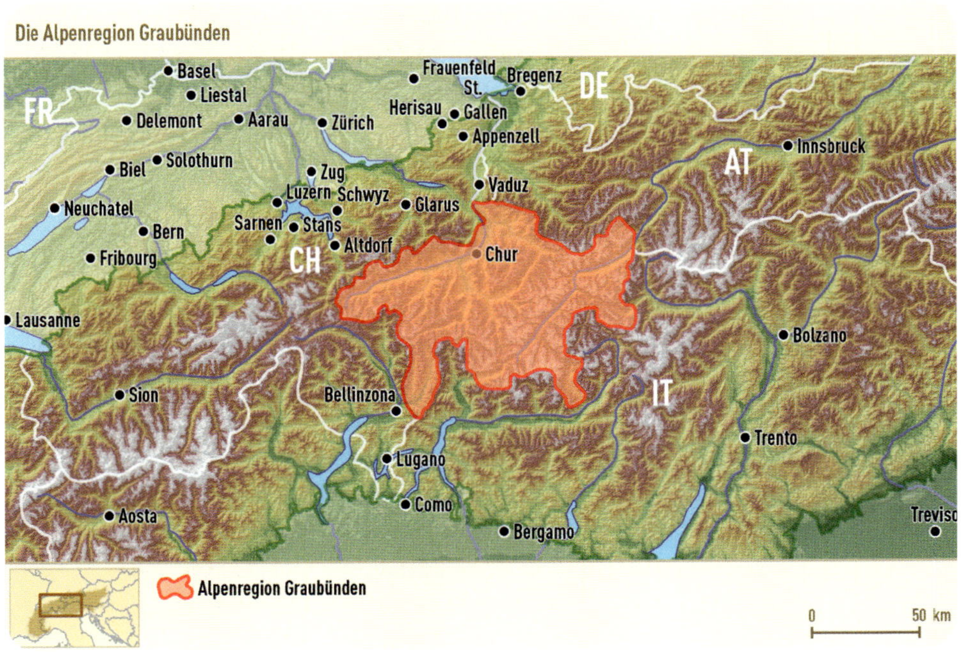

Silvio Pfister züchtet aus Tradition, mit großem Enthusiasmus und Leidenschaft das für Graubünden typische Bündner Oberländer Schaf.

Freistaat. Der Graue Bund (rätorom. Lia Grischa) wurde 1424 in der Gemeinde Trun unter dem Ahornbaum neu beschworen.

Man nimmt an, dass sich der Name des Grauen Bundes vom grauwollenen Lodentuch des einfachen Mannes ableitet, denn auch die Bewohner wurden kurz die Grauen genannt. Das mittelalterliche Schaf der dazugehörigen Talschaften des vorderen und hinteren Rheintales soll überwiegend grau wie auch schwarz und weiß gewesen sein. Durch das Mischen von weißer mit schwarzer Wolle erhält man graue Wolle. Bemerkenswert ist auch, dass das Rätische Grauvieh wie der Calanca-Farbschlag der Capra Grigia Ziege, der aus der südlichen Graubündner Talschaft Misox stammt, grau sind. Der Anteil an grauen Bündner Oberländer Schafen ist heute auf einige wenige Tiere beschränkt.

Bei Silvio Pfister findet man jedoch alle Farben und Größen sowie noch einige graue Tiere. Kein Tier wird ausselektiert, weil es unterdurchschnittlich klein oder zu groß ist. Er setzt bewusst abwechselnd große und kleinere Widder ein. Die Mehrheit seiner Tiere liegt daher im Mittelmaß. „Die Größe der Schafe ist eine Einstellungssache. Wer großrahmige Schafe will, soll mit einer großrahmigen Rasse züchten“, vertritt Silvio dazu seinen Standpunkt.

Der ursprüngliche Typ des Bündner Oberländer Schafes hatte eine grobe Mischwolle. Vereinzelt kommen Tiere mit Tothaaren (abgestorbene Stichelhaare) vor. Die Wolleigenschaften wurden bei der züchterischen Selektion in den vergangenen Jahren wenig beachtet. Das hatte zur Folge, dass heute ein Teil der Tiere nur mehr schlichtwollig ist. „Kaum ein Widder hat eine so ausgeprägte Mischwolle mit vielen Grannenhaaren wie meine Tiere“, bedauert Silvio Pfister.

Um dem Ursprungstypus zu entsprechen, sollen die Ohren klein sein und möglichst waagerecht seitlich abstehen. Die meisten Schafe der Bündner Oberländer haben aber bereits mittelgroße hängende Ohren. Silvio Pfister versucht diesem Trend entgegenzusteuern und den ursprünglichen Typus mit ausgeprägter Mischwolle und kleinen abstehenden Ohren zu erhalten und zu züchten.

Wie die alten Rassen zu Silvio Pfister kamen

Die Capra Grigia, die Graue Bergziege, und das Original Freiberger Pferd kamen zufällig zu Silvio, nicht aber die Bündner Oberländer Schafe, die Bündner Strahlenziegen und das Rätische Grauvieh. Er arbeitete vor zwölf Jahren als Hirte auf der Medelser Schafalpe am Lukmanierpass, an der Grenze zwischen dem Kanton Graubünden und dem Tessin. Gandalf, ein junger Capra-Grigia-Bock, wurde Silvio von einer Bäuerin aus Medels als Hundefutter für seine Treibhunde angeboten. Der Jährlingsbock war offensichtlich wegen schlechter Fütterung im Winter nicht gut entwickelt. Im Herbst, als die Zeit gekommen war, um den Bock zu schlachten, stellte Silvio fest, dass sich das Tier über den Sommer recht gut entwickelt hatte. Es zeigte gute Proportionen und schöne Beine. So entschloss sich Silvio, den Bock am Leben zu lassen, und der dankte es ihm und machte im zweiten Winter einen Riesenschritt im Wachstum. Gandalf bildete den Grundstein für Silvios heute dreizehnköpfige Capra-Grigia-Herde.

Das Original Freiberger Pferd fand ebenso durch einen glücklichen Zufall den Weg zu Silvio Pfister. Er suchte damals eine ältere Freiberger Stute für seine Partbred Araber Zucht und fand zwei Tiere im Appenzeller Land. Ein Bauer konnte sie wegen seiner Rückenschmerzen nicht mehr betreuen. Erst nach dem Kauf forderte Silvio die Zuchtpapiere an und da stellte sich heraus, dass beide Tiere zu 100 Prozent reinrassige Freiberger Pferde waren. Ein wahrer Glücksgriff!

Vor rund 15 Jahren hat Silvio Pfister mit einem Kollegen als einer der ersten Betriebe Tiroler Grauvieh im Graubündner Oberland angesiedelt und wieder heimisch gemacht. Mit Hilfe von Viehhändlern wurden typische Grauviehbestände im Tiroler Oberland ausfindig gemacht und in die Schweiz eingeführt. Tiroler Grauvieh wurde so zur Ausgangspopulation des Rätischen Grauviehs in der Schweiz.

Anfangs wurde Silvio mit seinen vergleichsweise kleinen Grauviehtieren belächelt. „Ihr mit euren Kleinen“, wurde gespottet. „Lass sie reden und lachen, solange sie darüber reden, ist etwas Wahres dran", meinte Silvios Vater. Er sollte recht behalten. Heute ist das Rätische Grauvieh in Graubünden nicht mehr wegzudenken, aber von staatlicher Seite noch immer nicht als Schweizer Rasse anerkannt. Dieses Prädikat wird nur an Rassen vergeben, die ihren Ursprung in der Schweiz haben oder mindestens seit 1949 in der Schweiz gezüchtet werden. Das ursprüngliche Grauvieh ist in der Schweiz um 1920 ausgestorben. Die Neubegründung erfolgte in den 1980er-Jahren mit Importen aus Nordtirol.

Silvio Pfister ist 37 Jahre alt und führt seit 17 Jahren den elterlichen Hof in Schlans bei Trun. Er bewirtschaftet derzeit einen 45 Hektar großen Grünlandbetrieb und besitzt 70 Mutterschafe und ebenso viele Lämmer. Dazu betreibt er erfolgreich einen Pferdezuchtbetrieb mit 18 Zuchtstuten. Er ist mittlerweile einer der größten Züchter von Bündner Oberländer Schafen und beteiligt sich bei verschiedenen Ausstellungen.

Dabei war es nie Silvios Wunsch, so groß zu werden. Bislang hat er mit einem Betrieb kooperiert. Nachdem dieser Hof aufgegeben wurde, hat er den Betrieb aus der Notsituation heraus übernommen. Auch Unsicherheit spielte mit, wie es mit der Agrarpolitik der Schweiz weitergeht.

Silvio hat eine Alm gefunden, auf die keine Widder aufgetrieben werden. Es ist die Alpa Lumpegna oberhalb von Disentis. Seither lässt er seine Bündner Oberländer Schafe nur mehr ein Mal pro Jahr, nur im Frühjahr, ablammen. Dadurch kommen die Lämmer etwas gestaffelter auf die Welt und die Jungtiere können auf der Weide und auf der Alm großgezogen werden. Im Herbst verkauft Silvio Alplammfleisch.

Er füttert seine Schafe noch in mehreren alten Ställen. Die Oberländer sind fruchtbar und haben in der Regel Zwillingsgeburten. Die Mütter mit ihren Lämmern sollten im Winter bei Stallhaltung in Gruppen untergebracht werden. Das ist bei der alten Bausubstanz seiner Ställe nicht im notwendigen Umfang möglich. Daher hat Silvio die Ablammungen auf das Frühjahr verlegt. „Wenn man das Lammfleisch nicht direkt vermarkten kann, macht es bei den derzeitigen Lammfleischpreisen auch keinen Sinn, die Schafe derart auszubeuten", ist seine Anschauung. Für ein Lamm mit 35 Kilogramm Lebendgewicht erhält er rund 100 bis 150 Schweizer Franken. Silvio vermarktet seine Lämmer nach Möglichkeit direkt an Privatkunden.

Silvio Pfister ist bemüht, neue Zuchtgruppen mit Neuzüchtern aufzubauen. „Es ist am schönsten, wenn man eine Gruppe von Jungschafen lebend an interessierte Züchter verkaufen kann", versichert Silvio. „Das bringt der Erhaltungszucht deutlich mehr."

„Bei der Pferdezucht", erklärt Silvio Pfister, „ist man mehr Unternehmer als Bauer, da es keinen öffentlichen Markt für die Tiere gibt. Man muss selbst einen Markt aufbauen und ist unabhängig von überregionalen Märkten und Preisen", erzählt er begeistert. Silvio züchtet Partbred-Araber, Vollblut-Araber und Original Freiberger Pferde, eine Rasse aus dem außeralpinen Jura. Seine beiden Freiberger zählen zu den wenigen noch vorhandenen Original Freiberger Pferden ohne Fremdblutanteil. Der überwiegende Teil der Freiberger Pferde weist bereits einen bis zu zweiprozentigen Fremdblutanteil auf (Blutanteil von Arabern und Schwedischem Warmblut).

Altes Wissen und wissenschaftliche Fakten

Silvio Pfister kooperiert nicht nur mit der Stiftung ProSpecieRara, sondern auch mit dem Bündner Naturmuseum in Chur, das alte Aufzeichnungen von Nutztierrassen führt. Wolle von seinen Schafen wurde bereits untersucht und mit Präparaten des ausgestorbenen Tavetscher Schafes verglichen. In einem weiteren Schritt sollen die Knochen eines neuzeitlichen Bündner Oberländer Schafs vermessen und den noch vorhandenen Skeletten des Tavetscher Schafes sowie historischen Aufzeichnungen gegenübergestellt werden.

Der überwiegende Teil der 52 Zuchtbetriebe der Bündner Oberländer Schafe befindet sich im Schweizer Unterland, außerhalb des ursprünglichen Verbreitungsgebietes. Im Kerngebiet der Rasse, dem Bündner Oberland, gibt es derzeit nur sieben aktive Züchter mit einem Gesamtbestand von rund 338 Zuchttieren im Herdebuch (316 w, 22 m) und rund 220 Tieren im provisorischen Herdebuch.

Die Rasse ist mit einem Gesamtherdebuchbestand von 889 Tieren (davon 757 weibliche Tiere im Herdebuch) im Bestand gefährdet und vor dem Walliser Landschaf die am meisten gefährdete Schafrasse der Schweiz.

Das Erhaltungsprojekt für das Bündner Oberländer Schaf wurde nach zwölf Jahren Aufbauarbeit von der Stiftung ProSpecieRara an den 1996 gegründeten Verein zur Erhaltung des Bündner Oberländer Schafes übertragen.

Der Verein agiert mittlerweile eigenständig und setzte Projekte zur Vermarktung von Wolle und Wollprodukten um. Die Wolle des Bündner Oberländer Schafes wird unter dem Gütesiegel von ProSpecieRara von Verarbeitungsbetrieben zu einem vereinbarten Preis angekauft und als Rohprodukt vertrieben. Die Veredelung zu Filzprodukten, kardierter Wolle und Bettzeug wird vom Verein angestrebt.

Mittlerweile muss Silvio auch weibliche Jungtiere schlachten, da zu viele Lämmer anfallen. Bei der Erhaltungszucht fällt dieser Schritt jedem Züchter naturgemäß schwer. Foto: R. Streif

Das Glück dieser Erde … Silvio Pfister mit Tochter Leona auf einer Freiberger Stute. Foto: S. Pfister

Kontakt:
Silvio Pfister
Casa 49, CH-7168 Schlans
Tel.: 0041 (0)76 45 91 655
pfistersilvio@gmail.com
www.silviopfister.ch

Verein zur Erhaltung des Bündner Oberländer Schafes (VEB)
www.bo-schaf.ch

„Wir wachsen langsam, aber stetig und haben immer den Frieden", charakterisiert Silvio Pfister den Verein zur Erhaltung des Bündner Oberländer Schafes. Einmal im Jahr kommen Experten zum Erfahrungsaustausch auf den Hof, dabei entstehen oft neue Ideen. Für Silvio ist das einer der Schlüssel zum Erfolg.

Im Gegensatz zu den Leistungsrassen werden in der Schweiz keine tierbezogenen Förderungen für ProSpecieRara-Tiere gewährt. Neu ist eine Bundesförderung für reinrassige, ordnungsgemäß dokumentierte Ablammungen. Der Bund gewährt fünf Franken pro Lamm, die der Zuchtverein an die Züchter abgibt. Diese bodenständige Rasse hat in der Berglandwirtschaft noch nicht richtig Fuß gefasst. Es besteht Aufholbedarf.

Bündner Oberländer Schaf, ursprüngliches Verbreitungsgebiet

Steckbrief Bündner Oberländer Schaf

Dieses klein- bis mittelrahmige Gebirgsschaf hat einen breiten Widerrist und mittelbreiten Rücken. Weibliche Tiere erreichen ein Gewicht von 40 bis 60 Kilogramm bei einer Widerristhöhe von 65 bis 70 Zentimetern. Widder sind im Durchschnitt über 70 Kilogramm (65 bis 80) schwer und erreichen eine Widerristhöhe von 70 bis 75 Zentimetern. Der Kopf soll schmal und edel sein, mit feinen Gesichtszügen und bei beiden Geschlechtern mit geradem oder leicht geramstem Nasenrücken. Die Ohren sollen klein sein und seitlich abstehen, die Extremitäten fein bis mittel und trocken. Es kommen sowohl behornte wie unbehornte Tiere vor, bei männlichen Tieren wird eine rollenförmige Behornung mit genügend Abstand zum Schädel angestrebt. Auen tragen vereinzelt sichelförmige oder auch rollenförmige Hörner.

Das Zuchtziel verfolgt Schafe mit einer groben, möglichst einfärbigen Mischwolle (Feinheit F3–F4) mit dichten Stapeln und wenig Bewollung am Kopf. Alle Farbschläge sind zulässig. Der braune Farbschlag kommt heute fast nicht mehr vor, die graue Farbvariante ist selten. Dabei sind zwei Typen zu unterscheiden. Bei Schafen, die erst mit vier bis fünf Jahren grau werden, fallen die Lämmer rabenschwarz. Daneben gibt es Lämmer, die von Geburt an grau sind. Diese haben an den Flanken meist leicht bräunlich eingefärbte Haare, die sich nach dem Verlust der Lammwolle grau verfärben. Beine, das Gesichtsfeld sowie die Bauchpartie sind bei erwachsenen Tieren unbewollt. Widder bilden zum Teil eine ausgeprägte Brustmähne aus.

Viehhandel mit dem Kanton Tessin

Zu den ältesten dokumentierten Schafrassen und Schlägen zählt das Tavetscher oder Nalpser Schaf. Dieses sehr kleine und zarte, fast an eine Ziege erinnernde Schaf mit seinen feingliedrigen Extremitäten, schmalem Kopf und länglichem Hinterhaupt ist trotz intensiver Erhaltungsbemühungen 1954 ausgestorben.

Ursprüngliche Bestände des Tavetscher oder Nalpser Schafes sind in den Talschaften von Medels, Sesun und Vrin erhalten geblieben. Die Bergziegen im Kanton Graubünden haben sich entlang der südlichen Graubündner Berge regelmäßig mit Tieren aus dem Tessin vermischt. Der Großviehhandel mit Ochsen führte die Händler bis zu den Viehmärkten in Mailand. Auf dem Rückweg wurden Ziegen (Nera Verzasca) gehandelt und mit in das Bündner Oberland gebracht. Diese vermischten sich zum Teil mit den Bündner Strahlenziegen und den Capra-Grigia-Beständen im südlichen Graubünden. Die Bündner Strahlenziege, die bodenständige Rasse von Graubünden, war immer eine großrahmig und kräftig gebaute Ziege, in ihren Eigenschaften der Capra Grigia ähnlich. Der moderne Typus wird verstärkt auf Milchleistung gezüchtet. Die Tiere sind deutlich leichter geworden und zeigen einen milchbetonten Körperbau.

Porträt: Reto Pfister
Die Rückkehr des Rätischen Grauviehs

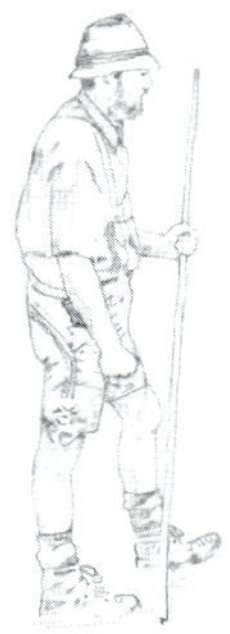

Es ist Ende August. Eines der vielen schweren Unwetter des Sommers 2012 ist über der Surselva niedergegangen und macht die Almstraße auf die Schlanser Alm fast unpassierbar. Bis zu eineinhalb Meter tiefe Rinnen hat der Starkregen in die Schotterstraße gepflügt. Nur notdürftig können wir diese Furchen und die Furten mit Steinen auslegen. Ich bin mit Reto Pfister, einem 45-jährigen Biobauern im Vollerwerb und Pionier der Grauviehzucht in der Schweiz, auf dem Weg zur Schlanser Alm zu seinem Rätischen Grauvieh. Die Tiere verbringen den Sommer auf der Alp, hoch über dem rätoromanischen Höhendorf Schlans, in der Region Surselva am Oberrhein.

Bereits im unteren Drittel der Alm kommen uns verstörte Dexter-Rinder entgegen. „Diese aus Südwestirland stammende Rasse ist weder an das Almgelände noch an die raue Witterung Obergraubündens angepasst. Durch das starke Gewitter und die Regenfälle sind die Rinder unruhig geworden“, erklärt Reto Pfister. Das heimische Grauvieh lässt sich hingegen von Naturereignissen dieser Art nicht gleich aus der Ruhe bringen.

Reto Pfister ist einer der letzten Bauern in Schlans. „Heute gibt es nur mehr vier Landwirte in der Gemeinde. Vor 30 Jahren wirtschafteten noch etwa 30 Bauern in Schlans“, erklärt er. Alte, zu kleine und nicht mehr tierschutzkonforme Ställe zwangen die Landwirte nacheinander zur Aufgabe ihrer Betriebe. Die notwendigen Investitionen waren für die Landwirte im Nebenerwerb einfach nicht mehr finanzierbar.

Dementsprechend hat sich auch die Kulturlandschaft an den Südeinhängen der Gemeinde Schlans entwickelt. Vor allem die Esche (Fraxinus excelsior), die seit den 1950er-Jahren durch die Nutzung für die Biosprit-Herstellung in Ems stark zurückgedrängt wurde, ist heute wieder im Vormarsch und dringt zusehends in das ehemalige Offenland vor. Die Verbuschung hat in den letzten Jahrzehnten enorm zugenommen. Aber es gibt auch positive Entwicklungen. Vor 20 Jahren wurden die Futtergraswiesen in Schlans nicht mehr flächendeckend bewirtschaftet. Durch die Änderung der Schweizer Agrarpolitik mit der Einführung der flächenbezogenen Direktzahlungen konnte die Nachfrage nach Wirtschaftsgrünland wieder erhöht werden. Im Rahmen von ökologischen Vernetzungsprojekten wird zusätzlich versucht, wertvolles, brach gefallenes Grünland zumindest als Extensiv-Weiden wieder zu nutzen.

Reto Pfister bewirtschaftet 25 Hektar Grünland und betreibt auf 15 Ar Gemüseanbau am Talboden des Oberrheintales. Er erntet Salate, Rüben und Kartoffeln. Er hat eine etwas überdurchschnittliche Betriebsgröße, die in der Schweiz bei 20 Hektar liegt. Durch die Aufnahme von Sömmerungsvieh aus dem Schweizer Unterland ist die Almbewirtschaftung in den Kantonen Graubünden und Wallis annähernd konstant geblieben.

Die Schlanser Alp erstreckt sich von 1.700 bis über 2.500 Meter Seehöhe und ist im Besitz der Gemeinde Trun, zu der Schlans seit 2012 gehört. Bis vor zwei Jahren wurde auf der Alp noch gekäst. Der Senn musste von den Weideberechtigten gestellt werden. Als diese auf Mutterkuhbetrieb umstellten, schlief die Käseproduktion auf der Alp ein.

Auf der 130 Hektar großen Fläche weiden rund 90 Mutterkühe mit ihren Kälbern und Jungvieh. Nach dem Abkalben werden die Mutterkühe mit ihren neugeborenen Kälbern separiert. Rund 30 Pferde sind zur Nachweide auf der Alp, um das Borstgras zurückzudrängen. Zwei Hirten betreuen von Anfang Juni bis Ende Oktober rund 230 Tiere.

Die ehemaligen Maiensässe wurden früher einmal im Jahr gemäht. Mit dem gewonnenen Heu konnten in den kleinen Ausfütterungsställen die Rinder nach der Alpzeit bis etwa Weihnachten gefüttert werden, bevor die Tiere auf den Heimathof überstellt wurden. „Vor rund 40 Jahren fand ein großer Ausverkauf statt und fast alle Maiensässhütten wurden verkauft und zu Ferienhütten“, erzählt Reto Pfister über die modernen Zeiten.

Reto Pfister mit seiner Leitkuh auf der Schlanser Alm. Das leichte, gedrungene Rätische Grauvieh ist eine für die Beweidung extremer Gebirgslagen optimal angepasste Rinderrasse.

Die Schlanser Alm hoch über dem Oberrheintal in der Surselva bietet einen optimalen Lebensraum für das Rätische Grauvieh.

Kontakt:
Reto Pfister
Via Pansal, CH-7168 Schlans
Tel.: 0041 (0)79 41 30 438

Genossenschaft der Grauviehzüchter (GdG)
Zuchtbuchführung: Silvia Zoll
Alte Stossstrasse 11
CH-9450 Altstätten
Tel.: 0041 (0)71 75 51 340
www.raetischesgrauvieh.ch

Im Alltag spricht Reto Pfister seine Muttersprache, Rätoromanisch, auch Romontsch genannt. In der Schule wird bis zur zweiten Klasse nur rätoromanisch unterrichtet. Deutsch ist ab der dritten Klasse die erste Fremdsprache. Ab der fünften Schulstufe kommt Englisch als zweite Fremdsprache hinzu.

Die rätoromanische Sprachinsel ist überschaubar groß. Sie reicht im Osten bis Flims, rund 30 Kilometer westlich von Chur, wobei Ilanz bereits gemischtsprachig ist. Im Westen bilden der Oberalp- und Lukmanier-Pass die Sprachgrenze. Es gibt noch weitere Gebiete im Engadin wie das Münstertal, wo ein rätoromanisches Idiom gesprochen wird. Mit Obersaxen gibt es innerhalb des rätoromanischen Gebietes in der Surselva auch eine kleine Walser Siedlung, die im Hochmittelalter kolonisiert wurde und bis heute erhalten geblieben ist.

Rätisches Grauvieh, ursprüngliches Verbreitungsgebiet

Steckbrief Rätisches Grauvieh

Das kleinrahmige, leichte Zweinutzungsrind ist genügsam, trittsicher und zeigt einen tiefen Körper. Die Rasse eignet sich gut für die Nutzung extensiver, steiler und hochgelegener Alpgebiete. Durch ihr geringes Gewicht besteht weniger Gefahr für Trittschäden in Steillagen. Die Tiere haben sehr gesunde, harte Klauen, die kaum einen Korrekturschnitt erfordern. Mutterkühe erreichen ein Durchschnittsgewicht von 350 bis 400 Kilogramm, manchmal bis zu 500 Kilogramm. Ausgewachsene Stiere wiegen in der Regel zwischen 800 und 900 Kilogramm. Die Widerristhöhe liegt bei Kühen zwischen 110 und 128 Zentimeter, bei Stieren zwischen 115 und 134 Zentimetern.

Charakteristisch für das Grauvieh ist die einfärbige, silber- bis eisengraue Färbung mit dunkleren, „angerauchten" Schattierungen um die Augen, an Hals und Schultern sowie hellen Fellpartien im Bereich des Flotzmaules, der Schenkelinnenseite und am Euter. Grauviehstiere sind meist dunkler gezeichnet als die Kühe und hellgrau „gesattelt". Die Kälber kommen meist lichtgrau auf die Welt, ihr Fell wird nach einigen Monaten grau. Über den Sommer werden die Kühe durch die Sonneneinstrahlung heller, bis sie im Herbst fast weiß sind. Im Frühjahr zeigen die Rinder wieder ihr typisches Grau.

Die Klauen und die Hornspitzen sind dunkler gezeichnet. Bei reiner Raufutteraufnahme wird eine durchschnittliche Milchleistung von 3.500 bis maximal 4.000 Kilogramm pro Jahr erzielt. Die Rasse hat sich durch Leichtkalbigkeit und gute Muttereigenschaften in der Schweiz als Mutterkuhrasse bewährt. Die Tiere werden aber auch für die Herstellung von Milch und Käse eingesetzt.

Passend zur Region

Reto Pfister hat den elterlichen Hof vor rund 20 Jahren mit dem damaligen Bestand an Brown Swiss, der klassischen Schweizer Hochleistungs-Milchviehrasse, übernommen. Er stellte den Betrieb auf Mutterkuhhaltung um.

„Ich habe verschiedene Rassen ausprobiert und bin schließlich vor rund zwölf Jahren beim Rätischen Grauvieh gelandet", erzählt er. Auf seinem Hof sind 20 Mutterkühe der Rasse Rätisches Grauvieh. Mit Kälbern und Jungvieh ergibt das einen Viehbestand von 45 bis 50 Tieren.

„Die Rasse passt in die Region und ist noch nicht so überzüchtet wie andere." Vor zwölf Jahren gab es in der Umgebung nur einige wenige Grauvieh-Betriebe. Heute ist die Population stark im Wachsen. Eine Einkreuzung mit Tiroler Grauvieh ist mittlerweile in der Zuchtgenossenschaft nicht mehr zulässig. Außerhalb der Zuchtgenossenschaft macht das Rätische Grauvieh dieselbe Entwicklung durch wie das Braunvieh. Eine Entwicklung, die Reto Pfister bedauert. Man selektiert gezielt auf hohe Milchleistung. Aber er besitzt noch artentypisches Grauvieh mit einer Widerristhöhe von rund 120 Zentimetern.

Bislang gibt es innerhalb der Zuchtgenossenschaft keine gemeinsame Vermarktungsschiene. Reto Pfister füttert seinen Kühen nur Heu, keine Silage und kein Kraftfutter. Man benötigt Kunden, die Qualität schätzen. Von Mai bis Oktober werden die Produkte des Rätischen Grauviehs direkt ab Hof oder am Wochenmarkt in Ilanz angeboten. „Unsere Spezialität ist die Rohesswurst, die Salsiz, eine Art Salami aus 100 Prozent Rindfleisch, ohne Zusatz von Schweinefleisch und -fett", erklärt Reto Pfister. Das Rindfleisch wird bei der Herstellung gepresst und schmeckt ähnlich wie Bündner Trockenfleisch. Die weiblichen Jungtiere gehen zum überwiegenden Teil in die Zucht. Die männlichen Jungrinder, die nicht für die Zucht geeignet sind, werden mit sechs Monaten als Kalb- oder mit zehn bis elf Monaten als Jungviehfleisch vermarktet.

Regionale Identität liegt im Trend

Das Grauvieh zählte im 19. Jahrhundert neben dem Braunvieh zur vorherrschenden Rinderrasse von Tirol über Graubünden bis ins Oberwallis. Neben dem leichten Albula Schlag war der schwerere Bündner Oberländer Schlag verbreitet. Die Färbung der Tiere variierte von silbergrau, eisengrau, dunkelgrau bis zu graugelb mit stark fuchsigem Stirnschopf. Durch die Förderung des milchbetonten Braunviehs wurde das Grauvieh zurückgedrängt und ging in Graubünden um 1900 in den Braunviehbeständen auf.

Vor allem in Nordtirol konnte sich das Grauvieh aber behaupten. Durch die Vereinheitlichung der Zuchtstandards und die Förderung leistungsbetonter Linien sind jedoch die regionalen Schläge wie das Wipptaler, das Lechtaler und das kleinrahmige Oberinntaler Grauvieh im modernen Typus aufgegangen.

Die Stiftung ProSpecieRara konnte um 1980 die letzten Rinder des Oberinntaler Schlages ausfindig machen und für den Wiederaufbau von Grauviehbeständen in die Schweiz importieren. In der Tiroler Region Oberes Gericht wurden kleinrahmige Tiere ausgewählt, die dem ausgestorbenen Albula Schlag ähnelten.

Zwischen Tirol und Graubünden bestand in der Gegend von Finstermünz ein reger Viehhandel, es ist also anzunehmen, dass sich der Albula und Oberinntaler Schlag genetisch nahestanden.

Nun erlebt die Rasse in der Schweiz wieder eine gewisse Renaissance. Regionale Identität hat an Bedeutung gewonnen und mit ihr regionale Produkte und Produktionsweisen. Das kommt auch dem Rätischen Grauvieh zugute. Heute züchten wieder rund 250 Betriebe diese kleine Rinderrasse vom alpinen Typus. „Unter den Züchtern sind viele Betriebe mit nur zwei bis drei Kühen“, erklärt Reto Pfister. Der Gesamtbestand umfasst in etwa 1.600 Herdebuchtiere (2.410 inkl. Vorregister).

Der Bund gewährt in der Schweiz keine Tierprämien für gefährdete Nutztierrassen. Offiziell anerkannte Rassen werden jedoch projektbezogen unterstützt. Die Schweizer Rassen werden in der Tierzuchtverordnung des Bundes definiert. Demnach wird eine Rasse als Schweizer Rasse anerkannt, wenn die Rasse in der Schweiz ihren Ursprung hat oder seit mindestens 1949 ein Herdebuch geführt wird.

Beide Kriterien treffen für das Rätische Grauvieh leider nicht zu. Die Stiftung ProSpecieRara plädiert daher für eine liberalere Auslegung der Rassedefinition. Das Hauptverbreitungsgebiet des Rätischen Grauviehs liegt heute im Kanton Graubünden, die Rasse ist jedoch im gesamten Schweizer Alpengebiet sowie im Jura und Mittelland anzutreffen.

Das Rätische Grauvieh ist ruhig und zutraulich und daher bestens für die Mutterkuhhaltung geeignet.

Die Aufgaben der Zucht- und Herdebuchführung sowie die Tiervermittlung werden seit 1992 von der Schweizer Grauvieh-Zuchtgenossenschaft wahrgenommen. Leistungsprüfungen werden für Milch, Melkbarkeit und Fleisch durchgeführt.

Die Genossenschaft schreibt die Zuchtrichtung nicht vor. Neben eher milchbetonten Linien gibt es auch Mutterkuhlinien, die einen Schwerpunkt auf die Mast legen.

Vor rund zehn Jahren kam es zu einer Spaltung der Züchterschaft. Ein Teil der Betriebe wechselte zum Tiroler Grauviehzuchtverband und züchtet heute mit milchbetonteren Tieren mit Milchleistungen von bis zu 8.000 Litern.

„Die einen waren zu fortschrittlich und die anderen zu konservativ“, schildert der ehemalige Präsident der Grauviehzuchtgenossenschaft, Reto Pfister, die damalige Situation.

Heute ist die Zuchtgenossenschaft deutlich liberaler, hält jedoch an der Ursprungsidee, der Zucht einer genügsamen Extensiv-Rasse, die mit Raufutter ihr Auslangen findet, fest.

Reto Pfister veredelt das Fleisch des Rätischen Grauviehs zu klassischem Bündner Fleisch oder Edelsalsiz, eine Rohesswurst aus reinem Rindfleisch.

Ursi und Christian Weber betreiben in Trun in der Surselva einen ProSpecieRara-Sortengarten und züchten seltene Nutztierrassen. Ihre Produkte gibt es im hauseigenen Restaurant „Hospezi".

Ein für Graubünden typischer Stadel. Die Webers nutzen ihn für die Herstellung ihrer Trockenwürste.

Porträt: Ursi und Christian Weber
Eine Pilgerstätte für den Lebensgenuss

Familie Weber aus Trun in der Surselva halten Schweizer Hühner, Bündner Strahlenziegen, Bündner Oberländer Schafe, Capra Grigia Ziegen und Wollschweine. Sie vermehren und kultivieren weit über hundert alte Kräuter-, Getreide- und Gemüsesorten in ihrem ProSpecieRara-Sortengarten. Alle diese Besonderheiten kann man auf dem „Hospezi" in Trun im oberen Vorderrheintal, im rätoromanischen Teil von Obergraubünden, verkosten.

Die einstige Raststätte für Pilger der barocken Wallfahrtskirche Nossadunna dalla Glisch wurde vor 13 Jahren von der Familie Weber zu einem Gasthaus mit ökologischem Landbau umgewandelt. Christian ist gelernter Jurist, aber er hat seinen erlernten Beruf gegen die Subsistenzland- und Gastwirtschaft am Hospezi getauscht.

Der Name Hospezi erinnert noch an die ursprüngliche Aufgabe des Hofes in früheren Zeiten als Stützpunkt für Reisende, heute ist es nicht nur ein Anziehungspunkt für interessierte Biolandwirte. Die Webers wirtschaften nach den Prinzipien, die das Bio Forum Schweiz für eine nachhaltige Landwirtschaft formuliert hat. Die Webers betreuen ihre Kulturpflanzen im ProSpecieRara-Schaugarten nicht nur für Schauzwecke. Die Ernte wird für den Eigenverbrauch verwendet und im Restaurant Hospezi angeboten. Sie verzichten bewusst auf staatliche Ausgleichs- und Direktzahlungen. Die beiden zählen damit zu einer kleinen Minderheit, ihre Kritik an der traditionellen Landwirtschaft trifft voll ins Schwarze, schafft ihnen aber nicht nur Freunde in der Bauernschaft.

Wichtig ist für Ursi und Christian Weber, dass bei ihren Kulturpflanzen und Nutztierrassen die Genetik stimmt. Genmanipulation und Hybridisierung sind nach ihrer Überzeugung mit einer nachhaltigen ökologischen Landwirtschaft nicht vereinbar.

„Moderne Leistungsrassen sind nicht ökologisch. Das geht nicht! Eine Hochleistungskuh mit 40 Litern täglicher Milchleistung kann gar nicht ökologisch gehalten werden. Damit eine Hochleistungskuh im Berggebiet überleben und ihre Milchleistung erbringen kann, benötigt sie viel Kraftfutter.

Christian Weber erklärt, dass Graubünden früher ein Getreideanbaugebiet war, die Bauern daher Getreidebauern, weder Fleischproduzenten noch Milchbauern. Das gelte nahezu für den gesamten Alpenbogen. Ackerterrassen prägen bis heute die Kulturlandschaft der Alpen. Viele Wirtschaftsgebäude und Einrichtungen, wie der Dreschgang oder Roste zum Trocknen des Getreides (Kornhisten), erinnern noch an diese Zeiten. Mit dem Wenigen, das vom Getreidebau nach der Eigenversorgung übrig blieb, wurden mühsam einige Tiere ernährt.

Auf ihrem rund drei Hektar großen Anwesen bilden extensive Weiden, artenreiche Wiesen, kleine Äcker und bunte Gärten ein faszinierendes Zusammenspiel. Viele Arbeitsschritte, wie beispielsweise die Roggenernte, werden rein von Hand bewältigt. Das gehört zu ihrer Betriebsphilosophie und Lebenseinstellung.

Die etwa halbjährigen Schweine beziehen sie von einem Arche Hof in Siat und ziehen sie bis zur Schlachtreife auf. Alle Zutaten für die Gerichte des Restaurants stammen vom eigenen, drei Hektar großen Betrieb, auf dem an die 100 alte Kultursorten gedeihen, darunter sind Raritäten wie Lötschentaler Großbohnen, Gommer Suppenerbsen, Walser Nacktgerste, Erdbeerspinat, Roter, Gelber und Schwarzer Tessiner Mais.

Seit drei Jahren vermehrt Christian sorgsam Saatgut einer uralten regionalen Weizensorte aus Schlans. Mit der Ernte 2012 konnte er wieder rund zehn Kilogramm dieser seltenen Sorte produzieren. Aus dem Jahresertrag des seltenen Langstrohroggens stellen Christian und Ursi Weber Sauerteigbrot her. Sie vermehren als Sortenbetreuer für die Stiftung ProSpecieRara auch alte Kultursorten heimischer Kräuter und Gemüsearten. Roter Federkohl, Herbstrüben, Spargelsalat, Ackermelde, Zuckerwurzel und

Kichererbsen mit ihren wundervollen Namen zählen zu diesen Kostbarkeiten.

„Die Zuckerwurzel ist ein extrem spannendes Wurzelgemüse. Diese Pflanze kennt man auf unserem Speisezettel überhaupt nicht mehr. Sie bildet etwa 20 fingerdicke Wurzeln aus, auch auf 1.000 Meter Seehöhe", schwärmt Christian Weber. Für ihn wären das alles Gelegenheiten für die Landwirtschaft im Berggebiet. Gemüsebauern sind in der Surselva rar und die wenigen, die es gibt, bauen Industriesorten an.

Christian und Ursi bauen nur traditionelle Sorten an und züchten heimische Nutztierrassen, um sie in traditioneller Weise zu veredeln. Das Filderkraut (Spitzkohl) wird durch einfaches Einsäuern haltbar gemacht. Wurzelgemüse, wie Kerbelrüben und Zuckerwurzel, sowie Kohl und Kohlrabi werden in Erdmieten gelagert, um auch im Winter frisches Gemüse aus eigenem Anbau zu haben. Fleisch vom Schwalbenbäuchigen Mangaliza Schwein, vom Bündner Oberländer Schaf und von der Bündner Strahlenziege werden nach alter Bündner Oberländer Art zu luftgetrockneten Fleischspezialitäten und Würsten verarbeitet. Eine Delikatesse ist die Ligiongia nera aus der Surselva, eine Schweinswurst mit Blut, Leber und Kartoffeln.

Eine gewisse Menge an Saatgut wird zur Weitervermehrung unentgeltlich an die Zentrale von ProSpecieRara abgegeben. „Wir haben zu wenige Leute in der Landwirtschaft, das ist ein großes Problem! Angestellte kann man nicht zahlen. Das ist finanziell nicht möglich. Darum setzt man in der Schweiz polnische Hilfsarbeiter in der Landwirtschaft ein, die schlecht bezahlt werden, damit zum Schluss der Preis stimmt", ist Christian überzeugt.

Schweizer Hühner

Am Betrieb „Hospezi" ist alles überschaubar. Auch die Schweizer Hühnerfamilie ist an seine betrieblichen Bedürfnisse und Möglichkeiten angepasst. Sie besteht aus sieben Junghennen, neun Hühnern und Caruso, einem prächtigen Schweizer Goggel.

„Die Landwirtschaft im Schweizer Berggebiet strebt Betriebsgrößen von 60 bis 70 Hektar und mehr an. Das ist eine völlig falsche Richtung! Die Landwirtschaft muss kleinzellig bleiben und einen regionalen Markt beliefern", erklärt Christian Weber, der seit vier Jahren Schweizer Hühner züchtet. Die Rasse, ein klassisches Zweinutzungshuhn, die zwischen den beiden Weltkriegen für die Selbstversorgung entstanden ist, entspricht optimal der Wirtschaftsphilosophie von Ursi und Christian Weber.

Der Zuchtverein für ursprüngliches Nutzgeflügel in Neukirchen an der Thur koordiniert die Zuchtarbeit. Astrid Spiri ist Präsidentin des Vereins und leitet eine Schaustation. Das Schweizer Nationalhuhn erfreut sich als Selbstversorger-Huhn wieder steigender Beliebtheit. Christian Weber ist Mitglied des Schweizer Zuchtvereins für ursprüngliches Nutzgeflügel. Er beteiligt sich an der gemeinnützigen Arbeit und gibt gratis Zuchteier an den Verein ab.

Innerhalb von zwölf bis 15 Wochen sind die Junghühner schlachtreif, das ist mit den 35 bis 45 Tagen von Hochleistungsfleischrassen nicht zu vergleichen. Die Legeleistung ist mit 200 Eiern recht gut für eine Zweinutzungsrasse. Hybridhennen legen mit 360 Eiern fast das Doppelte. Christian arbeitet noch mit Naturbrut, zwei bis drei Bruten pro Jahr sind die Regel. Von den alten Hühnern stellt Christian

Das Schweizer Huhn wurde früher für die Eigenversorgung gezüchtet. Heute gibt es rund 1.500 Tiere dieser gefährdeten Geflügelrasse.

Steckbrief Schweizer Huhn

Eine eher junge Hühnerrasse, die um 1905 aus Weißen Orpington und Wyandotten Hühnern herausgezüchtet wurde (ZUN, Spiri). Angestrebt wurde ein Zweinutzungshuhn mit guter Legeleistung und zartem Fleisch. Bereits 1910 wurde der Rassestandard festgelegt und ein Zuchtverein gegründet. Mit dem Wirtschaftswachstum Ende der 1950er-Jahre wurde das Schweizer Huhn von den legestarken Hybridrassen verdrängt. 1971 zählte der Verein der Schweizer-Huhn-Züchter lediglich sechs Mitglieder. Durch eine Initiative der Stiftung ProSpecieRara konnten seit 1991 der Bestand durch ein Erhaltungsprojekt vor seinem Verschwinden bewahrt und die verbliebenen Zuchtlinien weitergeführt werden. Die Gesamtpopulation umfasst rund 1.500 Tiere (EFABIS 2010), davon sind 1.032 Hennen im Herdebuch registriert. Die Merkmale des Schweizer Huhns sind der rote Rosenkamm und die kleinen Kehllappen. Der kompakte Kamm schützt die Hühner vor Erfrierungen im Winter. Die typische Kastenform, der schwere Körper und die Gutmütigkeit der Schweizer Hühner verraten unverkennbar die Nähe zum Orpington Huhn. Das Gewicht liegt bei Hähnen zwischen 2,8 und 3,5 Kilogramm und bei Hennen zwischen 2,4 und 2,8 Kilogramm. Die Geschlechter erkennt man bei den Junghennen erst relativ spät an den Spitzen der Schweiffedern.

„Wenn wir in der heutigen Zeit schon Nutztiere für unser (Über-) Leben benötigen, dann sollten wir diese Tiere auch vernünftig nutzen!“ Christian Weber, Hospezi.

schmackhafte Suppen her. Aufgrund ihres kastenförmigen Körpers ist der Fleischansatz recht stattlich. Er kocht das Suppenhuhn rund zwei Stunden und lässt den Fonds anschließend herabkalten, damit sich das Fleisch gut löst.

Die Hühner von Christian und Ursi haben über vier Monate hinweg den gesamten Garten des „Hospezi“ für sich. Sie sind fleißige Futtersucher und helfen beim ökologischen Landbau, indem sie Schädlinge vertilgen. Sie sind robust, wollen auch im Winter an die frische Luft und zählen nicht zu den besten Fliegern. Solange die Küken klein sind und während der Hochsaison des Gartenjahres bleiben die Hühner im Auslauf.

Schwalbenbäuchige Mangaliza

Die beiden Wollschweine verwerten alles, was am Betrieb „Hospezi“ nicht weiter veredelt werden kann. Nur eines bekommen sie nicht – Kraftfutter. Die Wollschweine fressen dafür Unmengen Gras. Wenn Christian seinen Gemüsegarten jätet, bekommen sie einen würzigen Beikräutermix, dazu jahreszeitlich bedingt Fallobst und Trebern, alles was im Garten so anfällt. Das Fleisch, besonders der Nackenspeck (ital. Lardo) der Schweine, schmeckt vorzüglich.

„Aber gebt den Wollschweinen kein Getreide, dann kann man das Fleisch nicht mehr essen!“, mahnt Christian, denn Extensivrassen müssen auch extensiv ernährt werden. Die Wollschweine werden bis auf Haut und Haar verwertet. Die Felle lässt Christian gerben. Sie sehen einfach super aus.

„Rosa Alpenschweine, das geht nicht“, gibt sich Christian Weber überzeugt. „Sie verbringen zwar den Sommer auf Almen, auf 2.000 Meter Seehöhe und mehr, werden aber mit Schotten (Molke), meist unter Zusatz von Getreidemehl, gemästet und dann als „Almsäue“ vermarktet.

Alle ursprünglich im Alpenbogen vorkommenden Schweinerassen waren stark pigmentiert, als Anpassung an die lange Freilandhaltung. Während der kurzen Periode von knapp 100 Jahren wurde im Zuge der Industrialisierung der Landwirtschaft das Weideschwein zum Stallschwein und Fettschwein. Die Pigmentierung der Haut, der natürliche Sonnenschutz, hatte keine Funktion mehr. Heute erlebt die Schweinealpung wieder eine Renaissance. Sofern es sie noch gäbe, würden wieder viele Almbauern auf diese pigmentierten Magerschweintypen zurückgreifen.

Bündner Strahlenziegen und Capra Grigia

„Sella, sella, gie, neu, neu, jee nou, nou, nou“, ruft Christian Weber melodiös seine Ziegen in surselvischem Dialekt. Die Ziegen antworten auf zutrauliche Weise und kommen rasch näher. Es ist eine gemischte Herde aus Bündner Strahlenziegen und Capra Grigia Ziegen. Die Bündner Strahlenziegen sind die bodenständige Rasse Graubündens. Die Tiere wurden traditionell gemolken und die Milch zu Käse verarbeitet. Das Fleisch der Herbstkitze steht auch auf der Speisekarte des „Hospezi“.

Christian liebt alle seine Tiere, ob Schaf, Schwein oder Huhn. Aber ganz besonders mag er seine Ziegen, wegen ihres Gemüts. Sie sind intelligent und zutraulich. Er melkt nicht alle Ziegen. Ihm ist wichtig, dass man Tiere nutzt, aber nicht übernutzt. Tierethik gehört für ihn zum ganzheitlichen biologischen Landbau. Er lässt die Kitze teilweise bis zum Herbst bei den Mutterziegen. Nächstes Jahr wird er die Leitziege mit den beiden diesjährigen Kitzen voraussichtlich wieder ab Mai melken. Sie wird dann das Muttersein nicht so ausleben können wie in diesem Jahr. Wichtig ist Christian, dass die Ziegen ihre Mutterrolle ab und zu leben können. Sie haben das Recht dazu.

Die Milchnutzung ist bei der Ziegenhaltung vielfach in den Hintergrund getreten. Kaum jemand hat noch die Zeit, seine Ziegen zu melken und die Milch zu Käse zu verarbeiten. Milchziegen werden oft nur mehr als Fleischziegen genutzt, was ganz gegen das ursprüngliche Denken ist.

Ein Plädoyer für artgerechte Nutztierhaltung

Sepp Pfister, ein Altbauer aus Schlans, Jahrgang 1927. Er kann sich in seinen Ansichten nicht mehr mit den heutigen Bauern identifizieren. Er sagt zur Mutterkuhhaltung: „Die heutigen Bauern sind so blöd. Sie denken, wenn eine Kuh ein Kalb großgezogen hat, gibt sie nicht mehr viel her. Das ist nicht wahr. Eine Kuh kann ein Kalb großziehen und danach kann sie noch zwei bis drei Monate Milch geben." Das ist auch für Christian Weber vernünftige Nutztierhaltung.

In der konventionellen Mutterkuh- und Ziegenhaltung werden nach dem Absetzen der Kälber beziehungsweise Kitze die Mütter meist medikamentös trocken gestellt und die Milch nicht weiter genutzt.

Das natürliche Nutzungsverhalten war wohl weltweit ähnlich, eben an die Natur angelehnt. Ein argentinischer Bauer bei Punta Arenas sagt über seine Methode der gemischten Milchviehhaltung: „Wenn eine Kuh ein Kalb hat, darf sie abwechselnd immer an einer anderen Zitze säugen. Die restlichen Zitzen melkt der Bauer von Hand." So ist es richtig.

Ähnlich ist die Situation beim Ziegenfleisch. Christian wartet im Herbst, bis die Temperatur zurückgeht. Schlögel und Schultern der Herbstkitze werden im Ganzen (nicht ausgelöst) ab Mitte September für etwa 20 Tage in Salz eingelegt und anschließend im Trocknungsstall zu Bündner Trockenfleisch verarbeitet. Nach etwa fünf bis sechs Wochen ist es genussbereit. Christian verwendet weder Nitritpökelsalz noch Salpeter, sondern ausschließlich Speisesalz, Zucker oder auch Honig und Gewürze (rund 20 Gramm Speisesalz pro Kilogramm Fleisch). Beim Wollschwein verarbeitet Christian die vier Teile des Schinkens, das Endstück, die Nuss, das Kaiserstück und die Huft, zu Bündnerfleisch. Die Teile werden vom Knochen gelöst und separat verarbeitet. Bei Trockenwürsten verwendet er auch rund 20 Gramm Speisesalz pro Kilogramm Wurstmasse. Lediglich bei den Siedwürsten ist die verwendete Salzmenge höher, da dieses beim Kochen ausgewaschen wird (24 Gramm pro Kilogramm Wurstmasse). Der Rest ist nicht einfach zu verkaufen. Aber Christian und Ursi Weber habe sich einen treuen Kundenstock aufgebaut.

Ihre vier Bündner Oberländer Schafe weiden den Sommer über im Almgebiet der Greina-Ebene auf über 2.200 Meter Seehöhe, einem Hochtal an der Wasserscheide zwischen den Kantonen Tessin und Graubünden. Der Pass Crap, wie der Greinapass auf rätoromanisch genannt wird, war bis zum Ende des 19. Jahrhunderts eine wichtige Verbindung zwischen Italien und dem Rheintal und hatte eine große Bedeutung für den Viehhandel.

Von allem etwas, so ist es richtig

Das Bundesamt für Landwirtschaft hat Biologen beauftragt, in der Surselva die Biodiversität auf den Wiesen zu erheben. In der künftigen Agrarpolitik der Schweiz 2014 bis 2017 sollen Direktzahlungen zu 80 Prozent an ökologischen Leistungen ausgerichtet werden.

„Wie soll das gehen?", fragt Christian Weber, „wenn die Wiesen bei ihm im Tal auf 1.000 Meter Seehöhe drei bis vier Mal gemäht und intensiv mit Gülle gedüngt werden?" Biologische Vielfalt auf Wiesen ist mit einer intensiven Güllewirtschaft nicht vereinbar. Bei intensiver Güllewirtschaft kann sich kein aktives und reiches Bodenleben mit Regenwürmern entwickeln. Schuld daran sind nach Ansicht von Christian nicht nur die Landwirte.

In den landwirtschaftlichen Bildungsstätten der Schweiz, und nicht nur dort, wurden und wird seit über 30 Jahren eine auf Produktionsoptimierung geeichte Landwirtschaft propagiert. Eine Berglandwirtschaft, die nur mit Hilfe von überhöhten Tierbeständen und intensiver Fütterung (mit ausländischem Futter) am globalen Markt bestehen kann, ist die Folge.

Querdenker werden leider immer noch oft als Spinner abgetan. „Seit über 30 Jahren wurden in der Schweiz vom Bund Güllegruben massiv gefördert, mit dem Ergebnis, dass Wiesen bis zu fünf Mal pro Jahr gedüngt werden", erläutert Christian Weber die fatale Entwicklung.

Zum Glück für uns alle gibt es auch Aussteiger aus diesem zerstörerischen System. Die Betriebsgröße sowie die Genetik der Nutzpflanzen und der Tiere sind die maßgeblichen Faktoren des biologischen Landbaus. Wesentlich ist für Christian und Ursi Weber auch die Herkunft des Futters ihrer Tiere. Wichtig für den ökologischen Landbau ist zudem das vernetzte Wirtschaften.

„Nicht nur von einer Sache viel produzieren, sondern von allem etwas. Und diese Vielfalt anbieten können, wenn sie reif ist", so lautet ihre Überzeugung.

Alles braucht seine Zeit. Gäste müssen mindestens zwei bis drei Tage am Hospezi verweilen. „Denn es kann nicht sein, dass man von Zürich für eine Nacht und ein Abendessen mit dem Auto nach Truns rast, da ist das Ganze nicht mehr ökologisch", sagt der Biobauer.

Christian und Ursi Weber versuchen, ihre Philosophie einer nachhaltigen Berglandwirtschaft an die Besucher des „Hospezi" weiterzugeben und diese dafür zu begeistern. Manchmal kommt einer im Monat, bestenfalls sind es zwei. Aber sie alle können die Idee weitertragen.

Die Greina Hochebene.
Foto: D. Huonder

Mischwolle des Bündner Oberländer Schafes nach dem Kardieren und Spinnen. In der Survelva gibt es zum Glück noch eine Karderei, einen alten Familienbetrieb, der dieses Gewerbe noch ausübt.

Kontakt:
Christian und Ursi Weber
Gasthaus und ökologischer Landbau „Hospezi"
Nossadunna, CH-7166 Truns
Tel.: 0041 (0)81 94 31 173
hospezi@bluewin.ch
www.hospezi.ch

So atemberaubend wie der 900 Höhenmeter lange Aufstieg ins Val Cama ist auch der Panoramablick, wenn man aus dem Nadelwald heraus ans Seeufer des Lagh de Cama kommt. Foto: R. Mühleisen

Porträt: Katia Boschi und Robert Mühleisen
Die Arche Alp de Lagh

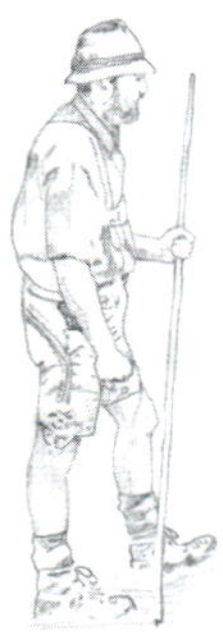

Dort wo Graubünden mit dem Val Mesolcina weit in den Süden reicht, liegt an der Grenze zur Lombardei das Val Cama mit der Alp de Lago (Alp de Lagh). Das Hochtal liegt auf rund 1.280 Meter und ist lediglich über einen Maultiersteig von der Gemeinde Cama aus erreichbar.

Ende August trete ich am späten Nachmittag bei brütender Hitze vom Weiler Ogreda bei Cama aus den Anstieg über 900 Höhenmeter an. Der Steig führt zuerst in Serpentinen und über zahllose Stufen, anfangs steil aufwärts durch uralte Kastanienwälder, bis er hoch über dem Haupttal in das Val Cama einmündet.

Die alten Kastanienselven sind aufgrund der fehlenden Beweidung bereits mit Birken durchwachsen und der Wald beginnt sich zusehends zu schließen. Die Birken nehmen den alten Kastanienbäumen das Licht und diese beginnen abzusterben. 2003 wurde von der Forstverwaltung begonnen, diese ehrwürdigen Kandelaber-Bäume freizustellen. Neben den Lärchenweiden sind die Kastanienselven eine der Urformen der Waldweidenutzung im Misox. Edelkastanien können über 1.000 Jahre alt werden. Bis ins 18. Jahrhundert war die Kastanie sogar der „Brotbaum" südlich und teils auch nördlich der Alpen. Erst Kartoffeln und Mais haben diese Kulturbaumart verdrängt.

Der Steig in das Val Cama führt im unteren Abschnitt durch alte Kastanienselven. Neben den Lärchweiden eine der Urformen der Waldweidenutzung im Misox. Lange war die Kastanie bis in Höhen von 800 Meter Seehöhe der „Brotbaum" für die Bewohner.

Auf 800 Meter Seehöhe lösen schattenspendende Tannen-Buchenwälder die Edelkastanienwälder ab und mit ihnen bekommt die mediterran anmutende Landschaft mehr und mehr alpinen Charakter. Weiter bergwärts mischen sich Fichten in den Bestand. Vom Rià de Val Cama weht ein frischer Wind bergwärts und verschafft mir eine angenehme Abkühlung. Im letzten Abschnitt vor dem Lagh de Cama finden sich zahlreiche wiederbewaldete Terrassen, die von den einstigen Kohlenmeilern zeugen. Bis zum Ende des 19. Jahrhunderts und zwischen den beiden Weltkriegen wurde Buchenholz für die Gewinnung von Holzkohle genutzt. Daher fehlt in diesem Abschnitt die Buche im Waldbild.

Nach knapp zwei Stunden treffe ich bei der Alpe del Lago ein. Sie liegt am malerischen Bergsee Lagh de Cama, umrahmt von einem imposanten Amphitheater hoch aufragender Zweieinhalbtausender. Die zahlreichen Bergstürze vom gegenüberliegenden Il Pizzet und Lawinenzüge, die von den Bergflanken bis ans Seeufer reichen, haben eine strukturreiche Berglandschaft entstehen lassen. Ein massiver Bergsturz veränderte nach der letzten Eiszeit die Landschaft im hinteren Val Cama sogar nachhaltig zu einem neuen Erscheinungsbild. Felsmassen stauten den Rià de Val Cama und ließen mit der Zeit den Lagh de Cama entstehen.

„Alp de Lagh" bedeutet im Dialekt des Misox soviel wie „Seealpe", benennt aber auch eine regionale Initiative für die Erhaltung der Kulturlandschaft, die von der Gemeinde Verdabbio getragen wird. Das Val Cama ist ein Seitental im Misox im Gebiet der Gemeinden Verdabbio und Cama. Die orografisch linke Talseite des Val Cama gehört politisch zur Gemeinde Cama, die rechte Seite ist eine Enklave der Nachbargemeinde Vedabbio. Die Grenze ist noch durch eine Steinmauer gekennzeichnet und verläuft mitten durch den See. Das Gebiet wurde bis 1960 relativ intensiv genutzt. Kastanienselven in den tieferen Lagen, die Ausbeutung der Buchenbestände zur Gewinnung von Holzkohle, die Brennholznutzung der Nadelholzwälder und die Bewirtschaftung der zehn Alpen im Kessel des Val Cama prägten sich in der Landschaft ein.

Bis um 1970 war das Grenzgebiet zwischen der Schweiz und der Lombardei auch Zwischenstation für zahlreiche Schmuggler. Am See lagen die Unterstaffeln der kleinen Alpen, fast auf allen zehn befanden sich Alphütten mit Milch- und Käsekellern. Zu Beginn des 20. Jahrhunderts wurden noch über 100 Kühe im Val Cama gesömmert.

Als in den 1960er-Jahren die Löhne in der Land- und Forstwirtschaft stark anstiegen, sank der Preis für Holz, Molkereien in den Tallagen übernahmen die Milchverarbeitung. Die Holz- und

Alpnutzung wurde unrentabel und nach und nach aufgegeben. Anfang 1970 bewirtschaftete nur mehr ein Bauer die besten Weidegebiete, knapp ein Viertel der heute noch landwirtschaftlich genutzten Fläche. Er war auch der letzte Älpler, der Maultiere für den Lastentransport auf die Alp de Lago einsetzte. 1971 weideten hier noch 15 Kühe mit Jungvieh, 30 Ziegen und rund 300 Schafe.

Der drohende Verlust der alten Kulturlandschaft veranlasste den Gemeindepräsidenten von Verdabbio Maßnahmen zu ergreifen; er ließ ein Landschaftsentwicklungskonzept erstellen, mit dem Ziel, die besten Weideflächen wieder zu aktivieren und das Gebiet für einen sanften Tourismus zu öffnen.

Gleichzeitig wurde das neben dem Schweizer Nationalpark größte Waldreservat als Schutzgebiet ausgewiesen. Wildnis sollte bewahrt werden und eine extensive Weidewirtschaft das halboffene Landschaftsbild erhalten. Für die Wiederaufnahme der Beweidung wurden ausschließlich gefährdete Nutztierrassen eingesetzt.

Die traditionellen Alpgebäude wurden seither schrittweise nach historischem Vorbild wieder in Stand gesetzt. Auf der Alp de Lagh weiden Ziegen aus Südgraubünden, dem Tessin und dem italienischen Valtellina, der lombardischen Region zwischen Sondiro und Sondalo.

Damit vermischen sich auf der Alp mit der Capra Grigia, der Frisa Valtellinese, der Stiefelgeiß, der Pfauenziege, der Bündner Strahlenziege und der Nera Verzasca nicht nur verschiedene regionale Rassen, sondern auch kulturelle Traditionen. Ein Beispiel sind die für das Veltlin typischen Holzhalsbänder der Ziegen.

Die Capra Grigia – Rarität und Leitart des Val Cama

Die Capra Grigia, die Graue Bergziege Südgraubündens und des Tessin, war der Impulsgeber für das Kulturlandschaftserhaltungsprogramm der Gemeinde Verdabbio. Die Rasse hat im Misox eines ihrer ursprünglichen Verbreitungsgebiete im Valle Calanca-Misox. Mit der Aktivierung der Alp de Lagh im Val Cama sollte dem Erhaltungsprojekt der Capra Grigia ein wichtiger Impuls gegeben werden. Die Alp wird heute nicht ausschließlich mit Capra Grigia Ziegen bestoßen, da sich die Züchter nicht auf gemeinsame Standpunkte einigen konnten.

Der Großteil der 120 Ziegen auf der Alp de Lagh wird zum Hobby gehalten, ihre Züchter wollen primär schöne Ziegenkitze und die Milch der Nachzucht überlassen. So wurde aus der Capra Grigia Alpe eine Arche Alpe mit verschiedenen gefährdeten Schweizer Ziegenrassen. Wobei die Capra Grigia nicht nur farblich den Ton angibt.

Rassebereinigungen haben so manche Spezies im Alpenbogen an den Rand des Aussterbens gebracht. Beispiele sind die Evolèner im Wallis, die Pustertaler Sprinzen in Südtirol, das Alpine Steinschaf und die Pinzgauer Strahlenziege in Österreich oder auch die attraktive Graue Bergziege, die Capra Grigia aus den südlichen Talschaften Graubündens.

1938 wurden in der Schweiz die Ziegenrassen bereinigt, um den Stand der Zucht zu heben. Zahlreiche Schläge wurden nicht als eigenständige Rasse anerkannt, die Pfauenziege, die Stiefelgeiß oder die Capra Grigia. Sie wurden als „sonstige Ziegen" registriert und ihre Zucht nicht gefördert.

Nach dem starken Bestandsrückgang folgten Rückschläge durch epidemische Viruserkrankungen (CAE-Virus). Bis um 2000 waren von den regionalen Schlägen des dunkelgrauen Blenio-Valmaggia, des granitgrauen Calanca sowie des hellgrauen Leventina Typus nur mehr wenige Tiere in verstreuten und teilweise gemischten Herden vorhanden.

Der Stiftung ProSpecieRara gelang es rechtzeitig, die verbliebenen Tiere für ein Erhaltungsprojekt zu

Bei der Capra Grigia unterscheidet man je nach Ursprungsgebiet den dunkelgrauen Blenio-Valmaggia-Schlag (im Bild), den granitgrauen Calanca- sowie den hellgrauen Leventina-Schlag.

Capra Grigia, ursprüngliches Verbreitungsgebiet

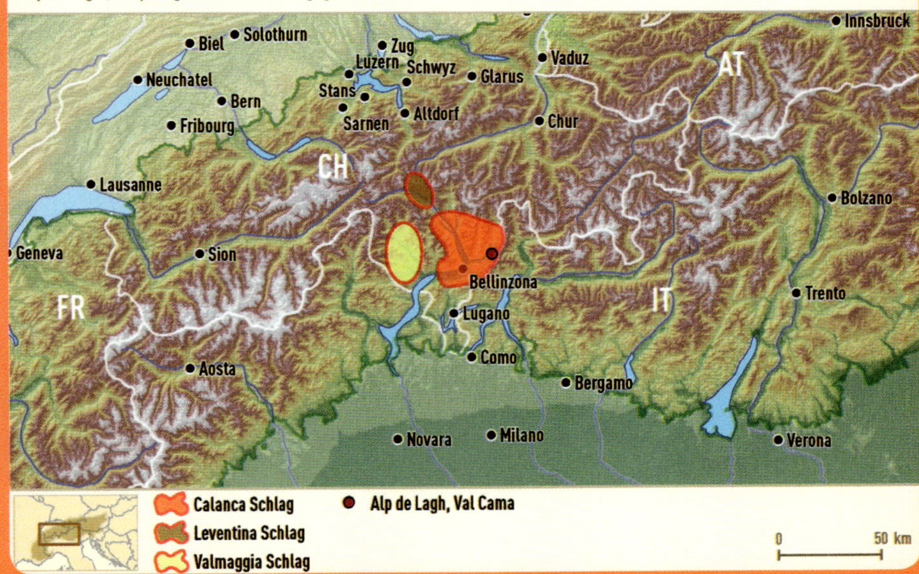

Steckbrief Capra Grigia

Diese mittelgroße Gebirgsziege eignet sich als Milchziege für die extensive Haltung ohne Kraftfuttereinsatz, wie auch für die Mutterziegenhaltung. Ziegen erreichen ein Gewicht von 45 bis 55, Böcke von 65 bis 80 Kilogramm. Die Widerristhöhe liegt bei Geißen zwischen 70 und 80 Zentimetern, Böcke sind rund fünf Zentimeter höher.

Charakteristisch für die Rasse ist die gleichmäßig verteilte, hell- bis dunkelgraue Fellfarbe ohne weiße Abzeichen, mit Ausnahme des gelegentlich auftretenden weißen Stirnflecks. Das Fell soll keinen roten oder braunen Farbstich und keine scharfen Farbabgrenzungen aufweisen. Die Beine sollen dunkler gefärbt sein als der restliche Körper. Vereinzelt findet man Tiere mit dunklem Aalstrich. Das Fell der Capra Grigia ist kurz und dicht. Beide Geschlechter tragen kräftige Hörner vom alpinen Typus.

oben: Schwalbenbäuchige Mangaliza Schweine verwerten die anfallende Molke und dürfen täglich für ein paar Stunden rund um die Alphütte streunen.
unten: Melkzeit am späten Nachmittag auf der Alp de Lagh. Die Ziegen werden bis etwa Mitte September gemolken.
Foto: R. Mühleisen

bündeln. Diese regionalen Schläge wurden 1997 unter dem Namen Capra Grigia in einem zentralen Herdebuch zusammengefasst und gemeinsam in einer Population weitergeführt. Neun Jahre später konnte im Jahr 2006 beim Bundesamt für Landwirtschaft die Anerkennung als Schweizer Rasse erreicht werden. Heute betreut der Verein Capra Grigia Svizzera (CGS) das Zuchtbuch mit Vor- und Hauptregister. Für die Auswahl der Zuchttiere werden der Inzuchtkoeffizient für Jungtiere (max. Wert 6,25) und die genetische Präsenz ermittelt.

Die Graue Bergziege aus der Schweiz ähnelt in der Färbung der Blobe Ziege aus Österreich. Die Capra Grigia zeigt im Gegensatz zur Blobe Ziege jedoch ein gerades Nasenprofil und einen langen schmalen Kopf. Das Maul der Blobe Ziege ist vergleichsweise breiter und der Kopf weniger edel ausgeprägt als bei der Capra Grigia. Auch ist die Blobe Ziege kräftiger gebaut und zeigt einen mehr tiefen voluminösen Körper mit deutlich breiterer Brust und Schulter.

Die Capra Grigia zählt mit 414 Herdebuchtieren nach der Kupferhalsziege (137 Tiere im Herdebuch) zu den am stärksten gefährdeten Ziegenrassen der Schweiz (Daten: BLW, 2011).

Die Sennleute Katia Boschi und Robert Mühleisen

Sie war Biologin von Beruf und fünf Sommer Alpfrau auf der Alp de Lagh. Das persönliche Interesse an der Capra Grigia führte Katia und Robert vor sieben Jahren hier herauf und ihre Begeisterung hat seither nicht nachgelassen.

„Vier Betriebe treiben derzeit Capra Grigia Ziegen auf die Alm auf. In Summe sind es 50 Ziegen und fünf Böcke", erklärt Katia. Die Mehrheit von rund 30 Capra Grigia Ziegen kommt jedoch von einem Melkbetrieb aus dem Tessin. Die guten Ziegen geben rund 2,5 Liter Milch pro Tag. Die Milchleistung und die Melkbarkeit der Ziegen sind jedoch ganz unterschiedlich, da viele Hobbyhalter ihre Ziegen gar nicht melken und nicht auf die Eignung für einen Melkbetrieb achten.

Das Konzept der ProSpecieRara Alp ermöglicht allen interessierten Capra-Grigia-Haltern und -Züchtern den Auftrieb ihrer Tiere auf die Alp de Lagh. Einige wenige Ziegen stammen aus der näheren Umgebung des Minox. Man findet auf der Alp auch Ziegen aus dem Tessin, aus der Region Valtellina und eine Zuchtgruppe aus dem weit entfernten Bern.

Katia gibt den Ziegen etwas Gerstenbruch, nur als Lockmittel, damit sie freiwillig in den Melkstand kommen. Die Nacht verbringen die Ziegen im Pferch.

Die Almleute Katia und Robert mit ihren zwei Kindern, unterstützt von zwei Helferinnen, bewirtschaften die Ziegenalp und betreuen die Gäste im „Rustico" wie auch in den Jurten. „Die Tage auf der Alp sind lange und ausgefüllt. Wir beginnen um vier Uhr morgens", erklärt Katia. Während der gesamten Alpzeit, von Ende Mai bis Anfang Oktober, kommen Katia und Robert nicht ins Tal. Sie genießen jedoch die Abgeschiedenheit und Ruhe auf der Alp de Lagh. „Das Wilde, das Nichterschlossene macht den Reiz aus. Es gibt keine Turbowiesen, sondern nur extensive Weiden und sanften Tourismus", schwärmt Katia.

Während Robert nach dem Melken Melkstand und Stall reinigt, arbeitet Katia mit ihrer Zusennin in der Sennerei. Katia Boschi stellt aus der Ziegenmilch reifen halbharten Formagella, den Weichkäse Formaggini, den Frischkäse Büscion sowie Feta und Joghurt her. Sie verarbeiten rund 1.000 Kilogramm Ziegenmilch während der Almsaison. Zu Beginn der Saison werden rund 120 Liter verarbeitet. Gegen Ende August sinkt die Milchmenge je nach Verlauf des Sommers auf rund 70 Liter.

Der Formagella reift in luftgekühlten „Grotti". Dieser halbharte Käse mit seiner kurzen Reifephase ist für die Vermarktung im Rahmen des Agritourismo ideal. „Damit können wir den Käse bereits nach vier Wochen und über die gesamte Alpzeit auf der Alm verkaufen. Ein klassischer Alp-Hartkäse muss im Gegensatz dazu mindestens ein halbes Jahr reifen. Wir hätten gar nicht die Lagerkapazität dafür", erklärt Katia. Der Großteil vom Käse wird ohnedies an hungrige Wanderer und an die Gäste des „Rustico" verkauft. „Kaum einer geht ohne einen Laib Käse zurück ins Tal", sagt Katia stolz. Manche Käseliebhaber lassen den Ziegenkäse im eigenen Keller weiterreifen", erklärt Robert Mühleisen. Ein bis zwei Laib Käse bekommen die Besitzer der Melkziegen als Entschädigung für die Milch ihrer Ziegen.

Vier Schwalbenbäuchige Mangaliza Schweine verwerten die bei der Käseproduktion anfallende Molke. Von der Käseproduktion allein könnten Katia und Robert jedoch nicht leben. „Dafür müssten wir den Melkziegenbestand auf 200 bis 250 Tiere aufstocken." Nur in Kombination mit dem Agritourismo ist die Alp rentabel. Übernachtet werden kann in einem der drei Steinhäuser auf der Alp, mit gut ausgestatteten Einrichtungen für Selbstversorger oder in einer kirgisischen Jurte. Das Rustico bietet für 14 Personen Platz. Der WWF Schweiz veranstaltet jeden Sommer auf der Alp ein Jugendlager. Die Alp de Lagh mit ihren Nutztieren und das wildromantische Cama-Tal mit dem Naturwaldreservat bieten die besten Voraussetzungen, um Kindern die Natur- und Kulturlandschaft näher zu bringen. Die sanfte Inwertsetzung der Alp ist jedoch erst im Aufbau begriffen. „Im September und Oktober kommen derzeit noch so gut wie keine Gäste", erklärt Robert.

Die Zukunft der Alp de Lagh

Wenn die tiefer gelegenen Weiden im Hochsommer bereits abgeweidet sind, suchen die Ziegen die höchsten Stufen des Kessels um den Lagh de Cama nach frischen Kräutern ab. „Das Heimholen der Ziegen dauert dann oft einige Stunden", erklärt Robert Mühleisen. Die Ziegen schaffen wieder halboffene Strukturen in Bereichen, wo der Wald bereits auf dem Vormarsch war. „Die Grünerlen lieben die Geißen sehr. Wir haben bereits große Flächen, auf denen die Grünerlenbestände absterben. Auch der Goldregen, ein sogenannter standortfremder Eindringling, ein invasiver Neophyt, wird von den Geißen gerne verbissen", berichtet Robert Mühleisen.

Hinter der Idee der Arche Alp de Lagh stand die Überlegung, auf einer landschaftlich reizvollen Alm eine große Vielfalt an gefährdeten Nutztierrassen (ProSpecieRara-Rassen) zusammenzuführen. Die Kooperation mit einem lokalen Landwirt scheiterte. Der Agritourismo wird sich aber, so ist Robert überzeugt, auf der Alp Schritt für Schritt entwickeln.

In den Schweizer Ballungsräumen wird das Arche-Hof-Konzept von ProSpecieRara sehr gut angenommen. Im ländlichen Raum ist jedoch das Bewusstsein für seltene Nutztierrassen noch nicht so stark verankert. Neben dem Almzentrum auf der Alp de Lagh wurden bereits mehrere höhergelegene Almen des Val Cama als Unterkünfte für Wanderer in Form von Selbstversorgerhütten adaptiert. In Kombination mit der Alp de Lagh bieten sich damit Möglichkeiten für grenzüberschreitende Mehrtageswanderungen in naturbelassener Landschaft. Zu den bereits teilweise entsiedelten Talschaften des Val le del Dosso und Val Bodengo auf lombardischer Seite, jenseits der Gipfel des Talkessels des Val Cama, führen Wanderwege und Talübergänge.

Im Winter kehren Katia Boschi und Robert Mühleisen in ihr bürgerliches Leben im Allgäu zurück, wo Robert als Verwaltungsmitarbeiter tätig ist.

Vom Himmel zur Hölle

Ende Juli 2013 kam es auf der Alp de Lagh zu einer unfassbaren Naturkatastrophe. Bereits am Vorabend des 27. Juli kündigte sich das Unglück durch einzeln herabstürzende Steine an. Gegen drei Uhr morgens nahm das Schicksal seinen Lauf. Oberhalb der Alphütten lösten sich gewaltige Felsmassen von rund 100.000 Kubikmetern. Es war ein Felssturz, wie er sich im Val Cama nach Einschätzung von Geologen in dieser Größenordnung nur alle 500 bis 1.000 Jahre ereignet. Aufgeschreckt vom Grollen und Poltern der herabstürzenden Felsmassen, versuchte Kati Boschi, ihre zweijährige Tochter in den Armen haltend, noch die in den Jurten nächtigenden Kinder des WWF-Ferienlagers zu warnen. Katia wurde dabei von den Felsmassen getroffen und starb noch an der Unglücksstelle neben der Alphütte. Ihre kleine Tochter blieb wie durch ein Wunder unverletzt. Ebenso wie Katias Mann und die zweite, vierjährige Tochter der Familie. Auch die 13 Kinder und vier Betreuer des Jugendlagers blieben unversehrt. Zwei riesige Felsblöcke blieben unmittelbar neben der Hütte liegen, dort, wo ich im Sommer davor die engagierte und vor Energie sprühende Katia interviewen durfte.

Katia Boschi war mit viel Leidenschaft Älplerin auf der Alp de Lagh. Jeden Mittwoch stellte sie Formaggini (Weichkäse) und Büscion (Frischkäse) aus Ziegenmilch her. Das Bild entstand fast exakt ein Jahr vor dem tragischen Unglück. Ihr hat der Autor dieses Buch gewidmet.

Kontakt:
Alp de Lagh
c/o Cancelleria Verdabbio
CH-6538 Verdabbio
Handy Alp (ganzjährig):
0041 (0)786084104
www.alpdelagh.net

Katia Boschi († 2013) und
Robert Mühleisen
Dorfstr. 44, CH-87477 Sulzberg
alpdelagh@gmx.ch

Die Alpenregion Wallis – Wiege der alpinen Viehzucht

Geschinen, eine typische Gemeinde im Gomser Oberwallis.

Ein Gomser Bauernhaus aus dem 17. Jahrhundert.. Alt trifft auf modern.

Die westlichste Region der Schweizer Alpen ist der Kanton Wallis mit dem Hauptort Sitten (Sion). Sie erstreckt sich über rund 150 Kilometer entlang des Rhonetals (Rotten) und seiner Seitentäler, vom Rhonegletscher im innersten Aletschi bis zum Genfersee. Lediglich eine kleine Talschaft am Simplon-Pass entwässert über das Ossola-Tal in den Lago Maggiore und weiter in den Po.

Gegen Süden hin bilden die Walliser Alpen die Grenze zum Nordwestpiemont. In den Walliser Alpen liegen die meisten Viertausender der Schweizer Alpen und der höchste Berg, die Dufourspitze mit 4.633 Metern im Monte Rosa Massiv. Das Wallis teilt sich bei Siders (Sierre) in das östliche, vorwiegend deutschsprachige Oberwallis und in das franko-provenzalische Unterwallis.

Der kulturelle und wirtschaftliche Aufschwung im Hochmittelalter regte das Bevölkerungswachstum an und führte auch im Wallis zu einer Überbevölkerung des begrenzten Siedlungsraumes. Dies führte zu Abwanderungen, die aber auch von der Unterdrückung durch Feudalherren ausgelöst wurde. Ab dem Hochmittelalter besiedelten Walser die meist schwer zu bewirtschaftenden Alpenregionen von den Alpentälern des Nordpiemont bis in das Oberinntal in Österreich. Sie verbreiteten auch ihre Kultur und betrieben einen regen Viehhandel. Die Walserhäuser in Blockholzbauweise prägten zahlreiche Gebiete in den Alpen. Im Goms im Oberwallis liegt die Wiege dieser Holzbaukunst.

Ackerbau und Viehzucht haben in den inneralpinen Trockentälern des Wallis eine lange Tradition. Die Viehhaltung blickt, insbesondere bei den Kleinwiederkäuern Schaf und Ziege, auf eine vermutlich 7.000 Jahre alte Geschichte zurück.

Die Familienverbände der Walser ermöglichten die Erwirtschaftung von guten Erträgen, selbst in Berglagen. Überschüsse aus der Tierzucht wurden oft über weite Distanzen gehandelt (www.walser-alps.eu). Die Walser erwarben sich einen Ruf als gute Viehzüchter und Walservieh war begehrt.

Auch heute noch nimmt die Viehzucht im Wallis eine bedeutende Rolle ein und ist in der Gesellschaft als Kulturgut fest verankert. Sowohl bei den Kleinwiederkäuern als auch beim Rindvieh sind das Schauwesen und die Kuhkämpfe lebendig geblieben. Die Kuhkämpfe der Eringer Rinder symbolisieren einen Teil der Walliser Identität.

Die Schafzucht im Wallis

Nach Emil Schnyder war im Spätmittelalter das Kupferschaf die verbreitete Schafrasse, seine Nachfahren waren braun gehörnte Schafe (Älwes). Durch Kreuzung mit schwarzen Schafen unbekannter Herkunft entstand das „schwarznasige Vispertaler Schaf", das als Ausgangsrasse der heutigen Walliser Schwarznasenschafe gilt. In der Vollziehungsverordnung des Walliser Gesetzbuches von 1884 wird das Walliser Schwarznasenschaf erstmals schriftlich erwähnt. Die Verordnung sah eine Verbesserung des Groß- und Kleinviehs durch Steigerung von Mastleistung und Wollertrag vor.

Nach Anette Weber ist die Herkunft des Walliser Landschafes ungeklärt, doch wird angenommen, dass es ebenfalls vom Kupferschaf und dem ausgestorbenen Roux de Bagnes abstammt. Es dürfte daher auch dem Walliser Schwarznasenschaf nahe stehen. Zu Beginn des 20. Jahrhunderts unterschied man im Wallis noch zwischen dem alten Schwarzen Walliser Landschaf und dem Älwes oder Rotbraunen Walliser Landschaf.

Das Schwarze gehörnte Landschaf steht für eine Vielzahl von extensiven, wenig leistungsbetonten Schafrassen im Alpenraum, die dem Streben nach Ertragsoptimierung in der ersten Hälfte des 20. Jahrhunderts zum Opfer gefallen sind. Das Schwarze Landschaf wurde auch Lötschenschaf (Lötschentaler Schaf) genannt. 1920 zählte man noch knapp 1.500 Tiere, wenige Jahrzehnte später ist es in den Beständen des Walliser Landschafes aufgegangen. Friedrich Gottfried Strebler beschreibt 1907 das Schaf in seiner Monographie über das Lötschental als mittelgroße gehörnte Rasse. Mastschafe lieferten 50 bis 80 Pfund Fleisch. Das Schaffleisch zählte nach F. G. Strebler um 1900 neben Milch, Käse, Brot und Kartoffeln zur Hauptnahrung der Lötscher. Ähnlich dem Bündnerfleisch wurde im Oberwallis das Schaffleisch an der Luft getrocknet und so oft für lange Zeit konserviert.

Die heute noch vorkommenden heimischen Schafrassen des Wallis sind das Walliser Landschaf (Le Roux du Valais) und das Walliser Schwarznasenschaf. Während sich das Letztere heute steigender Beliebtheit erfreut, zählt das Braune Walliser Landschaf zu den gefährdeten Schafrassen des Alpenbogens. Der Herdebuchbestand des Walliser Schwarznasenschafes umfasst rund 15.000 Tiere (Daten BLW, 2012). Beide Schafrassen sind im Wallis seit Jahrhunderten heimisch. Während das Walliser Schwarznasenschaf sein Ursprungsgebiet im Oberwallis hat, war das deutlich kleinere Walliser Landschaf verstreut, vorwiegend im Mittel- und Oberwallis anzutreffen.

Die Ziegenzucht im Wallis

Die Walliser Schwarzhalsziege symbolisiert die Hochgebirgsziege schlechthin, da sie mit den Gletscherbergen des Wallis in Verbindung gebracht wird. Die Walliser Schwarzhalsziege ist, wie das Schwarznasenschaf, im gesamten Alpenraum verbreitet und nicht im Bestand gefährdet. In der Schweiz sind rund 2.500 Tiere im Herdebuch erfasst (Daten BLW, 2012). Im Laufe des 20. Jahrhunderts wurde das äußere Erscheinungsbild der Walliser Schwarzhalsziege durch Zuchtauswahl maßgeblich verändert. Das mittellange Haarkleid ist heute extrem lang und reicht teilweise bis zum Boden. Auch die schwarz-weiße Verteilung der Mantelfärbung wurde verändert. Die Trennlinie zwischen schwarz und weiß wurde deutlich nach hinten verschoben. Auch bei der Stirnbehaarung wurde auf Langhaarigkeit selektiert. Diese verdeckt teilweise das seitliche Gesichtsfeld und reicht bis zum Maul.

Alte Farbschläge des grauen, roten und schwarzen Typus mit der ursprünglichen Farbverteilung findet man noch auf piemontesischer Seite östlich des Simplon-Gebietes in den alten Siedlungsgebieten der Walser Kolonien (siehe Kapitel „Das nördliche Piemont"). Diese Rassen sind extrem gefährdet, da nur mehr kleine Bestände vorhanden sind. Auf schweizerischem Staatsgebiet, im

Mit einem Herdebuchbestand von rund 230 Tieren ist die Kupferhalsziege akut vom Aussterben bedroht. Foto: Stiftung ProSpecieRara

Schwarzhalsziegen über dem Aletschgletscher beim Eggishorn im Wallis oberhalb von Fiesch (1927). Die Ziegen zeigen noch die ursprüngliche Farbverteilung und das mittellange Haarkleid. Foto: Archiv Jaritz

Die Alpenregion Wallis (Valais)

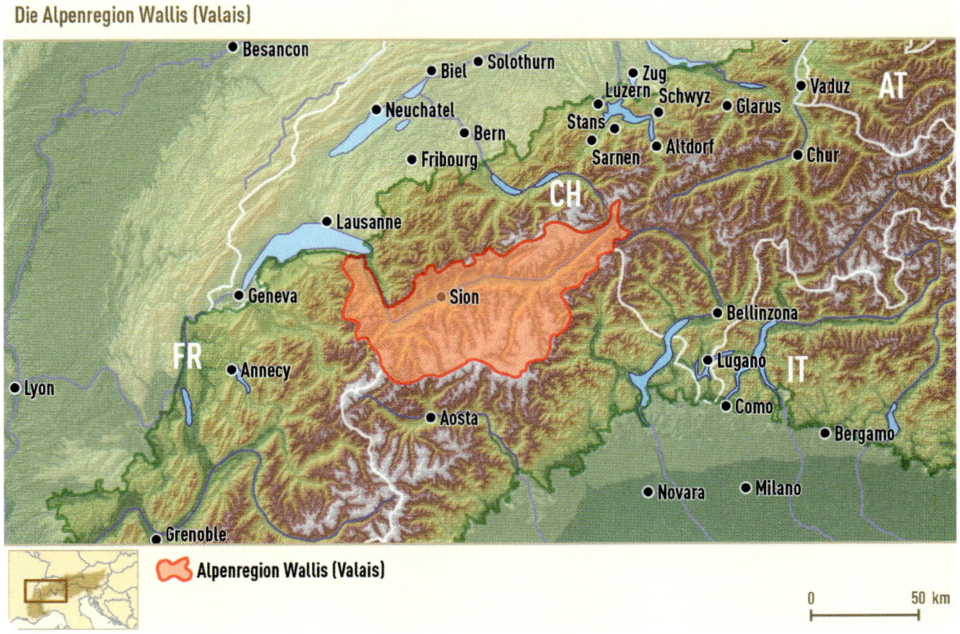

Die Simplon Ziege und die Grüenochte Geiß sind seltene Ziegenrassen der Alpen.
Foto: V. Sartore

Kontakt:
ProSpecieRara
Philippe Ammann
Unter Brüglingen 6, 4052 Basel
Tel.: 0041 (0)61 54 59 928
philippe.ammann@prospecierara.ch

Oberwallis wurden 2006 von der Stiftung ProSpecieRara noch Restbestände des roten Farbschlages, der sogenannten Kupferhalsziege, wiederentdeckt. Im Zuge der Nachsuche wurde man in den Folgejahren auch auf den alten grauweißen Farbschlag, die Grüenochte Geiß und die Simplon Ziege aufmerksam. 2012 wurde das Erhaltungsprojekt der Stiftung ProSpezieRara um die beiden seltenen Farbschläge der Walliser Ziegen erweitert.

Die Kupferhalsziege wird heute wieder in der gesamten Schweiz, mit Ausnahme der Südschweiz, gezüchtet. Der Herdebuchbestand umfasst mittlerweile 230 Tiere (Daten ProSpecieRara, 2013). Das Erhaltungsprojekt wird derzeit noch von ProSpecieRara geleitet, da noch kein Zuchtverein gegründet wurde. Auch die Herdebuchführung wird von der Stiftung wahrgenommen.

Die Erhaltungsbemühungen für die Simplon Ziege und die Grüenochten Geiß sind die jüngsten Tierprojekte der Stiftung ProSpecieRara. Erst 2006 konnten im Wallis und im Berner Oberland die letzten rund 30 verbliebenen Tiere der Kupferhalsziege ausfindig gemacht werden. Sie gehört wie die Simplon, die grauweiße Grüenochte Geiß und die klassische Walliser Schwarzhalsziege zur Gruppe der Walliser Ziegen. Sie ähnelt in ihrem äußeren Erscheinungsbild weitestgehend der verbreiteten schwarzweißen Walliser Schwarzhalsziege. Lediglich die sonst bei der Schwarzhalsziege schwarze vordere Körperhälfte ist bei der Kupferhalsziege kupferfarben und bei der Grüenochten Geiß grau gefärbt.

Das Ursprungsgebiet dieser seltenen Farbschläge der Walliser Ziegen ist das Simplongebiet, sowohl auf piemontesischer Seite im oberen Val Divedro, wie auch im Oberwallis im Gebiet Zwischenbergen. Friedrich Tschudi beschreibt 1861 für das Gebiet des Rhonegletschers „starke Trupps von großen prächtigen Ziegen, auf der vorderen Körperhälfte braun, auf der hinteren milchweiß“. Das waren unmissverständlich die rotbraunen Kupferhalsziegen. Ihre Verbreitung dürfte zumindest bis Brig im Rhônetal gereicht haben, da die Bürgerschaft von Naters bei Brig Weiderechte im inneren Aletschi besitzt.

Die nordpiemontesischen Bestände zeigen noch weitestgehend die Merkmale des historischen Typus der Walliser Ziege. Das Haarkleid ist wesentlich kürzer als jenes des heutigen Typus und der Farbwechsel von dunkel auf hell liegt deutlich vor der Körpermitte. Auch die Stirnbehaarung ist bei den italienischen Beständen noch deutlich kürzer.

Aufgrund der Erhaltungsbemühungen der Stiftung ProSpezieRara konnte die Population der Kupferhalsziege in der Schweiz seit 2006 von anfangs 30 auf mittlerweile 230 Tiere angehoben werden. Bei der Grüenochten Geiß (Capra Vallesana Grigia) beträgt die Gesamtpopulation beiderseits des Simplon-Passes nur rund 30 Tiere. Von der Weißen Simplon Ziege (Capra Sempione) gibt es in Italien und der Schweiz zusammengerechnet lediglich 80 Tiere. In der Schweiz wurde sie im Zuge der Rassebereinigung im Jahr 1938 nicht zur eigenständigen Rasse erklärt. Kleine Bestände konnten jedoch wenig beachtet im Simplongebiet überdauern. Im Zuge der Suche nach Kupferhalsziegen wurde ProSpezieRara auf diese Rasse aufmerksam. Seit 2013 wird für die Rasse ein Zuchtbuch geführt.

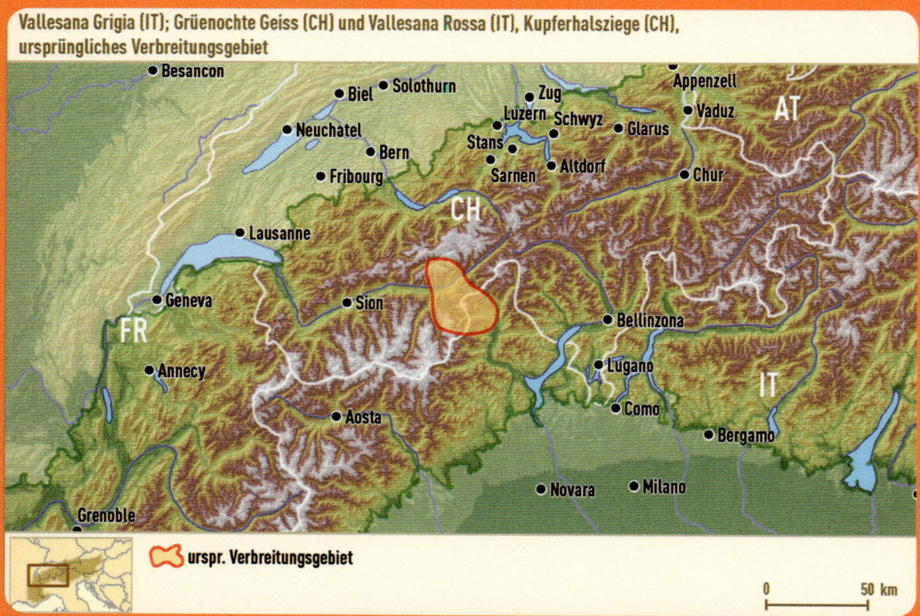

Steckbrief Kupferhalsziege, Grüenochte Geiß und Simplon Ziege

Die Walliser Ziegen sind mittelgroß bis großrahmig. Alle Farbschläge weisen einen schlanken Körper auf. Die Widerristhöhe beträgt bei Geißen etwa 75 Zentimeter und bei Böcken 85 Zentimeter. Angestrebt wird ein nicht zu langes Haarkleid. Die Bodenfreiheit soll mindestens 20 Zentimeter betragen (siehe Steckbriefe Capra Sempione und Vallessana Grigia und Rossa).

Rinderschläge des Wallis

Für das Wallis nennt Felix Anderegg 1897 die Gruppe der Westschweizer Rinderschläge, das Eringer beziehungsweise Evolèner Rind, das Gomser Rind und das leichte Rotfleckvieh, auch Lötschen oder Illiez Vieh.

Das kleine Evolèner Rind ist die Urrinderrasse des Unterwallis. Sie wurde 1859 erstmals erwähnt.

Aus ihr entstand gegen Ende des 19. Jahrhunderts durch Einengung des Rassestandards auf Einfärbigkeit die Eringer Rasse. Der Gesamtbestand umfasste 1897 rund 37.000 Tiere, in den Unterwalliser Bezirken Ering (Hérens), Entremont, Gundis, Siders und Sitten. Die Tiere erreichten eine Widerristhöhe von 1,17 Metern und ein Lebendgewicht von 250 bis 300 Kilogramm. Sie werden als ausgezeichnete Weidetiere für die steilsten Alpenlagen beschrieben.

Charakteristische Merkmale sind nach Felix Anderegg der kurze, breite Kopf, die hohle, breite Stirn und eine breite, tiefe Brust. Die Gliedmaßen sind kurz, mit starken Knien und trockenen Sprunggelenken. Die Haut wird als derb und dick beschrieben.

Das Eringer Rind ist heute mit 9.000 Herdebuchtieren die wichtigste heimische Viehrasse des Wallis (Daten BLW, 2012). Im Oberwallis, Gebiet von Goms, existierte bis Beginn des 20. Jahrhunderts eine einfärbig graubraune Rinderrasse vom Typ des Zentralschweizer Braunviehs. Die Tiere hatten eine Widerristhöhe von 1,34 Metern und ein durchschnittliches Gewicht von 475 Kilogramm. Aufgrund der guten Milchleistung wurden Zuchttiere häufig nach Italien exportiert.

Die dritte kleinrahmige Rinderrasse des Wallis war das Walliser Rotfleckvieh (Lötschen oder Illiez Schlag). Die Tiere waren deutlich größer als die Eringer (Evolèner) Rasse und vergleichbar mit dem Gomser Rind. Der Lötschen-Illiez Schlag war mit durchschnittlich 520 Kilogramm der schwerste heimische Rinderschlag des Wallis. Die Rasse ging zu Beginn des 20. Jahrhunderts im Simmentaler Fleckvieh auf.

Daneben waren im westlichen Oberwallis noch besagtes Simmentaler Fleckvieh und im östlichen Teil des Oberwallis das Braunvieh präsent. Nach Volmar Schmid verläuft entlang der Dialektgrenze, zwischen Brig und Visp, auch die Grenze zwischen Fleckvieh (Westen) und Braunvieh (Osten).

Der Nationalhund der Schweizer Alpen

Für das Wallis erwähnt Friedrich Tschudi (1853) noch das Vorkommen von echten Schäferhunden. Aus der Kreuzung dieser wallisischen Schäferhunde mit dänischen Doggen wurde nach seiner Theorie die Bernhardiner Rasse begründet. Der Große St. Bernhard Pass am Übergang zwischen Rhônetal und Aostatal war schon immer viel frequentiert. Vermutlich ab dem Ende des 17. Jahrhunderts wurden die Vorfahren der heutigen Bernhardiner, anfangs als Schutz- und Wachhunde, später als Begleit- und Lawinenhunde der Augustinermönche des Hospizes eingesetzt. Der frühe Bernhardiner unterschied sich in Aussehen und Größe stark vom heutigen Typus. Er war ein deutlich leichterer Gebrauchshund. Erst im 19. Jahrhundert stabilisierte sich sein Aussehen. 1887 wurde der Schweizer Standard für den Bernhardiner definiert. Der moderne Typ des Bernhardiners ist deutlich größer als der Ursprungstyp und erreicht eine Schulterhöhe von bis zu 90 Zentimetern bei Rüden. Als Vorfahren des Bernhardiners werden die im Wallis verbreiteten großen Bauernhunde angenommen.

Das alte Lötschen-Vieh. Es stammt aus dem Lötschental im Oberwallis, dem größten nördlichen Seitental der Rhone in der Schweiz; F.G. Strebler, 1907. Foto: Archiv Jaritz

Pferde und Maultiere

Neben dem Rind waren sie die wichtigsten Lastentiere im Wallis. Im 19. und 20. Jahrhundert gab es zahlreiche Zuchtstationen für die Maultierproduktion. Für die Bewirtschaftung der hoch gelegenen Almen und für den Handel mit den Nachbarländern über die hohen Alpenpässe waren sie unentbehrlich. Nach F. G. Strebler kam nach der Viehzählung 1901 im Lötschental im Oberwallis auf acht bis neun Haushalte je ein Pferd oder Maultier.

Noch in der ersten Hälfte des 19. Jahrhunderts war das Charrat-Pferd, benannt nach einer Gemeinde im Bezirk Martigny, im Wallis weit verbreitet. Als Stammvater wird ein österreichischer Hengst angenommen. Dieses Tier dürfte ein Überbleibsel des Einmarsches österreichischer Truppen ins Wallis nach dem Ende des französischen Empires im Jahr 1813 gewesen sein. Um 1900 waren es nur mehr wenige Exemplare.

Schweineschläge des Wallis

Felix Anderegg beschreibt das Walliser Schwein 1899 noch als typisches Alpschwein von weißer bis schwarzer Farbe, mit gedrungenem Körperbau, kräftigen Knochen sowie mit starkem Rüssel und Behaarung. Im Oberwallis vermischte es sich mit dem Bündner Oberländer Schwein. Als Fleischschwein wurde es bereits um die Jahrhundertwende aufgrund seiner geringen Mastfähigkeit und Spätreife vermehrt mit englischen Yorkshire Schweinen eingekreuzt. Auch die alte Landrasse fand damals noch seine Liebhaber.

Alpschweine, noch mit Einflüssen des Walliser Schweins und Bündner Oberländer Schweins, um 1900. Foto: Archiv Jaritz

Martin Bammatter mit seinen Schafen vor einem typischen Stall in Massegga, der nach Süden orientierten Hangstufe oberhalb von Naters.

Porträt: Martin Bammatter
Schafzüchter und Eisenbahner

Gugger heißt das neunjährige Leitschaf von Martin Bammatter, und das nicht zu Unrecht. Das „Alphaschaf" ist ein Walliser Landschaf und hat immer ein wachsames Auge auf seine Herde. Als wir die Koppel der Schafe von Martin oberhalb von Naters bei Brig erreichen, schläft es jedoch tief und fest und erwacht erst, als wir direkt vor ihm stehen. Die Schafhaltung hat bei Familie Bammatter eine Tradition, geht wenigstens bis auf den Großvater und Vater zurück.

Während sich das Walliser Schwarznasenschaf nicht nur im Kanton Wallis zunehmender Beliebtheit erfreut, steht sein brauner Bruder, das Walliser Landschaf, immer schon etwas im Abseits. Im Wallis werden sie als „Älwes" bezeichnet. Das Walliser Schwarznasenschaf hat sich in den vergangenen Jahrzehnten vom extensiven Landschaf zum Ausstellungstier entwickelt. Für diesen Auftritt werden sie gewaschen, geföhnt, frisiert und toupiert. Das äußere Erscheinungsbild ist maßgeblich: die extreme Stirnbewollung, langes Deckhaar und starke Bewollung an Vorder- und Hinterbeinen.

Als Martin den Betrieb seines Vaters übernahm, trennte er sich von den Walliser Schwarznasenschafen und züchtete nur mehr mit den Braunen Landschafen. Heute besitzt er elf Mutterschafe und einen Widder. Einige seiner Schafe mit besonders ausladenden Hörnern stammen noch aus einer alten Zuchtlinie seines Vaters. Etwas ganz Besonderes ist das Glockenschaf. Dessen Mutter war noch vom Typ des alten Lötschenschafes. Es war schwarz und hatte eng anliegende, spiralförmige Hörner. Heute werden vor allem die Widder auf seitlich nach außen gedrehte, ausladende Hörner selektiert.

Die Walliser Landschafe sind ruhige, standorttreue Schafe und trotz ihrer ausladenden Hörner leicht in der Handhabung. „Die richtigen, ursprünglichen Walliser Landschafe sind großrahmige Tiere mit weit nach außen gerichteten Hörnern", erklärt Martin Bammatter. Er versucht seinen Schlag der Walliser zu erhalten. In der restlichen Schweiz, Außerschweiz sagen dazu die Einheimischen, wird derzeit ein kleineres, mehr gedrungenes Schaf gezüchtet, damit es noch leichter in der Handhabung ist.

Martin Bammatter ist 46 Jahre alt, von Beruf Zugbegleiter bei den Schweizer Bundesbahnen und vor allem ein passionierter Schafzüchter, einer von rund 1.700 Hobby-Schafhaltern in der Schweiz, die sich um die Erhaltung seltener Nutztierrassen kümmern. Sofern man bei Martin Bammatter, der rund zehn Hektar landwirtschaftliche Nutzfläche bewirtschaftet, noch von einem Hobby-Halter sprechen kann. Vor allem im Kanton Wallis hat die Zucht von kleinen Wiederkäuern immer noch einen hohen Stellenwert. Mit rund 62.000 Schafen hat der Kanton Wallis den höchsten Schafbestand der Schweiz. Das sind immerhin 20 Schafe je 100 Einwohner. Kleinstbetriebe, die auf Selbstversorgung ausgerichtet waren, prägten über Jahrhunderte die alpine Kulturlandschaft, die daher auch vielfältig und reich strukturiert blieb. Im industriellen Zeitalter wurde diese Erwerbsform rasch obsolet. Die Hobbyhalter sind in gewisser Weise die Erben dieser Kulturform.

Massegga, die nach Süden exponierte Hangstufe oberhalb von Naters bei Brig, war vor rund 30 Jahren noch extensiv genutztes Acker- und Grünland. Heute weiden dort Martins Schafe, Esel und Rinder inmitten von Baulandflächen. Probleme mit den Nachbarn sind vorprogrammiert. Der Siedlungsdruck ist enorm.

Martin steht im Winter täglich um 6 Uhr früh im Stall bei seinen zwölf Schafen, fünf Eseln und vier Evolèner Kühen. Wenn er gegen 3 Uhr früh von der Spätschicht nach Hause kommt, bleiben keine drei Stunden für Regeneration, das Aufstehen fällt ihm oft schwer.

Die rund sieben Hektar umfassenden Wiesen und Weiden oberhalb von Naters hat Martin gepachtet. Sie gehören in Summe 15 unterschiedlichen Grundbesitzern. Es ist nur eine Frage der Zeit, wann er diese Flächen verlieren wird. Die meisten

Das braune Älwes.

Grundparzellen sind kleiner als 1.000 Quadratmeter und wurden bereits zu Bauland gewidmet. „In zehn Jahren werden hier nur noch Wohnhäuser und Wald sein", ist Martin überzeugt.

Die traditionelle Landbewirtschaftung im Realteilungsgebiet erfolgte entlang der Höhenstufen, aber auch vertikal aufgrund der Zersplitterung des Bodenbesitzes. Man zog mit dem Groß- und Kleinvieh von einem Ausfütterungsstall zum nächsten.

Auch Martin Bammatters Vater und Großvater praktizierten aufgrund der Streulage ihrer Eigentumsflächen diese Form der Landbewirtschaftung. „Im Winter wurden die Tiere in den am tiefsten gelegenen Ställen gefüttert. Im Frühjahr ging man mit den Tieren schrittweise höher, immer höher, um die kleinteilige Struktur zu nutzen. Die Tiere kamen anschließend auf die Alp oder man wanderte am Ende des Sommers wieder in Richtung Tal, nachdem die Flächen ein bis zwei Mal gemäht wurden", erklärt Martin Bammatter.

Heute wandert er mit seinen Tieren außerhalb der Alpzeit zwischen den Weiden in Naters und im Weiler Blatten hin und her. Er nutzt dazu fünf kleine alte Ställe als Unterkunft und für die Heulagerung. Seine 1,3 Hektar großen Eigentumsflächen befinden sich zur Gänze im Weiler Halta bei Blatten auf rund 1.350 Meter Seehöhe, wo auch zwei Ställe stehen. Die Schafe verbringen in Halta den Spätherbst und Frühwinter. Erst Anfang Jänner kehren sie zurück auf die tiefer gelegenen Weiden.

Alte Walliser Traditionen

Beim Besuch von Martins Walliser Landschafen entdecke ich bei einem der Ställe ein abgebrochenes Schafhorn mit den eingebrannten Buchstaben „B" und „F". „Sie stehen für Bammatter Franz, für meinen Großvater", erklärt Martin. Das Brandeisen wird von Generation zu Generation an den jeweils ältesten Sohn weitergegeben. Im Wallis wurden Schafe traditionell durch Brandzeichen (walliserisch „gibrandat") und Schnittkerben in den Ohren markiert. Auch im ostalpinen Raum, in Österreich und Slowenien, war diese kombinierte Form der Kennzeichnung üblich. Das „Gohrzeichnat", die Walliser Bezeichnung für die Schnittkerben an den Ohren der Schafe, darf seit rund zehn Jahren aus Tierschutzgründen nicht mehr angebracht werden. Das Brandzeichen bei den horntragenden Walliser Landschafen wird aber im Wallis bis heute praktiziert.

Kein Markt für nachwachsende Rohstoffe

In den ersten Lebensjahren hat das Wollvlies der Schafe eine schöne dunkelbraune Farbe. Mit fortschreitendem Alter werden die Tiere lichter. Die Mischwolle ist ein Indiz dafür, dass das Walliser Landschaf eine alte und noch sehr ursprüngliche Schafrasse der Alpen ist. Wenn die Tiere älter werden, beginnt ihr Vlies zu vergrauen – das macht sie ungemein sympathisch für einen Mitvierziger. Die meist braune Wolle der Walliser Landschafe wird zu Garn versponnen und zu Isoliermaterial verarbeitet.

Kaum mehr als 60 Rappen bekommt Martin für das Kilo Rohwolle bei der zentralen Wollsammelstelle. „Was bleibt, reicht nicht einmal dafür, die Schermesser zu schleifen", stellt er fest. Er schert seine Tiere noch selbst, zwei Mal im Jahr. Dabei ist die Wolle fast wertlos, da Billigwolle aus Übersee importiert wird und auch die Schweizer Armee hat bei den Wolldecken massiv „abgerüstet".

Einst war die Nachfrage gut. Denn für die Herstellung des Bauerntuches (Drilch) musste die Wolle der Walliser Landschafe wegen ihrer braunen Naturfärbung nicht zusätzlich gefärbt werden (Agten/Burgdorf 2001). Heute endet sie häufig in der Müllverbrennungsanlage.

Neben Zuchttieren verkauft Martin Bammatter Schlachttiere und stellt Trockenfleisch und Hauswürste für den Eigenbedarf her.

Die Lämmer kommen meist Anfang März auf die Welt. Bereits Anfang Juni, vor dem Almauftrieb der Mutterschafe, sind die Jungtiere schlachtreif. „Die Mutterschafe sind bei sehr guter Konstitution, wenn sie im Herbst von der Alm kommen. Das wäre nicht der Fall, wenn sie den Sommer über Junge führen müssten", erklärt Martin Bammatter. Weibliche Tiere konnten bisher immer als Zuchttiere verkauft werden.

Bauland verdrängt extensives Weideland: Heute sind die Hanglagen über dem Tal attraktive Baulandflächen.

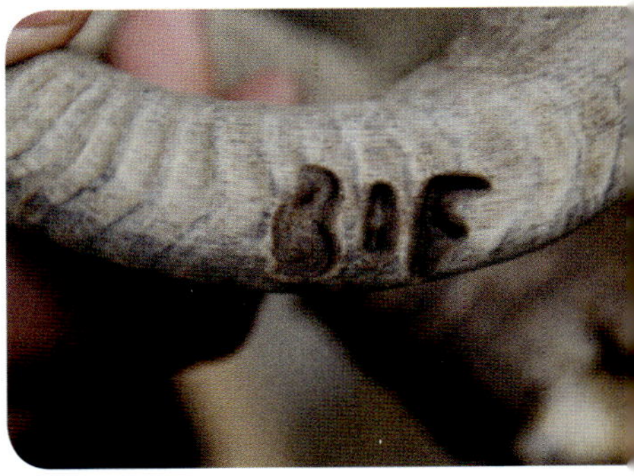

„B-F" sind die Initialen des Familienbrandzeichens der Familie Bammatter.

Ein Erhaltungsprojekt rettete das Landschaf

Ohne das Engagement der Stiftung ProSpecieRara gäbe es diese für das Wallis so charakteristische Schafrasse heute nicht mehr. In den 1980er-Jahren gab es Restbestände von einigen wenigen Tieren. Rasches Handeln war gefordert. 1985 initiierte die Stiftung ein Erhaltungsprojekt, aber trotz positiver Entwicklung ist die Rasse mit rund 1.000 Tieren immer noch gefährdet. Der Herdebuchbestand umfasst 120 Widder und 880 Schafe. Lediglich 14 Züchter sind im ursprünglichen Verbreitungsgebiet, im Ober- und Mittelwallis (zwischen Leuk und Martigny) aktiv. In der gesamten Schweiz sind es rund 100 Züchter und Halter. „Die meisten Schafhalter lassen jedoch meist nur ein Walliser Landschaf in der Schwarznasenherde mitlaufen", bedauert Martin das mangelnde Interesse.

Der Zuchtverein für das Walliser Landschaf (WLS) führt das Herdebuch in Zusammenarbeit mit der Stiftung ProSpecieRara. Martin Bammatter ist der Experte für die Rasse im Wallis und nimmt die Bewertung und Herdebuchaufnahme (Körung) der Schafe vor. Die Bewertung der Walliser Landschafe erfolgt analog zu den Walliser Schwarznasenschafen hinsichtlich Typus, Fundament und Wolle. Eine enge verwandtschaftliche Verbindung beider Rassen wird angenommen, wobei das Walliser Landschaf den ursprünglicheren Typ repräsentiert. Als Vorfahren des Walliser Landschafes gelten die ausgestorbenen Landschläge Roux de Bagnes und das Kupferschaf.

Das Walliser Hochgebirgsschaf

Die alten Walliser Nutztierrassen haben sich über Jahrhunderte an die rauen Haltungsbedingungen im Wallis angepasst. Die hoch gelegenen Almen der Walliser Alpen, mit ihren zahlreichen Drei- und Viertausendern, verlangen robuste, genügsame und trittsichere Nutztiere. Diese Eigenschaften zeichnen auch das Walliser Landschaf aus.

Den Sommer verbringen die Schafe von Martin Bammatter nahe dem Lötschental auf der Niwenalp zwischen 2.500 und 3.000 Meter Seehöhe, gemeinsam mit Walliser Schwarznasenschafen und Weißen Alpenschafen. Bis vor ein paar Jahren alpte Martin Bammatter seine Tiere noch im inneren Aletschi, einer Insel im Walliser Eismeer. Er beteiligte sich auch als „Sanner" an dem bis zu drei Tage dauernden Abtrieb der Schafherden. Zwischen 1.500 und 1.800 Schafe mussten alljährlich Anfang September in dem weit verstreuten Gebiet zusammengetrieben werden. Als Bürger der Gemeinde Naters genießt er dies als Bürgerrecht. Früher wurden die Tiere über weite Distanzen zu Fuß getrieben. Heute erfolgen der Auf- und Abtrieb bis zu einem Weiler unterhalb der Belalp mit dem Lastkraftwagen. Von dort marschieren die Hirten mit den Schafen weiter auf die Belalp und dann Richtung Aletschi. Diese alte Schäfertradition wird von der Bürgerschaft von Naters immer mehr als touristische Attraktion wahrgenommen.

Walliser Landschaf (Le Roux du Valais), ursprüngliches Verbreitungsgebiet

Steckbrief Walliser Landschaf (Roux du Valais)

Dieses mittel- bis großrahmige Gebirgsschaf hat eine Widerristhöhe von mindestens 60 Zentimetern bei Schafen und 65 Zentimetern bei Widdern. Die Schafe erreichen ein Gewicht von gut 60 Kilogramm (50 bis 75), Widder von durchschnittlich 80 Kilogramm (60 bis 90). Das Walliser Schwarznasenschaf ist mit durchschnittlich 80 Kilogramm wesentlich schwerer und hat auch deutlich mehr Wolle als das Walliser Landschaf. Brust, Widerrist und Becken sind beim Walliser Landschaf breit ausgebildet. Beide Geschlechter sind behornt. Das Horn hat eine seitlich nach außen gedrehte Form mit genügend Abstand zum Schädel. Der Kopf ist lang gestreckt und geramst. Die lange grobe Mischwolle ist meist rotbraun bis rostrot, selten schwarz. Der seltene schwarze Farbschlag geht auf das bereits ausgestorbene Lötschenschaf zurück, das im Walliser Landschaf aufging. Die Lämmer kommen mit dunkelbrauner Lammwolle zur Welt und werden erste später rotbraun. Die Vorderbeine sind im Gegensatz zum Schwarznasenschaf unbewollt, die Hinterbeine bis zum Sprunggelenk bewollt. Das Walliser Landschaf ist asaisonal und sehr fruchtbar. Zwei Ablammungen pro Jahr sind die Regel. Die Schafe lammen problemlos, häufig Zwillinge. Die Tiere sind standorttreu und haben einen ruhigen Charakter.

Kontakt:
Martin Bammatter
Experte des Vereins Walliser Landschaf
Landstrasse 80, CH-3905 Natters
Tel.: 0041 0()78 60 67 664
bammatter.martin@bluewin.ch
www.walliser-landschaf.ch

Das Evolèner – ein Alpenrind der Superlative

Martin ist auch begeisterter Rinderzüchter. Für ihn kam dabei nur eine Rasse in Frage. Das Evolèner Rind. Mit einer Widerristhöhe von rund 125 Zentimetern ist es das kleinste Rind, aber nicht das Leichtgewicht unter den alpinen Rinderrassen. Es vertritt darüber hinaus auch die älteste Viehrasse des Wallis und die am meisten gefährdete. Üblicherweise werden im Oberwallis auf den landwirtschaftlichen Betrieben immer ein bis zwei Evolèner in den Kuhherden gehalten.

„Das ist fast schon eine Tradition", weiß Martin Bammatter. Auch sein Vater hatte neben den Eringer Rindern Evolèner. Ständige blaue Flecken und Verletzungen durch die Hörner der temperamentvollen und auf Aggressivität überzüchteten Eringer veranlassten ihn, gänzlich auf Evolèner umzusteigen.

Die Tiere von Martin stammen aus vier getrennten Zuchtlinien. Die Zuchtgenossenschaft für das Evolèner Rind forciert den Einsatz von möglichst verschiedenen Jungstieren, damit die genetische Basis der Rasse erhalten bleibt.

Martin setzte 2012 erstmals einen Jungstier im Natursprung ein. Bei der künstlichen Besamung werden attraktive „Katalogstiere" überproportional verwendet und so wertvolle Linien vernachlässigt.

Derzeit ist die Nachfrage nach Zuchttieren eher gering. Der Preis lag bereits bei 4.500 Schweizer Franken (3.900 Euro) und mehr für eine Kuh. „Die Jungzüchter interessieren sich aufgrund der Kuhkämpfe leider in erster Linie für das Eringer Rind", bedauert Martin. Stechfeste gibt es für die Evolèner Rasse nicht.

Martin Bammatter weiß die Eigenschaften der Evolèner zu schätzen, vor allem in den trockenen Hanglagen auf seinen Weiden. Sie sind ruhig, gutmütig und verletzen den Boden nicht durch ständige Rangkämpfe.

Das Evolèner Rind ist gedrungen und hat einen auffallend kräftigen Körper. Der Kopf der Tiere ist sehr kurz. Typisch ist der kleine weiße Stirnfleck. Dieser soll jedoch bis maximal zur Höhe der Augen reichen und nicht in Form einer Blässe das gesamte vordere Gesichtsfeld bedecken. Der Schwanz soll zu etwa einem Drittel weiß sein. Aufgrund der geringen Gesamtpopulation werden die Selektionskriterien nicht sehr streng umgesetzt.

Auch historische Fotos belegen die ursprüngliche Vielgestaltigkeit der Evolèner Rasse. Martin Bammatters Evolèner Rinder verbringen den Sommer von Mitte Juni bis Mitte September auf der Alp. Martin züchtet schließlich auch noch Hausesel, die er für die Weidepflege einsetzt.

oben: Lötschentaler Schaf, F.G. Strebler, 1907. Foto: Archiv Jaritz
unten: Die schwarze Kuh hat Martin im Evolènertal, dem Kerngebiet der Evolèner Rasse, erworben.

Ammern war bis 1848 eine eigenständige Gemeinde. Helmut Kiechler und Karoline Wirthner brachten wieder Leben in den Weiler und hauchten ihm eine Seele ein.

Porträt: Helmut Kiechler und Karoline Wirthner Ein Walser Dorf mit seinen Tieren

Wenn man von Obergraubünden kommend den Furka-Pass hinter sich lässt und nach den Serpentinenstraßen durch Lärchenwälder das Obergoms im Oberwallis erreicht, dann erschließt sich dem Besucher eine ganz eigenartig anmutende alpine Baukultur. Man glaubt sich zurückversetzt in frühere Zeiten. So selten sind in den Alpen Dörfer mit intakter und gelebter historischer Bausubstanz geworden.

In der Gemeinde Obergesteln breitet sich am Südhang malerisch eine klein parzellierte Ackerflur aus. Es sind die Überreste einer nahezu verschwundenen Ackerbaukultur in den inneralpinen Trockentälern der Alpen. Noch nach dem Zweiten Weltkrieg prägten vergleichbare Kulturlandschafen das Goms. Allein in der kleinen Gemeinde Obergesteln hat sich die Ackerfläche auf rund ein Viertel reduziert. Wiesen und Mähweiden breiten sich aus, es kommt zur Verbuschung und Verwaldung.

Goms ist einer von 13 Bezirken im Kanton Wallis, der sich immer stark in Richtung Schweiz orientiert hat, zu den Kantonen Uri, Graubünden und Tessin. Das reicht zurück bis ins Hochmittelalter und ist an der Sprache, Kultur und auch an den Nutztierarten ablesbar.

Der Walser Dialekt, das Walliser Höchstalemannische, geht zurück auf die Einwanderung der Alemannen ab 800 n. Chr. und Goms ist mit seinen Bürgerrechten nicht nur eine Geburtsstätte der Schweizer Demokratie, sondern auch der Walser Kultur mit ihrer charakteristischen Holzbaukunst. Die Walser waren begabte Handwerker und tüchtige Bauern, ihre Nutztiere waren begehrt.

Aufgrund der frühen Überbevölkerung im Oberwallis wurden vom 12. bis 14. Jahrhundert in mehreren Auswanderungswellen andere Alpenregionen ringsum besiedelt. Man nimmt an, dass bereits um 1200 über den Simplon-Pass und weitere Südalpenpässe die Südseite der Alpen von Walsern kolonisiert wurde. Die Siedlungsspuren sind an der Holzbauform wie an den Nutztierrassen ablesbar. Helmut Kiechler und Karoline Wirthner leben im Weiler Ammern in der Gemeinde Blitzingen. Die beiden gehen einen Schritt weiter als so manch anderer Züchter autochthoner Nutztierrassen. Sie haben sich das Ziel gesetzt, nicht nur die für das Wallis typischen Evolèner Rinder, sondern auch die ehemalige Kleinstgemeinde Ammern durch Nutzung zu erhalten.

Ammern war bis 1848 eine selbstständige Kleinstgemeinde, genauso wie der aus neun Gebäuden bestehende Nachbarweiler Gadmen. Das Dorf Ammern wurde 1374 erstmals urkundlich erwähnt. Schon Helmuts Urgroßvater ist in Ammern aufgewachsen und übersiedelte später nach Münster, wo er Bürgerrechte erwarb. Auch Helmut wuchs in Münster auf und besitzt heute Bürgerrechte in Münster und Blitzigen.

Im Bezirk Goms sind Almen Gemeingut und im Besitz der Gemeinde, daher verfügt jeder Bürger über Weiderechte. Es gibt keine Eigenalmen im Privatbesitz. Da in Blitzingen alle Almen aufgrund der fehlenden Bestoßung bereits verfallen sind, nützt Helmut für seine Evolèner Rinder Almweiderechte der Gemeinde Münster.

Bereits um 1.000 n. Chr. kam es im Zuge der Alemannisierung des Oberwallis zur Besiedelung der Bergtäler, um die Alpenpässe zu sichern. Dabei wurde erkannt, dass die Wirtschaftsform von Einzelhöfen im Familienverband aufgrund der Gebietsgrößen, Naturgefahren und Plünderungen nicht zweckmäßig ist. Diese wurden aufgegeben. Man zog sie zu Dörfern zusammen und der Einzelbesitz wurde dem Dorf als Allgemeingut zur Verfügung gestellt. Auch Wald und Almen (Sentum) wurden zu Gemeinschaftsbesitz. Es entstanden die für die Walser typischen Weiler mit den Bürgerrechten. Seit 1032 gilt das Realerbteilungsrecht. Dies führte zu Exzessen in der Flurteilung und erschwerte die Bewirtschaftung im Berggebiet massiv.

Bis in das 20. Jahrhundert hinein war die Gänsehaltung auch in der Schweiz verbreitet. In den vergangen 50 Jahren sind jedoch alle autochthonen Landschläge ausgestorben. In der Deutschschweiz trifft man vereinzelt auf die aus Norddeutschland stammende Diepholzer Gans.

Die Almbewirtschaftung erfolgt im Prinzip wie früher, aber es gibt heute kaum mehr gemischte Viehalmen. „In den besten Zeiten hatte jede Gemeinde drei bis vier Almen und auf jeder arbeiteten ein Senn und zwei Hirten", erklärt Helmut. Nach dem Beispiel der Gemeinde Münster wurden die Weiderechte der Bürger periodisch auf vier Sentum aufgeteilt. Der Senn hat gemeinschaftlich für alle gekäst und am Ende des Almsommers wurde der Käse anteilsmäßig verteilt.

Sterbende Dörfer

1848 wurden aufgrundlage der Bundesverfassung der Schweiz zahlreiche Kleinstgemeinden im Wallis zwangsfusioniert. Zu diesem Zeitpunkt lebten und wirtschafteten noch 17 Personen in der Kleinstgemeinde Ammern. Gut 100 Jahre später waren viele Bauern weggezogen und hatten Hab und Gut zurückgelassen. 1965, was für eine Ironie des Schicksals, lebten in den Weilern Ammern und Gadmen jeweils nur mehr eine Person, es waren vier Witwen. Der Vater von Karoline Wirthner, Herman Wirthner, ist in Blitzingen unter ärmlichen Verhältnissen aufgewachsen. „Seine beiden Brüder sind in den 1930er-Jahren verhungert", berichtet Helmut. Er war der letzte Ziegenhirte der drei kleinen Dörfer Ammern, Gadmen und Wiler. Herman Wirthner war es trotz seiner Armut möglich, Theologie und später Medizin zu studieren, er war 40 Jahre lang praktizierender Arzt in Münster.

Bereits in den 1950er-Jahren erkannte er, dass die Kultur des Obergoms, die schönen Weiler und die alte Kultur, zum Sterben verurteilt war. „Er erkannte, dass alles kaputtgeht", erzählt Helmut. In ihm entstand der Wunsch, diese alten Weiler mit ihrer einzigartigen Kultur zu erhalten. Als Arzt versorgte Herman Wirthner die letzte alte Bewohnerin in Ammern und musste ihr eines Tages erklären, dass sie hinunter in das Dorf nach Blitzingen ziehen müsse. Er konnte von ihr den ersten Anteil erwerben, als sie ins Altersheim zog. Innerhalb der nächsten 30 Jahre wurden ihm nach und nach die rund 100 weiteren Anteile am Weiler mit allen Gebäuden und zwölf Hektar Grund zum Kauf angeboten. Er wollte eigentlich keinen Grund erwerben, sondern nur die historische Bausubstanz, die Kontur des Weilers bewahren. Doch Gebäude und Boden waren untrennbar miteinander verbunden.

Der Arzt sagte immer wieder zu seiner Tochter: „Wahrscheinlich spinne ich, alle Ärzte erwerben in Lugano oder Genf Attikawohnungen und ich Idiot kaufe ein altes Dorf und muss noch alles Geld investieren, damit es erhalten bleibt." „Aber er hatte recht", resümiert Helmut. Ammern ist heute die am besten erhaltene Siedlung im Alpenraum.

Evolèner – eine Frage der Philosophie. Der Züchter Helmut Kiechler hält Zwiesprache mit einer Evolèner Kuh. Foto: H. Kiechler

Neu belebtes altes Kulturgut

32 Jahre später, 1997. Als Helmut Kiechler mit seiner Freundin, der Tochter des Arztes, das erste Mal den Weiler Ammern besuchte, erkannte er, dass die gesamte Kultur des Goms in Ammern vereint war, das Einzige, was fehlte, war die Seele, jemand, der alles wieder zum Leben erwecken konnte. „Es entstand die Idee, den Weiler zu beleben, mit Landwirtschaft und den Tieren des Goms, mit sanftem Tourismus und den traditionellen Berufen", erzählt Helmut. Karoline ist Restauratorin und Helmut arbeitete 20 Jahre als Tierpräparator.

Die Renovierung der Bausubstanz ist kostenintensiv und erfordert viel Eigeninitiative. Die Herstellung eines typischen Legschindeldaches kostet rund 50.000 Franken. Helmut Kiechler und Karoline Wirthner haben für die Renovierung und Bewirtschaftung des Weilers bereits unzählige Preise vom Oberwalliser Heimatschutz und Bund Naturschutz erhalten.

Demgegenüber steht die aktuelle Entwicklung in Goms. Alles wird dem Tourismus untergeordnet. „Jeder Stadl, jede Maiensäss Hütte (Voralpe) wird verkauft oder umgebaut, das ist erschreckend", sagt Helmut Kiechler. Früher waren diese Kulturgüter zum Überleben da, jeder hatte Tiere und benötigte Ställe und Stadl. Diese Gebäude sind heute vielfach funktionslos. Eine Entwicklung, die nicht nur das Goms, sondern den gesamten Alpenraum betrifft.

Helmut Kiechler hat in Evolèn im Unterwallis in den 1980er-Jahren eine vierjährige Lehre als

Evolèner Rinder weiden auf einer Alm in Münster, am Nufenen Pass auf knapp 3.000 Meter Seehöhe. Foto: H. Kiechler

„Mittlerweile liebe ich diese Stiere“, sagt Züchter Helmut Kiechler.

Tierpräparator gemacht. Im Val d'Heréns, einem Seitental, das bei Sion in das Rhonetal mündet, ist die kleinste Rinderrasse der Alpen beheimatet. Helmut hatte im Zuge seiner Ausbildung viele Bauern besucht, jedoch nie eine Evolèner Kuh gesehen. Zu dieser Zeit gab es im Tal nur mehr einen einzigen Bauern, der diese Kühe noch besaß. „Ich habe diese aber nie zu Gesicht bekommen“, erzählt Helmut. Nach der Lehre arbeitete er 20 Jahre selbstständig in Münster als Tierpräparator. Als die Entscheidung fiel, Ammern wieder mit Leben zu erfüllen, stellte sich die Frage, welche Rinderrasse angeschafft werden sollte. Helmut wollte mit einer ursprünglichen Rinderrasse des Wallis züchten.

Durch Zufall entdeckte er in einem Gasthaus die Abbildung einer Evolèner Kuh und war sofort begeistert. Er begann sich zu informieren. Zu diesem Zeitpunkt waren kaum noch Tiere dieser Rasse vorhanden. Helmut erkundigte sich beim damaligen Präsidenten des Vereins nach dem nächstgelegenen Zuchtbetrieb. Es war ein Betrieb in Blitzingen, direkt unterhalb vom Weiler Ammern.

„Ich bin zum Bauern gefahren und habe ihn nach seinen seltenen Kühen gefragt“, erzählt Helmut Kiechler. Der Bauer hatte auf Leistungsrassen umgestellt, wollte sich aber von den letzten beiden Kühen dieser extensiven Rasse nicht trennen. „Ich machte die Stalltür auf und es war Liebe auf den ersten Blick“, erzählt Helmut. „Ich hatte noch nie so schöne Kühe gesehen.“ Der Bauer erklärte ihm, dass er für die Rasse keine Förderung bekomme und die Tiere lediglich 10 bis 15 und nicht 50 Liter Milch geben wie die Hochleistungskühe.

„Im Prinzip wirst du gestraft, wenn du eine regionale Rasse erhältst“, beklagte sich der Bauer. Er trennte sich nur ungern von seinen Kühen, wusste sie aber bei Helmut Kiechler gut aufgehoben. „Eine war nichts wert, die zweite war eine der besten Evolèner Kühe, die wir bisher in der Zucht hatten“, erzählt Helmut Kiechler. Mittlerweile ist er selber Präsident des Evolèner Zuchtvereins Wallis I. „Ich würde nie eine andere Kuh nehmen“, schwört er.

Die Evolèner Rasse

Um 1820, nach den Hungerjahren 1816/17, wollte man in der Schweiz, wie in anderen Regionen der Alpen, durch Verbesserungen in der Viehzucht weiteren Hungerkatastrophen vorbauen. Alle Schweizer Rinderschläge (damals sprach man noch nicht von Rassen) wurden erfasst und nach Leistung taxiert. Darunter waren viele kleine, lokale Landschläge wie das Lötschentaler, Illiezer, Concher oder Ormonter Vieh. Diese kleinen angepassten Rinderschläge hatten keine Chance, gegenüber den leistungsbetonteren Rassen zu bestehen. Auch im Bezirk Goms gab es eine an die Walliser Hochalmwirtschaft gut angepasste kleine Lokalrasse mit feinen Hörnern, die den alten original Braun- und Grauviehschlägen ähnelte. Von staatlicher Seite wurde versucht, alle vorhandenen Rinderschläge nur mit großrahmigen fleischigen Simmentaler Stieren zu belegen. Dazu war man bemüht, über Förderungen, Viehschauen und Prämierungen die Rinderzüchtung zu beeinflussen.

„Viele Züchter, so auch die Gomser, waren obrigkeitshörig und kreuzten ihre altbewährten Rinderschläge mit den massigen Simmentaler Stieren“, erklärt Helmut Kiechler. Durch diese Einkreuzungen hat man ab der Mitte des 19. Jahrhunderts viele Rassen zum Verschwinden gebracht. „Alle haben sich an diese Vorgabe gehalten, mit Ausnahme von einigen wenigen Evolèner Züchtern“, erzählt er. Sie erkannten, dass die schwereren Rinder die steilen Hochalmen nicht mehr nutzen könnten. Daher widersetzten sie sich diesen Bestrebungen.

Das Eringer Rind, das Kind der Evolèner Kuh

In einem Bericht der Bundesregierung aus dem Jahr 1859 wurde die kleine Evolèner Bergrasse erstmals namentlich erwähnt. Sie setzte sich, im Gegensatz zu anderen Walliser Rinderschlägen, die lediglich als Varietäten abgetan wurden, als eigenständige Rasse durch. Es entwickelte sich jedoch ein Diskurs über die ursprüngliche Farbe der Evolèner- beziehungsweise

Eringerkuh. Auch hinsichtlich der Namensgebung gab es Differenzen zwischen den Bauernverbänden und Landwirten des Wallis. Die Befürworter einer einfärbig roten, schwarzen oder kastanienfärbigen Rinderrasse setzten sich durch. Es wurde argumentiert, dass sich einheitlich gefärbte Tiere mit verlässlicher Zeichnung besser am Markt präsentieren und verkaufen ließen.

Die für die Eringer typischen Abzeichen ließen sich aufgrund der Dominanz der weißen Farbe durch züchterische Selektion einfach eliminieren. Auch konnten die Befürworter weiß gefleckter Tiere keinen, wie von staatlicher Seite geforderten, verlässlichen Standard der Farbzeichnung benennen. Im Jahr 1884 war die Rasse zwar mit dem Gesetz zur Verbesserung der Viehhaltung offiziell anerkannt worden, es erfolgte jedoch parallel ein regelrechter Feldzug zugunsten der Einfärbigkeit. Trotz aller Bemühungen hielten einige Züchter, vor allem im Unterwallis, an den weiß gefleckten Kühen fest.

Bis zum Zweiten Weltkrieg wurde versucht, durch Anreizprogramme das Aussehen der Eringer Rasse zugunsten der Einfärbigkeit und Körpergröße zu beeinflussen. Züchter vom Typ der Evolèner Rasse mit weißen Abzeichen wurden von der Förderung gänzlich ausgeschlossen. Zusätzlich versuchten staatlich beauftragte Kastrierer in Nacht- und Nebelaktionen die letzten Evolèner Stiere zu kastrieren.

„Der heute noch lebende letzte Züchter der damaligen Zeit hat jahrelang im Stall mit einer geladenen Waffe geschlafen und klar die Warnung angebracht, den Stall nicht zu betreten. Er wurde für das Halten der Tiere bestraft und hat trotz alledem ein Leben lang für die Rasse gekämpft. Natürlich kann man von einer Rasse, die derart sanktioniert wird, keine Tiere verkaufen und der Bestand brach zusammen.“

1995 wurden die Oberwalliser auf die Rasse aufmerksam und die Evolèner Zuchtgenossenschaft gegründet. Die letzten Tiere, bei denen man noch einen relevanten Evolèner Blutanteil vermutete, wurden genetisch untersucht und angekauft. Lediglich 45 reinrassige Kühe und fünf Stiere konnten ausfindig gemacht werden. Sie bildeten die Basis der heutigen Evolèner Zucht.

Aufgrund elementarer Unterschiede im Zuchtziel haben sich 2002 einige Züchter abgespalten und es wurden zwei weitere Zuchtgenossenschaften gegründet. Insgesamt gibt es derzeit rund 400 Evolèner Zuchttiere, etwa 200 Tiere und 25 Züchter sind bei der Walliser Zuchtgenossenschaft erfasst. 200 weitere Tiere sind auf zwei zusätzliche Zuchtgenossenschaften in der Außerschweiz aufgeteilt, die jedoch die Zuchtkriterien der Zuchtgenossenschaft Wallis nicht erfüllen, aber die Rasse weiterentwickeln wollen. „Nach derzeitigem Stand werden die Tiere früher oder später verschwinden“, erklärt Helmut Kiechler.

Die Walserwanderungen

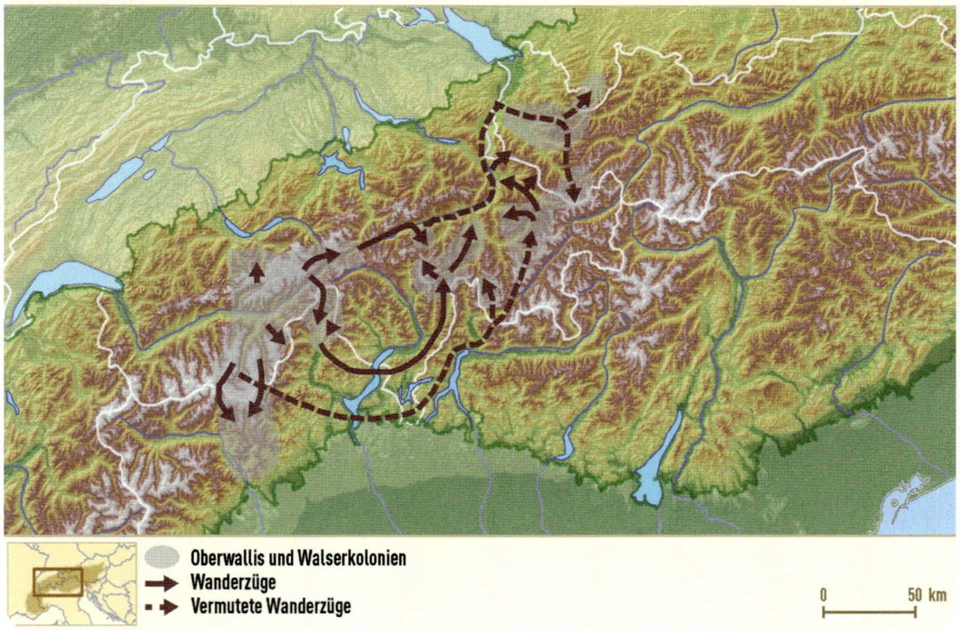

Die Walser Wanderungen im Hochmittelalter reichten bis nach Voralberg und Nordtirol. (Quelle: www.walsermuseum.ch, verändert)

Der Bestand der Evolèner Rasse ist als extrem gefährdet einzustufen, die Zuchttiere werden außerhalb des angestammten Zuchtgebietes derzeit herdebuchmäßig nicht korrekt erfasst. Eine Angliederung der beiden Zuchtverbände an Swiss Herdbook, die zentrale Herdebuch-Organisation in der Schweiz, wird zwar angestrebt, teilweise wurden jedoch nicht dem Standard der Zuchtgenossenschaft Wallis entsprechende Stiere eingesetzt und Einkreuzungen vorgenommen. „Es geht immer um dasselbe. Sie wollen diese kleine Kuh größer machen, um an den Stechfesten (Kuhkämpfen) teilnehmen zu können“, erklärt Helmut.

„Trotz allem ist die Eringer Kuh das Kind der Evolèner“, ist Helmut Kiechler überzeugt. Bei der Eringer Rasse gibt es lediglich schwarze und rote Tiere, bei der Evolèner Rasse zudem kastanienfärbige Tiere, in der Regel mit weißen Abzeichen.

Verliebt in seine Stiere

Natursprungstiere kommen derzeit in der Evolèner Zucht noch wenig zum Einsatz. Meist wird mit künstlicher Besamung gearbeitet. „Das ist ein Problem. Auch ich hatte anfangs Angst vor den Tieren. Ich kannte noch die Geschichten von den zahllosen Unfällen mit Gemeindestieren auf den Almen in Goms“, erzählt Helmut Kiechler. Ein Züchterkollege hat ihn schließlich in den richtigen Umgang mit Stieren eingeweiht. „Mir war klar, dass wir Natursprungstiere einsetzen mussten, um die genetische Breite der Rasse

Evolèner Rind, ursprüngliches Verbreitungsgebiet

Steckbrief Evolèner Rind

Dieses kleinrahmige Zweinutzungsrind zeigt einen harmonischen Körper mit guter Bemuskelung an allen Partien. Evolèner Kühe erreichen ein Durchschnittsgewicht von 500 Kilogramm, im Gegensatz zu den bis zu 980 Kilogramm schweren Eringer Kühen. Evolèner Stiere werden rund 600 Kilogramm schwer. Es ist damit das kleinste, jedoch nicht das leichteste Rind der Alpen. Die Widerristhöhe liegt bei Kühen zwischen 115 und 125 Zentimetern. Stiere sind um durchschnittlich fünf Zentimeter größer. Charakteristisch für die Rasse ist der kurze Kopf mit breiter Stirn. Die Hörner sind beim Evolèner Rind deutlich länger ausgebildet als beim Eringer Rind. Die Tiere weisen feine bis mittelstarke Gliedmaßen mit einem trockenem Fundament und harten Klauen auf.

Ursprünglich vorherrschend war der kastanienbraune Farbton der Evolèner. Selten wurden schwarze Tiere in der Zucht verwendet. Durch die vermehrte Einkreuzung von schwarzen Eringer Stieren in den Evolèner Bestand der Außerschweiz wurde der rote Farbschlag deutlich zurückgedrängt. Typische weiße Abzeichen sind der weiße Stirnfleck (Stern), der maximal bis auf Augenhöhe reichen soll. Weiß sind die Beine und unterbrochene Partien am Rücken (nicht gebunden). Der Schwanz soll nur zu einem Drittel weiß sein. Die Kühe zeigen eine im Verhältnis zu Körpergröße und Futteraufnahme ansprechende Milchleistung (2.500 bis 2.800 Kilogramm). Angestrebt wird ein gut aufgehängtes, drüsiges Euter.

Das Evolèner Rind ist besonders trittsicher und wendig. Es eignet sich daher für die Beweidung steiler Hochlagen. Die Tiere sind temperamentvoll und leben ihre Kampflust gegenüber Artgenossen gerne aus, verfolgen den unterlegenen Gegner jedoch nicht. Ein Fremdblutanteil von maximal vier Prozent ist zulässig.

1995 wurde das Zuchtziel für das Evolèner Rind relativ eng definiert. Heute erkennt man, dass die ursprüngliche Rasse deutlich vielfältiger im Erscheinungsbild war. Die Färbung und das Verteilungsmuster der weißen Abzeichen waren abwechslungsreicher, als es der derzeitige Rassestandard zulässt. In der Aufbauphase einer Erhaltungspopulation besteht die Gefahr, dass durch einen zu engen Rassestandard die genetische Breite einer Rasse eingeengt wird. Der Bestand der Rasse ist mit 200 (400) Tieren hochgefährdet.

zu erhalten und ich versuchte es", sagt Helmut Kiechler. Mittlerweile hängt er an seinen Stieren, setzt diese aber nur bis zu einem Alter von zwei Jahren ein. „Alles andere ist über meiner Dimension."

Derzeit setzen lediglich drei Betriebe Natursprungstiere ein. „Natursprung ist jedoch nur auf einer breiten Basis praktizierbar, wenn die Stierhalter eine Prämie von mindestens 1.000 Franken erhalten", ist Helmut überzeugt. „Nimm einen eineinhalbjährigen Stier, der deckt dir die gesamte Herde und mit zwei Jahren wird er geschlachtet und der nächste kommt an die Reihe." Dieses Modell ist auch im Sinne der Generhaltung, da viele verschiedene Mutterlinien zum Einsatz kommen und mit der Prämie wäre die Jungstierhaltung auch für den Betrieb rentabel.

Was nicht geschätzt wird, wird oft auch verteufelt

Die Evolèner Rinder waren über 100 Jahre nicht mehr erwünscht, man wurde für ihre Haltung sogar bestraft. Die Rasse wurde gezielt in Verruf gebracht und mit Vorurteilen belegt. Man sagte, dass es böse Tiere seien, die keine Milch geben. „Es ist genau das Gegenteil der Fall", weiß Helmut Kiechler aus langjähriger Erfahrung. „Sie sind feinfühlige, zutrauliche Tiere und ihre Milch ist von besonderer Qualität. Aber! – Bei Sturm oder Sirenengeheul sind sie wahre Büffel und man wird gewahr, dass die Evolèner eine Urrasse sind."

Zu Beginn der Erhaltungszucht war die Milchleistung erwartungsgemäß sehr niedrig. „Das ist doch klar, wenn man von einem Bestand von 45 Kühen aufzüchten muss", rechtfertigt Helmut die Startschwierigkeiten. Der letzte Züchter musste um das Überleben seiner Rasse kämpfen und konnte nicht auf Milchleistung, Fleischansatz oder Schönheit der Rinder selektieren. „Er sagte nur: gesund, weiblich, Gott sei Dank", erzählt Helmut „und das ist bei der kleinen Population auch unsere Haltung." Heute erbringt eine mit Raufutter gefütterte Evolèner Kuh eine Milchleistung von bis zu 26 Liter pro Tag. Streng verpönt ist in der Evolèner Zucht Kraftfutter.

Als Präsident des Zuchtvereins muss Helmut auch Züchter überzeugen, Tiere mit sehr geringer Milchleistung nicht abzustoßen, da andernfalls der Bestand gefährdet wäre. „Nach zwei bis drei Generationen kann auch von solchen Kühen eine Milchleistung von 16 bis 17 Liter erwartet werden. Mehr wollen wir nicht", so erklärt er seinen Standpunkt.

Der Zuchtleiter des Vereins Wallis I ist studierter Agrarökonom und Rinderexperte. Für ihn sind es die besten Kühe, die es in den Alpen gibt.

Im Stechen wird unter den Evolèner Kühen die „Königin“ ermittelt; 1901. Foto: Archiv Jaritz

Kuhstechen versus Schaukämpfe

Im Grenzgebiet zwischen dem Wallis, dem Haute Savoie und dem Val d'Aosta werden mit Rindern der Rasse Eringer (Vache d'Hérens) sowie der piemontesischen Rassen Valdostana Castana und Valdostana Pezzata Nera Schaukämpfe veranstaltet. In den Arenen kämpfen, nicht wie in Spanien und Südfrankreich, spezielle Kampfstiere gegeneinander, sondern Kühe. Entwickelt haben sich diese Schaukämpfe aus dem bereits im 19. Jahrhundert praktizierten Kuhstechen der Evolèner Mutterrasse.

Im Hochmittelalter kolonisierten die Walser auch die südlich angrenzenden Alpentäler des Nordpiemont. Es ist anzunehmen, dass mit der Besiedelung auch Wirtschaftsformen und Nutzierrassen mitgewandert sind. Im Val d'Aosta konnte sich eine dem Evolèner Rind sehr nahestehende Rasse entwickeln. Offensichtlich wurden mit der Besiedelung auch alteingesessene Traditionen der Walser übernommen. Von den drei im Val d'Aosta vorkommenden Valdostana Rassen werden zwei, die kastanienbraune Valdostana Castana und die schwarz gefleckte Valdostana Pezzata Nera bei Schaukämpfen eingesetzt. Seit einigen Jahren werden im Grenzgebiet Schweiz-Frankreich-Italien gemeinsame Champion-Kämpfe veranstaltet.

Es gibt Schaukämpfe mit Eringer Rindern (Vache d'Hérens) sowie mit piemontesischen Valdostana Castana und Valdostana Pezzata Nera Kühen. Beim traditionellen Kuhstechen der Evolèner Rasse wurde die „Alp-Königin“ genannte Leitkuh in einem meist kurzen Kampf ermittelt. Sie musste während der Alpperiode, über einen Zeitraum von 70 bis 100 Tagen, täglich ihre Position verteidigen und aus den Kämpfen als Königin hervorgehen. Sie war die stärkste, aber auch die beste Milchkuh, sie durfte auf der Alp die besten Weideplätze abgrasen. Die Besitzer der Leitkuh waren natürlich stolz, wenn ihr Tier die Stellung bis zum Almabtrieb behaupten konnte.

Demgegenüber kommen die heutigen Schaukämpfe der Eringer Kampfkühe in den Arenen Gladiatorenkämpfen gleich. Im 30-Minuten-Takt folgen die Kämpfe bei den Stechfesten aufeinander. Es ist ein tierischer Spitzensport. Helmut hat den Stechkämpfen beigewohnt, wenn die wuchtigen Kühe von einem Mann zusammengeführt werden, bis die Köpfe der Kühe sich berühren und der Kampf mit brachialer Gewalt beginnt. Die Männer sind echte Profis, denn sie führen zwei Tonnen an der Hand und die Kühe achten nicht mehr darauf, was links oder rechts neben ihnen passiert.

Dann kamen beim Stechfest 2011 als Sondereinlage zwei Evolèner Kühe an die Reihe. Ein Mann führte nicht wie bei den Eringern zwei Kühe, sondern zwei Männer führten je eine Kuh. Sie kamen aus entgegengesetzten Richtungen und bei einem Abstand von zehn Metern konnten sie die Kühe nicht mehr halten. „Man sah den Unterschied. Der Kampf der kleinen, wendigen, schnellen Rinder glich einem Florettgefecht und dauerte nur wenige Minuten“, schildert Helmut dieses Erlebnis.

Die Eringer Rasse wurde durch die Stechfeste zwar erhalten, die einseitige Selektion auf Größe und Stärke führte jedoch dazu, dass die Milchleistung massiv abfiel. „Wenn eine Kampfkuh ein Kalb bekommt, gibt sie nach drei Wochen fast keine Milch mehr, damit sie Kraft sammeln kann für den nächsten Kampf“, erklärt Helmut Kiechler den Unterschied. „Würde man heute mit den Evolèner Rindern auch an den Stechkämpfen teilnehmen, dann hätten wir in zehn bis 20 Jahren gleichfalls Tiere mit einer Tonne Lebendgewicht“, ist Helmut überzeugt.

Eine vergleichbare Form des Kuhstechens mit Evolèner Kühen gab es im 350 Kilometer Luftlinie entfernten Zillertal in Nordtirol. Dort wurden ebenfalls bei Kuhstechen der Tux-Zillertaler Rasse die besten Weidegebiete auf den Gemeinschaftsalmen durch Kampf der stärksten Kühe entschieden und den jeweiligen Bauern zugeteilt.

Nicht belegt ist, ob sich diese voneinander getrennt und eigenständig entwickelt haben oder ob es Zusammenhänge mit der Ostbesiedelung der Walser gibt, die bis nach Vorarlberg und in das Tiroler Oberland reichte. Interessant ist, dass es auch bei den Kleinwiederkäuern, bei Schaf und Ziege, ähnlich weit verbreitete Traditionen gibt.

Die Evolèner Züchter haben sich mit ihren Tieren bisher nicht an den Schaukämpfen beteiligt. Von

Das Finale. Quelle: Coll. B. Maitre

Auch Eintagsküken tragen bereits einen charakteristischen Bart aus Federflaum. Foto: ProSpecieRara

den Verantwortlichen wird die seit knapp 100 Jahren praktizierte einseitige Selektion auf Kampfeignung kritisch gesehen. Die Zucht kommt einem Spitzensport gleich. Die schwersten Kühe erreichen ein Gewicht von 980 Kilogramm.

Im Zuchtverband Außerschweiz gibt es jedoch Bestrebungen, auch die kleineren Evolèner Kühe bei den Kuhkämpfen einzusetzen. Auch passionierte Eringer Züchter kreuzen vermehrt Evolèner Stiere ein, da die Evolèner Kühe durch ihre geringere Größe und ihr geringeres Gewicht deutlich wendiger sind als die doppelt so schweren Eringer Kühe. „Wenn die Evolèner Kühe kämpfen, dann sind die Kuhkämpfe der Eringer nichts dagegen“, stellt auch Helmut Kiechler fest. „Der Instinkt der Evolèner ist viel archaischer. Wenn sie böse werden, ist das unheimlich.“

Die ursprüngliche Eringer Kuh hatte vor 1920 bis auf die Farbausprägung denselben Rassestandard wie heute die Evolèner Kuh. Mit der Forcierung der Kuhkämpfe in den 1920er-Jahren, als diese in die Talschaften verlegt wurden, hat man bei den Eringer Rindern begonnen, schwere Tiere zu züchten. Heute, nach rund 100 Jahren, ist das Kind, die Eringer Kuh, fast doppelt so schwer wie ihre Mutter, die Evolèner Kuh.

Die Valdostana Rasse durchläuft infolge der Schaukämpfe im Val d'Aosta eine ähnliche Entwicklung wie die Eringer Rasse im Wallis. Im Val d'Aosta wird dieser Prozess durch Einkreuzen von Eringer Stieren zusätzlich beschleunigt.

Hier gibt es jedoch noch ursprüngliche Tiere, vor allem, wenn man tiefer in die Seitentäler des Hauptales eindringt. Der Bestand an rotfärbigen Tieren der Rasse Valdostana Rossa ist bereits akut im Bestand gefährdet. Schwarze Tiere (Valdostana Pezzata Nera) mit typischen Abzeichen sind noch relativ häufig anzutreffen. Bei der Erstellung des Zuchtprogramms wurde wissenschaftlich festgelegt, welche Rassen für eine allfällig erforderliche Blutauffrischung eingekreuzt werden sollten.

Appenzeller Barthühner – die „Älpler“ unter den Hühnern

Zu einem richtigen Weiler wie Ammern gehören natürlich auch Hühner. Karoline Wirthner und Helmut Kiechler wollten eine robuste, widerstandsfähige Rasse, die trotz der rauen Witterung des Goms eine Haltung in den Kaltställen des Weilers verträgt. Da im Goms keine bodenständige Hühnerrasse existierte, fiel ihre Wahl auf den seltenen, rebhuhnfärbigen Schlag der Appenzeller Barthühner.

„Von diesem seltenen Farbschlag existieren lediglich rund 200 Tiere“, erzählt Helmut. Die Barthühner sind sehr robust. „Minus 25° Celsius sind für die Hühner kein Problem, sie legen auch noch bei tiefen Temperaturen. Eine Wärmelampe ist selbst bei Minusgraden nicht erforderlich“, erklärt er.

Das Ursprungsgebiet der Appenzeller Barthühner ist das Appenzeller Vorland. Die Rasse wurde um 1860 aus verschiedenen bart- und rosenkammtragenden Landschlägen durch Einkreuzung legefreudiger Italienerhühner gezüchtet.

Angestrebt wurde ein Huhn nach dem Typus des damals bereits ausgestorbenen italienischen Polverana Huhns. Die Ursprungsrasse kam in zwei Farbschlägen, schwarz und rebhuhnfarben, vor. Später wurde durch Einkreuzung von Andalusiern ein blauer Farbschlag herausgezüchtet. Die Stiftung ProSpecieRara wurde 1985 auf den seltenen rebhuhnfärbigen Schlag aufmerksam und startete ein Erhaltungsprojekt.

Appenzeller Barthuhn, ursprüngliches Verbreitungsgebiet

Streckbrief Appenzeller Barthuhn

Diese mittelgroße, leichte und temperamentvolle Landhuhnrasse erreicht bei den Hennen ein Gewicht von 1,6 bis 1,8 Kilogramm, bei Hähnen von 2 bis 2,3 Kilogramm. Wie das wildfärbige Altsteirer Huhn zeigt auch diese Rasse einen ausgeprägten Geschlechterdimorphismus. Der Hahn ist bunt gefärbt und trägt einen wunderschönen, breit angesetzten, sichelförmigen Schwanz, während die Hennen eher unscheinbar sind. Beide Geschlechter haben einen ausgeprägten Bart, der der Rasse den Namen gab. Durch diesen Kinn- und Backenbart sind die Hühner weitestgehend unempfindlich gegenüber Kälte. Auch bei Eintagsküken ist der Bart bereits deutlich erkennbar. Markant ist die blaue bis dunkelgraue Beinfarbe.

Mit rund 150 weißschaligen Eiern pro Jahr und einem Eigewicht von 55 Gramm zeigen die Appenzeller Barthühner eine gute Legeleistung. Der Bruttrieb ist bei der Rasse nur mäßig ausgebildet. Die Barthühner sind ganzjährig fleißige Futtersucher. Die Rasse wird heute vorwiegend in der Deutschschweiz, aber auch im Wallis gezüchtet. Die Gesamtpopulation des Schweizer Bestandes umfasst rund 800 Tiere (EFABIS 2010), davon sind 491 Hennen im Herdebuch registriert.

Kontakt:

ZUN – Zuchtverein für ursprüngliches Nutzgeflügel
Präsidentin Astrid Spiri
Bühlstrasse 26, CH-9217 Neukirch a. d. Thur
Astrid.spiri@zun-schweiz.ch

Karoline Wirthner und Helmut Kiechler
Ecomuseum Ammern
CH-3989 Ammern
Tel: 0041 (0)27 97 11 250
Natel: 0041 (0)79 357 19 31
karolin.wirthner@bluewin.ch

Der Hahn des Appenzeller Barthuhns trägt stolz seinen breiten, kräftigen Rosenkamm mit ausgeprägten Perlen. Die Hennen sind eher unscheinbar. Charakteristisch ist neben dem Bart die deutliche Brustwölbung.

Der französische Alpenraum

Die Gebirgskulisse nördlich des Col du Galibier im Départements Savoie.

Der französische Alpenraum erstreckt sich über eine Fläche von rund 40.900 Quadratkilometer von der Grenze zum schweizerischen Wallis bis an die Côte d'Azur. Rund ein Fünftel der Alpen liegt damit auf französischem Staatsgebiet (Haßlacher 2005). Dieser südwestliche Teil der Westalpen gliedert sich in die Region der Rhône Alpes mit den französischen Hochalpen und die Region Provence-Alpes-Côte d'Azur. Mannigfaltigkeit im Landschaftscharakter zeichnet die französischen Alpen aus, der zentralalpine Charakter der Hochalpen im Norden (Grajische Alpen) nimmt mehr und mehr mediterranes Gepräge an, je weiter man sich der französischen Riviera nähert.

Rinderrassen und Landschläge

Frankreich besitzt über 43 Rinderrassen; zu den alpinen Spezies zählen das Abondance und Tarentaise Rind als klassische Milchrassen sowie Hérens und Villard de Lans als Generhaltungsrassen mit kleinen Populationen.

Die Rasse Villard de Lans ist eine autochthone Rasse des Vercors-Massivs in der Dauphiné, der Großlandschaft nördlich der Provence, zwischen Rhône und der italienischen Grenze. Das Vercors-Massiv liegt im äußersten Westen der französischen Alpen in der Region Rhône-Alpes. Geprägt wird es durch ein langes, von Nord nach Süd verlaufendes hügeliges Hochtal. Ursprünglich besiedelte eine große Blondviehpopulation weite Teile des südöstlichen Frankreich und der Franche-Comté nördlich der Rhône-Alpes. Unter dem Sammelbegriff „Comtoise" wurden mehrere lokale Blondviehschläge des 19. Jahrhunderts zusammengefasst. Bis auf die lokale Variation der Villard de Lans wurden alle übrigen Blondviehschläge vom Montbéliarde Rind und den Schweizer Fleckviehrassen sukzessive verdrängt (Freiburger, Simmentaler).

Die Rasse Villard de Lans ist der einzige noch existierende Blondviehschlag verschiedener Schläge, die ehemals den Südosten Frankreichs und der Franche-Comté besiedelten. Zu den bereits ausgestorbenen Blondviehschlägen zählt das Albanaise (Haute-Savoie), das Bressane (Ain, Rhône), das Fémeline (Côte-d'Or, Haute-Saône, Jura) und das Mézine oder Mézenc (Ardèche, Haute-Loire) Rind (Avon 2009).

Noch um 1920 existierten die blonden Rinder von Mézenc am rechten Rhône-Ufer in den nördlichen Cevennen, im Gebirgsstock von Mézenc, am Oberlauf der Loire im Departement Ardèche sowie in Teilen von Haute-Loire, auch in Drôme und Isère.

Der französische Alpenraum

Die Rasse Villard de Lans ist ein klassisches Zweinutzungsrind, das sich für die Zugarbeit wie für die Fleischproduktion eignete. 1922 lobte Johannes Hansen in seinem Lehrbuch der Rinderzucht die Arbeitsleistung und gute Mastfähigkeit der Rasse. Die Milchleistung betrug in den 1920er-Jahren 1.800 bis 2.000 Kilogramm pro Laktationsperiode, bei einem Lebendgewicht von 400 bis 500 Kilogramm. Heute liegt der durchschnittliche Milchertrag bei 2.785 Kilogramm Milch (Laktationsdauer 239 Tage; Daten: Avon L. 2007).

Die Rasse Hérens stammt ursprünglich aus dem Schweizer Kanton Wallis. Ihre Zuchtgeschichte ist eng mit der Walserkultur verbunden. Das typische Walservieh (Evolèner beziehungsweise Eringer) dürfte im Zuge der Walser Wanderungen in die neu gegründeten Kolonien im angrenzenden Nordpiemont (Aostatal) und in Savoyen ansässig geworden sein (siehe Porträt: Helmut Kiechler und Karoline Wirthner Ein

Das Heréns Rind zählt nach den Evolènern zu den kleinsten Rinderrassen der Alpen. Kühe erreichen eine Widerristhöhe von 1,20 Meter und ein Gewicht von durchschnittlich 500 Kilogramm.

Abondance Rinder am Col des Aravis (1.495 m). Das Aravis Massiv ist von Norden kommend der erste größere Höhenzug der französischen Alpen, um 1905. Foto: Archiv Jaritz

Autochthone Rinderrassen des französischen Alpenraumes

Rinderrasse	Gesamtbestand (*Zuchtbuch/ Register)	Gefährdung (FAO)	urspr. Verbreitungebiet	Region
Villard de Lans	398*	stark gefährdet, EN	Vercors-Massiv, Chartreuse, Grésivaudan u. Teile von Trièves	Rhône-Alpes, Dep. Haute-Savoie, Isère
Hérens	300*	stark gefährdet, EN	Chamonix-Tal (Vallée de Chamonix)	Rhône-Alpes, Dep. Haute-Savoie
Tarentaise	5.430* (13.471)	nicht gesichert, rare	Tarentaise und Maurienne	Rhône-Alpes, Dep. Haute-Savoie
Abondance	10.600* (50.549)	nicht gefährdet, LC	Chablais-Tal	Rhône-Alpes, Dep. Haute-Savoie

Heréns Kalb mit dem charakteristischen kurzen und breiten Kopf auf einer „Alpage" bei Les Cours im Département Hautes-Alpes.

Ein typisches Tarenteser Rind mit dem Rinderexperten Laurent Avon auf einer Alpage nahe Les Cours im Département Hautes-Alpes. Im Hintergrund der Nordteil des Nationalparks Ecrins.

Walser Dorf mit seinen Tieren). In der Grenzregion um den Mont Blanc haben sich in den drei Tälern, dem Aostatal (Val d'Aosta), dem mittleren Rhônetal und dem Chamonix-Tal (Vallée de Chamonix) parallel ähnliche Rinderrassen entwickelt. Alle Rassen der Region gehen wahrscheinlich auf das Walliser Urrind, das Evolèner, zurück. Es bestand seit jeher ein züchterischer Austausch zwischen den Hérens in Frankreich, den Valdostana Schlägen in Italien (Valdostana Nera, Rossa und Pezzata) sowie den Eringer beziehungsweise Evoléner Zuchten in der Schweiz.

Das Hérens ist von seinem Morphotyp das prädestinierte Alpenrind. Gedrungen und muskulös, mit kräftigen kurzen Extremitäten. Die Tiere sind einfärbig. Die Färbung reicht von dunkelrot über schwarz bis braun. Vereinzelt treten auch die für das Evolèner Rind typischen weißen Abzeichen auf.

Charakteristisch für die Gruppe der Hérens-Valdostana-Tux-Zillertaler ist der kurze und breite Kopf. Die Hörner sind kräftig entwickelt und meist nach vorne gerichtet. Genetische Untersuchungen haben einen geringen Anteil an Genen römischer Rinder nachgewiesen, die morphologischen Merkmale (gröbere Behornung, kräftiger Wuchs, ursprünglich geringere Milchleistung, gewisse Wildheit und Einfarbigkeit) sprechen, mit Ausnahme der Kurzköpfigkeit, für die Theorie von Erich Pucher, dass es sich dabei um inselartig verbreitete Relikte der bronzezeitlichen Formen handelt.

Die durchschnittliche Milchleistung der Hérens Kühe liegt bei 3.000 Kilogramm pro Laktationsperiode (305 Tage). 2004 haben sich die Hérens-Züchter in Frankreich zu einer Zuchtgenossenschaft zusammengeschlossen. Heute züchten wieder rund 100 Betriebe diese traditionelle Rasse der französischen Alpen. Der französische Gesamtbestand umfasst rund 300 Kühe. In der Schweiz ist der Bestand der Eringer Rinder mit rund 9.000 Tieren (effektive Populationsgröße: 1.020) nicht gefährdet. In Frankreich wird das Heréns Rind vor allem im Chamonix-Tal und in anderen Tälern der Haute-Savoie sowie im Massiv der Chartreuse gehalten.

Das Tarenteser Rind (Tarentaise, Tarine)

Diese autochthone Rinderrasse stammt aus den beiden alpinen Hochtälern Savoyens, dem Gebiet der Tarentaise und Maurienne. Der Name leitet sich vom gleichnamigen Tal der Isère ab. Die Tarentaise erstreckt sich von der Quelle der Isère bei Val-d'Isère bis Albertville sowie in die Nebentäler. Die Maurienne umfasst das Tal der Arcs und ihre Seitentäler. Das Tarenteser Rind gehört zur Gruppe der Braunviehschläge, die zu den ursprünglichsten Rinderschlägen der Alpen gezählt werden. Durch die isolierte Lage in den alpinen Hochtälern konnte sich dieser Rinderschlag weitestgehend eigenständig entwickeln. Charakteristisch sind die einheitliche gelbbraune Färbung, das feine Skelett und der kurze, ausdrucksvolle Kopf. Die Hornspitzen, die Hufe und teilweise die Partien um Maul und Augen sind dunkel gefärbt. Die Rasse hat ein ruhiges, gutmütiges Temperament. 1863 wurde sie erstmals unter dem Namen „Tarentaise" erwähnt, 1922 wurde das Herdbuch angelegt. Aus der Milch der Tarenteser Rinder werden im Ursprungsgebiet zwei Käsesorten mit geschützter Herkunftsbezeichnung (IGP) hergestellt, der „Tomme" und der „Emmental de Savoie". Heute ist die Rasse auch im Zentralmassiv (Massif central), den Pyrenäen und in den Vogesen weit verbreitet. Bereits um die Jahrhundertwende wurde sie aufgrund ihrer Anpassungsfähigkeit auch in die französischen Kolonien nach Nordafrika exportiert. In den 1970er-Jahren folgten Exporte nach Kanada und in die USA, wo die Rasse vor allem in der Kreuzungszucht eingesetzt wurde.

Das Abondance Rind (Chablais)

Die Rasse Abondance stammt aus dem nördlichen Teil der französischen Alpen (Département Haute-Savoie), aus dem Chablais-Tal der Region zwischen dem Genfersee und dem Giffre-Tal (Vallée du Giffre).

Johannes Hansen beschreibt 1922 das Abondance Rind als kleinrahmigen, milchbetonten, alpinen Schlag, der bereits damals wenig verbreitet war. Die Abondance Rinder zählen zur Gruppe der Rotschecken, wie das Simmentaler Fleckvieh oder das aus dem außeralpinen Jura Frankreichs stammende Montbéliarde Rind. Es wird angenommen, dass rotscheckige Rinderschläge bereits im fünften Jahrhundert mit den Burgundern in das Gebiet des nördlichen Savoyen eingeführt wurden.

Das Abondance Rind geht zurück auf die Klostergründung der Abtei Abondance (Abbaye d'Abondance) im Jahre 1136. Der Rinderschlag wurde von den Mönchen zur Urbarmachung und Gewinnung von Weideland sowie für die Herstellung des traditionellen Hartkäses gezüchtet. In der knapp tausendjährigen Zuchtgeschichte hat sich die Rasse optimal an die rauen Haltungsbedingungen der steilen Gebirgslagen der französischen Alpen angepasst. Es entwickelte sich eine sehr robuste Rinderrasse, für die bereits 1891 das Herdebuch eröffnet wurde. Bis zur ersten Hälfte des 20. Jahrhunderts wurde das Abondance als Dreinutzungsrasse gezüchtet, meist stand jedoch die Milchleistung im Vordergrund. Mit der zunehmenden Mechanisierung der Landwirtschaft in den 1950er-Jahren, den Seuchen der Rinder-Tuberkulose und der steigenden Ansprüche nach Leistungsoptimierung nahmen die Bestände sukzessive ab (Avon 2009).

In den 1980er-Jahren wurden zur Steigerung der Milchleistung Red Holstein Stiere eingekreuzt. Nach Laurent Avon betrug der Holstein Fremdblutanteil 2003 rund 3,5 Prozent.

Die Rasse ist bekannt für die besondere Qualität der Milch und den daraus hergestellten traditionellen Hartkäse. Der „Abondance AOC fermier" wird heute aus der Milch der Abondance, Montbèliard und Tarentaise Rinder erzeugt. Die Rasse Abondance ist in über 15 Départements im Südosten Frankreichs verbreitet. Das Schwerpunktvorkommen liegt jedoch in der Region Rhône Alpes und im Zentralmassiv. Ihr Bestand ist derzeit nicht gefährdet.

Der Âne de Provence wird seit dem 15. Jahrhundert als Tragetier in der Berglandwirtschaft und als Hütetier bei der Transhumanz in der Basse-Provence und der Haute-Provence eingesetzt.

Pferde und Esel

Die Eselzucht hat in Frankreich eine lange Tradition. Der Baudet du Poitou ist am meisten bekannt und gilt als besonders edler Vertreter dieser Rasse. Seit 1884 besteht ohne Unterbrechung ein Zuchtbuch. Bereits zu Beginn des 14. Jahrhunderts und wohl auch schon früher begleiteten Esel die Hirten auf ihren tagelangen Märschen von der Basse-Provence zu den Winterweiden in den Alpen. Sie dienten als Lastenträger für das Hab und Gut der Hirten, für Viehsalz und die unterwegs geborenen Lämmer. Aber das liegt weit zurück. Betrug der Bestand um 1900 noch rund 400.000 Tiere, so sank dieser in den 1980er-Jahren auf unter 20.000 Tiere.

Mit dem Ausbau des Eisenbahnnetzes gegen Ende des 19. Jahrhunderts wurden Schafe und Ziegen immer häufiger in Eisenbahnwaggons bis tief in die Alpen transportiert. Ab der zweiten Hälfte des 20. Jahrhunderts ersetzte der LKW die genügsamen Esel. Doch um 1970 kam es zu einer Trendwende, die Transhumanz mit Eseln als Tragtieren wurde wieder verstärkt praktiziert. Auch in der Berglandwirtschaft war der kräftig gebaute Âne de Provence ein unverzichtbares, arbeitswilliges Lastentier.

Dank ihres zutraulichen Wesens gewinnen Esel heute als Haus- und Freizeittiere an Beliebtheit. Zwischen 1980 und 2008 hat sich der Bestand in Frankreich von 20.000 auf 40.000 Tiere verdoppelt (Kugler u.a. 2008). Die Save-Foundation listet für Frankreich neun autochthone Eselrassen. (Siehe auch Porträt: Thierry Moutte. Von echtem Lavendel und taubengrauen Eseln.)

Die Gebirgspferde des Vercors

Bis ins 19. Jahrhundert war im Gebiet des Royans-Vercors neben den Zugrindern der Rasse Villard de Lans das Cheval du Vercors ein kleines, stämmiges Gebirgspferd als Arbeits- und Transportpferd im Einsatz. Es diente auch als Fleischlieferant. Erste schriftliche Aufzeichnungen der Zisterzienserabtei Léoncel über diesen regionalen Pferdeschlag reichen zurück in das Jahr 1760.

Gegen Ende des 19. Jahrhunderts forcierte man schwere Kaltblutrassen und das Cheval du Vercors starb beinahe aus. Bis Jules Barraquand, ein Bauer am Plateau d'Ambel im Vercors-Massiv, 1894 mit den letzten sechs Stuten und einigen Hengsten einen Bestand aufbaute. Bis zum Jahr 1914 gelang ihm durch strenge Zuchtauswahl

Kontakt:
Association du cheval du Vercors
Tel.: 0033 (0)475 48 56 30
www.apapvercors.com

Charakteristisch für das Mourérous Schaf, auch Péone und Rouge de Guillaumes genannt, sind das rötlichbraune Gesichtsfeld mit weißer Blässe und die rötlichbraunen Extremitäten.

der Aufbau einer Herde mit 200 Stuten. In den Zwischenkriegsjahren war das Cheval du Vercors ein gefragtes Gebrauchspferd in der kleinbäuerlichen Berglandwirtschaft im Royans-Vercors und bei Ackerbaubetrieben im Süden. Der Zweite Weltkrieg beendete leider die weitere Entwicklung. Das Villard de Lands als Zugrind und das Cheval du Vercors fielen der Mechanisierung zum Opfer.

Das Cheval du Vercors ist ein robustes, gut bemuskeltes und kräftiges Kleinpferd. Es erreicht ein Stockmaß zwischen 1,45 und 1,55 Meter und ein Gewicht von 450 bis 500 Kilogramm. Die Farbe reicht von braun über dunkelbraun bis schwarz. Charakteristisch für die Rasse sind die Doppelmähne, der hoch angesetzte Schweif und die kleinen, festen, schwarzen Hufe. Die Tiere können ganzjährig im Freien gehalten werden. Heute züchten wieder zehn Landwirte in der Region Royans-Vercors diese traditionelle Pferderasse. Das Landwirtschaftsministerium hat die Rasse jedoch bislang nicht als eigenständige Rasse anerkannt. Der Gesamtbestand umfasst mehr als 100 Pferde.

Im Jahr 1995 gründete eine Gruppe begeisterter Landwirte und Pferdeliebhaber mit Unterstützung des Vereins zur Förderung der Landwirte im Regionalpark Vercors und der Parkverwaltung ein Erhaltungsprojekt für das Cheval du Vercors.

Das Brigasque Schaf ist ein robustes Milchschaf der Seealpen. Foto: Lez Art Creation

Die Schafrassen und Landschläge

Im französischen Alpenraum bestehen derzeit noch fünf autochthone Schafrassen. Das Ursprungsgebiet der Rassen Marron des Aravis und Thônes et Marthod sind die französischen Hochalpen der Region Rhône-Alpes. Die Rassen Commune des Alpes (French Alpine) und Mourérous sind über den gesamten französischen Alpenbogen der Provence-Alpes-Côte d'Azur und der Rhône-Alpes verbreitet. Ganz im Südosten Frankreichs, in der Grenzregion zu Italien in den Seealpen, ist das Brigasque Schaf beheimatet.

Marron des Aravis

Mit einem Gesamtbestand von rund 300 Tieren zählt das Marron des Aravis zu den am stärksten gefährdeten Schafrassen des gesamten Alpenraumes. Für die Rasse gibt es trotz intensiver züchterischer Aktivitäten weder ein Herdebuch, noch wurden bisher seitens der staatlichen Stellen (Institut de l'Élevage) Erhaltungsmaßnahmen ergriffen (siehe Kapitel „Zwischen Mont Blanc und der Cote d'Azur – die Braunen Schafe aus den Aravisbergen").

Thônes et Marthod

Es hat seinen Ursprung in der Zeit des Königreichs Savoyen, das bis 1860 bestand und sich über die französisch-piemontesischen Nord- und Südalpen erstreckte. Bis Ende des 19. Jahrhunderts gab es in den savoyardischen Alpen verschiedene Landschläge, die nicht standardisiert und auch nicht planmäßig gezüchtet wurden. Um 1870 dominierten zwei der regionalen Schläge der Talschaften um Thônes in Aravis und Marthod nahe Albertville. Bis 1930 wurden diese beiden Schläge zu einer einheitlichen Rasse unter dem Namen Thônes et Marthod zusammengefasst.

Es gibt Hinweise, dass das wallisische Visper Schaf wesentlichen Einfluss auf die Entstehung der Rasse hatte. Das Visper Schaf oder Große Walliser Schaf (Mouton de Viège) wurde nach Hans Anderegg nicht nur im Kanton Wallis, sondern auch im benachbarten Savoyen gehalten. Er beschreibt es 1897 als großen Schafschlag mit rauer, ergiebiger Wolle, von weißer Farbe, mit schwarzen oder dunkelbraunen Ohren, Nase und Beinen. Sie tragen wie das Thônes et Marthod oder das Walliser Landschaf stark gewundene Hörner. Bereits zu Beginn des 15. Jahrhunderts wird die Rasse im Kanton Wallis erwähnt. Im 19. Jahrhundert war das Visper Schaf ein gesuchtes und verbreitetes Schlachtschaf.

Der Gesamtbestand der Rasse Thônes et Marthod umfasst 7.300 Tiere, davon entfallen 80 Prozent auf die Departements Savoie und Haute Savoie (CORAM). Im Herdebuch sind 4.500 weibliche Tiere von 88 Zuchtbetrieben erfasst.

Das Brigasque Schaf

Neben dem Mourérous ist es eine der beiden autochthonen Schafrassen der Seealpen (Departement Alpes Maritimes). Sein Ursprungsgebiet ist das obere Roya-Tal (Vallèe de la Roya) im äußersten Zipfel Südfrankreichs, im Grenzgebiet zu Italien. Das Gebiet erstreckt sich über die Kantone Tende und la Brigue. Die Sommerweiden liegen im Massif du Mercantour. Kennzeichnend für die Rasse ist das stark nach außen gewölbte Nasenbein. Dieses auffällige Merkmal findet man auch noch bei den verwandten Rassen Fabrosa und Delle Langhe im Piemont. Die Milch der Brigasque Schafe wird zu einem traditionellen Rohmilchkäse, dem „Tome de la Brigue" verarbeitet. Auf piemontesischer Seite der Grenzregion wird die Rasse nach den beiden Orten der Züchter Fabrosa oder Roaschina genannt (Siehe auch Kapitel „Schafrassen und Landschläge der französischen Alpen – Piemont").

Das Mourérous Schaf

In den Seealpen (Alpes Maritimes) liegt sein Ursprungsgebiet, Genaueres ist darüber aber nicht bekannt. Die Schafe hießen dort auch „Péone" oder „Rouge de Guillaumes", abgeleitet vom Hauptort des Departements Alpes-Maritimes.

In der Monografie der Landwirtschaftlichen Gesellschaft des Departements Alpes-Maritimes von 1937 (Monographie a agricole du Département) wird für den Kanton Guillaumes (Arrondissement Nizza) und die angrenzenden Regionen der „Unteren Alpen" das Péone als rotköpfiges, mastfähiges Schaf beschrieben, das jedoch anspruchsvoller ist als die alten Landschafe (www.brebislait.com).

Es sind zwei Haltungsformen überliefert. Bei der Wanderschafhaltung verbringen die Tiere die Sommermonate Juni bis Oktober auf hochgelegenen Almweiden. Die Hauptlammzeit liegt zwischen September und Oktober. In der Berglandwirtschaft erfolgen die Ablammungen im zeitigen Frühjahr. Der Absatz der Lämmer erfolgt auf regionalen Märkten oder sie werden als Milchlämmer mit einem Lebendgewicht von rund 20 Kilogramm nach Italien oder Spanien exportiert (www.races-montagnes.com). Die Herdebuchgründung erfolgte 1948. Nach starken Bestandsrückgängen wurde 1983 ein Erhaltungsprogramm gestartet. Die Rasse ist heute in der gesamten Region Provence-Alpes-Côte d'Azur sowie auf Korsika verbreitet. Der Gesamtbestand umfasst rund 36.000 Tiere (3.995 Herdebuchtiere).

Eine Schafherde beweidet die Alpweiden entlang des Südanstiegs zum Col du Galibier. Die Schafe verbringen die Sommermonate in den Alpen und kehren danach zurück in die südliche Provence bei Arles (Département Bouches-du-Rhône).

Das Thônes et Marthod ähnelt dem italienischen Savoiarda Schaf.

Autochthone Schafrassen des französischen Alpenraumes

Schafrasse	Bestand (Zuchtbuch/Register) *Mutterschafe	Gefährdung (FAO)	ursprüngliches Verbreitungebiet	Region
Marron des Aravis	350	stark gefährdet, EN	Voralpenmassiv der Aravis Berge (Chaone des Aravis)	Rhône-Alpes, Dep. Haute-Savoie
Brigasque	950*	stark gefährdet, EN	Vallèe de la Roya im Massif du Mercantour	Provence-Alpes-Côte d'Azur, Dep. Alpes Maritimes
Thônes et Marthod	4.500*	nicht gefährdet, LC	französisch-piemontesische Nord- u. Südalpen	Rhône-Alpes, Dep. Haute-Savoie, Savoie
Mourérous	3.995* (36.000)	nicht gefährdet, LC	Seealpen (Alpes Maritimes)	Provence-Alpes-Cote d'Azur und Rhône-Alpes
Commune des Alpes	3.000 reinrassige Tiere (Stand 2000)	gefährdet, VU	französischer Alpenraum	Provence-Alpes-Cote d'Azur

Merino d'Arles auf ihren Sommerweiden in den Dauphiné-Alpen.

Das Commune des Alpes Schaf

Es geht auf das alte Alpenschaf, mit späteren Einflüssen der Rassen Île-de-France und der frühen Merinos zurück und heißt auch Embrunaise, Embrun, Gapençais, French Alpine. In der Landwirtschaftszeitung von 1807 (Journal d'Agriculture) wird das Gemeine Alpenschaf als kleinrahmig, mit wenig Wollertrag und geringer Milchleistung, jedoch mit sehr hoher Fleischqualität beschrieben. Um 1800 findet man in den französischen Alpen noch die Landschläge Embrunaise, Rosamais oder Gapençais (Departement Haute-Alpes).

Seit 1967 wird für die Rasse zwar ein Herdebuch geführt und sie ist auch von staatlicher Seite anerkannt, trotzdem existierten für das Commune des Alpes bislang keine eindeutige Rassedefinition und keine eigene Zuchtorganisation. Es wird angenommen, dass ein Großteil der Tiere verkreuzt ist. In den Jahren 1999/2000 umfasste die Gesamtpopulation 51.449 Tiere. Lediglich knapp sechs Prozent davon wurden als reinrassig eingestuft (ca. 3.000 Tiere)! Die derzeitige Population umfasst rund 35.000 Mutterschafe.

Weitere Schafrassen des Alpenvorlandes

Die Rassen Mérinos d'Arles, Préalpes du Sud und Grivette sind durch die immer noch aufrechte Tradition der Transhumanz mit dem französischen Alpenraum verbunden.

Mérino d'Arles

Im südwestlichen Abschnitt der Region Provence-Alpes-Côte d'Azur gab es bereits im 18. Jahrhundert, noch bevor spanische Merinos eingeführt wurden, eine Merino Schafpopulation, die Mérino d'Arles (Mérino de la Crau, Métis). Ihr Ursprungsgebiet sind die Ebenen der Crau und Camargue sowie die Hügelgebiete des Massif des Maures und des Bouches-du-Rhône, die heute allgemein nicht mehr zu den Alpen gerechnet werden. Der Herdebuchbestand umfasst 11.805 Mutterschafe in 16 Beständen.

Die großen Schafherden erreichten auf ihren halbjährlichen Wanderungen von den Winterweiden in den Hügelgebieten um Marseille die Sommerweiden in den französischen Alpen. Die Rasse ist gut angepasst an die kargen, steppenartigen Gebiete im Süden (La Crau) wie auch an die rauen Hochgebirgslagen in den Dauphiné-Alpen, Cottischen Alpen und den Seealpen im Süden.

In den 1920er- und zu Beginn der 1940er-Jahre wurden zur Leistungsverbesserung (Fleisch- und Wollqualität) Mérinos du Châtillonnais eingekreuzt. In den vergangenen dreißig Jahren erfolgten geringe Einflüsse von Booroola Merinos, die aufgrund ihrer hohen Fruchtbarkeit, sowie von Est à laine Merinos, die zur Verbesserung der Wollqualität eingekreuzt wurden.

Das Mérino d'Arles ist eine Zweinutzungsrasse. Die Nutzung der hochwertigen Wolle spielt jedoch heute aufgrund des Preisverfalls bei der Feinwolle nur mehr eine untergeordnete Rolle. Die Ablammungen erfolgen meist noch vor dem Almauftrieb in den südlichen Winterweiden. Die Lämmer werden in der Regel nach der Rückkehr von den Almweiden im Spätherbst verkauft. Der Gesamtbestand umfasst rund 250.000 Tiere. Etwa zwei Drittel der Mutterschafe werden reinrassig angepaart.

Préalpes du Sud

Die Rasse Préalpes du Sud (Race de Savournon, de Sahune, de Quint) ist eine autochthone Rasse des außerhalb der Alpen gelegenen Grenzgebietes zwischen Dauphiné und Provence. Die Schafe sind rein weiß. Kennzeichnend ist das leicht geramste Nasenbein. Sie ähneln in ihrem Erscheinungsbild stark der Rasse Blanche du Massif central.

Nach den Mérinos d'Arles ist die Rasse Préalpes du Sud mit rund 241.000 Tieren die zweithäufigste Schafrasse Südostfrankreichs (6.580 Schafe im Herdebuch), sie ist in der gesamten Region Provence-Alpes-Côte d'Azur, vor allem jedoch in der Region Drôme sowie in geringerer Zahl auch im Süden Frankreichs an der Mittelmeerküste im Languedoc-Roussillon verbreitet.

Kontakt:
Chèvre du Rove:
ADCR – Maison des Agriculteurs
22, av. Henri Pontier
13626 Aix-en-Provence Cedex 1
Tel.: 0033 (0)4 42 23 86 45
www.cheverederove.com

Die Rasse Grivette stammt ursprünglich aus dem landwirtschaftlich intensiver genutzten Gebiet der Bas-Dauphiné, der Region südlich von Lyon. Die flache Bas-Dauphiné (Niederdauphiné) liegt bereits außerhalb der französischen Alpen im Westen der Voralpenzüge Vercors und Chartreuse mit den gleichnamigen Naturparks in den Départements Isère und Drôme. Das Grivette Schaf wird oft fälschlicherweise als Rasse der französischen Alpen angeführt (Feldmann et al., 2005). Der Herdebuchbestand umfasst 5711 Mutterschafe, verteilt auf 29 Betriebe.

Im Jahr 1993 wurde ein Verein zur Erhaltung und Entwicklung der Commune Provençale gegründet. Im Bild ist eine Herde dieser Rasse zu sehen.

Ziegenrassen und Landschläge

Frankreich besitzt 1,2 Millionen Ziegen, davon entfallen rund 49.100 Tiere auf den französischen Alpenraum (Daten: Almatlas 2013). Der Ziegenzucht wie der Erhaltung regionaler Ziegenschläge wurde in Frankreich lange Zeit wenig Beachtung geschenkt. Während die Rinder-, Pferde-, Schweine- und Schafrassen bereits im 19. Jahrhundert beschrieben und teilweise standardisiert wurden, widmete man sich in der Tierzucht erst zu Beginn des 20. Jahrhunderts vermehrt der Ziegenhaltung. Im Rahmen der Landwirtschaftsausstellung „Concours Général Agricole de Paris“ im Jahre 1903 wurden in Frankreich erstmals Ziegenrassen präsentiert. Zehn französische Rassen wurden einem breiten Publikum vorgestellt, mehr als Besucher-Attraktion denn als Auftrieb für die Ziegenzucht (Avon 2005). Nach dem Zweiten Weltkrieg wurde die Ziegenhaltung in Frankreich intensiviert und milchbetonte Rassen aus der Schweiz, wie die Gämsfarbige Gebirgsziege (Alpine Chamoisée) und die Saanen Ziege, forciert. Vor allem die Alpine Chamoisée verdrängte ab den 1960er-Jahren die bodenständigen Rassen, allen voran die Chèvre des Savoie. Eine ähnliche Entwicklung erfuhr die Chèvre du Massif Central im französischen Zentralmassiv. In ihrem äußeren Erscheinungsbild ähnelt die Chèvre du Massif Central der Chèvre des Savoie. Beide Rassen sind vielgestaltig, wobei schwarze Ziegen mit weißen Abzeichen dominieren (teilweise mit der Strahlenzeichnung der Bezoar Ziege). Die Alpine Chamoisée zählt heute mit rund 140.000 Tieren zur zahlenmäßig bedeutendsten Ziegenrasse Frankreichs. Erhaltungsprogramme für gefährdete autochthone Rassen wurden erst in den 1990er-Jahren schrittweise für einzelne regionale Ziegenrassen eingeführt. Bereits 1995 und wiederholt 2003 wurde im Rahmen der Alpenstudie der Save-Foundation ein akuter Handlungsbedarf für die Ziegenrassen Chèvre de la Roya, für die reinrassigen Bestände der Provençale und für die Chèvre des Savoie (vormals Alpine Polychrome) aufgezeigt. Die Chèvre de la Roya ist mittlerweile ausgestorben. Für die Chèvre des Savoie gibt es zwar eine aktive Züchtervereinigung, die Rasse wurde jedoch bisher von staatlicher Seite nicht anerkannt.

Die Chèvre du Rove stammt ursprünglich aus der Küstenregion Côte Bleue, nordwestlich von Marseille in der südlichen Provence.

Autochthone Ziegenrassen des französischen Alpenraumes

Ziegenrasse	Bestand (Zuchtbuch/Register) Mutterziegen	Gefährdung (FAO)	urspr. Verbreitungegebiet	Region
Chèvre des Savoie	806	stark gefährdet, EN	französische Nordalpen	Region Rhône-Alpes: Dep. Haute-Savoie, Savoie und Isère
Commune Provençale	1.325	gefährdet, VU	Südalpen	Region Provence-Alpes-Côte d'Azur: Dep. Hautes-Alpes, Alpes-de-Haute-Provence, Alpes Maritimes
Chèvre du Rove	7.918	ungesichert, rare	Küstenregion Côte Bleue	Region Provence-Alpes-Côte d'Azur: Dep. Bouches-du-Rhône
Chèvre de la Roya (Roya Nicoise)		ausgestorben um das Jahr 2000	Vallèe de la Roya im Massif du Mercantour	Provence-Alpes-Cote d'Azur u. Rhône-Alpes

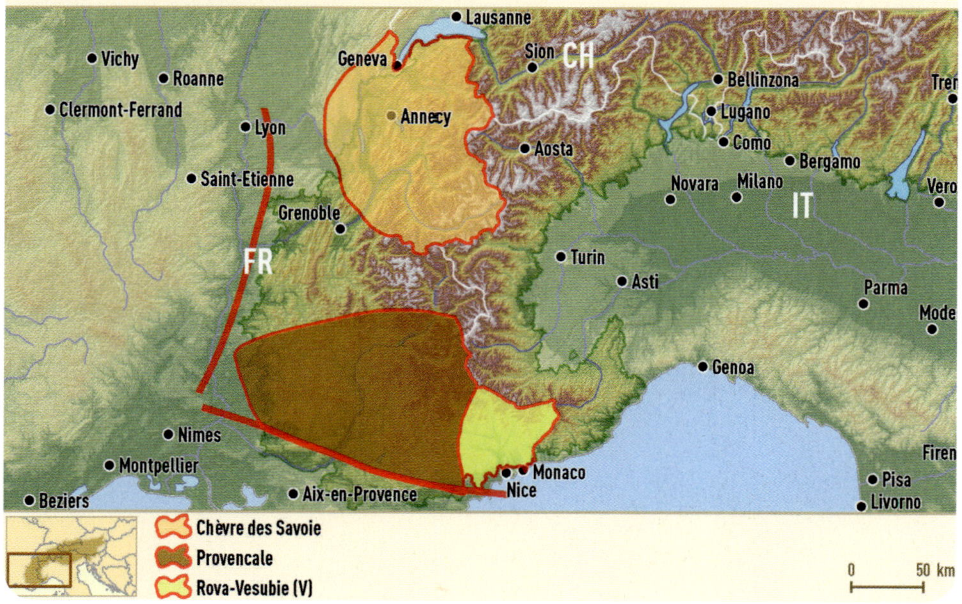

Verbreitung der autochthonen Ziegenrassen Frankreichs

Das kleine Dorf Saorge liegt hoch über dem tief eingeschnittenen Roya-Tal, dem Ursprungsgebiet der ausgestorbenen Ziegenrasse Chèvre de la Roya.

Lediglich zwei autochthone Ziegenrassen stehen für die beiden Abschnitte der französischen Alpen. Die Provençale Ziege für die Südalpen und die Chevre Savoie für den Bereich der Nordalpen.

Die Provençale Ziege ist die typische Ziege der Départements Hautes-Alpes, Alpes-de-Haute-Provence, Alpes-Maritimes, Var und Vaucluse. Ihr äußeres Erscheinungsbild verrät die Zugehörigkeit zur mediterran geprägten Übergangszone. Im Gegensatz zur Chèvre du Rove und der bereits ausgestorbenen Roya-Vésubie, ist die Provençale jedoch keine Ziege der Transhumanz, sondern der kleinbäuerlichen Subsistenzbetriebe der Provence und des Alpenvorlandes (siehe Kapitel „Wiederbelebung einer alten Tradition – Chèvre de Provençale, die Provenzalische Ziege").

Bis zum Jahr 2000 gab es im äußersten Osten Südfrankreichs an der Grenze zu Italien, im Vallée de la Roya im Massiv Mercantour, eine weitere heimische Ziegenrasse, die Roya-Vésubie Ziege (Chèvre de la Roya, Roya Nicoise). Den Winter verbrachten die Tiere an der Küste in der Nähe von Nizza und den Sommer auf den Hochweiden der Seealpen.

Die Chèvre du Rove stammt ursprünglich aus der Küstenregion Côte Bleue in der Südprovence (Département Bouches-du-Rhône). In der alten Tradition der Transhumanz war die Rove Ziege neben den Mérinos d'Arles Teil großer Wanderschafherden, die mit den Hirten der Camargue und Crau den Winter in den Ebenen und in der Hügellandschaft der Südprovence verbrachten und im Sommer in die Alpen zogen. Die Ziegen wurden dabei als Leittiere eingesetzt, um die großen Schafherden über weite Distanzen sicher treiben zu können, und sie dienten darüber hinaus der Versorgung der Hirten mit Ziegenmilch und Fleisch. Sie übernahmen auch die Rolle von Ammen für verstoßene Lämmer.

Nach drastischen Bestandsrückgängen wurde die Rove Ziege in den 1970er-Jahren neu entdeckt. Damals war der Gesamtbestand auf rund 500 Tiere geschrumpft. Die Rasse wurde auch zur Aufrechterhaltung der Transhumanz eingesetzt. 1979 wurde ein Verein zur Förderung der Rove Ziege gegründet (Association de Défense des Caprins du Rove, ADCR).

Bei der ersten Inventarisierung des Gesamtbestandes im Jahr 1987 wurden 1.832 weibliche Tiere registriert. Der derzeitige Bestand umfasst 7.918 Ziegen und 342 Böcke, verteilt auf 143 Betriebe (Institut l'Elevage 2013). Auch die regionalen Naturparks Luberon und Camargue förderten aktiv die Erhaltung der Rove Ziege im Rahmen von Beweidungsprojekten zur Offenhaltung der Kulturlandschaft. Heute ist die Rove Ziege, durch ihre Rolle für die Transhumanz, nicht nur in der Südprovence, sondern auch vermehrt in weiten Teilen der Südalpen anzutreffen. Sie besetzt mittlerweile auch die Gebiete der ausgestorbenen Roya Ziege in den Seealpen. Die französischen Nordalpen (Départements Haute-Savoie, Savoie und Isère) sind die Heimat der Chèvre des Savoie, einer im äußeren Erscheinungsbild variablen Ziege vom alpinen Typus.

Die Chèvre de Provençale ist die traditionelle Ziege der Provence und des provençalischen Hinterlandes. Ihr ursprüngliches Verbreitungsgebiet erstreckte sich über das Département Alpes-de-Haute-Provence, die südlichen Abschnitte der Haute-Alpes sowie Teile von Var, Vaucluse und Drôme. Sie ist eine vielgestaltige Ziege mit unterschiedlicher Mantelfärbung. Versuche, die Rasse zu vereinheitlichen und zu standardisieren, haben sich glücklicherweise nicht durchgesetzt (siehe Kapitel „Wiederbelebung einer alten Tradition – Chèvre de Provençale, die Provenzalische Ziege").

Kontakt:
Association OUANTIA
chez Mme Evelyne Tézier
15 Les Cygnes
38680 Saint-Just-de-Claix
evelyne.tezier@wanadoo.fr

Landhühner mit gallischen Wurzeln

La Gauloise Dorée gilt als die älteste französische Landhuhnrasse und als Sinnbild des gallischen Hahns, des französischen Wappentieres, der erst 1852 durch den Adler ersetzt wurde.

Bereits Julius Cäsar beschreibt im Abschnitt über die Gallischen Kriege auch das gallische Huhn. Das Gauloise Dorée ähnelt im Phänotyp der Stammform der europäischen Haushühner, dem Burma-Bankivahuhn (*Gallus gallus*). Die goldfärbige Rasse wurde 1894 erstmals auf einer Ausstellung präsentiert. Das Gauloise Dorée galt zwischen 1950 und 1980 bereits als ausgestorben. Heute ist diese Zwiehuhnrasse selten, aber im Steigen begriffen.

Im 19. Jahrhundert entdeckten, ausgehend von England, der französische Adel und das Bürgertum die Rassegeflügelzucht und erste Geflügelausstellungen wurden organisiert.

Eine Gruppe Grise du Vercors mit dem kuckuckfarbigen Gefieder und weiß gefleckten Ohrlappen.
Foto: E. Tezier

Grise du Vercors

Gegen Ende des 19. Jahrhunderts ist im Vercors im Südosten Frankreichs, im äußersten Westen der französischen Alpen, ein schwarzes Landhuhn weit verbreitet. Zu Beginn des 20. Jahrhunderts brachten italienische Holzkohlenhändler grau gesprenkelte Hühner in die Region. Durch Kreuzung mit den einheimischen Schlägen entstand das Grise du Vercors. Dieses wurde aufgrund seines Wildfleischgeschmacks auch als Speisehuhn geschätzt. Nach 1945 verdrängten Hybridrassen diese regionale Zweinutzungsrasse, bis das Grise du Vercors nur mehr auf historischen Aufnahmen und in der Erinnerung lebendig war. Erst vor wenigen Jahren kam es zu ihrer „Wiederentdeckung". Der Regionale Naturpark Vercors und die Landwirtschaftskammer der Drôme (Chambre d'agriculture de la Drôme) starteten ein Projekt zur Rückzüchtung dieser regionalen Rasse des Vercors, an dem sich Landwirte und interessierte Hobbyzüchter beteiligten. Ziel war die Versorgung regionaler Märkte. Man orientierte sich für die Rückzüchtung am ursprünglichen Phänotyp des Grise du Vercors. Kennzeichnend für die Rasse sind das bei den Hähnen stärker ausgeprägte kuckuckfarbige Gefieder, die orangen Augen, weiß gefleckten Ohrlappen und die sichelförmigen Schwanzfedern bei den Hähnen. Hennen erreichen ein Gewicht von zweieinhalb bis drei, Hähne bis dreieinhalb Kilogramm (Tézier 2012).

Das Grise du Vercors ist die einzige heimische, wenn auch rückgezüchtete Landhuhnrasse der französischen Alpen. Mit dieser Rückzüchtung konnte das ausgestorbene Grise du Vercors nicht wirklich wieder „hergestellt" werden. Aber es entstand ein Huhn, das in seinen äußeren Merkmalen dem ursprünglichen Landhuhn weitestgehend ähnelt.

Schweinerassen und Landschläge

Im französischen Alpenraum gibt es keine rezenten Landschweinerassen, auch keine Hinweise auf ausgestorbene autochthone Landschläge. Es ist jedoch anzunehmen, dass es ähnlich wie in den Nachbarregionen Landschläge gab, die auf den Formenkreis der mediterranen Gestalt des Wildschweins zurückgehen. Dieses nimmt eine Zwischenstellung zwischen dem europäischen und asiatischen Typus des Hausschweins ein. Außerhalb des Alpenraums existieren heute noch sechs anerkannte Generhaltungsrassen, deren Erhaltung und Zucht durch spezielle Förderprogramme unterstützt werden. Zu dieser Gruppe zählen das Pie Noir du Pays Basque aus dem Baskenland, das Bayeux Schwein aus der Normandie (Porc de Bayeux), das Cul Noir Limousin aus der Region Saint-Yrieix-la-Perche im Süden der Haute-Vienne, und das grau bis schwarz gefärbte korsische Porcu Nustrale.

Die traditionelle Hühnerrasse Grise du Vercors findet man gelegentlich auch noch auf Almen, wie etwas auf der Alpage du Drizon.

Züchtertreffen auf der Messe in Saint-Martin de Crau.
Foto: Maison de la Transhumance

Die alpinen Arbeitshunde

Der Berger de Savoie (Berger de Alpes) wurde in Savoyen und den angrenzenden Regionen ursprünglich als Treibhund für Rinder, Kleinwiederkäuer und Geflügel eingesetzt. Man bezeichnet ihn daher auch als den savoyardischen Kuhhund (siehe Kapitel „Berger de Savoie" und „Chèvre des Savoie – zu Besuch auf der Alpage du Drizon"). Trotz der akuten Gefährdung des Bestandes (< 100 Tiere im Gesamtbestand) gibt es weder fachliche noch finanzielle Unterstützung von staatlicher Seite beziehungsweise von der Société Centrale Canine.

Der Berger de Crau stammt ursprünglich aus dem Gebiet der Crau-Ebene und der Camargue im Rhône-Delta. Er ist der klassische Hund der Transhumanz, der über Jahrhunderte die großen Schafherden auf ihren Wanderungen begleitete. Daher hat der Berger de Crau auch eine gewisse Relevanz für den Alpenraum (siehe Kapitel „Berger de Crau – der Hund der Transhumanz der Provence"). Diese Gebrauchshunderasse wurde nie standardisiert und es gab keine Bestrebungen, die Zucht zu organisieren. Bis vor wenigen Jahren nahm man an, dass die Rasse nicht mehr existiere.

Im Jahr 2009 wurden erste Erhaltungsmaßnahmen für den Berger de Crau ergriffen, ein erster vorläufiger Rassestandard definiert und der Bestand der wenigen verbliebenen Tiere erfasst. 2010 folgte in Saint-Martin-de-Crau die Gründung des „Vereins zur Erhaltung des Berger de Crau" (Association de Sauvegarde du chien Berger de Crau) und die Eröffnung des Zuchtbuches bei der Société Centrale Canine. Professor Jean-François Courreau vom École Nationale Vétérinaire d'Alfort schätzt den Gesamtbestand auf rund 300 Tiere und etwa 100 aktive Züchter (5/2013).

Ziel des Vereins sind die Etablierung des definierten Standards als Gebrauchshund, die Förderung der Rasse, die Weiterführung der Bestandsaufnahme sowie die Durchführung eines genetischen Monitorings. Erste genetische Analysen der Rasse ergaben eine genetische Variabilität, die um etwa 30 Prozent höher liegt als der Durchschnitt der französischen Hunderassen. Eine Folge der breiten Ausgangsbasis bei der Züchtung dieser Hunderasse.

Diese alte südfranzösische Hirtenhunderasse steht kurz vor der Anerkennung durch den französischen Kennel Klub (Société Central Canine/ SCC) als eigenständige Rasse. Die internationale Anerkennung durch die Fédération Cynologique Internationale, der Weltorganisation der Kynologie, wird jedoch noch zehn bis 15 Jahre dauern. Im Gegensatz dazu ist die Situation beim Berger de Savoie völlig unklar. Es gibt keine staatliche Organisation, die sich um die Erhaltung und offizielle Anerkennung kümmert.

In Frankreich besteht seit 1990 neben den staatlichen Stellen (Institut de l'Elevage) lediglich eine private Organisation, die Association FERME (Fédération pour promouvoir l'Elevage des Races domestiques Menacées), die sich als Dachorganisation für die Erhaltung und Förderung gefährdeter Nutztiere in Frankreich einsetzt.

Der Berger de Crau in seinem angestammten Herkunftsgebiet, der Steinsteppe Plaine de Crau.
Foto: Maison de la Transhumance

Kontakt:
Association FERME
c/o Georges JOUVE
Le Bourg
42600 Grézieux-le-Fromental
ferm@chez.com

Société Centrale Canine
155, Avenue Jean Jaurès
93535 Aaubervilliers Cedex
Tel.: 0033 (0)1 49 37 54 00, Fax: 0033 (0)1 49 37 01 20
Chiens-online 0892.237.137
contact@scc.asso.fr

Maison de la Transhumance
Domaine du Merle
Route d'Arles
13300 Salon-de-Provence
www.transhumance.org

Die Alpenregion der französischen Nordalpen – zwischen Mont Blanc, Écrins und den westlichen Voralpen

Die Alpage du Drizon bietet einen herrlichen Rundblick auf das Mont Blanc Massiv.

Die französischen Nordalpen der Départements Haute-Savoie, Savoie und Isère erstrecken sich von der Schweizer Grenze im Norden (Chablais) bis zum Écrins-Massiv in den Dauphiné-Alpen im Süden. Der südlichste und zugleich westlichste Viertausender der Alpen ist auch die Grenze zwischen der Region Rhône-Alpes und der südlich anschließenden Region Provence-Alpes-Côte d'Azur.

Savoyen (Départements Haute-Savoie und Savoie), das Kerngebiet des zum Alpenbogen gehörenden Teils der Rhône-Alpes, kam erst 1861 zu Frankreich. Demzufolge hat das Grenzgebiet zu Italien eine lange gemeinsame Geschichte, die sich bei den heute noch vorkommenden Nutztierrassen widerspiegelt.

Chambéry, eingebettet zwischen dem Massiv der Bauges und der Chartreuse war über drei Jahrhunderte Hauptstadt des Königreichs Savoyen und das Zentrum der französischen Nordalpen. Haute-Savoie (dt. Hochsavoyen) wird nicht nur wegen des Mont-Blanc-Massivs das Dach der Alpen genannt. Diese Westalpenregion erstreckt sich von der Rhône bis zu den höchsten Gipfeln des Mont-Blanc-Massivs auf 4.808 Meter.

Die für die Biodiversität der Alpen besonders bedeutende Aravis-Kette (Chaîne des Aravis) im Département Haute-Savoie ist Heimat seltener Wildtiere und Pflanzen, wie dem Luchs, dem Großen und Schwarzblauen Moorbläuling, dem Frauenschuh, aber auch der seltensten Schafrasse des Alpenbogens, des Marron des Aravis. Die einzige Gebrauchshunderasse der französischen Alpen, der Berger de Savoie, ist wie die Chèvre des Savoie Teil des historischen Erbes Savoyens. Das ursprüngliche Verbreitungsgebiet beider Rassen erstreckt sich zum Teil auch auf angrenzende Regionen im Piemont.

Auch die Schafrasse Thônes et Marthod steht symbolisch als Bindeglied der beiden savoyardischen Departements Haute-Savoie und Savoie. Ihr Ursprungsgebiet liegt in den beiden namensgebenden Dörfern an der Grenze der beiden Verwaltungseinheiten nahe Albertville.

Die Alpenregion zwischen Mont Blanc und Écrins und den westlichen Voralpen (die französischen Nordalpen)

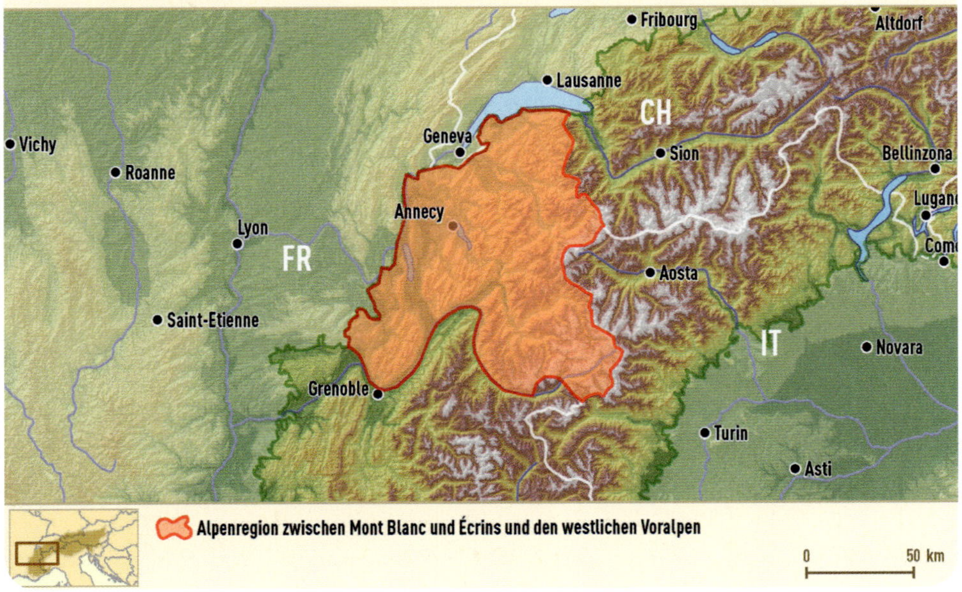

Yves Lachenal.

Die „gepiercten" Almschweine haben hier freien Auslauf.

Die Bergziegen Savoyens – die Chèvre des Savoie

Die Milchrinderrasse Abondance stammt aus dem Tal der Dranse d'Abondance, dem nördlichsten Abschnitt der französischen Nordalpen (Haute-Savoie). Dieser Landschaftsraum gehört zum französischen Teil der Chablais im Grenzgebiet zum Wallis.

Walliser Wurzeln hat das Hérens Rind, das im Zuge der Walser-Kolonisation im Hochmittelalter im Chamonix-Tal heimisch wurde. Die zweite Milchrinderrasse der Nordalpen, das Tarentaise Rind, stammt aus der gleichnamigen historischen Provinz Savoyens. Sie liegt zwischen den beiden Gebirgszügen des Beaufortain und Mont Blanc im Norden und dem Vanoise-Massiv im Süden.

In der Region Vercors im äußersten Westen der französischen Alpen konnte sich durch die abgeschiedene Lage der Hochtäler und die späte Erschließung durch Gebirgsstraßen eine vergleichbar hohe Vielfalt an Nutztierrassen erhalten. Das Villard-de-Lans-Rind ist das Überbleibsel der ursprünglich im Südosten Frankreichs weit verbreiteten Blondviehschläge. Das Grise du Vercors und das Cheval du Vercors sind die einzigen autochthonen Vertreter ihrer Nutztiergattung in den französischen Alpen. Die kuchucksfarbige Landhuhnrasse stammt ebenfalls, wie das Gebirgspferd, aus dem Vercors.

Porträt: Yves Lachenal
Zu Besuch bei den Ziegen der Alpage du Drizon

An einem heißen Julitag steige ich von der festungsartigen Trappistenabtei Tamié in Plancherine nahe Albertville über einen steilen Pfad zur Alpage du Drizon auf. Die Alm liegt auf einer Seehöhe von rund 1.640 Metern am Westhang des Pointe de la Sambuy im Naturpark Massiv von Bauges (Parc naturel régional du Massif des Bauges), an der Grenze zwischen den Départements Savoie und Haute Savoie in den Rhône-Alpes. Der zweistündige Aufstieg durch den herrlichen Bergwald ist mühsam und steil, auf der Alm angekommen, entschädigt jedoch der herrliche Rundblick auf das Mont-Blanc-Massiv für den kräftezehrenden Anstieg.

Als ich die Hütte erreiche, begrüßt mich eine Rotte von rosafarbenen Almschweinen, die frei rund um die Almhütte grasen. Sie bekommen die Molke, die bei der Herstellung des Ziegenkäses anfällt. Zwei Esel, eine Stute mit ihrem Fohlen, haben mich entdeckt und beobachten mich neugierig. Gleich um die Ecke treffe ich den charismatischen Yves Lachenal aus Seythenex, der die wunderschön gelegene Alpage du Drizon mit ihren 90 Ziegen der Rasse Chèvre des Savoie (Alpine des Savoie) seit vielen Jahren bewirtschaftet. Zwei Patou des Pyrénées, der fünfjährige Rüde Berry und die sechsjährige Hündin Bahia, wachen über die Herde und sind ständig an der Seite der Ziegen. Yves Lachenal hat die rund 110 Hektar große Alpage du Drizon von der Gemeinde gepachtet und betreut das Chalet du Drizon, eine Selbstversorgerhütte für Wanderer im Naturpark, die unmittelbar neben der Almhütte steht.

Auch einige glückliche Almhühner suchen den Bereich vor der Hütte nach Fressbarem ab. Es sind zwei Hühner der Rasse Grise du Vercors, einer kuckucksfarbigen regionalen Hühnerrasse von Savoyen. Seit einigen Jahren bemüht sich ein engagierter Verein (Association Ouantia) um ihre Rückzüchtung und Erhaltung.

Im Hochsommer weiden auf den zentralen Bereichen der Alm zusätzlich Jungrinder der Rasse Tarine und Abondance. An der Seite von Yves kommt mir ein schwanzwedelnder Treibhund der Rasse Berger de Savoie entgegen. Er ist Besucher gewöhnt und macht einen sehr zutraulichen Eindruck. Die Alpage du Drizon ist eine wahre Arche für seltene und gefährdete Nutztiere. Aber von den eigentlich Gesuchten, den Chèvre des Savoie, den savoyardischen Bergziegen, fehlt vorerst noch jede Spur. Lediglich eine Hinweistafel mit der Aufschrift „Fromage de Chèvre“ und der Zeichnung einer schwarzweißen Ziege verrät, dass ich am Ziel bin.

Vererbte Ziegenliebe

Yves Lachenal ist nicht nur Almhirte, sondern auch Präsident der Association Chèvre des Savoie. Er betreibt eine Landwirtschaft im nahe gelegenen Seythenex. Den Sommer verbringt er meist alleine mit seinen Ziegen auf der Alpage du Drizon. Seine Frau stammt aus der Bretagne und macht sich nicht so viel aus den Bergen. Schon bei der Heirat stellte sie klar, dass sie den Sommer lieber am Meer verbringen möchte. So haben sie sich liebevoll arrangiert, genießen im Sommer ihre Einsamkeit und freuen sich im Winter umso mehr auf das gemeinsame Leben am Hof in Seythenex.

Die Begeisterung für die Ziegenzucht erbte Yves von seinem Onkel, der von Beruf Hirte war. Bereits im Alter von vier Jahren begleitete er ihn im Sommer auf die Alm. Soweit Yves sich zurückerinnern kann, hatten alle Bauern seines Dorfes, bis auf seinen Onkel, Alpine Chamoisée, Saanen oder Walliser Schwarzhalsziegen. Ebenso hielten fast alle Almbauern bereits Border Collies anstelle der für Savoyen bodenständigen Rasse Berger de Savoie.

Yves begann vor rund 25 Jahren mit der Zucht der Chèvre des Savoie. Es war ihm ein besonderes Anliegen, mit ursprünglichen regionalen Rassen zu züchten. „In dieser Hinsicht habe ich meinen eigenen Kopf“, betont Yves, der mit sieben Ziegen begonnen hat. Zu diesem Zeitpunkt war der Bestand der Rasse weit höher gefährdet als heute, da es in Savoyen noch kein Bewusstsein für seltene Nutztierrassen gab. „Die Chèvre des Savoie waren damals einfach die Ziegen der Alpen, ohne dass sich jemand Gedanken darüber machte, ob es eine Rasse war oder nicht“, erklärt Yves Lachenal. Über viele Jahre setzte er ausschließlich Jungböcke seiner Herde für die Nachzucht ein, bis er darauf aufmerksam wurde, dass es noch weitere engagierte Züchter der Chèvre des Savoie in der Region gab.

1995 veröffentlichte er mit einigen davon in der Bauernzeitung „Journal de Ferme“ einen Appell zur Erhaltung der letzten Bestände. Mit Erfolg! Kurz darauf wurden erste Erhaltungsmaßnahmen ins Leben gerufen. 2001 folgte die Gründung des Vereins „Association de Sauvegarde de la Chèvre des Savoie“ zur Erhaltung und Förderung der Chèvre des Savoie, dem heute Yves als Präsident vorsteht. 2002 wurde eine erste Bestandserfassung der Chèvre des Savoie durchgeführt und in weiterer Folge jährlich aktualisiert. Innerhalb von zehn Jahren erhöhte sich der Bestand von 400 auf rund 1000 Tiere, umfasst also heute wieder rund 2000 Tiere. 22 Mitglieder des Vereins verarbeiten die Ziegenmilch zu schmackhaften regionalen Produkten.

Die Ziegen kommen

Boul bekommt von Yves Lachenal ein kurzes Kommando und daraufhin steigt der savoyardische Treibhund selbstständig, ohne weiteres Zutun, bergwärts und verschwindet nach zehn Minuten aus unseren Augen. „Boul benötigt 30 bis 45 Minuten, um die Ziegen zu holen, je nachdem, wie weit sich die Herde von der Alm entfernt hat“, erklärt Yves.

Gegen sieben erscheint die Ziegenherde im gleißenden Licht der Abendsonne, angeführt von der Hündin Bahia, am Kamm oberhalb der Alpage du Drizon. „Die beiden Patou des Pyrénées haben schon mehrmals Attacken von Wölfen abgewehrt“, berichtet er weiter. „Sie spüren instinktiv, was die Wölfe vorhaben und durchschauen ihre Strategie.“ Die Wölfe starten zuerst immer einen Scheinangriff. Das Patou-Weibchen bleibt jedoch ständig bei der Ziegenherde und wehrt diesen Scheinangriff ab. Den eigentlichen Angriff des Wolfsrudels deckt der Rüde ab, der die Angreifer nicht selten blutig in die Flucht schlägt. Seit Yves Lachenal die Patou des Pyrénées als Herdenschutzhunde einsetzt, hat er keine Verluste mehr bei den Ziegen.

50 seiner insgesamt 90 Chèvres des Savoie werden gemolken. Alle von der Hand und von Yves allein. Es ist eine Art Schauspiel, wenn sich Yves mit seinem Melkschemel inmitten der Ziegenherde niederlässt. Mit sanftem Meckern lädt er seine Ziegen zum Melken ein und es erscheint fast wie ein

Die Rasse Chèvre des Savoie ist mit einem Gesamtbestand von 806 Herdebuchtieren im Bestand stark gefährdet.

Alpage du Drizon auf 1.640 Meter Seehöhe im Naturpark Massiv von Bauges.

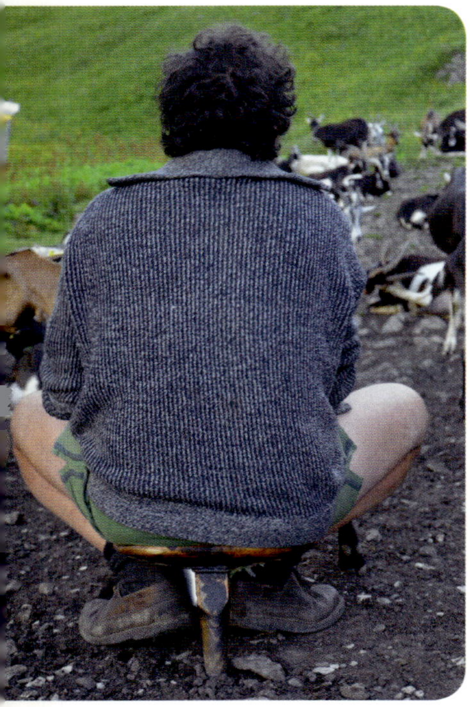

Yves der Ziegenflüsterer beim Melken. Er hält vertrauliche Zwiesprache mit seinen Tieren.

Zwiegespräch, wenn jede Einzelne mit einem sanften Meckern antwortet. Ganz ruhig, ohne Gedränge und Streit, kommt eine Ziege nach der anderen zu Yves, reibt sich zärtlich an seinem Bart und lässt sich von ihm in die richtige Position bringen.

Rund eineinhalb Stunden benötigt Yves für einen Melkdurchgang. Einmal gegen sechs Uhr früh und einmal um etwa sieben Uhr am Abend. Den Zeitpunkt geben meist die Ziegen vor. Die beiden mächtigen Patou des Pyrénées liegen währenddessen völlig entspannt inmitten der Ziegenherde.

Yves' Ziegen bekommen auch während der Laktation kein Kraftfutter. Sie ernähren sich nur von Grundfutter und erhalten zusätzlich Salz. „Die Rasse Chèvre des Savoie kann nur überleben, wenn auch die Züchter von der Rasse leben können", ist Yves Lachenal überzeugt. Er selektiert intensiv auf den Charakter der Tiere, damit die Ziegen in der Herde umgänglich sind, weder dominant noch aggressiv. Vor allem im Winter ist die Stallhaltung von Ziegenherden in Gruppen oft ein Problem, da die Tiere von Natur aus meist eine ausgeprägte Rangordnung aufweisen. Diese ist rassespezifisch unterschiedlich ausgeprägt und lässt sich durch züchterische Selektion steuern. Die Ziegen von Yves Lachenal werden nicht angehängt und können sich auch im Stall frei bewegen.

Köstlicher Tome des Bauges

Aus der Milch seiner Chèvre des Savoie stellt Yves Lachenal Frischkäse sowie den regionaltypischen „Tome des Bauges" her. Der Käse wird unter dem Herkunftslabel AOC – Chèvretin des Aravis vertrieben. Das mittelfristige Ziel des Vereins ist eine zumindest verpflichtende prozentmäßige Beimengung von Ziegenmilch der Rasse Chèvre des Savoie beim AOC – Chèvretin des Aravis. Der Tome muss mindestens drei Wochen im Keller reifen. „Je länger er reift, umso besser schmeckt er. Meist wird der Käse zu rasch verkauft", erzählt Yves Lachenal. Mitte Juli verarbeitet er an die 100 Liter Rohmilch am Tag. Die besten Ziegen geben maximal drei Liter Milch pro Tag. Der Käse wird auf der Alm, ab Hof sowie in größeren Mengen in der Zisterzienserabtei Tamié zum Verkauf angeboten.

Die Abtei des Zisterzienserordens wurde im Hochmittelalter (1133) gegründet und spielte für die Bevölkerung der Region immer eine maßgebliche Rolle. Die Mönche lebten streng nach dem Ideal des Gründers Benedikt von Nursia: Aus eigener Hände Arbeit leben! Bis zur Französischen Revolution und der Auflösung der Abtei im Jahre 1793 bestand sie als gut funktionierender Wirtschaftsbetrieb, der weit über seinen Eigenbedarf hinaus landwirtschaftliche Produkte und Arbeitsgeräte produzierte. Nach der Wiederbesiedelung 1861 durch Trappisten des Zisterzienserordens wurde nach alter Rezeptur die Produktion von Tamié-Käse wieder aufgenommen. Heute werden in der Abtei noch weitere regionale landwirtschaftliche Produkte angeboten. Mit der Errichtung eines Besucherzentrums öffneten sich die Trappistenmönche, die sich streng nach den Ordensregeln ausrichten, vermehrt für die Öffentlichkeit.

Die beiden Patou des Pyrénées wachen über die Ziegenherde.

Die typische Bergziege von Savoyen

Das ursprüngliche Verbreitungsgebiet der Rasse Alpine des Savoie umfasst die Départements Savoie und Haute-Savoie sowie Teile der Isère. In Savoyen wurde die Ziegenzucht lange auf traditioneller Ebene aufrechterhalten. Die Ziegen der französischen Nordalpen zeigten dabei immer eine variable Mantelfärbung, was bis ins 20. Jahrhundert die Zuordnung als eigenständige Rasse erschwerte. Im zentralstaatlich ausgerichteten Frankreich wurden regionale Identitäten seit der Eingliederung der Départements Savoie und Haute-Savoie (1860) sowie vor allem nach dem Zweiten Weltkrieg eher unterdrückt als gefördert. Das galt nicht nur für Sprachminderheiten, sondern genauso für die Anerkennung und Förderung regionaler Nutztierrassen.

Im Zuge des italienischen Erbfolgekriegs wurden am 24. März 1860 die einstigen Stammländer Savoyens, die Départements Savoie und Haute-Savoie sowie die Grafschaft Nizza, vom Königreich Piemont-Sardinien an das französische Kaiserreich abgetreten. Aber zahlreiche Beispiele belegen die bis in das frühe Mittelalter zurückreichende, einstige politische, wirtschaftliche und kulturelle Einheit. Frankoprovenzalisch, eine romanische Sprache, die in verschiedenen Dialekten heute wieder gefördert wird, ist nur ein Nachweis für diese kulturelle Einheit.

Die Ziegenzucht hatte in der Landwirtschaftspolitik einen untergeordneten Stellenwert und es gab in Frankreich von zentralstaatlicher Seite keine Bemühungen für den Aufbau einer planmäßigen Zucht von regionalen Rassen. Die Rasse Poitevine mag hier eine Ausnahme sein. Die Bestände der Chèvre des Savoie waren hinsichtlich des Zuchtmaterials sehr heterogen und für Milchziegenbetriebe war es der einfachere Weg, leistungsbetonte und standardisierte Ziegen aus der nahen Schweiz zu importieren, als sich um den Aufbau einer planmäßigen Zucht im Savoyen zu bemühen.

Trotz alledem gab es bis um 1960 in den französischen Nordalpen fast ausschließlich Ziegen der Rasse Chèvre des Savoie. Erst in weiterer Folge wurden Importe von Alpine Chamoisée (Gämsfärbige Gebirgsziege) stark forciert und es wurden vermehrt Böcke dieser Rasse eingesetzt. Im frühen 20. Jahrhundert exportierten die Frankokanadier Oscar Dufresne und Josef Crepin eine kleine Herde von Chèvre des Savoie nach Kalifornien und nach Kanada, wo sich die Rasse unter dem Namen „French Alpine" rasch verbreitete. Sie zählt heute in Nordamerika zu den am weitesten verbreiteten Milchziegenrassen.

Die Rasse Chèvre des Savoie (Alpine des Savoie) wurde bislang vom zuständigen Ministerium für Landwirtschaft nicht offiziell anerkannt und es werden auch keine Förderungen für die Rasse gewährt. Von staatlicher Seite (Institut de l'Élevage) wird leider noch kein offizielles Herdebuch geführt. Einige, jedoch nicht alle Züchter führen persönliche Zuchtbücher. Das heutige Verbreitungsgebiet umfasst die Départements Savoie und Haute-Savoie, Teile von Isère, Ain und Drôme. Rund 30 Züchter sind Mitglieder des Vereins Association Chèvre des Savoie.

Es gibt leider nur wenige Züchter, die ausschließlich Chèvre des Savoie in Reinzucht halten. Meist findet man auf Betrieben gemischte Bestände mit den Leistungsrassen Saanen und Alpine Chamoisée (Gämsfärbige Gebirgsziege), wobei häufig Böcke der Rasse Chèvre des Savoie eingesetzt werden.

Eineinhalb Monate alte Welpen der Rasse Berger de Savoie.

Chèvre des Savoie, ursprüngliches Verbreitungsgebiet

Steckbrief Alpine des Savoie

Diese mittelgroße Gebirgsziege hat einen lang gestreckten Körper und ein kräftiges Fundament. Der Kopf ist gut proportioniert, das Profil wie bei den meisten Gebirgsziegen gerade und der Kopf vom ebenmäßigen alpinen Typus. Böcke erreichen eine Widerristhöhe von 70 bis 85 Zentimetern und ein Gewicht von 65 bis 80 Kilogramm, die Geißen 65 bis 80 Zentimeter und ein Gewicht von 45 bis 70 Kilogramm. Es gibt praktisch alle Farbzeichnungen, doch überwiegen Tiere mit schwarzer und schwarz-weißer Mantelfärbung, ähnlich der Capra Pezzata Mòchena aus dem Trentino. Relativ häufig sind auch Schwarze und Braune Strahlenziegen mit den weißen Abzeichen der Bezoar Ziege. Dieser als „Noire de Barret" bezeichnete Farbschlag tritt relativ häufig bei der Chèvre des Savoie wie auch bei der Capra Pezzata Mòchena auf. Nicht alle Tiere haben Halsgangdrüsen, bei den Böcken wird jedoch auf das Vorhandensein dieser Drüsenanhänge selektiert. Beide Geschlechter sind in der Regel behornt, die Hornform ist sichelförmig nach hinten gerichtet. Es kommen auch genetisch hornlose Tiere vor. Innerhalb des Vereins werden keine Tiere enthornt. Die Tiere sind robust, genügsam und haben ein ruhiges Temperament. Die jährliche Milchleistung liegt bei Erstgebärenden bei durchschnittlich 420 Kilogramm Rohmilch, bei Altziegen bei etwa 540 Kilogramm. Die Milch schmeckt ausgesprochen neutral.

Ein Widder der Rasse Marron des Aravis.

Die Braunen Schafe aus dem Aravis

Die mit Abstand seltenste Schafrasse der Alpen ist im Voralpenmassiv der Aravis-Berge (Chaone des Aravis) beheimatet. Seit rund 15 Jahren betätigt sich Laurent Bottelier aus Cordon als Züchter dieser Rasse. Cordon liegt rund 30 Kilometer westlich von Chamonix-Mont-Blanc in den Rhône-Alpes, einer Bergkette zwischen dem Val d'Arly und dem Tal von Thônes, die wie eine bizarre Felsmauer vor der imposanten Kulisse des Mont-Blanc-Massivs aufragt.

Laurent Bottelier ist am elterlichen Betrieb in Cordon mit Schafen und Hirtenhunden aufgewachsen. Bereits mit 13 Jahren züchtete er seine eigenen Schafe. Sein Vater hatte rund 30 Mutterschafe der für Savoyen typischen Rasse Thônes et Marthod. Als Laurent gemeinsam mit seinem Bruder 1989 den Betrieb seines nunmehr 85-jährigen Vaters übernahm, stellte er zur Gänze auf Lamm- und Kitzfleischproduktion um.

Das Ursprungsgebiet der Rasse Marron des Aravis ist das Gebiet um Saint-Jean-de-Sixt, nahe la Clusaz im Département Haute-Savoie der Region Rhône-Alpes. Aus diesem Gebiet stammen Laurents Schafe und auch fast alle Tiere der weiteren Züchter. Der Ursprungsbetrieb der Restpopulation hatte kein Interesse mehr an der Erhaltung dieser Rasse. Es war Glück, dass Laurent Bottelier auf die Tiere aufmerksam wurde und diese erwerben konnte. Die meisten Betriebe des derzeitigen Bestandes halten lediglich zwei bis drei Tiere der Rasse Marron des Aravis. Laurent Bottelier hat mit 180 Tieren den mit Abstand größten Bestand und ist somit der wichtigste Züchter für die Erhaltung dieser seltenen Schafrasse.

Einige Betriebe züchten im Gebiet von la Clusaz, 15 Kilometer westlich von Cordon, sowie um Chamonix.

Auch die Gemeinde Thônes bemüht sich um die Erhaltung seltener Nutztierrassen in der Region. Bei der Messe Saint-Maurice wurde 2002 erstmals auch die Rasse Marron des Aravis ausgestellt.

Der Berger de Savoie Hirtenhund

Seit Yves Lachenal Ziegen hält, züchtet er auch Berger de Savoie. Er spricht lieber vom Berger des Alpes, da es diese Hunderasse auch im Aostatal auf piemontesischer Seite gibt. „Wenn ein Hirte Bedarf an einem guten Treibhund hatte, dann habe ich immer einen Hund abgegeben", erklärt er seine Haltung. „Von Bauer zu Bauer." Am Zuchtprogramm von Line Perrier (siehe Seite 311) und ihrem Programm des Conservatoire beteiligt sich Yves nicht, zu viele Vorgaben sind für ihn damit verbunden. „Man muss den Hund bezahlen, ohne dass man ihn eigentlich besitzt, alle Welpen an den Verein abgeben und Tiere zu Ausstellungen bringen", zählt er seine Einwände auf. „Ein Hund muss sich in erster Linie als Arbeitshund bewähren. Boul ist noch nicht perfekt, er läuft gerne der Herde voraus, aber er hat Potenzial und ist lernwillig."

Vor einigen Jahren hatte Yves Lachenal eine sehr gute savoyardische Hirtenhündin. Ein Freund von ihm benötigte damals dringend einen Hund, also hat er ihm die Hündin geliehen. Dieser wollte dann den Hund nicht mehr zurückgeben, da er so gut gearbeitet hat. Also entschied Yves, die Hündin bei seinem Freund zu belassen und eine weibliche Nachzucht auszubilden. Leider gab es nur männliche Nachkommen. Boul ist einer davon.

Kontakt:
Yves Lachenal
Le Tertenoz, 74210 Seythenex
Tel. 0033 (0)6 14 50 45 89 (Sommer)
Tel. 0033 (0)4 50 32 48 67 (Winter)

Association de Sauvegarde
de la Chèvre des Savoie
Maison de l'Agriculture
52 avenue des Iles - BP 9016
74990 ANNECY Cedex 9
contact@association-chevre-savoie.fr
www.association-chevre-savoie.fr

Porträt: Unterwegs mit dem Wanderschäfer Laurent Bottelier

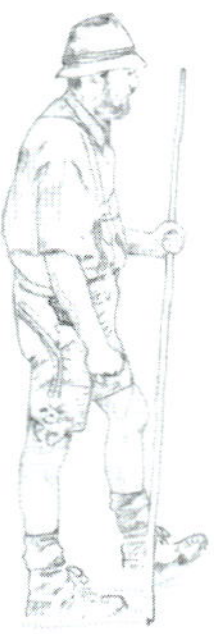

Der Schaf- und Ziegenbauer Laurent Bottelier ist Herr über 600 Schafe, vorwiegend der Rasse Thônes et Marthod, neben den Marron Aravis sowie 30 Ziegen der Rasse Rove. Die Rove-Ziegen hält Laurent vor allem für die Weidepflege auf der Alm und aus purer Freude. Bei der Transhumanz werden traditionell gemischte Herden aus Schafen und Ziegen eingesetzt. Die Ziegen übernehmen dabei meist die Rolle der Leittiere. Weder die Milchschafe der Rasse Thônes et Marthod noch die Ziegen werden gemolken. Laurent Bottelier hat seinen Betrieb auf Fleischproduktion ausgerichtet. Die Durchschnittsbetriebe in den Aravis Bergen halten meist weniger als zehn Mutterschafe. Früher hatte fast jeder Betrieb in der Region ein paar Schafe, heute sind es nur mehr wenige.

Den Sommer verbringt die Herde von Laurent Bottelier auf der Gemeindealm Alpage d'Anterne in den Aiguilles-Rouges-Bergen, einem dem Mont-Blanc-Massiv vorgelagerten Gebirgsstock bei Chamonix. Die rund 2.000 Hektar große Alm mit ihrem 500 Hektar großen Weidegebiet liegt am Talschluss des Giffre-Tals. Laurents 58-jähriger Bruder betreut allein die Herde von 1.300 Mutter- und Jungschafen sowie die Ziegen von Juni bis Mitte September auf der Alm. Auch Laurent war bereits 22 Mal Schafhirte auf der Alpage d'Anterne. Der heute 48-jährige Laurent hatte in der Zeit zwischen 1978 und 2002 lediglich ein Jahr Militärdienst. Die restlichen Jahre verbrachte er als Hirte auf der Alpage d'Anterne.

Vier Patou des Pyrénées wachen als Herdenschutzhunde über die Schafe, die nachts nicht gepfercht werden. 2004 wurden neun Schafe von Wölfen gerissen. Zu dieser Zeit arbeitete Laurent jedoch nur mit einem Herdenschutzhund.

Im Winterhalbjahr, von Ende November bis Anfang Mai, zieht Laurent als Wanderschäfer mit seiner Herde nach Südfrankreich in die Region um Salon-de-Provence. Während dieser Zeit lebt er alleine mit seinen Tieren als Nomade in Wohnwägen und zieht mit seinen 600 Schafen und seinen treuen Hirtenhunden von einem Weidegebiet zum nächsten.

In der Plaine de la Crau, der Steinsteppe zwischen Aix-en-Provence und Arles, nutzt Laurent den vierten Aufwuchs der Wiesen für seine Schafe. Die Steppe liegt im mediterranen Klima an der französischen Riviera. Die Wintermonate sind daher meist frostfrei. Die Flächen in der Crau sind keine Standweiden, sondern Wiesen, die nur in einem Weidedurchgang genutzt werden dürfen. Die Wiesen sind im Eigentum von Privatpersonen. Gegen Ende des Winters, wenn diese abgeweidet sind, sucht Laurent verwilderte Flächen in der Region um Salon-de-Provence, die er mit Unterstützung seiner Hirtenhunde beweidet.

Die Entwicklung der Transhumanz

Die von den großen Alpenflüssen, wie der Durance, aufgelandeten Fluss-Sedimente fielen nach dem Ende der letzten Eiszeit trocken und bildeten entlang der Mittelmeerküste zahlreiche Steinsteppen. Die Plaine de la Crau (Crau d'Arles) ist eine der letzten dieser Urlandschaften, die von der Zerstörung verschont blieb. Die frühen Hirten, die von der Mittelmeerküste den Südrand der Alpen erreichten, nutzen diese Steinsteppen als Weidegebiete für Schafe und Ziegen. Die sommertrockenen Gebiete entlang der Küste waren jedoch für die Beweidung während der warmen Jahreszeit ungeeignet und so zogen die Hirten mit ihren Kleinwiederkäuern in die nahe gelegenen Alpen. Daraus entwickelte sich die Transhumanz.

Es war ein alljährlich wiederkehrender Wanderzyklus. In den Sommermonaten wanderten die Hirten vom Rhone-Delta und der Camargue sowie den Steinsteppen der Crau d'Arles in die Almregionen der Seealpen, der Alpes des Haute-Provence, der Haute-Alpes oder Savoie oder, wie Laurent Bottelier, sogar bis Haute-Savoie. Einst machte man alles zu Fuß, heute werden die großen Distanzen per Lastwagen zurückgelegt. Über 100.000 Schafe und Ziegen verbringen alljährlich in den Ebenen des Rhone-Deltas, der Camargue und Crau d'Arles den Winter.

Bevor die Schafe nach der Rückkehr aus der Crau in der Südprovence wieder auf die Alm wechseln, werden die Wiesen und Weiden in Cordon als Vorweide genutzt. Rund 25 Hektar bewirtschaftet Laurent Bottelier in der Gemeinde Cordon.

In den Nordalpen von Haute-Savoie wurden üblicherweise Lederriemen für die Befestigung der Glocken bei Schafen, Ziegen und Rindern verwendet. Aber bereits knapp jenseits der Grenze im

Laurent Bottelier mit einem durchschnittlich gewachsenen Widder der Rasse Marron des Aravis und Mutterschafen der Rasse Thônes et Marthod.

Die Berger de Crau Hunde sind gewissermaßen die virtuellen Zäune für die Schafe von Laurent Bottelier.

Steckbrief Berger de Crau

Der Hund der Transhumanz der Provence stammt aus dem Gebiet der Camargue und der Crau, der Steinsteppe, nordöstlich davon. Diese schwarzen bis schwarzgrauen, gelockten Hunde wurden traditionell von den südfranzösischen Wanderschäfern zur Behirtung der Mérinos d'Arles (Mérinos de la Crau) als Treibhunde eingesetzt. Der Crau ist zwar kein alpiner Hirtenhund, wie etwa der Berger de Savoie, er ist aber der traditionelle Hund der Transhumanz der Provence. Von Border Collie und Beauceron wurde er beinahe an den Rand des Aussterbens verdrängt. Der Beauceron ist zwar auch eine alteingesessene französische Hütehunderasse, er stammt jedoch nicht aus den Alpen, sondern aus der Region südwestlich von Paris und aus dem Grenzgebiet zu Belgien.

Aostatal sind Holzhalsbänder, vor allem bei den Aosta Ziegen aus dem Val d'Aosta, gebräuchlich. Diese Tradition der teilweise reich mit Schnitzereien verzierten Holzhalsbänder stammt ursprünglich aus dem Piemont und Regionen südlich der Alpen.

„Hirten aus dem Piemont, aber auch aus Haute-Savoie sind bereits vor Generationen in die Provence gegangen, um als Hirten zu arbeiten", erklärt Laurent Bottelier. Diese Tradition wurde nach Südfrankreich übertragen. Die großen Glocken mit den breiten Holzriemen tragen Ziegenböcke und große Schafe. Auch Laurent Bottelier, der eine umgekehrte Transhumanz praktiziert, da er in den Nordalpen lebt und den Winter in der Ferne im Süden verbringt, hat diese Tradition übernommen.

Kontakt:
Laurent Bottelier
217, chemin des Combes Devant
74700 Cordon
Tel.: 0033 (0)68 34 90 263

Lämmer für muslimische Feste

Das Marron des Aravis ist ein extensives Gebirgsschaf, das für die Fleisch- und Wollnutzung gezüchtet wurde. Laurent Bottelier züchtet die Schafe jedoch nur für ihr Fleisch. Die Schafe sind für eine Extensivrasse gut bemuskelt. Die Lämmer kommen im Zeitraum von April bis Mai auf die Welt und werden nach der Almperiode im Oktober und November vorwiegend für das Fête de l'Aíd, ein muslimisches Fest der marokkanischen Volksgruppe der Region, lebend verkauft.

Keine Unterstützung für engagierte Züchter

Laurent Bottelier beschreibt die Rasse Marron des Aravis im Vergleich zu den Thônes et Marthod als deutlich robuster, mit sehr guten Muttereigenschaften. Die Tiere sind ausgesprochen trittsicher und eignen sich daher für die Alpung im Hochgebirge. „Auffällig ist die im Vergleich zu den Thônes et Marthod besondere Intelligenz. Mit dreieinhalb bis vier Monaten werden die Jungböcke geschlechtsreif. Die Lämmer haben ein vergleichsweise geringes Geburtsgewicht. Die Zuwachsraten sind jedoch ab dem zehnten Lebenstag sehr gut. Das Erstlammalter erreichen die Jungschafe mit etwa einem Jahr.

In der Vergangenheit gab es immer wieder Einkreuzungsversuche mit Fleischrassen und feinwolligen Schafen. Der Fremdbluteinfluss ist vor allem an der Länge des Wollvlieses erkennbar. „Der ursprüngliche Typus des Marron des Aravis hatte ein deutlich längeres Grannenhaar", erklärt Laurent Bottelier den Unterschied. Auch bei der Rasse Thônes et Marthod tendieren die Züchter dahin, mit Fleischrassen einzukreuzen, da der Markt schwerere Lämmer verlangt. Die Rasse Thônes et Marthod wird mehrheitlich nicht reinrassig angepaart.

Für die am meisten gefährdete Schafrasse der Alpen, die Marron des Aravis, gibt es derzeit weder ein Herdebuchprogramm, noch erfolgen die Anpaarungen aufgrundlage eines Generhaltungsprogramms zur Minimierung der Inzucht. Laurent Bottelier bemüht sich, durch Einsatz von fremden Widdern anderer Züchter, die genetische Breite seiner Herde zu erhalten. Auf die Frage nach der Zukunft der Rasse antwortet Laurent Bottelier, dass man vielmehr die Zukunft der Landwirte betrachten sollte. Er ist überzeugt, dass die überbordende Verwaltung die Landwirtschaft zerstören wird. Hier in der Region sagt man zwar, dass der Wolf die Landwirte fressen wird. Er glaubt jedoch, dass sich die Landwirte eher an den Wolf als an die Verwaltung anpassen werden.

Marron des Aravis, ursprüngliches Verbreitungsgebiet

Steckbrief Marron des Aravis (Rosette du Flumet, Rosset de Aramis)

Die Tiere dieses mittelrahmig großen Schafes sind saisonal, wobei Zwillingsgeburten die Regel sind (durchschnittlich 1,5 Lämmer pro Jahr). Das Vlies ist mittellang und besteht aus einer groben Mischwolle (Feinheit 3–5). Für die Wolle der Rasse gibt es derzeit kein spezielles Wollvermarktungsprojekt. Das Wollvlies hat eine rotbraune bis fuchsbraune Grundfarbe. Vereinzelt kommen graubraune Tiere vor. Das Vlies bleicht im Sommer stark aus. Im Herbst sind die Tiere daher oft fast lichtbraun. Nach der Schur ist die kurze Wolle der erwachsenen Tiere deutlich dunkler. Die Lämmer fallen dunkelbraun bis schwarzbraun.

Die Beine und das Gesichtsfeld sind dunkelbraun und unbewollt. Die Stirnpartie ist von kurzer Wolle bedeckt, der Bauch meist bewollt. Häufig findet man einen weißen Stirnfleck und weiße Schwanzspitzen vor wie beim Walliser Landschaf. Die Widder haben ein gerades bis leicht geramstes Nasenprofil. Die Fesseln sind mittellang und kräftig, die Klauen sehr hart und robust. Mutterschafe erreichen ein Durchschnittsgewicht von 60 bis 65 Kilogramm, Widder von 80 Kilogramm. Widder tragen kräftige, gleichmäßig spiralförmig nach außen gewundene Hörner, weibliche Tiere haben sichelförmige Hörner. Die Ohren sind kurz und stehen seitlich ab. Die Abstammung der Rasse ist unklar, doch wird ihre Herkunft aus lokalen Landschlägen vermutet. Gleichfalls wahrscheinlich ist die verwandtschaftliche Nähe zur ebenfalls aus der Region von Savoyen stammenden Rasse Thônes et Marthod. Die Mischwolle des Marron des Aravis ist ein Indiz für eine sehr ursprüngliche Schafrasse.

Berger de Savoie – der savoyardische Kuhhund

oben: Die Hunde residieren in einem klassizistischen Schloss mit freiem Blick auf das Becken von Chambéry.
unten: Line Perrier, die Präsidentin des Vereins „Société du Berger de Savoie" mit ihren Zuchthunden der Rasse Berger de Savoie in Saint Jean d'Arvey.

Porträt: Line Perrier und das Conservatoire für den Berger de Savoie

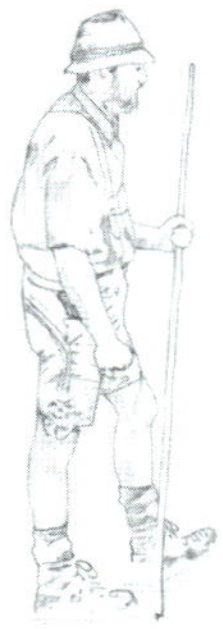

Line Perrier, die Präsidentin des Vereins „Société du Berger de Savoie" residiert mit rund 20 Zuchthunden der Rasse Berger de Savoie (Berger des Alpes) in einem klassizistischen Schloss in Saint Jean d'Arvey am Südhang des Massivs von Bauges mit freiem Blick auf das Becken von Chambéry.

Die Präsidentin empfängt mich mit zwei von ihren Zuchthunden an der Lindenallee. Der teilweise verwachsene und verwilderte Landschaftsgarten mit seinen uralten Sequoabäumen verleiht dem Anwesen einen besonderen Charme. Bereits nach wenigen Gesprächsminuten wird klar, dass die Mittsechzigerin ihr Leben dem Berger des Savoie gewidmet hat, der bereits als ausgestorben galt. Bei der Inspektion von Schafherden während der Klauenseuche-Epidemie 2001 hat sie ihn entdeckt, eigentlich wiederentdeckt, denn diese Hunderasse war ihr schon in der Kindheit vertraut gewesen. „Ich hatte plötzlich genau die Rasse vor meinen Augen, die mich in meiner Kindheit am Hof begleitet hat", schildert Line Perrier. Bis vor zehn Jahren gab es noch etwa 100 Individuen dieser Rasse, leider waren zu diesem Zeitpunkt nur mehr die wenigsten reproduktionsfähig. Der Großteil der noch vorhandenen Fundtiere waren Weibchen. Insgesamt konnte Line Perrier noch 27 für die Zucht geeignete Männchen verschiedener Linien für den Wiederaufbau der Rasse ausfindig machen.

„Der Berger de Savoie ist ein vielseitiger Gebrauchshund, der am Hof wirklich geholfen hat", berichtet Line Perrier. Die Rasse wurde als Treibhund für die Rinder-, Schaf- und Geflügelhaltung, als Wachhund, als Zugtier und für die Jagd eingesetzt und war daher in der kleinbäuerlichen Landwirtschaft Savoyens weit verbreitet. In den zahlreichen Talschaften von Savoyen gab es in ihrem äußeren Erscheinungsbild variierende Schläge, die jedoch im Körperbau, in der Knochenstruktur, im Wesen wie in den Eigenschaften einer Rasse zugeordnet werden konnten, dem Berger de Savoie. Dieser ist ein Alpenhund. Er benötigt daher ein mittellanges bis langes Fell als Schutz vor der Kälte im Winter und der Hitze im Sommer.

Die Hunde haben bei ausreichender Kalziumversorgung abstehende kurze Ohren. Andernfalls treten teilweise asymmetrische Stellungen mit einem Hängeohr auf. Stehohren werden nicht angestrebt. Die ursprüngliche Vielfalt ist auch in der aktuellen Population noch deutlich sichtbar. Line Perrier geht es vor allem um die Erhaltung einer Arbeitshunderasse und nicht um Zucht aus Liebhaberei. Daher werden kleinere Abweichungen vom Idealstandard geduldet, sofern es der Erhalt einer Linie erfordert. Diese Variabilität erschwert jedoch eine Standardisierung der Rasse, wie sie für eine Anerkennung durch die Weltorganisation der Kynologie (Fédération Cynologique Internationale, kurz FCI) erforderlich ist. Gleichzeitig soll mit einer Standardisierung die ohnehin enge genetische Basis der Rasse nicht weiter künstlich eingeschränkt werden.

Der Charakter der Hunde ist sehr gutmütig, sie sind eng an ihre Herren und ihre vertraute Umgebung gebunden. Gegenüber Fremden zeigen sich die guten Eigenschaften des aufmerksamen Wachhundes. Die Tiere sind arbeitswillig, aufmerksam und intelligent und werden ihrer jeweiligen Aufgabe gut gerecht.

Gegensätzliche Charaktere – Border Collie und Berger de Savoie

Nach Ansicht von Line Perrier sind die beiden in jeder Hinsicht völlig gegensätzlich, physisch wie charakterlich. „Border Collies arbeiten für sich selbst,

oben: Im Bild ein Berger de Savoie. Der Border Collie hat ihn verdrängt, kann ihn aber nicht wirklich ersetzen.
unten: Der Berger de Savoie ist nicht nur vielseitig in seinen Eigenschaften, sondern auch in seinem äußeren Erscheinungsbild, bedingt durch die Zusammenführung verschiedener Landschläge. Ein Berger de Savoie der Farbvariante „merle".

sind sehr temperamentvoll, treiben, vielmehr jagen Herden zusammen, auch ohne Kommando. Border Collies haben ihre eigene Choreographie", erklärt Line Perrier.

Berger de Savoie wurden für verschiedene Arbeiten eingesetzt, waren vielseitig, hauptsächlich arbeiteten sie mit Kühen. Diese wollen auf Triebwegen langsam gehen, alleine oder in kleinen Gruppen in einer Reihe. Kühe sind nicht so nervös wie Schafe und haben nicht den Herdentrieb. Bei Kühen benötigt man einen Hund, der laut bellen kann, der auf der Alm signalisieren kann, dass es Zeit ist, zur Hütte zurückzukehren. Border Collies bellen nicht in einer solchen Situation. Sie würden sich anschleichen und die Kühe über steile Hänge nach unten jagen. Das kann für eine 500 Kilogramm schwere Kuh tödlich enden.

Wenn ein Border Collie einen Fehler begeht und dafür von seinem Herren gerügt wird, dann will er nicht mehr weiterarbeiten. Der Berger de Savoie ist folgsamer und nicht nachtragend. Interessant sind hierbei die Parallelen zum Tiroler Bergspitz! Besitzer dieser Alttiroler Kuhhunderasse kommen bei Vergleichen mit dem Border Collie zu denselben Rückschlüssen! Der Berger de Savoie ist vergleichsweise leicht abzurichten. Der Border Collie benötigt dagegen deutlich mehr Zuwendung.

Elektrozäune und Border Collies

Das Wirtschaftswachstum nach dem Zweiten Weltkrieg führte zu einem strukturellen und sozialen Wandel in der Landwirtschaft. Der Bedarf an Arbeitshunden und Hofhunden nahm deutlich ab. Ab den 1980er-Jahren setzte sich vermehrt die Koppelhaltung von Rindern durch und schließlich ersetzten Elektrozäune das System der Umtriebsweide mit Hunden in den savoyardischen Alpen Savoyens. In den vergangenen 25 Jahren wurden zudem Border Collies propagiert, die die letzten Restbestände des Berger de Savoie verdrängten. Obwohl die Rinderbauern tagein, tagaus mit den Treibhunden arbeiteten, erkannten sie nicht die Wichtigkeit, diese Rasse auch gezielt zu erhalten. Der „einfache" Hof- und Treibhund hatte keinen Wert mehr und man glaubte, dass er bei Bedarf ohnehin einfach zu haben sei.

Conservatoire

Mit dem beinahe Verschwinden der letzten Berger de Savoie musste rasch gehandelt werden. Für den Schutz und die Erhaltung der Rasse betreibt Line Perrier ein „Conservatoire", einen Rassenerhaltungshof, der sich aus privaten Spenden finanziert. Auch die aktiven Züchter oder der Verein „Société du Berger de Savoie" erhalten keine finanzielle oder fachliche Unterstützung durch die öffentliche Hand. Line Perrier investiert sehr viel persönliches Engagement in die Erhaltungsarbeit und stellt einen großen Teil ihres Anwesens für das Erhaltungsprojekt zur Verfügung. Die Auswahlkriterien für potenzielle Züchter sind streng. Nur geeignete Züchter aus der Region erhalten einen Zuchthund und müssen sich verpflichten, sich für die Erhaltung der Rasse einzusetzen und den Hund nur reinrassig nach den Vorgaben des Conservatoire anzupaaren. Für die Zuchthunde muss ein einmaliger Beitrag von 670 Euro an den Verein entrichtet werden. Die Hunde und ihre Nachzucht bleiben im Besitz des Conservatoire. Die Zusammenarbeit zwischen Verein und Züchtern wird in einem Vertrag festgehalten.

Der Conservatoire nimmt alle Welpen zurück und verteilt sie an potenzielle Züchter. Diese dürfen selbst keine Welpen abgeben. Damit soll gewährleistet werden, dass die wenigen noch vorhandenen Hunde nicht bei Hobbyhaltern „verloren" gehen. Die Schwierigkeit besteht darin, interessierte und geeignete bäuerliche Züchter zu finden, die wiederum bereit sind, diese strengen Kriterien zu akzeptieren. „Um die Rasse langfristig zu erhalten, muss auch ihr Nutzungsumfeld erhalten werden", ist Line Perrier überzeugt.

Nur einige wenige Landwirte haben eine Vereinbarung mit dem Conservatoire abgeschlossen und züchten nach den Vorgaben des Vereins. „Wenn wir das Erhaltungsprogramm nicht in der Form umsetzen würden, dann würden wir alle Hunde verlieren", resümiert Line Perrier.

Die Wurfgröße liegt zwischen fünf und zwölf Welpen, sechs bis acht Welpen pro Wurf sind üblich. Die Gesamtpopulation umfasst weniger als 100 Tiere! Rund zehn Betriebe beteiligen sich am Zuchtprogramm des Conservatoire. Das ursprüngliche Verbreitungsgebiet des Berger de Savoie umfasst die Départements Savoie und Haute-Savoie in Frankreich sowie das Aostatal in Nordwestitalien. Der Berger des Alpes Françaises ist etwas größer und schwerer als der savoyardische Kuhhund und kommt im Zentralmassiv vor.

Kontakt:
Verein „Société du Berger de Savoie"
Präsidentin Line Perrier
Château de Chaferdanle Sautelet
73230 Saint Jean d'Arvey
Tel.: 0033 (0)62 63 78 927
contact@bergerdesavoie.org
www.bergerdesavoie.org

Club Français D'Amélioration et de Sauvegarde du Berger des Alpes Francaises
57 Avenue Olivier d'Ormesson, 94490 Ormesson
Tel.: 0033 (0)14 96 25 124/0297563726
www.chien.com/races/berger-de-savoie

Vor rund zehn Jahren entdeckte Line Perrier den savoyardischen Kuhhund wieder und initiierte das Erhaltungsprojekt für den Berger de Savoie. Sie leitet mit viel Engagement und persönlichem Einsatz den Verein „Société du Berger de Savoie".

Berger de Savoie, ursprüngliches Verbreitungsgebiet

Steckbrief Berger de Savoie

Für die Rasse Berger de Savoie liegt kein offizieller Rassestandard vor. Die Rasse wurde bislang weder von der französischen Kynologengesellschaft (Societé Centrale Canine), noch von der Weltorganisation der Kynologie, Fédération Cynologique Internationale (FCI), anerkannt. Der Berger de Savoie hat eine mittlere Größe mit einer Schulterhöhe von 47 bis 55 Zentimetern und einem Gewicht von 20 bis 30 Kilogramm. Aufgrund der unterschiedlichen Landschläge ist die Größe der Tiere sehr variabel. Die Rüden sind meist deutlich kräftiger und größer als die Hündinnen. Die Brust ist tief und breit entwickelt. Die Tiere sind in der Regel kräftig und muskulös gebaut. Der Gesamteindruck entspricht der Statur eines Alpenhundes. Sie sind leicht überbaut, mit kräftigen Beinen, die geeignet sind, auch im Schnee zu gehen. Üblicherweise haben die Hunde doppelte Afterkrallen an den Hinterpfoten. Die Rute ist lang. Aufgrund eines genetischen Defekts treten vereinzelt stummelschwänzige Varianten auf (kurzschwänzig). Das Ohr ist abstehend und mittellang (Kippohren) und reicht etwa bis zum Auge. Das Fell ist stockhaarig, dicht, mit Unterwolle. Es kommen kurz-, mittel- und langhaarige Tiere in verschiedenen Farbvarianten vor. Häufig verbreitet sind dreifärbige Tiere, weitere Farbvarianten sind reinschwarz, schwarz-weiß, fauve (fahlgelb) und harlequin (merle).

Das Villard-de-Lans-Rind ist einer der letzten Blondviehschläge, einer ursprünglich im Südosten Frankreichs und der Franche-Comté (nördlich der Rhône-Alpes) verbreiteten Rinderpopulation.

Die Blondinen aus dem Vercors

Die Dauphiné-Voralpen bilden den südlichen Teil der Kalkzone der Region Rhône-Alpes, die sich nach Norden mit den Savoyer Voralpen fortsetzt. Im Zentrum der Dauphiné-Voralpen liegt zwischen den Städten Grenoble und Die der markante Gebirgsstock des Vercors. Der äußerste Westen der französischen Alpen beherbergt den „Parc naturel régional du Vercors". Der Schutzgebietsverbund besteht aus einem 186.600 Hektar großen Regionalpark, einem der größten Frankreichs, und einem 17.000 Hektar großen Naturschutzgebiet (Réserve naturelle). Charakteristisch für den Vercors sind die schroff emporragenden Riffkalke, mit bis zu 300 Meter steil abfallenden Klippen. Weite Teile des Vercors konnten erst durch aufwendige Straßenbauten zugänglich gemacht werden.

Das Vercors-Massiv ist neben dem westlichen Abschnitt des Bergmassivs der Chartreuse, den Grésivaudan und einem Teil von Trièves eines der Ursprungsgebiete des Villard-de-Lans-Rindes. Dieser Blondviehschlag gehört zu den letzten Schlägen einer ursprünglich im Südosten Frankreichs und der Franche-Comté (nördlich der Rhône-Alpes) verbreiteten Rinderpopulation. Namensgebend für die Rasse war die rund 4.000 Einwohner zählende Gemeinde Villard-de-Lans auf der Hochebene im Vercors-Massiv, rund 20 Kilometer südwestlich von Grenoble.

Die Rinder der Rasse Villard-de-Lans-wurden im Vercors Massiv bis um 1980 als Zugtiere in der Landwirtschaft eingesetzt. So wie hier in St. Martin-en-Vercors.
Foto: Avon L.
rechte Seite: Das Kalbfleisch der Rasse Villard-de-Lans ist besonders zart und gut marmoriert. Für die Rasse gibt es jedoch bislang kein spezielles Label und keine spezielle Vermarktungsschiene.

Porträt: Der Mutterkuhbetrieb von Joël Revel-Mouroz

Eigentlich handelt es sich bei den Rindern der Rasse Villard de Lans um keine echten Blondinen, erklärt mir Joël Revel-Mouroz, ein groß gewachsener, gallisch anmutender Bauer aus dem Weiler Le Couvat bei St. Jean le Vieux, etwa sieben Kilometer nordöstlich von Grenoble. Der Großteil der knapp 400 Rinder der hochgefährdeten Rasse ist semmelfarben. Die Semmelfarbe, französisch „froment clair", ist der populärste Farbschlag bei den Villard-de-Lans-Rindern. Daneben gibt es noch die Farbschläge weiß und rot. Diese Farbvarianten treten jedoch weniger häufig auf. Joël Revel-Mouroz besitzt 25 Mutterkühe. Er liegt damit über der durchschnittlichen Betriebsgröße der Region mit 15 Mutterkühen auf 15 Hektar Grünland. Der Mutterkuhbetrieb von Joël Revel-Mouroz umfasst 15 Hektar Grünland und 35 Hektar Wald. Es wurden immer nur Villard-de-Lans-Rinder gehalten. Joël kennt diese Rasse seit seiner Kindheit und hätte sich nie für eine andere entschieden, da sich das Villard-de-Lans-Rind bestens für die Mutterkuhhaltung eignet.

„Das Villard de Lans hat zu Beginn der Laktation, bis etwa zum vierten Lebensmonat der Kälber, eine sehr hohe Milchleistung, diese fällt danach aber sukzessive ab", erklärt Joël Revel-Mouroz. Die Rasse eignet sich daher gut für die Produktion von Milchkälbern, nicht jedoch für die Zucht von schweren Kälbern, sogenannten „Broutard". Diese werden mit einem Alter von sechs bis sieben Monaten geschlachtet und sind für den Export nach Italien bestimmt. „Dreijährige Kälber neigen zur verstärkten Fetteinlagerung, das ist bei der Endmast zu berücksichtigen", sagt Joël Revel-Mouroz.

Ein Teil der Mutterkühe verbringt den Sommer auf der Genossenschaftsalm „Alpage du Mont Saint Morif" auf 1.700 Meter sowie auf Almen im Vercors-Massiv. Die restlichen Mutterkühe beweiden die artenreichen Magerweiden im Weiler Le Couvat. Die Rasse Villard des Lans ist eine klassische Zweinutzungsrasse, die in der Region Vercors traditionell als Arbeits- und Fleischrind gezüchtet wurde. Die Milchleistung ist mit durchschnittlich 2.785 Kilogramm pro Laktation gering. Das Kalbfleisch seiner Rinder vermarktet Joël zur Gänze ab Hof. Angeboten werden Rinderhälften, -viertel und bei Milchkälbern auch Achtelteile. Jungkalbinnen werden mit einem Alter von drei Jahren geschlachtet. Gelegentlich mästet Joël auch Jungtiere (bébé). Diese erhalten bis zu einem Alter von sechs Monaten Milch und bis zum fünfzehnten Lebensmonat Getreide. Joël erhält 13 bis 15 Euro pro Kilogramm Kalbfleisch. „Die weitere Zukunft der Rasse hängt von vielen Faktoren ab, wobei die Entwicklung des Absatzmarktes für das produzierte Rindfleisch von größter Bedeutung ist", erklärt Joël Revel-Mouroz. Milchkälber haben, abhängig von der Haltungsform und dem Lebensalter, entweder ein weißes oder rosa gefärbtes Fleisch. „Bei reiner Stallhaltung sowie bei säugenden Kälbern bei Weidehaltung bis zum vierten Lebensmonat bleibt das Kalbfleisch weiß", erklärt Joël. Danach verfärbt sich das Fleisch zart rosa. „Es gibt Privatkunden, die nach wie vor weißes Kalbfleisch bevorzugen", berichtet Joël.

Von staatlicher Seite gibt es eine Förderung für gefährdete Rassen (120 Euro pro Großvieheinheit). Joël hat diese Förderung jedoch nicht in Anspruch genommen.

Joël Revel-Mouroz setzt in seiner Herde sowohl Natursprungstiere als auch künstliche Besamung ein. Von der Rasse Villard de Lans gibt es 69 Züchter, wobei ca. 40 Betriebe nur eine oder zwei Kühe besitzen. „Lediglich vier Betriebe beschäftigen sich intensiver mit der Zucht der Rasse", bedauert Joël Revel-Mouroz. Die Rasse Villard de Lans stammt von einer Hochebene im Vercors-Gebirge (Préalpes du Vercors) südwestlich von Grenoble, auf etwa 1.000 Meter Seehöhe, umgeben von den Bergen Roc Cornafion (2049 m) im Osten und Grande Moucherolle (2284 m) im Süden. Der gleichnamige Ort Villard-de-Lans ist eine Gemeinde im Département Isère in der Region Rhône-Alpes. Die Gemeinde grenzt an den Nationalpark Vercors. Bekannt ist Villard-de-Lans als Tourismusort, der auf nachhaltigen, sanften Tourismus achtet und Mitglied der alpenweiten Kooperation „Alpine Pearls" ist.

Die Rasse Villard de Lans wurde 1864 erstmals im Rahmen einer regionalen Landwirtschaftsmesse in Grenoble präsentiert. In den 1960er-Jahren blieben infolge der Forcierung der Blonde d'Aquitaine Rasse und der fehlenden Unterstützung durch die öffentliche Hand nur mehr einige Dutzend reinrassige Tiere übrig. 1976 kam es auf staatlicher Ebene zu einer Rückbesinnung auf das genetische Potenzial autochthoner Rinderrassen und es wurden Maßnahmen zur Bewahrung der letzten reinrassigen Tiere getroffen. Die Föderation der Viehzüchter des Départements von Isère leitet seither das Zuchtprogramm, unterstützt durch das Institut de l'Èlevage in Paris (Abteilung Genetik). Der Gesamtbestand der Rasse umfasst 398 Kühe und 47 Stiere. Rund 69 Züchter betreuen die Rasse, davon 35 in ihrem Stammgebiet im Département Isère.

Villard de Lans, ursprüngliches Verbreitungsgebiet

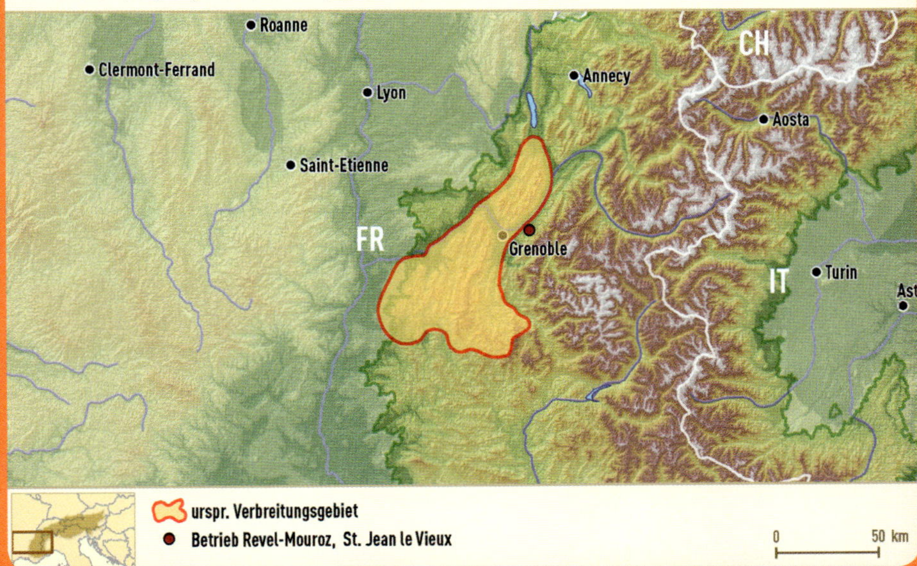

Steckbrief Villard de Lans

Ein großrahmiges Zweinutzungsrind, das heute fast ausschließlich als Mutterkuhrasse eingesetzt wird. Der kräftige, schwere Knochenbau macht es für den Einsatz als Zug- und Arbeitstier bestens geeignet. „Bis zu Beginn der 1970er-Jahre hatte nahezu jeder Bauer in der Region zwei bis drei Paar Arbeitsrinder", erinnert sich Joël Revel-Mouroz. Mutterkühe erreichen ein Gewicht von durchschnittlich 700 (bis 950) Kilogramm bei einer Widerristhöhe von 140 Zentimetern. Stiere erzielen ein Gewicht von 900 bis 1.200 Kilogramm. Die Kälber sind sehr frohwüchsig. Mit vier Monaten erzielt man ein Schlachtkörpergewicht von 150 bis über 170 Kilogramm. Bei der Rasse treten drei Farbschläge auf: semmelfarbig (froment clair), weiß und rot. Die durchschnittliche Milchleistung liegt bei 2.785 Kilogramm Milch in 239 Tagen (2007).

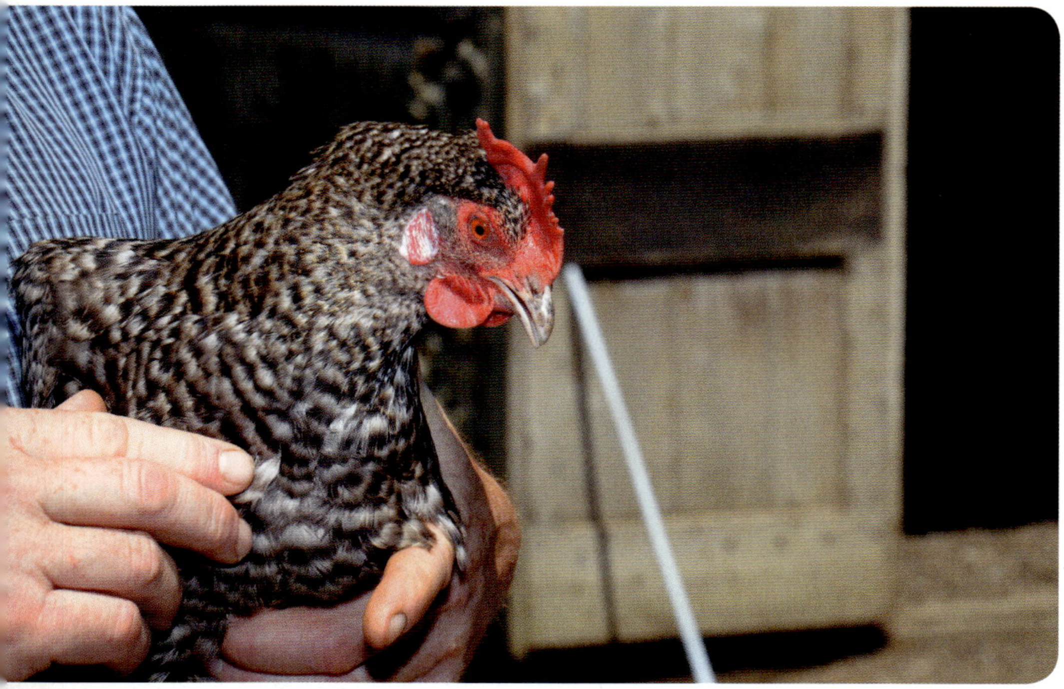

Grise du Vercors – eine alte lokale Hühnerrasse der Region um das Massiv Vercors.

Das moderne Grise du Vercors. Eine Rückzüchtung auf Basis historischer Fotos und Beschreibungen.

Römisch-gallische Wurzeln

Die Rasse Villard de Lans dürfte auf keltische und römische Ursprünge zurückgehen. Der Name „Vercors" leitet sich nach dem römischen Gelehrten Plinus dem Älteren (25–79 n. Ch.) von Vertamocori ab, einem gallischen Wort. Ob die Herkunft dieser Zweinutzungsrasse, analog zu den österreichischen Blondviehschlägen, wie vermutet wird, tatsächlich auf römische Einflüsse zurückgeht, ist naheliegend, aber nicht belegt. Die Römer nutzten jedenfalls den klimatisch begünstigten Landschaftsraum um den Vercors intensiv. Reste römischer Straßen und eines römischen Steinbruchs belegen diese Prägung. Im Vercors-Massiv wurde Kalkstein für die Anlage von römischen Denkmälern und Prachtbauten abgebaut. Wie die Villard de Lans waren auch die römischen Rinder schwere, grobknochige Zweinutzungsrinder mit geringer Milchleistung, die als Zugtiere und für die Fleischproduktion gezüchtet wurden. Aber auch die Kelten nutzten Rindertypen, die den gleichen Maßstäben genügen mussten (siehe auch: Galizisches Blondvieh). Während der Zeit der Völkerwanderung war der Vercors durch seine abgeschiedene und geschützte Lage ein wichtiger Rückzugsraum. Alte Nutzungs- und Gesellschaftsformen konnten daher ohne große Veränderungen über das Mittelalter hinaus überdauern.

Sauhunde und Kuckuckshühner

Je länger der Besuch bei Joël Revel-Mouroz andauert, umso mehr entpuppt sich der Betrieb als wahre Arche Noah. Joël besitzt nicht nur eine seltene Rinderrasse, sondern auch eine alte lokale Hühnerrasse, das kuckucksfärbige Grise du Vercors.

„Früher gab es in der Region Royan-Vercors schöne, graue Hühner", erzählt Joël. „Eine Gruppe engagierter Züchter um Evelyne Tézier, eine Lehrerin aus Saint-Just-de-Claix in Claix, versucht nun anhand alter Fotos und Beschreibungen diese alte Rasse wieder rückzuzüchten."

Das moderne Grise du Vercors ist ein stattliches, sehr schön gezeichnetes Huhn. „Typisch sind die weißen Ohrlappen", erklärt Joël Revel-Mouroz. Die Hühner erreichen ein Gewicht von rund zweieinhalb Kilogramm. Die Eier sind jedoch vergleichsweise klein. Aber die Hühner sind gute Glucken. „Ursprünglich war das Grise du Vercors ein gutes Legehuhn", weiß Joël. „Das Grise du Vercors von heute ist sicher nicht dieselbe alte Rasse, die es früher hier gab. Man hat einfach ein optisch sehr ähnliches Huhn anhand alter Aufzeichnungen rückgezüchtet", ist seine Meinung dazu.

Joël hat auch eine Vorliebe für seltene Hunderassen. Er züchtet eine aus dem Raum Aix-en-provence stammende Jagdhunderasse mit dem Namen Le bridge de Provence, die für die Wildschweinjagd gehalten wird. Im deutschsprachigen Raum nennt man sie daher „Sauhunde" oder „Saupacker". Sie wurden bei Hetzjagden mit Stachelhalsbändern und Brustpanzern vor den Angriffen der Keiler geschützt.

In Südfrankreich gibt es lediglich drei Züchter, die sich dieser Hunderasse angenommen haben. Der Gesamtbestand beträgt knapp 100 Tiere. Joël besitzt drei davon. Die Hunde erreichen ein Stockmaß von 53 Zentimetern. Zwei Jahre dauert die Herstellung der Holzhalsbänder. Ein Holzbrett in der geeigneten Stärke wird dafür vor der Bearbeitung für eineinhalb Jahre in kaltem Wasser eingelegt. Danach wird das Holz in Wasser gekocht, damit es biegsam wird und für eine Woche auf eine Form gespannt.

Kontakt:
Joël Revel-Mouroz
Le Couvat
38420 St Jean le Vieux
Tel.: 0033 (0)47 67 72 605

Association des éleveurs de bovins de la race Villard de Lans
Service Elevage, Maison des Agriculteurs,
40 avenue Marcellin Berthelot, BP 2608
Tel.: 0033 (0)47 61 06 738, Fax: 0033 (0)47 62 21 838
marielle.durandetty@isere.chambagri.fr

Die südlichen französischen Alpen und die französischen Voralpen

Die Region Provence-Alpes-Côte d'Azur erstreckt sich über die Départements Alpes-de-Haute-Provence, Alpes-Maritimes, Bouches-du-Rhône, Hautes-Alpes, Var und Vaucluse. Die im Südwesten liegenden Hügelgebiete der Bouches-du-Rhône und das Maurenmassiv (Massif des Maures) zählen nicht mehr zu den Alpen.

Die Schafzucht stellt in den südlichen französischen Alpen (Alpes-Maritimes) und den französischen Voralpen im Südosten Frankreichs immer noch einen wichtigen Erwerbszweig der Berglandwirtschaft dar. Die Region Provence-Alpes-Côte d'Azur ist mit rund 2.000 Landwirten und 650.000 Schafen die zweitwichtigste Schafzuchtregion Frankreichs. Mit dem Preisverfall der Feinwolle haben sich die Bauern auf die Aufzucht von Mastlämmern spezialisiert. Die zahlenmäßig dominierenden Schafrassen sind die Mérinos d'Arles und Préalpes du Sud.

Die Provenzalischen Voralpen sind der südlichste Abschnitt der Kalkzone, die sich nach Norden mit den Dauphiné-Voralpen (Vercors) und den Savoyer Voralpen fortsetzt. Die höchste Erhebung ist der Tête de l'Estrop, der mit 2.961 Meter Seehöhe gerade nicht die 3.000-Meter-Marke erreicht. Er ist trotzdem der südlichste Eckpfeiler der französischen Alpen. Die Gipfel im Süden und Westen sind niedriger.

Die Chèvre de Provençale, die Provenzalische Ziege, ist die autochthone Ziegenrasse der Provenzalischen Voralpen. Sie war nie Teil der transhumanten Wirtschaftsweise, sondern immer die Ziegenrasse der sesshaften Bauern der Provence. Im Gegensatz dazu war der Âne de Provence, der Provence Esel, ein fixer Begleiter der Wanderschafherden der Mérinos-d'Arles-Herde, die von den Ebenen der Crau und der Camargue über die Provenzalischen Voralpen bis in die Savoyer Alpen zogen. Er war aber auch für die sesshaften Bauern unentbehrlich und im gesamten Süden der französischen Alpen verbreitet.

Die Seealpen und das Hinterland von Nizza sind der letzte Vorposten der Alpen mit Gipfeln über 3.000 Meter, bevor die Alpen mit dem Hinterland von Nizza, den Préalpes d'Azur, sanft in die Mittelmeerküste übergehen. Der Gélas

An der Grenze zwischen den Départements Alpes-de-Haute-Provence und Alpes-Maritimes liegt der 2.715 Meter hohe Pass Col de la Bonette. Foto: Ch. Komposch

Die Alpenregion Provence-Alpes-Côte d'Azur (die südlichen französischen Alpen und die französischen Voralpen)

ist mit 3.143 Meter der höchste Berg des Mercantour-Massivs und nur 50 Kilometer vom Mittelmeer entfernt. Im Norden schließen sich die Cottischen Alpen an. Das Gebiet zwischen der französischen Riviera und den hohen Bergen des Mercantour-Massivs weist eine reiche landschaftliche Vielfalt auf, dank seiner alpinen und mediterranen Einflüsse zählt es zu den artenreichsten Lebensräumen der französischen Alpen. Schluchten, Wälder und landwirtschaftlich genutzte Täler prägen diesen südwestlichsten Abschnitt der Alpen.

Das Vésubie-Tal zählt zu den schönsten Voralpentälern des Hinterlands von Nizza. Unterhalb von Lantosque prägen bereits Terrassenkulturen, Wein und Olivenbäume die mediterrane Landschaft. Diese Voralpen im Hinterland von Nizza wurden 2012 zum Regionalen Naturpark Préalpes d'Azur erklärt (Parc naturel régional des Préalpes d'Azur). Neben dem Roya-Tal war das Tal der Vésubie, die in den Voralpen von Nizza entspringt, Ursprungsgebiet einer leider bereits vor knapp 15 Jahren ausgestorbenen Ziegenrasse, der Roya-Vésubie. Das Brigasque und das Mourérous sind zwei autochthone Schafrassen der Seealpen und der Préalpes d'Azur.

Kontakt:
Parc naturel régional des Préalpes d'Azur
1, avenue François Goby
06460 Saint Vallier de Thiey
Tel: 0033 (0)49242 08 63
Fax: 0033 (0)49242 39 29
contact@pnr-prealpesdazur.fr

Parc national du Mercantour
23 rue d'Italie
CS 51316
06006 Nice Cedex 1
Tel.: 033 (0)49316 78 88
Fax: 0033 (0)49388 79 05

Die Provenzalische Ziege kehrt zurück

In den französischen Südalpen hat die Ziegenhaltung eine lange Tradition und in der Haute-Provence, den provenzalischen Voralpen, ist diese Tradition nie ganz ausgestorben. In den Provence des collines, wo die Alpen und das Mittelmeer aufeinandertreffen, liegt auch die Heimat der Commune Provençale.

Während die Rove Ziege den transhumanten Hirten zugehört, sind die Commune Provençale und die Chèvre des Savoie traditionelle Ziegen der lokalen bäuerlichen Bevölkerung. Sie wurden nie als Begleiter der Wanderschafherden, als Leittiere oder zur Versorgung der Hirten mit Milch und Fleisch eingesetzt. Als Antwort auf die Rückgänge der letzten Jahrzehnte, auch in den Hügeln zwischen Banon und Forcalquier, hat dort eine Gruppe von innovativen Landwirten diese Tradition neu belebt. Einer von ihnen ist Joël Corbon. Er bewirtschaftet mit seiner Frau Brigitte den elterlichen Hof „La pourcine", wenige Kilometer außerhalb des Ortes Limans. Der Hof ist seit zwei Jahrhunderten im Besitz der Familie, die ein Herrenhaus aus dem 18. Jahrhundert bewohnt.

Porträt: Joël Corbon
Zu Besuch auf „La pourcine"

Joël Corbon ist Agraringenieur und Bürgermeister der Gemeinde Limans. Nach zehnjähriger Tätigkeit als Agrarberater ist er mit seiner Frau Brigitte 1991 wieder auf den elterlichen Hof zurückgekehrt. Auch sein Vater hielt, wie heute Joël, Schafe und Ziegen. Seine Eltern haben aber schließlich in den 1960er-Jahren die Landwirtschaft aufgegeben, haben den Hof verpachtet und sind in die Stadt gezogen. Rund 30 Jahre später ist Joël als „Neolandwirt" zurückgekehrt, um die alte, traditionelle Bewirtschaftung mit den bodenständigen Rassen weiterzuführen.

Joël züchtet neben Commune Provençale Ziegen und Mourérous eine autochthone Schafrasse der provenzalischen Voralpen. Mit zehn Ziegen hat Joël begonnen. „Wir wollten keine Schulden machen, daher haben wir klein angefangen", erklärt Joël. Von einer Bäuerin hat er die ersten Ziegen erworben, mit dem Hinweis, dass es nicht die besten wären. Sie gaben über drei Liter Milch pro Tag. „Es war klar, die Ziegen haben Potenzial. Nun galt es, ihnen auch einen

Wert zu geben", berichtet Joël Corbon weiter. Er legte sich eine Strategie für die Erhaltungszucht zurecht. Seine zehn Ziegen stammten aus zehn unterschiedlichen Linien. Für die Commune Provençale wurde zu diesem Zeitpunkt keine Zuchtauswahl getroffen. Nachdem die Ziegen nicht selektioniert wurden, sollte jede Linie auch leistungsfähige Ziegen hervorbringen können. „Eine schlechte Ziege kann eine gute Tochter haben", ist Joel überzeugt. Für die Böcke gelten aber andere Regeln. Um die Inzucht niedrig zu halten, müssen sie die Züchter nach drei Jahren auswechseln. Der Einsatz der Böcke erfolgt auf Basis einer Anpaarungsempfehlung, die vom Institut de l'Élevage erstellt wird. Für alle Böcke der Population liegt das DNA-Profil vor.

Die Commune Provençale ist die autochthone Ziegenrasse der Provenzalischen Voralpen. Joël Corbon bewahrt mit seinem Familienbetrieb in Limans diese gefährdete Ziegenrasse vor dem Verschwinden und produziert einen herrlichen Ziegenkäse, den Banon AOC.

Die „Droge" der Provence

Bis Mitte des 20. Jahrhunderts war die Provence von einer sehr klein strukturierten Landwirtschaft mit Schwerpunkt auf Schaf- und Ziegenhaltung geprägt. Die kargen, seichtgründigen Böden sind in Verbindung mit dem mediterranen, sommertrockenen Klima wenig ertragreich. Rund 500 bis 600 Millimeter Niederschlag verteilen sich vorwiegend auf die Wintermonate.

Der Durchschnittsbetrieb war zehn bis 15 Hektar groß, mit drei bis fünf Ziegen und einer mittelgroßen Schafherde. Neben der Grünlandwirtschaft wurden Erbsen, Linsen und Getreide angebaut. Für die ärmliche Bevölkerung in der Provence war die Ziege der wichtigste tierische Eiweißlieferant, da Fleisch kaum auf dem Speiseplan stand. Die Milch wurde zu Käse verarbeitet, um das tierische Eiweiß haltbar zu machen. Neben der Eigenversorgung mit Milch war die Ziege auch wichtig in Verbindung mit der Schafhaltung. Aufgrund der kargen Vegetation und der durch das mediterrane Klima geprägten, für die Landbewirtschaftung ungünstigen Niederschlagsverteilung mussten bei Zwillingsgeburten bei Schafen häufig Ziegen als Ammen aushelfen.

Ab dem 18. Jahrhundert wurden jedoch immer wieder Forstgesetze zur Einschränkung der Ziegenhaltung erlassen. Dem öffentlichen Interesse an der Walderhaltung stand die Notwendigkeit der Ziegenhaltung für die Eigenversorgung der bäuerlichen Bevölkerung gegenüber. Im 19. Jahrhundert wurden die Wälder der Haute-Provence wieder aufgeforstet. Große Bereiche stehen heute unter Naturschutz und dürfen nicht industriell genutzt werden. „Die Ziege der Provence war vergleichbar mit einer Droge", erklärt Joël Corbon. „Ihre Haltung wurde verboten oder stark eingeschränkt, gleichzeitig war man von ihr stark abhängig." Die Ziegenhaltung wurde jedoch nie gänzlich aufgegeben. Die Tiere wurden heimlich und versteckt gehalten und die Ziegenhaltung zur Wirtschaft der Frauen.

Vielfalt statt Uniformität

Die Haltung und Zucht der Ziegen hatte wenig Status und wurde daher den Frauen überlassen, die ihre Ziegen primär als Nutztiere und nicht als Zuchttiere ansahen. Es erfolgte daher bei der Commune Provençale keine strenge Selektion nach morphologischen Merkmalen, sondern nach Milchleistung und Genügsamkeit. Das Ergebnis ist eine robuste, gut an die sommertrockene Provence angepasste Ziege, mit einer ansprechenden Milchleistung. Die Commune Provençale ist vergleichbar mit der Chèvre des Savoie, die gleichfalls nicht nach den üblichen Mustern der Standardisierung gezüchtet wurde.

„Ich sehe das als Chance, da man innerhalb der Rasse über eine große genetische Vielfalt verfügt", erklärt Joël Corbon. Die Commune Provençale hat auffällig große und tief hängende Euter. Nicht unbedingt so, wie man sich eine robuste Ziege vorstellt. „In der Zeit, als sich die Commune Provençale entwickelte, sah die Landschaft jedoch völlig anders aus", erklärt Joël. „Die Gegend war offen und es gab kaum Sträucher und damit nicht die Gefahr von Euterverletzungen."

Die typische Commune Provençale hat ein mittellanges Haarkleid mit langen Haaren am Rücken, am Bauch und an der Hinterhand und ist überwiegend dunkel gefärbt. Ein weiteres Charakteristikum sind die hängenden Ohren. Der Nasenrücken ist auffällig gerade, das Maul eher breit, fast wie bei einem Schaf. „Das Schokoladebraun ist besonders typisch für die Provençale. Es ist eine Mutation der

Joël Corbon mit einer Mutterziege der Rasse Commune Provençale. Typisch ist der Behang, die lange Behaarung am Rücken, am Bauch und an der Hinterhand.

Gehölze der mediterranen Maccia, wie etwa die Flaumeiche (Quercus pubescens), zählen neben trockenresistenten Pflanzen zu den Futterpflanzen der Commune Provençale. Sie sind reich an Nähr-, Mineral- und Wirkstoffen und verleihen dem Banon sein herrliches Aroma.

Der Banon Käse mit dem geschützten Herkunftssiegel A.O.P. Dieses garantiert die Produktion und Verarbeitung innerhalb des Gebietes Alpes de Haute Provence, Hautes Alpes, Vaucluse oder Drôme. Es darf nur Milch der Commune Provençale oder Rove verwendet werden.

schwarzen Mantelfärbung", weiß Joël Corbon. Da in den provenzalischen Voralpen traditionell Schafe und Ziegen gemeinsam gehalten wurden, selektierten die Betriebe teilweise auf Hornlosigkeit. Ein Teil der Population ist daher genetisch hornlos. Auch Joël bevorzugt Ziegen ohne Hörner.

In den Landwirtschaftsschulen lernt man, dass man zuallererst eine hochproduktive Tierart benötigt, um Gewinn zu machen. „Das ist jedoch nicht richtig", ist Joel zutiefst überzeugt. „Die Züchter der Commune Provençale produzieren nicht viel Rohmilch, aber mit dem Wenigen verdienen sie gut, weil sie die Ziegenmilch zu einem hochwertigen Produkt verarbeiten und dieses erfolgreich vermarkten." Von der Produktmaximierung haben sich die Betriebe der Commune Provençale mittlerweile längst verabschiedet. „Man benötigt keine hochproduktive Rasse, um zurechtzukommen. Wichtig ist, dass die Verbindung zwischen dem Nutztier und der Region gegeben ist", meint Joël.

Auch andere Regionen interessieren sich mittlerweile für die Rasse. Joël Corbon ist jedoch überzeugt, dass es in jeder Region angepasste Rassen gibt, mit denen man erfolgreich wirtschaften kann. Er betreibt mit seiner Frau Brigitte erfolgreich einen Milchverarbeitungsbetrieb mit Agrotourismus. Die Vermietung des Ferienhauses (Gîte rural) spielt jedoch finanziell nur eine Nebenrolle. Joël möchte mit der Vermietung das historische Nebengebäude restaurieren und erhalten. Mittlerweile interessieren sich auch viele Landwirte aus dem Norden Frankreichs für das Erfolgsmodell. „20 Hektar Grünland und 40 Ziegen gewährleisten ein gutes Einkommen", versichert Joël. Am Betrieb „La Pourcine" gibt es eine strenge Arbeitsteilung, wie er ausführt. „Ich erledige alles, was mit Schmutz verbunden ist, und meine Frau kümmert sich um die Käseverarbeitung und um die Vermarktung." Es gibt genügend Beispiele, wo Partnerschaften langfristig scheitern. Daher trennen Brigitte und Joël die Arbeitsabläufe, jeder ist für seinen Bereich verantwortlich und verwaltet sein eigenes Betriebsbudget.

Ziegenkäse in veredelter Form – der Banon A.O.P.

Als Joël Corbon mit der Zucht der Commune Provençale begonnen hat, war er auch gleichzeitig Präsident von Banon A.O.C. Das ist ein französischer Weichkäse aus Ziegenrohmilch mit geschützter Herkunftsbezeichnung. Bei der Gründung des Labels im Jahr 2003 gab es noch zu wenige Provençal Ziegen, um ausreichend Käse für die Vermarktung bereitzustellen. Auch heute wird der Banon nicht ausschließlich aus Rohmilch der Provençale Ziege hergestellt, der Anteil der Commune Provençale ist jedoch im Steigen begriffen. Fast alle der 19 Züchter der Commune Provençale produzieren Käse im Rahmen des Banon A.O.C. Es ist der einzige Ziegenkäse der Region Provence-Alpes-Côte d'Azur mit geschützter Herkunftsbezeichnung. Namensgebend war die Gemeinde Banon nahe Forcalquier, die im Zentrum des Herkunftsgebietes liegt.

Die rund sieben Zentimeter großen Käselaibchen werden zur Reifung in Edelkastanienblätter gewickelt. Sie verleihen dem Banon sein besonders mildes bis kräftig-nussiges Aroma. Mit rund 40 Euro pro Kilogramm zählt der Banon zu den hochpreisigen Ziegenkäsesorten. Brigitte und Joël Corbon verkaufen ihren Banon-Käse in erster Linie ab Hof sowie auf den Wochenmärkten in Forcalquier und in Banon.

Der Jahreslauf der Commune Provençale

Der Bock kommt Ende August zur Herde und Anfang Februar gibt es meist Zwillinge. Im Freiland stehen Weiden, Ackerbrachen und Waldflächen zur Verfügung. Traditionell wurden die Ziegen der Provence zur Pflege der Lavendeläcker eingesetzt, um diese von Beikräutern freizuhalten. „Die Ziegen finden ihre Balance selbstständig. Frei nach ihren Bedürfnissen fressen sie auf den Weiden Gras oder Kräuter oder Laub im Wald. Bei der Kuh ist es völlig anders. Sie frisst, ohne nachzudenken, was sie eigentlich benötigt", erklärt Joël Corbon.

Solange es die Witterung erlaubt, bleiben die Ziegen im Freien. Sie kommen erst in den Stall, wenn sie ihre Jungen zur Welt bringen. Im großen Freilaufstall ist eine Zwischendecke eingezogen. Auf einem flächig gespannten Netz hat Joël Lavendelgarben ausgebreitet. Sie dienen zur Isolierung, vertreiben Mäuse und Fliegen.

Die Kitze werden nach fünf Tagen verkauft und auf anderen Betrieben gemästet. Einige wenige behält Joël für die Nachzucht und als Mastlämmer. Ein Teil wird zu Ostern am Betrieb geschlachtet, da man in der Region zu Ostern Kitzfleisch isst. Seit ein paar Jahren gibt es eine verstärkte Nachfrage nach Zuchtziegen. Die Molke der Käseproduktion verwerten fünf Schweine.

Rund einen Monat verbringen die Ziegen im Stall, damit sich die Gehölzvegetation vom Verbiss der Ziegen erholen kann und auch in der neuen Vegetationsperiode wieder frische, eiweißreiche Blätter als Nahrung zur Verfügung stehen.

Schwieriger Start

Bereits 1982 wurde die Nutztierwissenschaft auf die Rasse aufmerksam und Untersuchungen zu den morphologischen Eigenschaften der Rasse wurden durchgeführt (INRA, JJ. Lauvergne). Als zu Beginn der 1990er-Jahr das Interesse an der Rasse Commune Provençale neu aufflammte, war es fast schon zu spät. Nur mehr wenige rassetypische Tiere standen für ihren Erhalt und Wiederaufbau zur Verfügung. „Bei der Commune Provençale wurden in den Anfangsjahren Fehler gemacht. Es ist daher fraglich, ob alle Tiere den Mindestkriterien hinsichtlich der Rassereinheit entsprachen", erklärt Laurent Avon, Tierzuchtexperte und ehemaliger Mitarbeiter des Institutes l'Élevage. „Wenn bereits zu Beginn der Erhaltungszucht gute, rassetypische Tiere ausgewählt werden, dann ergeben sich später weniger Probleme", so lautet seine Überzeugung.

Im Herdebuch sind 1.325 weibliche Tiere und 45 Böcke erfasst (Daten: Institut de l'Élevage, 2013). 19 Züchter setzen sich für die Erhaltung dieser Generhaltungsrasse ein. Die effektive Populationsgröße ist aufgrund der geringen Anzahl der Böcke in Bezug auf die Gesamtpopulation mit 174 (17,4 Prozent) sehr gering. Der Bestand gilt daher immer noch als gefährdet (vulnerable). Seit dem Jahr 2000 führt das Institut de l'Élevage für die Population ein Tierregister mit einem Management des Fremdblutanteils.

Die Gemeinde Banon, die dem regionalen Ziegenkäse den Namen gegeben hat, liegt zwischen dem Mont Ventoux und dem Bergmassiv Montagne de Lure, etwa 65 Kilometer westlich von Digne-les-Bains.

Steckbrief Commune Provençale (Provençale Ziege)

Diese robuste, großrahmige, milchbetonte Ziegenrasse ist optimal an das mediterrane Klima mit seinen trockenen Sommern und karger trockenresistenter Vegetation angepasst. Für die Population der Commune Provençale wurde kein Rassestandard im klassischen Sinn definiert. Es erfolgt daher auch keine Selektion nach morphologischen Merkmalen. Die Ziegen sind daher in ihrem äußeren Erscheinungsbild vielfältig, wie der überwiegende Teil der alpinen Nutztierrassen. Die genetische Vielfalt innerhalb der Population wird damit in gewisser Weise auch optisch sichtbar. Anhand von Ausschlusskriterien erfolgte die Abgrenzung zu den beiden anderen im französischen Alpenraum verbreiteten Ziegenrassen. Das charakteristische Merkmal der Rove Ziege ist die Hornform, bei der Chèvre des Savoie sind es die Mantelfärbung und die Abzeichen. Das Haarkleid der Commune Provençale ist mittellang, am Rücken, Bauch und Hinterhand lang (Behang). Bei der Population treten unterschiedliche Farbvarianten und Farbverteilungen auf. Der Kopf ist groß und lang, mit einem leicht konvexen Profil. Die Ohren sind verhältnismäßig groß, lang und hängend, an den Enden gebogen. Man findet in der Population gehörnte wie auch hornlose Tiere. Das Euter weist meist lange Zitzen mit gut melkbaren Strichen auf und ist häufig tief angesetzt. Die Milchleistung liegt bei 620 Litern pro Laktationsperiode (247 Tage), bei einem Fettgehalt von 42 Gramm pro Kilogramm.

Das Mourérous Schaf bewegt sich viel und ist Fremden gegenüber scheu.

Mourérous – die „Rotgesichter“ der Provence

Vor 50 Jahren gab es in der Region mehr offenes Land und damit mehr Schafe. „Heute dominiert der Wald und es gibt daher tendenziell mehr Ziegen als Schafe“, erklärt Joël Cordon. Er nutzt die weitläufigen Weidekoppeln abwechselnd mit seinen Ziegen und Schafen. „Zuerst fressen die Ziegen. Sie bevorzugen Blätter und Kräuter, sie selektieren stärker als die Schafe“, weiß er aus seinen Beobachtungen. Nach den Ziegen treibt Joël die Schafe auf die Koppeln. Das System hat sich gut bewährt. Die Eicheln der zahlreichen frei stehenden Eichen bieten beiden eine wichtige Zusatznahrung. Sorgo-Felder dienen als ergänzende Weide für die Schafe. Anfangs nutzte Joël die Schafe in Kombination mit den Ziegen zur Verbesserung der teilweise verbrachten Weideflächen.

Die Mourérous werden heute in erster Linie für die Fleischlämmer-Produktion gehalten. Da die Schafe den Sommer auf den Weiden rund um den Hof verbringen, werden sie einmal im Jahr zu Sommerbeginn geschoren, damit die Tiere die sommerliche Hitze besser ertragen.

Joël Corbon besitzt heute 20 Mutterschafe der Rasse Mourérous, er beschreibt sie als robust und unkompliziert in der Haltung. Die Schafe haben auch einen ausgeprägten Mutterinstinkt. Schlachtlämmer erreichen mit fünf Monaten etwa 35 Kilogramm.

Steckbrief Mourérous Schaf (Peone, Rouge de Guillaumes)

Die Böcke dieser mittelgroßen Rasse erreichen ein Gewicht von 70 bis 90 Kilogramm, weibliche Tiere 50 bis 60 Kilogramm. Charakteristisch sind der rotbraune Kopf, die rotbraunen Extremitäten sowie die weiße Blässe am Kopf. Beide Geschlechter sind hornlos. Das Wollvlies ist sehr dicht und mittelfein (25 Mikrometer). Die Mourérous Schafe sind asaisonal. Die Ablammzeiten liegen je nach Haltungssystem im zeitigen Frühjahr oder im Herbst. Die Schafe sind robust und resistent gegen Hitze wie Kälte. Das Mourérous Schaf wird für die Lammfleisch- und Wollproduktion genutzt. Der Herdebuchbestand umfasst 3.995 weibliche Tiere und lediglich 36 Böcke (Daten: Institut l'Élevage, 2013). Der Gesamtbestand, einschließlich nicht reinrassiger Tiere, liegt bei rund 36.000 Schafen (Daten: Coram, 2013). Das Ursprungsgebiet der Rasse liegt in den Seealpen (Alpes Maritimes). Die Rasse wäre Mitte der 1970er-Jahre beinahe verschwunden, aber heute ist sie wieder im gesamten französischen Alpenbogen der Provence-Alpes-Côte d'Azur und der Rhône-Alpes verbreitet.

Kontakt:
Brigitte und Joël Corbon
La Pourcine
04300 Limans
Tel.: 0033 (0)49273 01 54
joel.corbon@wanadoo.fr

Association de Sauvegarde et de Développement de la Chèvre Commune Provençale
Immeuble Chambre d'Agriculture
66 Bd Gassendi
BP 117
04004 Digne les Bains CEDEX
Tel.: 0033 (0)49230 57 57
Fax.: 0033(0)49236 62 25
contact@asdccp.org
www.asdccp.org
www.banon-aoc.com

Porträt: Thierry Moutte
Von echtem Lavendel und taubengrauen Eseln

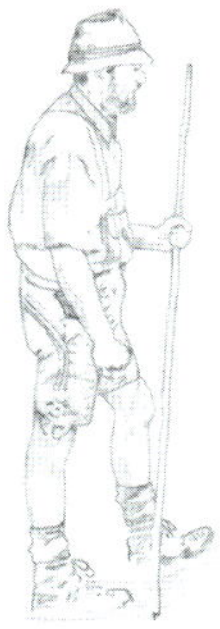

Frankreich ist der bedeutendste Lavendelproduzent weltweit. Lavendelkulturen prägen vor allem das Bild und den Charakter der Landschaft der Provence. Ausgedehnte Lavendelfelder findet man besonders in den Départements Alpes-de-Haute-Provence sowie in Drôme und Vaucluse. Je nach Region ist von Mitte Juli bis Anfang August die Landschaft in Blauviolett gehüllt. Doch das Blütenmeer währt nur kurz. Bereits Mitte Juli werden die Pflanzen geerntet.

Thierry Moutte ist Landwirt in der kleinen Gemeinde Redortiers im Département Alpes-de-Haute-Provence. Er besitzt 140 Hektar Eigenland und bewirtschaftet zusätzlich rund 200 Hektar Pachtgründe. Auf 45 Hektar baut er den für die Provence so typischen Lavendel an. Der Rest sind Magerweiden sowie Buschwälder mit Kiefern und Flaumeichen bzw. Trockenrasengesellschaften.

„Es gibt keine Grenze des Lavendelanbaus", erklärt Thierry. „Unter 800 Meter Seehöhe wird in erster Linie Lavandin (Lavandula x intermedia) angebaut. Der Lavandin wächst über 1.000 Meter Seehöhe nicht mehr. Lavandin ist eine Hybridpflanze, entwickelt aus der Kreuzung von echtem Lavendel mit Speik-Lavendel (Lavandula latifolia). Das Öl des Hybrid-Lavendels hat jedoch eine andere chemische Zusammensetzung als der echte Lavendel und damit auch andere Eigenschaften. Lavandin wird vorwiegend in der Waschmittelindustrie eingesetzt. Der echte Lavendel hingegen wird in der pharmazeutischen Industrie und für die Parfümproduktion verwendet. Thierry Moutte baut ausschließlich den echten Lavendel an. Aus einem Hektar Lavendelkultur gewinnt er etwa 25 Kilogramm ätherisches Öl. Der jährliche Ertrag aus seinen Lavendelkulturen liegt bei rund 1.300 Kilogramm.

Das idyllische Bild der Lavendelfelder ohne Begleitflora täuscht aber ein wenig. Lavendelanbau heißt hier in der Regel auch Intensivkultur, mit Glashauskulturen und Pestiziden. Der Lavendelanbau beginnt im Mai mit der Aussaat im Glashaus. Im März des Folgejahres können die Jungpflanzen gewonnen und ausgepflanzt werden. Erst zwei Jahre später werden die jungen Pflanzen das erste Mal beerntet. Rund zwölf Jahre lang kann ein Lavendelstock genutzt werden. Anschließend werden die Anbauflächen eingesät und drei bis vier Jahre als Weide genutzt.

14 Langohren und eine Leidenschaft

Die Provence ist aber nicht nur das Mekka für Liebhaber des Lavendels, sondern auch der Freunde der Langohren, allen voran des Provence Esels. Thierry Moutte besitzt 15 Ânes de Provence sowie einen Andalusischen Esel. Der Lavendelbauer setzt seine Esel für die Offenhaltung und Pflege der Magerweiden ein. Einige seiner Esel sind im Zuchtbuch des Âne de Provence eingetragen. Die Nachzucht wird an Züchter und Hobbyhalter verkauft. Mit einem eselartigen „Ahh, ahh" ruft Thierry Moutte seine Eselherde, als wir das strukturierte Gelände aus Magerweiden, verzahnt mit Flaumeichen-Buschwäldern mit eichenreichen Trockenrasengesellschaften erreichen. Die aufmerksamen Esel haben uns längst entdeckt.

Auf die Frage, warum Thierry Esel hält, meint er: „Aus Leidenschaft! Esel sind ruhige, feinfühlige Tiere, die wenig Arbeit bereiten." Innerhalb der 14-köpfigen Eselherde gibt es eine gewisse Hierarchie. Auf der Weide kommt diese aber nicht zur Geltung, da die Tiere neben dem Gras der Weide kein Zusatzfutter erhalten. „Man merkt es eher im Winter, wenn die Tiere im Stall sind", erklärt Thierry. Der Hengst ist jedoch nicht das Leittier der Herde.

Die Rasse Âne de Provence ist wie keine andere Eselrasse mit der Transhumanz im südostfranzösischen Raum verbunden. Die Wanderschafherden zogen mit ihren Eseln sowie Hüte- und Herdenschutzhunden von der Camargue und den Ebenen der Crau nach Nordosten bis tief in die französischen Alpen (Département Savoie) und in die Cévennes, die südlichen Ausläufer des Zentralmassivs.

Der Lavendel ist die Seele der Haute Provence.
Jean Giono

oben: Charakteristisch für den Âne de Provence ist das dunkle Schulterkreuz und der dunkle Aalstrich sowie die auffällig kräftigen Extremitäten.
unten: Thierry Moutte ist Lavendelbauer und leidenschaftlicher Eselzüchter. Er verarbeitet gemeinsam mit seinem Bruder den geernteten Lavendel auf seinem Betrieb in Redortiers zu Lavendelöl für die pharmazeutische Industrie. Die Pflanzen werden in der hofeigenen Destillerie verarbeitet.

Zählte der Gesamtbestand Ende des 19. Jahrhunderts in der Provence (Départements Bouches-du-Rhône, Var, Vaucluse, Alpes de Haute-Provence) noch rund 13.000 Tiere, so sank dieser bis 1956 auf rund 2.000 Tiere. Den Tiefstand erreichte die Population im Jahr 1993 mit rund 330 Tieren Gesamtbestand. Für die Rasse Âne de Provence wurde 1995 ein Zuchtbuch gegründet. 2002 folgte die offizielle Anerkennung durch das Landwirtschaftsministerium (Ministère de l'Agriculture) als eigenständige Rasse.

Der Bestand umfasste im Jahr 1999 112 Stuten und 26 Hengste. Derzeit sind im Zuchtbuch 976 Zuchtstuten und 684 Hengste eingetragen. Die Anzahl der aktiven Züchter liegt bei 37 Betrieben (Daten: SIRE 06/04/2013).

Esel statt Raketen

Die Esel von Thierry Moutte weiden auf dem Hochplateau Albion auf rund 1.200 Meter Seehöhe. Das Gebiet ist sommertrocken. Die rund 600 Millimeter Niederschlag fallen meist in den Wintermonaten. Die Esel bleiben so lange im Freien, wie es die Witterung zulässt. Schnee fällt meist erst Anfang Jänner und bedeckt bis März die Lavendelfelder mit einer 40 bis 100 Zentimeter dicken Schicht. „Der Schnee ist kein Problem für den Lavendel", erklärt Thierry. In unmittelbarer Nähe der Eselweiden wurden in den 1960er-Jahren in unterirdischen Silostellungen strategische Mittelstreckenraketen von über 3.000 Kilometer Reichweite installiert. 1996 ließ Staatspräsident Jacques Chirac die S3-Raketen wieder demontieren und ersetzte sie durch Fotovoltaik-Anlagen.

1978 hatte der Vater von Thierry die Schaf- und Ziegenhaltung eingestellt. Er besaß rund 400 Fleischschafe der Rasse Préalpes du Sud und einige Ziegen der heimischen Rasse Commune Provençale. 1994 hat Thierry schließlich den elterlichen Betrieb übernommen. Heute weiden nur mehr in den Sommermonaten Schafe der transhumanten Hirten in der Region.

Âne de Provence, ursprüngliches Verbreitungsgebiet

Steckbrief Âne de Provence

(Âne d'Arles; Âne de berger; Âne de la Crau; Âne de Savoie; Âne de transhumance; Âne gris de Provence; Provence; Savoie)

Der Âne de Provence ist ein kräftig gebauter Esel mit starkem Knochenbau. Die kräftigen Gliedmaßen machen ihn zu einem hervorragenden Lastenträger. Durch die auffällig großen Hufe eignet sich der Âne de Provence jedoch auch zum Marschieren über weite Strecken. Der Rücken ist gerade ausgebildet, die Kruppe auffällig groß und die Hinterhand kräftig. Hengste erreichen nach dem vollendeten vierten Lebensjahr ein Stockmaß von 1,20 bis 1,33 Metern, Stuten von 1,17 bis 1,30 Metern. Der Âne de Provence hat einen großen, starken Kopf, der gut am kräftigen Hals aufgesetzt ist. Die Stirn ist geradlinig und endet in einer runden Nase. Die Fellfarbe ist meist taubengrau, in unterschiedlichen Variationen, von sehr hell bis dunkel. Auch rostbraun ist zulässig. Charakteristisch sind der dunkle Aalstrich und das Schulterkreuz sowie die fallende Mähne. Der Âne de Provence hat ein ruhiges Gemüt, ist leicht zu erziehen und arbeitswillig. Das ursprüngliche Verbreitungsgebiet umfasste große Bereiche im Südosten Frankreichs, von der Basse-Provence über die Dauphiné bis Savoyen. Der Âne de Provence war ein wesentlicher Bestandteil der Transhumanz, Lastentier für die Ausrüstung und Lebensmittel der Hirten. Aber er unterstützte auch die tägliche Arbeit der Bauern.

Kontakt:
Association de l'Âne de Provence
Le Colombier
26750 Montmirail
Tel./Fax: 0033 (0)47502 78 83
bignon.da@orange.fr
www.anedeprovence.org

Les Haras nationaux
BP 3
19231 Arnac Pompadour cedex
Tel.: 0033 (0)81190 21 31
info@haras-nationaux.fr
www.haras-nationaux.fr

Porträt: Pascal Bonneville
Vom Wandel der alpinen Weidewirtschaft. Ein Schäfer aus dem Casterino-Tal erzählt

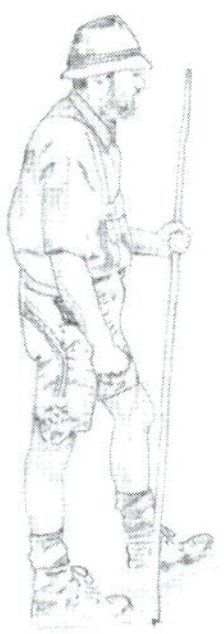

Es ist Mitte Oktober und Herbst im Casterino-Tal, einem Seitental des Roya-Tales in den französischen Seealpen, 40 Kilometer nördlich von Nizza. Die Lärchen beginnen das Tal bereits orange einzufärben. Pascal Bonneville, der 63-jährige Schäfer, ist mit seinen Brigasque Schafen und Rove Ziegen von der Grange (Alm) auf die Herbst- und Frühjahrsweiden bei Casterino auf 1.500 Meter Seehöhe gezogen. Ich treffe ihn etwas oberhalb der Auberge „Sainte Marie Madeleine", einem 1880 erbauten Berggasthof.

Das hintere Casterino-Tal in den französischen Seealpen.

Casterino liegt an einem Saumweg im Grenzgebirge der Seealpen, über den viel Salz aus den Salinen der französischen Mittelmeerküste in die piemontesischen Alpen und in die Po-Ebene transportiert wurde. Eine bedeutende Route führte über den nahe gelegenen 2.328 Meter hohen Colle Ovest del Sabbione entlang der Verbindung Cuneo – Nizza, der schon in prähistorischer Zeit begangen wurde (Bätzing/Kleider 2006).

Die rund 160 Schafe und 20 Ziegen von Pascal weiden friedlich inmitten der alten Lärchenweidewälder. Seine beiden Patou des Pyrénées (Pyrenäen Schutzhunde) und die beiden Treibhunde, Coline und Columba, haben ein waches Auge auf die Herde. Sie sind keine Rassehunde, sondern eine bunte Mischung aus verschiedenen Hirtenhunde-Rassen und tragen auch Gene des Berger de la Crau in sich.

Der Berger de la Crau stammt aus dem Gebiet der Rhone-Ebene, wo die bekannten Kampfstiere gehalten werden. Der Crau begleitet als klassischer Hirtenhund die südfranzösischen Schafhirten mit ihren Mérinos de Arles. Pascal Bonneville züchtet seit 38 Jahren die gleiche Linie. „Ich habe immer die gleichen Mütter eingesetzt. Es gab manchmal Kreuzungen mit Bocheron oder Chien des Pyrénées", erklärt er. Hirtenhunde werden zwischen den Hirten weitergegeben und nicht gekauft. Die Hirten bildeten die Hunde auch selbstständig aus.

Seine Herbstweide ist im Besitz einer belgischen Aristokratin. Ende des 19. Jahrhunderts kamen im Gefolge von König Vittorio Emanuele II. zahlreiche befreundete Aristokraten aus Italien, Frankreich und Belgien in die Seealpen und begeisterten sich für die landschaftliche Schönheit und den Wildreichtum. Ausgehend vom königlichen Jagdrevier Valdieri-Entracque im Gesso-Tal entstanden in der Region Jagdhäuser und Villen für die Sommerfrische des Adels. Im Casterino-Tal entstanden Villen, die heute als Freizeitwohnsitze genutzt werden oder langsam verfallen.

Mit seiner Höhenlage zwischen 1.500 und 1.600 Meter Seehöhe liegt das Casterino-Tal zwar am oberen Rand der Ackerbauregion, war aber vermutlich kein ehemaliger Dauersiedlungsraum. Dafür fehlen Zeugnisse, wie sie für vergleichbare Gunstlagen charakteristisch sind. Die Wanderhirten dürften das Hochtal, das bereits unterhalb der Alpweidezone liegt, als Schneeflucht sowie als Frühjahrs- und Herbstweide genutzt haben (Bätzing 1988). In gleicher Weise verfährt Pascal Bonneville heute mit seinen Schafen und Ziegen.

Die zahlreichen Geländeterrassen im Casterino-Hochtal, die auf historische Ackerbaunutzung zurückgehen, wurden vermutlich von den transhumanten Hirten angelegt und für die Eigenversorgung genutzt. Pascal Bonneville ist einer der letzten Landwirte, der diese historisch geprägte Landschaft für den Anbau von Kartoffeln und Roggen für den Eigenbedarf nützt.

Jahrtausende alte Ackerterrassen prägen immer noch das Landschaftsbild, auch wenn die Flächen heute den Schafen und Ziegen der Bauern aus La Brigue gehören und dazu von wandernden Schafherden genutzt werden. Die sich ausbreitenden Lärchenbestände überwachsen allmählich die geradlinigen Konturen dieser alten Kulturlandschaft.

Der Weiler Casterino ist Ausgangspunkt für Wanderungen in den Nationalpark Mercantour (Parc national du Mercantour) und in das „Tal der Wunder". Der rund 215.000 Hektar große Nationalpark umfasst Teile des Vallée de la Roya, Vallée de

Pascal Bonneville wanderte bis um 1980 als transhumanter Hirte mit seinen Schafen und Ziegen von der Crau-Ebene, östlich von Marseille, in das Massiv Mercantour in den Seealpen.

Das Brigasque Schaf zählt mit einem Bestand von 950 Mutterschafen zu den stark gefährdeten Rassen des französischen Alpenraums.

L'Ubaye, Vallée de la Tinée, Vallée du Var, Vallée du Cians und des Vallée de la Vésubie.

Den Sommer verbringt der leidenschaftliche Schäfer Pascal Bonneville mit seinen Tieren im magischen Vallée des Merveilles, im „Tal der Wunder" im Gebiet des Mont Bégo im Nationalpark Mercantour. In zwischen 2.100 und 2.600 Meter Seehöhe hat der Gletscher ein karges Hochtal mit glatt geschliffenen Felspartien geschaffen. Bereits in prähistorischer Zeit nutzten Hirten sie als Hochweiden und hinterließen ihre Spuren in Form von 40.000 Felsritzungen. Man findet Motive von Menschen und Tieren, von Werkzeugen und Waffen sowie geometrische Figuren. Sie entstanden vermutlich in der frühen Bronzezeit (1.800 bis 1.500 v. Chr.).

Pascal Bonneville ist seit seinem 25. Lebensjahr Schäfer. Als Wanderschäfer zog er mit seiner Herde im Herbst nach Ende der Almperiode von den Seealpen in die Ebene um Marseille. In der Zeit zwischen Oktober und Anfang Juni lebte er in einem Wohnwagen, mit dem er seinen Tieren folgte. Er war ständig unterwegs, lediglich im Sommer hatte er mit seiner Almhütte „einen festen Wohnsitz" und ein Dach über dem Kopf.

„Früher waren die Leute anders", ist Pascal überzeugt. Da die Hirten nicht sesshaft, sondern immer auf Wanderschaft waren, hatten sie keinen guten Ruf und begegneten überall Vorurteilen. „Die Hirten waren ständig unterwegs und lernten immer wieder andere Frauen kennen. Plötzlich hatten sie Nachkommen mit blauen Augen und unterschieden sich im Äußeren vom piemontesischen Typ", erläutert Pascal die Geschichte der Hirten. Heute üben nur mehr wenige diese traditionelle Form der Wanderschafhaltung aus. Die Tiere werden heutzutage zu dem Zweck mit dem LKW befördert. Sie pendeln zwischen den Sommerweiden in den Seealpen und den Winterweiden um Imperia, Alexandria im südlichen Piemont oder der Camargue in Frankreich.

Ein Wanderschäfer mit einer Herde Mérino d'Arles und dem typischen Hund der Transhumanz, dem Berger de la Crau. Foto: Maison de la Transhumance

Pascal ist heute mehr oder weniger sesshaft. Er wandelte sich vom Wanderschäfer zum Älpler. Das Frühjahr und den Herbst verbringt er mit seinen Schafen und Ziegen in Casterino. In den Sommermonaten nutzt er die Hochalm im Vallèe des Merveilles auf 2.500 m Seehöhe, die im Besitz der Gemeinde ist. Im Winter sind die Tiere auf einem Bauernhof in La Brigue (900 Meter Seehöhe). „Nur bei viel Schnee stehen sie im Stall, die meiste Zeit verbringen sie auch im Winter im Freien", erklärt Pascal Bonneville.

Seit Beginn seiner Hirtentätigkeit ist ihm die Erhaltung der Schafrasse Brigasque, die zu den alteingesessenen Schafrassen der Seealpen zählt, ein besonderes Anliegen. Im Roya-Tal, auf der französischen Seite des Grenzgebietes, wird die Rasse Brigasque genannt. Auf piemontesischer, also italienischer Seite, nennt man sie Brigasca.

Drei Gemeinden und drei Rassen

In Italien wird neben den Brigasca Schafen die Rasse Frabosana (Roáschina) als vermutlich nahe verwandte oder heute weitgehend idente Rasse geführt. Auch in der Herde von Pascal finden sich einige Tiere der Rasse Frabosana und Roáschina. Die Namen der beiden nahe verwandten Rassen leiten sich von zwei grenznahen Talschaften auf piemontesischer Seite ab. Roáschia liegt rund 15 Kilometer südwestlich von Cuneo. Etwa 25 Kilometer östlich von Roáschina leben die Frabosani in Frabosa Soprana und der Nachbargemeinde Frabosa Sottana. Die vier Gemeinden la Brigue, Roáschia, Frabosa Sopra und Frabosa Sottana verbindet die gemeinsame Geschichte der Transhumanz, durch die sich immer ein Austausch an Tieren ergab. Die Brigasque Schafe gelten jedoch als die ursprünglichsten. Man bezeichnet die Rasse auch als „la Biunda", die Blonde, wegen ihrer blonden Vliesfarbe und den hellen Beinen. „Im Unterschied zu den Frabosana und Roáschina Schafen haben sie wenig Haare auf dem Bauch", erklärt Pascal den Unterschied.

Am 21. Oktober 2012 fand im Rahmen des jährlichen Festes „Fête de la Brebis Brigasque" ein Treffen der Züchter der Brigasque und Frabosana beziehungsweise Roáschina Schafe in La Brigue statt. „Wir laden die Italiener zum Mitmachen ein", erklärt Pascal. „Wenn wir schon in der Europäischen Union sind, dann müssen wir zusammenarbeiten."

Auf piemontesischer Seite findet man in den Regionen Cuneo, Asti und Savona das Delle Langhe Schaf, das vermutlich dem Frabosana und Roáschina verwandtschaftlich nahesteht. Das Delle Langhe Schaf ist eine milchbetonte Rasse, die Einflüsse des Bergamasca Schafes zeigt. Die Schafe sind weiß und genetisch hornlos. Aus der Milch der Delle Langhe Schafe wird der Käse Murazzano D.O.P. hergestellt.

2000 Jahren Käsetradition – Der „Tome de la Brigue"

Pascal melkt seine Schafe noch von Hand. Seit er 60 Jahre alt ist, macht er diese Arbeit jedoch nicht mehr allein. Aus der Milch der Brigasque Schafe stellt er den regionaltypischen „Tome de la Brigue" her, der auf piemontesischer Seite „la Toma" heißt. Bereits der griechische Geograf Strabo (64 v. Chr. bis 19 n. Chr.) berichtete über diesen Schafkäse der Ligurier aus dem Gebiet der Seealpen. Die Brigasque Schafe liefern nicht sehr viel Milch. „Durchschnittlich 75 bis 100 Zentiliter. Aber dafür ist die Milch reich an Inhaltsstoffen und von hoher Qualität", betont Pascal Bonneville.

Der Käse, der zwei bis sechs Kilogramm wiegt, wird in ein Tuch aus Leinen oder Hanf eingelegt, das auf besondere Weise gefaltet wird. Aus dem Käse werden verschiedene, „Tome" genannte Stücke geschnitten, die etwa ein Kilogramm Gewicht haben. Dafür benötigt man viereinhalb Liter Milch. Nach 24 Stunden wird der Käse noch einmal eingewickelt, nach 24 bis 48 Stunden in ein Salzbad gelegt und dann im Keller zur Reifung gelagert. Nach rund 40 Tagen ist die Reifung abgeschlossen und der Käse tafelfertig. „Aber erst nach zweieinhalb bis drei Monaten Reifezeit schmeckt der Schafkäse exzellent. Dann hat sich unter der Rinde eine Creme entwickelt", verrät Pascal. Während der ersten acht Tage wird er als Frischkäse verkauft. Aus der Molke stellt Pascal Ricotta her. Rund zehn Liter Molke ergeben ein Kilogramm Ricotta.

Brigasque und Brigasca – zwei Zuchtziele

Auf italienischer Seite wird seit einigen Jahren vermehrt die Produktion von Lammfleisch forciert, die bessere Preise erzielt und daher die Milchproduktion vernachlässigt.

In Frankreich wird das Brigasque Schaf ganzheitlich verwertet. „Unser Zuchtziel ist die gesamte Nutzung der Tiere", erklärt Pascal Bonneville, der auch Präsident des Vereins zur Erhaltung des Brigasque Schafes (Association de défense de la brebis Brigasque) ist. „Die Widder der Brigasque Schafe werden nicht, wie in Italien, nach Fleischfülle und Bemuskelung, sondern nach Vererbung der Milchleistung selektiert. Die Italiener ändern durch diese einseitige Forcierung von Leistungsmerkmalen die Rasseeigenschaften und Genetik. Die Tiere werden damit längerfristig weniger robust", bedauert Pascal.

Dem entgegen orientiert er sich bei der Auswahl der Zuchtböcke an der Milchleistung und den Melkeigenschaften der Mutterschafe. Jungwidder werden in erster Linie von guten Milchlinien nachgezogen, weiß er. Pascal Bonneville achtet darauf, dass die Schafe nur ein Mal pro Jahr lammen und die Lämmer geschlossen zwischen Weihnachten und Mitte bis Ende März auf die Welt kommen, da in den Wintermonaten die Milch schwieriger zu verarbeiten ist. Zweieinhalb bis drei Monate dauert die Ablamm-Periode. Die Mutterschafe bekommen im Durchschnitt 1,3 Lämmer pro Jahr.

Pascal verwendet Bockschürzen für einen einheitlichen Ablamm-Rhythmus seiner Mutterschafe. Das ist für einen funktionierenden Milchbetrieb wesentlich.

Auf Sardinien veredelt

Das Brigasque Schaf hat eine grobe Mischwolle, dessen Vlies sich besonders für die Herstellung von Teppichen und Filzprodukten wie Hüten eignet. Die Wolle ist aufgrund des langen Haars auch gut spinnbar. Daher werden versponnene Wolle und kardierte Rohwolle zum Filzen hergestellt. Der Verein zur Erhaltung des Brigasque Schafes tritt dabei als Organisator auf und hat auch nach Spezialmaschinen gesucht, wie sie für das Kardieren und Spinnen der groben Rohwolle der Brigasque Schafe erforderlich sind. Auf Sardinien wurde man fündig, denn die dortigen Schafe haben ähnliche Wollqualitäten und zum Glück bestehen dort noch darauf abgestimmte Verarbeitungsbetriebe.

So unternimmt der Verein mit seinen Mitgliedern alljährlich eine Reise nach Sardinien. Mit Lastwägen und Bussen fahren die Schafbauern nach Genua und schiffen sich von dort nach Sardinien ein.

Pascal schert seine Schafe heute nur mehr ein Mal pro Jahr. Als er mit seinen Tieren noch im Winter an die Küstenregionen der Côte d'Azur zog, wurden die Tiere noch zwei Mal im Jahr von ihrer Wolle befreit.

Die edlen Nasen der Brigasque Schafe

Sie sind widerstandsfähig, resistent gegen Kälte und Trockenheit und Pascal Bonneville ist außerdem überzeugt, dass ihr stark aufgewölbtes Nasenbein eine Anpassung an das trocken-mediterrane Klima der Seealpen darstellt. Durch die Krümmung des Nasenbeins kann die Luft angefeuchtet werden, bevor sie in die Lungen gelangt. „Vor rund zehn Jahren gab es Einkreuzungsversuche mit der Rasse Manech aus dem Baskenland. Die Manech Schafe und die Kreuzungstiere konnten sich jedoch nicht an

Die Auberge „Sainte Marie Madeleine" ist einer der wenigen Berggasthöfe im hinteren Casterino-Tal und auch Ausgangspunkt für Wanderungen in den Nationalpark Mercantour, vor allem in das für seine prähistorischen Felsritzungen bekannte „Tal der Wunder".

das regionale Klima anpassen und bekamen relativ rasch Lungenprobleme", erzählt Pascal. Mittlerweise sind die Brigasque wieder reinrassig. Eine ähnliche morphologische Anpassung zeigt die Saiga Antilope (Saiga tatarica). Sie wärmt die trocken-kalte Luft der Kasachen Steppe im überdimensionierten Nasenraum vor.

Pascal Bonneville ist überzeugt, dass jede alteingesessene Nutztierrasse speziell an das jeweilige Klima seiner Region und an die traditionellen Arbeitsweisen angepasst ist. „Meine Brigasque Schafe sind robust und weniger darauf programmiert, viel zu produzieren. Sie haben sich über einen langen Zeitraum an die Weiden der Seealpen und ihr Klima angepasst", erklärt er seinen Standpunkt. Daher sollten nach seiner Meinung Nutztierrassen auch nicht abgekoppelt von ihrem Ursprungsgebiet gehalten werden.

In Italien umfasst der Gesamtbestand derzeit 2.900 Tiere, er hat sich seit 1998 leicht erhöht. In Frankreich, im Vallée de la Roya im Massif du Mercantour (Departement Alpes Maritimes), ist die Population mit rund 950 Tieren deutlich geringer. Als Pascal mit der Schafzucht begonnen hat, lebten noch rund 30 Bauern von der Rasse. „Heute sind es nur mehr vier Betriebe in der Region, die von dem leben, was sie mit den Brigasque Schafen erwirtschaften können", erklärt er die Situation. Die Mehrzahl der Züchter haben fünf bis zehn Tiere und betreuen die Schafzucht als Nebenerwerb oder als Hobby. Es interessieren sich vermehrt Jungzüchter für die Rasse.

Das Aus für die Roya-Vésubie Ziege

Sie zählte neben den Brigasque und Mourérous Schafen zu den autochthonen Kleinwiederkäuern der Seealpen. Bis zur Mitte der 1980er-Jahre gab es auch noch Tiere in den benachbarten Talschaften des südwestlichen Piemont. Die Roya-Vésubie war eine mittelgroße Ziege mit langer Behaarung. „Auffällig war ihre stark ausgebildete Unterwolle", erklärt Pascal Bonneville. Die Mantelfärbung war vorwiegend schwarz mit den weißen Abzeichen der Strahlenziegen, im Gesichtsfeld, an den Beinen und mit einem weißen Spiegel im Bereich des Afters. Sie hatte dieselbe Farbzeichnung wie manche Chèvre des Savoie, die Bündner oder Pinzgauer Strahlenziege. Ziegenrassen mit Strahlenzeichnungen, den Abzeichen der

Im Casterino-Tal treffen die Ziegenrasse Chèvre du Rove und die Schafrasse Brigasque aufeinander.

Brigasque (FR), Brigasca (IT), ursprüngliches Verbreitungsgebiet

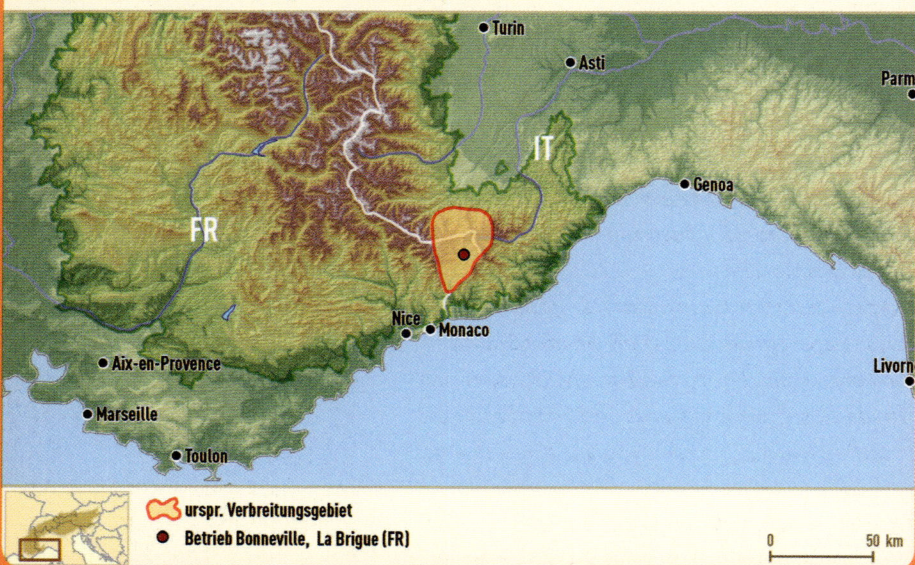

Steckbrief Brigasque (ital. Brigasca)

Die weiblichen Tiere dieses mittelgroßen Schafes erreichen bei einer Widerristhöhe von 50 bis 60 Zentimetern ein Gewicht von 65 bis 70 Kilogramm. Widder werden bei 65 bis 70 Zentimeter Widerristhöhe rund 80 Kilogramm schwer. Beide Geschlechter sind meist behornt. Bei den weiblichen Schafen ist das Horn sichelförmig nach hinten und außen gebogen. Widder tragen kräftige, spiralförmig gedrehte Hörner. Die Ohren sind mittellang und leicht schräg nach unten geneigt. Das Euter ist gut entwickelt und stark pigmentiert. Das Vlies hat ein schmutziges Weiß und ist offen. Der Kopf und die unbewollten Beine unterhalb des Karpal- beziehungsweise Tarsalgelenks sind unregelmäßig rötlich-braun pigmentiert. Diese für die Rasse charakteristische Pigmentierung findet man auch bei den Lämmern. Sie verschwindet jedoch meist mit zunehmendem Alter. Bei der Auswahl der Widder ist sie ein wichtiges Selektionskriterium. „Die alten Hirten der Brigasque Schafe konnten noch zwischen den französischen und italienischen Schlägen, zwischen Brigasque und Brigasca unterscheiden", berichtet Pascal Bonneville. In den französischen Seealpen waren die Tiere deutlich heller, lichtbraun, mit hellen Beinen und bräunlicher Farbe von Hals und Brust. Heute gibt es nicht mehr genug Tiere, um auf einen einheitlichen Typus zu selektieren", bedauert Pascal die Entwicklung. Die Rasse ist widerstandsfähig und gut angepasst an die extensiven Haltungsbedingungen. Der Anteil der Zwillingsgeburten liegt bei rund 35 Prozent.

Stammform der Hausziege, der Bezoar, findet man immer wieder im gesamten Alpenbogen. Bei der Roya-Vésubie-Ziege kamen sowohl gehörnte wie hornlose Tiere vor. Horntragende Tiere entwickeln große, kräftige, nach hinten gebogene, sichelförmige Hörner, vom Typus der alpinen Ziege.

Nach Laurent Avon wurden die Ziegen meist in großen Herden geführt. Den Winter verbrachten die Tiere an der Küste bei Nizza und den Sommer im Hochgebirge des Mercantor-Massivs. Die jahreszeitlichen Wanderungen erfolgten auf dem Gebiet der ehemaligen Grafschaft Nizza, die von 1388 bis 1860 Teil des Herzogtums Savoyen beziehungsweise des nachfolgenden Königreichs Piemont-Sardinien war. Die Populationen der Chèvre des Savoie und Roya-Vésubie haben also eine lange gemeinsame Geschichte.

Pascal hielt noch bis vor rund 20 Jahren neben seinen Brigasque Schafen auch Roya Ziegen. „Plötzlich konnte ich für meine Ziegen keinen passenden Bock mehr finden", bedauert er bis heute den Wendepunkt. Er war gezwungen, seine Roya Ziegen mit Rove Böcken zu decken. Mittlerweile findet man nur mehr vereinzelt Ziegen in größeren Schafherden, die noch gewisse äußere Merkmale der ausgestorbenen Roya-Vésubie-Ziege tragen. Im Jahr 1984 schienen die Chancen für die Erhaltung der Roya-Vésubie noch gegeben. Der Nationalpark Mercantour zeigte Interesse an der Erhaltung dieser autochthonen Ziegenrasse. Bestandserhebungen und genetische Untersuchungen wurden durchgeführt und schon damals kritisch beurteilt.

Nachdem einer der letzten Züchter der Population im Roya-Tal mit rund 60 reinrassigen Tieren, Pierre Balma aus Tende, in Pension ging, fand sich leider niemand mehr, der den Bestand weiterführte. Das war beinahe das Todesurteil für die Gesamtpopulation. Rund zehn Jahre später erzählte der zurückgezogen lebende Pierre Balma sehnsüchtig von seinen geliebten Ziegen und den Sommerweiden im Wundertal im Nationalpark Mercantour.

1993 führte Laurent Avon, damals Mitarbeiter des Instituts l'Élevage in Paris, Recherchen für die Schafrasse Brigasque in der Region durch. Er vermutete noch Bestände der Roya Ziege in den Nachbartälern des Roya-Tales und wurde tatsächlich fündig. Im Tal der Vésubie, im Hinterland von Nizza, konnte Avon einen Bauern im Bergdorf Roquebillière, rund 35 Kilometer nördlich von Nizza, entdecken. Es war damals der einzige, noch weitgehend reinrassige Bestand von rund 60 Tieren, die nicht mit Ziegen der Rasse Rove oder Chèvre Alpine verkreuzt waren. Versuche, einige Tiere an interessierte Züchter in der Haute-Provence zum Aufbau einer Erhaltungszucht zu vermitteln, scheiterten, da etwa zeitgleich auch Erhaltungsmaßnahmen für die gefährdete Ziegenrasse Commune Provençale gestartet wurden und sich das Interesse daher primär auf diese Rasse konzentrierte.

Faktisch posthum wurde dieser Ziegenschlag daher Roya-Vésubie genannt. Bereits im Jahr 2000 war der Bestand weitgehend erloschen. Nach Berichten von Frédérique Ehrhard gab es 1881 im Roya-Tal noch rund 3.400 Ziegen vom Schlag Roya-Vésubie (Avon 2005).

Durch die fehlende Unterstützung von Tierzuchtverbänden und die Verdrängungskreuzung mit Rove und Chèvre Alpine wurde die Rasse in der zweiten Hälfte des 20. Jahrhunderts immer mehr zurückgedrängt. Heute trifft man in den französischen Südalpen immer häufiger auf die Rove Ziege. Im Gegensatz zur Rove war die zweite autochthone Ziegenrasse Südostfrankreichs, die Commune Provençale, die Ziege der sesshaften Bauern und nie Teil der Transhumanz. Die Rove kommt in verschiedenen Farbvarianten vor. „Die roten Rove sind die typischen Rove von Marseille. Sie gehören meinem Freund", erzählt Pascal Bonneville. Ihm selbst gehören die schwarzen und schwarz-weißen Ziegen. Man sagt, dass die Rove mit den Phöniziern im Zuge ihrer Handelsreisen an die Küste der Côte d'Azur gelangte und hier sesshaft wurde. Tatsächlich findet man auf Töpferwaren der Phönizier oft Verzierungen mit Ziegen mit vergleichbar charakteristisch geschwungenen Hörnern.

Charakteristisch für die Brigasque-Rasse ist das stark aufgewölbte Nasenbein und die grobe Mischwolle. Foto: Lez'Art Creation

Die Rove Ziege kommt in verschiedenen Farbvarianten vor. Die rote Farbvariante ist typisch für die Rove von Marseille.

Kontakt:
Pascal Bonneville
Cianesse
06430 La Brigue
Tel.: 0033 (0)493046201

Schlussbemerkungen

Seltene Nutztierrassen müssen mit dem Problem kämpfen, dass sie aufgrund ihrer angepassten Entwicklung an den Standort Alpen nicht in die konventionellen, auf hohe Mast- und Milchleistung oder hohen Fleischansatz orientierte Vermarktungsschienen passen. Um sie trotzdem in ihrem Bestand längerfristig abzusichern und von Subventionen unabhängig zu machen, braucht es neue Betriebsmodelle und Vermarktungsformen. Seltene Nutztierrassen verdeutlichen auch ganz klar das Problem der Landwirtschaftspolitik in stark benachteiligten peripheren Regionen. Mit Subventionspolitik und Marktordnungsmaßnahmen können diese Regionen langfristig nicht am Leben erhalten werden. Seltene Nutztierrassen sind ein Schlüsselfaktor für ein auf regionale Eigenversorgung ausgerichtetes Modell der Berglandwirtschaft in den Alpen. Mit diesen Rassen kann es aber auch gelingen, regionale Märkte zu stärken und neu aufzubauen.

Nichtsdestotrotz sind Ausgleichszahlungen in der Phase des Bestandsaufbaus unerlässlich, damit die Rassen überhaupt eine Chance auf wirtschaftliche Absicherung haben.

Elisabeth Feuerstein schreibt in einem Bericht über das Montafoner Braunvieh: „Vielleicht liegt wirklich in der Sehnsucht nach Geborgenheit und dem Überdruss an dem Extremen die Erklärung, warum traditionelle Nutztierrassen und Kulturpflanzen so aktuell sind."

Literaturverzeichnis

Abelein Rolf und Damme Klaus (1993). Kleintierhaltung und Geflügelzucht. In: Grub 1918–1993. Poing.

Adametz Leopold (1914). Untersuchungen über Capra prisca, eine ausgestorbene Stammform unserer Hausziegen. Wien.

Agten Norbert, Burgdorf Knut, Carlen Christof, Chanton Joseph-Marie, Jerjen Albert, Mermond Olivier, Pont Michel, Schmidt Gerhard, Schnyder Mario, Schwery Moritz, Vonmoos Roni, Weber Annette, Werner Philippe (2001). Traditionelle Nutztiere und Kulturpflanzen im Oberwallis. Visp.

Ammann Philippe, Kump Erwin, Egloff Nicole (2012). Nutztierkompass – Wissenswertes über die ProSpecieRara-Rassen. Basel.

Anderegg Hans (1897). Die volkswirtschaftliche Bedeutung der Schmalviehzucht für die Schweiz. Bern.

Anderegg Felix (1897). Illustriertes Lehrbuch für die gesamte schweizerische Alpwirtschaft. Bern.

Andrea Jacqueline (1915). Über Schweinehaltung und Schweinezucht in Graubünden. In: Bündner Kalender für das Jahr 1915. Chur.

Wallner B., Brem G., Müller M. u. Achmann R. Fixed nucleotide differences on the Y chromosome indicate clear divergence between Equus przewalskii and Equus caballus, In: Animal Genetics (2003). 34(6). pp. 453–456. Wien.

Arbeiter Armin (1914). Handbuch der Nutzgeflügelzucht für Österreich und die Donauländer. Wien.

Arvay Clemens G. (2013). Friss oder stirb. Salzburg.

Atlante Etnografico delle Popolazioni Ovine e Caprine allevate in Italia (1983), Seite 30–31. Herausgegeben vom Consiglio Nazionale delle Ricerche. Rom.

Austria k.u.k. Ackerbau Ministerium (1898). Geschichte der österreichischen Land- und Forstwirtschaft und ihrer Industrien 1848–1898: Festschrift zur Feier der am 2. Dezember 1898 erfolgten fünfzigjährigen Wiederkehr der Thronbesteigung Sr. Majestät des Kaisers Franz Joseph I., Band 2, Seite 742. Wien.

Avon Laurent (2005). Le Chèvre Roya-Vésubie. Paris.

Avon Laurent (2005). Les Races caprines francaises autochthones. Paris.

Avon Laurent (2009). Races bovines de France. Paris.

Baier Emil (1899). Die Schafzucht Österreichs von 1848 bis 1898. In: Geschichte der österreichischen Land- und Forstwirtschaft und ihrer Industrien 1848–1898, Band 2. Wien.

Baldamus August Carl Eduard (1908). Baldamus' illustriertes Handbuch der Federviehzucht, Band 1. Berlin.

Bätzing Werner (1988). Die unbewältigte Gegenwart als Zerfall einer traditionsträchtigen Alpenregion. Bern.

Bätzing Werner und Kleider Michael (2006). Die Seealpen. Zürich.

Bätzing Werner und Kleider Michael (2010). Die Seealpen – Naturpark-Wanderungen zwischen Piemont und Côte d'Azur, Rotpunktverlag. Zürich.

Baumung Roswitha (2009).Genetische Charakterisierung der Blobe Ziege (Abschlussbericht). Wien.

Baumung Roswitha, Manatrinon Supawadee, Fischerleitner Franz, Medugorac Ivica und Preinstorfer Anna (2008). Genetische Charakterisierung österreichischer Rinderrassen (Abschlussbericht). Wien

Baur-Breitenfeld Anton von (1820). Der erfahrene Stiftungs- und Gemeindepfleger. Augsburg.

Beja-Pereira Albano (2004). African Origins of the Domestic Donkey. In: Science, Band 304, Seite 1781. Washington, DC 2005.

Benecke Norbert (1994). Der Mensch und seine Haustiere. Die Geschichte einer jahrtausendealten Beziehung. Stuttgart.

Bergner Rudolf (1899). Die Geflügelzucht Österreichs. In: Geschichte der österreichischen Land- und Forstwirtschaft und ihrer Industrien 1848–1898, Band 2. Wien

Bigi Daniele und Zanon Alessio (2008). Atelante delle razze autoctone. Milano.

Bleiweis Johann (1854). Beiträge zur landwirtschaftlichen Statistik des Herzogtums Krain. In: Historische Skizzen der k.k. landwirtschaftlichen Gesellschaft. Laibach.

Bollongino Ruth et al. (2012). Modern Taurine Cattle descended from small number of Near-Eastern founders, Molecular Biology and Evolution. Mainz.

Bondesan Valerio et al. (2011). La conservazione delle razze ovine venete. Legnaro.

Botrè Urbano (1942). Gli allevamenti ovini nelle tre venezie. Udine.

Bovolenta Stefano und Menegon Sandro (2010). Bovini. In: L'uomo domini sul bestiame. Dalla pastorizia allazootecnica. Gorizia.

Boyko Adam R. et al. (2009). Complex population structure in African village dogs and its implications for inferring dog domestication history. In: Proceedings of the National Academy of Sciences of the United States of America, (Hrsg.), United States National Academy of Sciences, 106, pp. 13903-13908. Washington, DC 20001.

Brockhaus Friedrich Arnold (1833). Allgemeine deutsche Real-Encyklopädie für die gebildeten Stände (Conversationslexikon), 8.Auflage. Leipzig.

Caninchen (1733). In: Zedlers Universal-Lexicon, Band 5. Leipzig.

Cerwinka Günter und Mandl Franz (1996). Dachstein. Vier Jahrtausende Almen im Hochgebirge, Band 1: Das östliche Dachsteinplateau. 4000 Jahre Geschichte der hochalpinen Alm- und Weidewirtschaft. (Mitteilungen ANISA).

Cividini Angela, Žgur Silvester und Kompan Dragomir (2005). The crossbreeding of improved Jezersko-Solčava sheep with Charollais to improve carcass traits. Ljubljani.

Corti Michele und Brambilla Luigi Andrea (2002). Razze e sistemi di allevamento caprini alpini. Convegno Desmontegada de le caore. Calvalese.

Crawford R. D. (1984). Turkey. In: Evolution of domesticated animals, Mason, I. (Hrsg.). Longman Inc., London.

Crepaldi Paola, Negini R., Milanesi E., Gorni C., Cicogna M. und Ajmone P. (2001). Diversity in five goat populations of the Lombardy Alps. Ccomparison of estimates obtained from morphometric traits and molecular markers. In: Journal of Animal Breeding and Genetics.

Dall'Ava Brunella (2008). Recupero e valorizzazione della razza bovina burlina in Veneto. Padova.

Dalvit C., De Marchi M., Dal Zotto R., Zanetti E., Meuwissen T., Cassandro M. (2008). Genetic characterization of the Burlina cattle breed using microsatellites markers. Legnaro.

Dettweiler Friedrich und Müller K. (1924). Lehrbuch der Schweinezucht. Berlin.

Di Stasio Liliana (2002). Popolazioni ovicaprine del Piemonte: la Salva della biodiversità. Parma.

Dopsch Heinz (2008). Der Markt und seine Bewohner. In: Mittersill. Vom Markt zur Stadt. Mittersill.

Drexel Siegfried (1924). Beiträge über die zootechnische Stellung und die wirtschaftlichen Eigenschaften der Oberinntaler Rasse. Wien.

Driesch Angela von den und Boessneck Joachim (1970). Vorgeschichtliche Kaninchen aus zwei südspanischen Siedlungshügeln. Säugetierkundliche Mitteilungen 18. Seite 127–151. München.

Driscoll Carlos A., Menotti-Raymond Marilyn, Roca Alfred L., Hupe Karsten, Johnson Warren E., Geffen Eli, Harley Eric, Delibes Miguel, Pontier Dominique, Kitchener Andrew C., Yamaguchi Nobuyuki, O'Brien Stephen J. und Macdonald David (2007). The Near Eastern Origin of Cat Domestication. In: Science Vol. 317 no. 5837, pp. 519–523. Washington, DC 20005.

Druml Thomas (2011). Turopolje, eine Schweinerasse zwischen gestern und heute. Graz.

Erhard Carl, Puteani Ernst Freiherr von, Wieninger Georg und Alfonus Alois (1919). Die Viehzucht, Heft 6. Wien.

Ebnöther Christa und Monnier Jacques (2002). Ländliche Besiedelung und Landwirtschaft. In: Die Schweiz vom Paläolithikum bis zum frühen Mittelalter, SPM V - Römische Zeit. Basel.

Eriksson J., Larson G., Gunnarsson U., Bed'hom B., Tixier-Boichard M., Strömstedt L., Wright D., Jungerius A., Vereijken A., Randi E., Jensen P. u. Andersson L. (2008). Identification of the Yellow Skin Gene Reveals a Hybrid Origin of the Domestic Chicken. In: PLOS Genetics.

Erzherzog Rudolf (1891). Die österreichisch-ungarische Monarchie in Wort und Bild. Das Küstenland, Band 10. Wien.

Erzherzog Rudolf (1891). Die österreichisch-ungarische Monarchie in Wort und Bild. Kärnten und Krain, Band 8. Wien.

Erzherzog Rudolf (1891). Die österreichisch-ungarische Monarchie in Wort und Bild. Ungarn II, Band 9. Wien.

Erzherzog Rudolf (1893). Die österreichisch-ungarische Monarchie in Wort und Bild. Tirol und Vorarlberg, Band 13. Wien.

Falkenberg Heinz und Hammer Heinz-Florian (2006). Zur Geschichte und Kultur der Schweinezucht und -haltung, 2. Mitt.: Schweinezucht und -haltung in Europa im Mittelalter. Stuttgart.

Feldmann Antje, Aigner Susanne und Simantke Christel (2003). Gefährdete Nutztierrasse des Jahres 2003: Haus- und Hofhunde. Witzenhausen.

Feldmann Antje, Bietzker Ursula und Mendel Christian (2005). Schafrassen der Alpen. Grub.

Feuerstein Elisabeth (2012). Was den Vorarlberger wirklich bewegt. Dornbirn.

Findekle A. (2005). Oft Schwein gehabt. In: Spektrum der Wissenschaft – Die Woche, 11.03.2005. Heidelberg.
Fischione Alfonz (1998). Sirarstvo na Tolminskem, Kobariškem in Bovškem. Ljubljana.
Fraas Carl (1853). Bayerns Rinderrassen, Schläge und Stämme. Der XVI. Versammlung deutscher Land- und Forstwirthe zu Nürnberg als Fest-Album gewidmet. Pössenbacher. München.
Freisinger Wochenblatt (1830). Zugleich Amtsblatt für Freising, Moosburg und Dachau.
Fusinato Clemente (1845). Cenni storico-economici sulla fabbricazione dei panni-lani di Schio. Padova.
Führer Ludwig (1911). Studien zur Monographie der Steinschafe. In: Mitteilungen der landwirtschaftlichen Lehrkanzeln der Hochschule für Bodenkultur, Bd.1, H.1, Wien.
Gaspardis Giovanni Battista (1914). L'allevamento della capra e della pecora del Gorizano. Bulletino della Associazione Agraria Friulana. Udine.
Gawlik Heinrich A. (2006). Haflinger. Dokumentationszentrum für altösterreichische Pferderassen. In: www.pferde-altoesterreich.at
Geßmann Albert (1921). Maßnahmen zur Hebung der Schafzucht Österreichs. Wien
Gex-Fabry Alexis (1996). Das Evolèner Rind. Zollikofen.
Gierth Heinrich (1892). Denkschrift über die Veredelung der Pinzgauer Rinder-Rasse und der Gründung einer Pinzgauer Herdebuch-Gesellschaft. Salzburg.
Göring Ph. J. (1864). Wanderbeiträge zur Tierzucht. Ein an das königl. Bayerische Staatsministerium des Handels und der öffentlichen Arbeit erstatteter Reisebericht. Erlangen.
Götz Theodor (1834). Monographie des Hundes. Gotha.
Gruber Ferdinand Joseph, Hornthal Franz Ludwig von, Gmeiner Johann (1832). Einige wahre Worte über den Zustand der Viehzucht im sogenannten bayerischen Hochlande. München.
Grünenfelder Hans-Peter (2005). Die Stiefelgeiss. In: Schweizer Ziegen. Bisikon.
Gumppenberg Karl von (1858). Miesbach und seine Umgebung. München.
Haller Martin (2000). Seltene Haus- und Nutztierrassen. Graz.
Haller Martin (2002). Pferde unterm Doppeladler. Das Pferd als Kulturträger im Reich der Habsburger. Hildesheim, Zürich, New York.
Hansen Johannes (1922). Lehrbuch der Rinderzucht. Berlin.
Haritz Candida (2010). Wo der Wald tausend Gesichter hat. Basel.
Haßlacher Peter (2005). Vademecum Alpenkonvention. Österreichischer Alpenverein (Hrsg.), 3. Auflage. Innsbruck.
Hauck Emil (1955). Die Polarspitze und ihre Verwandten, Wien.
Heim Albert (1914). Die Schweizer Sennenhunde. Zürich.
Herren Ursula (2012). Erhaltung und Förderung der Pfauenziege (1. Zwischenbericht des SZZV.). Bern.
Hoesch Felix (1911). Die Schweinezucht, Band 1. Hannover.
Hofmann Heini (1991). Die Tiere auf dem Schweizer Bauernhof. Aarau.
Holzner Waltraud (2005). Südtirol leise. Bozen.
Honisch Michael (2013). Viehscheide im Allgäu. In: Alm Atlas. Arge Alp (Hrsg.). Bozen.
Hörl Gotthard und Hörl Josef (1992). Wirtschaft und Verkehr. In: Chronik Saalfelden, Band 2. Saalfelden.
Hu Yaowu, Hu Songmei, Wang Weilin, Wu Xiaohong, Marshall Fiona B., Chen Xianglong, Hou Liangliang u. Wang Changsui (2013). Earliest evidence for commensal processes of cat domestication. Beijing.
Hüster-Plogmann Heidemarie und Kühn Marlu (2005). Landwirtschaft, das täglich Brot. In: Die Schweiz vom Paläolithikum bis zum frühen Mittelalter (SPM VI – Frühmittelalter). Basel.
Hüster-Plogmann Heidemarie und Rehazek André (2005). Archäozoologische Funde. In: Die Schweiz vom Paläolithikum bis zum frühen Mittelalter (SPM VI – Frühmittelalter) Basel.
Ingolstädter Wochen-Blatt (1843), Ausgabe 42.
Loerbroks Ingo (1953). Italienische Tierzucht. In: Land- und Hauswirtschaftlicher Auswertungs- und Informationsdienst. AID. Bad Godesberg.
Jaritz Günter (2010). Tiroler Grauvieh. In: Der Alm- und Bergbauer 8–9. Innsbruck.
Jaritz Günter, Klenovec Christine und Schipflinger Florian (2010). Rote Liste gefährdeter Tiere Österreichs. Alte Haustierrassen, Band 14/4. Wien.
Javna služba nalog genske banke v živinoreji Univerza v Ljubljani, Biotehniška fakulteta Oddelek za zootehniko (2012). Cikasto Govedo – slovenska avtohtona pasma goveda, Domžale.
Javna služba nalog genske banke v živinoreji, UL, BF, Oddelek za zootehniko (2010). Drežniška Koza – slovenska avtohtona pasma koz, Domžale.
Kaltenegger Ferdinand (1879). Rinder der österreichischen Alpenländer, Band 1: Oberinntaler und Lechtaler Typus in Tirol. Wien.
Kaltenegger Ferdinand (1880). Rinder der österreichischen Alpenländer, Band 2:. Montavoner Typus und Landvieh in Vorarlberg. Wien.
Kaltenegger Ferdinand (1897). Rinder der österreichischen Alpenländer, Band 6: Salzburg, Kärnten, Steiermark. Wien.
Kaspar Kurt (1928). Studien über das Steinschaf im Chiemgau. Freising-München.
Keller Conrad (1919). Geschichte der schweizerischen Haustierwelt. Frauenfeld.
Klinger Josef (1831). Die landwirtschaftlichen Verhältnisse Salzburgs. Salzburg.
Kreidel Franz (1936). Die Almen und die Almwirtschaft im Pinzgau. Zell am See.
Kugler Waltraud, Grünenfelder Hans-Peter und Broxham Elli (2008). Donkey Breeds of Europe. Inventory, Description, Need for Action, Conservation. Report 2007/2008. Monitoring Institute, Zürich.
Kürsinger Ignaz von (1841). Oberpinzgau oder Bezirk Mittersill. Salzburg.
Lanzl Helmut (1928). Die Alpwirtschaft des österreichischen Bundeslandes Vorarlberg. Wege zu ihrer Hebung. Dornbirn.
Leifheit und Kleemann (2001). Geschichte des AltSteirer Huhnes. In: Ein steirischer Hühnerhof. Altsteirer und Sulmtaler. Graz.
Leonard Jennifer A., Wayne Robert K., Wheeler Jane, Valadez Raúl, Guillén Sonia u. Vilà Carles (2002). Ancient DNA Evidence for Old World Origin of New World Dogs. In: Science 1613–1616.
Maise Christian (2005). Klimaentwicklung. In: Die Schweiz vom Paläolithikum bis zum frühen Mittelalter (SPM VI – Frühmittelalter). Basel.
Margadant Claudio (1953). Ein Beitrag zur Geschichte der Tierseuchenbekämpfung im Freistaat Gemeiner Drei Bünden (1500 bis anfangs 1800), Band 95, S. 375 ff.
Martiny Benno (1880). Geschichte des Mölltaler Rindviehschlages.Klagenfurt.
Mason Ian Lauder (1951). A World Dictionary of Breeds, Types and Varieties of Livestock with Supplement. Edinburgh.
May Georg (1866). Beantwortung der Frage, ob die Einführung der Bergamaskerschafe in Bayern als vorteilhaft erscheint. In: Zeitschrift des landwirtschaftlichen Vereins in Bayern. S. 294–305. München.
Mayer Sebastian (1999). Schäfer und Schafhaltung in Schwaben. Oberschönfeld.
Meixner Wolfgang und Siegl Gerhard (2003). Bergbauern im Tourismusland. In: Geschichte der österreichischen Land- und Forstwirtschaft im 20. Jahrhundert. Wien.
Mensil Johann-Nepomuk Freiherr von (1857). Das Pinzgauer Rind. Salzburg.
Migglautsch Karl und Pust Ingomar (1995). Das Kanaltal und seine Geschichte. Kanaltaler Kulturverein(Hrsg.). Klagenfurt. www.lexikon.free-net.de
Mioč Boro, Prpič Zvonimir und Barač Zdravko (2011). In: Zelena Knjiga izvornih pasmina Hrvatske. Zagreb.
Monitoring Institute for Rare Breed and Seeds in Europe (2003). Agricultural Genetic Resources in the Alps, Landwirtschaftliche Genressourcen der Alpen, Ressources génétiques agricoles des Alpes, Risorse genetiche agricole delle Alpi, Kmetijski genetski viri v Alpha. Zürich, Bristol-Stiftung. Bern, Stuttgart, Wien.
Monitoring Institute for Rare Breeds and Seeds in Europe (2001). Landwirtschaftliche Genressourcen in Italien. St. Gallen.
Moser Christian und Reiter Martin (1996). Die Rinderrasse der Tux-Zillertaler. Ein Stück Tiroler Kultur. Reith im Alpachtal.
Müller-Using Detlev (1970). Das Wildkaninchen. Bonn
Muir William et al. (2008). Genome-wide assessment of worldwide chicken SNP genetic diversity indicates significant absence of rare alleles in commercial breeds. In: Proceedings of the National Academy of Sciences 10.1073.pnas.0806569105.
Müller Wilhelm (1958). Die Rinderzucht in Österreich. Wien.
Nachtsheim Hans und Stengel Hans (1977). Vom Wildtier zum Haustier (3., neubearbeitete Auflage), Parey. Berlin Hamburg.
N.N. (1667). Newes Viehe Büchlein.
Novak V. (1970). Zgodovina agrarnih panog. Ljubljana, Slovenska akademija znanosti in umetnosti, DZS: 346-391.
Outram Alan K., et al. (2009): The earliest Horse Harnessing and Milking. In: Science 323, S. 1332-1335.
Ozimec Roman (2011). Koze. In: Zelena Knjiga izvornih pasmina Hrvatske. Zagreb.
Ozimec Roman und Petanjek Darko (2011). Istarska Kokoš. In: Zelena Knjiga izvornih pasmina Hrvatske. Zagreb.

Pacher Hans (1926). Untersuchungen über das Duxerrind in Tirol und seine Beziehungen zur Eringerrasse im Wallis (Dissertation). München
Pang J.-F., et al. (2009). mtDNA Data Indicates a Single Origin for Dogs South of Yangtze River, less than 16,300 Years Ago, from Numerous Wolves. In: Molecular Biology and Evolution 10.1093/molbev/msp195.
Parolini Jon Domenic (2012). Vom Kahlschlag zum Naturreservat. Geschichte der Waldnutzung im Gebiet des Schweizerischen Nationalparks (Nationalpark-Forschungen Schweiz 96).
Peetz Hartwig (1869). Culturhistorische Einblicke in die Alpenwirthschaft des Chiemgaues. München.
Penker Eduard (2007). Krainer Steinschaf. In: Zeitschrift für Vielfalt. St. Leonhard b. F.
Pergola V. (1912). Appunti critici e dati obbiettivi sul problema zootecnico della Slavia italiana. Bulletino della Bullettino della Associazione Agraria Friulana. Udine.
Peschke Walter (1993). Schweinezucht – ein wichtiger Forschungszweig der BLT. In: Grub 1918–1993 (75 Jahre im Dienste der Förderung der tierischen Erzeugung in Bayern). Poing.
Pestalozzi-Keyser Hans (2003). Geschichte der Familie Pestalozzi. Milano.
Pirona G. A. (1968). Statistica pastorale. Annotazione della Giuta di Statistica per la provincial di Udine. Bulletino della Bullettino della Associazione Agraria Friulana. Udine.
Porter Valerie (2002). Mason's World Dictionary of Livestock Breeds, Types and Varieties. 5th Edition. New York.
Prilloff Ralf Jürgen (2000). Tierknochen aus dem mittelalterlichen Konstanz. In: Materialhefte zur Archäologie 50, 146. Landesdenkmalamt Baden-Württemberg (Hrsg.). Theiss. Stuttgart.
Pronatour (2003). Geschichte-Erlebnisweg Saalfelden. Stadtgemeinde Saalfelden und Tourismusverband Saalfelden (Hrsg.). Saalfelden.
Prus-Kobierski Rudolf Ritter von (1914). Das Hausgeflügel. Reich illustriertes Lehrbuch zur Verbesserung und Verwertung unseres Wirtschaftsgeflügels. Wien.
Pucher Erich (1991). Die frühneuzeitlichen Knochenabfälle eines Wirtshauses neben der Salzburger Residenz. In: Jahresschrift 35/36 – 1998/90 Salzburger Museum Carolino Augusteum, Salzburg.
Pucher Erich (2010). Sechs Jahrtausende alpine Viehwirtschaft. Wien.
Pucher Erich, Schmitzberger Manfred (2011). 6000 Jahre Hausrind im Alpenraum. In: Der Salzburger Bauernkalender 2012, S. 71–77, Salzburg.
Puteani Ernst, Wieninger Georg und Alfonsus Alois (1919). Die Viehzucht, Heft 6. Wirtschaftsgeographische Karten und Abhandlungen zur Wirtschaftskunde der Länder der ehemaligen österreichisch-ungarischen Monarchie. Wien.
Quintana Josep, Köhler Meike und Moyà-Solà Salvador (2011). Nuralagus rex, gen. et sp. nov., an endemic insular giant rabbit from the Neogene of Minorca (Balearic Islands, Spain). In: Journal of Vertebrate Paleontology, S. 231–240.
Raaflaub Hugo (2011). Die Evolèner. Der Ursprung des „Walserviehs", Dokumentation von Hugo Raaflaub.
Raumer Friedrich (1840). Italien. Beiträge zur Kenntnis dieses Landes, Theil 1. Brockhaus – Leipzig.
Reich Viktor (1919). Das niederösterreichische Bergschaf. Wien.
Reichenbach Heinrich Gottlieb Ludwig (1835). Der Hund in seinen Haupt- und Neben-Raçen: durch hundert und neun und dreißig naturgetreue Abbildungen in Stahlstich dargestellt; für Forstbeamte, Oekonomen, Thierärzte und Freunde jenes nützlichen Thieres überhaupt. Verlag der Expedition des Naturfreundes. Leipzig
Rohrmann Viljem (1897). Poljedelstvo. Slovenskim gospodarjem v pouk. Klagenfurt.
Ruatti Giuseppe (1916). Wirtschaftsverhältnisse in Trentino – lt. Südtirol. Wien.
Rütimeyer Ludwig (1862). Die Fauna der Pfahlbauten der Schweiz. Neue Denkschriften der Allgemeinen Schweizerischen Gesellschaft für die Gesamten Naturwissenschaften, Band 19. Zürich.
Saffert Erich (1921). Studien über die gämsfärbige Pinzgauer Ziege. Salzburg.
Sambraus Heinz Hinrich (2012). Rassenschwund. In: Arche Nova 3/2012. Witzenhausen.
Schibler Jörg und Studer Jacqueline (1998). Haustierhaltung und Jagd während der Bronzezeit der Schweiz (Die Schweiz vom Paläolithikum bis zum frühen Mittelalter, SPM III – Bronzezeit). Basel.
Schibler Jörg und Chaix Louis (1995). Wirtschaftliche Entwicklung aufgrund archäozoologischer Daten. (Die Schweiz vom Paläolithikum bis zum frühen Mittelalter, SPM II. – Neolithikum). Basel.
Schibler Jörg, Stopp Barbara und Studer Jacqueline (1999). Haustierhaltung und Jagd. (Die Schweiz vom Paläolithikum bis zum frühen Mittelalter, SPM IV – Eisenzeit). Basel.
Schlögl Alois (1954). Bayerische Agrargeschichte. Die Entwicklung der Land- und Forstwirtschaft seit Beginn des 19. Jahrhunderts. München.
Schmid Volmar (2010). Dialektgrenzen im Walliserdeutschen. www.walser-museum.ch
Schneiter Fritz (1948). Alpwirtschaft. Graz.
Schnyder Emil (1933). Beiträge zur Kenntnis der Säugetierfauna der Schweiz seit dem Neolithikum.
Schnyder Mario (2001). Schwarznasenschafe. In: Traditionelle Nutztiere und Kulturpflanzen im Oberwallis, Visp.
Schollmayr (1872) in (Univerza v Ljubljani, Biotehniška fakulteta Oddelek za zootehniko), 2012: Cika Cattle. Sloveninan authochthonous cattle breed. Domžale.
Schreyer Stefan und Steppan Karlheinz (2000). Auf den Hund gekommen. Der kleine Gesellschaftshund aus dem keltischen Oppidum von Rheinau (ZH). In: Archäologie der Schweiz 23, Zürich S. 98-103.
Schwarz Judit (2011). Die Passeirer Gebirgsziege – Goaßerstolz & Huarnfiich. Konzept zur Ausstellung. St. Leonhard im Passeiertal.
Schwarznecker Gustav (1884). Die Pferdezucht – Racen, Züchtung und Haltung des Pferdes. Verlag Paul Parey. Berlin.
Schweißgut Otto (1995). Haflinger Pferde. Ursprung, Zucht und Haltung, weltweite Verbreitung. München.
Spalona A., Ranvig H., Cywa-Benko K., Zanon A., Sabbioni A., Szalay I., Benková J., Baumgartner J. und Szwaczkowski T. (2007). Population size in conservation of local chicken breeds in chosen European countries – Populationsgrößen in Erhaltungszuchtprogrammen für einheimische Hühnerrassen in ausgewählten Ländern Europas. In: Archiv für Geflügelkunde 71/2, S. 49–55. Stuttgart.
Staffe Adolf (1916). Beiträge zur Monographie des Landschweines der südlichen Ostalpen. Wien.
Stanga Idelfonso (1910). Briciole di Zootechnica. Catania.
Strebel Richard (1904). Die deutschen Hunde und ihre Abstammung. München.
Strebler F. G. (1907). Am Lötschberg. Land und Volk von Lötschen. Zürich
Streifeneder Thomas (2009). Die Agrarstruktur in den Alpen und ihre Entwicklung unter Berücksichtigung ihrer Bestimmungsgründe. München.
Strohwasser Ralf und Lederboden Dirk (2004). Nutzungsgeschichte und aktuelle Situation. Allmendweiden in Südbayern. Naturschutz durch landwirtschaftliche Nutzung. In: Angewandte Landschaftsökologie, Heft 62. Bonn – Bad Godesberg.
Stutzer Dietmar (2007). Das Erdreich gesegnet mit Garben, Zugvieh und Herden. Eine kleine Geschichte der Nutztiere Bayerns. Augsburg.
Tappeiner Ulrike, Borsdorf Axel und Tasser Erich (2008). Alpenatlas. Society-Economy-Environment. Heidelberg.
Traintinger Raymond (1957). Die Viehwirtschaft im Erzbistum Salzburg im Lichte der Taidinge und Regierungsverfügungen von zirka 1000 bis 1801. Wien.
Tschudi Friedrich von (1853). Das Tierleben der Alpen. Verlagsbuchhandlung von J. J. Weber. Leipzig.
Überbacher Robert (1906). Studien über das Tiroler Rind, insbesondere den Pustertaler Schlag (Dissertation). Buchdruck Fleischmann. Wien.
Vallada Domenico (1872). Taurologia del Bue. Napoli–Roma.
Wassmuth Reinold, Hiendleder Stefan, Mendel Christian und Erhardt Georg (2002). Biochemische Polymorphismen und Haupt-mtDNA-Haplo-typen bei Bergschafrassen und Waldschafen als Beitrag zur Abstammung der Hausschafe. In: Journal of Animal Breeding and Genetics. Berlin.
Weber Annette (2001). Walliser Landschaf (Roux du Valais). In: Traditionelle Nutztiere und Kulturpflanzen im Oberwallis. Visp.
Werner Hugo (1892). Die Rinderzucht. Berlin.
Werthemann Andreas (1971). Dispartimento federale dell'economia publica – Catasto della produzione agricola e alpestre. Chur.
Witte Wilhelm E., 1841. Deutschlands Rindvieh-Racen. Berlin.
Zeuner Frederick E. (1963). A history of domesticated animals. London.

Persönliche Mitteilungen: Abel Werner (2013); Brambilla Luigi Andrea (2012); Ivanković Ante (2013); Menegatti Filippo (2013); Mesarič Matjaž (2013); Pensold Peter (2013); Pucher Erich (2012, 2013, 2014); Rosner Konrad, Rinderzuchtverband-Traunstein (2013); Tézier Evelyne (2012); Schneppat Ulrich (2013); Zanon Alessio (2013).

Archive und Organisationen:
Bayerisches Staatsarchiv
FAO (2011). FAOSTAT. Rom.
FAO-Paper 1978
Landauer Wochenblatt (1825)
Froh! Magazin 4/2010.
Österreichischer Bundesverband für Schafe und Ziegen (2013). Jahresbericht 2012. Wien.
Schweinebestand Juni 2013, Statistik Austria
Stenographische Protokolle des Hauses der Abgeordneten des österreichischen Reichsrathes 1902; 1105. Beilage der XVII. Session. Bemerkungen zum Ackerbauministerium, Seiten 134–135.
Zentralverband der Deutschen Schweineproduktion e.V. (ZDS)

Fachwissen aus dem Internet:
www.agraria.org
www.agri.bfro.uni-lj.si
www.alpinetgheep.at
www.anabasis.at
www.anedeprovence.org
www.braunvieh.ch
www.braunvieh-vorarlberg.at
www.brebislait.com
www.buonalombardia.it
www.chiens-online.com
www.de.wikipedia.org/wiki/Cortaillod-Kultur
www.deutscher-jagdhund.de
www.ethz.ch
www.fci.be
www.fiav.info
www.fondazioneslowfood.it
www.geschichte-tirol.com
www.heritagesheep.eu
www.landwirtschaft.ch
www.martinigans.at
www.monitoring.eu.com
www.monitoring.eu.com/alpenwiki/index.php/%28%E2%80%A0%29_Tirolerhuhn
www.moutons-thones-marthod.com
www.originalsimmentaler.ch
www.oziv.ch
www.parc-mercantour.com
www.peter-hug.ch
www.peter-hug.ch
www.pferde-altoesterreich.at
www.poules-racesdefrance.fr
www.provincia.cuneo.it
www.pueseri.com
www.races-montagnes.com
www.races-montagnes.com
www.raetischesgrauvieh.ch
www.slowfood.de
www.spektrum.de
www.spektrum.de/news/aeltester-haushund/1040823
www.sprachinselverein.at
www.sprachinselverein.at
www.sulmtaler.at
www.sv-ev.de
www.vereinfuerschaefereigeschichte.de
www.walser-alps.eu
www.walser-alps.eu
www.walser-alps.eu
www.walsermuseum.ch
www.westalpen.wordpress.com
www.wikipedia.com
www.wikipedia.org/Galtür
www.wikipedia.org/wiki/Auerochse
www.wikipedia.org/wiki/Dreifelderwirtschaft.
www.wikipedia.org/wiki/vercors
www.wikipedia.org/wiki/Vercors
www.zun-schweiz.ch

Erläuterungen zu Fachbegriffen

Aalstrich: dunkler Rückenstreifen in der Mantelfarbe von Ziegen, entlang der Wirbelsäule auf hellerer Grundfarbe verlaufend.

Absetzen: Trennen der säugenden Jungtiere (Kälber, Kitze) von der Muttermilch und Umstellung auf pflanzliche Nahrung (siehe: trockenstellen).

Abzeichen der Bezoar Ziege: Die Ur- und Wildform unserer Hausziege hat im Gesichtsfeld, unterhalb der Sprunggelenke beziehungsweise unterhalb der Knie sowie im Bereich des Afters eine charakteristische helle Zeichnung. Diese Abzeichen findet man auch bei seltenen alpinen Ziegenrassen, so bei der Chèvre des Savoie, Pinzgauer Strahlenziege, Bündner Strahlenziege, Capra Valdelinese, Alpina Comune, Pezzata Mocheni und bei der Dreznisca Ziege. Auch die vor rund zehn Jahren ausgestorbene Roya Ziege entsprach weitestgehend einer langhaarigen Chèvre des Savoie vom Farbschlag Noire Barret.

à gogo: ohne Ende, ad libidum.

Alpe de Lagh: Bezeichnung für die Alpe del Lago (Seealpe) im regionalen Misoxer Dialekt, dem Dialekt des Val Mesolcina.

Aue: weibliches Schaf.

Außerschweiz (Üsserschwiiz): Im Oberwallis eine gängige Bezeichnung für alle Gebiete außerhalb des Kantons Wallis. Auch als Personenbezeichnung gebräuchlich: Außerschweizer (Üsserschwiizer).

Behang: Langer Haaransatz im Bereich des Rückens und der Hinterhand (Ziege), im Bereich der Beine oder Fesseln (Pferd) oder verlängerte, spitze Federn am Hals oder Unterrücken (Hühner), zwischen Rücken und Schwanzfedern der sogenannte Sattelbehang bei Hähnen.

Burgerschaft, Burgergemeinschaft: In der Schweiz nicht mit der Gemeinde zu verwechseln, die für die Verwaltung und Infrastruktur verantwortlich ist. Die Alpen, der Wald und die Wasserrechte sind im Besitz der Burgerschaft.

CAE-Virus: Retrovirus der Gattung Lentiviren (Capine Arthritis-Enzephalitis-Virus) ruft eine langsam ablaufende, chronische Infektionskrankheit bei Ziegen hervor. Lediglich fünf Prozent der betroffenen Tiere zeigen in der Regel klinische Symptome.

Derivat: von lateinisch derivare „ableiten". Zum Wortstamm gehörig: „Abkömmling". In der Tierzucht versteht man darunter ein Kreuzungstier oder eine Rasse, die aus mindestens zwei Ausgangsrassen entstanden ist.

Flotzmaul: Verschmelzung von Naseneingang und Oberlippe beim Rind.

Fundament: Darunter versteht man in der Tierzucht die Ausbildung der Extremitäten (Beine) bei Wiederkäuern, Pferden und Eseln. Unter einem „trockenen Fundament" meint man sich deutlich abzeichnende Sehnen, Bänder und Knochen an den Beinen, deren Äußeres von keinem Bindegewebe gestört wird. Vor allem in der Schaf- und Ziegenzucht ist ein korrektes Fundament wichtig, da die Tiere bei der Alpung oft in schwierigem Gelände weite Strecken zurücklegen müssen.

Genetische Präsenz: Angabe, wie stark oder gering die Genetik eines Tieres in der Population vertreten ist. Tiere mit tiefer genetischer Präsenz sollen gefördert werden, sofern diese nicht schlechte Eigenschaften aufweisen.

Häusler: Nicht landwirtschaftlich bewirtschaftete Ein- oder Mehrfamilienhäuser im Gegensatz zu landwirtschaftlichen Hofstellen.

Herbstgitzi: Schweizer Ausdruck für Jungziegen, die mit 6 bis 7 Monaten geschlachtet werden. Weibliche Kitze bleiben in der Regel bis zur Schlachtreife bei der Mutterziege. Männliche Tiere werden mit ca. drei bis vier Monaten von der Mutter und der Herde getrennt.

Invasive Neophyten: Gebietsfremde Pflanzen, die sich ungebremst ausbreiten und heimische Arten von ihren Standorten verdrängen. Sie tragen weltweit zum Rückgang der biologischen Vielfalt bei.

Jungrind: Altersstufe vom achten bis zwölften Lebensmonat.

Jungsau: ab der Geschlechtsreife mit etwa sechs Monaten bis zum ersten Wurf.

Kalb: noch nicht zuchtreife Jungtiere bis zum siebten Lebensmonat.

Kaltblut: schweres, kräftiges Arbeitspferd.

Kapaun, Kapaunisierung: Vor dem Aufkommen der schnell wachsenden Hybridhühner wurden Hähne oft kastriert, um auch männliche Junghühner wirtschaftlich verwerten zu können. Die Haltung von mehreren Hähnen in Gruppen bewirkt unter den Tieren Stress und Unruhe. Rund 50 Prozent der geschlüpften Küken sind jedoch männlich. In der industrialisierten Hühnermast werden die männlichen Küken daher nach dem Schlupf ausgemerzt. Die Kapaune der Steirer Huhns waren vom 17. bis zu Beginn des 20. Jahrhundert für ihre Fleischqualität und Fleischfülle über die Monarchie hinaus berühmt. Im Gegensatz zu Ländern wie Frankreich und Slowenien, wo die Kastration langsam wachsender Geflügelrassen noch heute praktiziert wird, ist in

Österreich die Kastration von Nutzgeflügel durch das Bundestierschutzgesetz untersagt.

Kranz, Kranzerte: Mittelspitzartige Hunde mit einem charakteristischen hellen Halskranz.

Kastanienselven: von lateinisch silva, „Wald". Locker bepflanzte, meist beweidete Haine. Sie zählen wie die Lärchweiden zur Urform der alpinen Wald-Weidewirtschaft. Beide Lebensräume sind erst durch die Nutzung durch den Menschen entstanden. Während Edelkastanien gezielt gepflanzt wurden, hat man bei Lärchweiden Schattbaumarten wie Fichte und Tanne entfernt und den Bestand aufgelichtet. Beide Lebensräume sind durch ihren lichten, halboffenen und parkartigen Charakter landschaftsprägend und haben Mehrfachnutzen. Im Misox wurden Kastanienwälder neben Lärchweiden beweidet, die Kastanie war der Brotbaum der Bauern, die Lärchweide lieferte Zaun und Bauholz.

Läger: meist mehr oder weniger ebene Lagerplätze von Nutztieren auf Almen; oft im Umfeld von Almhütten oder Unterständen. Durch die Nährstoffansammlung im Boden bilden sich häufig Ampfer-Reinbestände (Rumex alpinus).

Landschlag: Nutztiere, die noch nicht systematisch veredelt und durchgezüchtet, also nicht standardisiert wurden, aber nach ihrem Ursprung bestimmten Regionen zuzuordnen sind.

Maiensäß: auch Maiensäss, Maisäss (Maisäß). Schweizerisch für eine Niederalpe (rätoromanisch: Acla), gewöhnlich unterhalb der Baumgrenze zwischen 1.200 und 1.600 Meter Seehöhe gelegen. Darüber liegen die Mittel- und Hochalmen (Läger) sowie die Bergmähder. Zur Maiensäß gehören Hütten mit Futterställen, wo das Vieh mit dem vor Ort gewonnenen Heu bis zu Weihnachten gefüttert werden kann. Verbreitet in Graubünden und Wallis sowie in den Walser Kolonien von Vorarlberg und Tirol.

Minox: ital. Val Mesolcina, ein Tal im Süden von Graubünden, wie das benachbarte Bergell und Puschlav. Es erstreckt sich vom San Bernardino Pass bis nach Gono an der Einmündung des Calanca-Tales.

Natursprung: Im Gegensatz zur künstlichen Befruchtung (Besamung) die natürliche Form der Befruchtung weiblicher Zuchttiere.

Nukleusherde: Basisherde, die es ermöglicht, den Genpool einer Rasse zu erhalten. Meist in Verbindung mit gefährdeten Nutztierrassen verwendet.

Ohrscheiben: Rassespezifisch weiße oder gefärbte Scheiben im Bereich der Ohren der Hühner.

Partbred-Araber: Gebrauchspferderassen mit unspezifischer Ausgangspaarung bei Pferden, die einen mindestens 25-prozentigen Anteil an Araberblut aufweisen.

ProSpecieRara-Tiere: Seltene Nutztierrassen oder Generhaltungsrassen, für die die Stiftung ProSpecieRara die Aufbauarbeit trägt. In weiterer Folge werden Herdebuchführung und Zuchtarbeit von Zuchtvereinen oder Genossenschaften weitergeführt. Die Stiftung finanziert sich aus Mitgliedsbeiträgen, Spenden und Projektförderungen.

Provisorisches Herdebuch: Jungtiere, die noch nicht ein Jahr alt sind und noch über keine Exterieur-Bewertung verfügen, können in das provisorische Herdebuch eingetragen werden. Das Tier darf jedoch keine groben Rasseabweichungen aufweisen.

Rehmaul: Flotzmaul mit abgeblasster, heller Umrandung.

Sanner: Schaftreiber. Die Burgergemeinschaft von Naters wählt den Säckelmeister und die Sanner für den drei Tage dauernden Schafabtrieb aus dem inneren Aletschi.

Sentum: Sennerei oder Auskäserei, auch Senntum geschrieben.

Staffelwirtschaft: traditionelle „Dreistufenwirtschaft", von Staffel für „Weidestufe". Betriebsform mit Hof, Maiensäß (Unterstaffel, Aste) und Alpe. Eine in den westlichen Ostalpen und Westalpen, besonders in der romanischen Schweiz verbreitete Form der Stufenwirtschaft. im Bei der traditionellen Form der Staffelwirtschaft werden im Rhythmus der Jahreszeiten die verschiedenen Höhenstufen beweidet und bewirtschaftet. Unterstaffeln:

Tarine: Lokalbezeichnung für die französische Rinderrasse Tarantaise.

Transhumanz: Wanderviehwirtschaft oder Wanderweidewirtschaft, die saisonale Wanderung von Hirten mit ihren Herden, auch in Verbindung mit sesshaften Lebensformen. Diese saisonale Wanderung, insbesondere zwischen Sommer- und Winterweiden, wird mit Schafen, Ziegen und Rindern praktiziert. Man unterscheidet die alpine Transhumanz (Alpwirtschaft, Staffelwirtschaft) und die echte Transhumanz.

Trockenstellen: Nach dem Trennen der säugenden Jungtiere von der Muttermilch wird der Milchfluss durch sukzessive Reduktion der entnommenen Milch gestoppt. In der konventionellen Landwirtschaft wird präventiv zur Vermeidung von Infektionen ein Antibiotikum in den Milchkanal injiziert (siehe auch Absetzen).

Typ: Erscheinungsbild, Gesamteindruck eines Tieres.

Unterstaffel: siehe Maiensäß, auch Aste. Sie ist Teil der traditionellen Staffelwirtschaft und liegt zwischen Heimhof und Almen. Neben den Unterstaffelflächen befindet sich ein Gebäude, meist mit kleinem Wohnteil, für die Unterbringung von Vieh und Heu.

Vieraugerter: Hund mit punktförmigen Augenbrauen, die den Eindruck von zwei Augenpaaren, also von Vieräugigkeit erwecken.

Weißes Alpenschaf: Ein reinweißes, großrahmiges Alpenschaf mit hoher Milch- und Fleischleistung. Es stellt rund 50 Prozent des gesamten Herdebuchbestandes der Schweizer Schafrassen. Weibliche Tiere erreichen ein Gewicht von durchschnittlich 80 Kilogramm. Das Weiße Alpenschaf ist aus Landschlägen durch Einkreuzung von Merino Landschafen und Ile de France Schafen entstanden.

Wollkardatsche: Wollkardieranlage zum Kämmen der Rohwolle. Sie wird dabei nach dem Waschen mittels gegenläufigen Kämme bearbeitet, also gestrichen oder gekämmt, damit die Wollfasern in einer Richtung zu liegen kommen und so für das Spinnen und Dochten vorbereitet sind.

Zwiehuhn: Wirtschaftshuhn, das als Zweinutzungsrasse neben Fleisch auch ausreichend Eier liefert. Sie wurden ab 1850 für die kleinbäuerliche Haltung und für die Eigenversorgung der Bevölkerung als Mischform meist aus Lege- und Masttypen gezüchtet. Das steirische Sulmtaler Huhn ist eine typisches Zwiehuhn.

Dank

Besonderer Dank gilt allem voran meiner Familie, meiner Frau Barbara und meinen Töchtern Hanna und Maria, für die tatkräftige Unterstützung und das aufgebrachte Verständnis für die zahlreichen Stunden, die ich in den vergangenen Jahren nicht mit meiner Familie verbringen konnte.

Weiters danke ich Laurent Avon, Luigi Brambilla, Giovanni Giovannini, Kaspar Nickles, Claudia Peduzzi, Licia Rontondi, Valerio Sartore, Mathilde Stallegger und vielen hier nicht mehr namentlich Genannten für ihre Unterstützung bei meinen Recherchen und das eingebrachte Fachwissen. Abschließend möchte ich allen Bäuerinnen und Bauern sowie Züchtern von seltenen Nutztierrassen meinen Dank dafür aussprechen, dass Sie mir für die Interviews zur Verfügung standen und mit ihrem Wissen und Erfahrungsschatz das Zustandekommen dieses Buches überhaupt erst ermöglicht haben.

Die in diesem Buch enthaltenen Informationen wurden vom Autor nach bestem Wissen erstellt und sorgfältig überprüft. Trotzdem können Fehler nicht mit letzter Gewissheit ausgeschlossen werden. Daher sind die Angaben ohne jegliche Gewähr und Garantie des Autors. Anregungen und Verbesserungsvorschläge werden gerne entgegengenommen und bei einer Neuauflage berücksichtigt. Bitte richten Sie diese direkt an den Autor. Kontakte und weitere Informationen zu laufenden Erhaltungsprojekten finden Sie auf der Homepage des Autors.

Günter Jaritz
Unkenberg 15
5091 Unken
Österreich
Tel.: +43 (0)65894388
Tel.: +43 06643046814
E-Mail: info@alpenrassen.at
www.alpenrassen.com

Ich danke nachfolgenden Institutionen für die großzügige finanzielle Unterstützung der Drucklegung.
Ohne sie wäre die Herausgabe dieses Buches nicht möglich gewesen!

ökoland regional und fair Vorarlberg unser Land — Amt der Vorarlberger Landesregierung
Abteilung Landwirtschaft

Land Salzburg Für unser Land! — Amt der Salzburger Landesregierung
Abteilung Lebensgrundlagen und Energie

Das Land Steiermark → A10 Land- und Forstwirtschaft — Amt der Steiermärkischen Landesregierung
Abteilung Land- und Forstwirtschaft

Nationalpark Hohe Tauern — Salzburger Nationalparkfonds, Hohe Tauern